山东省建筑施工特种作业人员安全技术考核培训教材

施工升降机

山东省建筑施工特种作业人员安全技术考核培训教材编审委员会　组织编写

总 主 编：李　印　栾启亭
副总主编：张英明　祁忠华　刘　锦
总 主 审：王东升
主　　编：马现来
编审人员：（按姓氏笔画排序）
　　　　　马现来　王　乔　邓丽华
　　　　　刘　锦　李　印　张有国
　　　　　张英明　张健健　范国耀
　　　　　周克家　贾述岗　薛玉晶

中国矿业大学出版社

内 容 提 要

本书依据《山东省建筑施工特种作业人员安全技术考核标准(试行)》的相关规定,介绍了施工升降机司机、建筑物料提升机司机、施工升降机安装拆卸工、建筑物料提升机安装拆卸工必须掌握的安全技术知识和操作技能。内容浅显易懂,突出了培训教材的实用性、实践性和可操作性。同时为了满足考核的需要,书后附有考试题库及答案。

本书共分9章,包括基础知识、起重吊装、施工升降机概述、施工升降机的组成和基础、施工升降机的安全装置、施工升降机的安装与拆卸、施工升降机的安全使用、施工升降机的维护保养与常见故障排除、施工升降机事故与案例分析等内容。

本书既可作为施工升降机相关操作人员的考核培训教材,也可作为其常备参考书和自学用书。

图书在版编目(CIP)数据

施工升降机/马现来主编. —徐州:中国矿业大学出版社,2011.12
山东省建筑施工特种作业人员安全技术考核培训教材
ISBN 978-7-5646-1211-5

Ⅰ.①施… Ⅱ.①马… Ⅲ.①升降机—安全技术—技术培训—教材 Ⅳ.①TH211.08

中国版本图书馆CIP数据核字(2011)第183453号

书　　名	施工升降机
组织编写	山东省建筑施工特种作业人员安全技术考核培训教材编审委员会
主　　编	马现来
责任编辑	王江涛　陈　慧
出版发行	中国矿业大学出版社有限责任公司
	(江苏省徐州市解放南路　邮编221008)
营销热线	(0516)83885307　83884995
出版服务	(0516)83885767　83884920
网　　址	http://www.cumtp.com　E-mail:cumtpvip@cumtp.com
印　　刷	江苏凤凰数码印务有限公司
开　　本	787×1092　1/16　印张 31　字数 774千字
版次印次	2011年12月第1版　2011年12月第1次印刷
定　　价	78.00元

(图书出现印装质量问题,本社负责调换)

山东省建筑施工特种作业人员安全技术
考核培训教材编审委员会

主　　任：宋瑞乾
副 主 任：罗云岭　高建忠　王克易
委　　员：宋锡庆　李　印　张广奎　贾凤兴　刘玉涛　刘林江　王金玉
　　　　　毕可敏　栾启亭　张业海　张英明　祁忠华　王东升　马全安
　　　　　黄旭东　张　强　张　伟　牛效强　范国耀　王泉波　周建华
　　　　　王　勇　张国波　王海洋　王连才　杨建平　李升江　崔永生
　　　　　胡启勇　李　明　田华强　王传波　朱九州　孔　超　李增启
　　　　　徐爱杰
总 主 编：李　印　栾启亭
副总主编：张英明　祁忠华　刘　锦
总 主 审：王东升
编审人员：（按姓氏笔画排序）
　　　　　马　冰　马现来　王　乔　王曰浩　王东升　王钟玉　王泉波
　　　　　王洪林　王海涛　王焕花　牛效强　邓丽华　申廷敏　邢新华
　　　　　毕监航　朱九州　刘　锦　刘乐前　许　军　祁忠华　孙学光
　　　　　杜海滨　李　印　李光晨　李建国　李绘新　吴秀丽　余大伟
　　　　　邹积军　汪洪星　宋回波　张万令　张有国　张英明　张艳国
　　　　　张健健　范国耀　明宪永　周克家　郝瑞民　胡其勇　姜玉东
　　　　　贾述岗　殷　刚　栾启亭　郭丰伟　高新武　唐涵义　梁德东
　　　　　薛玉晶

主要编审单位：
　　　　山东省建筑施工安全监督站
　　　　山东省建筑安全与设备管理协会
　　　　济南市工程质量与安全生产监督站
　　　　青岛市建筑施工安全监督站
　　　　潍坊市建设工程质量建筑安全监督站
　　　　滨州市建筑施工安全监督站
　　　　山东建筑科学研究院
　　　　烟建集团有限公司
　　　　潍坊昌大建设集团有限公司
　　　　威海建设集团股份有限公司
　　　　山东天元建设集团有限公司
　　　　中建八局第一建设有限公司

前　言

　　《建设工程安全生产管理条例》规定："垂直运输机械作业人员、安装拆卸工、爆破作业人员、起重信号工、登高架设作业人员等特种作业人员，必须按照国家有关规定经过专门的安全作业培训，并取得特种作业操作资格证书后，方可上岗作业。"《安全生产许可证条例》规定："企业取得安全生产许可证，应当具备下列安全生产条件：……特种作业人员经有关业务主管部门考核合格，取得特种作业操作资格证书"。在建筑生产安全事故中，大多数与特种作业有关。因此，加强对特种作业人员的管理，是建筑安全生产工作的重要课题。为了切实落实特种作业人员管理制度，规范安全技术考核培训工作，我们组织编写了《山东省建筑施工特种作业人员安全技术考核培训教材》系列丛书。

　　本套系列教材丛书主要依据山东省建筑工程管理局印发的《山东省建筑施工特种作业人员管理暂行办法》（鲁建管发〔2008〕12号）和《山东省建筑施工特种作业人员安全技术考核标准（试行）》（鲁建管发〔2009〕4号）等编写，全套包括《特种作业安全生产知识》《施工现场临时用电》《普通脚手架》《起重司索与信号指挥》《塔式起重机》《施工升降机》《高处作业吊篮》和《建筑焊接与切割》等共8册，其中《特种作业安全生产知识》为通用本，其他分别适用于建筑电工、架子工、起重司索信号工、起重机械司机、起重机械安装拆卸工、高处作业吊篮安装拆卸工和建筑焊接切割工等不同建筑施工特种作业人员的安全技术考核培训。

　　本套系列教材丛书由山东省建筑施工特种作业人员安全技术考核培训教材编审委员会组织编写，山东省建筑施工安全监督站、山东省建筑安全与设备管理协会负责具体组织，编写过程中得到了住房和城乡建设部质量安全监管司、上海市建设安全协会，以及山东省各市建筑工程管理部门、安全监督管理机构及相关建筑施工企业等单位的大力支持和热情帮助，在此表示感谢。

　　本册为《施工升降机》，适用于施工升降机司机、建筑物料提升机司机、施工升降机安装拆卸工、建筑物料提升机安装拆卸工等4个操作类别的建筑施工特种作业人员安全技术考核培训，本册教材由烟建集团有限公司承担主要编写任务。

　　由于时间紧张、水平有限，书中难免存在错误和不足之处，真诚希望广大读者给予指正。

山东省建筑工程管理局
山东省建筑施工特种作业人员安全技术考核培训教材编审委员会
二〇一一年六月

目 录

1 基础知识 …………………………………………………………………… 1
　1.1 力学基础知识 ………………………………………………………… 1
　1.2 电工学基础知识 ……………………………………………………… 4
　1.3 机械基础知识 ………………………………………………………… 12
　1.4 液压传动基础知识 …………………………………………………… 30
　1.5 钢结构基础知识 ……………………………………………………… 35

2 起重吊装 …………………………………………………………………… 42
　2.1 吊点的选择 …………………………………………………………… 42
　2.2 常用起重吊具索具 …………………………………………………… 47
　2.3 常用起重工具 ………………………………………………………… 74
　2.4 常用起重机 …………………………………………………………… 80
　2.5 起重作业的基本操作 ………………………………………………… 87
　2.6 起重吊运指挥信号 …………………………………………………… 91

3 施工升降机概述 …………………………………………………………… 93
　3.1 施工升降机在建筑施工中的应用与发展 …………………………… 93
　3.2 施工升降机的型号和分类 …………………………………………… 94

4 施工升降机的组成和基础 ………………………………………………… 105
　4.1 施工升降机的组成 …………………………………………………… 105
　4.2 施工升降机的基础 …………………………………………………… 129

5 施工升降机的安全装置 …………………………………………………… 131
　5.1 防坠安全器 …………………………………………………………… 131
　5.2 电气安全开关 ………………………………………………………… 140
　5.3 机械门锁 ……………………………………………………………… 141
　5.4 其他安全装置 ………………………………………………………… 142
　5.5 防护设施 ……………………………………………………………… 146

6 施工升降机的安装与拆卸 ………………………………………………… 148
　6.1 施工升降机安装与拆卸的管理 ……………………………………… 148
　6.2 施工升降机的安装 …………………………………………………… 153

· 1 ·

  6.3 施工升降机的检验 …………………………………………………… 171
  6.4 施工升降机的验收(联合验收) ……………………………………… 178
  6.5 施工升降机的拆卸 …………………………………………………… 180
  6.6 常见施工升降机安拆实例 …………………………………………… 182

7 施工升降机的安全使用 ……………………………………………………… 201
  7.1 施工升降机的使用管理 ……………………………………………… 201
  7.2 施工升降机的安全操作 ……………………………………………… 208
  7.3 施工升降机作业过程中的检查 ……………………………………… 216
  7.4 施工升降机性能试验 ………………………………………………… 222

8 施工升降机的维护保养与常见故障排除 ………………………………… 226
  8.1 施工升降机的维护保养 ……………………………………………… 226
  8.2 施工升降机常见故障及排除方法 …………………………………… 238

9 施工升降机事故与案例分析 ……………………………………………… 243
  9.1 施工升降机常见事故 ………………………………………………… 243
  9.2 施工升降机事故案例 ………………………………………………… 245

施工升降机司机理论考试题库 ……………………………………………………… 273

施工升降机安装拆卸工理论考试题库 ……………………………………………… 314

物料提升机司机理论考试题库 ……………………………………………………… 359

物料提升机安装拆卸工理论考试题库 ……………………………………………… 394

附录 ……………………………………………………………………………………… 429
  附录 A 山东省建筑起重机械司机(施工升降机)安全技术考核标准(试行) …… 429
  附录 B 山东省建筑起重机械安装拆卸工(施工升降机)
     安全技术考核标准(试行) …………………………………………… 433
  附录 C 山东省建筑起重机械司机(物料提升机)安全技术考核标准(试行) …… 437
  附录 D 山东省建筑起重机械安装拆卸工(物料提升机)
     安全技术考核标准(试行) …………………………………………… 441
  附录 E 风力等级、风速与风压对照表 …………………………………… 445
  附录 F 起重机 钢丝绳 保养、维护、安装、检验和报废 ……………… 446
  附录 G 起重吊运指挥信号 …………………………………………………… 471

参考文献 ……………………………………………………………………………… 488

1 基础知识

1.1 力学基础知识

1.1.1 力的概念

力是一个物体对另一个物体的作用,它涉及两个物体,一个叫受力物体,另一个叫施力物体,其效果是使物体的运动状态发生变化或使物体变形。力使物体运动状态发生变化的效应称为力的外效应,使物体产生变形的效应称为力的内效应。力的概念是人们在长期的生活和生产实践中逐步形成的。例如,用手推小车,由于手臂肌肉的紧张而感觉到用了"力",小车也受了"力"由静止开始运动;物体受地球引力作用而自由下落时,速度将愈来愈大;用汽锤锻打工件,工件受锻打冲击力作用而发生变形等。人们就是从这样大量的实践中,由感性认识上升到理性认识,形成了力的科学概念,即:力是物体间的相互机械作用,这种作用使物体的运动状态发生变化,也可使物体发生变形,因此力不能脱离实际物体而存在。

1.1.2 力的三要素

力作用在物体上,使物体产生预想的效果,这种效果不但与力的大小有关,而且与力的方向和作用点有关。在力学中,把力的大小、方向和作用点称为力的三要素。如图 1-1 所示,用手拉伸弹簧,用的力越大,弹簧拉得越长,这表明力产生的效果与力的大小有关系;用同样大小的力拉弹簧和压弹簧,拉的时候弹簧伸长、压的时候弹簧缩短,说明力的作用效果与力的作用方向有关系。如图 1-2 所示,用扳手拧螺母,手握在 A 点比握在 B 点省力,所以力的作用效果与力的方向和作用点有关。三要素中任何一个要素改变,都会使力的作用效果改变。力的大小表明物体间作用力的强弱程度;力的方向表明在该力的作用下静止的物体开始运动的方向,作用力的方向不同,物体运动的方向也不同;力的作用点是物体上直接受力作用的点。力是矢量,具有大小和方向。

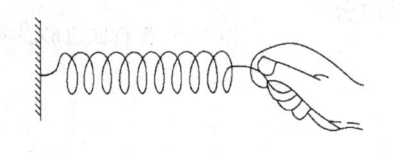

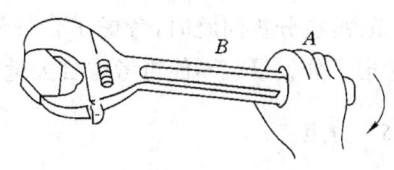

图 1-1 手拉弹簧 　　　　　图 1-2 扳手拧螺母

1.1.3 力的单位

在国际计量单位制中,力的单位用牛顿或千牛顿,简写为牛(N)或千牛(kN)。工程上曾习惯采用公斤力(kgf)、千克力(kgf)和吨力(tf)来表示。它们之间的换算关系为:

1 牛顿(N)＝0.102 公斤力(kgf)

1 吨力(tf)＝1 000 公斤力(kgf)

1 千克力(kgf)＝1 公斤力(kgf)＝9.804 牛(N)≈10 牛(N)

1.1.4 力的性质

经过长期的实践,人们逐渐认识了关于力的许多规律,其中最基本的规律可归纳为以下几个方面:

(1) 二力平衡原理

要使物体在两个力的作用下保持平衡的条件是:这两个力大小相等,方向相反,且作用在同一直线上。用矢量等式表示,即: $\boldsymbol{F}_1 = -\boldsymbol{F}_2$。

(2) 可传递性

通过作用点,沿着力的方向引出的直线,称为力的作用线。在力的大小、方向不变的条件下,力的作用点的位置可以在它的作用线上移动而不会影响力的作用效果,这就是力的可传递性。

(3) 作用力与反作用力

力是物体间的相互作用,因此它们必是成对出现的。一物体以一力作用于另一物体上时,另一物体必以一个大小相等、方向相反且在同一直线上的力作用在此物体上。如手拉弹簧,当手给弹簧一个力 T,则弹簧给手的反作用力为 $-T$。T 和 $-T$ 大小相等,方向相反,且作用在同一直线上。作用力与反作用力分别作用在两个物体上,不能看成是两个平衡力而相互抵消。

1.1.5 力的合成与分解

力是矢量,力的合成与分解都遵从平行四边形法则,如图 1-3 所示。

平行四边形法则实质上是一种等效替换的方法。一个矢量(合矢量)的作用效果与另外几个矢量(分矢量)共同作用的效果相同,就可以用一个合矢量代替几个分矢量,也可以用几个分矢量代替一个合矢量,而不改变原来的作用效果。

在分析同一个问题时,合矢量和分矢量不能同时使用。也就是说,在分析问题时,考虑了合矢量就不能再考虑分矢量,考虑了分矢量就不能再考虑合矢量。

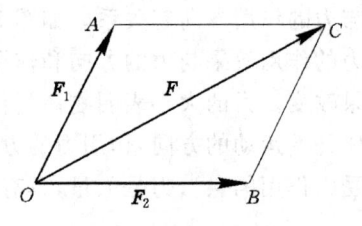

图 1-3 平行四边形法则

1.1.6 力矩

人用扳手转动螺母,会感到加在扳手上的力越大,或者力的作用线离中心越远,就越容易,如图 1-4 所示。力使扳手绕 O 点转动的效应,不仅与力(F)的大小成正比,而且与 O 点至力作用线的垂直距离(d)成正比。F 与 d 的乘积,称为力 F 对 O 点的矩,简称力矩。

(1) 合力矩

合力对于物体的作用效果等于力系中各分力对物体的作用效果的总和。力对物体的转动效果取决于力矩。所以,合力对于平面内任意一点的力矩,等于各分力对同一点的力矩之和。这个关系称为合力矩定理,用数学表达式为:

$$m_O(F) = m_O(F_1) + m_O(F_2) + \cdots + m_O(F_n) = \sum m_O(F_i)$$

(2) 力矩平衡

在日常生活中,常遇到力矩平衡的情况。如图 1-5 所示,以杆秤为例,不计杆秤自重,重物对转动中心 O 点的力矩大小为 Pa,秤砣对转动中心 O 点的力矩大小为 Qb。为使杆秤处于平衡状态,力 P 对 O 点的矩与力 Q 对 O 点的矩必定大小相等,转向相反,即 $Qb+Pa=0$。力矩平衡的条件是各力对转动中心 O 点的矩的代数和等于零,即合力矩等于零,用公式表示:

$$m_O(F_1) + m_O(F_2) + \cdots + m_O(F_n) = \sum m_O(F_i) = 0$$

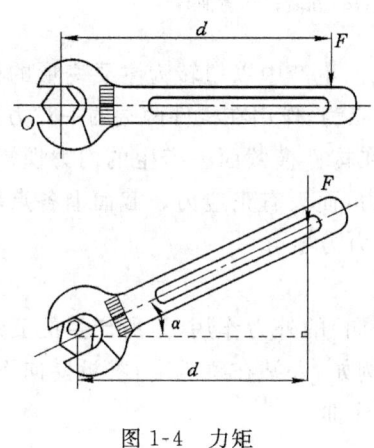

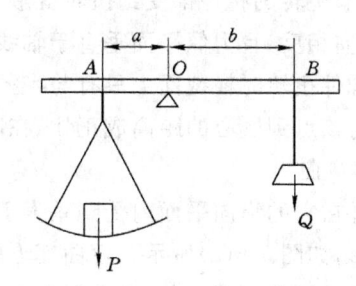

图 1-4 力矩

图 1-5 力矩平衡

1.1.7 物体的变形

物体在外力的作用下,其尺寸和形状都会有所改变。作用在物体上的外力是多种多样的,因此,物体的变形也是多种多样的,对于组成机械的各种构件也同样存在各种各样的变形,但归纳起来,在工程中构件的基本变形可简化为轴向拉伸与压缩、剪切、扭转和弯曲四种基本变形,其他变形可以认为是基本变形的组合,如图 1-6 所示。

(1) 拉伸与压缩

构件在两端受到大小相等、方向相反的拉力作用,长度增大、横截面积缩小,这种变形称为拉伸变形,如图 1-6(a)所示。与拉伸情况相反,当构件在两端受到大小相等、方向相反的压力作用,长度缩小、横截面积增大,这种变形称为压缩变形,如图 1-6(b)所示。

(2) 剪切

两个大小相等、方向相反、作用线相距很近的压力,称为剪(切)力。构件在剪力作用下,横截面沿外力方向发生错动,这种变形称为剪切变形,如图 1-6(c)所示。常用的螺栓、键、销轴或铆钉等联接件产生的变形都是剪切变形的实例。

(3) 扭转

· 3 ·

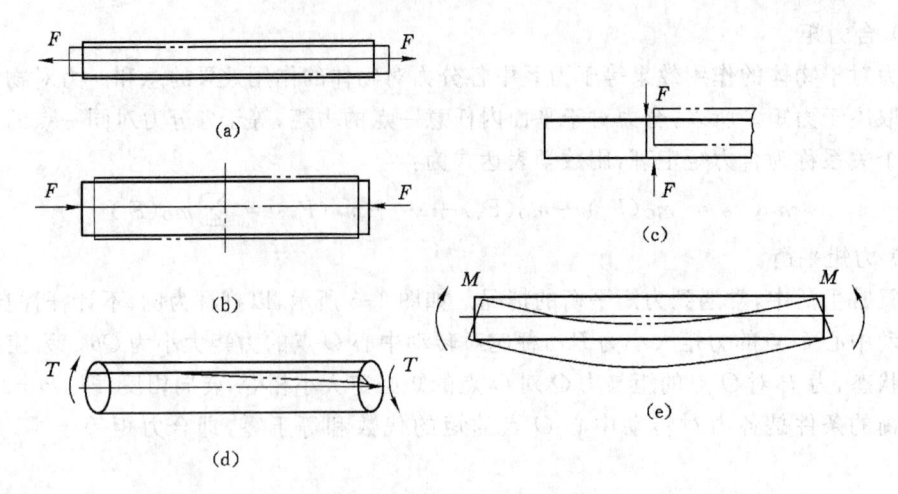

图 1-6　构件变形的基本形式
(a) 轴向拉伸；(b) 轴向压缩；(c) 剪切；(d) 扭转；(e) 弯曲

扭转也是构件变形的一种形式，如图 1-6(d)所示。生产中以扭转为主要变形的构件很多，凡是有旋转的构件都受到扭转变形。扭转力的特点为：作用在构件两端的一对力偶大小相等、方向相反，且力偶平面垂直于轴线。这对力偶在构件横截面上产生的内力偶矩，称为扭矩。构件扭转时横截面上只有与半径垂直的剪应力，而没有正应力。截面上各点剪应力的大小与该点到圆心的距离成正比，在圆心处的剪应力为零。

（4）弯曲

构件在它的纵向平面内受到垂直于轴线方向（横向）的外力作用时，所产生的变形称为弯曲变形，如图 1-6(e)所示。弯曲变形的例子很多，例如，人站在跳板上，跳板要向下弯曲；将一根长的钢筋两端垫起，钢筋就会在自重的作用下弯曲。

1.2　电工学基础知识

1.2.1　电工学基本概念

（1）电流

在电路中电荷有规则的运动称为电流，在电路中能量的传输靠的是电流。

电流不但有方向，而且有大小。大小和方向都不随时间变化的电流，称为直流电，用字母"DC"或"—"表示；大小和方向随时间变化的电流，称为交流电，用字母"AC"或"～"表示。

在日常工作中，用试电笔测量交流电时，试电笔氖管通身发亮，且亮度明亮；测直流电时，试电笔氖管一端发亮，且亮度较暗。

电流的大小为：

$$I = \frac{Q}{t} \tag{1-1}$$

式中　Q——通过导体某截面的电荷量，C；

　　　t——电荷通过时间，s。

电流的基本单位是安培,简称安,用字母 A 表示。电流常用的单位还有千安(kA)、毫安(mA)、微安(μA),换算关系为:1 kA=10³A,1 mA=10⁻³A,1 μA=10⁻⁶A。

测量电流的仪表叫电流表,又称安培表,分为直流电流表和交流电流表两类。测量时必须将电流表串联在被测的电路中。每一个安培表都有一定的测量范围(即量程),所以在使用安培表时,应该先估算一下电流的大小,选择量程合适的电流表。

(2) 电压

电路中要有电流,必须要有电位差,有了电位差,电流才能从电路中的高电位点流向低电位点。电压是指电路中(或电场中)任意两点之间的电位差。电压的基本单位是伏特,简称伏,用字母 V 表示,常用的单位还有千伏(kV)、毫伏(mV)等,换算关系为:1 kV=10³V,1 mV=10⁻³V。

测量电压大小的仪表叫电压表,又称伏特表,分为直流电压表和交流电压表两类。测量时,必须将电压表并联在被测量电路中。每个伏特表都有一定的测量范围(即量程),使用时必须注意所测的电压不得超过伏特表的量程。

电压按等级划分为高压、低压和安全电压。

高压:指电气设备对地电压在 250 V 以上;

低压:指电气设备对地电压为 250 V 以下;

安全电压有五个等级:42 V、36 V、24 V、12 V、6 V。

附注:安全电压是为防止触电事故而采用的由特定电源供电的电压系列。这个电压系列的上限值,在任何情况下,两导体间或任一导体与地之间均不得超过交流(50～500 Hz)有效值 50 V,此电压系列称为安全电压。

(3) 电阻

导体对电流的阻碍作用称为电阻,导体电阻是导体中客观存在的。当温度不变时,导体的电阻与导体的长度成正比,与导体的横截面积成反比。

通常用 R 来表示导体的电阻,L 表示导体的长度,S 表示导体的横截面积。上述关系见式(1-2):

$$R = \rho \frac{L}{S} \tag{1-2}$$

式中 ρ 是由导体的材料决定的,而且与导体的温度有关,称为导体的电阻率。

电阻的常用单位有欧(Ω)、千欧(kΩ)、兆欧(MΩ),换算关系为:1 kΩ=10³ Ω,1 MΩ=10³ kΩ=10⁶ Ω。

(4) 电路

① 电路的组成

电路就是电流流通的路径,如日常生活中的照明电路、电动机电路等。电路一般由电源、负载、导线和控制器件四个基本部分组成,如图 1-7 所示。

a. 电源:将其他形式的能量转换为电能的装置。在电路中,电源产生电能,并维持电路中的电流。

b. 负载:将电能转换为其他形式能量的装置。

c. 导线:连接电源和负载的导体,为电流提供通

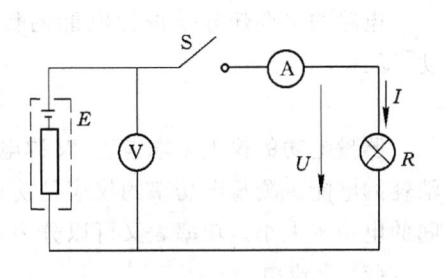

图 1-7 电路示意图

道并传输电能。

d. 控制元件:在电路中起接通、断开、保护和测量等作用的装置。

② 电路的类别

按照负载的连接方式,电路可分为串联电路和并联电路。电流依次通过每一个组成元件的电路,称为串联电路;所有负载(电源)的输入端和输出端分别被连接在一起的电路,称为并联电路。

按照电流的性质,分为交流电路和直流电路。电压和电流的大小及方向随时间变化的电路,称为交流电路;电压和电流的大小及方向不随时间变化的电路,称为直流电路。

③ 电路的状态

a. 通路:当电路的开关闭合,负载中有电流通过时称为通路。电路正常工作状态为通路。

b. 开路:即断路,指电路中开关打开或电路中某处断开时的状态。开路时,电路中无电流通过。

c. 短路:电源两端的导线因某种事故未经过负载而直接连通时称为短路。短路时负载中无电流通过,流过导线的电流比正常工作时大几十倍甚至数百倍,短时间内就会使导线产生大量的热量,造成导线熔断或过热而引发火灾。短路是一种事故状态,应避免发生。

(5) 电功率

在导体的两端加上电压,导体内就产生电流。电场力推动自由电子定向移动所做的功,通常称为电流所做的功或称为电功(W)。

电流在一段电路所做的功,与这段电路两端的电压 U、电路中的电流 I 和通电时间 t 成正比,即:

$$W = UIt \tag{1-3}$$

电流做功的过程实际上是电能转化为其他形式能的过程。例如,电流通过电炉做功,电能转化为热能;电流通过电动机做功,电能转化为机械能。

单位时间内电流所做的功叫电功率,简称功率,用字母 P 表示,其单位为焦耳/秒(J/s),即瓦特,简称瓦(W)。功率的计算公式如下:

$$P = \frac{W}{t} = UI = I^2 R = \frac{U^2}{R} \tag{1-4}$$

常用的电功率单位还有千瓦(kW)、兆瓦(MW)和马力(HP),换算关系为:1 kW=10^3 W,1 MW=10^6 W,1 HP=736 W。

(6) 电能

电路的主要任务是进行电能的传送、分配和转换。电能是指一段时间内电场所做的功,即:

$$W = Pt \tag{1-5}$$

测量电功的仪表是电能表,又称电度表,它可以计量用电设备或电器在某一段时间内所消耗的电能。测量电功率的仪表是功率表,它可以测量用电设备或电气设备在某一工作瞬间的电功率大小。功率表又可以分为有功功率表和无功功率表。

(7) 交流电

所谓交流电,是指大小和方向都随时间作周期性变化的电动势、电压或电流,平时用的交流电是随时间按正弦规律变化的,所以叫做正弦交流电,简称交流电,用"AC"或"~"表示。

我国工业上普遍采用频率为 50 Hz 的正弦交流电。在日常生活中,人们接触较多的是单相交流电;而实际工作中,人们接触更多的是三相交流电。三个具有相同频率、相同振幅,但在相位上彼此相差 120°的正弦交流电压、电流或电动势,统称为三相交流电。三相交流电习惯上称为 A/B/C 三相,按国标 GB 4026—2010 规定,交流供电系统的电源 A、B、C 分别用 L_1、L_2、L_3 表示,其相色分别为黄色、绿色和红色。交流供电系统中电气设备按接线端子的 A、B、C 相则分别用 U、V、W 表示,如三相电动机三相绕组的首端和尾端分别为 U_1 和 U_2、V_1 和 V_2、W_1 和 W_2。

1.2.2 交流电动机

1.2.2.1 交流电动机的分类

交流电动机分为异步电动机和同步电动机。异步电动机又可分为单相电动机和三相电动机。单相异步电动机主要用于电扇、洗衣机、电冰箱、空调、排风扇、木工机械及小型电钻等。施工现场使用的施工升降机、塔式起重机的行走、变幅、起升、回转机构都采用三相异步电动机。

1.2.2.2 三相异步电动机的结构

三相异步电动机也叫三相感应电动机,主要由定子和转子两个基本部分组成。转子又可分为鼠笼式和绕线式两种。

(1)定子

定子主要由定子铁芯、定子绕组、机座和端盖等组成。

① 定子铁芯

定子铁芯是异步电动机主磁通磁路的一部分,通常由导磁性能较好的、厚 0.35~0.5 mm 的硅钢片叠压而成。对于功率较大(10 kW 以上)的电动机,在硅钢片两面涂以绝缘漆,作为片间绝缘之用。

② 定子绕组

定子绕组是异步电动机的电路部分,由三相对称绕组按一定的空间角度依次嵌放在定子线槽内,其绕组有单层和双层两种基本形式,如图 1-8 所示。

③ 机座

机座的作用主要是固定定子铁芯并支撑端盖和转子。中小型异步电动机一般采用铸铁机座。

(2)转子

转子部分由转子铁芯、转子绕组和转轴组成。

① 转子铁芯也是电动机主磁通磁路的一部分,一般也是由 0.35~0.5 mm 厚硅钢片叠成的,并固定在转轴上。转子铁芯外圆侧均匀分布着线槽,用以浇铸或嵌放转子绕组。

② 转子绕组按其形式分为鼠笼式和绕线式两种。小容量鼠笼式电动机一般采用在转子铁芯槽内浇铸铝笼条,两端的端环将笼条短接起来,并浇铸成冷却风扇叶状。图 1-9 所示为鼠笼式电机的转子。

绕线式电动机是在转子铁芯线槽内嵌放对称三相绕组,如图 1-10 所示。三相绕组的一

图 1-8　三相电机的定子绕组 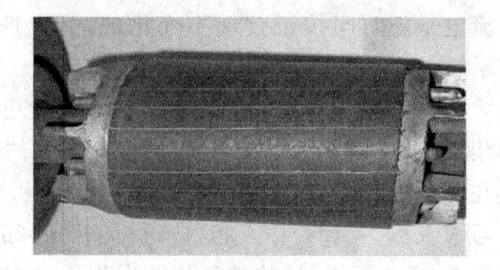　　　　　　图 1-9　鼠笼式电机的转子

端接成星形,另一端接在固定于转轴的滑环(集电环)上,通过电刷与变阻器连接。如图 1-11 所示为三相绕线式电机的滑环结构。

图 1-10　绕线式电机的转子绕组 　　　图 1-11　三相绕线式电机的滑环结构

③ 转轴的主要作用是支撑转子和传递转矩。

1.2.2.3　三相异步电动机的铭牌

电动机出厂时,在机座上都有一块铭牌,上面标有该电机的型号、规格和有关数据。

(1) 铭牌的标识

电机产品型号举例:

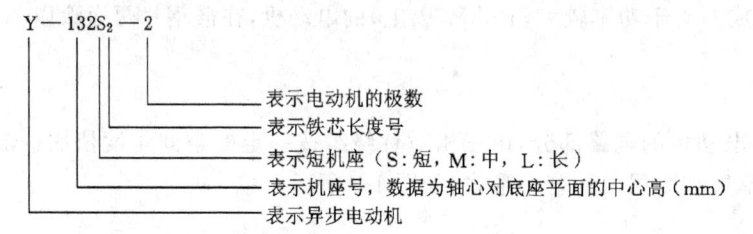

$$Y-132S_2-2$$

- 表示电动机的极数
- 表示铁芯长度号
- 表示短机座(S:短,M:中,L:长)
- 表示机座号,数据为轴心对底座平面的中心高(mm)
- 表示异步电动机

(2) 技术参数

① 额定功率:电动机的额定功率也称额定容量,表示电动机在额定工作状态下运行时轴上能输出的机械功率,单位为 W 或 kW。

② 额定电压:是指电动机额定运行时外加于定子绕组上的线电压,单位为 V 或 kV。

③ 额定电流:是指电动机在额定电压和额定输出功率时定子绕组的线电流,单位为 A。

④ 额定频率:是指电动机在额定运行时电源的频率,单位为 Hz。

⑤ 额定转速:是指电动机在额定运行时的转速,单位为 r/min。

⑥ 接线方法:表示电动机在额定电压下运行时三相定子绕组的接线方式。目前电动机铭牌上给出的接法有两种,一种是额定电压为 380 V/220 V,接法为 Y/△;另一种是额定电压为 380 V,接法为 △。

⑦ 绝缘等级:电动机的绝缘等级,是指绕组所采用的绝缘材料的耐热等级,它表明电动机所允许的最高工作温度,见表 1-1。

表 1-1　　　　　　　　　绝缘等级及允许最高工作温度

绝缘等级	Y	A	E	B	F	H	C
最高工作温度/℃	90	105	120	130	155	180	>180

1.2.2.4　三相异步电动机的运行与维护

(1) 电动机启动前检查

① 电动机上和附近有无杂物和人员;

② 电动机所拖动的机械设备是否完好;

③ 大型电动机轴承和启动装置中油位是否正常;

④ 绕线式电动机的电刷与滑环接触是否紧密;

⑤ 转动电动机转子或其所拖动的机械设备,检查电动机和拖动的设备转动是否正常。

(2) 电动机运行中的监视与维护

① 电动机的温升及发热情况;

② 电动机的运行负荷电流值;

③ 电源电压的变化;

④ 三相电压和三相电流的不平衡度;

⑤ 电动机的振动情况;

⑥ 电动机运行的声音和气味;

⑦ 电动机的周围环境、适用条件;

⑧ 电刷是否冒火或有其他异常现象。

1.2.3　低压电器

低压电器在供配电系统中广泛用于电路、电动机和变压器等电气装置上,起着开关、保护、调节和控制的作用;按其功能分有开关电器、控制电器、保护电器、调节电器、主令电器和成套电器等。现主要介绍起重机械中常用的几种低压电器。

(1) 主令电器

主令电器是一种能向外发送指令的电器,主要有按钮、行程开关、万能转换开关和接触开关等。利用它们可以实现人对控制电器的操作或实现控制电路的顺序控制。

① 控制按钮:按钮是一种靠外力操作接通或断开电路的电气元件,一般不能直接用来控制电气设备,只能发出指令,但可以实现远距离操作。一般按钮的结构如图 1-12 所示。

② 行程开关:行程开关又称限位开关或终点开关,它不用人工操作,而是利用机械设备某些部

图 1-12　常用按钮开关

件的碰撞来完成操作的,以控制自身的运动方向或行程大小。行程开关是一种将机械信号转换为电信号来控制运动部件行程的开关元件,被广泛用于顺序控制器、运动方向、行程、零位、限位、安全及自动停止、自动往复等控制系统中。如图1-13所示为几种常见的行程开关。

③ 万能转换开关:万能转换开关是一种多对触头、多个挡位的转换开关,主要由操作手柄、转轴、动触头及带号码牌的触头盒等构成,如图1-14所示。常用的转换开关有LW2、LW4、LW5—15D、LW15—10和LWX2等,塔式起重机在QT30以下的塔机一般使用LW5型转换开关。

图1-13 常用行程开关

图1-14 万能转换开关

④ 主令控制器:主令控制器(又称主令开关)主要用于电气传动装置中,按一定顺序分合触头,以达到发布命令或其他控制线路联锁转换的目的。其中塔式起重机中的联动控制台就属于主令控制器,用来操作塔式起重机的回转、变幅和卷扬的动作,如图1-15所示。

（2）空气断路器

低压空气断路器又称自动空气开关,属开关电器,是用于当电路中发生过载、短路和欠压等不正常情况时自动分断电路的电器,也可用做不频繁地启动电动机或接通、分断电路,有万能式断路器、塑壳式断路器、微型断路器和漏电保护器等。如图1-16所示为几种常用断路器。

图1-15 联动控制台

图1-16 常用断路器

(3) 漏电保护器

漏电保护器是漏电电流动作保护器的简称,它是空气断路器的一个重要分支,主要用于保护人身避免因漏电发生电击伤亡、防止因电气设备或线路漏电引起电气火灾事故。漏电保护器的动作电流值主要有 6 mA、10 mA、30 mA、100 mA、300 mA、500 mA、1 A、2 A、5 A、10 A 和 20 A。安装在负荷端电器电路的漏电保护器,是考虑到漏电电流通过人体的影响,用于防止人为触电的漏电保护器,其动作电流不得大于 30 mA,动作时间不得大于 0.1 s。应用于潮湿场所的电气设备,应选用额定漏电动作电流不大于 15 mA、额定漏电动作时间不大于 0.1 s 的漏电保护器。

漏电保护器按结构和功能分为漏电开关、漏电断路器、漏电继电器、漏电保护插头和插座。漏电保护器按极数还可分为单极、二极、三极和四极等多种。

(4) 接触器

接触器用途广泛,是电力拖动和控制系统中应用最为广泛的一种电器,它可以频繁操作,远距离接触、断开主电路和大容量控制电路。接触器可分为交流接触器和直流接触器两大类。

接触器主要由电磁系统、触头系统和灭弧装置等几部分组成。交流接触器的交流线圈的额定电压有 380 V、220 V 和 48 V 等多种。如图 1-17 所示为几种常见的接触器。

图 1-17 常用接触器

(5) 继电器

继电器是一种自动控制电器,在一定的输入参数下,它受输入端的影响而使输出参数有跳跃式的变化。常用的继电器有中间继电器、热继电器、延时继电器和温度继电器等。如图 1-18 所示为几种常用的继电器。

图 1-18 常用继电器

1.3 机械基础知识

1.3.1 机械的概念

(1) 机器

机器基本上都是由原动部分、传动部分和工作部分组成的。原动部分是机器动力的来源，常用的原动机有电机、内燃机和空气压缩机等。传动部分是把原动部分的运动和动力传递给工作部分的中间环节。工作部分用以完成机器预定的动作，处于整个传动的终端，其结构形式主要取决于机器本身的用途。

机器一般具有以下三个共同的特征：

① 机器是由许多的部件组合而成的。

② 机器中的构件之间具有确定的相对运动。

③ 机器能完成有用的机械功或者实现能量转换。例如，运输机能改变物体的空间位置，而电动机能把电能转换成机械能。

(2) 机构

机构与机器有所不同，机构具有机器的前两个特征，而没有最后一个特征。通常把这些具有确定相对运动构件的组合称为机构。机构和机器的区别是机构的主要功用在于传递或转变运动的形式，而机器的主要功用是为了利用机械能做功或能量转换。

(3) 机械

机械是机器和机构的总称。

1.3.2 运动副

使两物体直接接触而又能产生一定相对运动的联接，称为运动副，如图 1-19 所示。根据运动副中两构件接触形式的不同，运动副可分为低副和高副。

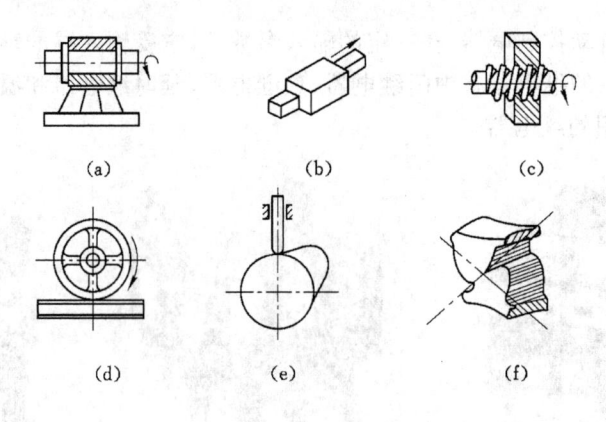

图 1-19 运动副

(a) 转动副；(b) 移动副；(c) 螺旋副；(d) 滚轮副；(e) 凸轮副；(f) 齿轮副

(1) 低副

低副是指两构件之间作面接触的运动副。按两构件的相对运动情况,可分为:
① 转动副:两构件在接触处只允许做相对转动,如图 1-19(a)所示。
② 移动副:两构件在接触处只允许做相对移动,如图 1-19(b)所示。
③ 螺旋副:两构件在接触处只允许做一定关系的转动和移动的复合运动,如图 1-19(c)所示。如由丝杠与螺母组成的运动副。

(2) 高副

高副是指两构件之间作点或线接触的运动副。如图 1-19(d)、(e)、(f)所示的滚轮与轨道、凸轮与推杆及轮齿与轮齿之间的接触均为常用高副。

1.3.3 机械传动

利用机械方式传递动力和运动的传动称为机械传动。

1.3.3.1 分类

机械传动在机械工程中应用非常广泛,有多种形式,主要可分为以下两类:

(1) 靠机件间的摩擦力传递动力和运动的摩擦传动,包括带传动、绳传动和摩擦轮传动等。摩擦传动容易实现无级变速,大都能适应轴间距较大的传动场合,过载打滑还能起到缓冲和保护传动装置的作用,但这种传动一般不能用于大功率的场合,也不能保证准确的传动比。

(2) 靠主动件与从动件啮合或借助中间件啮合传递动力或运动的啮合传动,包括齿轮传动、链传动、螺旋传动和谐波传动等。啮合传动能够用于大功率的场合,传动比准确,但一般要求有较高的制造精度和安装精度。

1.3.3.2 齿轮传动

齿轮传动在建筑机械中应用很广,如施工升降机、塔机、混凝土搅拌机、钢筋切断机和卷扬机等都采用齿轮传动。

齿轮传动是由齿轮副组成的传递运动和动力的一套装置。所谓齿轮副,是由两个相啮合的齿轮组成的基本结构。

(1) 齿轮传动工作原理

齿轮传动由主动轮、从动轮和机架组成。齿轮传动是靠主动轮的轮齿与从动轮的轮齿直接啮合来传递运动和动力的装置。如图 1-20 所示,当一对齿轮相互啮合而工作时,主动轮 O_1 的轮齿 1、2、3、4……通过啮合点法向力的作用逐个地推动从动轮 O_2 的轮齿 $1'$、$2'$、$3'$、$4'$……使从动轮转动,从而将主动轮的动力和运动传递给从动轮。

(2) 传动比

如图 1-20 所示,在一对齿轮中,设主动齿轮的转速为 n_1,齿数为 Z_1,从动齿轮的转速为 n_2,齿数为 Z_2,由于是啮合传动,在单位时间里两轮转过的齿数应相等,即

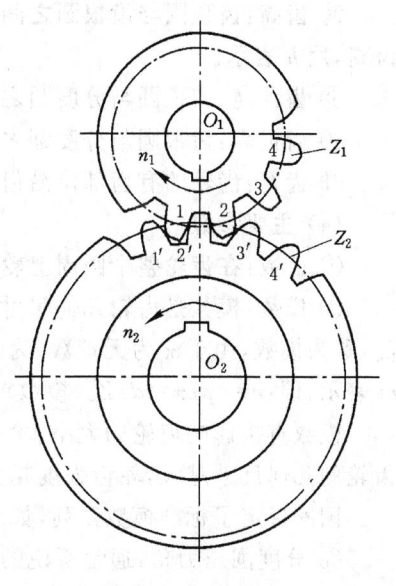

图 1-20 齿轮传动

$Z_1 n_1 = Z_2 n_2$，由此可得一对齿轮的传动比，即：

$$i_{12} = \frac{n_1}{n_2} = \frac{Z_2}{Z_1} \tag{1-6}$$

上式说明一对齿轮的传动比，即主动齿轮与从动齿轮转速（角速度）之比，与其齿数成反比。若两齿轮的旋转方向相同，规定传动比为正；若两齿轮的旋转方向相反，规定传动比为负，则一对齿轮的传动比可写为：

$$i_{12} = \pm \frac{n_1}{n_2} = \pm \frac{Z_2}{Z_1}$$

（3）齿轮各部分名称和符号（图1-21）

① 齿槽：齿轮上相邻两轮齿之间的空间。

② 齿顶圆：通过轮齿顶端所作的圆称为齿顶圆，其直径用 d_a 表示，半径用 r_a 表示。

③ 齿根圆：通过齿槽底所作的圆称为齿根圆，其直径用 d_f 表示，半径用 r_f 表示。

④ 齿厚：一个齿的两侧端面齿廓之间的弧长称为齿厚，用 s 表示。

⑤ 齿槽宽：一个齿槽的两侧端面齿廓之间的弧长称为齿槽宽，用 e 表示。

⑥ 分度圆：齿轮上具有标准模数和标准压力角的圆称为分度圆，其直径用 d 表示，半径用 r 表示。对于标准齿轮，分度圆上的齿厚和槽宽相等。

⑦ 齿距：相邻两齿上同侧端面齿廓之间的弧长称为齿距，用 p 表示，即 $p = s + e$。

⑧ 齿高：齿顶圆与齿根圆之间的径向距离称为齿高，用 h 表示。

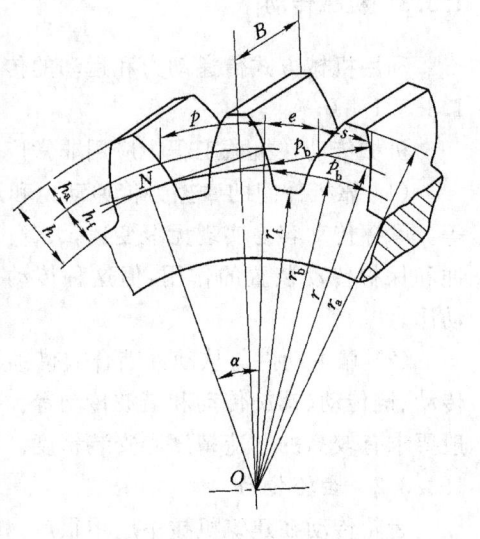

图1-21 齿轮各部分名称和符号

⑨ 齿顶高：齿顶圆与分度圆之间的径向距离称为齿顶高，用 h_a 表示。

⑩ 齿根高：齿根圆与分度圆之间的径向距离称为齿根高，用 h_f 表示。

⑪ 齿宽：齿轮的有齿部位沿齿轮轴线方向量得的齿轮宽度，用 B 表示。

（4）主要参数

① 齿数：在齿轮整个圆周上轮齿的总数称为齿数，用 Z 表示。

② 模数：模数是齿轮几何尺寸计算中最基本的一个参数。齿距除以圆周率 π 所得的商，称为模数，由于 π 为无理数，为了计算和制造上的方便，人为地把 p/π 规定为有理数，用 m 表示，即：$m = p/\pi = d/Z$。模数单位为 mm。

模数直接影响齿轮的大小、轮齿齿形和强度的大小。对于相同齿数的齿轮，模数越大，齿轮的几何尺寸越大，轮齿强度越大，因此承载能力也越大。

国家规定了标准模数系列，如表1-2所列。

③ 分度圆压力角：通常所说的压力角，是指分度圆上的压力角，简称压力角，用 α 表示。国家标准中规定，分度圆上的压力角为标准值，$\alpha = 20°$。

齿廓形状是由齿数、模数和压力角三个因素共同决定的。

表 1-2　　　　　　　　　　　　　　　标准模数系列表

第一系列/mm	0.1	0.12	0.15	0.2	0.25	0.3	0.4	0.5	0.6	0.8
	1	1.25	1.5	2	2.5	3	4	5	6	8
	10	12	16	20	25	32	40	50		
第二系列/mm	0.35	0.7	0.9	1.75	2.25	2.75	(3.25)	3.5	(3.75)	4.5	5.5
	(6.5)	7	8	(11)	14	18	22	28	(30)	36	45

注：本表适用于渐开线圆柱齿轮，对斜齿轮是指法面模数；选用模数时，应优先采用第一系列，其次是第二系列，括号内的模数尽量不用。

（5）齿轮传动的特点

① 齿轮传动之所以得到广泛应用，是因为它具有以下优点：

a. 传动效率高，一般为 95％～98％，最高可达 99％。

b. 结构紧凑、体积小，与带传动相比，外形尺寸大大减小，它的小齿轮与轴做成一体时直径只有 50 mm 左右。

c. 工作可靠，使用寿命长。

d. 传动比固定不变，传递运动准确可靠。

e. 能实现平行轴间、相交轴间及空间相错轴间的多种传动。

② 齿轮传动的缺点：

a. 制造齿轮需要专门的机床、刀具和量具，工艺要求较严，对制造的精度要求高，因此成本较高。

b. 齿轮传动一般不宜承受剧烈的冲击和过载。

c. 不宜用于中心距较大的场合。

（6）齿轮传动的分类

齿轮传动种类很多，可以按不同的方法进行分类：

① 按两齿轮轴线的相对位置，可分为两轴平行、两轴相交和两轴交错三类，见表 1-3。

其中，齿轮齿条传动在施工升降机中得到广泛应用。

② 按润滑方式不同，可分为开式、半开式和闭式三种：

a. 开式齿轮传动的齿轮外露，容易受到尘土侵袭，润滑不良，轮齿容易磨损，多用于低速传动和要求不高的场合。

表 1-3　　　　　　　　　　　　　　　常用齿轮传动的分类

啮合类别		图 例	说 明
两轴平行	外啮合直齿圆柱齿轮传动		1. 轮齿与齿轮轴线平行； 2. 传动时，两轴回转方向相反； 3. 制造最简单； 4. 速度较高时容易引起动载荷和噪声； 5. 对标准直齿圆柱齿轮传动，一般采用的圆周速度为 2～3 m/s

续表 1-3

啮合类别		图 例	说 明
两轴平行	外啮合斜齿圆柱齿轮传动		1. 轮齿与齿轮轴线倾斜成某一角度； 2. 相啮合的两齿轮的齿轮倾斜方向相反，倾斜角大小相同； 3. 传动平稳，噪声小； 4. 工作中会产生轴向力，轮齿倾斜角越大，轴向力越大； 5. 适用于圆周速度较高（$v>2\sim3$ m/s）的场合
	人字齿轮传动		1. 轮齿左右倾斜、方向相反，呈"人"字形，可以消除斜齿轮单向倾斜而产生的轴向力； 2. 制造成本高
	内啮合圆柱齿轮传动		1. 它是外啮轮传动的演变形式，大轮的齿分布在圆柱体内表面，成为内齿轮； 2. 大小齿轮的回转方向相同； 3. 轮齿可制成直齿，也可制成斜齿。当制成斜齿时，两轮轮齿倾斜方向相同，倾斜角大小相等
	齿轮齿条传动		1. 这种传动相当于大齿轮直径为无穷大的外啮合圆柱齿轮传动； 2. 齿轮做旋转运动，齿条做直线运动； 3. 轮齿一般是直齿，也有制成斜齿的
两轴相交	直齿锥齿轮传动		1. 轮齿排列在圆锥体表面上，其方向与圆锥的母线一致； 2. 一般用在两轴线相交成 90°、圆周速度小于 2 m/s 的场合
	曲齿锥齿轮传动		1. 轮齿是弯曲的，同时啮合的齿数比直齿圆锥齿轮多，啮合过程不易产生冲击，传动较平稳，承载能力较强，在高速和大功率的传动中广泛应用； 2. 设计加工比较困难，需要专用机床加工，轴向推力较大
两轴交错	螺旋齿轮传动		1. 单个齿轮为斜齿圆柱齿轮，当交错轴间夹角为 0°时，即成为外啮合斜齿圆柱齿轮传动； 2. 相应地改变两个斜齿轮的螺旋角，即可组成轴间夹角为任意值（0°～90°）的螺旋齿轮传动； 3. 螺旋齿轮传动承载能力较小，且磨损较严重

续表 1-3

啮合类别	图例	说明
两轴交错	蜗杆蜗轮传动	1. 蜗杆蜗轮传动是一种常用的大传动比机械传动； 2. 蜗杆蜗轮传动由蜗杆和蜗轮组成，传递两交错轴之间的运动和动力，两轴交错角通常为 90°；一般以蜗杆为主动件，蜗轮为从动件；蜗杆有左旋、右旋之分，一般为右旋； 3. 蜗杆蜗轮传动的主要特点是工作平稳、噪声小，蜗杆螺旋角小时可具有自锁作用，但传动效率低，价格比较昂贵

b. 半开式齿轮传动装有简易防护罩，有时还浸入油池中，这样可较好地防止灰尘侵入。由于磨损仍比较严重，所以一般只用于低速传动的场合。

c. 闭式齿轮传动是将齿轮安装在刚性良好的密闭壳体内，并将齿轮浸入一定深度的润滑油中，以保证有良好的工作条件，适用于中速及高速传动的场合。

(7) 齿轮传动的失效形式

齿轮传动过程中，如果轮齿发生折断、齿面损坏等现象，则轮齿就失去了正常的工作能力，称为失效。失效的原因及避免措施见表 1-4。

表 1-4　　　　　　　　齿轮失效的原因及避免措施

失效形式 比较项目	轮齿折断	齿面点蚀	齿面胶合	齿面磨损	齿面塑性变形
引起原因	短时意外的严重过载 超过弯曲疲劳极限	很小的面接触、循环变化就会使齿面表层产生细微的疲劳裂纹，微粒剥落而形成麻点	高速重载、啮合区温度升高引起润滑失效，齿面金属直接接触并相互粘连，较软的齿面被撕下而形成沟纹	接触表面间有较大的相对滑动，产生滑动摩擦	低速重载、齿面压力过大
部位	齿根部分	靠近节线的齿根表面	轮齿接触表面	轮齿接触表面	轮齿
避免措施	选择适当的模数和齿宽，采用合适的材料及热处理方法，降低表面粗糙度，降低齿根弯曲应力	提高齿面硬度	提高齿面硬度，降低表面粗糙度，采用黏度大和抗胶合性能好的润滑油	提高齿面硬度，降低表面粗糙度，改善润滑条件，加大模数，尽可能用闭式齿轮传动结构代替开式齿轮传动结构	减小载荷，减小启动频率

常见的轮齿失效形式有轮齿折断、齿面点蚀、齿面胶合、齿面磨损和齿面塑性变形等。如图 1-22 所示为常见的轮齿失效形式。

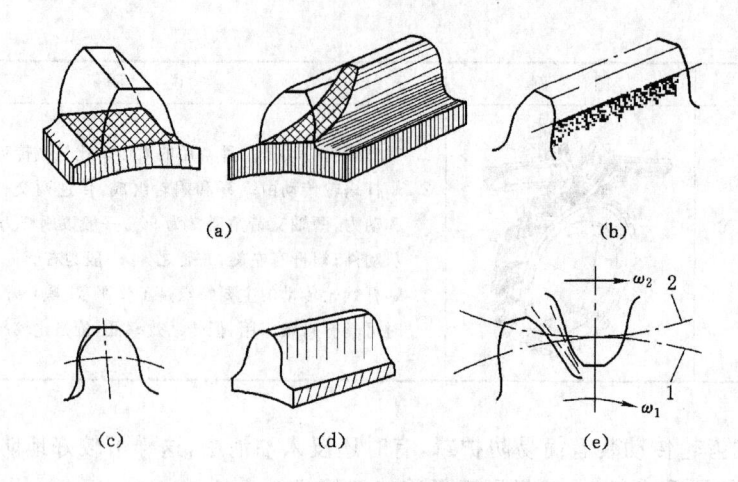

图 1-22 常见的轮齿失效形式
(a) 轮齿折断；(b) 齿面点蚀；(c) 齿面胶合；(d) 齿面磨损；(e) 齿面塑性变形

施工升降机的齿轮齿条传动由于润滑条件差，灰尘、脏物等研磨性微粒易落在齿面上，轮齿磨损快，且齿根产生的弯曲应力大，因此，齿面磨损和齿根折断是施工升降机齿轮齿条传动的主要失效形式。

(8) 几种常见的齿轮传动

① 直齿圆柱齿轮传动

a. 啮合条件

两齿轮的模数和压力角分别相等。

b. 中心距

一对标准直齿圆柱齿轮传动，由于分度圆上的齿厚和齿槽宽相等，所以两齿轮的分度圆相切，且做纯滚动，此时两分度圆与其相应的节圆重合，则标准中心距为：

$$a = r_1 + r_2 = \frac{m(Z_1 + Z_2)}{2} \tag{1-7}$$

式中 a——标准中心距；

r_1, r_2——齿轮的半径；

m——齿轮的模数；

Z_1, Z_2——齿轮的齿数。

② 斜齿圆柱齿轮传动

a. 斜齿圆柱齿轮齿面的形成

斜齿圆柱齿轮是齿线为螺旋线的圆柱齿轮。斜齿圆柱齿轮的齿面制成渐开螺旋面。渐开螺旋面的形成，是一平面(发生面)沿着一个固定的圆柱面(基圆柱面)做纯滚动时，此平面上的一条以恒定角度与基圆柱的轴线倾斜交错的直线在空间内的轨迹曲面，如图 1-23 所示。

当其恒定角度 $\beta = 0°$ 时，则为直齿圆柱渐开螺旋面齿轮(简称直齿圆柱齿轮)；当 $\beta \neq 0°$ 时，则为斜齿圆

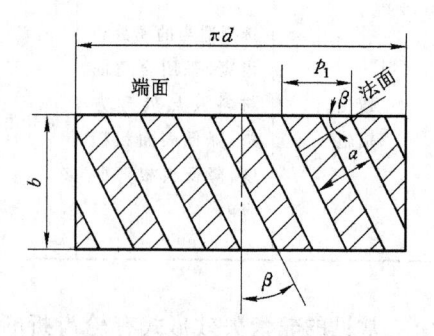

图 1-23 斜齿轮展开图

柱渐开螺旋面齿轮(简称斜齿圆柱齿轮)。

b. 斜齿圆柱齿轮传动的特点

斜齿圆柱齿轮传动与直齿圆柱齿轮传动一样,仅限于传递两平行轴之间的运动;齿轮承载能力强,传动平稳,可以得到更加紧凑的结构;但在运转时会产生轴向推力。

③ 齿条传动

齿条传动主要用于把齿轮的旋转运动变为齿条的直线往复运动,或把齿条的直线往复运动变为齿轮的旋转运动。

a. 齿条传动的形成

如图 1-24 所示,在两标准渐开线齿轮传动中,当其中一个齿轮的齿数无限增加时,分度圆变为直线,称为基准线。此时齿顶圆、齿根圆和基圆也同时变为与基准线平行的直线,并分别叫齿顶线、齿根线。这时齿轮中心移到无穷远处。同时,基圆半径也增加到无穷大。这种齿数趋于无穷多的齿轮的一部分就是齿条。因此,齿条是具有一系列等距离分布齿的平板或直杆。

图 1-24 齿条传动

b. 齿条传动的特点

由于齿条的齿廓是直线,所以齿廓上各点的法线是平行的。在传动时齿条做直线运动,齿条上各点的速度的大小和方向都一致。齿廓上各点的齿形角都相等,其大小等于齿廓的倾斜角,即齿形角 $\alpha=20°$。

由于齿条上各齿同侧的齿廓是平行的,所以不论在基准线上(中线上)、齿顶线上,还是与基准线平行的其他直线上,齿距都相等,即 $p=\pi m$。

④ 蜗杆传动

蜗杆传动是一种常用的齿轮传动形式,其特点是可以实现大传动比传动,广泛应用于机床、仪器、起重运输机械及建筑机械中。

如图 1-25 所示,蜗杆传动由蜗杆和蜗轮组成,传递两交错轴之间的运动和动力,一般以蜗杆为主动件,蜗轮为从动件。通常,工程中所用的蜗杆是阿基米得蜗杆,它的外形很像一根具有梯形螺纹的螺杆,其轴向截面类似于直线齿廓的齿条。蜗杆有左旋、右旋之分,一般为右旋。蜗杆传动的主要特点是:

a. 传动比大。蜗杆与蜗轮的运动相当于一对螺旋副的运动,其中蜗杆相当于螺杆,蜗轮相当于螺母。设蜗杆螺纹头数为 Z_1,蜗轮齿数为 Z_2。在啮合中,若蜗杆螺纹头数 $Z_1=1$,则蜗杆回转一周蜗轮只转过一个齿,即转过 $1/Z_2$ 转;若蜗杆头数 $Z_1=2$,则蜗轮转过 $2/Z_2$ 转,由此可得蜗杆蜗轮的传动比:

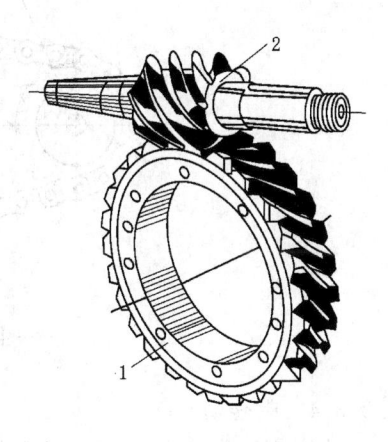

图 1-25 蜗杆蜗轮传动
1——蜗轮;2——蜗杆

$$i=\frac{n_1}{n_2}=\frac{Z_2}{Z_1}$$

b. 蜗杆的头数 Z_1 很少,仅为 1~4,而蜗轮齿数 Z_2 却可以很多,所以能获得较大的传动比。单级蜗杆传动的传动比一般为 8～60,分度机构的传动比可达 500 以上。

　　c. 工作平稳、噪声小。

　　d. 具有自锁作用。当蜗杆的螺旋升角 λ 小于 6°时(一般为单头蜗杆),无论在蜗轮上加多大的力都不能使蜗杆转动,而只能由蜗杆带动蜗轮转动。这一性质对某些起重设备很有意义,可利用蜗轮蜗杆的自锁作用使重物吊起后不会自动落下。

　　e. 传动效率低。一般阿基米得单头蜗杆传动效率为 0.7～0.9。当传动比很大、蜗杆螺旋升角很小时,效率甚至在 0.5 以下。

　　f. 价格昂贵。蜗杆蜗轮啮合齿面间存在相当大的相对滑动速度,为了减小蜗杆蜗轮之间的摩擦、防止发生胶合,蜗轮一般需采用贵重的有色金属来制造,加工也比较复杂,这就提高了制造成本。

1.3.3.3　链传动

　　链传动是由主动链轮、链条和从动链轮组成的,如图 1-26 所示。链轮具有特定的齿形,链条套装在主动链轮和从动链轮上。工作时,通过链条的链节与链轮轮齿的啮合来传递运动和动力。链传动具有下列特点:

　　(1) 链传动结构较带传动紧凑,过载能力大;

　　(2) 链传动有准确的平均传动比,无滑动现象,但传动平稳性差,工作时有噪声;

　　(3) 作用在轴和轴承上的载荷较小;

　　(4) 可在温度较高、灰尘较多、湿度较大的不良环境下工作;

　　(5) 低速时能传递较大的载荷;

　　(6) 制造成本较高。

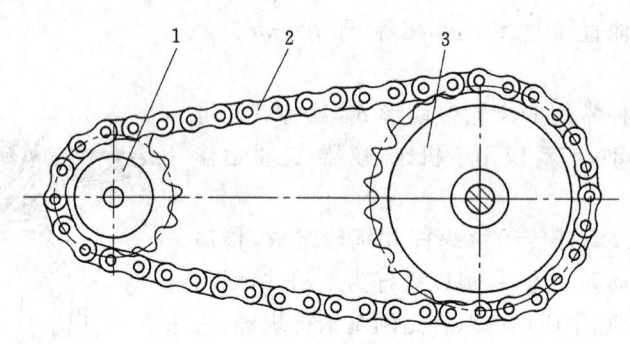

图 1-26　链传动
1——主动链轮;2——链条;3——从动链轮

1.3.3.4　带传动

　　带传动是由主动轮、从动轮和传动带组成的,靠带与带轮之间的摩擦力来传递运动和动力,如图 1-27 所示。

　　(1) 带传动的特点

　　与其他传动形式相比较,带传动具有以下特点:

　　① 由于传动带具有良好的弹性,所以能缓和冲击、吸收振动,传动平稳,无噪声。但因带传动存在滑动现象,所以不能保证恒定的传动比。

　　② 传动带与带轮是通过摩擦力传递运动和动力的,因此过载时,传动带在轮缘上会打

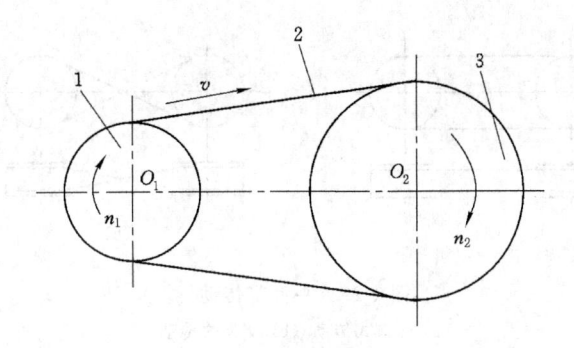

图 1-27 带传动
1——主动带轮；2——传动带；3——从动带轮

滑，从而可以避免损坏其他零件，起到安全保护的作用。但传动效率较低，带的使用寿命短，轴、轴承承受的压力较大。

③ 适宜用在两轴中心距较大的场合，但外轮廓尺寸较大。

④ 结构简单，制造、安装、维护方便，成本低，但不适用于高温、有易燃易爆物质的场合。

(2) 带传动的类型

带传动可分为平型带传动、V 型带传动和同步齿形带传动等，如图 1-28 所示。

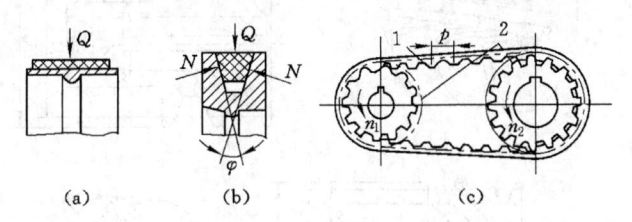

图 1-28 带传动的类型
(a) 平型带传动；(b) V 型带传动；(c) 同步齿形带传动
1——节线；2——节圆

① 平型带传动

平型带的横截面为矩形，已标准化。常用的有橡胶帆布带、皮革带、棉布带和化纤带等。平型带传动主要用于两带轮轴线平行的传动，其中有开口式传动和交叉式传动等。如图 1-29 所示，开口式传动两带轮转向相同，应用较多；交叉式传动两带轮转向相反，传动带容易受到磨损。

② V 型带传动

V 型带传动又称三角带传动，较之平型带传动的优点是传动带与带轮之间的摩擦力较大，不易打滑；在电动机额定功率允许的情况下，要增加传递功率只要增加传动带的根数即可。V 型带传动常用的有普通 V 型带传动和窄 V 型带传动两类，常用普通 V 型带传动。

对 V 型带轮的基本要求是：质量轻且分布均匀，有足够的强度，安装时对中性良好，无铸造和焊接所引起的内应力。带轮的工作表面应经过加工，使之表面光滑以减少胶带的磨损。

带轮常用铸铁、钢、铝合金或工程塑料等制成。带轮由轮缘、轮毂和轮辐三部分组成，如

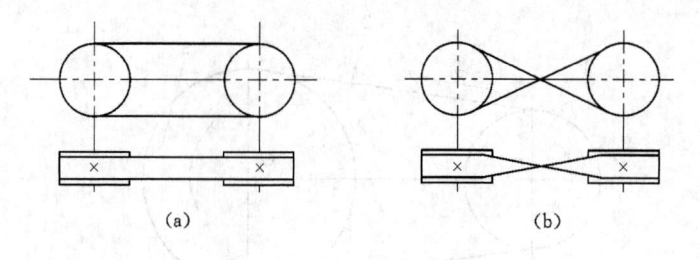

图 1-29 平型带传动
(a) 开口式传动；(b) 交叉式传动

图 1-30 所示。轮缘上有带槽，它是与 V 型带直接接触的部分，槽数和槽的尺寸应与所选 V 型带的根数和型号相对应。轮毂是带轮与轴配合的部分，轮毂孔内一般有键槽，以便用键将带轮和轴连接在一起。轮辐是连接轮缘与轮毂的部分，其形式根据带轮直径大小选择。当带轮直径很小时，只能做成实心式，如图 1-30(a)所示；中等直径的带轮做成腹板式，如图 1-30(b)所示；直径大于 300 mm 的带轮常采用轮辐式，如图 1-30(c)所示。

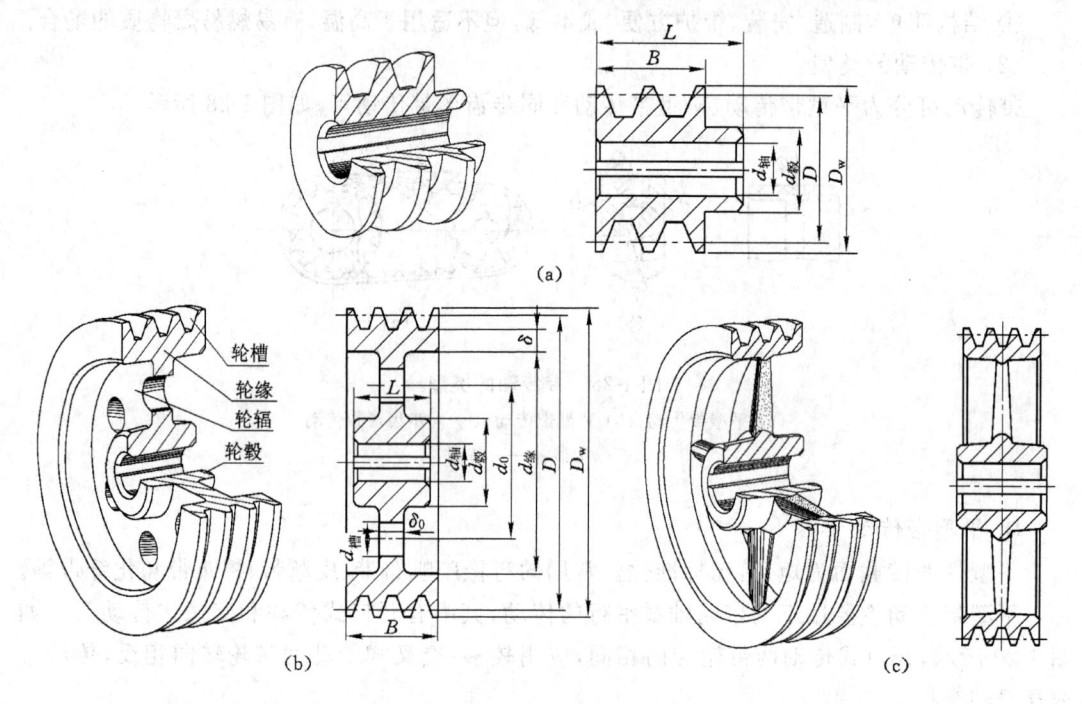

图 1-30 带轮
(a) 实心式；(b) 腹板式；(c) 轮辐式

V 型带传动的安装、使用和维护是否得当，会直接影响传动带的正常工作和使用寿命。在安装带轮时，要保证两轮中心线平行，其端面与轴的中心线垂直，主、从动轮的轮槽必须在同一平面内，带轮安装在轴上不得晃动。

选用 V 型带时，型号和计算长度不能搞错。若 V 型带型号大于轮槽型号，会使 V 型带高出轮槽，使接触面减小，降低传动能力；若小于轮槽型号，将使 V 型带底面与轮槽底面接触，从而失去 V 型带传动摩擦力大的优点。

安装V型带时应有合适的张紧力,在中等中心距的情况下,用大拇指按下 1.5 cm 即可;同一组V型带的实际长短相差不宜过大,否则易造成受力不均匀现象,以致降低整个机构的工作能力。V型带在使用一段时间后,由于长期受拉力作用会产生永久变形,使长度增加而造成V型带松弛,甚至不能正常工作。

为了使V型带保持一定的张紧程度和便于安装,常把两带轮的中心距做成可调整的(图 1-31),或者采用张紧装置(图 1-32)。没有张紧装置时,可将V型带预加张紧力增大到 1.5 倍,当胶带工作一段时间后,由于总长度有所增加,张紧力就合适了。

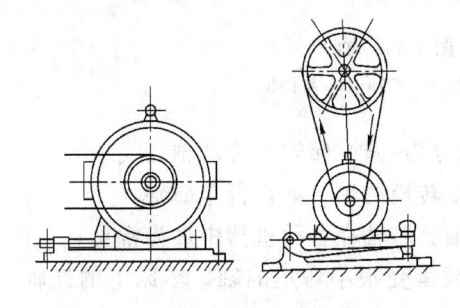

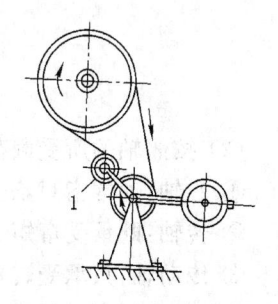

图 1-31　调整中心距的方法　　　　图 1-32　应用张紧轮的方法
　　　　　　　　　　　　　　　　　　　　1——张紧轮

V型带经过一段时间使用后,如发现不能使用时要及时更换,且不允许新旧带混合使用,以免造成载荷分布不均。更换下来的V型带如果其中有的仍能继续使用,可在使用寿命相近的V型带中挑选长度相等的进行组合。

③ 同步齿形带传动

同步齿形带传动是一种啮合传动,依靠带内周的等距横向齿与带轮相应齿槽间的啮合来传递运动和动力,如图 1-33 所示。同步齿形带传动工作时带与带轮之间无相对滑动,能保证准确的传动比;传动效率可达 0.98;传动比较大,可达 12～20;允许带速可高至 50 m/s。但同步齿形带传动的制造要求较高,安装时对中心距有严格要求,价格较贵。同步齿形带传动主要用于要求传动比准确的中、小功率传动中。

图 1-33　同步齿形带传动

(3) 带传动的维护

为了延长使用寿命,保证正常运转,须正确使用与维护。带传动在安装时,必须使两带轮轴线平行、轮槽对正,否则会加剧磨损。安装时应缩小轴距后套上,然后调整。严防与矿物油、酸、碱等腐蚀性介质接触,也不宜在阳光下曝晒。如有油污可用温水或 1.5% 的稀碱溶液洗净。

1.3.4　轴

轴是组成机器中的最基本的和最主要的零件,一切做旋转运动的传动零件,都必须安装在轴上才能实现旋转和传递动力。

1.3.4.1　常用轴的种类和应用特点

(1) 按照轴的轴线形状不同,可以把轴分为曲轴[图 1-34(a)]和直轴[图 1-34(b)、(c)]

两大类。曲轴可以将旋转运动改变为往复直线运动或者做相反的运动转换。直轴应用最为广泛,按照其外形不同,又可分为光轴和阶梯轴两种。

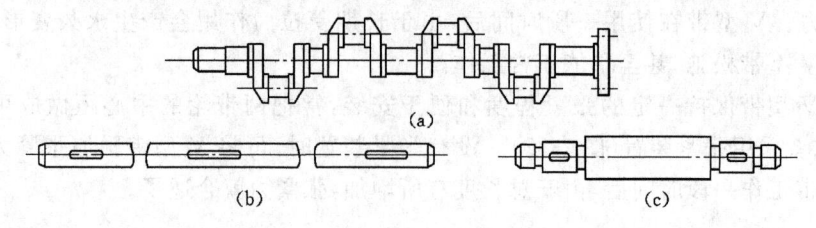

图 1-34 轴
(a)曲轴;(b)光轴;(c)阶梯轴

(2)按照轴的所受载荷不同,可将轴分为心轴、转轴和传动轴三类。

① 心轴:通常指只承受弯矩而不承受转矩的轴。如自行车前轴。

② 转轴:既承受弯矩又承受转矩的轴。转轴在各种机器中最为常见。

③ 传动轴:只承受转矩不承受弯矩或承受很小弯矩的轴。车床上的光轴、连接汽车发动机输出轴和后桥的轴,均是传动轴。

1.3.4.2 轴的结构

轴主要由轴颈、轴头、轴身、轴肩和轴环构成,如图 1-35 所示。

(1)轴颈是指轴与轴承配合的轴段。轴颈的直径应符合轴承的内径系列。

(2)轴头是指支撑传动零件的轴段。轴头的直径必须与相配合零件的轮毂内径一致,并符合轴的标准直径系列。

(3)轴身是指连接轴颈和轴头的轴段。

(4)轴肩和轴环是阶梯轴上截面变化之处。

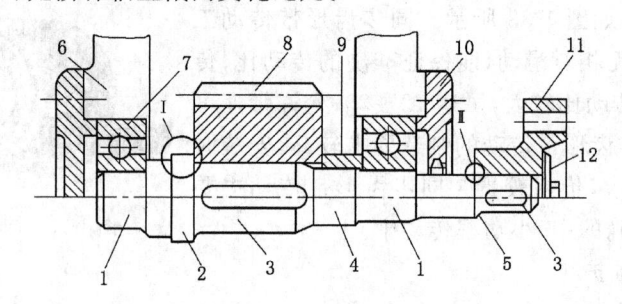

图 1-35 轴的结构
1——轴颈;2——轴环;3——轴头;4——轴身;5——轴肩;6——轴承座;7——滚动轴承;
8——齿轮;9——套筒;10——轴承盖;11——联轴器;12——轴端挡阻

1.3.5 轴承

1.3.5.1 轴承的功用和类型

(1)轴承功用

轴承是机器中用来支承轴和轴上零件的重要零部件,它能保证轴的旋转精度、减小转动时轴与支承间的摩擦和磨损。

(2) 轴承的类型和特点

根据工作时摩擦性质不同,轴承可分为滑动轴承和滚动轴承;按所受载荷方向不同,可分为向心轴承、推力轴承和向心推力轴承。

1.3.5.2 滑动轴承

滑动轴承一般由轴承座、轴瓦(或轴套)、润滑装置和密封装置等部分组成,如图1-36所示。

根据轴承所受载荷方向不同,可分为向心滑动轴承、推力滑动轴承和向心推力滑动轴承。

1.3.5.3 滚动轴承

滚动轴承由内圈、外圈、滚动体和保持架组成,如图1-37所示,一般内圈装在轴颈上,外圈装在轴承座孔内。内外圈上设置有滚道,当内外圈相对旋转时,滚动体沿着滚道滚动。滚动体是滚动轴承的主体,常见形状有球形和滚子形(圆柱形滚子、圆锥形滚子、鼓形滚子等)。保持架的作用是分隔开两个相邻的滚动体,以减少滚动体之间的碰撞和磨损。按滚动体形状不同,滚动轴承可分为球轴承[图1-37(a)]和滚子轴承[图1-37(b)]两大类。

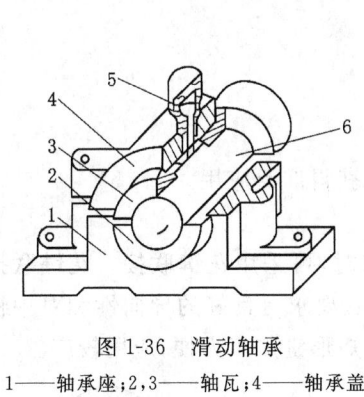

图1-36 滑动轴承
1——轴承座;2,3——轴瓦;4——轴承盖;5——润滑装置;6——轴颈

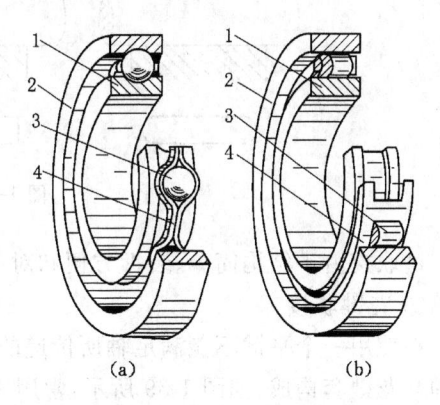

图1-37 滚动轴承构造
(a)球轴承;(b)滚子轴承
1——内圈;2——外圈;3——滚动体;4——保持架

滚动轴承与滑动轴承相比,有以下优点:

(1) 滚动轴承的摩擦阻力小,因此功率损耗小,机械效率高,发热少,不需要大量的润滑油来散热,易于维护和启动。

(2) 常用的滚动轴承已标准化,可直接选用,而滑动轴承一般均需自制。

(3) 对于同样大的轴颈,滚动轴承的宽度比滑动轴承小,可使机器的轴向结构紧凑。

(4) 有些滚动轴承可同时承受径向和轴向两种载荷,这就简化了轴承的组合结构。

(5) 滚动轴承不需用有色金属,对轴的材料和热处理要求不高。

滚动轴承亦存在一些缺点,主要有:

(1) 承受冲击载荷的能力较差;

(2) 运转不够平稳,有轻微的振动;

(3) 不能剖分装配,只能轴向整体装配;

(4) 径向尺寸比滑动轴承大。

1.3.6 键销联接

(1) 键联接

键联接是用键将轴和轮毂联接成一体的联接方式。在各种机器上有很多转动零件,如齿轮、带轮、蜗轮、凸轮等,这些轮毂和轴大多数采用键联接或花键联接。键联接是一种应用很广泛的可拆联接,主要用于轴与轴上零件的周向相对固定,以传递运动或转矩。

① 平键联接

平键联接装配时先将键放入轴的键槽中,然后推上零件的轮毂,构成平键联接,如图1-38所示。平键联接时,键的上顶面与轮毂键槽的底面之间留有间隙,而键的两侧面与轴、轮毂键槽的侧面配合紧密,工作时依靠键和键槽侧面的挤压来传递运动和转矩,因此平键的侧面为工作面。

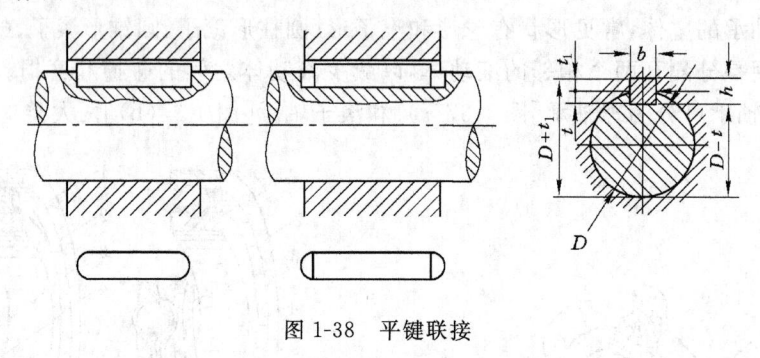

图 1-38 平键联接

键联接由于结构简单、装拆方便和对中性好,因此获得广泛应用。

② 花键联接

在使用一个平键不能满足轴所传递的扭矩的要求时,可采用花键联接。花键联接由花键轴与花键套构成,如图1-39所示,常用于传递大扭矩、要求有良好的导向性和对中性的场合。花键的齿形有矩形、三角形和渐开线齿形等三种,矩形键加工方便,应用较广。

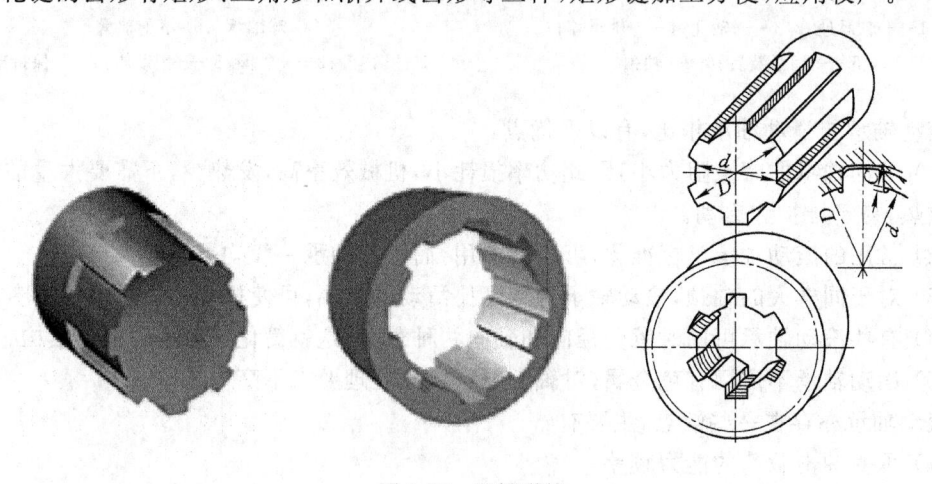

图 1-39 花键联接

③ 半圆键联接

半圆键的上表面为平面,下表面为半圆形弧面,两侧面互相平行。半圆键联接也是靠两侧工作面传递转矩的,如图 1-40 所示。

其特点能自动适应零件轮毂槽底的倾斜,使键受力均匀,主要用于轴端传递转矩不大的场合。

(2) 销联接

销联接用来固定零件间的相互位置,构成可拆

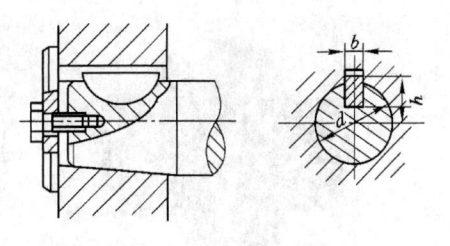

图 1-40 半圆键联接

联接,也可用于轴和轮毂或其他零件的联接以传递较小的载荷;有时还用做安全装置中的过载剪切元件。

销是标准件,其基本类型有圆柱销和圆锥销两种。圆柱销联接不宜经常装拆,否则会降低定位精度或联接的紧固性,如图 1-41 所示。圆锥销有 1∶50 的锥度,小头直径为标准值。圆锥销易于安装,定位精度高于圆柱销,如图 1-42 所示。圆柱销和圆锥销孔均需铰制。铰制的圆柱销孔直径有四种不同配合精度,可根据使用要求选择。

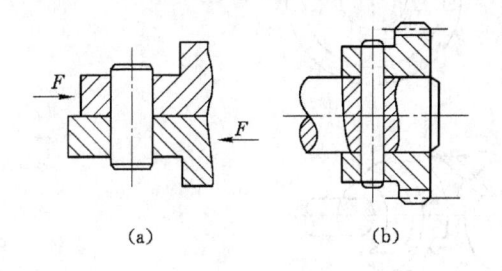

图 1-41 圆柱销

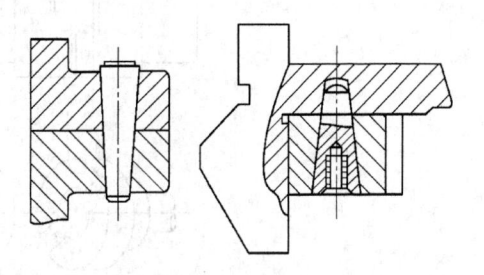

图 1-42 圆锥销

销的类型按工作要求选择。用于联接的销,可根据联接的结构特点按经验确定直径,必要时再作强度校核;定位销一般不受载荷或受很小载荷,其直径按结构确定,数目不得少于两个;安全销直径按销的剪切强度进行计算。

1.3.7 联轴器

联轴器用于轴与轴之间的联接,按性能可分为刚性联轴器和弹性联轴器两大类。

(1) 刚性联轴器

刚性联轴器是通过若干刚性零件将两轴联接在一起,可分固定式(图 1-43)和可移式(图 1-44)两种。固定式刚性联轴器,虽然不具有补偿性能,但有结构简单、制造容易、不需维护、成本低等特点,仍有其应用范围。可移式刚性联轴器具有补偿两轴相对位移的能力。

(2) 弹性联轴器

弹性联轴器种类繁多,它具有缓冲吸振以及可补偿较大的轴向位移、微量的径向位移和角位移的特点,用在正反向变化多、启动频繁的高速轴上。如图 1-45 所示是一种常见的弹性联轴器。

(3) 安全联轴器

安全联轴器有一个只能承受限定载荷的保险环节,当实际载荷超过限定的载荷时,保险环节就发生变化,截断运动和动力的传递,从而保护机器的其余部分不致损坏。

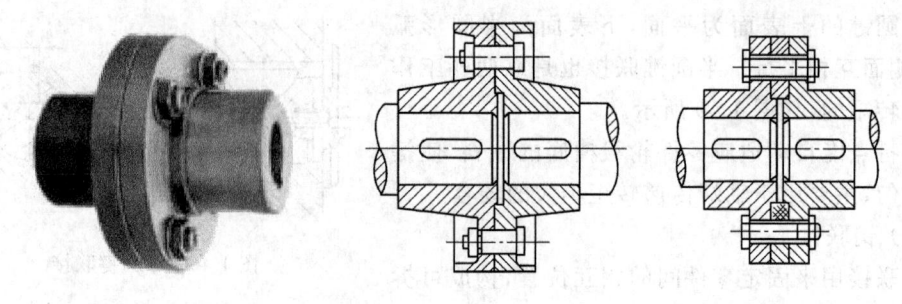

图 1-43 刚性联轴器

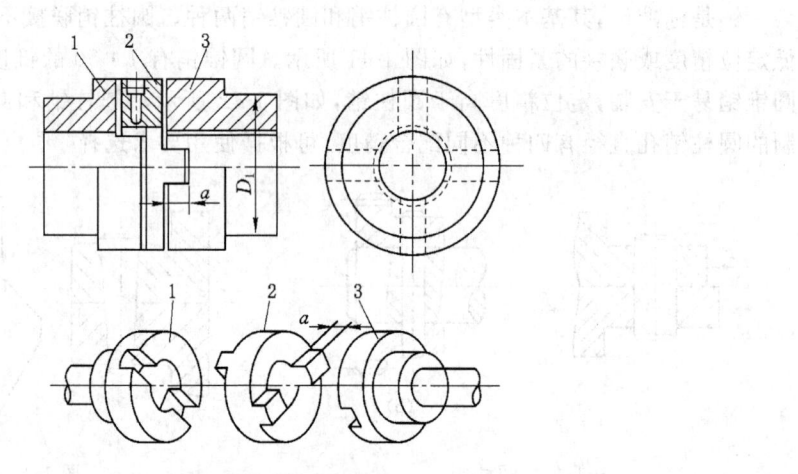

图 1-44 十字滑块联轴器
1,3——半联轴器；2——滑块

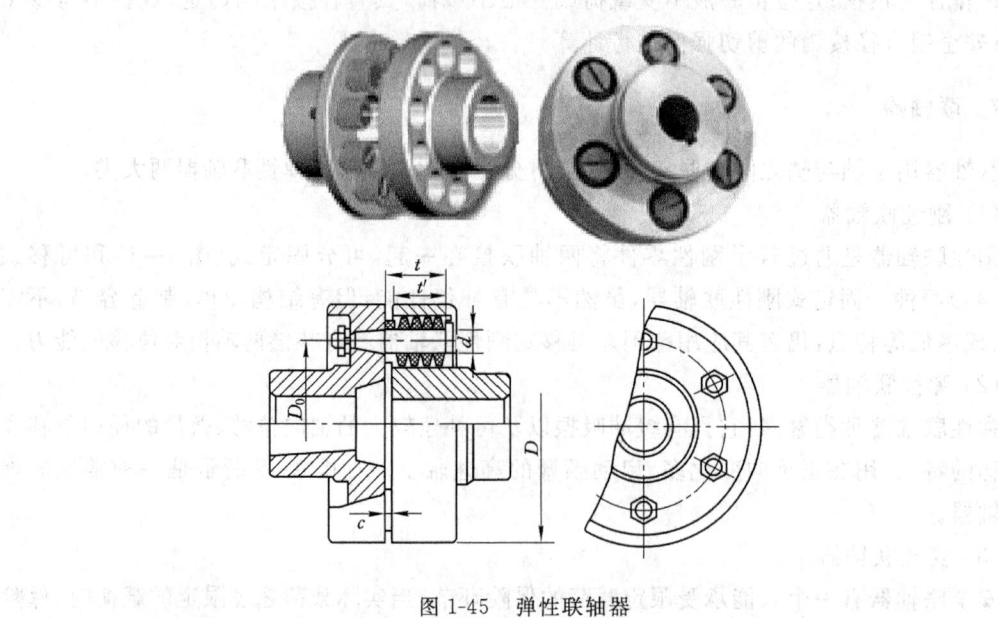

图 1-45 弹性联轴器

1.3.8 制动器

制动器是用于机构或机器减速或使其停止的装置,是各类起重机械不可缺少的组成部分,它既是起重机的控制装置,又是安全装置。其工作原理是:制动器摩擦副中的一组与固定机架相连,另一组与机构转动轴相连,当摩擦副接触压紧时,产生制动作用;当摩擦副分离时,制动作用解除,机构可以运动。

1.3.8.1 制动器的分类

(1) 根据构造不同,制动器可分为以下三类:

① 带式制动器。制动钢带在径向环抱制动轮而产生制动力矩。

② 块式制动器。两个对称布置的制动瓦块,在径向抱紧制动轮而产生制动力矩。

③ 盘式与锥式制动器。带有摩擦衬料的盘式和锥式金属盘,在轴向互相贴紧而产生制动力矩。

(2) 按工作状态,制动器一般可分为常闭式制动器和常开式制动器。

① 常闭式制动器。在机构处于非工作状态时,制动器处于闭合制动状态;在机构工作时,操纵机构先行自动松开制动器。施工升降机的驱动系统、塔机的起升和变幅机构均采用常闭式制动器。

② 常开式制动器。制动器平常处于松开状态,需要制动时通过机械或液压机构来完成。塔机的回转机构采用常开式制动器。

1.3.8.2 常用制动器的工作原理

建筑机械最常用的是液压推杆制动器(图1-46)和电磁制动器(图1-47)。无论是液压推杆制动器还是电磁制动器,其原理基本相同,采用弹簧上闸,而松闸装置如液压电磁推杆则布置在制动器的旁侧,通过杠杆系统与制动臂联系实现松闸。

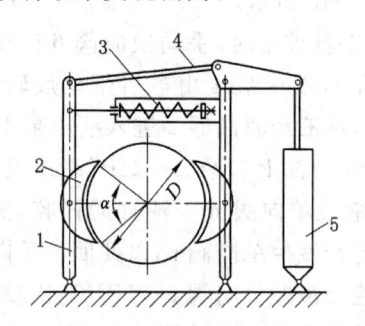

图 1-46 液压推杆制动器

1——制动臂;2——制动瓦块;3——上闸弹簧;4——杠杆;5——液压电磁推杆松闸器

1.3.8.3 制动器的报废

制动器的零件有下列情况之一的,应予以报废:

(1) 有可见裂纹;

(2) 制动块摩擦衬垫磨损量达原厚度的50%;

(3) 制动轮表面磨损量达1.5~2 mm;

(4) 弹簧出现塑性变形;

(5) 电磁铁杠杆系统空行程超过其额定行程的10%。

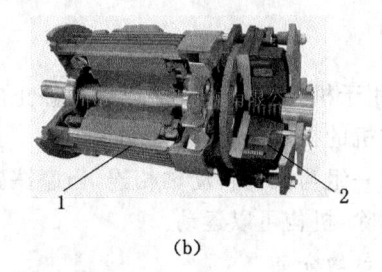

图 1-47 电磁制动器
(a) 电磁块式制动器；(b) 盘式电磁制动器
1——三相异步电动机；2——盘式电磁制动器

1.4 液压传动基础知识

1.4.1 液压传动的基本原理

液压系统利用液压泵将机械能转换为液体的压力能，再通过各种控制阀和管路的传递，借助液压执行元件（缸或马达）把液体压力能转换为机械能，从而驱动工作机构，实现直线往复运动或回转运动。

SSD型施工升降机（曳引机上置式）升降套架液压顶升机构，是一个简单、完整的液压传动系统，其工作原理如图1-48所示。

推动油缸活塞杆伸出时，手动换向阀6处于上升位置（图示左位），液压泵4由电机带动旋转后，从油箱1中吸油，油液经滤油器2进入液压泵4，由液压泵4转换成压力油P口→A→HP（高压胶管）7→节流阀12→液控单向阀m→油缸无杆腔，推动缸筒上升，同时打开液控单向阀n，以便回油反向流动。回油：有杆腔→液控单向阀n→HP（高压胶管）7→手动换向阀B口→T口→油箱。

推动油缸活塞杆收缩时，手动换向阀6处于下降位置（图示右位），压力油P口→B→HP（高压胶管）7→液控单向阀n→油缸有杆腔，同时压力油也打开液控单向阀m，以便回油反向流动。回油：油缸无杆腔→液控单向阀m→HP（高压胶管）7→手动换向阀A口→T口→油箱。

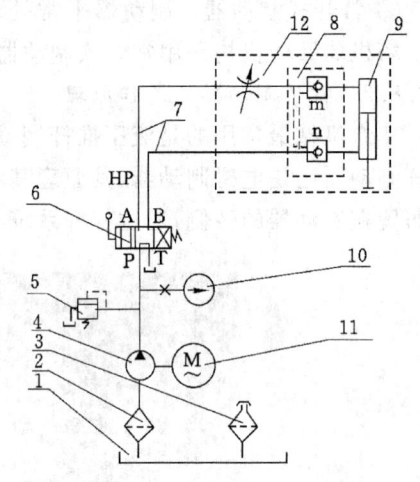

图 1-48 液压系统原理图
1——油箱；2——滤油器；
3——空气滤清器；4——液压泵；
5——溢流阀；6——手动换向阀；
7——HP（高压胶管）；8——双向液压锁；
9——顶升油缸；10——压力表；
11——电机；12——节流阀

卸荷：手动换向阀6处于中间位置。电机11启动，油泵4工作，油液经滤油器2进入油泵4，再到换向阀6中间位置P→T回到油箱1，此时系统处于卸荷状态。

1.4.2 液压系统的主要元件

(1) 动力元件

动力元件供给液压系统压力,并将原动机输出的机械能转换为油液的压力能,从而推动整个液压系统工作。最常用的是液压泵,它给液压系统提供压力。

液压泵一般有齿轮泵、叶片泵和柱塞泵等几个种类。其中柱塞泵是靠柱塞在液压缸中往复运动造成容积变化来完成吸油与压油的。轴向柱塞泵是柱塞中心线互相平行于缸体轴线的一种泵,有斜盘式和斜轴式两类。斜盘式的缸体与传动轴在同一轴线上,斜盘与传动轴成一倾斜角,它可以是缸体转动,也可以是斜盘转动,如图1-49(a)所示。斜轴式的则为缸体相对传动轴轴线成一倾斜角,如图1-49(b)所示。轴向柱塞泵具有结构紧凑、径向尺寸小、惯性小、容积效率高、压力高等优点,然而轴向尺寸大,结构也比较复杂。轴向柱塞泵在高工作压力的设备中应用很广。

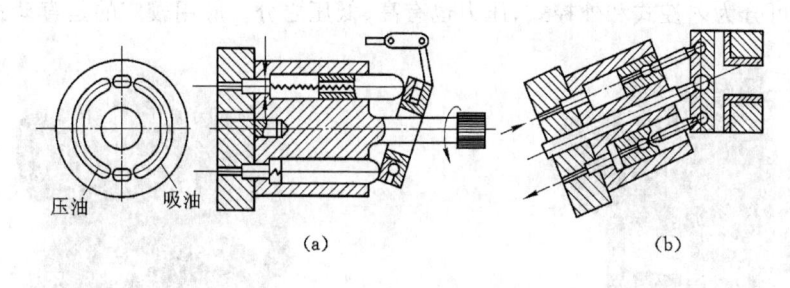

图 1-49 柱塞泵工作原理图
(a) 斜盘式;(b) 斜轴式

(2) 执行元件

执行元件是把液压能转换成机械能的装置,以驱动工作部件运动。最常用的是液压缸或液压马达。

① 液压缸一般用于实现往复直线运动或摆动,将液压能转换为机械能,是液压系统中的执行元件。

② 液压马达也是将压力能转换成机械能的转换装置。与液压油缸不同的是,液压马达是以转动的形式输出机械能。液压马达有齿轮式、叶片式和柱塞式之分。

液压马达和液压泵从原理上讲,它们是可逆的。当电动机带动其转动时由其输出压力能(压力和流量),即为液压泵;反之,当压力油输入其中,由其输出机械能(转矩和转速),即为液压马达。

(3) 控制元件

控制元件包括各种阀类,如压力阀、流量阀和方向阀等,用来控制液压系统的液体压力、流量(流速)和方向,以保证执行元件完成预期的工作运动。

① 双向液压锁

双向液压锁广泛应用于工程机械及各种液压装置的保压油路中,是一种防止过载和液力冲击的安全溢流阀,安装在液压缸上端部,如图1-50所示。液压锁主要用于油管破损等原因导致系统压力急速下降时,锁定液压缸,防止事故发生。

② 溢流阀

溢流阀是一种液压控制阀,通过阀口的溢流,使被控制系统压力维持恒定,实现稳压、调压或限压作用。它依靠弹簧力和油的压力的平衡实现液压泵供油压力的调节。

图 1-50　双向液压锁

③ 减压阀

减压阀利用液流流过缝隙产生压降的原理,使出口油压低于进口油压,以满足执行机构的需要。减压阀有直动式和先导式两种,一般采用先导式,如图 1-51 所示。

④ 顺序阀

顺序阀是用来控制液压系统中两个或两个以上工作机构动作先后顺序的阀。顺序阀串联于油路上,它是利用系统中的压力变化来控制油路通断的。顺序阀分为直动式和先导式(图 1-52),又可分为内控式和外控式,压力也有高、低压之分。应用较广的是直动式。

图 1-51　先导式减压阀　　　　图 1-52　先导式顺序阀

⑤ 换向阀

换向阀是借助于阀芯与阀体之间的相对运动来改变油液流动方向的阀,如图 1-53 所示。按阀芯相对于阀体的运动方式不同,换向阀可分为滑阀(阀芯移动)和转阀(阀芯转动);按阀体连通的主要油路数不同,换向阀可分为二通、三通和四通等;按阀芯在阀体内的工作位置数不同,换向阀可分为二位、三位和四位等;按操作方式不同,换向阀可分为手动、机动、电磁动、液动和电液动等。换向阀阀芯定位方式分为钢球定位和弹簧复位两种。

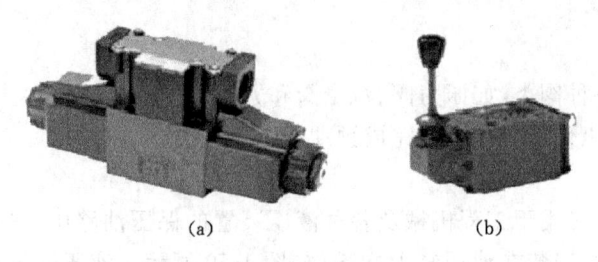

(a)　　　　(b)

图 1-53　换向阀
(a) 电磁式换向阀;(b) 手动式换向阀

三位四通阀工作原理：如图 1-54 所示，阀芯有三个工作位置（左、中、右称为三位），阀体上有四个通路 T、A、B、P，称为四通（P 为进油口，T 为回油口，A、B 为通往执行元件两端的油口），此阀称为三位四通阀。当阀芯处于中位时[图(a)]，各通道均堵住，液压缸两腔既不能进油，又不能回油，此时活塞锁住不动。当阀芯处于右位时[图(b)]，压力油从 P 口流入，A 口流出；回油从 B 口流入，T 口流回油箱。当阀芯处于左位时[图(c)]，压力油从 P 口流入，B 口流出；回油由 A 口流入，T 口流回油箱。图(d)为三位四通阀的图形符号。

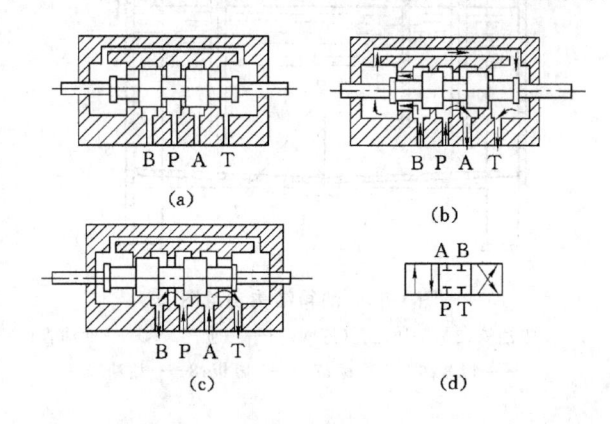

图 1-54 三位四通阀工作原理图
(a) 滑阀处于中位；(b) 滑阀移于右位；(c) 滑阀移于左位；(d) 图形符号

⑥ 流量控制阀

流量控制阀是通过改变液流的通流截面来控制系统工作流量，以改变执行元件运动速度的阀，简称流量阀。常用的流量阀有节流阀（图 1-55）和调速阀等。

(4) 辅助元件

辅助元件，指各种管接头、油管、油箱、过滤器和压力计等，起连接、储油、过滤和测量油压等辅助作用，以保证液压系统可靠、稳定、持久地工作。

① 油管和管接头

a. 油管。油管的作用是连接液压元件和输送液压油。在液压系统中常用的油管有钢管、铜管、塑料管、尼龙管和橡胶软管，可根据具体用途选择。

图 1-55 节流阀

b. 管接头。管接头用于油管与油管、油管与液压元件之间的连接。管接头按通路数可分为直通、直角和三通等形式，按接头连接方式可分为焊接式、卡套式、管端扩口式和扣压式等，按联接油管的材质可分为钢管管接头、金属软管管接头和胶管管接头等。我国已有管接头标准，使用时可根据具体情况选择。

② 油箱

油箱主要功能是储油、散热及分离油液中的空气和杂质。油箱的结构如图 1-56 所示，形状根据主机总体布置而定。它通常用钢板焊接而成，吸油侧和回油侧之间有两个隔板 7 和 9，将两区分开，以改善散热并使杂质多沉淀在回油管一侧。吸油管 1 和回油管 4 应尽量远离，但距箱边应大于管径的三倍。加油用滤网 2 设在回油管一侧的上部，兼起过滤空气的作用。盖上面装有通气罩3。为便于放油,油箱底面有适当的斜度,并设有放油塞8,油箱侧面设有油标6,以观察油面高度。当需要彻底清洗油箱时,可将箱盖5卸开。

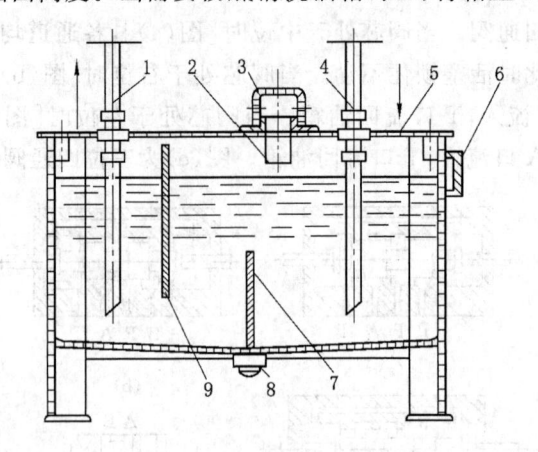

图1-56 油箱结构示意图
1——吸油管;2——加油孔(滤网);3——通气罩;4——回油管;
5——箱盖;6——油标;7,9——隔板;8——放油塞

油箱容积主要根据散热要求来确定,同时还必须考虑机械在停止工作时系统油液在自重作用下能全部返回油箱。

③ 滤油器

滤油器的作用是分离油中的杂质,使系统中的液压油经常保持清洁,以提高系统工作的可靠性和液压元件的寿命,如图1-57所示。液压系统中的所有故障80%左右是因污染的油液引起的,因此液压系统所用的油液必须经过过滤,并在使用过程中要保持油液清洁。

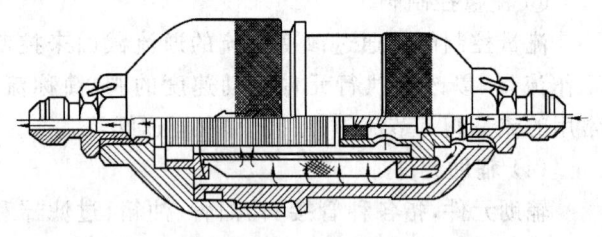

图1-57 滤油器

油液的过滤一般都先经过沉淀,然后经滤油器过滤。

滤油器按过滤情况可分为粗滤油器、普通滤油器、精滤油器和特精滤油器,按结构可分为网式、线隙式、烧结式、纸芯式和磁性滤油器等形式。滤油器可以安装在液压泵的吸油口、出油口以及重要元件的前面。通常情况下,泵的吸油口装粗滤油器,泵的出油口和重要元件前装精滤油器。

滤油器的基本要求是过滤精度(滤油器滤芯滤去杂质的粒度大小)满足设计要求;过滤能力(即一定压降下允许通过滤油器的最大流量)满足设计要求;滤油器应有一定的机械强度,不会因液压作用而破坏;滤芯抗腐蚀能力强,并能在一定的温度范围内持久工作;滤芯要便于清洗和更换,便于装拆和维护。

1.4.3 液压油

液压油是液压系统的工作介质,指在液压系统中,承受压力并传递压力的油液,也是液压元件的润滑剂和冷却剂。

(1) 液压油的性质

液压油的性质对液压传动性能有明显的影响,因此在选用液压油时应注意液压油的黏度随温度变化的性能、抗磨损性、抗氧化安定性、抗乳化性、抗剪切安定性、抗泡沫性、抗燃性、抗橡胶溶胀性和防锈性等。

液压油的性质不同,其价格也相差很大。在选择液压油时,应根据设备说明书的规定并结合使用环境选用合适的液压油,既要适用又不至于浪费。

(2) 液压油的更换

油箱在第一次加满油后,经开机运转应向油箱内进行二次加油,并使液压油至油位观察窗上限,以确保油箱内有足够的油液循环。

在使用过程中由于液压油氧化变质,各种理化性能下降,因此,应及时更换液压油。其换油周期可按以下几种方法确定:

① 综合分析测定法。依靠化验仪器定期取样测定主要理化性能指标,连续监控油的变质状况。

② 固定周期换油法。按液压系统累计运转小时数换油,通常按使用说明书要求的周期进行更换。

③ 经验判断法。通过采集油样与新油相比进行外观检查,观看油液有无颜色、水分、沉淀、泡沫、异味、黏度等差异,综合各类情况做出外观判断和处理。当液压油变成乳白色,或者混入空气或水,应分离水气或换油;当液压油中有小黑点,或发现混入杂质、金属粉末,应过滤或换油;当液压油变成黑褐色,或有臭味、氧化变质,应全部换油。

1.5 钢结构基础知识

1.5.1 钢结构的特点

钢结构是由钢板、热轧型钢、薄壁型钢和钢管等构件通过焊接、铆接和螺栓、销轴等形式连接而成的能承受和传递荷载的结构形式,是建筑起重机械的重要组成部分。钢结构与其他结构相比,具有以下特点:

(1) 坚固耐用、安全可靠

钢结构具有足够的强度、刚度和稳定性以及良好的机械性能。

(2) 自重小、结构轻巧

钢结构具有体积小、厚度薄、质量轻的特点,便于运输和装拆。

(3) 材质均匀

钢材内部组织比较均匀,力学性能接近于匀质、各向同性,计算结果比较可靠。

(4) 塑性、韧性较好

适应在动力载荷下工作,在一般情况下不会因超载而突然断裂。

(5) 易加工

钢结构所用材料以型钢和钢板为主,加工制作简便,准确度和精密度均较高,可以采用螺栓进行连接,便于安装和拆卸。

但钢结构与其他结构相比,也存在抗腐蚀性能和耐火性能较差,以及在低温条件下易发生脆性断裂等缺点。

1.5.2 钢结构的材料

钢结构所使用的钢材应当具有较高的强度,塑性、韧性和耐久性好,焊接性能优良,易于加工制造,抗锈性好。

(1) 钢结构常用材料

钢结构常用材料一般为 Q235 钢、Q345 钢。

普通碳素钢 Q235 系列钢,强度、塑性、韧性及可焊性都比较好,是建筑起重机械使用的主要钢材。

低合金钢 Q345 系列钢,是在普通碳素钢中加入少量的合金元素炼成的。其力学性能好,强度高,对低温的敏感性不高,耐腐蚀性能较强,焊接性能也好,用于受力较大的结构中可节省钢材,减轻结构自重。

(2) 钢材的类型

型钢和钢板是制造钢结构的主要钢材。钢材有热轧成型和冷轧成型两类。热轧成型的钢材主要有型钢和钢板,冷轧成型的有薄壁型钢和钢管。

按照国家标准规定,型钢和钢板均具有相关的断面形状和尺寸。

① 热轧钢板

厚钢板,厚度 4.5~60 mm,宽度 600~3 000 mm,长 4~12 m;

薄钢板,厚度 0.35~4.0 mm,宽度 500~1 500 mm,长 1~6 m;

扁钢,厚度 4.0~60 mm,宽度 12~200 mm,长 3~9 m;

花纹钢板,厚度 2.5~8 mm,宽度 600~1 800 mm,长 4~12 m。

② 角钢

分等边和不等边两种。角钢是以其边宽来编号的,例如 10 号角钢的两个边宽均为 100 mm;10/8 号角钢的边宽分别为 100 mm 和 80 mm。同一号码的角钢厚度可以不同。我国生产的角钢的长度一般为 4~19 m。

③ 槽钢

分普通槽钢和普通低合金轻型槽钢。其型号是以截面高度(cm)来表示的。例如 20 号槽钢的断面高度均为 20 cm。我国生产的槽钢一般长度为 5~19 m,最大型号为 40 号。

④ 工字钢

分普通工字钢和普通低合金工字钢。因其腹板厚度不同,可分为 a、b、c 三类,型号也是用截面高度(cm)来表示的。我国生产的工字钢长度一般为 5~19 m,最大型号为 63 号。

⑤ 钢管

规格以外径表示。我国生产的无缝钢管外径约 38~325 mm,壁厚 4~40 mm,长度 4~12.5 m。

⑥ H 型钢

H 型钢规格以高度(mm)×宽度(mm)表示,目前生产的 H 型钢规格 100×100 至 800×300 或宽翼 427×400,厚度(指主筋壁厚)6~20 mm,长度 6~18 m。

⑦ 冷弯薄壁型钢

冷弯薄壁型钢是用冷轧钢板、钢带或其他轻合金材料在常温下经模压或弯制冷加工而成的。用冷弯薄壁型钢制成的钢结构,质量轻,省材料,截面尺寸又可以自行设计,目前在轻型的建筑结构中已得到应用。

1.5.3 钢材的特性

(1) 钢材的塑性

钢材的主要强度指标和多项性能指标是通过单向拉伸试验获得的。试验一般是在标准条件下进行的,即采用符合国家标准规定形式和尺寸的标准试件,在室温20 ℃左右,按规定的加载速度在拉力试验机上进行。

如图 1-58 所示为钢材的一次拉伸应力—应变曲线。钢材具有明显的弹性阶段、弹塑性阶段、塑性阶段和应变硬化阶段。

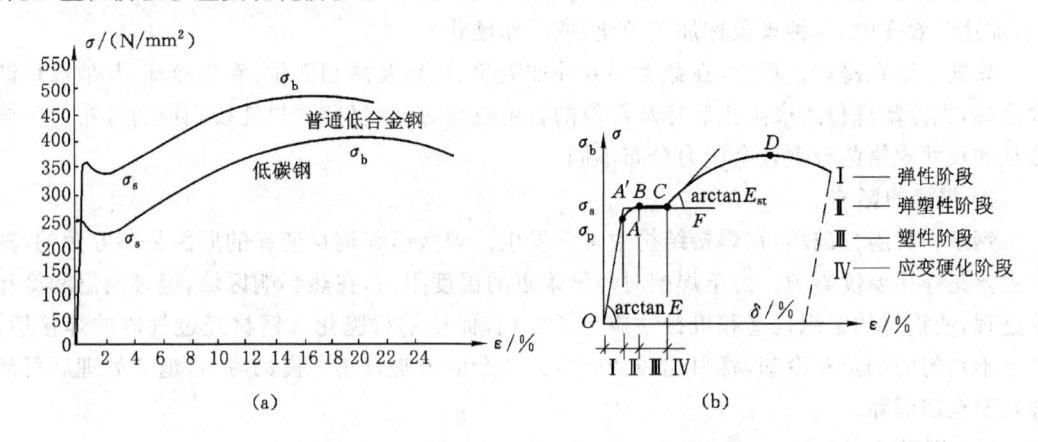

图 1-58 低碳钢的一次拉伸应力—应变曲线
(a) 普通低合金钢和低碳钢的一次拉伸应力—应变曲线;(b) 低碳钢拉伸应力—应变曲线的四个阶段

在弹性阶段,钢材的应力与应变成正比,服从胡克定律,这时变形属弹性变形。当应力释放后,钢材能够恢复原状。弹性阶段是钢材工作的主要阶段。

在弹塑性阶段、塑性阶段,应力不再上升而变形发展很快。当应力释放之后,将遗留不能恢复的变形,这种变形属弹塑性、塑性变形。这种过大的永久变形虽不是结构的真正破坏,但却使它丧失正常工作能力。因此,在建筑机械的结构计算中,把屈服点 σ_s 近似地看成钢材由弹性变形转入塑性变形的转折点,并作为钢结构容许达到的极限应力。对于受拉杆件,只允许在 σ_s 以下的范围内工作。

在应变硬化阶段,当继续加载时,钢材的强度又有显著提高,塑性变形也显著增大(应力与应变已不服从胡克定律),随后将会发生破坏,钢材真正破坏时的强度为抗拉强度 σ_b。

由此可见,从屈服点到破坏,钢材仍有着较大的强度储备,从而增加了结构的可靠性。

钢材在发展到很大的塑性变形之后才出现的破坏,称为塑性破坏。结构在简单的拉伸、弯曲、剪切和扭转的情况下工作时,通常是先发展为塑性变形,而后才导致破坏。由于钢材达到塑性破坏时的变形比弹性变形大得多,因此,在一般情况下钢结构产生塑性破坏的可能性不大。即便出现这种情形,事前也易被察觉,能对结构及时采取补强措施。

(2) 钢材的脆性

脆性破坏的特征是在破坏之前钢材的塑性变形很不明显,有时甚至是在应力小于屈服点的

情况下突然发生,这种破坏形式对结构的危害比较大。影响钢材脆断的因素是多方面的:

① 低温的影响

当温度到达某一低温后,钢材就处于脆性状态,冲击韧性很不稳定。钢种不同,冷脆温度也不同。

② 应力集中的影响

如钢材存在缺陷(气孔、裂纹、夹杂等),或者结构具有孔洞、开槽、凹角、厚度变化以及制造过程中带来的损伤,都会导致材料截面中的应力不再保持均匀分布,在这些缺陷、孔槽或损伤处,将产生局部的高峰应力,形成应力集中。

③ 加工硬化(残余应力)的影响

钢材经过了弯曲、冷压、冲孔和剪裁等加工之后,会产生局部或整体硬化,降低塑性和韧性,加速时效变脆,这种现象称加工硬化(或冷作硬化)。

热轧型钢在冷却过程中,在截面突变处如尖角、边缘及薄细部位,率先冷却,其他部位渐次冷却,先冷却部位约束阻止后冷却部位的自由收缩,产生复杂的热轧残余应力分布。不同形状和尺寸规格的型钢残余应力分布不同。

④ 焊接的影响

钢结构的脆性破坏,在焊接结构中常常发生。焊接引起钢材变脆的原因是多方面的,其中主要是焊接温度影响。由于焊接时焊缝附近的温度很高,在热影响区域,经过高温和冷却的过程,使钢材的组织构造和机械性能起了变化,促使钢材脆化。钢材经过气割或焊接后,由于不均匀的加热和冷却,将引起残余应力。残余应力是自相平衡的应力,退火处理后可部分乃至全部消除。

(3) 钢材的疲劳性

钢材在连续反复荷载作用下,虽然应力还低于抗拉强度甚至屈服点,也会发生破坏,这种破坏属疲劳破坏。

疲劳破坏属于一种脆性破坏。疲劳破坏时所能达到的最大应力,将随荷载重复次数的增加而降低。钢材的疲劳强度采用疲劳试验来确定,各类起重机都有其规定的荷载疲劳循环次数值,达到这一数值时还不破坏的最大应力值为其疲劳强度。

影响钢材疲劳强度的因素相当复杂,它与钢材种类、应力大小变化幅度、结构的连接和构造情况等有关。建筑机械的钢结构多承受动力荷载,对于重级以及个别中级工作类型的机械,须考虑疲劳的影响,并作疲劳强度的计算。

1.5.4 钢结构的连接

钢结构通常是由多个杆件以一定的方式相互连接而组成的,常用的连接方法有焊接连接、螺栓连接和铆接连接等。

1.5.4.1 焊接连接

(1) 焊接连接广泛应用于结构件的组成,如塔式起重机的塔身、起重臂、回转平台等钢结构部件,施工升降机的吊笼、导轨架,高处作业吊篮的吊篮作业平台、悬挂机构,整体附着升降脚手架的竖向主框架、水平承力桁架等钢结构件采用焊缝连接成为一个整体性的部件。焊缝连接也用于长期或永久性的固结,如钢结构的建筑物;也可用于临时单件结构的定位。

(2) 钢结构钢材之间的焊接形式主要有正接填角焊缝、搭接填角焊缝、对接焊缝、边缘焊缝及塞焊缝等,如图 1-59 所示。

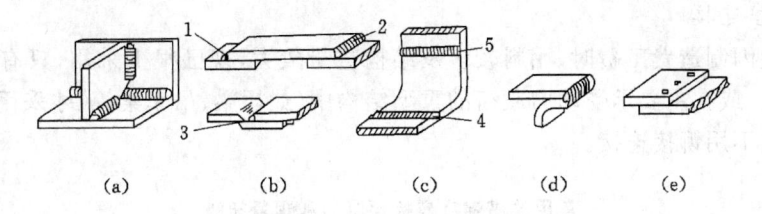

图 1-59 钢结构的焊接形式
(a)正接填角焊缝;(b)搭接填角焊缝;(c)对接焊缝;(d)边缘焊缝;(e)塞焊缝
1——双面式;2——单面式;3——插头式;4——单面对接;5——双面对接

(3)焊缝质量检查:焊缝外形尺寸如焊缝长度、高度等应满足设计要求,在重要焊接部位,可采用磁粉探伤或超声波探伤,甚至用 X 光射线探伤来判断焊缝质量。一般外观质量检查要求焊缝饱满、连续、平滑,无缩孔、杂质等缺陷。

1.5.4.2 螺栓连接

螺栓连接广泛应用于可拆卸连接。螺栓连接主要有普通螺栓连接和高强度螺栓连接两种。

(1)普通螺栓连接

普通螺栓连接分为精制螺栓(A 级与 B 级)和粗制螺栓(C 级)连接。

普通螺栓材质一般采用 Q235 钢。普通螺栓的强度等级为 3.6~6.8 级,直径为 3~64 mm。

(2)高强度螺栓连接

高强度螺栓是钢结构连接的重要零件。高强度螺栓应符合 GB/T 3098.1—2010 和 GB/T 3098.2—2000 的规定,并应有性能等级符合标识及合格证书。

① 高强度螺栓的等级和分类

高强度螺栓按强度可分为 8.8、9.8、10.9 和 12.9 四个等级,直径一般为 12~42 mm;按受力状态可分为抗剪螺栓和抗拉螺栓。

② 高强度螺栓的预紧力矩

高强度螺栓的预紧力矩是保证螺栓连接质量的重要指标,它综合体现了螺栓、螺母和垫圈组合的安装质量。在进行钢结构安装时必须按规定的预紧力矩数值拧紧。常用的高强度螺栓预紧力和预紧扭矩见表 1-5。

③ 高强度螺栓的使用

a. 使用前,应对高强度螺栓进行全面检查,核对其规格、等级标志,检查螺栓、螺母及垫圈有无损坏,其连接表面应清除灰尘、油漆、油迹和锈蚀。

b. 螺栓、螺母、垫圈配合使用时,高强度螺栓绝不允许采用弹簧垫圈,必须使用平垫圈,施工升降机导轨架连接用高强度螺栓必须采用双螺母防松。

c. 应使用力矩扳手或专用扳手,按使用说明书要求拧紧。

d. 高强度螺栓安装穿插方向宜采用自下而上穿插,即螺母在上面。

e. 高强度螺栓、螺母使用后拆卸再次使用,一般不得超过两次。

f. 拆下将再次使用的高强度螺栓的螺杆、螺母必须无任何损伤、变形、滑牙、缺牙、锈蚀及螺栓粗糙度变化较大等现象,否则禁止用于受力构件的连接。

1.5.4.3 铆接连接

铆接连接因制造费工费时、用料较多及结构重量较大,现已很少采用,只有在钢材的焊接性能较差时,或在主要承受动力载荷的重型结构中(如桥梁、吊车梁等)才采用。建筑机械的钢结构一般不用铆接连接。

表 1-5　　　　　　常用的高强度螺栓预紧力和预紧扭矩

螺栓性能等级			8.8			9.8			10.9		
螺栓材料屈服强度/(N/mm²)			640			720			900		
螺纹规格	公称应力截面积 A_s	螺纹最小截面积 A_g	预紧力 F_{sp}	理论预紧扭矩 M_{sp}	实际使用预紧扭矩 $M=0.9M_{sp}$	预紧力 F_{sp}	理论预紧扭矩 M_{sp}	实际使用预紧扭矩 $M=0.9M_{sp}$	预紧力 F_{sp}	理论预紧扭矩 M_{sp}	实际使用预紧扭矩 $M=0.9M_{sp}$
mm	mm²		N	N·m		N	N·m		N	N·m	
18	192	175	88 000	290	260	99 000	325	292	124 000	405	365
20	245	225	114 000	410	370	128 000	462	416	160 000	580	520
22	303	282	141 000	550	500	158 000	620	558	199 000	780	700
24	353	324	164 000	710	640	184 000	800	720	230 000	1 000	900
27	459	427	215 000	1 050	950	242 000	1 180	1 060	302 000	1 500	1 350
30	561	519	262 000	1 450	1 300	294 000	1 620	1 460	368 000	2 000	1 800
33	694	647	326 000	由实验决定		365 000	由实验决定		458 000	由实验决定	
36	817	759	382 000			430 000			538 000		
39	976	913	460 000			517 000			646 000		
42	1 120	1045	526 000			590 000			739 000		
45	1 300	1 224	614 000			690 000			863 000		
48	1 470	1 377	692 000			778 000			973 000		

1.5.5 桁架结构

所谓桁架,是指由直杆组成的一般具有三角形单元的平面或空间结构。在荷载作用下,桁架杆件主要承受轴向拉力或压力,从而能充分利用材料的强度,在跨度较大时可比实腹梁节省材料,减轻自重和增大刚度,故适用于较大跨度的承重结构和高耸结构,如屋架、桥梁、输电线路塔、卫星发射塔、水工闸门和起重机架等。

建筑起重机械的架体无论采用杆件现场拼装还是标准节连接,也不论是采用方形还是三角形断面,通常都属于桁架结构,由4根或3根主肢和若干缀板(条)组成,也称为格构柱构造,如图1-60所示。

桁架按外形分有三角形桁架、梯形桁架、多边形桁架、平行弦桁架及空腹桁架。钢桁架杆件的连接方式有铆钉、销钉及焊缝等。桁架结构有以下结构特点:

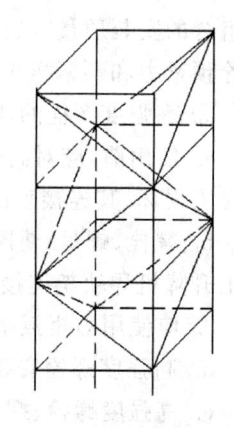

图 1-60　格构式桁架柱

(1) 有足够的强度,通常不发生断裂或塑性变形;
(2) 有足够的刚性,一般不发生过大的弹性变形;
(3) 有足够的稳定性,不易发生因平衡形式的突然转变而导致坍塌;
(4) 有良好的动力学特性,具有较好的抗震、抗风性;
(5) 如图1-61所示,桁架中的杆件大部分只受轴线拉力和压力,各节点可假设为铰接,次应力可不计算,通过对上下弦杆和腹杆的合理布置,可适应结构内部的弯矩和剪力分布。

1.5.6 钢结构的应用

由于钢结构自身的特点和结构形式的多样性,随着我国国民经济的迅速发展,应用范围越来越广,除房屋结构以外,钢结构还可用于下列结构:

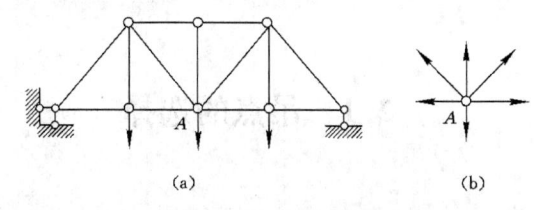

图1-61 桁架的节点杆件的受力情况
(a)桁架所受外力;(b)节点A的内力

(1) 塔桅结构

塔桅结构包括电视塔、微波塔、无线电桅杆、导航塔及火箭发射塔等,一般均采用钢结构。

(2) 板壳结构

板壳结构包括大型储气柜和储液库等要求密闭的容器、大直径高压输油管和输气管等,高炉的炉壳和轮船的船体等也采用钢结构。

(3) 桥梁结构

跨度大于40 m的各种形式的大、中跨度桥梁,一般也采用钢结构。

(4) 可拆卸移动式结构

塔式起重机、施工升降机、物料提升机、高处作业吊篮、附着升降脚手架等起重机械及施工设施中大量采用钢结构形式。

1.5.7 钢结构的安全使用

钢结构构件可承受拉力、压力、水平力、弯矩和扭矩等荷载,而组成钢结构的基本构件是轴心受力构件,包括轴心受拉构件和轴心受压构件。

要确保钢结构的安全使用,应做好以下几点:

(1) 基本构件应完好

组成钢结构的每件基本构件应完好,不允许存在变形、破坏的现象,一旦有一根基本构件破坏,将会导致钢结构整体的失稳、倒塌等事故。

(2) 连接应正确牢固

结构的连接应正确牢固,由于钢结构是由基本构件连接组成的,所以有一处连接失效同样会造成钢结构的整体失稳、倒塌,造成事故。

2 起重吊装

起重吊装作业是设备、设施安装拆卸过程中一个重要的环节。对于不同的设备、设施,在运输和安装过程中,必须选用合适的起重吊装运输机具,采用相应的起重吊装运输方法。

起重吊装是把所要安装的设备、设施,用起重设备或人工方法将其吊运至预定安装位置上的过程。

2.1 吊点的选择

2.1.1 物体重量的计算

质量表示物体所含物质的多少,是由物体的体积和材料密度所决定的;重量是表示物体所受地球引力的大小,是由物体的体积和材料的重力密度(容重)所决定的。为了正确地计算物体的重量,必须掌握物体体积的计算方法和各种材料密度等有关知识。

(1) 长度的计量单位

工程上常用的长度基本单位是毫米(mm)、厘米(cm)和米(m)。它们之间的换算关系是 1 m=100 cm=1 000 mm。

(2) 面积的计算

物体体积的大小与它本身截面积的大小成正比。各种规则几何图形的面积计算公式见表 2-1。

表 2-1 平面几何图形面积计算公式表

名称	图形	面积计算公式	名称	图形	面积计算公式
正方形		$S=a^2$	梯形		$S=\dfrac{(a+b)h}{2}$
长方形		$S=ab$	圆形		$S=\dfrac{\pi}{4}d^2$(或 $S=\pi R^2$) (d——圆直径 R——圆半径)

续表 2-1

名 称	图 形	面积计算公式	名 称	图 形	面积计算公式
平行四边形		$S=ah$	圆环形		$S=\dfrac{\pi}{4}(D^2-d^2)$ $=\pi(R^2-r^2)$ (d、D——分别为内、外圆环直径 r、R——分别为内、外圆环半径)
三角形		$S=\dfrac{1}{2}ah$	扇形		$S=\dfrac{\pi R^2\alpha}{360}$ [α——圆心角,(°)]

对于简单规则的几何形体的体积,可按表 2-2 中的计算公式计算;对于复杂的物体体积,可将其分解成数个规则的或近似的几何形体,查表 2-2 按相应计算公式计算并求其体积的总和。

表 2-2　　　　　　　　各种几何形体体积计算公式表

名称	图形	公式	名称	图形	公式
立方体		$V=a^3$	球体		$V=\dfrac{4}{3}\pi R^3=\dfrac{1}{6}\pi d^3$ (R——球的半径 d——球的直径)
长方体		$V=abc$	圆锥体		$V=\dfrac{1}{12}\pi d^2 h=\dfrac{\pi}{3}R^2 h$ (R——底圆半径 d——底圆直径)
圆柱体		$V=\dfrac{\pi}{4}d^2 h=\pi R^2 h$ (d——直径 R——半径)	任意三棱体		$V=\dfrac{1}{2}bhl$ (b——边长 h——高 l——三棱体长)

续表 2-2

名称	图形	公式	名称	图形	公式
空心圆柱体		$V=\dfrac{\pi}{4}(D^2-d^2)h$ $=\pi(R^2-r^2)h$ (r、R——内、外半径 d、D——内、外直径)	截头方锥体		$V=\dfrac{h}{6}\times[(2a+a_1)b+(2a_1+a)b_1]$ (a、a_1——上、下边长 b、b_1——上、下边宽 h——高)
斜截正圆柱体		$V=\dfrac{\pi}{4}d^2\dfrac{(h_1+h)}{2}$ $=\pi R^2\dfrac{(h_1+h)}{2}$ (R——半径 d——直径)	正六角棱柱体		$V=\dfrac{3\sqrt{3}}{2}b^2h$ $=2.598b^2h\approx 2.6b^2h$ (b——底边长)

(3) 重量（质量）的计算

在物理学中，把某种物质单位体积的质量叫做这种物质的密度，其单位是 kg/m³。各种常用物质的密度见表 2-3。

表 2-3　　　　　　　　各种常用物质的密度

物体材料	密度 /(10^3 kg/m³)	物体材料	密度 /(10^3 kg/m³)
水	1.0	混凝土	2.4
钢	7.85	碎石	1.6
铸铁	7.2～7.5	水泥	0.9～1.6
铸铜、镍	8.6～8.9	砖	1.4～2.0
铝	2.7	煤	0.6～0.8
铅	11.34	焦炭	0.35～0.53
铁矿	1.5～2.5	石灰石	1.2～1.5
木材	0.5～0.7	造型砂	0.8～1.3

物体的重量（质量）可根据下式计算：

$$m=\rho V \qquad (2-1)$$

式中　m——物体的质量，kg；

　　　ρ——物体的密度，kg/m³；

　　　V——物体的体积，m³。

【例 2-1】　起重机的料斗如图 2-1 所示，它的上口长为 1.2 m，宽为 1 m，下底面长为 0.8 m，宽为 0.5 m，高为 1.5 m，试计算满斗混凝土的质量。

【解】　由表 2-3 得知混凝土的密度：

$$\rho = 2.4 \times 10^3 \ \text{kg/m}^3$$

料斗的体积：

$$V = \frac{h}{6}[(2a+a_1)b+(2a_1+a)b_1]$$
$$= \frac{1.5}{6}[(2\times 1.2+0.8)\times 1 +$$
$$(2\times 0.8+1.2)\times 0.5]$$
$$= 1.15 \ (\text{m}^3)$$

混凝土的质量：

$$m = \rho V = 2.4\times 10^3 \times 1.15$$
$$= 2.76\times 10^3 (\text{kg})$$

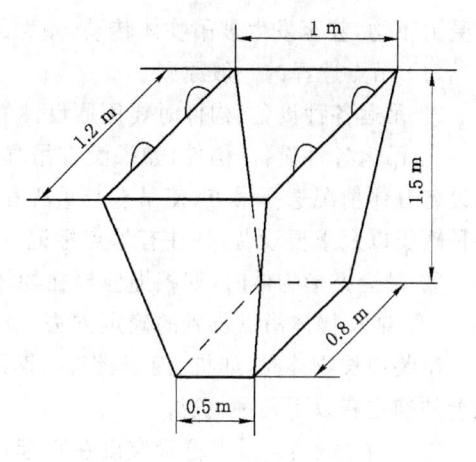

图 2-1 起重机的料斗

2.1.2 重心

(1) 重心的概念

重心是物体所受重力的合力的作用点，物体的重心位置由物体的几何形状和物体各部分的质量分布情况来决定。质量分布均匀、形状规则的物体的重心在其几何中点。物体的重心可能在物体的形体之内，也可能在物体的形体之外。

① 物体的形状改变，其重心位置可能不变。如一个质量分布均匀的立方体，其重心位于几何中心，当该立方体变为一长方体后，其重心仍然在其几何中心。当一杯水倒入一个弯曲的玻璃管中，其重心就发生了变化。

② 物体的重心相对于物体的位置是一定的，它不会随物体放置的位置改变而改变。

(2) 重心的确定

① 材质均匀、形状规则的物体的重心位置容易确定，如均匀的直棒，它的重心在它的中心点上，均匀球体的重心就是它的球心，直圆柱的重心在它的圆柱轴线的中点上。

② 对形状复杂的物体，可以用悬挂法求出重心，如图 2-2 所示，方法是在物体上任意找一点 A，用绳子把它悬挂起来，物体的重力和悬索的拉力必定在同一条直线上，也就是重心必定在通过 A 点所作的竖直线 AD 上；再取任一点 B，同样把物体悬挂起来，重心必定在通过 B 点的竖直线 BE 上。这两条直线的交点，就是该物体的重心。

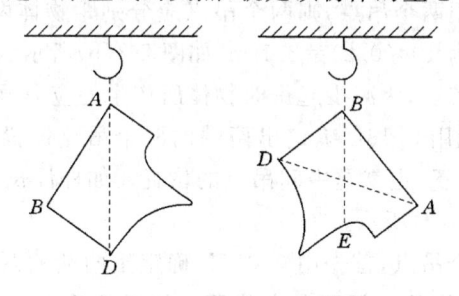

图 2-2 悬挂法求形状不规则物体的重心

2.1.3 吊点位置的选择

在起重作业中，应当根据被吊物体来选择吊点位置。若吊点位置选择不当，就会造成绳索受力不均,甚至发生被吊物体转动、倾翻的危险。

(1) 吊点选择的一般原则

① 吊运各种设备、构件时要用原设计的吊耳或吊环。

② 吊运各种设备、构件,如果没有吊耳或吊环,可在设备四个端点上捆绑吊索,然后根据设备具体情况选择吊点,使吊点与重心在同一条垂线上。但有些设备未设吊耳或吊环,如各种罐类以及重要设备,往往有吊点标记,应仔细检查。

③ 吊运方形物体时,四根绳应拴在物体的四边对称点上。

(2) 细长物体吊点位置的确定方法

吊装细长物体时,如桩、钢筋、钢柱、钢梁杆件,应按计算确定的吊点位置绑扎绳索,吊点位置的确定有以下几种情况。

① 一个吊点:起吊点位置应设在距起吊端 $0.3L$(L 为物体的长度)处。如钢管长度为 10 m,则捆绑位置应设在钢管起吊端距端部 $10×0.3=3$ m 处,如图 2-3(a)所示。

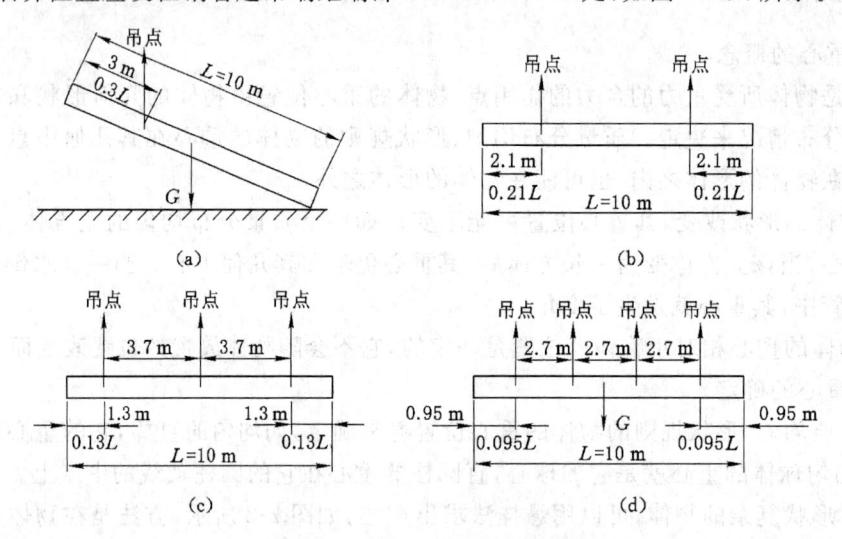

图 2-3 吊点位置选择示意图
(a) 单个吊点;(b) 两个吊点;(c) 三个吊点;(d) 四个吊点

② 两个吊点:如起吊用两个吊点,则两个吊点应分别距物体两端 $0.21L$ 处。如果物体长度为 10 m,则吊点位置为 $10×0.21=2.1$ m,如图 2-3(b)所示。

③ 三个吊点:如物体较长,为减少起吊时物体所产生的应力,可采用三个吊点。三个吊点位置确定的方法是,首先用 $0.13L$ 确定出两端的两个吊点位置,然后把两吊点间的距离等分,即得第三个吊点的位置,也就是中间吊点的位置。如杆件长 10 m,则两端吊点位置为 $10×0.13=1.3$ m,如图 2-3(c)所示。

④ 四个吊点:选择四个吊点,首先用 $0.095L$ 确定出两端的两个吊点位置,然后再把两吊点间的距离进行三等分,即得中间两吊点位置。如杆件长 10 m,则两端吊点位置分别距两端 $10×0.095=0.95$ m,中间两吊点位置分别距两端 $10×0.095+10×(1-0.095×2)/3=3.65$ m,如图 2-3(d)所示。

2.2 常用起重吊具索具

起重吊装作业中要使用许多辅助工具,如钢丝绳、吊索、吊钩和滑轮组等。

2.2.1 钢丝绳

钢丝绳是起重作业中必备的重要部件,通常由多根钢丝捻成绳股,再由多股绳股围绕绳芯捻制而成。钢丝绳具有强度高、自重轻、弹性大等特点,能承受震动荷载,能卷绕成盘,能在高速下平稳运动且噪声小。广泛用于捆绑物体以及起重机的起升、牵引和缆风等。

2.2.1.1 钢丝绳的分类和标记

(1) 分类

钢丝绳的种类较多,施工现场起重作业一般使用圆股钢丝绳。

按 GB 8918—2006《重要用途钢丝绳》标准,钢丝绳分类如下:

① 按绳和股的断面、股数和股外层钢丝绳的数目分类,见表2-4。

表2-4　　　　　　　　钢丝绳分类

组别	类别	分类原则	典型结构 钢丝绳	典型结构 股绳	直径范围 mm
1	6×7	6个圆股,每股外层丝可到7根,中心丝(或无)外捻制1~2层钢丝,钢丝等捻距	6×7 6×9W	(1+6) (3+3/3)	8~36 14~36
2	6×19	6个圆股,每股外层丝8~12根,中心丝外捻制2~3层钢丝,钢丝等捻距	6×19S 6×19W 6×25Fi 6×26WS 6×31WS	(1+9+9) (1+6+6/6) (1+6+6F+12) (1+5+5/5+10) (1+6+6/6+12)	12~36 12~40 12~44 20~40 22~46
3	圆股钢丝绳 6×37	6个圆股,每股外层丝14~18根,中心丝外捻制3~4层钢丝,钢丝等捻距	6×29Fi 6×36WS 6×37S(点线接触) 6×41WS 6×49SWS 6×55SWS	(1+7+7F+14) (1+7+7/7+14) (1+6+15/15) (1+8+8/8+16) (1+8+8/8/8+16) (1+9+9/9/9+18)	14~44 18~60 20~60 32~56 36~60 36~64
4	8×19	8个圆股,每股外层丝8~12根,中心丝外捻制2~3层钢丝,钢丝等捻距	8×19S 8×19W 8×25Fi 8×26WS 8×31WS	(1+9+9) (1+6+6/6) (1+6+6F+12) (1+5+5/5+10) (1+6+6/6+12)	20~44 18~48 16~52 24~48 26~56
5	8×37	8个圆股,每股外层丝14~18根,中心丝外捻制3~4层钢丝,钢丝等捻距	8×36WS 8×41WS 8×49SWS 8×55SWS	(1+7+7/7+14) (1+8+8/8+16) (1+8+8/8/8+16) (1+9+9/9/9+18)	22~60 40~56 44~64 44~64
6	18×7	钢丝绳中有17或18个圆股,每股外层丝4~7根,在纤维芯或钢芯外捻制2层股	17×7 18×7	(1+6) (1+6)	12~60 12~60

续表 2-4

组别	类别	分类原则	典型结构 钢丝绳	典型结构 股绳	直径范围 mm
7	18×19	钢丝绳中有 17 或 18 个圆股,每股外层丝 8~12 根,钢丝等捻距,在纤维芯或钢芯外捻制 2 层股	18×19W 18×19S	(1+6+6/6) (1+9+9)	24~60 28~60
8	34×7	钢丝绳中有 34~36 个圆股,每股外层丝可到 7 根,在纤维芯或钢芯外捻制 3 层股	34×7 36×7	(1+6) (1+6)	16~60 20~60
9	35W×7	钢丝绳中有 24~40 个圆股,每股外层丝 4~8 根,在纤维芯或钢芯(钢丝)外捻制 3 层股	35W×7 24W×7	(1+6)	16~60
10	6V×7	6 个三角形股,每股外层丝 7~9 根,三角形股芯外捻制 1 层钢丝	6V×18 6V×19	(/3×2+3/+9) (/1×7+3/+9)	20~36 20~36
11	6V×19	6 个三角形股,每股外层丝 10~14 根,三角形股芯或纤维芯外捻制 2 层钢丝	6V×21 6V×24 6V×30 6V×34	(FC+9+12) (FC+12+12) (6+12+12) (/1×7+3/+12+12)	18~36 18~36 20~38 28~44
12	6V×37	6 个三角形股,每股外层丝 15~18 根,三角形股芯外捻制 2 层钢丝	6V×37 6V×37S 6V×43	(/1×7+3/+12+15) (/1×7+3/+12+15) (/1×7+3/+15+18)	32~52 32~52 38~58
13	4V×39	4 个扇形股,每股外层丝 15~18 根,纤维股芯外捻制 3 层钢丝	4V×39S 4V×48S	(FC+9+15+15) (FC+12+18+18)	16~36 20~40
14	6Q×19+6V×21	钢丝绳中有 12~14 个股,在 6 个三角形股外,捻制 6~8 个椭圆股	6Q×19+ 6V×21 6Q×33+ 6V×21	外股(5+14) 内股(FC+9+12) 外股(5+13+15) 内股(FC+9+12)	40~52 40~60

注:1. 11 组中异形股钢丝绳中 6V×21、6V×24 结构仅为纤维绳芯,其余组别的钢丝绳,可由需方指定纤维芯或钢芯。
2. 三角形股芯的结构可以相互代替,或改用其他结构的三角形股芯,但应在订货合同中注明。

施工现场常见钢丝绳的断面如图 2-4、图 2-5 所示。

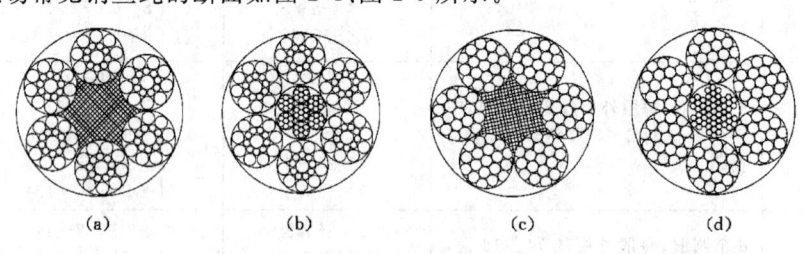

图 2-4　6×19 钢丝绳断面图
(a) 6×19S+FC;(b) 6×19S+IWR;(c) 6×19W+FC;(d) 6×19W+IWR

② 钢丝绳按捻法,分为右交互捻(ZS)、左交互捻(SZ)、右同向捻(ZZ)和左同向捻(SS)四种,如图 2-6 所示。

③ 钢丝绳按绳芯不同,分为纤维芯和钢芯。纤维芯钢丝绳比较柔软,易弯曲,纤维芯可浸

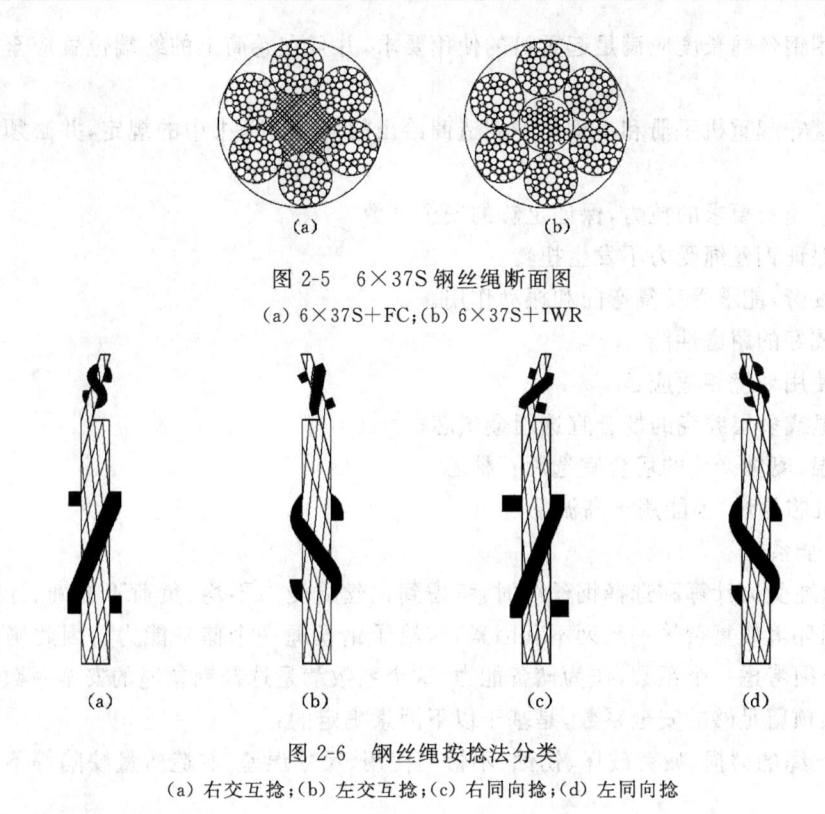

图 2-5　6×37S 钢丝绳断面图
(a) 6×37S+FC；(b) 6×37S+IWR

图 2-6　钢丝绳按捻法分类
(a) 右交互捻；(b) 左交互捻；(c) 右同向捻；(d) 左同向捻

油作润滑、防锈，减少钢丝间的摩擦；金属芯的钢丝绳耐高温、耐重压，硬度大、不易弯曲。

(2) 标记

根据 GB/T 8706—2006《钢丝绳　术语、标记和分类》标准，钢丝绳的标记格式如图 2-7 所示。

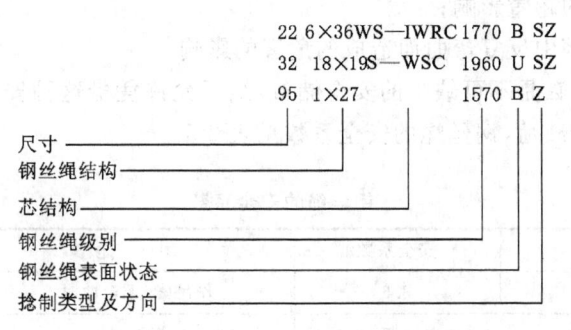

```
22 6×36WS—IWRC 1770 B SZ
32 18×19S—WSC   1960 U SZ
95 1×27         1570 B Z
```

尺寸
钢丝绳结构
芯结构
钢丝绳级别
钢丝绳表面状态
捻制类型及方向

图 2-7　钢丝绳的标记示例

2.2.1.2　钢丝绳的选用和维护

(1) 钢丝绳的选用

起重机上只应安装由起重机制造商指定的具有标准长度、直径、结构和破断拉力的钢丝绳，除非经起重机设计人员、钢丝绳制造商或有资格人员的准许，才能选择其他钢丝绳。选用其他钢丝绳时应遵循下列原则：

① 所用钢丝绳长度应满足起重机的使用要求,并且在卷筒上的终端位置应至少保留两圈钢丝绳。

② 应遵守起重机手册和由钢丝绳制造商给出的使用说明书中的规定,并必须有产品检验合格证。

③ 能承受所要求的拉力,保证足够的安全系数。

④ 能保证钢丝绳受力不发生扭转。

⑤ 耐疲劳,能承受反复弯曲和振动作用。

⑥ 有较好的耐磨性能。

⑦ 与使用环境相适应:

a. 高温或多层缠绕的场合宜选用金属芯;

b. 高温、腐蚀严重的场合宜选用石棉芯;

c. 有机芯易燃,不能用于高温场合。

(2) 安全系数

在钢丝绳受力计算和选择钢丝绳时,考虑到钢丝绳受力不均、负荷不准确、计算方法不精确和使用环境较复杂等一系列不利因素,应给予钢丝绳一个储备能力。因此确定钢丝绳的受力时必须考虑一个系数,作为储备能力,这个系数就是选择钢丝绳的安全系数。起重用钢丝绳必须预留足够的安全系数,是基于以下因素确定的:

① 钢丝绳的磨损、疲劳破坏、锈蚀、不恰当使用、尺寸误差、制造质量缺陷等不利因素带来的影响;

② 钢丝绳的固定强度达不到钢丝绳本身的强度;

③ 由于惯性及加速作用(如启动、制动、振动等)而造成的附加载荷的作用;

④ 钢丝绳通过滑轮槽时的摩擦阻力作用;

⑤ 吊重时的超载影响;

⑥ 吊索及吊具的超重影响;

⑦ 钢丝绳在绳槽中反复弯曲而造成的危害的影响。

钢丝绳的安全系数是不可缺少的安全储备,绝不允许凭借这种安全储备而擅自提高钢丝绳的最大允许安全载荷,钢丝绳的安全系数见表 2-5。

表 2-5　　　　　　　　　　钢丝绳的安全系数

用　途	安全系数	用　途	安全系数
作缆风	3.5	作吊索、无弯曲时	6~7
用于手动起重设备	4.5	作捆绑吊索	8~10
用于机动起重设备	5~6	用于载人的升降机	14

(3) 钢丝绳的储存

① 装卸运输过程中,应谨慎小心,卷盘或绳卷不允许坠落,也不允许用金属吊钩或叉车的货叉插入钢丝绳。

② 钢丝绳应储存在凉爽、干燥的仓库里,且不应与地面接触。严禁存放在易受化学烟雾、蒸汽或其他腐蚀剂侵袭的场所。

③ 储存的钢丝绳应定期检查,如有必要,应对钢丝绳进行包扎。

④ 户外储存不可避免时,地面上应垫木方,并用防水毡布等进行覆盖,以免湿气侵袭导致锈蚀。

⑤ 储存从起重机上卸下的待用的钢丝绳时,应进行彻底的清洁,在储存之前对每一根钢丝绳进行包扎。

⑥ 长度超过 30 m 的钢丝绳应在卷盘上储存。

⑦ 为搬运方便,内部绳端应首先被固定到邻近的外圈。

(4) 钢丝绳的展开

① 当钢丝绳从卷盘或绳卷展开时,应采取各种措施避免绳的扭转或降低钢丝绳扭转的程度。当由钢丝绳卷直接往起升机构卷筒上缠绕时,应把整卷钢丝绳架在专用的支架上,采取保持张紧呈直线状态的措施,以免在绳内产生结环、扭结或弯曲的状况,如图 2-8 所示。

图 2-8 钢丝绳的展开

② 展开时的旋转方向应与起升机构卷筒上绕绳的方向一致;卷筒上绳槽的走向应同钢丝绳的捻向相适应。

③ 在钢丝绳展开和重新缠绕过程中,应有效控制卷盘的旋转惯性,使钢丝绳按顺序缓慢地释放或收紧。应避免钢丝绳与污泥接触,尽可能保持清洁,以防止钢丝绳生锈。

④ 切勿由平放在地面的绳卷或卷盘中释放钢丝绳,如图 2-8 所示。

⑤ 钢丝绳严禁与电焊线碰触。

(5) 钢丝绳的扎结与截断

在截断钢丝绳时,应按制造厂商的说明书进行。为确保阻旋转钢丝绳的安装无旋紧或旋松现象,应对其给予特别关注,且要求任何切断是安全可靠和防止松散的。截断钢丝绳时,要在截分处进行扎结,扎结绕向必须与钢丝绳股的绕向相反,扎结须紧固,以免钢丝绳在断头处松开,如图 2-9 所示。

扎结宽度随钢丝绳直径大小而定:对于直径为 15~24 mm 的钢丝绳,扎结宽度应不小于 25 mm;对于直径为 25~30 mm 的钢丝绳,扎结宽度应不小于 40 mm;对于直径为 31~44 mm 的钢丝绳,扎结宽度不得小于 50 mm;对于直径为

图 2-9 钢丝绳的扎结与截断

45～51 mm 的钢丝绳,扎结宽度不得小于 75 mm。扎结处与截断口之间的距离应不小于 50 mm。

(6) 钢丝绳的安装

钢丝绳在安装时,不应随意乱放,亦即转动既不应使之绕进也不应使之绕出。钢丝绳应总是同向弯曲,亦即从卷盘顶端到卷筒顶端,或从卷盘底部到卷筒底部处释放均应同向。钢丝绳的使用寿命,在很大程度上取决于安装方式是否正确,因此,要由训练有素的技工细心地进行安装,并应在安装时将钢丝绳涂满润滑脂。

安装钢丝绳时,必须注意检查钢丝绳的捻向。如俯仰变幅动臂式塔机的臂架拉绳捻向必须与臂架变幅绳的捻向相同;而起升钢丝绳的捻向必须与起升卷筒上的钢丝绳绕向相反。

如果在安装期间起重机的任何部分对钢丝绳产生摩擦,则接触部位应采取有效的保护措施。

(7) 钢丝绳的连接与固定

钢丝绳与卷筒、吊钩滑轮组或起重机结构的连接,应采用起重机制造商规定的钢丝绳端接装置,或经起重机设计人员、钢丝绳制造商或有资格人员准许的供选方案。

钢丝绳终端固定应确保安全可靠,并且应符合起重机手册的规定。常用的钢丝绳连接和固定方式有以下几种,如图 2-10 所示。

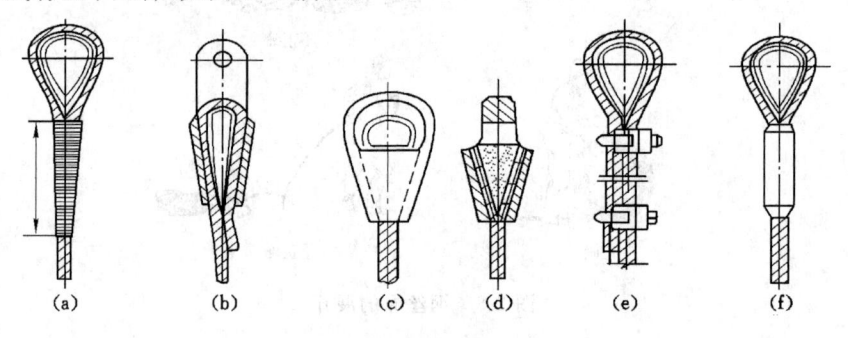

图 2-10　钢丝绳固接
(a) 编结连接;(b) 楔块、楔套连接;(c)、(d) 锥形套浇铸法;
(e) 绳夹连接;(f) 铝合金套压缩法

① 编结连接。如图 2-10(a)所示,编结长度不应小于钢丝绳直径的 15 倍,且不应小于 300 mm;连接强度不小于钢丝绳破断拉力的 75%。

② 楔块、楔套连接。如图 2-10(b)所示,钢丝绳一端绕过楔块,利用楔块在套筒内的锁紧作用使钢丝绳固定。固定处的强度约为钢丝绳自身强度的 75%～85%。楔套应用钢材制造,连接强度不小于钢丝绳破断拉力的 75%。

③ 锥形套浇铸法。如图 2-10(c)、(d)所示,先将钢丝绳拆散,切去绳芯后插入锥套内,再将钢丝绳末端弯成钩状,然后灌入熔融的铅液,最后经过冷却即成。

④ 绳夹连接。如图 2-10(e)所示,绳夹连接简单、可靠,被广泛应用,详见"2.2.2 钢丝绳夹"相关内容。

⑤ 铝合金套压缩法。如图 2-10(f)所示,钢丝绳末端穿过锥形套筒后松散钢丝,将头部钢丝弯成小钩,浇入金属液凝固而成。其连接应满足相应的工艺要求,固定处的强度与钢丝绳自身的强度大致相同。

(8) 钢丝绳使用前试运转

钢丝绳在起重机上投入使用之前,用户应确保与钢丝绳运行关联的所有装置运转正常。为使钢丝绳及其附件调整到适应实际使用状态,应对机构在低速和约10%的额定工作载荷的状态下进行多次循环运转操作。

(9) 钢丝绳的维护

① 对钢丝绳所进行的维护与起重机的使用环境和钢丝绳类型有关。除非起重机或钢丝绳制造商另有指示,否则钢丝绳在安装时应涂以润滑脂或润滑油,其后应在钢丝绳必要部位做清洗工作。而对在有规则时间间隔内重复使用的钢丝绳,特别是绕过滑轮长度范围内的钢丝绳在显示干燥或锈蚀迹象之前,均应使其保持良好的润滑状态。

钢丝绳的润滑油(脂)应与钢丝绳制造商使用的原始润滑油(脂)一致,且具有渗透力强的特性。如果钢丝绳润滑在起重机手册中不能确定,则用户应征询钢丝绳制造商的建议。

钢丝绳较短的使用寿命源于缺乏维护,尤其是起重机在有腐蚀性的环境中使用,以及与操作有关的各种原因,例如在禁止使用钢丝绳润滑剂的场合下使用。针对这种情况,钢丝绳的检验周期应相应缩短。

② 钢丝绳维护规程:

a. 钢丝绳在卷筒上应按顺序整齐排列。

b. 载荷由多根钢丝绳支承时应设有各根钢丝绳受力的均衡装置。

c. 起升机构和变幅机构,不得使用编结接长的钢丝绳。使用其他方法接长钢丝绳时,必须保证接头连接强度不小于钢丝绳破断拉力的90%。

d. 起升高度较大的起重机,宜采用不旋转、无松散倾向的钢丝绳。采用其他钢丝绳时,应有防止钢丝绳和吊具旋转的装置或措施。

e. 当吊钩处于工作位置最低点时,钢丝绳在卷筒上的缠绕,除固定绳尾的圈数外,一般不少于3圈。

f. 吊运熔化或炽热金属的钢丝绳,应采用石棉芯等耐高温的钢丝绳。

g. 对钢丝绳应防止损伤、腐蚀或其他物理、化学因素造成的性能降低。

h. 钢丝绳展开时,应防止打结或扭曲。

i. 钢丝绳切断时,应有防止绳股散开的措施。

j. 安装钢丝绳时,不应在不洁净的地方拖线,也不应缠绕在其他的物体上,应防止划、磨、碾、压和过度弯曲。

k. 钢丝绳应保持良好的润滑状态。所用润滑剂应符合该绳的要求,并且不影响外观检查。润滑时应特别注意不易看到和润滑剂不易渗透到的部位,如平衡滑轮处的钢丝绳。

l. 领取钢丝绳时,必须检查该钢丝绳的合格证,以保证机械性能、规格符合设计要求。

m. 对日常使用的钢丝绳每天都应进行检查,包括对端部的固定连接、平衡滑轮处的检查,并作出安全性的判断。

n. 钢丝绳的润滑:对钢丝绳定期进行系统润滑,可保证钢丝绳的性能,延长使用寿命。润滑之前,应将钢丝绳表面上积存的污垢和铁锈清除干净,最好是用镀锌钢丝刷将钢丝绳表面刷净。钢丝绳表面越干净,润滑油脂就越容易渗透到钢丝绳内部去,润滑效果就越好。钢丝绳润滑的方法有刷涂法和浸涂法。刷涂法就是人工使用专用的刷子,把加热的润滑脂涂刷在钢丝绳的表面上。浸涂法就是将润滑脂加热到60 ℃,然后使钢丝绳通过一组导辊装置被张紧,同时使之缓慢地在容器里的熔融润滑脂中通过。

2.2.1.3 钢丝绳的检验检查

由于起重钢丝绳在使用过程中经常、反复受到拉伸、弯曲,当拉伸、弯曲的次数超过一定数值后,会使钢丝绳出现一种叫"金属疲劳"的现象,于是钢丝绳开始很快地损坏。同时当钢丝绳受力伸长时钢丝绳之间、绳与滑轮槽底之间、绳与起吊件之间产生摩擦,使钢丝绳使用一定时间后就会出现磨损、断丝现象。此外,由于使用、储存不当,也可能造成钢丝绳扭结、退火、变形、锈蚀、表面硬化、松捻等。钢丝绳在使用期间,一定要按规定进行定期检查,及早发现问题,及时保养或者更换报废,保证钢丝绳的安全使用。

(1) 检验周期

① 日常外观检验

每个工作日都应尽可能对任何钢丝绳所有可见部位进行观察,并应特别注意钢丝绳在起重机上的连接部位,对发现的损坏、变形等任何可疑变化情况都应报告,并由主管人员按照规范进行检查。

② 定期检验

定期检验应该按规范进行,为确定定期检验的周期,还应考虑如下几点:

a. 国家对应用钢丝绳的法规要求;

b. 起重机的类型及使用地的工作环境;

c. 起重机的工作级别;

d. 前期检验结果;

e. 钢丝绳已使用的时间。

流动式起重机和塔式起重机用钢丝绳至少应按主管人员的决定每月检查一次或更多次。根据钢丝绳的使用情况,主管人员有权决定缩短检查的时间间隔。

③ 专项检验

a. 专项检验应按规范进行。

b. 在钢丝绳和/或其固定端的损坏而引发事故的情况下,或钢丝绳经拆卸又重新安装投入使用前,均应对钢丝绳进行一次检查。

c. 如起重机停止工作达 3 个月以上,在重新使用之前应对钢丝绳预先进行检查。

d. 根据钢丝绳的使用情况,主管人员有权决定缩短检查的时间间隔。

④ 在合成材料滑轮或带合成材料衬套的金属滑轮上使用的钢丝绳的检验

a. 在纯合成材料或部分采用合成材料制成的或带有合成材料轮衬的金属滑轮上使用的钢丝绳,其外层发现有明显可见的断丝或磨损痕迹时,其内部可能早已产生了大量断丝。在这些情况下,应根据以往的钢丝绳使用记录制定钢丝绳专项检验进度表,其中既要考虑使用中的常规检查结果,又要考虑从使用中撤下的钢丝绳的详细检验记录。

b. 应特别注意已出现干燥或润滑剂变质的局部区域。

c. 对专用起重设备用钢丝绳的报废标准,应以起重机制造商和钢丝绳制造商之间交换的资料为基础。

d. 根据钢丝绳的使用情况,主管人员有权决定缩短检查的时间间隔。

(2) 检验部位

钢丝绳应作全长检查,还应特别注意下列各部位:

① 运动绳和固定绳两者的始末端；
② 通过滑轮组或绕过滑轮的绳段；
③ 在起重机重复作业情况下,当起重机在受载状态时绕过滑轮组的钢丝绳的任何部位；
④ 位于平衡滑轮的钢丝绳段；
⑤ 由于外部因素可能引起磨损的钢丝绳任何部位；
⑥ 产生锈蚀和疲劳的钢丝绳内部；
⑦ 处于热环境的绳段；
⑧ 索具除外的绳端部位。

(3) 内部检查和外部检查

对钢丝绳不同部位的检查主要分内部检查和外部检查。

① 钢丝绳外部检查

a. 直径检查:直径是钢丝绳极其重要的参数。通过对直径测量,可以反映该处直径的变化速度、钢丝绳是否受到过较大的冲击载荷、捻制时股绳张力是否均匀一致、绳芯对股绳是否保持了足够的支撑能力。钢丝绳直径应用带有宽钳口的游标卡尺测量,其钳口的宽度要足以跨越两个相邻的股,如图 2-11 所示。

b. 磨损检查:钢丝绳在使用过程中产生磨损现象不可避免。通过对钢丝绳磨损检查,可以反映出钢丝绳与

图 2-11 钢丝绳直径测量方法

匹配轮槽的接触状况,在无法随时进行性能试验的情况下,根据钢丝绳磨损程度的大小推测钢丝绳实际承载能力。钢丝绳的磨损情况检查主要靠目测。

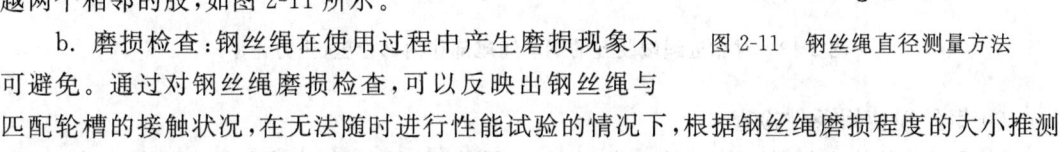

c. 断丝检查:钢丝绳在投入使用后,肯定会出现断丝现象,尤其是到了使用后期,断丝发展速度会迅速上升。由于钢丝绳在使用过程中不可能一旦出现断丝现象即停止继续运行,因此,通过断丝检查,尤其是对一个捻距内断丝情况检查,不仅可以推测钢丝绳继续承载的能力,而且根据出现断丝根数发展速度,可间接预测钢丝绳使用疲劳寿命。钢丝绳的断丝情况检查主要靠目测计数。

d. 润滑检查:通常情况下,新出厂钢丝绳大部分在生产时已经进行了润滑处理,但在使用过程中,润滑油脂会流失减少。鉴于润滑不仅能够对钢丝绳在运输和存储期间起到防腐保护作用,而且能够减少钢丝绳使用过程中钢丝之间、股绳之间和钢丝绳与匹配轮槽之间的摩擦,对延长钢丝绳使用寿命十分有益,因此,为把腐蚀、摩擦对钢丝绳的危害降低到最低程度,进行润滑检查十分必要。钢丝绳的润滑情况检查主要靠目测。

② 钢丝绳内部检查

对钢丝绳进行内部检查要比进行外部检查困难得多,但由于内部损坏(主要由锈蚀和疲劳引起的断丝)隐蔽性更大,因此,为保证钢丝绳安全使用,必须在适当的部位进行内部检查。

如图 2-12 所示,检查时将两个尺寸合适的夹钳相隔 100～200 mm 夹在钢丝绳上反方向转动,股绳便会脱起。操作时,必须十分仔细,以避免股绳被过度移位造成永久变形(导致钢丝绳结构破坏)。如图 2-13 所示,小缝隙出现后,用螺钉旋具之类的探针拨动股绳并把妨碍视线的油脂或其他异物拨开,对内部润滑、钢丝锈蚀、钢丝及钢丝间相互运动产生的磨痕等情况进行

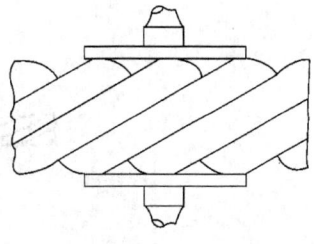

仔细检查。检查断丝,一定要认真,因为钢丝断头一般不会翘起而不容易被发现。检查完毕后,稍用力转回夹钳,以使股绳完全恢复到原来位置。如果上述过程操作正确,钢丝绳不会变形。对靠近绳端的绳段特别是对固定钢丝绳应加以注意,诸如支持绳或悬挂绳等。

图 2-12 对一段连续钢丝绳作内部检验(张力为零)

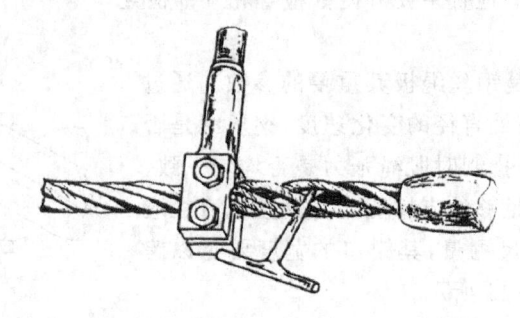

图 2-13 对靠近绳端装置的钢丝绳尾部作内部检验(张力为零)

③ 钢丝绳使用条件检查

前面叙述的检查仅是对钢丝绳本身而言,这只是保证钢丝绳安全使用要求的一个方面。除此之外,还必须对与钢丝绳使用的外围条件——匹配轮槽的表面磨损情况、轮槽几何尺寸及转动灵活性进行检查,以保证钢丝绳在运行过程中与其始终处于良好的接触状态,运行摩擦阻力最小。

(4) 无损检测

借助电磁技术的无损检测可作为对外观检验的辅助检验,用于确定钢丝绳损坏的区域和程度。拟采用电磁方法以无损检测作为对外观检验的辅助检验时,应在钢丝绳安装之后尽快进行初始的电磁无损检测。

2.2.1.4 钢丝绳的报废

钢丝绳经过一定时间的使用,其表面的钢丝发生磨损和弯曲疲劳,使钢丝绳表层的钢丝逐渐折断,折断的钢丝数量越多,其他未断的钢丝承担的拉力越大,疲劳与磨损越严重,促使断丝速度加快,这样便形成恶性循环。当断丝发展到一定程度,保证不了钢丝绳的安全性能,届时钢丝绳不能继续使用,则应予以报废。钢丝绳的报废还应考虑磨损、腐蚀、变形等情况。钢丝绳的报废应考虑以下项目:

(1) 断丝的性质和数量;

(2) 绳端断丝;

(3) 断丝的局部聚集;

(4) 断丝的增加率;

(5) 绳股断裂;

(6) 绳径减小,包括从绳芯损坏所致的情况;

(7) 弹性降低;

(8) 外部和内部磨损;

(9) 外部和内部腐蚀;

(10) 变形;

(11) 由于受热或电弧引起的破坏;

(12) 永久伸长率。

钢丝绳的损坏往往由多种因素综合累积造成,国家对钢丝绳的报废有明确的标准,具体标准见附录F《起重机 钢丝绳 保养、维护、安装、检验和报废》(GB/T 5972—2009)。

2.2.1.5 钢丝绳计算

在施工现场起重作业中,通常会有两种情况,一是已知重物重量选用钢丝绳,二是利用现场钢丝绳起吊一定重量的重物。在允许的拉力范围内使用钢丝绳,是确保钢丝绳使用安全的重要原则。因此,根据现场情况计算钢丝绳的受力,对于选用合适的钢丝绳显得尤为重要。钢丝绳的允许拉力与其最小破断拉力、工作环境下的安全系数相关联。

(1) 钢丝绳的最小破断拉力

钢丝绳的最小破断拉力与钢丝绳的直径、结构(几股几丝及芯材)及钢丝的强度有关,是钢丝绳最重要的力学性能参数,其计算公式如下:

$$F_0 = \frac{K' \cdot D^2 \cdot R_0}{1\,000} \tag{2-2}$$

式中 F_0——钢丝绳最小破断拉力,kN;

D——钢丝绳公称直径,mm;

R_0——钢丝绳公称抗拉强度,MPa;

K'——指定结构钢丝绳最小破断拉力系数。

可以通过查询钢丝绳质量证明书或力学性能表,得到该钢丝绳的最小破断拉力。建筑施工现场常用的6×19、6×37两种钢丝绳的力学性能见表2-6、表2-7。

表 2-6　　　　　　　　　　6×19系列钢丝绳力学性能表

钢丝绳公称直径 D/mm	钢丝绳近似重量 /(kg/100 m)		钢丝绳公称抗拉强度/MPa									
			1 570		1 670		1 770		1 870		1 960	
			钢丝绳最小破断拉力/kN									
	天然纤维芯钢丝绳	合成纤维芯钢丝绳	钢芯钢丝绳	纤维芯钢丝绳	钢芯钢丝绳	纤维芯钢丝绳	钢芯钢丝绳	纤维芯钢丝绳	钢芯钢丝绳	纤维芯钢丝绳	钢芯钢丝绳	纤维芯钢丝绳	钢芯钢丝绳
12	53.10	51.80	58.40	74.60	80.50	79.40	85.60	84.10	90.70	88.90	95.90	93.10	100.00
13	62.30	60.80	68.50	87.50	94.40	93.10	100.00	98.70	106.00	104.00	113.00	109.00	118.00
14	72.20	70.50	79.50	101.00	109.00	108.00	117.00	114.00	124.00	121.00	130.00	127.00	137.00
16	94.40	92.10	104.00	133.00	143.00	141.00	152.00	149.00	161.00	157.00	170.00	166.00	179.00
18	119.00	117.00	131.00	167.00	181.00	178.00	192.00	189.00	204.00	199.00	215.00	210.00	226.00

续表 2-6

钢丝绳公称直径 D/mm	钢丝绳近似重量 /(kg/100 m)			钢丝绳公称抗拉强度/MPa								
				1 570		1 670		1 770		1 870		1 960
				钢丝绳最小破断拉力/kN								
	天然纤维芯钢丝绳	合成纤维芯钢丝绳	钢芯钢丝绳	纤维芯钢丝绳	钢芯钢丝绳	纤维芯钢丝绳	钢芯钢丝绳	纤维芯钢丝绳	钢芯钢丝绳	纤维芯钢丝绳	钢芯钢丝绳	纤维芯钢丝绳	钢芯钢丝绳
20	147.00	144.00	162.00	207.00	223.00	220.00	237.00	233.00	252.00	246.00	266.00	259.00	279.00
22	178.00	174.00	196.00	250.00	270.00	266.00	287.00	282.00	304.00	298.00	322.00	313.00	338.00
24	212.00	207.00	234.00	298.00	321.00	317.00	342.00	336.00	362.00	355.00	383.00	373.00	402.00
26	249.00	243.00	274.00	350.00	377.00	372.00	401.00	394.00	425.00	417.00	450.00	437.00	472.00
28	289.00	282.00	318.00	406.00	438.00	432.00	466.00	457.00	494.00	483.00	521.00	507.00	547.00
30	332.00	324.00	365.00	466.00	503.00	495.00	535.00	525.00	567.00	555.00	599.00	582.00	628.00
32	377.00	369.00	415.00	530.00	572.00	564.00	608.00	598.00	645.00	631.00	681.00	662.00	715.00
34	426.00	416.00	469.00	598.00	646.00	637.00	687.00	675.00	728.00	713.00	769.00	748.00	807.00
36	478.00	466.00	525.00	671.00	724.00	714.00	770.00	756.00	816.00	799.00	862.00	838.00	904.00
38	532.00	520.00	585.00	748.00	807.00	795.00	858.00	843.00	909.00	891.00	961.00	934.00	1 010.00
40	590.00	576.00	649.00	828.00	894.00	881.00	951.00	934.00	1 000.00	987.00	1 060.00	1 030.00	1 120.00

注：钢丝绳公称直径(D)允许偏差 0～5%。

表 2-7　　6×37 系列钢丝绳力学性能表

钢丝绳公称直径 D/mm	钢丝绳近似重量 /(kg/100 m)			钢丝绳公称抗拉强度/MPa								
				1 570		1 670		1 770		1 870		1 960
				钢丝绳最小破断拉力/kN								
	天然纤维芯钢丝绳	合成纤维芯钢丝绳	钢芯钢丝绳	纤维芯钢丝绳	钢芯钢丝绳	纤维芯钢丝绳	钢芯钢丝绳	纤维芯钢丝绳	钢芯钢丝绳	纤维芯钢丝绳	钢芯钢丝绳	纤维芯钢丝绳	钢芯钢丝绳
12	54.70	53.40	60.20	74.60	80.50	79.40	85.60	84.10	90.70	88.90	95.90	93.10	100.00
13	64.20	62.70	70.60	87.50	94.40	93.10	100.00	98.70	106.00	104.00	113.00	109.00	118.00
14	74.50	72.70	81.90	101.00	109.00	108.00	117.00	114.00	124.00	121.00	130.00	127.00	137.00
16	97.30	95.00	107.00	133.00	143.00	141.00	152.00	149.00	161.00	157.00	170.00	166.00	179.00
18	123.00	120.00	135.00	167.00	181.00	178.00	192.00	189.00	204.00	199.00	215.00	210.00	226.00
20	152.00	148.00	167.00	207.00	223.00	220.00	237.00	233.00	252.00	246.00	266.00	259.00	279.00
22	184.00	180.00	202.00	250.00	270.00	266.00	287.00	282.00	304.00	298.00	322.00	313.00	338.00
24	219.00	214.00	241.00	298.00	321.00	317.00	342.00	336.00	362.00	355.00	383.00	373.00	402.00
26	257.00	251.00	283.00	350.00	377.00	372.00	401.00	394.00	425.00	417.00	450.00	437.00	472.00
28	298.00	291.00	328.00	406.00	438.00	432.00	466.00	457.00	494.00	483.00	521.00	507.00	547.00
30	342.00	334.00	376.00	466.00	503.00	495.00	535.00	525.00	567.00	555.00	599.00	582.00	628.00
32	389.00	380.00	428.00	530.00	572.00	564.00	608.00	598.00	645.00	631.00	681.00	662.00	715.00

续表 2-7

钢丝绳公称直径 D/mm	钢丝绳近似重量 /(kg/100 m) 天然纤维芯钢丝绳	钢丝绳近似重量 /(kg/100 m) 合成纤维芯钢丝绳	钢丝绳近似重量 /(kg/100 m) 钢芯钢丝绳	1 570 纤维芯钢丝绳	1 570 钢芯钢丝绳	1 670 纤维芯钢丝绳	1 670 钢芯钢丝绳	1 770 纤维芯钢丝绳	1 770 钢芯钢丝绳	1 870 纤维芯钢丝绳	1 870 钢芯钢丝绳	1 960 纤维芯钢丝绳	1 960 钢芯钢丝绳
34	439.00	429.00	483.00	598.00	646.00	637.00	687.00	675.00	728.00	713.00	769.00	748.00	807.00
36	492.00	481.00	542.00	671.00	724.00	714.00	770.00	756.00	816.00	799.00	862.00	838.00	904.00
38	549.00	536.00	604.00	748.00	807.00	795.00	858.00	843.00	909.00	891.00	961.00	934.00	1 010.00
40	608.00	594.00	669.00	828.00	894.00	881.00	951.00	934.00	1 000.00	987.00	1 060.00	1 030.00	1 120.00
42	670.00	654.00	737.00	913.00	985.00	972.00	1 040.00	1 030.00	1 110.00	1 080.00	1 170.00	1 140.00	1 230.00
44	736.00	718.00	809.00	1 000.00	1 080.00	1 060.00	1 150.00	1 130.00	1 210.00	1 190.00	1 280.00	1 250.00	1 350.00
46	804.00	785.00	884.00	1 090.00	1 180.00	1 160.00	1 250.00	1 230.00	1 330.00	1 300.00	1 400.00	1 370.00	1 480.00
48	876.00	855.00	963.00	1 190.00	1 280.00	1 260.00	1 360.00	1 340.00	1 450.00	1 420.00	1 530.00	1 490.00	1 610.00
50	950.00	928.00	1 040.00	1 290.00	1 390.00	1 370.00	1 480.00	1 460.00	1 570.00	1 540.00	1 660.00	1 620.00	1 740.00
52	1 030.00	1 000.00	1 130.00	1 400.00	1 510.00	1 490.00	1 600.00	1 570.00	1 700.00	1 660.00	1 800.00	1 750.00	1 890.00
54	1 110.00	1 080.00	1 220.00	1 510.00	1 620.00	1 600.00	1 730.00	1 700.00	1 830.00	1 790.00	1 940.00	1 890.00	2 030.00
56	1 190.00	1 160.00	1 310.00	1 620.00	1 750.00	1 720.00	1 860.00	1 830.00	1 970.00	1 930.00	2 080.00	2 030.00	2 190.00
58	1 280.00	1 250.00	1 410.00	1 740.00	1 880.00	1 850.00	1 990.00	1 960.00	2 110.00	2 070.00	2 240.00	2 180.00	2 350.00
60	1 370.00	1 340.00	1 500.00	1 860.00	2 010.00	1 980.00	2 140.00	2 100.00	2 260.00	2 220.00	2 400.00	2 330.00	2 510.00

注：钢丝绳公称直径(D)允许偏差 0~5%。

(2) 钢丝绳的安全系数

钢丝绳的安全系数可按表 2-5 对照现场实际情况进行选择。

(3) 钢丝绳的允许拉力

允许拉力是钢丝绳实际工作中所允许的实际载荷，其与钢丝绳的最小破断拉力和安全系数关系式为：

$$[F] = \frac{F_0}{K} \tag{2-3}$$

式中　$[F]$——钢丝绳允许拉力，kN；

F_0——钢丝绳最小破断拉力，kN；

K——钢丝绳的安全系数。

【例 2-2】　一规格为 6×19S+FC、公称抗拉强度为 1 570 MPa、直径为 16 mm 的钢丝绳，试确定使用单根钢丝绳所允许吊起的重物的最大重量。

【解】　已知钢丝绳规格为 6×19S+FC，R_0=1 570 MPa，D=16 mm。

查表 2-6 知，F_0=133 kN。

根据题意,该钢丝绳用作捆绑吊索,查表 2-5 知,$K=8$,根据式(2-3):

$$[F] = \frac{F_0}{K} = \frac{133}{8} = 16.625 \text{ (kN)}$$

即该钢丝绳作捆绑吊索所允许吊起的重物的最大重量为 16.625 kN。

在起重作业中,钢丝绳所受的应力很复杂,虽然可用数学公式进行计算,但因实际使用场合下计算时间有限,且没有必要算得十分精确,因此人们常用估算法:

① 破断拉力

$$Q \approx 50D^2 \tag{2-4}$$

② 使用拉力

$$P \approx \frac{50D^2}{K} \tag{2-5}$$

式中　Q——公称抗拉强度为 1 570 MPa 时的破断拉力,kg;
　　　P——钢丝绳近似使用拉力,kg;
　　　D——钢丝绳直径,mm;
　　　K——钢丝绳的安全系数。

【例 2-3】　选用一根直径为 16 mm 的钢丝绳,用于吊索,设定安全系数为 8,则它的破断力和使用拉力各为多少?

【解】　已知 $D=16$ mm,$K=8$。

$$Q \approx 50D^2 = 50 \times 16^2 = 12\ 800 \text{ (kg)}$$

$$P \approx \frac{50D^2}{K} = \frac{50 \times 16^2}{8} = 1\ 600 \text{ (kg)}$$

即该钢丝绳的破断拉力为 12 800 kg,允许使用拉力为 1 600 kg。

2.2.1.6　吊索拉力的计算

施工现场常用两根、三根、四根等多根吊索吊运同一物体,在吊索垂直受力情况下,其安全负荷量原则上是以单根的负荷量分别乘以 2、3 或 4。而实际吊装中,用两根以上吊索吊装,其吊绳间是有夹角的,吊同样重的物件,吊绳间夹角不同,单根吊索所受的拉力是不同的。

一般用若干根钢丝绳吊装某一物体,如图 2-14 所示。要计算钢丝绳的承受力,见式(2-6):

$$P = \frac{Q}{n} \times \frac{1}{\cos \alpha} \tag{2-6}$$

如果设 $K_1 = \frac{1}{\cos \alpha}$,公式可以写成:

$$P = K_1 \frac{Q}{n} \tag{2-7}$$

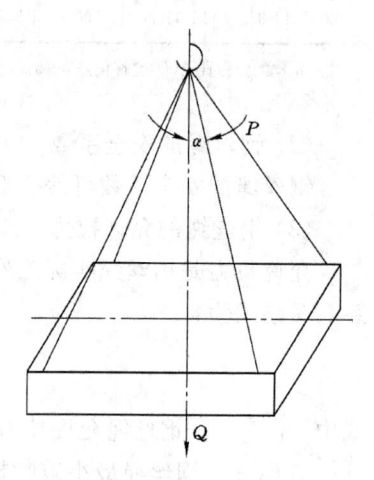

图 2-14　四绳吊装图示

式中　P——钢丝绳的承受力;
　　　Q——吊物重量;
　　　n——钢丝绳的根数;
　　　K_1——随钢丝绳与吊垂线夹角 α 变化的系数,见表 2-8。

表 2-8　　　　　　　　　　　　　随 α 角度变化的 K_1 值

α	0°	15°	20°	25°	30°	35°	40°	45°	50°	55°	60°
K_1	1	1.035	1.06	1.10	1.15	1.22	1.31	1.41	1.56	1.75	2

由公式(2-6)和图 2-15 可知：若重物 Q 和钢丝绳数目 n 一定时，系数的 K_1 越大（α 角越大），钢丝绳承受力也越大。因此，在起重吊装作业中，捆绑钢丝绳时，必须掌握下面的专业知识：

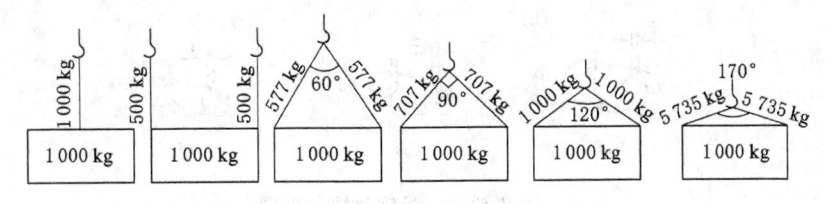

图 2-15　吊索分支拉力计算数据图示

(1) 吊绳间的夹角越大，张力越大，单根吊绳的受力也越大；反之，吊绳间的夹角越小，吊绳的受力也越小。所以吊绳间夹角小于 60°为最佳；夹角不允许超过 120°。

(2) 捆绑方形物体起吊时，吊绳间的夹角有可能达到 170°左右，此时，钢丝绳受到的拉力会达到所吊物体重量的 5～6 倍，很容易拉断钢丝绳，因此危险性很高。120°可以看做是起重吊运中的极限角度。另外，夹角过大，容易造成脱钩。

(3) 绑扎时吊索的捆绑方式也影响其安全起重量。因此在进行绑扎吊索的强度计算时，其安全系数应取大一些，在估算钢丝绳直径时，应按图 2-16 所示进行折算。如果吊绳间有夹角，在计算吊绳安全载荷的时候，应根据夹角的不同，分别再乘以折减系数。

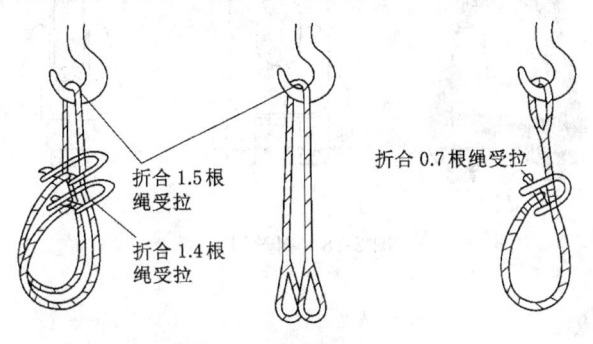

图 2-16　捆绑绳的折算

(4) 钢丝绳的起重能力不仅与起吊钢丝绳之间的夹角有关，而且与捆绑时钢丝绳曲率半径有关。一般钢丝绳的曲率半径大于绳径 6 倍以上，起重能力不受影响。当曲率半径为绳径的 5 倍时，起重能力降至原起重能力的 85%；当曲率半径为绳径的 4 倍时，降至 80%；3 倍时降至 75%；2 倍时降至 65%；1 倍时降至 50%，如图 2-17 所示。钢丝绳之间的连接应该使用卸扣，钢丝绳直径在 13 mm 以下时，一般采用大于钢丝绳直径 3～5 mm 的卸扣；钢丝绳直径在 15～26 mm 时，采用大于钢丝绳直径 5～6 mm 的卸扣；钢丝绳直径在 26 mm 以上时，采用大于钢丝绳直径 8～10 mm 的卸扣。

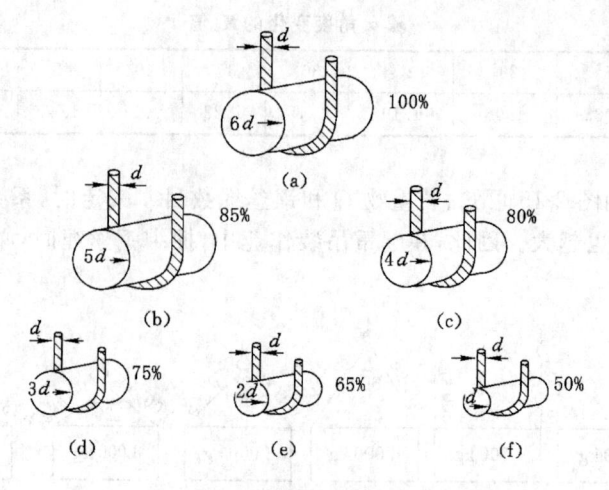

图 2-17 起吊钢丝绳曲率图

钢丝绳之间的连接也可以采用套环来衬垫,其目的都是为了保证钢丝绳的曲率半径不至于过小,曲率过小会降低钢丝绳的起重能力甚至产生剪切力。

2.2.2 钢丝绳夹

钢丝绳夹主要用于钢丝绳的连接和钢丝绳穿绕滑车组时绳端的固定,以及桅杆上缆风绳绳头的固定等,如图 2-18 所示。钢丝绳夹是起重吊装作业中使用较广的钢丝绳夹具。常用的绳夹为骑马式绳夹和 U 形绳夹。

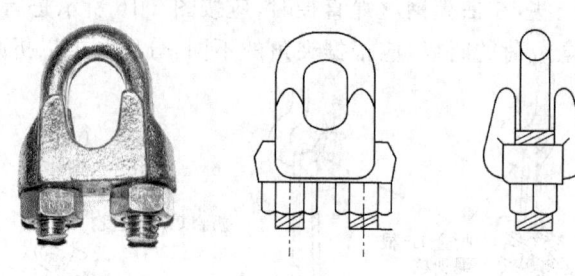

图 2-18 钢丝绳夹

（1）钢丝绳夹布置

钢丝绳夹布置,应把绳夹座扣在钢丝绳的工作段上,U 形螺栓扣在钢丝绳的尾段上,如图 2-19 所示。钢丝绳夹不得在钢丝绳上交替布置。

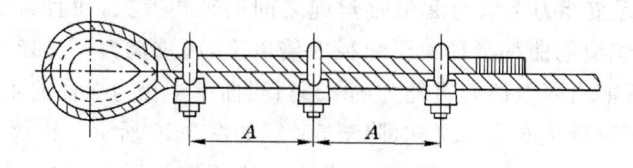

图 2-19 钢丝绳夹的布置

（2）钢丝绳夹数量

钢丝绳夹数量应符合表 2-9 的规定。

表 2-9　　　　　　　　　　钢丝绳夹的数量

绳夹规格(钢丝绳直径)/mm	≤18	18～26	26～36	36～44	44～60
绳夹最少数量/组	3	4	5	6	7

(3) 钢丝绳夹使用注意事项

① 钢丝绳夹间的距离 A(图 2-19)应等于钢丝绳直径的 6～7 倍。

② 钢丝绳夹固定处的强度取决于绳夹在钢丝绳上的正确布置,以及绳夹固定和夹紧的谨慎和熟练程度。不恰当的紧固螺母或钢丝绳夹数量不足,可能使绳端在承载时一开始就产生滑动。

③ 在实际使用中,绳夹受载一两次以后应作检查,在多数情况下,螺母需要进一步拧紧。

④ 钢丝绳夹紧固时必须考虑每个绳夹的合理受力,离套环最远处的绳夹不得首先单独紧固;离套环最近处的绳夹(第一个绳夹)应尽可能地紧靠套环,但仍必须保证绳夹的正确拧紧,不得损坏钢丝绳的强度。

⑤ 绳夹在使用后要检查螺栓丝扣有否损坏,如暂不使用,要在丝扣部位涂上防锈油并存放在干燥的地方,以防生锈。

2.2.3　吊索

吊索,又称千斤索或千斤绳,常用于把设备等物体捆绑、连接在吊钩、吊环上或用来固定滑轮、卷扬机等吊装机具。一般用 6×61 和 6×37 钢丝绳制成。

吊索的形式大致可分为可调捆绑式吊索、无接头吊索、压制吊索、编制吊索和钢坯专用吊索五种,如图 2-20 所示。还有一种是一、二、三、四腿钢丝绳钩成套吊索,如图 2-21 所示。

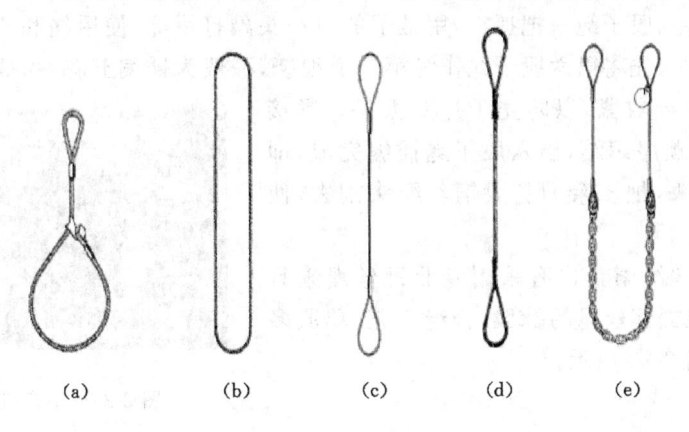

图 2-20　吊索
(a) 可调捆绑式吊索;(b) 无接头吊索;(c) 压制吊索;(d) 编制吊索;(e) 钢坯专用吊索

编制吊索主要采用挤压插接法进行编结,此办法适用于普通捻六股钢丝绳吊索的制作。办法如下:端头解开长度约为 350 mm。如图 2-22 所示,用锥子在甲绳的 1、6 股间穿过,在

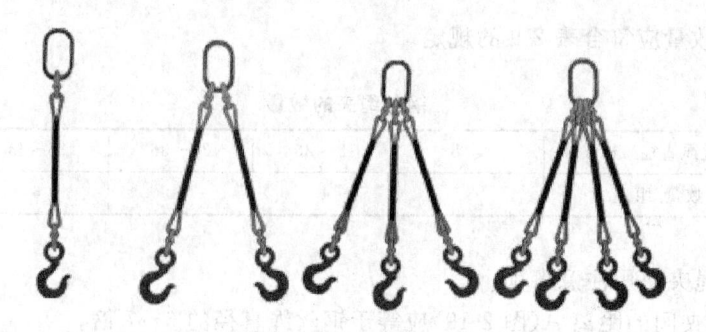

图 2-21 一、二、三、四腿钢丝绳钩成套吊索

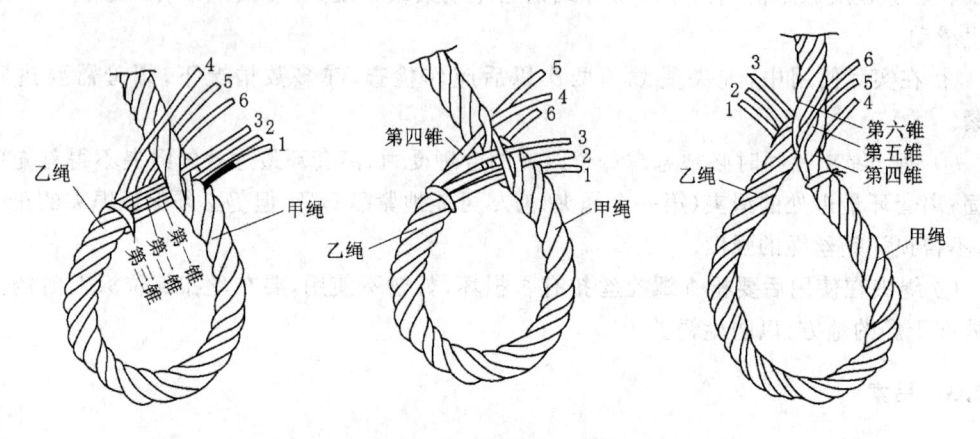

图 2-22 钢丝绳绳索插接

3、4 股间穿出,把乙绳上面的第一股子绳插入、拔出,再将锥子从 2、3 股间插入,在 1、6 股间穿出,把乙绳上面的第三股子绳插入。这样,就形成了三股子绳插编在甲绳内,三股子绳在甲绳外。然后,将六股子绳一把抓牢,用锥子的另一头敲打甲绳,使甲绳和乙绳收紧,此时,开始编插。插编时,先将第六股子绳作为第一道编绕,一般为插编五花,当插编第一根子绳时,开头一花一定要收紧,以防止千斤头太松。紧接着按 5、4、3、2、1 顺序编结,当六股子绳插编完成,即形成钢丝绳千斤头,把多余的各股钢丝绳头割去,便告完成。

目前插编钢丝绳索具也有采用专业钢丝绳索具深加工设备的,根据钢丝绳的捻股、合绳工艺,单股多次插编而成,如图 2-23 所示。

图 2-23 吊索机械编结

2.2.4 吊钩

吊钩属起重机上重要取物装置之一。吊钩若使用不当,容易造成损坏和折断而发生重大事故,因此,必须加强对吊钩经常性的安全技术检验。

(1) 吊钩的分类

吊钩按制造方法可分为锻造吊钩和片式吊钩。锻造吊钩又可分为单钩和双钩,如

图2-24(a)、(b)所示。单钩一般用于小起重量,双钩多用于较大的起重量。锻造吊钩材料采用优质低碳镇静钢或低碳合金钢,如 20 优质低碳钢、16Mn、20MnSi、36MnSi。片式吊钩由若干片厚度不小于 20 mm 的 C3、20 或 16Mn 的钢板铆接而成。片式吊钩也有单钩和双钩之分,如图 2-24(c)、(d)所示。

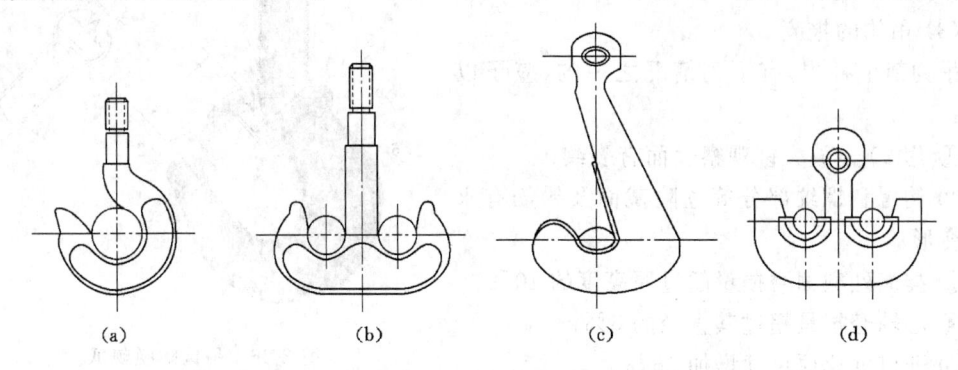

图 2-24 吊钩的种类
(a) 锻造单钩;(b) 锻造双钩;(c) 片式单钩;(d) 片式双钩

片式吊钩比锻造吊钩安全,因为吊钩板片不可能同时断裂,个别板片损坏还可以更换。吊钩按钩身(弯曲部分)的断面形状可分为圆形、矩形、梯形和 T 字形断面吊钩。

(2) 吊钩安全技术要求

吊钩应有出厂合格证明,在低应力区应有额定起重量标记。

① 吊钩的危险断面

对吊钩的检验,必须先了解吊钩的危险断面所在,通过对吊钩的受力分析,可以了解吊钩的危险断面有 3 个。

如图 2-25 所示,假定吊钩上吊挂重物的重量为 Q,由于重物重量通过钢丝绳作用在吊钩的 Ⅰ—Ⅰ 断面上,有把吊钩切断的趋势,该断面上受切应力;由于重量 Q 的作用,在 Ⅲ—Ⅲ 断面有把吊钩拉断的趋势,这个断面就是吊钩钩尾螺纹的退刀槽,这个部位受拉应力;由于 Q 力对吊钩产生拉、切力之后,还有把吊钩拉直的趋势,也就是对 Ⅰ—Ⅰ 断面以左的各断面除受拉力以外,还受到力矩的作用。因此,Ⅱ—Ⅱ 断面受 Q 的拉力,使整个断面受切应力,同时受力矩的作用。另外,Ⅱ—Ⅱ 断面的内侧受拉应力,外侧受压应力,根据计算,内侧拉应力比外侧压应力大一倍多。所以,吊钩做成内侧厚、外侧薄就是这个道理。

② 吊钩的检验

吊钩的检验一般先用煤油洗净钩身,然后用 20 倍放大镜检查钩身是否有疲劳裂纹,特别对危险断面的检查要认真、仔细。钩柱螺纹部分的退刀槽是应力集中处,要注意检查有无裂缝。对板钩还应检查衬套、销子、小孔、耳环及其他紧固件是否有松动、磨损现象。对一些

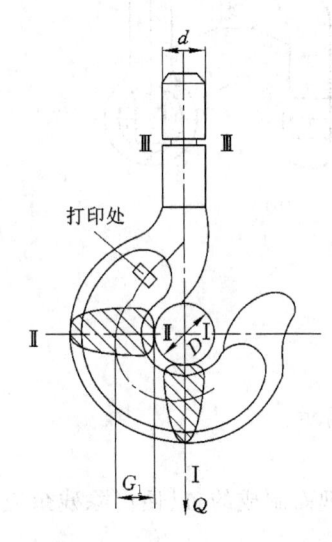

图 2-25 吊钩的危险断面

大型、重型起重机的吊钩还应采用无损探伤法检验其内部是否存在缺陷。

③ 吊钩的保险装置

吊钩必须装有可靠防脱棘爪(吊钩保险),防止工作时索具脱钩,如图 2-26 所示。

(3) 吊钩的报废

吊钩禁止补焊,有下列情况之一的,应予以报废:

① 用 20 倍放大镜观察表面有裂纹;

② 钩尾和螺纹部分等危险截面及钩筋有永久性变形;

③ 挂绳处截面磨损量超过原高度的 10%;

④ 心轴磨损量超过其直径的 5%;

⑤ 开口度比原尺寸增加 15%。

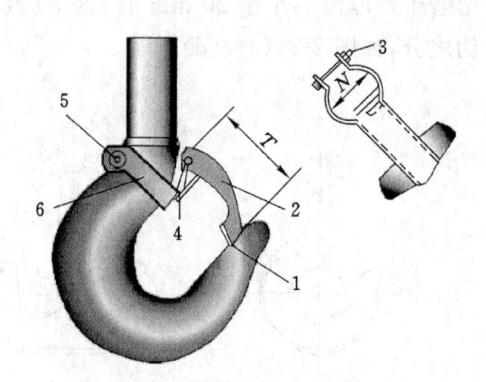

图 2-26 吊钩防脱棘爪
1——突缘;2——防脱棘爪;3——锁紧螺母;
4——弹簧;5——固定螺栓;6——夹子

2.2.5 卸扣

卸扣又称卡环,是起重作业中广泛使用的连接工具,它与钢丝绳等索具配合使用,拆装颇为方便。

(1) 卸扣的分类

① 按其外形分为直形和椭圆形,如图 2-27 所示。

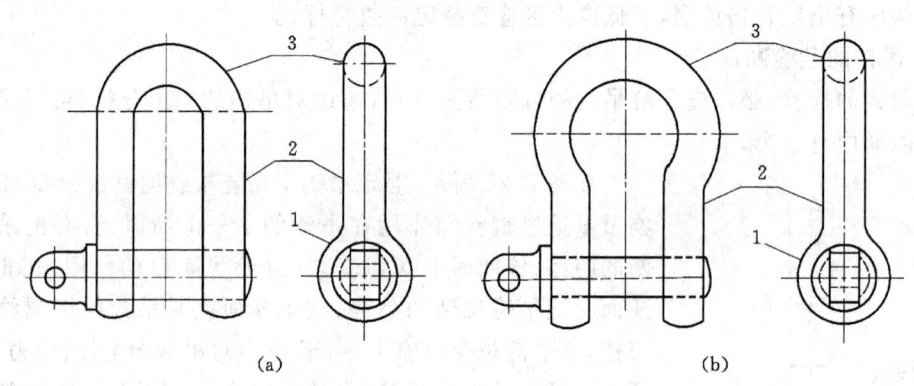

图 2-27 卸扣
(a)直形卸扣;(b)椭圆形卸扣
1——环眼;2——扣体;3——扣顶

② 按活动销轴的形式可分为销子式和螺栓式,如图 2-28 所示。

(2) 卸扣使用注意事项

① 卸扣必须是锻造的,一般是用 20 号钢锻造后经过热处理而制成的,以便消除残余应力和增加其韧性,不能使用铸造和补焊的卸扣。

② 使用时不得受超过规定的荷载,应使销轴与扣顶受力,不能横向受力。横向使用会造成扣体变形。

③ 吊装时使用卸扣绑扎,在吊物起吊时应使扣顶在上销轴在下,如图 2-29 所示,使绳

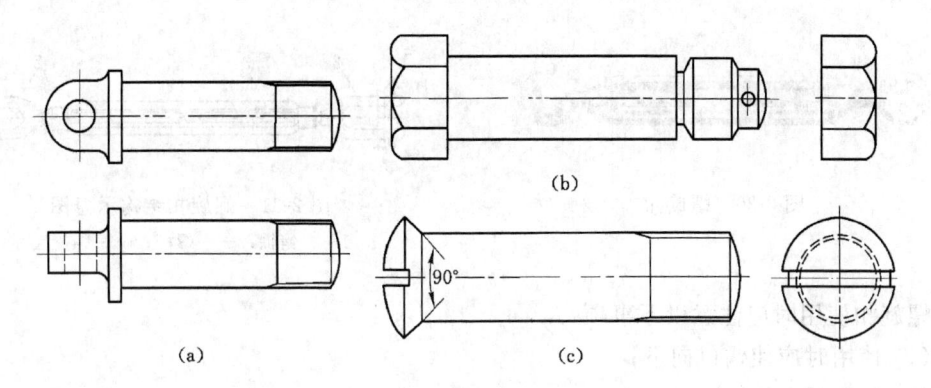

图 2-28 销轴的几种形式

(a) W 型——带有环眼和台肩的螺纹销轴；
(b) X 型——六角头螺栓、六角螺母和开口销；(c) Y 型——沉头螺钉

扣受力后压紧销轴，销轴因受力在销孔中产生摩擦力，使销轴不易脱出。

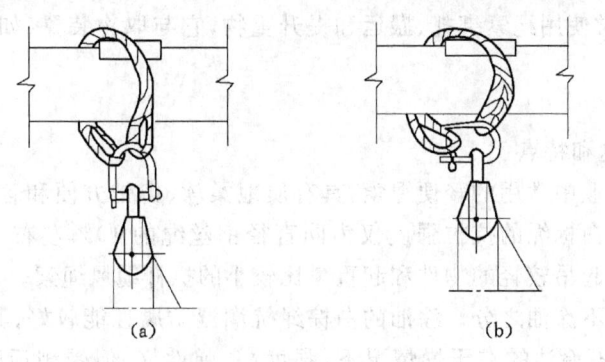

图 2-29 卸扣的使用示意图

(a) 正确的使用方法；(b) 错误的使用方法

④ 不得从高处往下抛掷卸扣，以防止卸扣落地碰撞而变形和内部产生损伤及裂纹。

(3) 卸扣的报废

卸扣出现以下情况之一时，应予以报废：

① 出现裂纹；
② 磨损达原尺寸的 10%；
③ 本体变形达原尺寸的 10%；
④ 销轴变形达原尺寸的 5%；
⑤ 螺栓坏丝或滑丝；
⑥ 卸扣不能闭锁。

2.2.6 螺旋扣

螺旋扣又称"花兰螺丝"，如图 2-30 所示，主要用在张紧和松弛拉索、缆风绳等，故又被称为"伸缩节"。其形式有多种，尺寸大小则随负荷轻重而有所不同。其结构形式如图 2-31 所示。

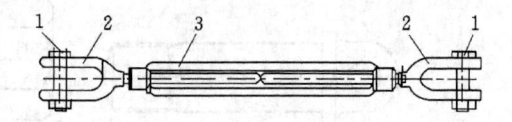

图 2-30 螺旋扣

图 2-31 螺旋扣结构示意图
1——销轴；2——螺杆；3——螺旋套

螺旋扣使用时应注意以下事项：
(1) 使用时应使钩口向下；
(2) 防止螺纹轧坏；
(3) 严禁超负荷使用；
(4) 长期不用时，应在螺纹上涂好防锈油脂。

2.2.7 其他索具

在起重作业中，常使用绳索绑扎、搬运和提升重物，它与取物装置（如吊钩、吊环和卸扣等）组成各种吊具。

(1) 白棕绳

① 白棕绳的用途和特点

白棕绳是起重作业中常用的轻便绳索，具有质地柔软、携带方便和容易绑扎等优点，但其强度比较低。一般白棕绳的抗拉强度仅为同直径钢丝绳的 10% 左右，易磨损。因此，白棕绳主要用于绑扎及起吊较轻的物件和起重量比较小的扒杆缆风绳索。

白棕绳有涂油和不涂油之分。涂油的白棕绳抗潮湿防腐性能较好，其强度比不涂油一般要低 10%～20%；不涂油的在干燥情况下，强度高、弹性好，但受潮后强度降低约 50%。白棕绳有三股、四股和九股捻制的，特殊情况下有十二股捻制的。其中最常用的是三股捻制品。

② 白棕绳的受力计算

为了保证起重作业的安全，白棕绳在使用中所受的极限工作载荷（最大工作拉力）应比白棕绳试验时的破断拉力小，白棕绳的承载力可采用近似法计算。白棕绳的安全系数见表 2-10。

表 2-10　　白棕绳的安全系数

使用情况	地面水平运输设备	高空系挂或吊装设备	用慢速机械操作，环境温度在 40～50 ℃
安全系数 k	3	5	10

近似破断拉力

$$S_{破断} = 50d^2 \tag{2-8}$$

极限工作拉力

$$S_{极限} = \frac{S_{破断}}{k} = 50\frac{d^2}{k} \tag{2-9}$$

式中　$S_{破断}$——近似破断拉力，N；

$S_{极限}$——极限工作拉力(最大工作拉力),N;

d——白棕绳直径,mm;

k——白棕绳安全系数。

【例 2-4】 设采用 $\phi16$ mm 白棕绳吊装设备,试用近似法计算其破断拉力和极限工作拉力。

【解】 已知 $d=16$ mm,查表 2-10,$k=5$。

$$S_{破断} = 50d^2 = 50 \times 16^2 = 12\,800 \text{ (N)}$$

$$S_{极限} = 50\frac{d^2}{k} = 50 \times \frac{16^2}{5} = 2\,560 \text{ (N)}$$

即白棕绳的破断拉力和极限工作拉力分别为 12 800 N 和 2 560 N。

③ 白棕绳使用注意事项

a. 白棕绳一般用于较轻物件的捆绑、滑车作业及扒杆用绳索等。起重机械或受力较大的作业不得使用白棕绳。

b. 使用前,必须查明允许拉力,严禁超负荷使用。

c. 用于滑车组的白棕绳,为了减少其所承受的附加弯曲力,滑轮的直径应比白棕绳直径大 10 倍以上。

d. 使用中,如果发现白棕绳连续向一个方向扭转时,应抖直,有绳结的白棕绳不得穿过滑车。

e. 在绑扎各类物件时,应避免白棕绳直接与物件的尖锐边缘接触,接触处应加麻袋、帆布或薄铁皮、木片等衬物。

f. 不得在尖锐、粗糙的物件上或地上拖拉。

g. 穿过滑轮时,不应脱离轮槽。

h. 应储存在干燥和通风好的库房内,避免受潮或高温烘烤;不得将白棕绳与有腐蚀作用的化学物品(如碱、酸等)接触。

(2) 尼龙绳和涤纶绳

① 尼龙绳和涤纶绳的特点

尼龙绳和涤纶绳可用来捆绑、吊运表面粗糙、精度要求高的机械零部件及有色金属制品。

尼龙绳和涤纶绳具有质量轻、质地柔软、弹性好、强度高、耐腐蚀、耐油、不生蛀虫及霉菌、抗水性能好等优点。其缺点是不耐高温,使用中应避免高温及锐角损伤。

② 尼龙绳、涤纶绳的受力计算

近似破断拉力:

$$S_{破断} = 110d^2 \tag{2-10}$$

极限工作拉力:

$$S_{极限} = \frac{S_{破断}}{k} = 110\frac{d^2}{k} \tag{2-11}$$

式中 $S_{破断}$——近似破断拉力,N;

$S_{极限}$——极限工作拉力(最大工作拉力),N;

d——尼龙绳、涤纶绳直径,mm;

k——尼龙绳、涤纶绳安全系数。

尼龙绳、涤纶绳安全系数可根据工作使用状况和重要程度选取，但不得小于6。

(3) 常用绳索打结方法

绳索在使用过程中打成各式各样的绳结，常用的打结方法参见表 2-11。

表 2-11　　　　　　　　　钢丝绳及白棕绳的结绳法

序号	结绳名称	简图	用途及特点
1	直结（又称平结、交叉结、果子口）		用于白棕绳两端的连接，连接牢固，中间放一段木棒易解
2	活结		用于白棕绳迅速解开时
3	组合结（又称单帆索结、三角扣及单绕式双插法）		用于钢丝绳或白棕绳的连接。比较易结易解，也可用于不同粗细绳索两端的连接
4	双重组合结（又称双帆结、多绕式双插结）		用于白棕绳或钢丝绳两端有拉力时的连接及钢丝绳端与套环相连接。绳结牢靠
5	套连环结		将钢丝绳或白棕绳与吊环连接在一起时用
6	海员结（又称琵琶结、航海结、滑子扣）		用于白棕绳绳头的固定，系结杆件或拖拉物件。绳结牢靠，易解，拉紧后不出死结
7	双套扣（又称锁圈结）		用途同上，也可做吊索用。结绳牢固可靠，接绳迅速，解开方便，可用于钢丝绳中段打结
8	梯形结（又称八字扣、猪蹄扣、环扣）		在人字及三角桅杆拴拖拉绳，可在绳中间打结，也可抬吊重物。绳圈易扩大或缩小。绳结牢靠又易解
9	拴柱结（又称锚固结）		(1) 用于缆风绳固定端绳结；(2) 用于松溜绳结，可以在受力后慢慢放松，活头应该在下面
10	双梯形结（又称鲁班结）		主要用于拔桩及桅杆绑扎缆风绳等。绳结紧不易松脱

续表 2-11

序号	结绳名称	简图	用途及特点
11	单套结（又称十字结）		用于连接吊索或钢丝绳的两端或固定绳索用
12	双套结（又称双十字结、对结）		用于连接吊索或钢丝绳的两端，固定绳端
13	抬扣（又称杠棒扣）		以白棕绳搬运轻量物体时用，抬起重物时自然收紧。结绳、解绳迅速
14	死结（又称死圈扣）		用于重物吊装捆绑，方便、牢固、可靠
15	水手结		用于吊索直接系结杆件起吊，可自动勒紧，容易解开绳索
16	瓶口结		用于拴绑起吊圆柱形杆件。特点是愈拉愈紧
17	桅杆结		用于树立桅杆，牢固、可靠
18	挂钩结		用于起重吊钩上。特点是结绳方便，不易脱钩
19	抬杠结		用于抬杠或吊运圆桶物体

2.2.8 滑车和滑车组

滑车和滑车组是起重吊装、搬运作业中较常用的起重工具。滑车一般由吊钩（链环）、滑轮、轴、轴套和夹板等组成。

(1) 滑车

① 滑车的种类

滑车按滑轮的多少，可分为单门（一个滑轮）、双门（两个滑轮）和多门等几种；按连接件的结构形式不同，可分为吊钩型、链环型、吊环型和吊梁型四种；按滑车的夹板形式分，有开口滑车和闭口滑车两种等,如图2-32所示。开口滑车的夹板可以打开,便于装入绳索,一般都是单门,常用在拔杆脚等处作导向用。滑车按使用方式不同,又可分为定滑车和动滑车两种。定滑车在使用中是固定的,可以改变用力的方向,但不能省力;动滑车在使用中是随着重物移动而移动的,它能省力,但不能改变力的方向。

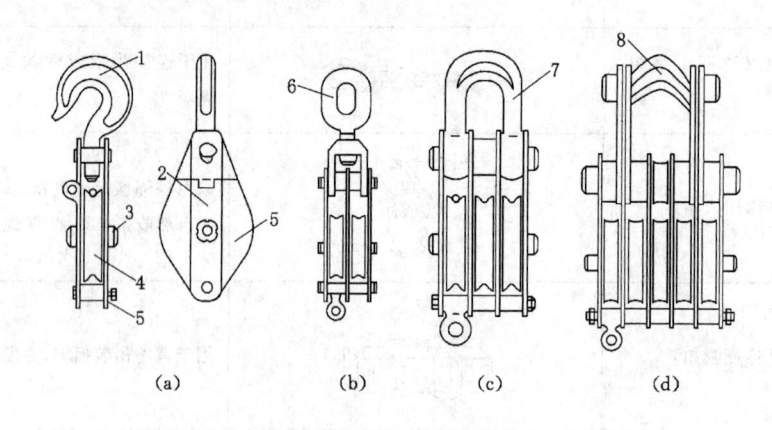

图 2-32 滑车
(a) 单门开口吊钩型;(b) 双门闭口链环型;(c) 三门闭口吊环型;(d) 三门吊梁型
1——吊钩;2——拉杆;3——轴;4——滑轮;5——夹板;6——链环;7——吊环;8——吊梁

② 滑车的允许荷载

滑车的允许荷载,可根据滑轮和轴的直径确定,一般滑车上都有标明,使用时应根据其标定的数值选用,同时滑轮直径还应与钢丝绳直径匹配。

双门滑车的允许荷载为同直径单门滑车允许荷载的两倍,三门滑车为单门滑车的三倍,以此类推。同样,多门滑车的允许荷载就是它的各滑轮允许荷载的总和。因此,如果知道某一个四门滑车的允许荷载为 20 000 kg,则其中一个滑轮的允许荷载为 5 000 kg。即对于这四门滑车,若工作中仅用一个滑轮,只能负担 5 000 kg;用两个,只能负担 10 000 kg;只有四个滑轮全用时才能负担 20 000 kg。

(2) 滑车组

滑车组是由一定数量的定滑车和动滑车及绕过它们的绳索组成的简单起重工具。它能省力也能改变力的方向。

① 滑车组的种类

滑车组根据跑头引出的方向不同,可以分为跑头自动滑车引出和跑头自定滑车引出两种。如图 2-33(a)所示,跑头自动滑车引出,这时用力的方向与重物移动的方向一致;如图 2-33(b)所示,跑头自定滑车绕出,这时用力的方向与重物移动的方向相反。在采用多门滑车进行吊装作业时常采用双联滑车组。如图 2-33(c)所示,双联滑车组有两个跑头,可用两台卷扬机同时牵引,其速度快一倍,滑车组受力比较均衡,滑车不易倾斜。

② 滑车组绳索的穿法

滑车组中绳索有普通穿法和花穿法两种,如图 2-34 所示。普通穿法是将绳索自一侧滑轮开始,顺序地穿过中间的滑轮,最后从另一侧的滑轮引出,如图 2-34(a)所示。滑车组在工作时,由于两侧钢丝绳的拉力相差较大,跑头 7 的拉力最大,第 6 根为次,顺次至固定头受力

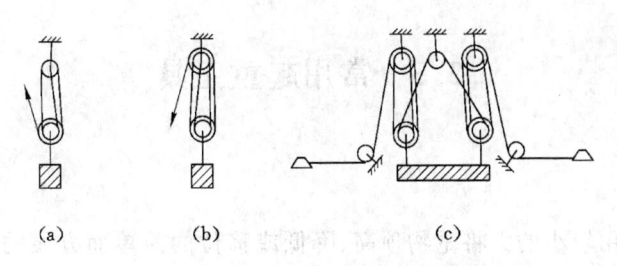

图 2-33 滑车组的种类
(a) 跑头自动滑车绕出;(b) 跑头自定滑车绕出;(c) 双联滑车组

最小,所以滑车在工作中不平稳。如图 2-34(b)所示,花穿法的跑头从中间滑轮引出,两侧钢丝绳的拉力相对较小,所以能克服普通穿法的缺点。在用"三三"以上的滑车组时,最好用花穿法。滑车组中动滑车上穿绕绳子的根数,习惯上叫"走几",如动滑车上穿绕 3 根绳子,叫"走 3",穿绕 4 根绳子叫"走 4"。

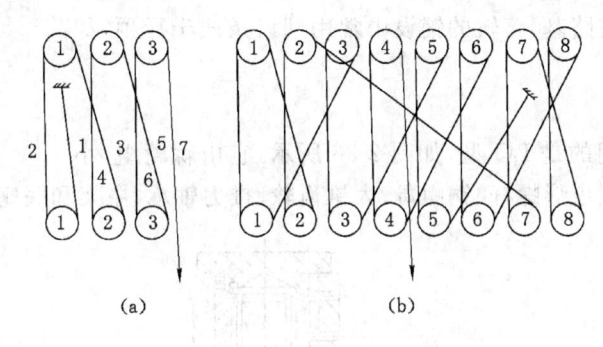

图 2-34 滑车组的穿法
(a) 普通穿法;(b) 花穿法

(3) 滑车及滑车组使用注意事项

① 使用前应查明标识的允许荷载,检查滑车的轮槽、轮轴、夹板、吊钩(链环)等有无裂缝和损伤,滑轮转动是否灵活。

② 滑车组绳索穿好后,要慢慢地加力,绳索收紧后应检查各部分是否良好,有无卡绳现象。

③ 滑车的吊钩(链环)中心,应与吊物的重心在一条垂线上,以免吊物起吊后不平稳。滑车组上下滑车之间的最小距离应根据具体情况而定,一般为 700~1 200 mm。

④ 滑车在使用前、后都要刷洗干净,轮轴要加油润滑,防止磨损和锈蚀。

⑤ 为了提高钢丝绳的使用寿命,滑轮直径不得小于钢丝绳直径的 16 倍。

(4) 滑轮的报废

滑轮出现下列情况之一的,应予以报废:

① 裂纹或轮缘破损;

② 滑轮绳槽壁厚磨损量达原壁厚的 20%;

③ 滑轮底槽的磨损量超过相应钢丝绳直径的 25%。

2.3 常用起重工具

2.3.1 千斤顶

千斤顶是一种用较小的力将重物顶高、降低或移位的简单而方便的起重设备。千斤顶构造简单,使用轻便,便于携带,工作时无震动和冲击,能保证把重物准确地停在一定的高度上,升举重物时,不需要绳索、链条等;但行程短,加工精度要求较高。

(1) 千斤顶的分类

千斤顶有齿条式、螺旋式和液压式三种基本类型。

① 齿条式千斤顶

齿条式千斤顶又叫起道机,由金属外壳、装在壳内的齿条、齿轮和手柄等组成。在路基、路轨的铺设中常用到齿条式千斤顶,如图 2-35 所示。

② 螺旋千斤顶

螺旋千斤顶常用的是 LQ 型,如图 2-36 所示,它由棘轮组、小锥齿轮、升降套筒、锯齿形螺杆、铜螺母、大锥齿轮、推力轴承、主架和底座等组成。

图 2-35 齿条式千斤顶

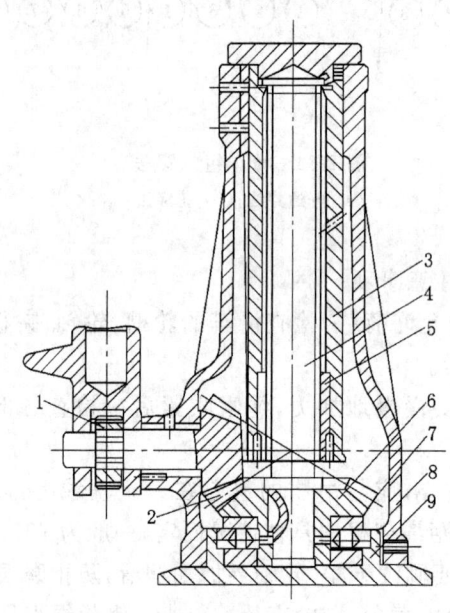

图 2-36 螺旋式千斤顶
1——棘轮组;2——小锥齿轮;3——升降套筒;4——锯齿形螺杆;5——螺母;
6——大锥齿轮;7——推力轴承;8——主架;9——底座

③ 液压千斤顶

常用的液压千斤顶为 YQ 型,其构造如图 2-37 所示。

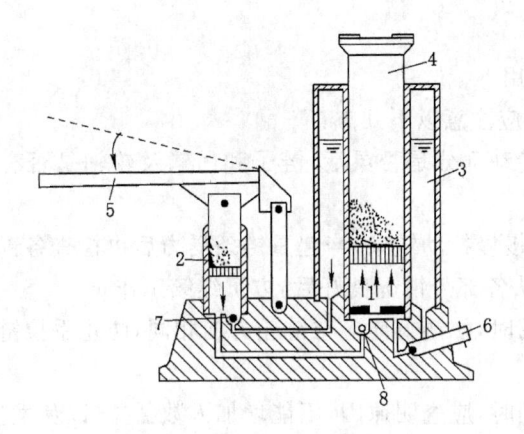

图 2-37 液压千斤顶的构造
1——油室;2——油泵;3——储油腔;4——活塞;5——摇把;
6——回油阀;7——油泵进油门;8——油室进油门

(2) 千斤顶使用注意事项

① 千斤顶使用前应拆洗干净,并检查各部件是否灵活、有无损伤,液压千斤顶的阀门、活塞、皮碗是否良好,油液是否干净。

② 使用时,应放在平整坚实的地面上,如地面松软,应铺设方木以扩大承压面积。设备或物件的被顶点应选择坚实的平面部位并应清洁至无油污,以防打滑,还须加垫木板以免顶坏设备或物件。

③ 严格按照千斤顶的额定起重量使用千斤顶,每次顶升高度不得超过活塞上的标志。

④ 在顶升过程中要随时注意千斤顶的平整直立,不得歪斜,严防倾倒,不得任意加长手柄或操作过猛。

⑤ 操作时,先将物件顶起一点后暂停,检查千斤顶、枕木垛、地面和物件等情况是否良好,如发现千斤顶和枕木垛不稳等情况,必须处理后才能继续工作。顶升过程中,应设保险垫,并要随顶随垫,其脱空距离应保持在 50 mm 以内,以防千斤顶倾倒或突然回油而造成事故。

⑥ 用两台或两台以上千斤顶同时顶升一个物件时,要统一指挥、动作一致、升降同步,保证物件平稳。

⑦ 千斤顶应存放在干燥、无尘土的地方,避免日晒雨淋。

2.3.2 链式滑车

(1) 链式滑车类型和用途

链式滑车又称"倒链"、"手拉葫芦",它适用于小型设备和物体的短距离吊装,可用来拉紧缆风绳,以及用在构件或设备运输时拉紧捆绑的绳索,如图 2-38 所示。链式滑车具有结构紧凑、手拉力小、携带方便、操作简单等优点,它不仅是起重常用的工具,也常用做机械设备的检修拆装工具。

链式滑车可分为环链蜗杆滑车、片状链式蜗杆滑车和片状链式齿

图 2-38 链式滑车

轮滑车等。

(2) 链式滑车的使用

链式滑车在使用时应注意以下几点：

① 使用前需检查传动部分是否灵活，链子和吊钩及轮轴是否有裂纹损伤，手拉链是否有跑链或掉链等现象；

② 挂上重物后，要慢慢拉动链条，当起重链条受力后再检查各部分有无变化，自锁装置是否起作用，经检查确认各部分情况良好后，方可继续工作；

③ 在任何方向使用时，拉链方向应与链轮方向相同，防止手拉链脱槽，拉链时力量要均匀，不能过快过猛；

④ 当手拉链拉不动时，应查明原因，不能增加人数猛拉，以免发生事故；

⑤ 起吊重物中途停止的时间较长时，要将手拉链拴在起重链上，以防时间过长而自锁失灵；

⑥ 转动部分要经常上油，保证润滑，减少磨损，但切勿将润滑油渗进摩擦片内，以防自锁失灵。

2.3.3 卷扬机

卷扬机在建筑施工中使用广泛，它可以单独使用，也可以作为其他起重机械的卷扬机构。

2.3.3.1 卷扬机构造和分类

卷扬机由电动机、齿轮减速机、卷筒和制动器等构成。载荷的提升和下降均为一种速度，由电机的正反转控制。

卷扬机按卷筒数分，有单筒、双筒、多筒卷扬机；按速度分，有快速、慢速卷扬机。常用的有单筒电动和双筒电动卷扬机。如图2-39所示为一种单筒电动卷扬机的结构示意图。

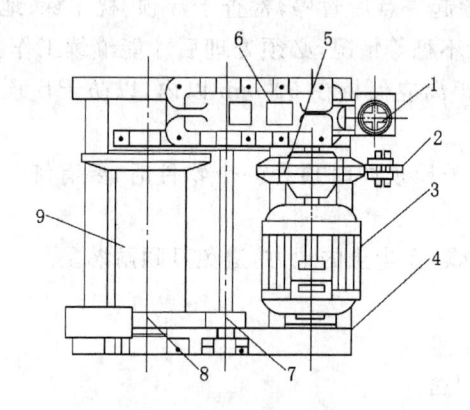

图2-39 单筒电动卷扬机结构示意图

1——可逆控制器；2——电磁制动器；3——电动机；4——底盘；
5——联轴器；6——减速器；7——小齿轮；8——大齿轮；9——卷筒

2.3.3.2 卷扬机基本参数

卷扬机的基本参数包括钢丝绳额定拉力、卷筒容绳量、钢丝绳平均速度、钢丝绳直径和卷筒直径等。

(1) 慢速卷扬机的基本参数见表2-12。

表2-12　　　　　　　　　　慢速卷扬机基本参数

基本参数＼形式	单筒卷扬机					
钢丝绳额定拉力/t	3	5	8	12	20	32	50
卷筒容绳量/m	150	150	400	600	700	800	800
钢丝绳平均速度/(m/min)	9～12		8～11		7～10	
钢丝绳直径不小于/mm	15	20	26	31	40	52	65
卷筒直径 D	$D \geqslant 18d$（d 为钢丝绳直径）					

(2) 快速卷扬机的基本参数见表2-13。

表2-13　　　　　　　　　　快速卷扬机基本参数

基本参数＼形式	单　筒					双　筒			
钢丝绳额定拉力/t	0.5	1	2	3	5	8	2	3	5	8
卷筒容绳量/m	100	120	150	200	350	500	150	200	350	500
钢丝绳平均速度/(m/min)	30～40		30～35		28～32		30～35		28～32	
钢丝绳直径不小于/mm	7.7	9.3	13	15	20	26	13	15	20	26
卷筒直径 D	$D \geqslant 18d$（d 为钢丝绳直径）								

2.3.3.3　卷筒

卷筒是卷扬机的重要部件，由筒体、连接盘、轴以及轴承支架等构成。

(1) 钢丝绳在卷筒上的固定

钢丝绳在卷筒上的固定通常使用压板螺钉或楔块。固定的方法一般有楔块固定法、长板条固定法和压板固定法，如图2-40所示。

① 楔块固定法，如图2-40(a)所示。此法常用于直径较小的钢丝绳，不需要用螺栓，适于多层缠绕卷筒。

② 长板条固定法，如图2-40(b)所示。通过螺钉的压紧力，将带槽的长板条沿钢丝绳的轴向将绳端固定在卷筒上。

③ 压板固定法，如图2-40(c)所示。利用压板和螺钉固定钢丝绳，压板数至少为2个。此固定方法简单，安全可靠，便于观察和检查，是最常见的固定形式。其缺点是所占空间较大，不宜用于多层卷绕。

(2) 卷筒的报废

卷筒出现下述情况之一的，应予以报废：

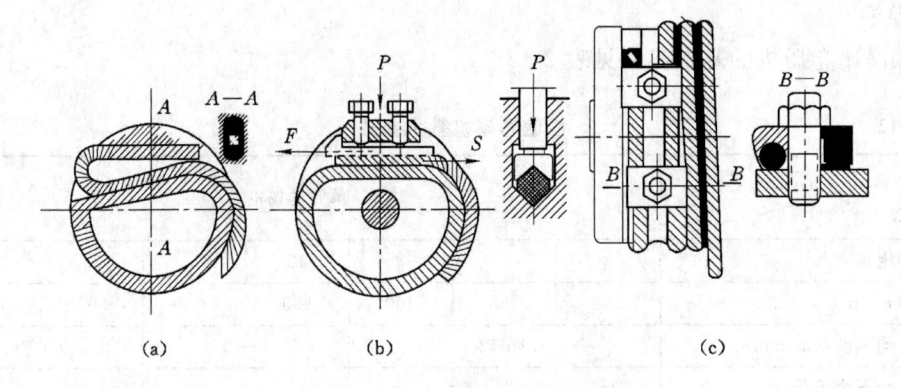

图 2-40 钢丝绳在卷筒上的固定
(a) 楔块固定;(b) 长板条固定;(c) 压板固定

① 裂纹或凸缘破损;
② 卷筒壁磨损量达原壁厚的 10%。

2.3.3.4 卷扬机的布置与固定

(1) 卷扬机的布置

卷扬机的布置应注意下列几点:

① 卷扬机安装位置周围必须排水畅通并应搭设工作棚;

② 卷扬机的安装位置应能使操作人员看清指挥人员和起吊或拖动的物件,操作者视线仰角应小于 45°;

③ 在卷扬机正前方应设置导向滑车,如图 2-41 所示,导向滑车至卷筒轴线的距离,带槽卷筒应不小于卷筒宽度的 15 倍,即倾斜角 α 不大于 2°,无槽卷筒应大于卷筒宽度的 20 倍,以免钢丝绳与导向滑车槽缘产生过度的磨损;

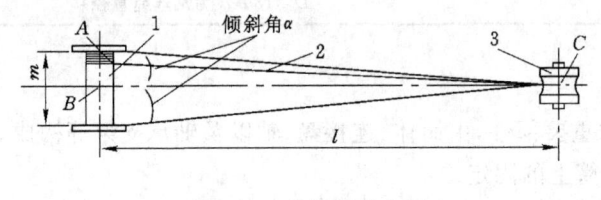

图 2-41 卷扬机的布置
1——卷筒;2——钢丝绳;3——导向滑车

④ 钢丝绳绕入卷筒的方向应与卷筒轴线垂直,其垂直度允许偏差为 6°,这样能使钢丝绳圈排列整齐,不致斜绕和互相错叠挤压。

(2) 卷扬机的固定

卷扬机必须用地锚予以固定,以防工作时产生滑动或倾覆。根据受力大小,固定卷扬机的方法大致有螺栓锚固法、水平锚固法、立桩锚固法和压重锚固法四种,如图 2-42 所示。

2.3.3.5 卷扬机使用注意事项

(1) 使用前,应检查卷扬机与地面的固定、安全装置、防护设施、电气线路、接零或接地线、制动装置和钢丝绳等,全部合格后方可使用。

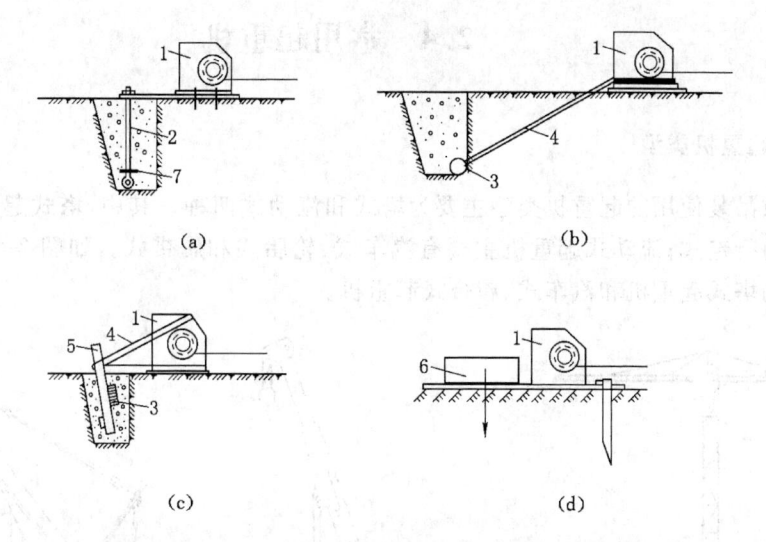

图 2-42 卷扬机的锚固方法
(a) 螺栓锚固法;(b) 水平锚固法;(c) 立桩锚固法;(d) 压重锚固法
1——卷扬机;2——地脚螺栓;3——横木;4——拉索;5——木桩;6——压重;7——压板

(2) 使用皮带或开式齿轮的部分,均应设防护罩,导向滑轮不得用开口拉板式滑轮。

(3) 正反转卷扬机卷筒旋转方向应在操纵开关上有明确标识。

(4) 卷扬机必须有良好的接地或接零装置,接地电阻不得大于 10 Ω;在一个供电网路上,接地或接零不得混用。

(5) 卷扬机使用前要先做空载正、反转试验,检查运转是否平稳,有无不正常响声;传动、制动机构是否灵敏可靠;各紧固件及连接部位有无松动现象;润滑是否良好,有无漏油现象。

(6) 钢丝绳的选用应符合原厂说明书规定。卷筒上的钢丝绳全部放出时应留有不少于 3 圈;钢丝绳的末端应固定牢靠;卷筒边缘外周至最外层钢丝绳的距离应不小于钢丝绳直径的 1.5 倍。

(7) 钢丝绳应与卷筒及吊笼连接牢固,不得与机架或地面摩擦;通过道路时,应设过路保护装置。

(8) 卷筒上的钢丝绳应排列整齐;当重叠或斜绕时,应停机重新排列,严禁在转动中手拉脚踩钢丝绳。

(9) 作业中,任何人不得跨越正在作业的卷扬钢丝绳。物件提升后,操作人员不得离开卷扬机,物件或吊笼下面严禁人员停留或通过。休息时应将物件或吊笼降至地面。

(10) 作业中如发现异响、制动不灵、制动装置或轴承等温度剧烈上升等异常情况时,应立即停机检查,排除故障后方可使用。

(11) 作业中停电或休息时,应切断电源,将提升物件或吊笼降至地面,操作人员离开现场应锁好开关箱。

2.4 常用起重机

2.4.1 起重机类型

起重吊装使用的起重机类型主要为塔式和流动式两种。其中,塔式起重机主要有固定式和轨道行走式;流动式起重机主要有汽车式、轮胎式和履带式。如图 2-43 所示为起重吊装常用的塔式起重机和汽车式、履带式起重机。

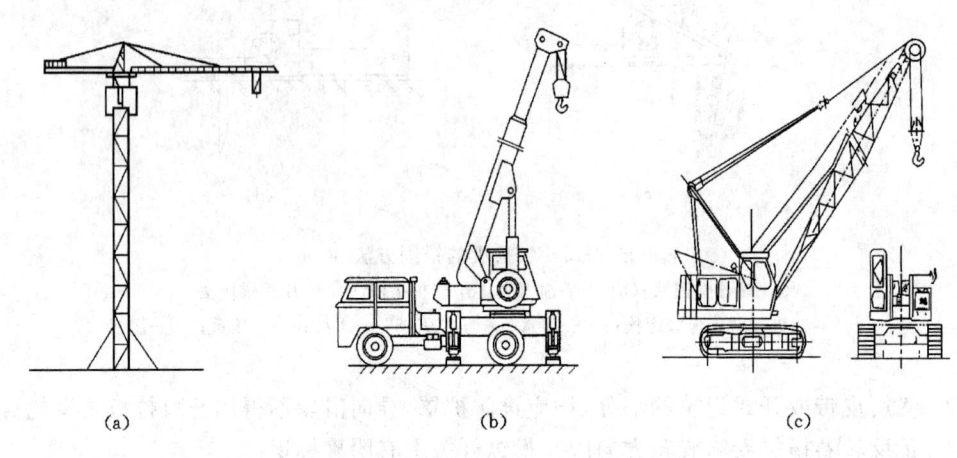

图 2-43 施工现场常用的起重机
(a)塔式;(b)汽车式;(c)履带式

2.4.1.1 塔式起重机

塔式起重机简称塔机,亦称塔吊。塔机主要用于房屋建筑施工中物料的垂直和水平输送及建筑构件的安装,在高层建筑施工中是不可缺少的施工机械。施工升降机的安装可使用塔机作为辅助起重设备。

(1)塔式起重机的性能参数

塔式起重机的分类方式有多种,从其主体结构和外形特征考虑,基本上可按架设形式、变幅形式、旋转部位和行走方式区分。施工现场常用的为自升小车变幅式塔式起重机,其主要技术性能参数包括起重力矩、起重量、幅度、自由高度(独立高度)和最大高度等,其他参数包括工作速度、结构重量、外形尺寸和尾部(平衡臂)尺寸等。

(2)塔式起重机结构组成

塔式起重机由金属结构、工作机构、电气系统和安全装置等组成。如图 2-44 所示为小车变幅式塔式起重机结构示意图。

① 金属结构,由起重臂、平衡臂、塔帽、回转总成、顶升套架、塔身、底架(行走式)和附着装置等组成。

② 工作机构,包括起升机构、行走机构、变幅机构、回转机构和液压顶升机构等。

③ 电气系统,由电源、电气设备、导线和低压电器组成。

④ 塔式起重机的安全装置,包括起升高度限位器、幅度限位器、回转限位器、运行(行走)限位器、起重力矩限制器、起重量限制器和小车断绳保护装置等,用来保证塔机的安全

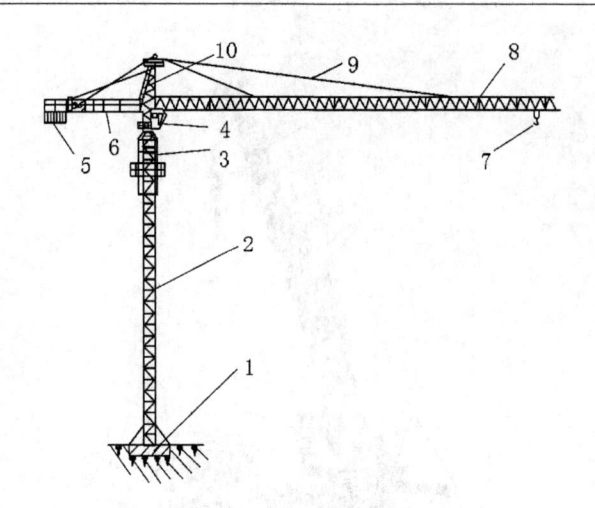

图 2-44 小车变幅式塔式起重机结构示意图
1——基础；2——塔身；3——顶升套架；4——驾驶室；5——平衡重；
6——平衡臂；7——吊钩；8——起重臂；9——拉杆；10——塔帽

使用。

(3) 塔式起重机安全使用

① 司机必须熟悉所操作的塔机的性能，并应严格按说明书的规定作业。

② 司机必须熟练掌握标准规定的通用手势信号和有关的各种指挥信号，必须服从指挥人员的指挥，并与指挥人员密切配合。

③ 塔机不得超载作业，严禁用吊钩直接吊挂重物，吊钩必须用吊具、索具吊挂重物，重物的吊挂必须牢靠。

④ 吊运重物时，不得猛起猛落，以防吊运过程中发生散落、松绑、偏斜等情况；起吊时必须先将重物吊离地面 0.5 m 左右停住，确定制动、物料捆扎、吊点和吊具无问题后，方可按照指挥信号操作。

⑤ 作业中平移起吊重物时，重物高出其所跨越障碍物的高度不得小于 1 m。

⑥ 不得起吊带人的重物，禁止用塔机吊运人员。

⑦ 起升或下降重物时，重物下方禁止有人通行或停留。

2.4.1.2 汽车起重机

汽车起重机是装在普通汽车底盘或特制汽车底盘上的一种起重机，如图 2-45 所示，其行驶驾驶室与起重操纵室分开设置。这种起重机的优点是机动性好，转移迅速。缺点是工作时需支腿，不能负荷行驶，也不适合在松软或泥泞的场地上工作。

(1) 汽车起重机分类

① 按额定起重量分，一般额定起重量 15 t 以下的为小吨位汽车起重机，额定起重量 16~25 t 的为中吨位汽车起重机，额定起重量 26 t 以上的为大吨位汽车起重机。

② 按吊臂结构分为定长臂汽车起重机、接长臂汽车起重机和伸缩臂汽车起重机三种。

定长臂汽车起重机多为小型机械传动起重机，采用汽车通用底盘，全部动力由汽车发动机供给。

接长臂汽车起重机的吊臂由若干节臂组成，分基本臂、顶臂和插入臂，可以根据需要，在

图 2-45 汽车起重机结构图
1——行驶驾驶室;2——起重操作驾驶室;3——顶臂油缸;4——吊钩;
5——支腿;6——回转卷扬机构;7——起重臂;8——钢丝绳;9——汽车底盘

停机时改变吊臂长度。由于桁架臂受力好,迎风面积小,自重轻,是大吨位汽车起重机的主要结构形式。

伸缩臂液压汽车起重机,其结构特点是吊臂由多节箱形断面的臂互相套叠而成,利用装在臂内的液压缸可以同时或逐节伸出或缩回。全部缩回时,可以有最大起重量;全部伸出时,可以有最大起升高度或工作半径。

③ 按动力传动分为机械传动、液压传动和电力传动三种。施工现场常用的是液压传动汽车起重机。

(2) 汽车起重机基本参数

汽车起重机的基本参数包括尺寸参数、质量参数、动力参数、行驶参数、主要性能参数及工作速度参数等。

① 尺寸参数:整机长、宽、高,第一、二轴距,第三、四轴距,一轴轮距,二、三轴轮距。

② 质量参数:行驶状态整机质量,一轴负荷,二、三轴负荷。

③ 动力参数:发动机型号,发动机额定功率,发动机额定扭矩,发动机额定转速,最高行驶速度。

④ 行驶参数:最小转弯半径,接近角,离去角,制动距离,最大爬坡能力。

⑤ 性能参数:最大额定起重量,最大额定起重矩,最大起重力矩,基本臂长,最长主臂长度,副臂长度,支腿跨距,基本臂最大起升高度,基本臂全伸最大起升高度,(主臂+副臂)最大起升高度。

⑥ 速度参数:起重臂变幅时间(起、落),起重臂伸缩时间,支腿伸缩时间,主起升速度,副起升速度,回转速度。

(3) 汽车起重机安全使用

汽车起重机作业应注意以下事项:

① 启动前,检查各安全保护装置和指示仪表是否齐全、有效,燃油、润滑油、液压油及冷却水是否添加充足,钢丝绳及连接部位是否符合规定,液压、轮胎气压是否正常,各连接件有无松动。

② 起重作业前,检查工作地点的地面条件。地面必须具备能将起重机呈水平状态,并能充分承受作用于支腿的压力条件;注意地基是否松软,如较松软,必须给支腿垫好能承载的枕木或钢板;支腿必须全伸,并将起重机调整成水平状态;当需最长臂工作时,风力不得大于5级;起重机吊钩重心在起重作业时不得超过回转中心与前支腿(左右)接地中心线的连线;在起重量指示装置有故障时,应按起重性能表确定起重量,吊具重量应计入总起重量。

③ 吊重作业时,起重臂下严禁站人,禁止吊起埋在地下的重物或斜拉重物以免承受侧载;禁止使用不合格的钢丝绳和起重链;根据起重作业曲线,确定工作半径和额定起重量,调整臂杆长度和角度;起吊重物中不准落臂,必须落臂时应先将重物放至地面,小油门落臂、大油门抬臂后,重新起吊;回转动作要平稳,不准突然停转,当吊重接近额定起重量时不得在吊物离地面0.5 m以上的空中回转;在起吊重载时应尽量避免吊重变幅,起重臂仰角很大时不准将吊物骤然放下,以防后倾。

④ 不准吊重行驶。

2.4.1.3　履带起重机

履带起重机操纵灵活,本身能回转360°,在平坦坚实的地面上能负荷行驶。由于履带的作用,接触地面面积大,通过性好,可在松软、泥泞的场地作业,可进行挖土、夯土、打桩等多种作业,适用于建筑工地的吊装作业。但履带起重机稳定性较差,行驶速度慢且履带易损坏路面,转移时多用平板拖车装运。

(1) 履带起重机结构组成

履带起重机由动力装置、工作机构以及动臂、转台、底盘等组成,如图2-46所示。

① 动臂

动臂为多节组装桁架结构,调整节数后可改变长度,其下端铰装于转台前部,顶端用变幅钢丝绳滑轮组悬挂支承,可改变其倾角。也有在动臂顶端加装副臂的,副臂与动臂成一定夹角。起升机构有主、副两套卷扬系统,主卷扬系统用于动臂吊重,副卷扬系统用于副臂吊重。

② 转台

转台通过回转支承装在底盘上,可将转台上的全部重量传递给底盘,其上部装有动力装置、传动系统、卷扬机、操纵机构、平衡重和操作室等。动力装置通过回转机构可使转台作360°回转。回转支承由上、下滚盘和其间的滚动件(滚球、滚柱)组成,可将转台上的全部重量传递给底盘,并保证转台的自由转动。

③ 底盘

底盘包括行走机构和动力装置。行走机构由履带架、驱动轮、导向轮、支重轮、托链轮和履带轮等组成。动力装置通过垂直轴、水平轴和链条传动使驱动轮旋转,从而带动导向轮和支重轮,实现整机沿履带行走。

(2) 履带起重机基本参数

履带起重机的主要技术参数包括主臂工况、副臂工况、工作速度数据、发动机参数、结构重量等,见表2-14。

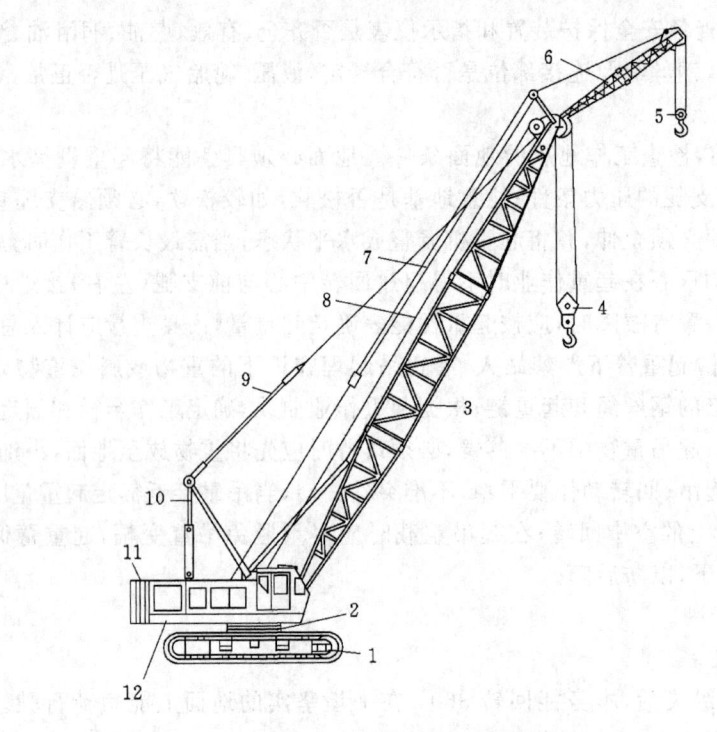

图 2-46 履带起重机结构图

1——履带底盘;2——回转支承;3——动臂;4——主吊钩;5——副吊钩;6——副臂;7——副臂固定索;8——起升钢丝绳;9——动臂变幅滑轮组;10——门架;11——平衡重;12——转台

表 2-14　　　　　　　　　　　　　履带起重机性能参数

项　目	性能指标	单　位
主臂工况	额定起重量	t
	最大起重力矩	t·m
	主臂长度	m
	主臂变幅角	(°)
主臂带超起工况	额定起重量	t
	最大起重力矩	t·m
	主臂长度	m
	超起桅杆长度	m
	主臂变幅角	(°)
变幅副臂工况	额定起重量	t
	主臂长度	m
	副臂长度	m
	最长主臂＋最长变幅副臂	m
	主臂变幅角	(°)
	副臂变幅角	(°)

续表 2-14

项　　目	性能指标	单　　位
变幅副臂带超起工况	额定起重量	t
	主臂长度	m
	副臂长度	m
	最长主臂＋最长变幅副臂	m
	超起桅杆长度	m
	主臂变幅角	(°)
	副臂变幅角	(°)
速度数据	主(副)卷扬绳速	m/min
	主变幅绳速	m/min
	副变幅绳速	m/min
	超起变幅绳速	m/min
	回转速度	m/min
	行走速度	km/h
发动机	输出功率	kW
	额定转速	r/min
重量	整机重量(基本臂)	t
	后配重＋中央配重＋超起配重	t
	最大单件运输重量	t
	运输尺寸(长×宽×高)	mm
接地比压		MPa

(3) 履带起重机安全使用

履带起重机应在平坦坚实的地面上作业、行走和停放。正常作业时,坡度不得大于 3°,并应与沟渠、基坑保持安全距离。

① 作业时,起重臂的最大仰角不得超过出厂规定。当无资料可查时,不得超过 78°;变幅应缓慢平稳,严禁在起重臂未停稳前变换挡位;起重机载荷达到额定起重量的 90% 及以上时,严禁下降起重臂;在起吊载荷达到额定起重量的 90% 及以上时,升降动作应慢速进行,并严禁同时进行两种以上动作。

② 起吊重物时应先稍离地面试吊,当确认重物已挂牢,起重机的稳定性和制动器的可靠性均良好时,再继续起吊。在重物起升过程中,操作人员应把脚放在制动踏板上,密切注意起升重物,防止吊钩冒顶。当起重机停止运转而重物仍悬在空中时,即使制动踏板被固定,仍应脚踩在制动踏板上。

③ 采用双机抬吊作业时,应选用起重性能相似的起重机进行。抬吊时应统一指挥,动作应配合协调;载荷应分配合理,起吊重量不得超过两台起重机在该工况下允许起重量总和的 75%,单机载荷不得超过允许起重量的 80%;在吊装过程中,起重机的吊钩滑轮组应保持垂直状态。

④ 多机抬吊(多于3台)时,应采用平衡轮、平衡梁等调节措施来调整各起重机的受力分配,单机的起吊载荷不得超过允许载荷的75%。多台起重机共同作业时,应统一指挥,动作应配合协调。

⑤ 起重机如需带载行走时,载荷不得超过允许起重量的70%,行走道路应坚实平整,重物应在起重机正前方向,重物离地面不得大于500 mm,并应拴好拉绳,缓慢行驶。严禁长距离带载行驶。

⑥ 起重机行走时,转弯不应过急;当转弯半径过小时,应分次转弯;当路面凹凸不平时,不得转弯。

⑦ 起重机上下坡道时应无载行走,上坡时应将起重臂仰角适当放小,下坡时应将起重臂仰角适当放大。严禁下坡空挡滑行。

⑧ 作业后,起重臂应转至顺风方向并降至40°~60°之间,吊钩应提升到接近顶端的位置,关停内燃机,将各操纵杆放在空挡位置,各制动器加保险固定,操纵室应关门加锁。

2.4.2 起重机的基本参数

起重机的基本参数是表征起重机工作性能的指标,也是选用起重机械的主要技术依据,它包括起重量、起重力矩、起升高度、幅度、工作速度、结构重量和结构尺寸等。

(1) 起重量

起重量是吊钩能吊起的重量,其中包括吊索、吊具及容器的重量。起重机允许起升物料的最大起重量称为额定起重量。通常情况下所讲的起重量,都是指额定起重量。

对于幅度可变的起重机,如塔式起重机、汽车起重机、履带起重机、门座起重机等臂架型起重机,起重量因幅度的改变而改变,因此每台起重机都有自己本身的起重量与起重幅度的对应表,称起重特性表。

在起重作业中,了解起重设备在不同幅度处的额定起重量非常重要,在已知所吊物体重量的情况下,根据特性表和曲线就可以得到起重的安全作业距离(幅度)。

(2) 起重力矩

起重量与相应幅度的乘积称为起重力矩,惯用计量单位为 t·m(吨·米),标准计量单位为 kN·m。换算关系:1 t·m=10 kN·m。额定起重力矩是起重机工作能力的重要参数,它是起重机工作时保持其稳定性的控制值。起重机的起重量随着幅度的增加而相应递减。

(3) 起升高度

起重机吊具最高和最低工作位置之间的垂直距离称为起升范围。起重吊具的最高工作位置与起重机的水准地平面之间的垂直距离称为起升高度,也称吊钩有效高度。塔机起升高度为混凝土基础表面(或行走轨道顶面)到吊钩的垂直距离。

(4) 幅度

起重机置于水平场地时,空载吊具垂直中心线至回转中心线之间的水平距离称为幅度,当臂架倾角最小或小车离起重机回转中心距离最大时,起重机幅度为最大幅度;反之为最小幅度。

(5) 工作速度

工作速度,按起重机工作机构的不同主要包括起升(下降)速度、起重机(大车)运行速度、变幅速度和回转速度等。

① 起升(下降)速度,是指稳定运动状态下,额定载荷的垂直位移速度(m/min)。

② 起重机(大车)运行速度,是指稳定运行状态下,起重机在水平路面或轨道上带额定载荷的运行速度(m/min)。

③ 变幅速度,是指稳定运动状态下,吊臂挂最小额定载荷,在变幅平面内从最大幅度至最小幅度的水平位移平均速度(m/min)。

④ 回转速度,是指稳定运动状态下,起重机转动部分的回转速度(r/min)。

(6) 结构尺寸

起重机的结构尺寸可分为行驶尺寸、运输尺寸和工作尺寸,可保证起重机械的顺利转场和工作时的环境适应。

2.4.3 起重机的选择

(1) 起重机的稳定性在很大程度上和起重量与回转半径之间的变化有关。当起重臂杆长度不变时,回转半径的长短决定了起重机起重量的大小。回转半径增加则起重量相应减小;回转半径减少则起重量相应增大。对于动臂式起重机,起重臂杆的仰角变小,即回转半径增加,则起重量相应减小;起重臂杆的仰角变大,即回转半径减少,则起重量相应增大。

(2) 建筑物的高度以及构件吊装高度决定着起重机的起升高度。因此制定吊装方案选择起重机时,在决定起重机的最高有效施工起升高度情况下,还要将起重机的起重量、回转半径作综合的考虑,不片面强调某一因素,必须根据施工现场的地形条件和结构情况、构件安装高度和位置,以及构件的长度、绑扎点等,核算出起重机所需的回转半径和起重臂杆长度,再根据需要的回转半径和起重臂杆长度来选择适当的起重机。

2.5 起重作业的基本操作

2.5.1 起重作业人工基本操作

(1) 撬

在吊装作业中,为了把物体抬高或降低,常采用撬的方法。撬就是用撬杠把物体撬起,如图 2-47 所示。这种方法一般用于抬高或降低较轻物体(约 2 000～3 000 kg)的操作中。如工地上堆放空心板和拼装钢屋架或钢筋混凝土天窗架时,为了调整构件某一部分的高低,可用这种方法。

撬属于杠杆的第一类型(支点在中间)。撬杠下边的垫点就是支点。在操作过程中,为了达到省力的目的,垫点应尽量靠近物体,以减小(短)重臂,增大(长)力臂。作支点用的垫物要坚硬,底面积宜大而宽,顶面要窄。

(2) 磨

磨是用撬杠使物体转动的一种操作,也属于杠杆的第一类型。磨的时候,先要把物体撬起同时推动撬杠的尾部使物体转动(要想使重物向右转动,应向左推动撬杠的尾部)。当撬杠磨到一定角度不能再磨时,可将重物放下,再转回撬杠磨第二次、第三次……

在吊装工作中,对重量较轻、体积较小的构件,如拼装钢筋混凝土天窗架需要移位时,可一人一头地磨,如移动大型屋面板时也可以一个人磨,如图 2-48 所示,也可以几个人对称地站在构件的两端同时磨。

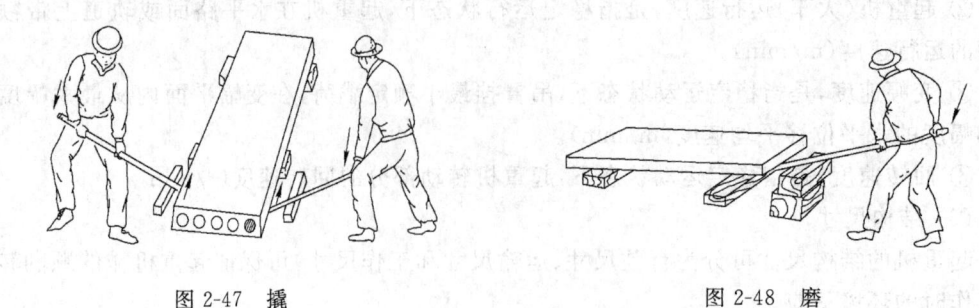

图 2-47 撬

图 2-48 磨

(3) 拨

拨是把物体向前移动的一种方法,它属于第二类杠杆,重心在中间,支点在物体的底下,如图 2-49 所示。将撬杠斜插在物体底下,然后用力向上抬,物体就向前移动。

(4) 顶和落

顶是指用千斤顶把重物顶起来的操作,落是指用千斤顶把重物从较高的位置落到较低位置的操作。

图 2-49 拨

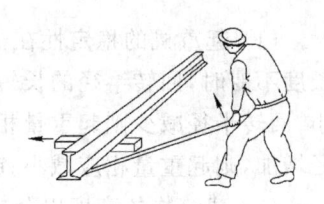

第一步,将千斤顶安放在重物下面的适当位置,如图 2-50(a)所示。第二步,操作千斤顶,将重物顶起,如图 2-50(b)所示。第三步,在重物下垫进枕木并落下千斤顶,如图 2-50(c)所示。第四步,垫高千斤顶,准备再顶升,如图 2-50(d)所示。如此循环往复,即可将重物一步一步地升高至需要的位置。落的操作步骤与顶的操作步骤相反。在使用油压千斤顶落下重物时,为防止下落速度过快发生危险,要在拆去枕木后,及时放入不同厚度的木板,使重物离木板的距离保持在 5 cm 以内,一面落下重物,一面拆去和更换木板。木板拆完后,将重物放在枕木上,然后取出千斤顶,拆去千斤顶下的部分

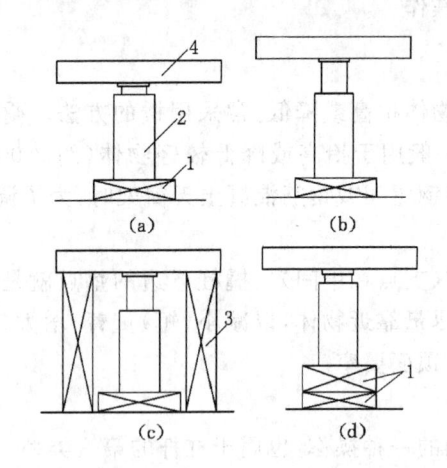

图 2-50 用千斤顶逐步顶升重物程序图
(a) 最初位置;(b) 顶升重物;(c) 在重物下垫进枕木;(d) 将千斤顶垫高准备再次提升
1——垫木;2——千斤顶;3——枕木;4——重物

垫木,再把千斤顶放回。重复以上操作,一直到将重物落至要求的高度。

(5) 滑

滑就是把重物放在滑道上,用人力或卷扬机牵引,使重物向前滑移的操作。滑道通常用钢轨或型钢做成,当重物下表面为木材或其他粗糙材料时,可在重物下设置用钢材和木材制成的滑橇,通过滑橇来降低滑移中的摩阻力。如图 2-51 所示为一种用槽钢和木材制成的滑橇示意图。滑橇下部为由两层槽钢背靠背焊接而成,上部为两层方木用道钉钉成一体。滑移时所需的牵引力必须大于物体与滑道或滑橇与滑道之间的摩阻力。

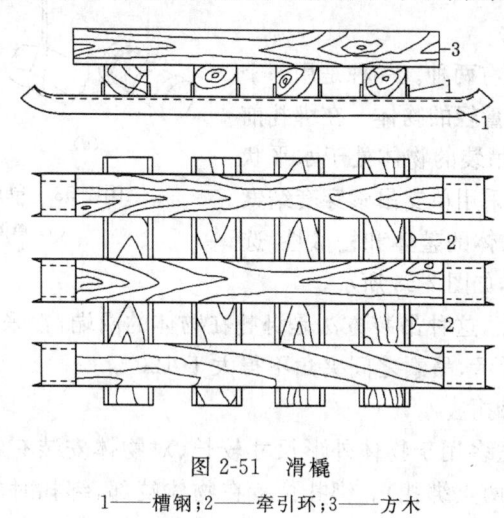

图 2-51 滑橇
1——槽钢;2——牵引环;3——方木

(6) 滚

滚就是在重物下设置上、下滚道和滚杠,使物体随着上、下滚道间滚杠的滚动而向前移动的操作。

滚道又称走板。根据物体的形状和滚道布置的情况,滚道可分为两种类型:一种是用短的上滚道和通长的下滚道,如图 2-52(a)所示;另一种是用通长的上滚道和短的下滚道,如图 2-52(b)所示。前者用以滚移一般物体,工作时在物体前进方向的前方填入滚杠;后者用以滚移长大物体,工作时在物体前进方向的后方填入滚杠。

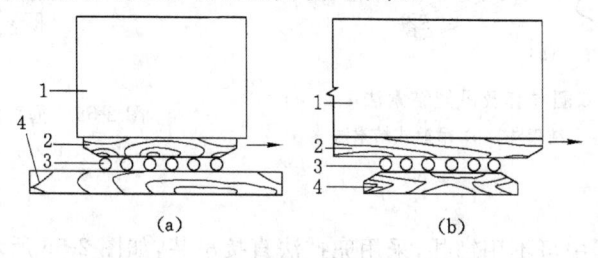

图 2-52 滚道
(a) 短的上滚道和通长的下滚道;(b) 通长的上滚道和短的下滚道
1——物件;2——上滚道;3——滚杠;4——下滚道

上滚道的宽度一般均略小于物体宽,下滚道则比上滚道稍宽。滚移重量不很大的物体时,上、下滚道可用方木做成,滚杠可用硬杂木或钢管。滚移重量很大的物体时,上、下滚道可采用钢轨制成,滚杠用无缝钢管或圆钢。为提高钢管的承载力,可在管内灌混凝土。滚杠的长度应比下滚道宽度长20~40 cm。滚杠的直径,根据荷载不同,一般为5~10 cm。

滚运重物时,重物的前进方向用滚杠在滚道上的排放方向控制。要使重物直线前进,必须使滚杠与滚道垂直;要使重物拐弯,则使滚杠向需拐弯的方向偏转。纠正滚杠的方向,可用大锤敲击。放滚杠时,必须将头放整齐。

2.5.2 物体的绑扎

(1) 平行吊装绑扎法

平行吊装绑扎法一般有两种。一种是用一个吊点,适用于吊装短小、质量轻的物体。在绑扎前应找准物体的重心,使被吊装的物体处于水平状态,这种方法简便实用,常采用单支吊索穿套结索法吊装作业。根据所吊物体的整体和松散性,选用单圈或双圈穿套结索法,如图2-53所示。

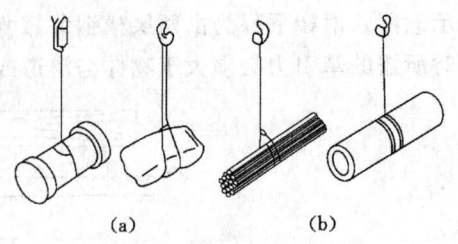

图2-53 单双圈穿套结索法
(a) 单圈;(b) 双圈

另一种是用两个吊点,这种吊装方法是绑扎在物体的两端,常采用双支穿套结索法和吊篮式结索法,如图2-54所示,吊索之间夹角不得大于120°。

(2) 垂直斜形吊装绑扎法

垂直斜形吊装绑扎法多用于物体外形尺寸较长、对物体安装有特殊要求的场合。其绑扎点多为一点绑法(也可两点绑扎)。绑扎位置在物体端部,绑扎时应根据物体质量选择吊索和卸扣,并采用双圈或双圈以上穿套结索法,防止物体吊起后发生滑脱,如图2-55所示。

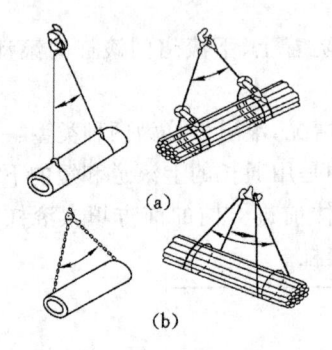

图2-54 单双圈穿套及吊篮结索法
(a) 双支单双圈穿套结索法;(b) 吊篮式结索法

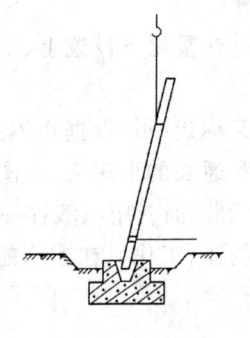

图2-55 垂直斜形吊装绑扎

(3) 兜挂法

如果物体重心居中可不用绑扎,采用兜挂法直接吊装,如图2-56所示。

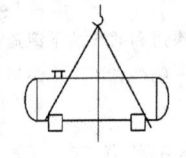

图2-56 兜挂法

2.6 起重吊运指挥信号

起重指挥信号包括手势信号、旗语信号和音响信号,此外还包括与起重机司机联系的对讲机等现代电子通讯设备的语音联络信号。国家在《起重吊运指挥信号》(GB 5082—1985)中对起重指挥信号作了统一规定,具体见附录 G。

2.6.1 手势信号

手势信号是用手势与驾驶员联系的信号,是起重吊运的指挥语言,包括通用手势信号和专用手势信号。

通用手势信号,指各种类型的起重机在起重吊运中普遍适用的指挥手势。通用手势信号包括预备、要主钩、吊钩上升等 14 种。

专用手势信号,指其有特殊的起升、变幅、回转机构的起重机单独使用的指挥手势。专用手势信号包括升臂、降臂、转臂等 14 种。

2.6.2 旗语信号

一般在高层建筑、大型吊装等指挥距离较远的情况下,为了增大起重机司机对指挥信号的视觉范围,可采用旗帜指挥。旗语信号是吊运指挥信号的另一种表达形式。根据旗语信号的应用范围和工作特点,这部分共有预备、要主钩、要副钩等 23 个图谱。

2.6.3 音响信号

音响信号是一种辅助信号。在一般情况下音响信号不单独作为吊运指挥信号使用,而只是配合手势信号或旗语信号应用。音响信号由 5 个简单的长短不同的音响组成。一般指挥人员都习惯使用哨笛音响。这 5 个简单的音响可与含义相似的指挥手势或旗语多次配合,达到指挥目的。使用响亮悦耳的音响是为了人们在不易看清手势或旗语信号时,作为信号弥补,以达到准确无误。

2.6.4 起重吊运指挥语言

起重吊运指挥语言是把手势信号或旗语信号转变成语言,并用无线电、对讲机等通讯设备进行指挥的一种指挥方法。指挥语言主要应用在超高层建筑、大型工程或大型多机吊运的指挥和工作联络方面。它主要用于指挥人员对起重机司机发出具体工作命令。

2.6.5 起重机驾驶员使用的音响信号

起重机驾驶员使用的音响信号有三种:

一短声表示"明白"的音响信号,是对指挥人员发出指挥信号的回答。在回答"停止"信号时也采用这种音响信号。

二短声表示"重复"的音响信号,是用于起重机司机不能正确执行指挥人员发出的指挥信号时,而发出的询问信号,对于这种情况,起重机司机应先停车,再发出询问信号,以保障安全。

长声表示"注意"的音响信号,这是一种危急信号,下列情况起重机司机应发出长声音响信号,以警告有关人员:

(1) 当起重机司机发现他不能完全控制他操纵的设备时;
(2) 当司机预感到起重机在运行过程中会发生事故时;
(3) 当司机知道有与其他设备或障碍物相碰撞的可能时;
(4) 当司机预感到所吊运的负载对地面人员的安全有威胁时。

3 施工升降机概述

3.1 施工升降机在建筑施工中的应用与发展

施工升降机是用吊笼载人、载物沿导轨做上下运输的施工机械。它主要应用于高层和超高层建筑施工,也用于仓库、码头、高塔等固定设施的垂直运输,如图3-1所示。

图 3-1 施工升降机的应用
(a) 应用于超高设施施工;(b) 应用于铁塔施工;(c) 应用于桥梁施工

在我国,施工升降机是在20世纪70年代开始应用于建筑施工中的。在20世纪70年代中期研制出了76型施工升降机,该机采用单驱动机构、五挡涡流调速、圆柱蜗轮减速器、柱销式联轴器和楔块捕捉式限速器,额定提升速度为36.4 m/min,最大额定载荷为1 000 kg,最大提升高度为100 m,基本上满足了当时高层建筑施工的需要。20世纪80年代,随着我国建筑业的迅速发展,高层建筑的不断增加,对施工升降机提出了更高的要求,在引进消化进口施工升降机的基础上,研制出了SCD200/200型施工升降机,该机采用双驱动形式,及专用电机、平面二次包络蜗轮减速器和锥形摩擦式双向限速器,最大额定载荷为2 000 kg,最大提升高度为150 m;该机具有较高的传动效率和先进的防坠安全器,同时也增大了额定载荷和提升高度,达到了国外同类产品的技术性能,基本满足了施工需要,已逐步成为国内使用最多的施工升降机基本机型。进入20世纪90年代,由于超高层建筑的不断出现,普通施工升降机的运行速度已满足不了施工要求,更高速度的施工升降机应运而生,于是液压施工升降机和变频调速施工升降机先后诞生,其最大提升速度达到 90 m/min 以上、最大提升高度均达到 400 m。但液压施工升降机综合性能低于变频调速施工升降机,所以应用甚少。同期,为了适应特殊建筑物的施工要求,还出现了倾斜式和曲线式施工升降机。

施工现场常用的物料提升机也是施工升降机的一种,即货用施工升降机。按照架体结构外形一般分为龙门架式和井架式。龙门架的架体结构是由两个立柱、一根横梁(天梁)组成,横梁架设在立柱的顶部,与立柱组成形如"门框"的架体,习惯称之为"龙门架"。井架的架体结构是由四个立杆、多个水平及倾斜杆件组成整个架体。水平及倾斜杆件(缀杆)将立杆联系在一起,从水平截面上看似一个"井"字,因此得名为井架,也称井字架。

龙门架及井架物料提升机是在上述架体中加设载物起重的承载部件(如吊笼、吊篮、吊斗等),设置起重动力装置(如卷扬机、曳引机等),配置传动部件(如钢丝绳、滑轮、导轨等),以及必要的辅助装置(设施)等组成一套完整的沿导轨做垂直运行的起重设备。

在我国,20 世纪 50 年代以前,建筑规模不大,生产力比较落后,建筑起重机械较少,建筑施工中多以人拉肩扛为主。为了解决起重问题,有人尝试用木料、竹料搭设的架体,人工牵拉作为动力搭设简单起重机械,这是物料提升机的雏形。之后随着我国工业的发展、设备技术的提高,从 20 世纪 60 年代开始,建筑工地采用卷扬机作为动力,架体采用钢材拼装,出现了起重量较大的物料提升机。但是,其结构仍然比较简单,电气控制及安全装置也很不完善,普遍使用搬把式倒顺开关及挂钩式、弹闸式防坠落装置,操作时无良好的点动功能,就位不准。20 世纪 70 年代初,随着钢管扣件式脚手架的推行,出现了用钢管扣件搭设架体、使用缆风绳稳固的简易井架。虽然装拆十分方便,但架体刚度和承载能力较低,一般仅用于七层以下的多层建筑。在管理上,井架物料提升机的卷扬机和架体是分立管理的,架体作为周转器材管理,卷扬机作为动力设备管理。随着建筑市场规模的日益扩大,逐步出现了双立柱和三立柱的龙门架物料提升机。为了提高物料提升机的安全程度和起重能力,20 世纪 80 年代逐步淘汰了钢管和扣件搭设的物料提升机,开始采用型钢以刚性方式连接架设。20 世纪 90 年代初,建设部颁布了第一部物料提升机的行业标准——《龙门架及井架物料提升机安全技术规范》(JGJ 88—92),从设计制造、安装检验到使用管理,尤其是安全装置方面做出了较全面的规定,2010 年住房和城乡建设部对该标准又进行了修订。

用于建筑施工的物料提升机,经过几十年的发展,尤其是《龙门架及井架物料提升机安全技术规范》实施以来,其结构性能有了较大提高,应用范围越来越广,随着规模化生产体系的建立,物料提升机的标准化、提升运行的快速化、架体组装的规范化、安全装置的完善性得到了很大提高。

3.2 施工升降机的型号和分类

3.2.1 施工升降机型号

施工升降机型号由组、型、特性、主参数和变型更新等代号组成。型号编制方法如下:

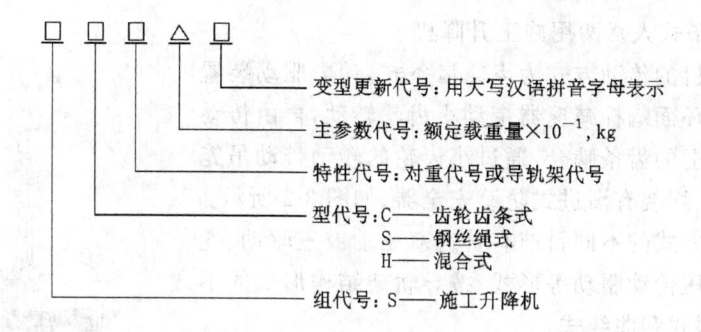

```
□□□△□
         │ │ │ │ └─ 变型更新代号:用大写汉语拼音字母表示
         │ │ │ └── 主参数代号:额定载重量×10⁻¹,kg
         │ │ └──── 特性代号:对重代号或导轨架代号
         │ └────── 型代号:C——齿轮齿条式
         │         S——钢丝绳式
         │         H——混合式
         └──────── 组代号:S——施工升降机
```

(1) 主参数代号

单吊笼施工升降机标注一个数值。双吊笼施工升降机标注两个数值,用符号"/"分开,每个数值均为一个吊笼的额定载重量代号。对于 SH 型施工升降机,前者为齿轮齿条传动吊笼的额定载重量代号,后者为钢丝绳提升吊笼的额定载重量代号。

(2) 特性代号

特性代号是表示施工升降机两个主要特性的符号。

① 对重代号:有对重时标注 D,无对重时省略。

② 导轨架代号:

对于 SC 型施工升降机,三角形截面标注 T;矩形或片式截面省略;倾斜式或曲线式导轨架则不论何种截面均标注 Q。

对于 SS 型施工升降机,导轨架为两柱时标注 E;单柱导轨架内包容时标注 B,不包容时省略。

(3) 标记示例

① 齿轮齿条式施工升降机,双吊笼有对重,一个吊笼的额定载重量为 2 000 kg,另一个吊笼的额定载重量为 2 500 kg,导轨架横截面为矩形,表示为:施工升降机 SCD200/250 (GB/T 10054)。

钢丝绳式施工升降机,单柱导轨架横截面为矩形,导轨架内包容一个吊笼,额定载重量为 3 200 kg,第一次变型更新,表示为:施工升降机 SSB320A(GB/T 10054)。

对于物料提升机的标记按照山东省《建筑施工物料提升机安全技术规程》(DBJ 14—015—2002)的规定执行,其型号由组、型、特性、主参数代号和变型更新代号组成。

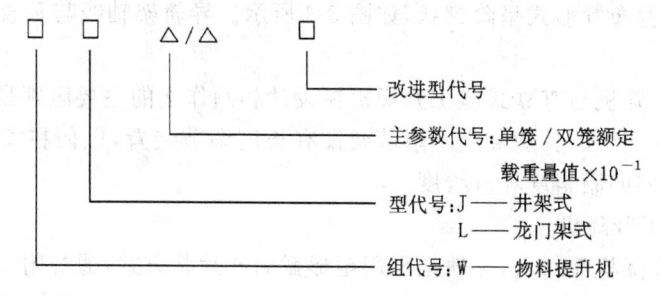

```
□□ △/△ □
 │ │  │  └─ 改进型代号
 │ │  └──── 主参数代号:单笼/双笼额定
 │ │         载重量值×10⁻¹
 │ └─────── 型代号:J——井架式
 │          L——龙门架式
 └────────── 组代号:W——物料提升机
```

3.2.2 施工升降机的分类

施工升降机按其传动形式可分为齿轮齿条式、钢丝绳式和混合式三种。

(1) 齿轮齿条式人货两用施工升降机

该施工升降机的传动方式为齿轮齿条式,动力驱动装置均通过平面包络环面蜗杆减速器带动小齿轮转动,再由传动小齿轮和导轨架上的齿条啮合,通过小齿轮的转动带动吊笼升降,每个吊笼上均装有渐进式防坠安全器,如图 3-2 所示。

按驱动传动方式的不同目前有普通双驱动或三驱动、变频调速驱动和液压传动驱动等形式;按导轨架结构形式的不同有直立式、倾斜式和曲线式。

① 普通施工升降机

采用专用双驱动或三驱动电机作动力,其起升速度一般为 36 m/min。采用双驱动的施工升降机通常带有对重。其导轨架是由标准节通过高强度螺栓连接组装而成的直立结构形式。在建筑施工中广泛使用。

② 液压施工升降机

液压施工升降机由于采用了液压传动驱动并实现无级调速,起制动平稳和运行高速。驱动机构通过电机带动柱塞泵产生高压油液,再由高压油液驱使油马达运转,并通过蜗轮减速器及主动小齿轮实现吊笼的上下运行。但由于噪声大、成本高,目前几乎不使用。

图 3-2 齿轮齿条式施工升降机

③ 变频调速施工升降机

变频调速施工升降机由于采用了变频调速技术,具有手控有级变速和无级变速,其调速性能更优于液压施工升降机,起制动更平稳,噪声更小。其工作原理是电源通过变频调速器,改变进入电动机的电源频率,以达到电动机变速的目的。

变频调速施工升降机的最大提升高度可达 450 m 以上,最大起升速度达 96 m/min。由于良好的调速性能、较大的提升高度,故在高层、超高层建筑中得到广泛的应用。

④ 倾斜式施工升降机

倾斜式施工升降机是为满足特殊形状的建筑物的施工需要而产生的,其吊笼在运行过程中应始终保持垂直状态,导轨架依建筑物需要倾斜安装,吊笼两受力立柱和吊笼框制作成倾斜形式,其倾斜度与导轨架一致。由于吊笼的两立柱、导轨架、齿条和吊笼都有一个倾斜度,故三台驱动装置布置形式呈阶梯状,如图 3-3 所示。导轨架轴线与垂直线夹角一般不大于 11°。

倾斜式施工升降机与直立式施工升降机在设计和制作上的主要区别是导轨架的倾斜度由底座的形式和附墙架的长短决定。附墙架设有长度调节装置,以便在安装中调节附墙架的长短,保证导轨架的倾斜度和直线度。

⑤ 曲线式施工升降机

曲线式施工升降机无对重,导轨架采用矩形截面或片状方式,通过附墙架或直接与建筑物内外壁面进行直线、斜线和曲线架设。该机型主要应用于以电厂冷却塔为代表的曲线外形的建筑物施工中,如图 3-4 所示。

曲线式施工升降机在设计和制作上有以下特点:

a. 吊笼采用下固定铰点或中固定铰点,设置有强制式自动调平和手动调平两种制式调

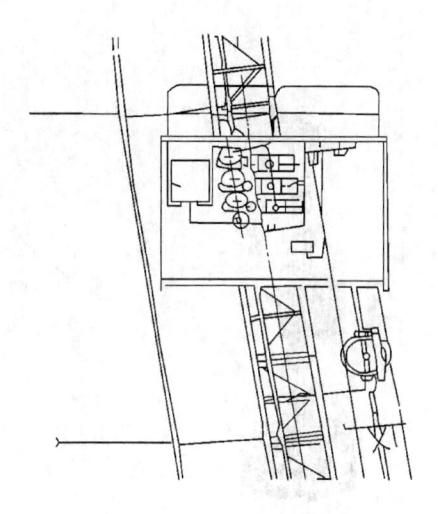

图 3-3　倾斜式驱动装置布置形式　　图 3-4　曲线式施工升降机

平机构,可使吊笼在做多种曲线运行时始终保持垂直。

b. 吊笼和驱动装置采用拖式铰接联接,驱动装置采用全浮动机构,使曲线式施工升降机能适应更大的倾角和曲率。

c. 齿轮齿条传动实现小折线近似多种曲线的特殊结构设计,保证传动机构能够平稳可靠地运行。

(2) 钢丝绳式施工升降机

钢丝绳式施工升降机是采用钢丝绳提升的施工升降机,可分为人货两用和货用施工升降机(俗称物料提升机)两种类型。

① 人货两用施工升降机

人货两用施工升降机是用于运载人员和货物的施工升降机,它是由提升钢丝绳通过导轨架顶上的导向滑轮,用设置在地面上的曳引机(卷扬机)或设置在导轨架顶部升降套架上的曳引机使吊笼沿导轨架做上下运动的一种施工升降机,如图 3-5 所示。

曳引机上置式施工升降机是将客用电梯技术应用到施工现场的新型设备,在安全、节能方面具有不可替代的优势。

该机型每个吊笼设有防坠、限速双重功能的防坠安全装置,当吊笼超速下行或其悬挂装置断裂时,该装置能将吊笼制停并保持静止状态。

② 货用施工升降机

货用施工升降机是用于运载货物、禁止运载人员的施工升降机。提升钢丝绳通过导轨架顶上的导向滑轮,用设置在地面上的曳引机(卷扬机)使吊笼沿导轨架做上下运动的一种施工升降机。该机设有断绳保护装置,当吊笼提升钢丝绳松绳或断裂时,该装置能制停带有额定载重量的吊笼,且不造成结构严重损害。对于额定提升速度大于 0.85 m/s 的施工升降机,还安装有非瞬时式防坠安全装置。

货用施工升降机按架体的结构可分为单柱式和两柱式;按吊笼数量可分为单笼和双笼;按吊笼位置不同可分为内包容式和不包容式;按提升高度可分为低架式和高架式。

a. 根据架体结构形式分类

图 3-5 钢丝绳人货两用施工升降机
(a) 提升机构下置式;(b) 提升机构上置式(曳引驱动)

根据架体的结构形式,货用施工升降机可分为单柱式和两柱式两大类。

两柱式可配用较大的吊笼,适用较大载重量的场合,一般额定载重量 800～2 000 kg;但因其刚度和稳定性较差,提升高度一般在 30 m 以下。

单柱式安装拆卸更为方便,配以附墙装置,可在 150 m 以下的高度使用;但受到结构强度及吊笼空间的限制,仅适用于较小载重量的场合,额定载重量一般在 1 000 kg 以下。

b. 根据吊笼数量分类

按吊笼数量,货用施工升降机有单笼和双笼之分。如图 3-6 所示为单笼式,单笼两柱内包容式货用施工升降机由两根立柱和一根天梁组成,吊笼在两立柱间上下运行;单笼单柱货

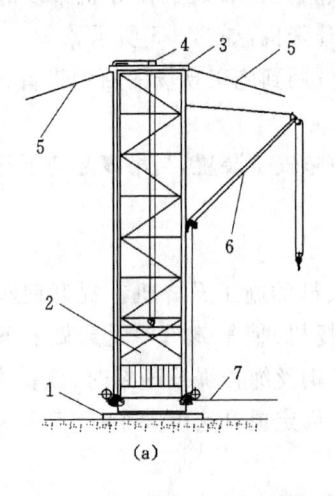

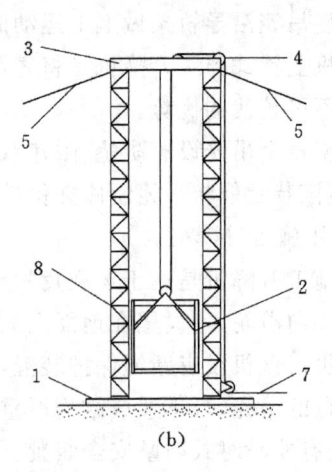

图 3-6 单笼货用施工升降机
(a) 单笼单柱式货用施工升降机;(b) 单笼两柱式货用施工升降机
1——基础;2——吊笼;3——天梁;4——滑轮;5——缆风绳;6——摇臂拔杆;7——卷扬钢丝绳;8——立柱

用施工升降机,吊笼位于导轨架的内部或一侧。如图3-7所示为双笼式。双笼龙门架货用施工升降机由三根立柱和两根横梁组成一体,两个吊笼分别在立柱的两个空间中做上下运行;双笼单柱货用施工升降机,两个吊笼分别位于导轨架的两侧。

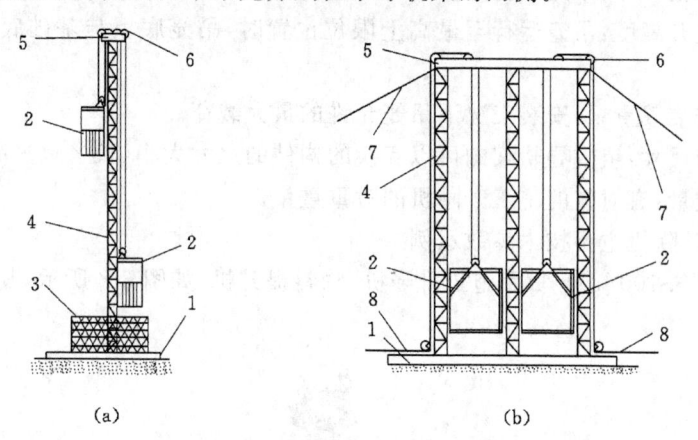

图 3-7 双笼货用施工升降机
(a) 双笼单柱货用施工升降机;(b) 双笼龙门架货用施工升降机
1——基础;2——吊笼;3——防护围栏;4——立柱;5——天梁;6——滑轮;7——缆风绳;8——卷扬钢丝绳

c. 根据吊笼位置分类

根据吊笼不同位置,可分为内包容式和不包容式货用施工升降机。

内包容式导轨架的架体因为有较大的截面供吊笼升降,并且吊笼位于内部,架体受力均衡,因此具有较好的刚度和稳定性。由于进出料处要受缀杆的阻挡,常常需要拆除一些缀杆和腹杆,此时各层面在与通道连接的开口处都必须进行局部加固。

不包容式导轨架的进出料较为方便,且能发挥更高的使用效率,但与内包容式井架相比,架体的刚度和稳定性较低,而且装拆也较复杂;运行中对架体有较大的偏心载荷,因此对架体的材料、结构和安装均有较高的要求,一般将架体制成标准节,既便于安装又提高连接强度。

③ 按提升高度分类

按提升高度,货用施工升降机分为低架式和高架式。提升高度30 m以下(含30 m)的为低架式,提升高度31～150 m的为高架式。

低架式和高架式在设计、制造、基础、安装和安全装置等方面具有不同要求。低架式用于多层建筑,高架式可用于高层建筑。由于货用施工升降机只能载货不可载人,而高层建筑施工现场需解决人员上下问题,故一般使用人货施工升降机,因而提升高度在80 m以上的货用施工升降机实际上很少使用。

(3) 混合式施工升降机

混合式施工升降机是为一个吊笼采用齿轮齿条传动,另一个吊笼采用钢丝绳提升的施工升降机。目前该机型在建筑施工中很少使用。

3.2.3 施工升降机的基本技术参数

(1) 施工升降机的基本技术参数

① 额定载重量:工作工况下吊笼允许的最大载荷。
② 额定提升速度:吊笼装载额定载重量,在额定功率下稳定上升的设计速度。
③ 吊笼净空尺寸:吊笼内空间大小(长×宽×高)。
④ 最大提升高度:吊笼运行至最高上限位位置时,吊笼底板与基础底架平面间的垂直距离。
⑤ 额定安装载重量:安装工况下吊笼允许的最大载荷。
⑥ 标准节尺寸:组成导轨架的可以互换的构件的尺寸大小(长×宽×高)。
⑦ 对重重量:有对重的施工升降机的对重重量。

(2) 施工升降机主要技术参数示例

① SS100(SS100/100)货用施工升降机(物料提升机)如图3-8所示,其主要技术参数见表3-1。

图 3-8 货用施工升降机

表 3-1　　　　　　　　　SS100 货用施工升降机主要技术参数

项　目		单　位	技术参数
额定载重量		kg	1 000
安装吊杆额定起重量		kg	120
吊笼净空尺寸(长×宽)		m	(2.5～3.8)×(1.3～1.5)
最大提升高度		m	80
额定提升速度		m/min	23.5
电动机	功率	kW	单笼7.5,双笼15
	电源		380 V,50 Hz

续表 3-1

项 目	单 位	技术参数
标准节尺寸(长×宽×高)	m	0.8×0.8×1.508
标准节重量	kg	110
最大自由端高度	m	6

② SCD200/200 施工升降机的主要技术参数见表 3-2。

表 3-2　　　　SCD200/200 人货两用施工升降机主要技术参数

项 目	单 位	技术参数
额定载重量	kg	2×2 000
额定提升速度	m/min	38
最大提升高度	m	150
吊笼净空尺寸(长×宽×高)	m	3.0×1.3×2.7
电机功率	kW	11
电机数量	台	2×2
标准节高度	mm	1 508
安装吊杆起重量	kg	≤200
对重重量	kg	2×1 260
最大自由端高度	m	9

③ SCD200/200Y 液压施工升降机的主要技术参数见表 3-3。

表 3-3　　　　SCD200/200Y 液压施工升降机主要技术参数

项 目	技术参数	项 目	技术参数
最大提升高度	350 m	附墙距离	1.65~4.00 m
吊笼内净尺寸	3.2 m×1.5 m×2.2 m	附墙间距	9 m
额定载重量	2000 kg	电机功率	37 kW
吊笼起升速度	0~80 m/min	变量泵排量	55 mL/r
安装工况起升速度	0~44 m/min	油马达排量	75 mL/r
对重重量	2 200 kg	液压工作压力	24 MPa
安装吊杆额定起重量	220 kg		

④ SCD200/200G 和 SC200/200G 变频调速施工升降机的主要技术参数见表 3-4。

表 3-4　　SCD200/200G 和 SC200/200G 变频调速施工升降机主要技术参数

| 项 目 | 单 位 | 技术参数 ||
		SC200/200G	SCD200/200G
额定载重量	kg	2×2 000	2×2 000

· 101 ·

续表 3-4

项 目	单 位	技术参数	
		SC200/200G	SCD200/200G
提升速度	m/min	0～60	0～96
最大高度	m	450	450
电机功率	kW	15	15
电机数量	台	2×3	2×3
对重重量	kg	无	2×2 000

⑤ 因杨浦大桥桥塔施工需要，上海在1991年底试制了全国第一台倾斜式施工升降机，型号为SCQ150/150，其主要技术参数见表3-5，实物图如图3-9所示。

表 3-5　　　　　　SCQ150/150 倾斜式施工升降机主要技术参数

项 目	单 位	技术参数
最大提升高度	m	215
导轨架倾角 α	(°)	7
额定载重量	kg	2×1 000
提升速度	m/min	37
电机功率	kW	(7.5×3)×2

图 3-9　倾斜式施工升降机

⑥ SCQ60曲线式施工升降机的主要技术参数见表3-6。

3 施工升降机概述

表 3-6　　SCQ60 曲线式施工升降机主要技术参数

项　目	单　位	技术参数
额定载重量	kg	600
最大提升速度	m/min	28
吊笼尺寸	m	2.1×0.88×2.25
调平机构倾角 α	(°)	+21～−9
导轨架转角 β	(°)	1
最大提升高度	m	150
电机功率	kW	7.5

⑦ SSBD100 和 SSBD100A 钢丝绳式人货两用施工升降机的主要技术参数见表 3-7。

表 3-7　　钢丝绳式人货两用施工升降机主要性能参数

项　目	单　位	技术参数 SSBD100	技术参数 SSBD100A
额定载重量	kg	1 000(12 人)	1 000(12 人)
最高架设高度	m	100	100
最大提升高度	m	94	94
额定提升速度	m/min	38	38
电机型号		Y160M—6	Y160M—6
电机功率	kW	7.5	7.5
电机额定电压/电流		380 V/24 A,50 Hz	380 V/24 A,50 Hz
曳引钢丝绳型号		11.NAT.6×19S+FC—1670	11.NAT.6×19S+FC—1670
吊笼载货空间(长×宽×高)	m	2.6×1.9×2.4	3.8×1.5×2.2
架体每节高度	m	1.5	1.5
曳引机自重	kg	590	590
吊笼自重	kg	950	950
对重箱自重	kg	1 400	1 400
整机质量	t	20(100 m)	20(100 m)

⑧ SSD100/100 钢丝绳式人货两用施工升降机(曳引机上置式)的主要技术参数见表 3-8。

表 3-8　　SSD100/100 钢丝绳式人货两用施工升降机(曳引机上置式)主要性能参数

项　目	单　位	技术参数
额定载重量	kg	2×1 000(2×12 人)
最大提升高度	m	120
额定提升速度	m/min	0～37.5

续表 3-8

项　　目	单　　位	技术参数
电机型号		Y160M—6
电机功率	kW	2×5.5
曳引钢丝绳型号		11.NAT.6×19S+FC—1670
吊笼载货空间(长×宽×高)	m	3×1.3×2
架体每节高度	m	1.5
吊笼自重	kg	800
对重箱自重	kg	1 300

4 施工升降机的组成和基础

4.1 施工升降机的组成

施工升降机一般由金属结构、传动机构、安全装置和电气系统等四部分组成。

4.1.1 金属结构

施工升降机的金属结构主要有导轨架、防护围栏、吊笼、附墙架和楼层门等,如图 4-1 所示。

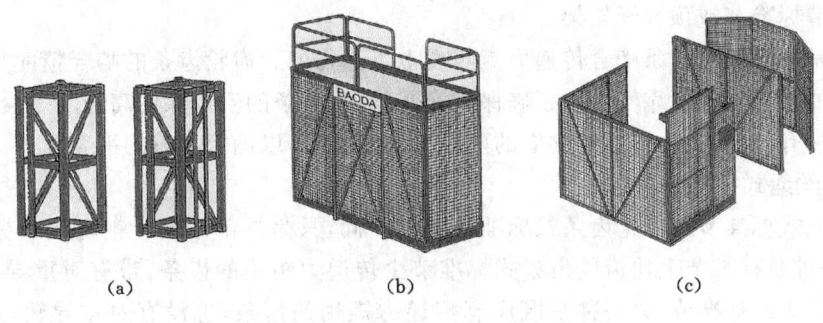

图 4-1 施工升降机金属结构
(a) 导轨架;(b) 吊笼;(c) 防护围栏

4.1.1.1 导轨架

(1) 导轨

导轨是为吊笼上下运行提供导向的部件。

导轨按滑道的数量和位置,可分为单滑道、双滑道和四角滑道。单滑道即左右各有一根滑道,对称设置于架体两侧;双滑道一般用于两柱式施工升降机上,左右各设置两根滑道,并间隔相当于立柱单肢间距的宽度,可减少吊笼运行中的晃动;四角滑道用于内包容式架体,设置在架体内的四角,可使吊笼较平稳地运行。导轨可采用槽钢、角钢或钢管。标准节连接式的架体,其架体的垂直主弦杆常兼作导轨。杆件拼装连接方式的架体,其导轨常用连接板及螺栓连接。

(2) 导轨架的作用

施工升降机的导轨架是用以支撑和引导吊笼、对重等装置运行的金属构架。它是施工升降机的主体结构之一,主要作用是支撑吊笼、荷载以及平衡重,并对吊笼运行进行垂直导向,因此导轨架必须垂直并有足够的强度和刚度。

施工升降机的导轨架是由标准高度的导轨通过高强度螺栓连接组装而成的。标准导轨节(简称标准节)是组成导轨架的可以互换的构件,因此标准节及其连接均需可靠。

钢丝绳式货用施工升降机导轨架是其最重要的钢结构件,是支承天梁的结构件,承载吊笼的垂直荷载,承担着载物重量,兼有运行导向和整体稳固的功能。组成架体的立柱,其截面可呈矩形、正方形或三角形,截面的大小根据吊笼的布置和受力,经设计计算确定,常采用角钢或钢管,制作成可拼装的杆件,在施工现场再以螺栓或销轴连接成一体,也常焊接成格构式标准节,每个标准节长度为1.5~4 m,标准节之间用螺栓或销轴连接,可以互相调换。

(3) 标准节的结构和种类

标准节的截面一般有方形、三角形等,常用的是方形,如图4-2所示。标准节由四根布置在四角作为立管的钢管及作为水平杆、斜腹杆的角钢、圆钢焊接而成。

① 齿轮齿条式施工升降机标准节

齿轮齿条式施工升降机标准节一般长度为1 508 mm的方形格构柱架,并用内六角螺栓把两根符合要求的齿条垂直安装在立柱的左右两侧,作为施工升降机传递力矩用。有对重的施工升降机在立柱前后焊接或组装有对重的导轨,每节标准节上下两端四角立管内侧配有4个孔,用来连接上下两节标准节或顶部天轮架。

图4-2 标准节

吊笼是通过齿轮齿条啮合传递力矩实现上下运行的。齿轮齿条的啮合精度直接影响到吊笼运行的平稳性和可靠性。为了确保其安装精度,齿条的安装除用高强度螺栓固定,还在齿条两端配有定位销孔,标准节立管的两端设有定位孔,以确保导轨的平直度。

② 钢丝绳式标准节

钢丝绳式标准节与齿轮齿条式标准节基本相同,只是局部不同。钢丝绳式标准节有两种形式,一种是标准节上比齿轮齿条式标准节少传递力矩用的齿条,带有对重导轨,如SSD型施工升降机的标准节;另一种是既没有传递力矩用的齿条,也没有对重导轨,如SS型施工升降机的标准节。

(4) 导轨架和标准节的安全技术要求

① 当立管壁厚减少量为出厂厚度的25%时,标准节应予报废或按立管壁厚规格降级使用。

② 当一台施工升降机使用的标准节有不同的立管壁厚时,标准节应有标识,因此在安装使用前,应把相同类型的标准节堆放归类,并严格按使用说明书或安装手册规定依次加节安装。

③ 导轨架和标准节及其附件应保持完整、完好。

(5) 限位挡板

限位挡板是触发安全开关的金属构件,一般安装在导轨架上,升降机在运行或安全装置动作而触发安全开关时,应能使升降机停止运行,避免发生安全事故。

4.1.1.2 附墙架

附墙架应能保证几何结构的稳定性,杆件不得少于3根,形成稳定的三角形状态。各杆件与建筑物连接面处需有适当的分开距离,使之受力良好。杆件与架体中心线夹角宜控制在40°左右。

(1) 附墙架的作用

附墙架是按一定间距连接导轨架与建筑物或其他固定结构,从而支撑导轨架的构件。当导轨架高度超过最大独立高度时,施工升降机应架设附着装置。

(2) 附墙架的种类

① 附墙架一般可分为直接附墙架和间接附墙架。直接附墙时,附墙架的一端用U形螺栓和标准节的框架联接,另一端和建筑物连接以保持其稳定性,如图4-3所示。间接附墙时,附墙架的一端用U形螺栓和标准节的框架联接,另一端两个扣环扣在两根导柱管上,同时用过桥联杆把4根过道竖杆(立管)连接起来,在过桥联杆和建筑物之间用斜支撑等连接成一体,通过调节附墙架可以调整导轨架的垂直度,如图4-4所示。

图4-3 直接附墙架示意图
1——围栏;2——吊笼

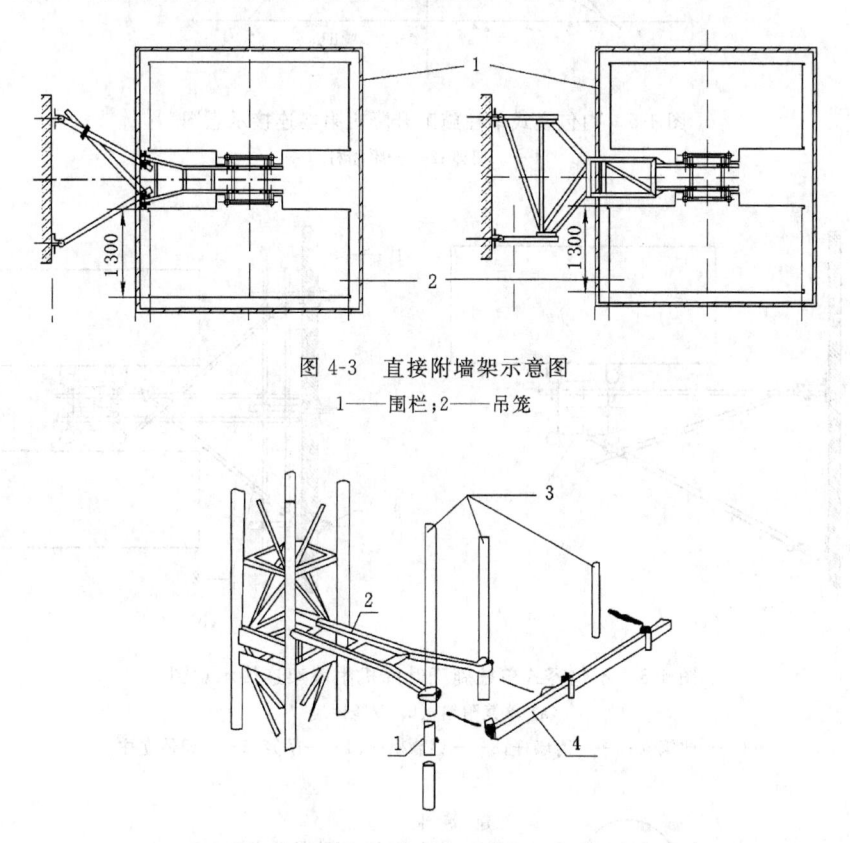

图4-4 间接附墙架示意图
1——立杆接头;2——短前支撑;3——过道竖杆(立管);4——过桥联杆

② 对于SS型单柱式或两柱式货用施工升降机,其附墙架连接方法如下:内包容式单柱货用施工升降机的连接方法如图4-5所示;不包容式单柱货用施工升降机连接方法如图4-6所示;两柱式施工升降机连接方法如图4-7所示。

(3) 附墙架与建筑物的连接方法

根据建筑物条件、相对位置,决定附墙架与建筑物的连接方法、连接件与墙的连接方式,如图4-8所示。附墙架连接不得使用膨胀螺栓;采用紧固件的,应保证有足够的连接强度;不得采用铁丝、铜线绑扎等非刚性连接方式;严禁与建筑脚手架相牵连。

对于SS型货用施工升降机可用钢管作为附墙杆与建筑相连接,其构造如图4-9所示。

(4) 附墙架的安全技术要求

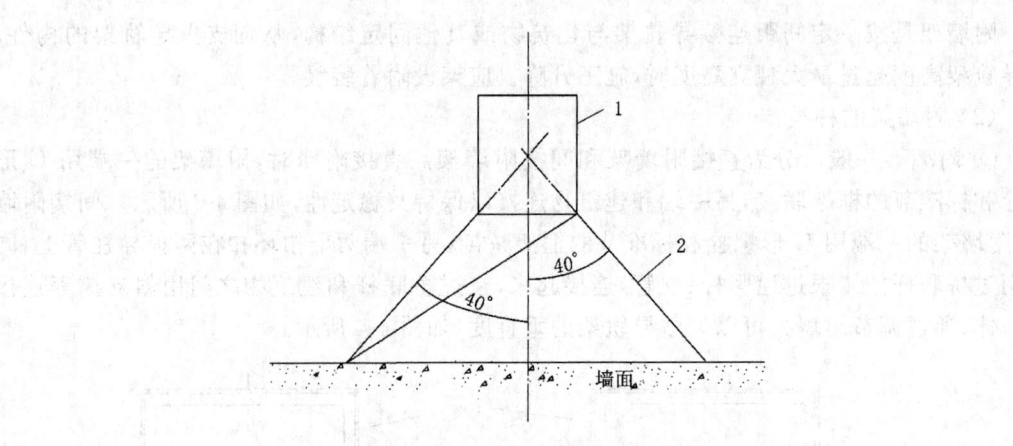

图 4-5 内包容式单柱施工升降机附墙连接示意图
1——架体；2——附墙杆

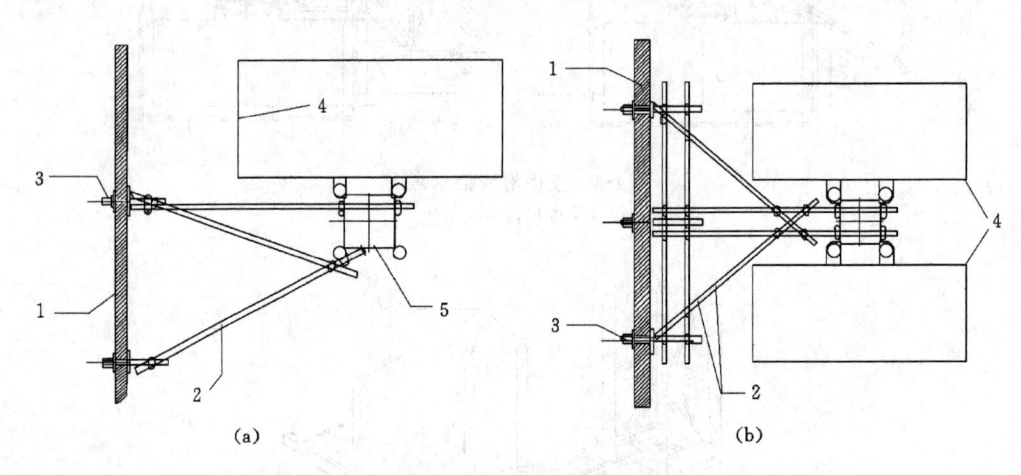

图 4-6 不包容式单柱施工升降机附墙架连接示意图
(a) 单笼附墙；(b) 双笼附墙
1——建筑物；2——附墙杆；3——穿墙螺栓；4——吊笼；5——架体立柱

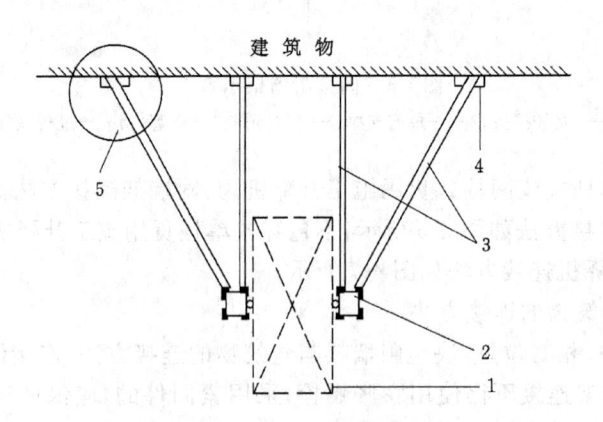

图 4-7 两柱内包容式施工升降机附墙架与埋件连接
1——吊笼；2——立柱；3——附墙架；4——预埋铁件；5——节点

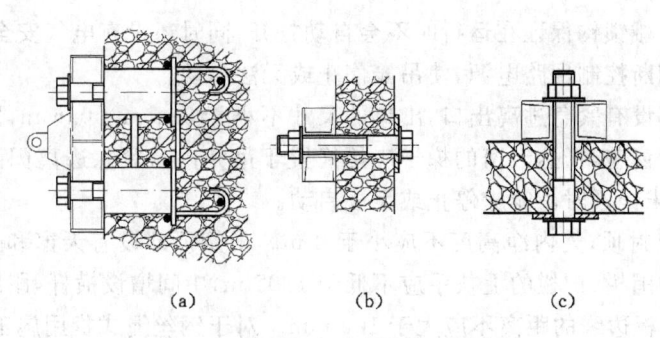

图 4-8 附墙架与建筑物的连接方式
(a)预埋式;(b)穿墙式;(c)穿楼板式

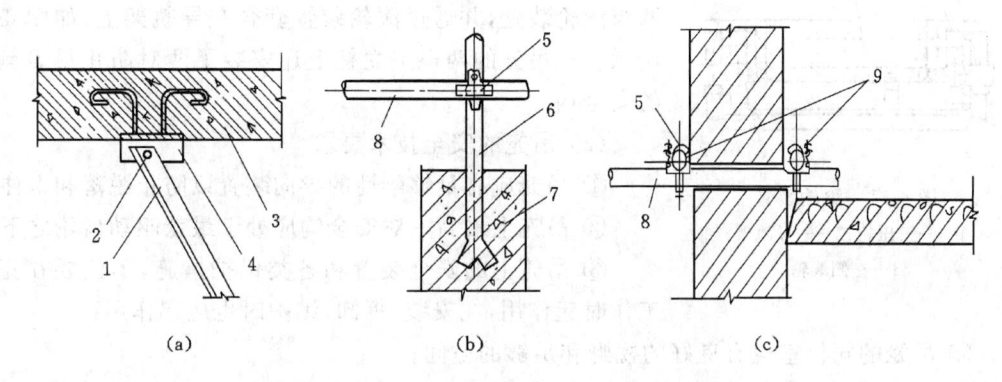

图 4-9 钢管作为附墙杆与建筑连接的构造
(a)图 4-7 节点 5 详图;(b)钢管与预埋钢管连接;(c)钢管伸入墙内用横管夹住墙体
1——附墙架杆件;2——连接螺栓;3——建筑物结构;4——预埋铁件;5——扣件;6——预埋短管;
7——钢筋混凝土梁;8——附墙架杆;9——横管

① 附墙架的结构与零部件应完整和完好;
② 连接螺栓为不低于 8.8 级的高强度螺栓,其紧固件的表面不得有锈斑、碰撞凹坑和裂纹等缺陷。

4.1.1.3 吊笼

吊笼是施工升降机用来运载人员或货物的笼形部件,以及用来运载物料的带有侧护栏的平台或斗状容器的总称,一般由型钢、钢板和钢板网等焊接而成。前后有进出口和门,一侧装有驾驶室,主要操作开关均设置在驾驶室内。吊笼上安装有导向滚轮沿导轨架运行。

(1)吊笼的构造

施工升降机的吊笼一般由型钢组成矩形框架,四周封有钢丝网片或金属板,底部铺设木板或钢板,如图 4-10 所示。吊笼外形一般长 3 m,宽 1.3 m,高 2.6 m;一端是一扇配有平衡重块的单行门,并能自平衡定位,而另一端是一扇卸料用的双行门;载人吊笼门框的净高度至少为 2 m,净宽度至少为 0.6 m;门应能完全遮蔽开口,其开启高度不应低于 1.8 m。

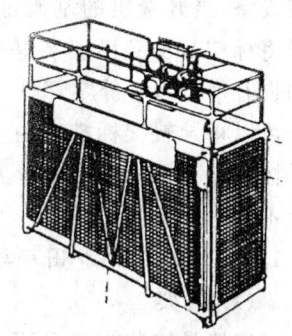

图 4-10 吊笼

吊笼门装有机械锁钩保证在运行时不会自动打开，同时还设有电气安全开关，当门未完全关闭时能有效切断控制回路电源，使吊笼停止或无法启动。

在吊笼的顶部设有紧急逃离出口，出口的尺寸不小于 0.4 m×0.6 m，紧急逃离出口上装有向外开启的天窗盖，抵达天窗的梯子应始终置于吊笼内。紧急逃离门上还装有电气安全开关联锁，当门未锁紧时吊笼应停止或无法启动。

载人的吊笼应封顶，笼内净高度不应小于 2 m。吊笼顶部设有天窗和作为安装、拆卸、维修的平台及防护围栏，护栏的上扶手应不低于 1.05 m，中间增设横杆，踢脚板高度不小于 100 mm，护栏与顶板边缘的距离不应大于 100 mm。对于钢丝绳式货用施工升降机，当其安装高度小于 50 m 时，吊笼顶可以不封闭，吊笼立面的高度不应低于 1.5 m。

为保证吊笼在导轨架上顺畅地上下运行，吊笼上装有两组滚轮装置，并通过滚轮装置套合在导轨架上，如图 4-11 所示。在吊笼的两根主立柱上还安装了两对防止吊笼倾翻的安全钩。

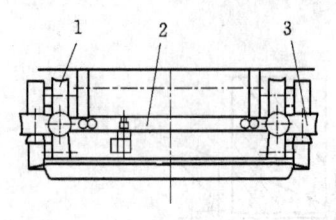

图 4-11 滚轮装置
1——正压轮；2——导轨架；
3——侧滚轮

（2）吊笼的安全技术要求

① 吊笼应有足够刚性的导向装置以防止脱落和卡住；

② 吊笼上最高一对安全钩应处于最低驱动齿轮之下；

③ 吊笼上的安全装置和各类保护措施，不仅要在正常工作时起作用，在安装、拆卸、维护时也应起作用；

④ 吊笼的司机室应有良好的视野和足够的空间；

⑤ 吊笼底板应能防滑、排水，在 0.1 m×0.1 m 区域内能承受静载 1.5 kN 或额定载重量的 25% 而无永久变形；

⑥ 吊笼门应装机械锁钩以保证运行时不会自动打开；

⑦ 应有防止吊笼驶出导轨的措施；

⑧ 吊笼门应设有电气安全开关，当门未完全关闭时，该开关应能有效切断控制回路电源，使吊笼停止或无法启动。

4.1.1.4 吊杆

吊杆是实现升降机自助接高和自助拆卸的起重安装设备，当升降机的基础部分安装就位后，就可以用吊杆将标准节吊到已安装好的导轨架顶部进行接高作业和提升附着装置等零部件，反之，当进行拆卸作业时，吊杆可以将导轨架标准节由上至下顺序拆下。图 4-12 为手摇吊杆。吊杆提升钢丝绳的安全系数不应小于 8，直径不应小于 5 mm。

4.1.1.5 底架、防护围栏与层门

（1）底架

底架是安装施工升降机导轨架及围栏等构件的机架。底架应能承受施工升降机作用在其上的所有载荷，

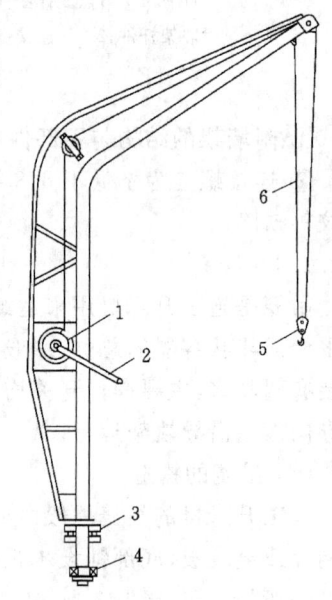

图 4-12 手摇吊杆
1——手摇卷扬机；2——摇把；
3——推力球轴承；4——单列向心球轴承；
5——吊钩；6——钢丝绳

并能有效地将载荷传递到其支承件基础表面。

(2) 地面防护围栏

① 地面防护围栏的作用

施工升降机的地面防护围栏是地面上包围吊笼的防护围栏,其主要作用是防止吊笼离开基础平台后人或物进入基础平台。

② 地面防护围栏构造

防护围栏主要由围栏门框、接长墙板、侧墙板、后墙板和围栏门等组成,墙板的底部固定在基础埋件或连接在基础底架上,前后墙板由可调螺杆与导轨架连接,可调整门框和墙板垂直度。围栏门框上还装有围栏门的对重和对重装置,以及围栏门的机电联锁装置。

③ 地面防护围栏的要求

a. 施工升降机的地面防护围栏设置高度不低于 1.8 m,对于钢丝绳式货用施工升降机应不小于 1.5 m,并应围成一周,围栏登机门的开启高度不应低于 1.8 m。

b. 对重应置于地面防护围栏之内。

c. 围栏登机门应具有电气安全开关和机械锁,只有在围栏登机门关好后施工升降机才能启动;吊笼位于底部规定位置时,围栏登机门才能开启。

d. 防护围栏的结构和零部件应保持完整和完好。

(3) 层门

① 层门的作用与种类

在楼层的卸料平台上应设置层门,如图 4-13 所示,对卸料通道起安全保护作用。层门应用型钢做框架,封上钢丝网,并设有牢固可靠的锁紧装置,层门的开、关过程应由吊笼内乘员操作,不得受吊笼运动的直接控制。

② 层门的安全技术要求

a. 施工升降机的每一个登机处应设置层门。

b. 层门不得向吊笼通道开启,封闭式层门上应设有视窗。

c. 水平或垂直滑动的层门应有导向装置,其运动应有挡块限位。

图 4-13 层门

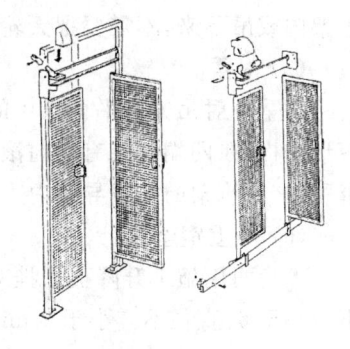

d. 人货两用施工升降机机械传动层门的开、关过程应由笼内乘员操作,不得受吊笼运动的直接控制。

e. 层门应与吊笼的电气或机械联锁,当吊笼底板离某一卸料平台的垂直距离在 ±0.25 m 以内时,该平台的层门方可打开。

f. 层门锁止装置应安装牢固,紧固件应有防松装置,所有锁止元件的嵌入深度不应少于 7 mm。

g. 层门的结构和所有零部件都应完整、完好,安装牢固可靠、活动部件灵活。层门的强度应符合相关标准。

4.1.1.6 对重系统

(1) 天轮架

带对重的施工升降机因连接吊笼和对重的钢丝绳需要经过一个定滑轮而工作,故需要设置天轮架。天轮架一般有固定式和开启式两种。如图 4-14 所示为 SC 型施工升降机天轮架。

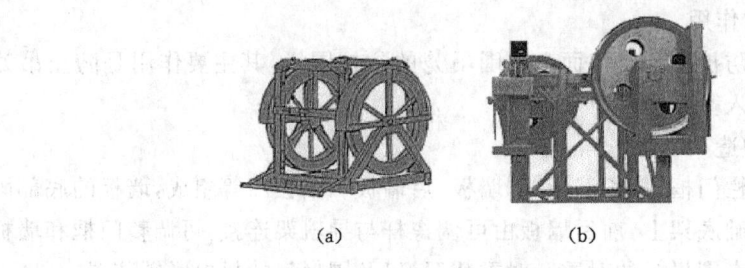

图 4-14 天轮架
(a) 固定式；(b) 开启式

① 固定式天轮架

固定式天轮架是用型钢加工的滑轮架，两个滑轮固定在滑轮架上部，滑轮上有防脱绳装置。使用时架设在导轨架的顶部，施工升降机在安装或升节时要整体吊装或取下。其特点是套架结构加工简单，缺点是操作复杂。

② 开启式天轮架

开启式天轮架是把滑轮架的一端铰接在导轨架顶部的联系梁上，另一端为可开启的形式。当导轨架需要升降节时，天轮架在两个吊笼的支撑下打开联系梁，把标准节直接吊入天轮架内或吊下来，不需要把天轮架取下。其特点是套架结构加工比较复杂，但操作方便。

（2）对重

对重是对吊笼起平衡作用的重物。施工升降机的对重一般为长方形铸件或钢材制作成箱形结构，在两端安装有导向滚轮和防脱轨装置，上端有绳耳与钢丝绳连接，通过钢丝绳的牵引，在导轨架的对重导轨内上下运行。

（3）对重钢丝绳

人货两用施工升降机悬挂对重的钢丝绳不得少于 2 根，且相互独立。每绳的安全系数不应小于 6，直径不应小于 9 mm。悬挂对重的钢丝绳为单绳时，安全系数不应小于 8。

（4）对重系统安全技术要求

① 当吊笼底部碰到缓冲弹簧时，对重上端离开天轮架的下端应有 500 mm 的安全距离。

② 当吊笼上升到施工升降机上部碰到上限位后，吊笼停止运行时，吊笼的顶部与天轮架的下端应有 1.8 m 的安全距离。

③ 天轮架滑轮的名义直径与钢丝绳直径之比不应小于 30。

④ 滑轮应有防钢丝绳脱槽装置，该装置与滑轮外缘的间隙不应大于钢丝绳直径的 20%，即不大于 3 mm。

⑤ 钢丝绳绳头应采用可靠的连接方式，绳接头的强度不低于钢丝绳强度的 80%。

⑥ 天轮架的结构和零部件应保持完整和完好。

⑦ 吊笼不能作为对重。

⑧ 对重两端的滑靴、导向滚轮和防脱轨保护装置应保持完整和完好。

⑨ 若对重使用填充物，应采取措施防止其窜动。

⑩ 对重应根据有关规定的要求涂成警告色。

⑪ 对重和钢丝绳的连接应符合规定。

⑫ 当悬挂使用两根或两根以上相互独立的钢丝绳时,应设置自动平衡钢丝绳张力装置。当单根钢丝绳过分拉长或破坏时,电气安全装置应停止吊笼的运行。

⑬ 为防止钢丝绳被腐蚀,应采用镀锌或涂抹适当的保护化合物。

⑭ 钢丝绳应尽量避免反向弯曲的结构布置。需要储存预留钢丝绳时,所用接头或附件不应对以后投入使用的钢丝绳截面产生损伤。

⑮ 多余钢丝绳应卷绕在卷筒上,其弯曲直径不应小于钢丝绳直径的15倍。

⑯ 当过多的剩余钢丝绳储存在吊笼顶上时,应有限制吊笼超载的措施。

(7) 电缆防护装置

① 电缆防护装置的组成和作用

电缆防护装置一般由电缆进线架、电缆导向架和电缆储筒(图 4-15)组成。当施工升降机架设超过一定高度时应使用电缆滑车,如图 4-16 所示。

图 4-15　电缆储筒　　　　图 4-16　电缆滑车

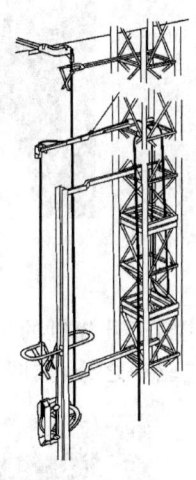

a. 电缆导向架是用以防止随行电缆缠挂并引导其准确进入电缆储筒的装置,是为了保护电缆而设置的。当施工升降机运行时使电缆始终置于电缆导向架的护圈之中,防止电缆与附近的设施或设备缠绕而发生危险。电缆导向架设置的一般原则为:在电缆储筒口上方 1.5 m 处安装第一道导向架,第二道导向架安装在第一道上方 3 m 处,第三道导向架安装在第二道上方 4.5 m 处,第四道导向架安装在第三道上方 6 m 处,以后每道安装间隔 6 m。

b. 电缆储筒是用来储放电缆的部件。当施工升降机向上运行时,吊笼带动电缆从电缆储筒内释放出来;当施工升降机向下运行时,电缆缓缓盘入电缆储筒内,防止电缆散乱在地上造成危险。

c. 电缆进线架是引导电缆进入吊笼的装置,同时也是拖动电缆在上下运行时安全地通过电缆护圈的臂架。另外,电缆进线架还能将电缆对准电缆储筒,使电缆安全地收放。

d. 当施工升降机架设超过一定高度(一般 100～150 m)时,受电缆的机械强度限制,应采用电缆滑车系统来收放随行电缆。

② 电缆防护装置的安全技术要求

  a. 防止电缆防护装置与吊笼、对重碰擦。
  b. 应按规定安装电缆导向架，不准增大靠近电缆储筒口的安装距离，或减少甚至取消电缆导向架。
  c. 及时更换绝缘层老化、腐朽或破损的电缆。

4.1.2 传动机构

4.1.2.1 齿轮齿条式施工升降机的传动机构

（1）构成及工作原理

  齿轮齿条传动示意图如图 4-17 所示，导轨架上固定的齿条和吊笼上的传动齿轮啮合在一起，传动机构通过电动机、减速器和传动齿轮转动使吊笼做上升、下降运动。

图 4-17　齿轮齿条式传动示意图

  齿轮齿条式施工升降机的传动机构一般有外挂式和内置式两种，按传动机构的配制数量有二驱动和三驱动之分，如图 4-18 所示。

图 4-18　传动机构的配制形式

  为保证传动方式的安全有效，首先应保证传动齿轮和齿条的啮合，因此在齿条的背面设置两套背轮，通过调节背轮使传动齿轮和齿条的啮合间隙符合要求。另外，在齿条的背面还设置了两个限位挡块，确保在紧急情况下传动齿轮不会脱离齿条。

（2）电动机

  施工升降机传动机构使用的电动机绝大多数是 YZEJ—A132M—4 起重用盘式制动三

相异步电动机。该电动机是在引进消化国外同类产品基础上研制生产的新型电动机,尾部有直流制动装置,制动部位的电磁铁随制动片(制动盘)的磨损能自动补偿,无须人为调整制动间隙。尤其制动装置由块式制动片改成整体式盘状制动片后,降低了电动机的噪声和振动,具有启制动平缓、冲击力小的优点。

① 电动机工作条件:

a. 环境温度不超过40 ℃;

b. 海拔不超过1 000 m;

c. 环境空气相对湿度不超过85%。

② 电动机主要技术参数(表4-1)。

表4-1　　　　　　　　　　　　电动机主要技术参数

型号	额定电压/V	额定频率/Hz	负载持续率/%	额定功率/kW	额定转速/(r/min)	额定电流/A	制动器电压/V	制动力矩/(N·m)
YZEJ—A 132M—4	380	50	连续	8.5	1 410	19	196	120
			40	11	1 390	23		
				16.5	1 410	37		
				18.5	1 396	41		

(3) 电磁制动器

① 构造

制动部分是能保持制动电磁铁与衔铁间恒定间隙并具有自动跟踪调整功能的直流盘形制动器,其结构如图4-19所示。

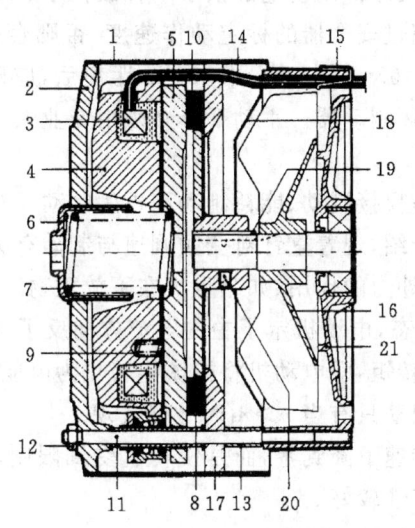

图4-19　电磁制动器结构示意图

1—电机防护罩;2—端盖;3—磁铁线圈;4—磁铁架;5—衔铁;6—调整轴套;7—制动器弹簧;8—可转制动盘;9—压缩弹簧;10—制动垫片;11—螺栓;12—螺母;13—套圈;14—线圈电线;15—电线夹;16—风扇;17—固定制动盘;18—风扇罩;19—键;20—紧定螺钉;21—端盖

② 工作原理

当电动机未接通电源时,由于主弹簧 7 通过衔铁 5 压紧制动盘 8 带动制动垫片(制动块)10 与固定制动盘 17 的作用,电动机处于制动状态。当电动机通电时,磁铁线圈 3 产生磁场,通过磁铁架 4、衔铁 5 逐步吸合,制动盘 8 带制动块 10 渐渐摆脱制动状态,电动机逐步启动运转。电动机断电时,由于电磁铁磁场释放的制约作用,衔铁通过主辅弹簧的作用逐步增加对制动块的压力,使制动力矩逐步增大,达到电动机平缓制动的效果,减少升降机的冲击振动。

当制动盘与制动块(图 4-20)磨损到一定程度时必须更换。

③ 紧急下降操作

施工升降机如果失去动力或控制失效,无法重新启动时,可进行手动紧急下降操作,如图 4-21 所示,使吊笼下滑到下一停靠点,使乘员和司机安全离开吊笼。

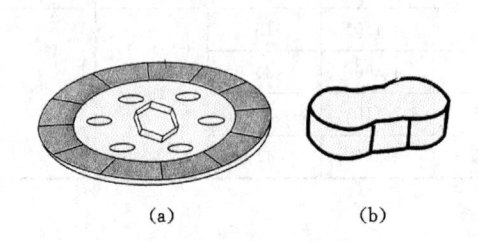

图 4-20 制动盘与制动块
(a)制动盘;(b)制动块

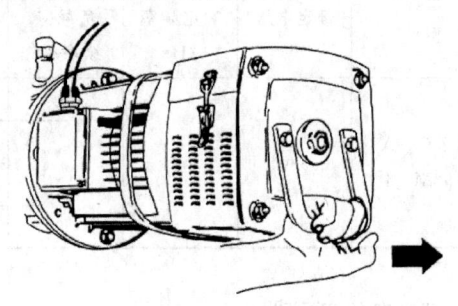

图 4-21 手动紧急下降操作

手动下降操作时,将电动机尾部制动电磁铁手动释放拉手(环)缓缓向外拉出,使吊笼慢慢地下降,吊笼下降时,不能超过安全器的标定动作速度,否则会引起安全器动作。吊笼的最大紧急下降速度不应超过 0.63 m/s。每下降 20 m 距离后,应停止 1 min,让制动器冷却后再行下降,防止因过热而损坏制动器。手动下降必须由专业人员进行操纵。

(4) 电动机的电气制动

电动机的电气制动可分为反接制动、能耗制动和再生制动。对于反接制动、能耗制动在一般的电工基础知识中已作介绍,现着重针对变频调速与制动有关的再生制动作介绍。

再生制动的原理是:由于外力的作用(如起重机在下放重物时),电动机的转速 n 超过同步转速 n_1,电动机处于发电状态,电动机定子中的电流方向反了,电动机转子导体的受力方向也反了,驱动转矩变为制动转矩,即电动机将机械能转化为电能,向电网反馈输电,故称为再生制动(发电制动)。这种制动只有当 $n>n_1$ 时才能实现。

再生制动的特点不是把转速下降到零,而是使转速受到限制,因此,不仅不需要任何设备装置,还能向电网输电,经济性较好。

(5) 电动机与制动器的安全技术要求

① 启用新电动机或长期不用的电动机时,需要用 500 V 兆欧表测量电动机绕组间的绝缘电阻,其绝缘电阻不应低于 0.5 MΩ,否则应做干燥处理后方可使用。

② 电动机在额定电压偏差±5%的情况下,直流制动器在直流电压偏差±15%的情况下,仍然能保证电动机和直流制动器正常运转和工作。当电压偏差大于额定电压±10%时,

应停止使用。

③ 施工升降机不得在正常运行中突然进行反向运行。

④ 在使用中,当发现振动、过热、焦味和异常响声等反常现象时,应立即切断电源,排除故障后才能使用。

⑤ 当制动器的制动盘摩擦材料单面厚度磨损到接近 1 mm 时,必须更换制动盘。

⑥ 电动机在额定载荷运行时,制动力矩太大或太小,应进行调整。

(6) 蜗轮减速器

① 减速器的组成

减速器主要由蜗杆、蜗轮以及箱壳、输出轴、轴承、密封件等零件组成。蜗杆一般由合金钢制成,蜗轮一般由铜合金制成,如图 4-22 所示。

蜗轮副的失效形式主要是胶合,所以在使用中蜗轮减速箱内要按规定保持一定量的油液,防止缺油和发热。

② 减速箱的润滑

新出厂的蜗轮减速器应防止减速器漏油,运行一定时间后,按说明书要求更换润滑油。减速器的油液,一般使用 N320 蜗轮油,其运动黏度范围 40 ℃时

图 4-22 蜗轮减速器

为 288～352,或按说明书要求使用规定的油液,不得随意使用齿轮油或其他油液。

使用中减速器的油液温升不得超过 60 ℃,否则会造成油液的黏度急剧下降,使减速器产生漏油和蜗轮、蜗杆啮合时不能很好地形成油膜,造成胶合,长时间会使蜗轮副失效。

(7) 齿轮与齿条

提升齿轮副是 SC 型施工升降机的主要传动机构。齿轮安装在蜗轮减速器的输出端轴上,齿条则安装在导轨架的标准节上。其安全技术要求是:

① 标准节上的齿条应连接牢固,相邻标准节的两齿条在对接处,沿齿高方向的阶差不大于 0.3 mm;沿长度方向的齿距偏差不大于 0.6 mm。

② 齿轮与齿条啮合时的接触长度,沿齿高不小于 40%,沿齿长不小于 50%;齿面侧间隙应在 0.2～0.5 mm 之间。如图 4-23 所示。

③ 由于提升齿轮副的安装载体不同,当啮合传动时,啮合力分解出的径向力将使齿轮副分离,将造成吊笼失去悬挂状态。因此在齿条的背面应设置一对背轮,背轮沿齿条背面滚动,当需要调整提升齿轮副的啮合间隙时,仅需将背轮的偏心轴回转某一角度即可。

④ 齿条和所有驱动齿轮、防坠安全器齿轮应正确啮合。齿条节线和与其平行的齿轮节圆切线重合或距离不超出模数的 1/3;当措施失效时,应进一步采取其他措施,保证其距离不超出模数的 2/3。

⑤ 应采取措施防止异物进入驱动齿轮和防坠安全器齿轮的啮合区间。

4.1.2.2 钢丝绳式施工升降机的传动机构

钢丝绳式施工升降机传动机构一般采用卷扬机或曳引机。货用施工升降机通常采用卷扬机驱动,人货两用施工升降机通常采用曳引机驱动,若其提升速度不大于 0.63 m/s,也可采用卷扬机驱动。

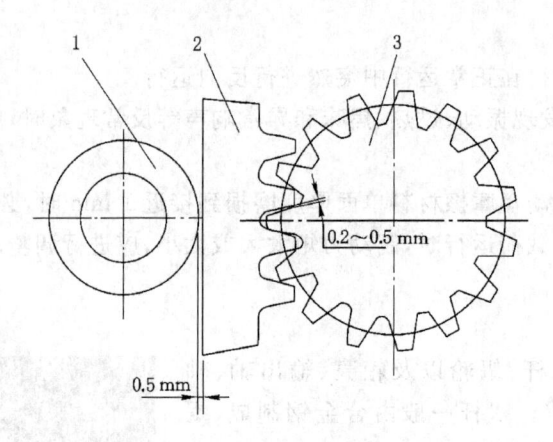

图 4-23　齿轮、齿条和背轮装配示意图
1——背轮；2——齿条；3——齿轮

(1) 驱动系统

① 卷扬机

卷扬机具有结构简单、成本低廉的优点,如图 4-24 所示。但与曳引机相比很难实现多根钢丝绳独立牵引,且容易发生乱绳、脱绳和挤压等现象,其安全可靠性较低,因此多用于货用施工升降机。

按现行国家标准,建筑卷扬机有慢速(M)、中速(Z)和快速(K)三个系列。建筑施工用施工升降机配套的卷扬机多为快速系列。卷扬机的卷绳线速度或曳引机的节径线速度一般为 30～40 m/min,钢丝绳端的牵引力一般在 2 000 kg 以下。

② 曳引机

a. 曳引机的构成及工作原理

曳引机主要由电动机、减速机、制动器、联轴器、曳引轮和机架等组成,如图 4-25 所示。曳引机可分

图 4-24　卷扬机

为无齿轮曳引机和有齿轮曳引机两种。施工升降机一般都采用有齿轮曳引机。为了减少曳引机在运动时的噪声和提高平稳性,一般采用蜗杆副作减速传动装置。

曳引机驱动施工升降机是利用钢丝绳在曳引轮绳槽中的摩擦力来带动吊笼升降的。曳引机的摩擦力是由钢丝绳压紧在曳引轮绳槽中而产生的,压力愈大摩擦力愈大,曳引力大小还与钢丝绳在曳引轮上的包角有关,包角愈大,摩擦力也愈大,因而曳引式施工升降机必须设置对重。

b. 曳引机的特点

——曳引机一般为 4～5 根钢丝绳独立并行曳引,因而同时发生钢丝绳断裂造成吊笼坠落的概率很小。但钢丝绳的受力调整比较麻烦,钢丝绳的磨损比卷扬机的大。

——对重着地时,钢丝绳将在曳引轮上打滑,即使在上限位安全开关失效的情况下,吊笼一般也不会发生冲顶事故,但吊笼不能提升。

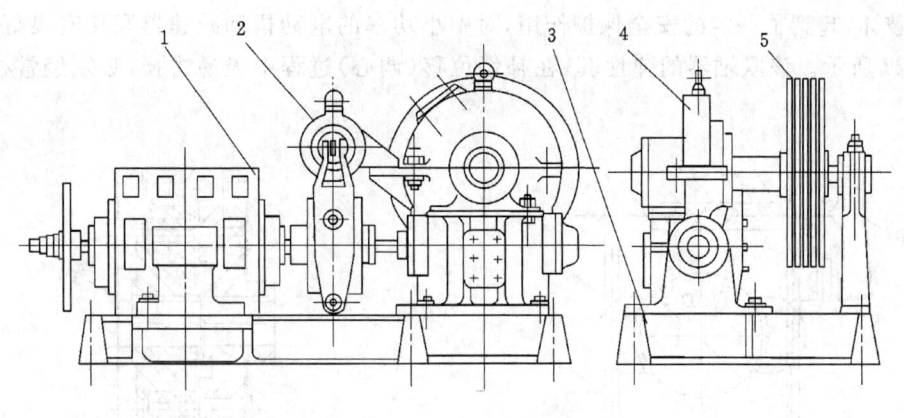

图 4-25　曳引机外形
1——电动机；2——制动器、联轴器；3——机架；4——减速机；5——曳引轮

——钢丝绳在曳引轮上始终是绷紧的，因此不会脱绳。
——吊笼的部分重量由对重平衡，可以选择较小功率的曳引机。

(2) 驱动系统组成

① 电动机

钢丝绳式货用施工升降机用三相交流电动机，功率一般在 2~15 kW 之间，额定转速为 730~1 460 r/min。当牵引绳速需要变化时，常采用绕线式转子可变速电动机，否则均使用鼠笼式转子定速电动机。

② 制动器

根据卷扬机的工作特点，在电动机停止时必须同时使工作机构卷筒也立即停止转动。也就是在失电时制动器须处于制动状态，只有通电时才能松闸，让电动机转动。因此，施工升降机的卷扬机均应采用常闭式制动器。

a. 常闭式闸瓦制动器

如图 4-26 所示为用于卷扬机的常闭式闸瓦制动器，又称为抱鼓制动器或抱闸制动器。不通电时，磁铁无吸力，在主弹簧 4 张力作用下，通过推杆 5 拉紧制动臂 1，推动制动块 2(闸瓦)紧压制动轮 9，处于制动状态；通电时在电磁铁 7 作用下，衔铁 8 顶动推杆 5，克服弹簧 4 的张力，使制动臂拉动制动块 2 松开制动轮 9，处于松闸运行状态。

此类制动器推杆行程、制动块与制动轮间隙均可调整，要注意两种调整应配合进行，以取得较好效果。制动块与制动轮间隙视制动器型号而异，一般在 0.8~1.5 mm 为宜，太小易引起不均匀磨损；太大则影响制动效果甚至滑移或失灵。随着使用时间的延续，制动块的摩擦衬垫会磨耗减薄，应经常检查和调整，当制动块摩擦衬垫磨损达原厚度的 50%，或制动轮表面磨损达 1.5~2 mm 时，应及时更换。

b. 电磁制动器

同 4.1.2.1 中的"(3)电磁制动器"。

③ 联轴器

在卷扬机上普遍采用了带制动轮弹性套柱销联轴器，由两个半联轴节、橡胶弹性套及带螺帽的锥形柱销组成。由于其中的一个半联轴节即为制动轮，故结构紧凑，并具有一定的位移补偿及缓冲性能；当超载或位移过大时，弹性套和柱销会破坏，同时避免了传动轴及半联轴节的破坏，起到了一定的安全保护作用，对中小功率的电动机和减速器联接有良好效果，如图 4-27 所示。该联轴器的弹性套，在补偿位移（调心）过程中极易磨损，必须经常检查和更换。

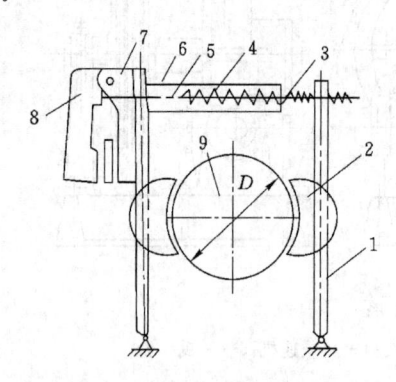

图 4-26　电磁抱闸制动器
1——制动臂；2——制动瓦块；3——副弹簧；
4——主弹簧；5——推杆；6——拉板；
7——电磁铁；8——衔铁；9——制动轮

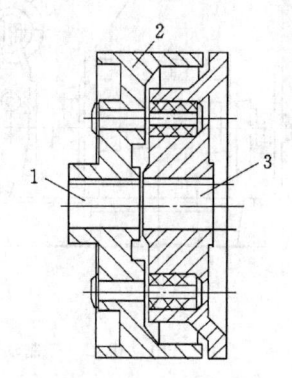

图 4-27　联轴器
1——减速机轴；2——制动轮；
3——电机轴

④ 减速机

减速机的作用是将电动机的旋转速度降低到所需要的转速，同时提高输出扭矩。

最常用的减速机是渐开线斜齿轮减速机，其转动效率高，输入轴和输出轴不在同一个轴线上，体积较大。此外也有用行星齿轮、摆线齿轮或蜗轮蜗杆减速器，这类减速机可以在体积较小的空间获得较大的传动比。卷扬机的减速机还需要根据输出功率、转速、减速比和输入输出轴的方向位置来确定其形式和规格。

钢丝绳式货用施工升降机的减速机通常是齿轮传动、多级减速，如图 4-28 所示。

⑤ 钢丝绳卷筒

卷扬机的钢丝绳卷筒（驱动轮）是供缠绕钢丝绳的部件，它的作用是卷绕缠放钢丝绳，传递动力，把旋转运动变为直线运动，也就是将电动机产生的动力传递到钢丝绳产生牵引力的受力结构件上。

a. 卷筒种类

卷筒材料一般采用铸铁、铸钢制成，重要的卷筒可采用球墨铸铁，也可用钢板弯卷焊接而成。卷筒表面有光面和开槽两种形式，槽面卷筒可使钢丝绳排绕整齐，但仅适用于单层卷绕；光面卷筒可用于多层卷绕，容绳量增加。

图 4-28　齿轮减速机

曳引机的钢丝绳驱动轮是依靠摩擦作用将驱动力提供给牵引（起重）钢丝绳的。驱动轮上开有绳槽，钢丝绳绕过绳槽张紧后，驱动轮的牵引动力才能传递给钢丝绳。由于单根钢丝绳产生的摩擦力有限，一般在驱动轮上都有数个绳槽，可容纳多根钢丝绳，获得较大的牵引能力，如图 4-29 所示。

b. 卷筒容绳量

卷筒容绳量是卷筒容纳钢丝绳长度的数值,它不包括钢丝绳安全圈的长度。如图 4-30 所示,对于单层缠绕光面卷筒,卷筒容量(L)见式(4-1):

$$L = \pi(D+d)(Z-Z_0) \tag{4-1}$$

式中 d——钢丝绳直径,mm;

D——光面卷筒直径,mm;

Z——卷绕钢丝绳的总圈数(B/d);

Z_0——安全圈数。

图 4-29 曳引机的驱动轮

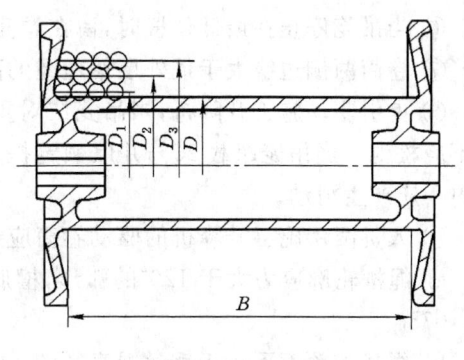

图 4-30 卷筒

对于多层绕卷筒,若每层绕的圈数为 Z,则绕到 n 层时,卷筒容绳量计算见式(4-2):

$$L = \pi nZ(D+nd) \tag{4-2}$$

⑥ 钢丝绳

钢丝绳是钢丝绳式施工升降机的重要传动部件,施工升降机使用的钢丝绳一般是圆股互捻钢丝绳,即先由一定数量的钢丝按一定螺旋方向(右或左螺旋)绕成股,再由多股围绕着绳芯拧成绳。常用的钢丝绳为 6×19 或 6×37 钢丝绳。

⑦ 滑轮

通常在施工升降机的底部和天梁上装有导向定滑轮,吊笼顶部装有动滑轮。

施工升降机采用的滑轮通常是由铸铁或铸钢制造的。铸铁滑轮的绳槽硬度低,对钢丝绳的磨损小,但脆性大且强度较低,不宜在强烈冲击振动的情况下使用。铸钢滑轮的强度和冲击韧性都较高。滑轮通常支承在固定的心轴上,简单的滑轮可用滑动轴承,大多数起重机的滑轮都采用滚动轴承,滚动轴承的效率较高,装配维修也方便。

滑轮除了结构、材料应符合要求外,滑轮和轮槽的直径必须与钢丝绳相匹配,直径过小的滑轮将导致钢丝绳早期磨损、断丝和变形等。

滑轮的钢丝绳导入导出处应设置防钢丝绳跳槽装置。施工升降机不得使用开口拉板式滑轮。选用滑轮时,应注意卷扬机的额定牵引力、钢丝绳运动速度、吊笼额定载重量和提升速度,正确选择滑轮和钢丝绳的规格。

(3) 驱动装置的安全技术要求

① 卷扬机和曳引机在正常工作时,其机外噪声不应大于 85 dB(A),操作者耳边噪声不应大于 88 dB(A)。

② 卷扬机驱动仅允许使用于钢丝绳式无对重的货用施工升降机、吊笼额定提升速度不

大于 0.63 m/s 的人货两用施工升降机。

③ 人货两用施工升降机驱动吊笼的钢丝绳不应少于 2 根,且相互独立。钢丝绳的安全系数不应小于 12,钢丝绳直径不应小于 9 mm。

④ 货用施工升降机驱动吊笼的钢丝绳允许用一根,其安全系数不应小于 8。额定载重量不大于 320 kg 的施工升降机,钢丝绳直径不应小于 6 mm;额定载重量大于 320 kg 的施工升降机,钢丝绳直径不应小于 8 mm。

⑤ 人货两用施工升降机采用卷筒驱动时钢丝绳只允许绕一层,若使用自动绕绳系统,允许绕两层;货用施工升降机采用卷筒驱动时,允许绕多层,多层缠绕时,应有排绳措施。

⑥ 当吊笼停止在最低位置时,留在卷筒上的钢丝绳不应小于 3 圈。

⑦ 卷筒两侧边缘大于最外层钢丝绳的高度不应小于钢丝绳直径的 2 倍。

⑧ 曳引驱动施工升降机,当吊笼或对重停止在被其重量压缩的缓冲器上时,提升钢丝绳不应松弛。当吊笼超载 25% 并以额定提升速度上、下运行和制动时,钢丝绳在曳引轮绳槽内不应产生滑动。

⑨ 人货两用施工升降机的驱动卷筒应开槽,卷筒绳槽应符合下列要求:

a. 绳槽轮廓应为大于 120° 的弧形,槽底半径 R 与钢丝绳半径 r 的关系应为 $1.05r \leqslant R \leqslant 1.075r$。

b. 绳槽的深度不小于钢丝绳直径的 1/3。

c. 绳槽的节距应大于或等于 1.15 倍钢丝绳直径。

⑩ 人货两用施工升降机的驱动卷筒节径与钢丝绳直径之比不应小于 30。对于 V 形或底部切槽的钢丝绳曳引轮,其节径与钢丝绳直径之比不应小于 31。

⑪ 货用施工升降机的驱动卷筒节径、曳引轮节径、滑轮直径与钢丝绳直径之比不应小于 20。

⑫ 制动器应是常闭式,其额定制动力矩对人货两用施工升降机不低于作业时的额定制动力矩的 1.75 倍;对货用施工升降机为不低于作业时的额定制动力矩的 1.5 倍。不允许使用带式制动器。

⑬ 人货两用施工升降机钢丝绳在驱动卷筒上的绳端应采用楔形装置固定,货用施工升降机钢丝绳在驱动卷筒上的绳端可采用压板固定。

⑭ 卷筒或曳引轮应有钢丝绳防脱装置,该装置与卷筒或曳引轮外缘的间隙不应大于钢丝绳直径的 20%,且不大于 3 mm。

4.1.3 安全装置

(1) 齿轮齿条式施工升降机的安全装置

安全装置主要有防坠安全器、安全钩、安全开关、缓冲装置和超载保护装置等。

① 防坠安全器

防坠安全器按制动特点分为渐进式和瞬时式两种类型。

② 安全开关

安全开关是施工升降机中使用比较多的一种安全防护开关,主要包括电气安全开关和机械联锁开关。

a. 电气安全开关,主要包括上(下)行程限位开关、极限开关、减速开关、防松绳开关及各类门安全开关等。

b. 机械联锁开关,主要包括围栏门、吊笼门机械联锁开关。

(2) 钢丝绳式施工升降机的安全装置

安全装置主要包括防坠安全装置、安全钩、安全开关、缓冲装置和超载保护装置等。

① 防坠安全装置

人货两用施工升降机使用的防坠安全装置兼有防坠和限速双重功能;货用施工升降机使用的防坠安全装置由断绳保护装置和停层防坠落装置两部分组成。

② 安全开关同 4.1.3(1) 中的②。

4.1.4 电气系统

电气系统是施工现场配电系统将电源输送到施工升降机的电控箱,电控箱内的电路元器件按照控制要求,将电送达驱动电动机,指令电动机通电运转,将电能转换成所需要的机械能,如图 4-31 所示。

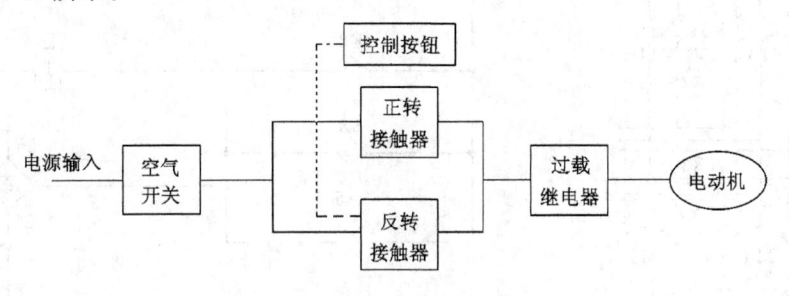

图 4-31 电气系统控制示意图

4.1.4.1 齿轮齿条式施工升降机的电气系统

(1) 电气系统的组成

电气系统主要分为主电路、主控制电路和辅助电路,如图 4-32 所示为一双驱施工升降机电气原理图,其电器符号名称见表 4-2。

① 主电路主要由电动机、断路器、热继电器、电磁制动器及相序和断相保护器等电气元件组成。

② 主控制电路主要由断路器、按钮、交流接触器、控制变压器、安全开关、急停按钮和照明灯等电器元件组成。

③ 辅助电路一般有加节、坠落试验和吊杆等控制电路。

a. 加节控制电路由插座、按钮和操纵盒等电器元件组成;

b. 坠落试验控制电路由插座、按钮和操纵盒等电器元件组成;

c. 吊杆控制电路主要由插座、熔断器、按钮、吊杆操纵盒和盘式电动机等电器元件组成。

(2) 电气系统控制元件的功能

① 施工升降机采用 380 V、50 Hz 三相交流电源,由工地配备施工升降机专用电箱,接入电源到施工升降机开关箱,L1、L2、L3 为三相电源,N 为零线,PE 为接地线。

施工升降机

(a)

(b)

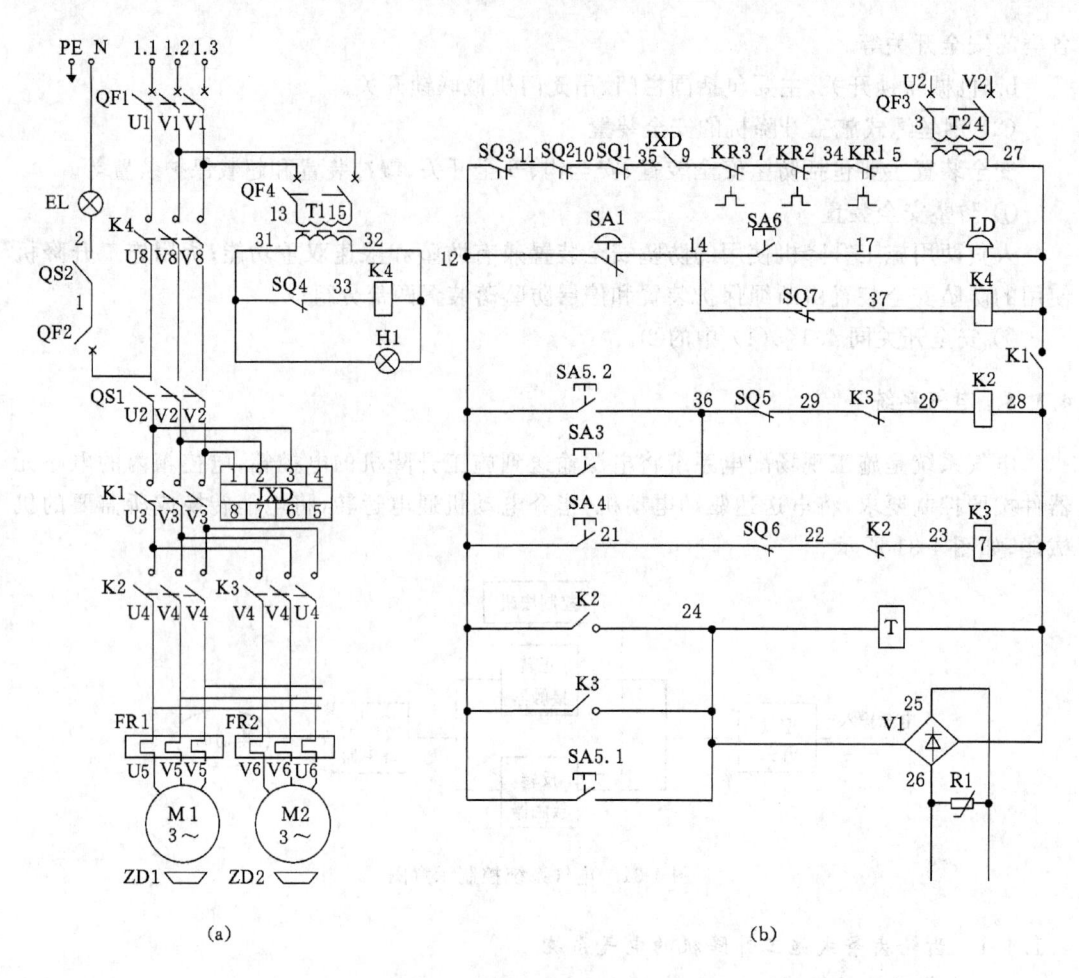

图 4-32 双驱施工升降机电气原理图
(a) 主电路;(b) 主控制电路

表 4-2　　　　　　　　　施工升降机电器符号名称

序号	符　号	名　称	备　注
1	QF1	空气开关	
2	QS1	三相极限开关	
3	LD	电铃	~220 V
4	JXD	相序和断相保护器	
5	QF2	断路器	
6	QF3　QF4	断路器	
7	FR1　FR2	热继电器	
8	M1　M2	电动机	YZEJ132M—4
9	ZD1　ZD2	电磁制动器	
10	QS2	按钮	灯开关
11	V1	整流桥	

· 124 ·

续表 4-2

序号	符号	名称	备注
12	R1	压敏电阻	
13	SA1	急停按钮	
14	SA3	按钮	上升按钮
15	SA4	按钮	下降按钮
16	SA5	按钮盒	坠落试验
17	SA6	电铃按钮	
18	H1	信号灯	~220 V
19	SQ1	安全开关	吊笼门
20	SQ2	安全开关	吊笼门
21	SQ3	安全开关	天窗门
22	SQ4	安全开关	防护围栏门
23	SQ5	安全开关	上限位
24	SQ6	安全开关	下限位
25	SQ7	安全开关	安全器
26	EL	防潮吸顶灯	~220 V
27	K1 K2 K3 K4	交流接触器	~220 V
28	T1	控制变压器	380 V/220 V
29	T2	控制变压器	380 V/220 V

② EL 为 220 V 防潮吸顶灯,由 QF2 高分断小型断路器和 QS2 灯开关控制,如图 4-32 (a)所示。

③ QF1 为电路总开关,K4 为总电源交流接触器常开触点,其控制电路通过 QF4 高分断小型断路器、T1 控制变压器(380 V/220 V)、SQ4 围栏门限位开关、H1 信号灯及 K4 组成。当施工升降机围栏门打开后,SQ4 断开,K4 失电,接触器触点断开动力电源和控制电源,施工升降机不能启动或停止运行,如图 4-32(a)所示。

④ QS1 为极限开关,当施工升降机运行时越程,并触动极限开关时,QS1 动作,切断动力电源和控制电源,施工升降机不能启动或停止运行,如图 4-32(a)所示。

⑤ JXD 为断相与错相保护继电器,当电源发生断、错相时,JXD 就切断控制电路,施工升降机不能启动或停止运行,如图 4-32(a)所示。

⑥ K1 为主电源交流接触器常开触点,K2 和 K3 为上下行交流接触器常开触点,FR1、FR2 为热继电器,当电机 M1、M2 过热时,FR1、FR2 触点断开控制电路,施工升降机不能启动或停止运行,如图 4-32(a)所示。

⑦ 控制电路由 T2 控制变压器(380 V/220 V)及电气元件组成,SQ1、SQ2、SQ3 分别为吊笼门和天窗限位安全开关,当上述门打开时,控制电路失电,施工升降机不能启动或停止运行,如图 4-32(b)所示。

⑧ SA6 为电铃 LD 开关,SA1 为急停开关,SQ7 为安全器安全开关,当上述两开关动作时,K1 失电,K1 主触点断开动力电路,K1 辅助触点断开控制电路,施工升降机不能启动或停止运行,如图 4-32(b)所示。

· 125 ·

⑨ SA3 为上升按钮,SA5.2 为吊笼坠落试验前施工升降机上升按钮,SA4 为下降按钮,SQ5 和 SQ6 分别为吊笼上限位和下限位安全开关,T 为计时器,如图 4-32(b)所示。

⑩ SA5.1 为吊笼坠落试验按钮,当 SA5.1 按钮接通后,通过 V1 整流桥使制动器 ZD1、ZD2 得电松闸,吊笼自由下落,如图 4-32(b)所示。

4.1.4.2 钢丝绳式施工升降机的电气系统

如图 4-33 所示,为一典型的钢丝绳式施工升降机电气原理图,电气原理图中各符号名称见表 4-3。其工作原理如下:

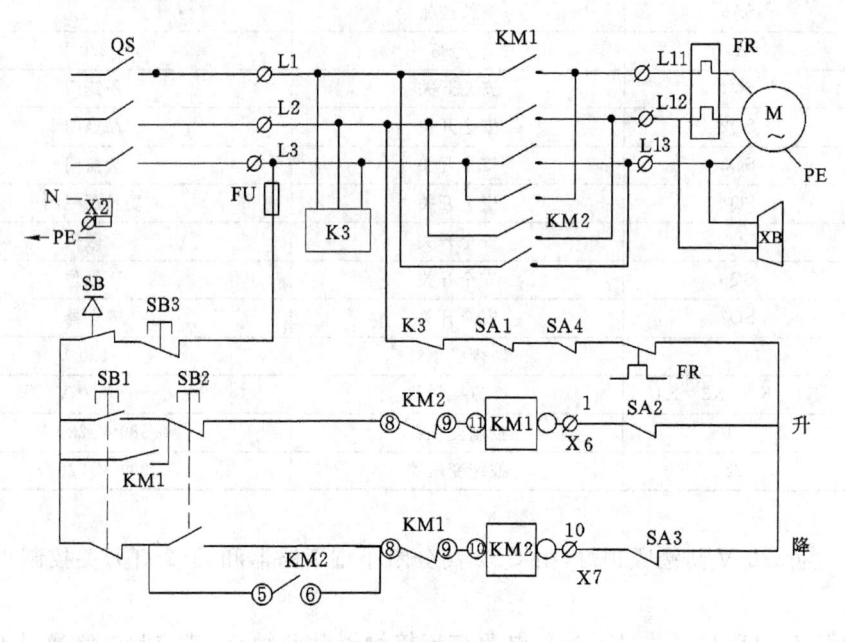

图 4-33 电气原理图

表 4-3　　　　　钢丝绳式施工升降机电器符号名称

序号	符号	名称	序号	符号	名称
1	SB	紧急断电开关	9	FU	熔断器
2	SB1	上行按钮	10	XB	制动器
3	SB2	下行按钮	11	M	电动机
4	SB3	停止按钮	12	SA1	超载保护装置
5	K3	相序保护器	13	SA2	上限位开关
6	FR	热继电器	14	SA3	下限位开关
7	KM1	上行交流继电器	15	SA4	门限位开关
8	KM2	下行交流继电器	16	QS	电路总开关

(1) 施工升降机采用 380 V、50 Hz 三相交流电源。由工地配备专用开关箱,接入电源到施工升降机的电气控制箱,L1、L2、L3 为三相电源,N 为零线,PE 为接地线。

(2) QS 为电路总开关,采用漏电、过载、短路保护功能的漏电断路器。

(3) K3 为相序保护器,当电源发生断、错相时,能切断控制电路,施工升降机就不能启动或停止运行。

(4) FR 为热继电器,当电动机发热超过一定温度时,热继电器就及时分断主电路,电动机断电停止转动。

(5) 上行控制:按 SB1 上行按钮,首先分断对 KM2 联锁(切断下行控制电路);KM1 线圈通电,KM1 主触头闭合,电动机启动升降机上行。同时 KM1 自锁触头闭合自锁,KM1 联锁触头分断 KM2 联锁(切断下行控制电路)。

(6) 下行控制:按 SB2 下行按钮,首先分断对 KM1 联锁(切断上行控制电路);KM2 线圈通电,KM2 主触头闭合,电动机启动升降机下行。同时 KM2 自锁触头闭合自锁,KM2 联锁触头分断 KM1 联锁(切断上行控制电路)。

(7) 停止:按下 SB3 停止按钮,整个控制电路断电,主触头分断,主电动机断电停止转动。

(8) 失压保护控制电路。

当按压上升按钮 SB1 时,接触器 KM1 线圈通电,一方面使电机 M 的主电路通电旋转,另一方面与 SB1 并联的 KM1 常开辅助触头吸合,使 KM1 接触器线圈在 SB1 松开时仍然通电吸合,使电机仍然能旋转。

停止电机旋转时可按压停止按钮 SB3,使 KM1 线圈断电,一方面使主电路的 3 个触头断开,电机停止旋转,另一方面 KM1 自锁触头也断开,当将停止按钮松开而恢复接电时,KM1 线圈这时已不能自动通电吸合。这个电路若中途发生停电失压,再来电时不会自动工作,只有当重新按压上升按钮,电机才会工作。

(9) 双重联锁控制电路。

电路中在 KM1 线圈电路中串有一个 KM2 的常闭辅助触头;同样,在 KM2 线圈电路中串有一个 KM1 的触闭辅助触头,这是保证不同时通电的联锁电路。如果 KM1 吸合施工升降机在上升时,串在 KM2 电路中的 KM1 常闭辅助触头断开,这时即使按压下降按钮 SB2,KM2 线圈也不会通电工作。上述电路中,不仅两个接触器通过常闭辅助触头实现了不同时通电的联锁,同时也利用两个按钮 SB1、SB2 的一对常闭触头实现了不能同时通电的联锁。

4.1.4.3 变频调速施工升降机的电气系统

(1) 变频器调速的工作原理

三相交流异步电动机变频调速原理是通过改变电动机电源的频率来进行调速的。变频调速有恒磁通调速、恒电流调速和恒功率调速三种调速方法。恒磁通调速又称恒转矩调速,是将转速往额定转速以下调节,应用最广。恒电流调速过载能力较小,用于负载容量小且变化不大的场合。恒功率调速用于调节转速要高于额定转速而电源电压又不能提高的场合。

变频调速具有质量轻、体积小、惯性小、效率高等优点。采用矢量控制技术,异步电动机调速的机械特性可像励磁直流电动机调速的机械特性一样"硬"。

(2) 变频器的一般安全使用要点

变频器在工作中会产生高温、高压和高频电波,使用中不论升降机制造单位和维修人员,原则上必须按说明书严格做好防护措施。

① 变频器在电控箱中的安装与周围设备必须保持一定距离,以利通风散热,一般上下间隔 120 mm 以上,左右应有 30 mm 的间隙,背部应留有足够间隙。夏季必要时可打开电

控箱门散热。

② 外接电阻箱会产生高温,一般应当与电控箱分开安装。运行中不要轻易用手去触摸它的外壳,防止烫伤。

③ 变频器在运行中或刚运行后,在电容器放电信号灯未熄灭时,切勿打开变频器外罩和接触接线端子等,防止电击伤人。

④ 变频器接地必须正确可靠,有条件的设置专用接地装置,接地线应选择粗而短的。接地方式如图4-34所示。

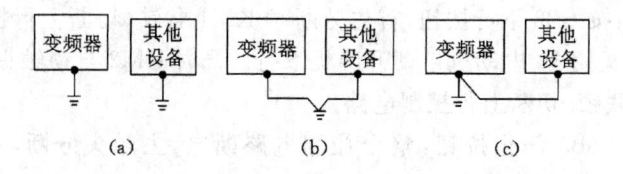

图 4-34 变频器接地方式
(a) 专用接地(良);(b) 公共接地(可);(c) 共用接地(不可)

⑤ 一般选用变频器的额定功率可比控制电机额定功率大一个规格。因为一般电机的启动电流要大于变频器允许的过载电流,所以选择大一个规格可以保证运行的可靠。

⑥ 为防止电磁感应产生冲击干扰,电路中感性线圈载荷(如继电器线圈等)应在发生源两端连接冲击吸收器,如图4-35所示。

⑦ 如发生变频器对其他设备信号、控制线干扰时,可根据说明书要求采取措施或对变频器输出电路进行电磁屏蔽,以减少干扰影响,如图4-36所示。

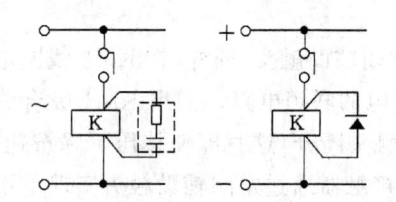

图 4-35 线圈加接冲击吸收器示意图 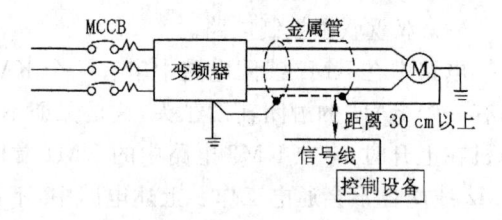　　图 4-36 电磁屏蔽抗干扰示意图

4.1.4.4 电气箱

(1) 电气控制箱是施工升降机电气系统的心脏部分,内部主要安装有上(下)运行交流接触器、热继电器以及相序和断相保护器等。控制箱安装在吊笼内部,如图4-37所示。

(2) 操纵台是操纵施工升降机运行的部分,它主要由电锁、万能转换开关、急停按钮、加节按钮、电铃按钮和指示灯等组成,一般也安装在吊笼内部。如图4-38所示为两种形式的电气控制操纵台。

(3) 电源箱是施工升降机的电源供给部分,主要由空气开关、熔断器等组成。

(4) 电气箱的安全技术要求:

① 施工升降机的各类电路的接线应符合出厂的技术规定;

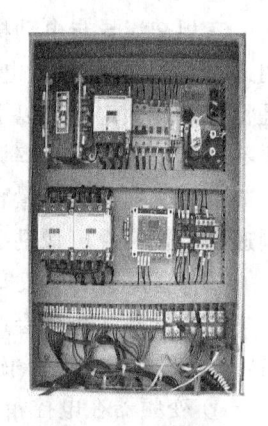

图 4-37 电气控制箱

图 4-38 电气控制操纵台

② 电气元件的对地绝缘电阻应不小于 0.5 MΩ,电气线路的对地绝缘电阻应不小于 1 MΩ;

③ 各类电气箱等不带电的金属外壳均应有可靠接地,其接地电阻应不超过 4 Ω;

④ 对老化失效的电气元件应及时更换,对破损的电缆和导线予以包扎或更新;

⑤ 各类电气箱应完整、完好,经常保持清洁和干燥,内部严禁堆放杂物等。

4.2 施工升降机的基础

施工升降机在工作或非工作状态均应具有承受各种规定载荷而不倾翻的稳定性,而施工升降机设置在基础上,因此基础应能承受最不利工作或非工作条件下的全部载荷。

4.2.1 基础的形式和构筑

4.2.1.1 基础形式

基础形式一般分为三种,如图 4-39 所示。

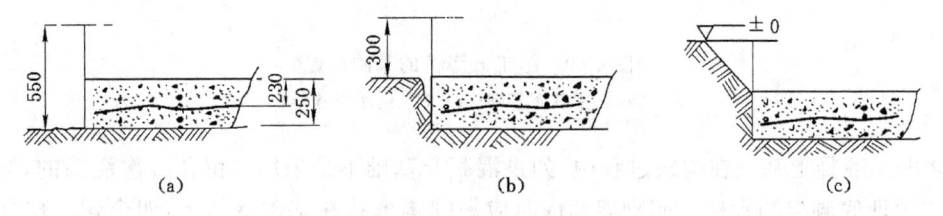

图 4-39 施工升降机基础形式示意图
(a)地上式基础;(b)地平式基础;(c)地下式基础

(1) 地上式基础:基础上平面高于地面,不会积水,但上料门槛较高。
(2) 地平式基础:基础上平面与地面持平,不易积水,但上料门槛较低。
(3) 地下式基础:基础上平面低于地面,易积水,但可以不设上料门槛。

4.2.1.2 基础的构筑

施工升降机的基础设置分两种类别,如图 4-40 所示。基础的构筑应根据使用说明书或工程施工要求进行选择或重新设计。基础一般由钢筋混凝土浇筑而成,厚度为 350 mm,内设双层钢筋网。钢筋网由 $\phi 10 \sim \phi 12$ mm 钢筋间隔 250 mm 组成,钢筋等级选用 HRB335,混凝土标号级别不低于 C30。

基础下土壤的承载力一般应大于 0.15 MPa。混凝土基础表面的不平度应控制在 ±5

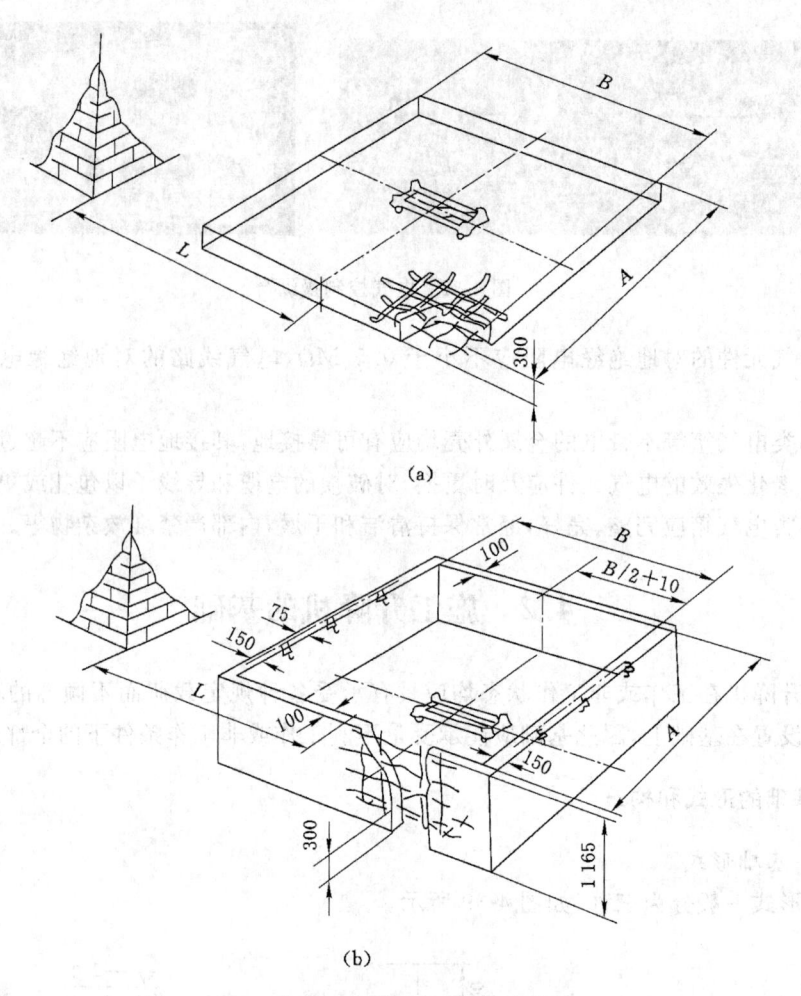

图 4-40 施工升降机的基础设置
(a) 一般双笼基础;(b) 带电缆小车基础

mm 之内。混凝土基础在构筑过程中,如果混凝土基础不是采用预留孔二次浇捣的,则应在基础内预埋底脚架和螺柱。底脚架预埋时应把螺钩绑扎在基础钢筋上,四个螺柱应在一个平面内,误差应控制在 1 mm 之内,安装时按规定力矩拧紧,预埋件之间的中心距误差应控制在 5 mm 之内。

对于驱动装置放置在架体外的钢丝绳式施工升降机,应单独制作卷扬机的基础,且卷扬机基础应设置预埋件或锚固的地脚螺栓。不论在卷扬机前后是否有锚桩或绳索固定,均宜用混凝土或水泥砂浆找平,一般厚度不小于 200 mm,混凝土强度不低于 C20,水泥砂浆的强度不低于 M20。

4.2.2 基础的安全要求

(1) 基础四周应设置排水设施。

(2) 基础四周 5 m 之内不准开挖深沟。

(3) 30 m 范围内不得进行对基础有较大震动的施工。

5 施工升降机的安全装置

施工升降机属高空危险作业机械,它不但要求在结构设计方面需要有极大的安全系数来保障安全运行,而且需要专门设置一些安全装置来消除或减少发生故障造成的危害,使之在施工升降机一旦发生意外故障时能立即起作用,保障乘员的生命安全,避免或减少设备的损坏。施工升降机的安全装置分为机械安全装置和电气安全装置。

5.1 防坠安全器

5.1.1 防坠安全器的分类及特点

防坠安全器是非电气、气动和手动控制的防止吊笼或对重坠落的机械式安全保护装置。它是一种非人为控制的装置,一旦吊笼或对重出现失速、坠落情况,能在设置的距离、速度内使吊笼安全停止。防坠安全器按其制动特点可分为渐进式和瞬时式两种。

(1) 渐进式防坠安全器

渐进式防坠安全器是一种初始制动力(或力矩)可调,制动过程中制动力(或力矩)逐渐增大的防坠安全器。其特点是制动距离较长,制动平稳,冲击力小。

(2) 瞬时式防坠安全器

瞬时式防坠安全器是初始制动力(或力矩)不可调,瞬间即可将吊笼或对重制停的防坠安全器。其特点是制动距离较短,制动不平稳,冲击力大。

5.1.2 渐进式防坠安全器

渐进式防坠安全器的全称为齿轮锥鼓形渐进式防坠安全器,简称安全器。

(1) 渐进式防坠安全器的使用条件

① SC 型施工升降机

SC 型施工升降机应采用渐进式防坠安全器,当升降机对重质量大于吊笼质量时,还应加设对重防坠安全器。

② SS 型人货两用施工升降机

对于 SS 型人货两用施工升降机,其吊笼额定提升速度大于 0.63 m/s 时,应采用渐进式防坠安全器;当施工升降机对重额定提升速度大于 1 m/s 时,应采用渐进式防坠安全器。

③ SS 型货用施工升降机

对于 SS 型货用施工升降机,其吊笼额定提升速度大于 0.85 m/s 时,应采用渐进式防坠安全器。

(2) 渐进式防坠安全器的构造

渐进式防坠安全器主要由齿轮、离心式限速装置、锥鼓形制动装置等组成。离心式限速装置主要由离心块座、离心块、调速弹簧和螺杆等组成；锥鼓形制动装置主要由壳体、摩擦片、外锥体加力螺母和蝶形弹簧等组成。安全器结构如图5-1所示。

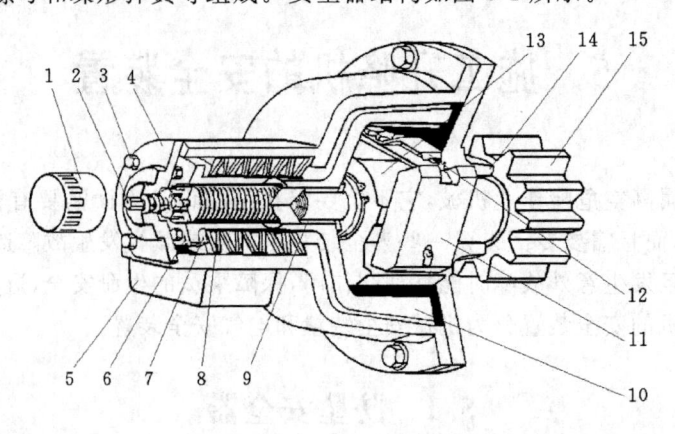

图 5-1 渐进式防坠安全器的构造

1——罩盖；2——浮螺钉；3——螺钉；4——后盖；5——开关罩；6——螺母；7——防转开关压臂；8——蝶形弹簧；9——轴套；10——旋转制动毂；11——离心块；12——调速弹簧；13——离心座；14——轴套；15——齿轮

（3）渐进式防坠安全器的工作原理

安全器安装在施工升降机吊笼的传动底板上，一端的齿轮啮合在导轨架的齿条上，当吊笼正常运行时，齿轮轴带动离心块座、离心块、调速弹簧和螺杆等组件一起转动，安全器也就不会动作。当吊笼瞬时超速下降或坠落时，离心块在离心力的作用下压缩调速弹簧并向外甩出，其三角形的头部卡住外锥体的凸台，然后就带动外锥体一起转动。此时外锥体尾部的外螺纹在加力螺母内转动，由于加力螺母被固定住，故外锥体只能向后方移动，这样使外锥体的外锥面紧紧地压向胶合在壳体上的摩擦片，当阻力达到一定量时就使吊笼制停。

（4）渐进式防坠安全器的主要技术参数

① 额定制动载荷

额定制动载荷是指安全器可有效制动停止的最大载荷，目前标准规定为20、30、40、60 kN四挡。SC100/100和SCD200/200施工升降机上配备的安全器的额定制动载荷一般为30 kN；SC200/200施工升降机上配备的安全器的额定制动载荷一般为40 kN。

② 标定动作速度

标定动作速度是指按所要限定的防护目标运行速度而调定的安全器开始动作时的速度，具体见表5-1的规定。

表 5-1　　　　　　　　　　安全器标定动作速度

施工升降机额定提升速度 v/(m/s)	安全器标定动作速度/(m/s)
$v \leqslant 0.60$	$\leqslant 1.00$
$0.60 < v \leqslant 1.33$	$\leqslant v + 0.40$
$v > 1.33$	$\leqslant 1.3v$

③ 制动距离

制动距离指从安全器开始动作到吊笼被制动停止时吊笼所移动的距离,应符合表 5-2 的规定。

表 5-2　　　　　　　　　　　　安全器制动距离

施工升降机额定提升速度 $v/(m/s)$	安全器制动距离/m
$v \leqslant 0.65$	0.15～1.40
$0.65 < v \leqslant 1.00$	0.25～1.60
$1.00 < v \leqslant 1.33$	0.35～1.80
$v > 1.33$	0.55～2.00

5.1.3 瞬时式防坠安全装置

5.1.3.1 瞬时式防坠安全装置的使用条件

(1) 对于 SS 型人货两用施工升降机,每个吊笼应设置兼有防坠和限速双重功能的防坠安全装置。当吊笼超速下行,或其悬挂装置断裂时,该装置应能将吊笼制停并保持静止状态。

(2) SS 型人货两用施工升降机吊笼额定提升速度小于或等于 0.63 m/s 时,可采用瞬时式防坠安全装置;当其对重额定提升速度小于或等于 1 m/s 时,可采用瞬时式防坠安全装置。

(3) SS 型货用施工升降机可采用由断绳保护装置和停层防坠落装置两部分组成的防坠安全装置。当吊笼提升钢丝绳松绳或断绳时,该装置应能制停带有额定载重量的吊笼,且不造成结构严重损坏。对于额定提升速度小于或等于 0.85 m/s 的施工升降机,可采用瞬时式防坠安全装置。

5.1.3.2 SS 型人货两用施工升降机的瞬时式防坠安全装置

SS 型人货两用施工升降机使用的瞬时式防坠安全装置一般由限速装置和断绳保护装置两部分组成。瞬时式防坠安全装置允许借助悬挂装置的断裂或借助一根安全绳来动作。

(1) 限速装置

限速装置主要用于钢丝绳式施工升降机上,与断绳保护装置配合使用。其工作原理如图 5-2 所示。在外壳上固定悬臂轴 6,限速钢丝绳通过槽轮装在悬臂轴上。槽轮有两个不同直径的沟槽,大直径的用于正常工作,小直径的用来检查限速器动作是否灵敏。固定在槽轮上的销轴 5 上装有离心块 1,两离心块之间用拉杆 2 铰接,以保证两离心块同步运动。通过调节拉杆 2 的长度可改变销子 8 和 11 之间的距离,在装离心块一侧的槽轮表面上固定有支架 9,在支承端部与拉杆螺母之间装有预紧弹簧 10。由于拉杆连接离心块,弹簧力迫使离心块靠近槽轮旋转中心,固定挡块 4 突出在外壳内圆柱表面上。当槽轮在与吊笼上的断绳保护装置带动系统杆件连接的限速钢丝绳带动下以额定速度旋转时,离心产生的离心力还不足以克服弹簧张力,限速器随同正常运行的吊笼而旋转;当提升钢丝绳拉断或松脱,吊笼以超过正常的运行速度坠落时,限速钢丝绳带动限速器槽轮超速旋转,离心块在较大的离心力作用下张开,并抵在挡块 4 上,停止槽轮转动。当吊笼继续坠落时,停转的限速器槽轮靠摩擦力拉紧限速钢丝绳,通过带动系统杆件驱动断绳保护装置制停吊笼。在瞬时式限速器上还装有限位开关,当限速器动作时,能同时切断施工升降机动力电源。

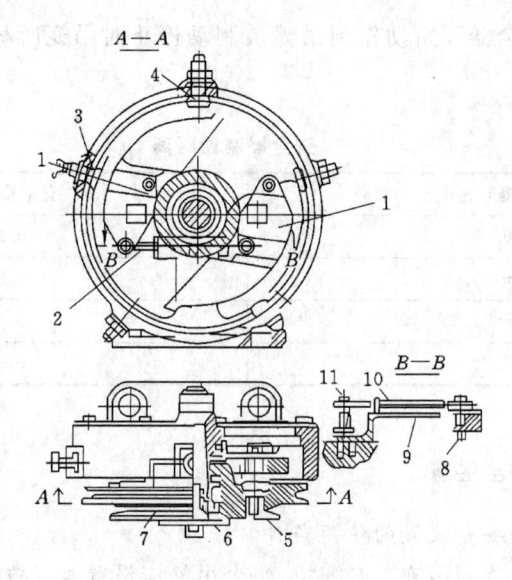

图 5-2 限速器工作原理
1——离心块;2——拉杆;3——挡块;4——固定挡块;5——销轴;6——悬臂轴;
7——槽轮;8,11——销;9——支架;10——预紧弹簧

(2) 断绳保护装置

瞬时式断绳保护装置也叫楔块式捕捉器,与瞬时式限速器配合使用,如图 5-3 所示。它两对夹持楔块,捕捉器动作时,导轨被夹紧在两个楔块之间,楔块镶嵌在闸块上,闸块由拉杆连接,由压簧激发系统带动工作。

5.1.3.3 SS 型货用施工升降机的瞬时式防坠安全装置

SS 型货用施工升降机的瞬时式防坠安全装置应具有断绳保护和停层防坠落功能。在吊笼停层后,人员出入吊笼之前,停层防坠落装置应动作,使吊笼的下降操作无效,即使此时发生吊笼提升钢丝绳断绳,吊笼也不会坠落。

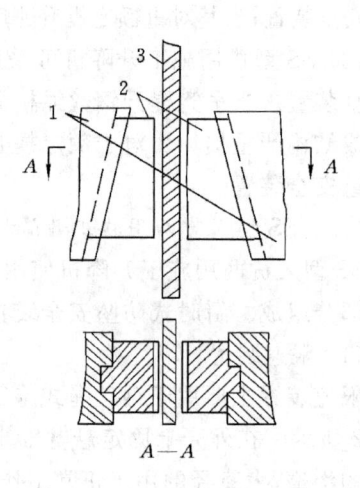

图 5-3 瞬时式断绳保护装置
1——楔块;2——闸块;3——导轨

任何形式的防坠安全装置,当断绳或固定松脱时,吊笼锁住前的最大滑行距离,在满载情况下,不得超过 1 m。

(1) 常用防坠安全装置的构造

如图 5-4 所示为具有断绳保护和停层防坠落功能的组合式安全器,主要由主动杆、从动杆、下连杆、轮轴、偏心轮、弹簧、拉杆、横连杆和连杆等组成。

(2) 常用防坠安全装置的工作原理

① 夹轨式断绳保护装置的工作原理

如图 5-4 所示。当卷扬机启动拉紧钢丝绳时,连接在起重钢丝绳上的主动杆 1 向上拉起,同时拉动从动杆 2 向上运动、压缩弹簧 6 和在连杆 2 带动下连杆 3 围绕轮轴 4 向中间转动,再由轮轴 4 带动偏心轮 5 向外两侧转动离开导轨,此时吊笼可以运行,如图 5-5(a)所示。而当钢丝绳松弛或断绳时,主动杆 1 在弹簧 6 的作用下,克服阻力向下移动,推动从动杆 2 使下连杆 3 围绕轮轴 4 向外侧转动,同时带动偏心轮 5 向中间转动夹紧导轨,将吊笼制停在导轨架上,如图 5-5(b)所示。

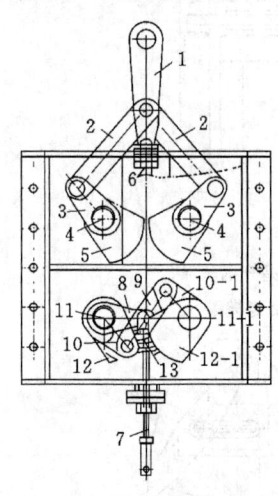

图 5-4　防坠安全装置结构示意图
1——主动杆;2——从动杆;3——下连杆;
4,11——轮轴;5,12——偏心轮;6,13——弹簧;
7——拉杆;8——横连杆;9,10——连杆

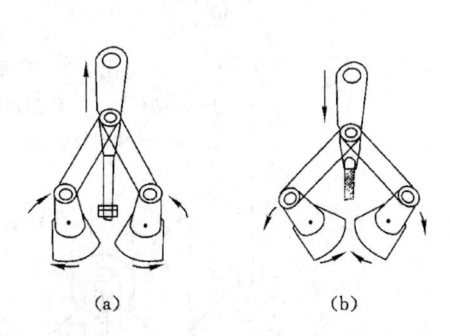

图 5-5　夹轨式断绳保护装置工作状态图
(a) 吊笼运行状态;(b) 夹紧状态

图 5-6 所示为夹轨式断绳保护装置的另一种形式。其工作原理是:当提升钢丝绳突然发生断裂,吊笼处于坠落状态时,吊笼顶部带有滑轮的平衡梁在吊笼两端长孔耳板内在自重作用下下移,此时防坠装置的一对制动夹钳在弹簧力的推动下迅速夹紧在导轨架上,从而避免了吊笼坠落。当吊笼在正常升降时,由于滑轮平衡梁在吊笼两侧长孔耳板内抬升上移并通过拉环使得防坠装置的弹簧受到压缩,制动夹钳脱离导轨。

② 弹闸式防坠装置的工作原理

如图 5-7 所示为一弹闸式防坠装置,其工作原理是:当提升钢丝绳 4 断裂,弹闸拉索 5 失去张力,弹簧 3 推动弹闸销轴 2 向外移动,使销轴 2 卡在架体横缀杆 6 上,瞬间阻止吊笼坠落。该装置在作用时对架体横缀杆和吊笼产生较大的冲击力,易造成架体横缀杆和吊笼损伤。

③ 拨杆楔形断绳保护装置的工作原理

如图 5-8 所示为一拨杆楔形断绳保护装置。其工作原理是:当吊笼起升钢丝绳发生意外断裂时,滑轮 1 失去钢丝绳的牵引,在自重和拉簧 2 的作用下,沿耳板 3 的竖向槽下落,传

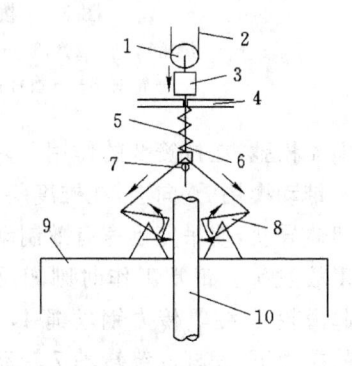

图 5-6　夹轨式断绳保护装置示意图
1——提升滑轮;2——提升钢丝绳;
3——平衡梁;4——防坠器架体(固定在吊笼上);
5——弹簧;6——拉索;7——拉环;
8——制动夹钳;9——吊笼;10——导轨

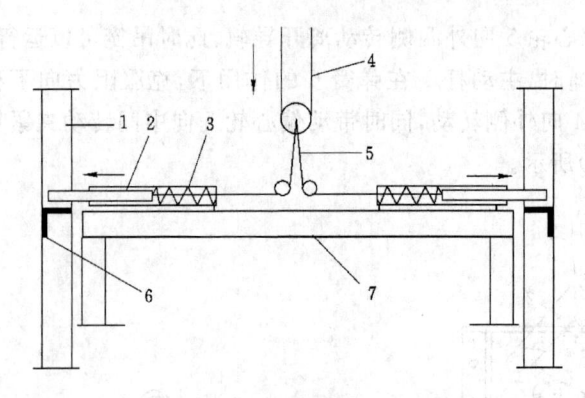

图 5-7 弹闸式防坠装置示意图
1—架体；2—弹闸销轴；3—弹簧；4—提升钢丝绳；
5—弹闸拉索；6—架体横缀杆；7—吊笼横梁

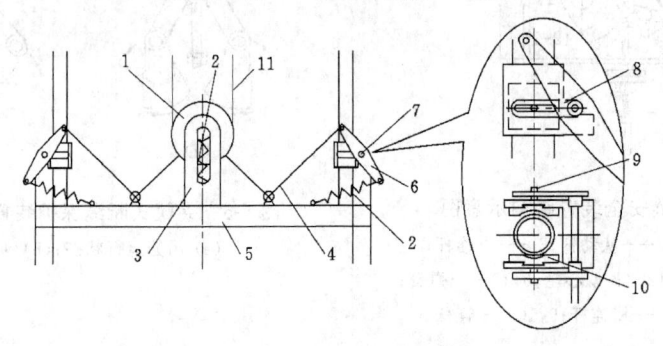

图 5-8 拨杆楔形断绳保护装置示意图
1—滑轮；2—拉簧；3—耳板；4—传力钢丝绳；5—吊笼；6—摆杆；
7—转轴；8—拨杆；9—拨销；10—楔块；11—提升钢丝绳

力钢丝绳 4 松弛，在拉簧 2 的作用下，摆杆 6 绕转轴 7 转动，带动拨杆 8 偏转，拨杆上挑，通过拨销 9 带动楔块 10 向上，在锥度斜面的作用下抱紧架体导轨，使吊笼迅速有效制动，防止吊笼坠落事故发生。正常工作时则相反，吊笼钢丝绳提起滑轮 1，绷紧传力钢丝绳 4，在传力钢丝绳 4 的拉力下，摆杆 6 绕转轴 7 转动，带动拨杆 8 反向偏转，拨杆下压，通过拨销 9 带动楔块 10 向下，在锥度斜面的作用下，使楔块与架体导轨松开。

④ 旋撑制动保护装置的工作原理

如图 5-9 所示，旋撑制动保护装置具有一浮动支座，支座的两侧分别由旋转轴固定两套撑杆、摩擦制动块、拨叉、支杆、弹簧和拉索等组成。其工作原理是：该装置在使用时，两摩擦制动块置于升降机导轨的两侧。当升降机钢丝绳 6 断裂时，拉索 4 松弛，弹簧拉动拨叉 2 旋转，

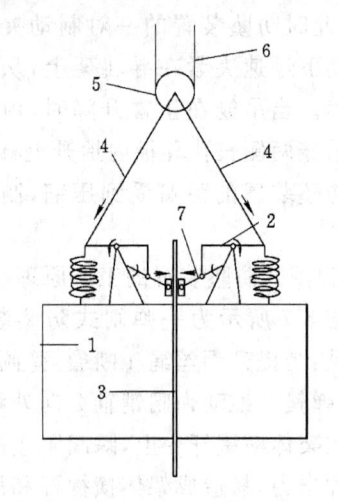

图 5-9 旋撑制动保护装置示意图
1—吊笼；2—拨叉；3—导轨；4—拉索；
5—吊笼提升动滑轮；6—提升钢丝绳；7—撑杆

提起撑杆7,带动两摩擦块向上并向导轨方向运动,卡紧在导轨上,使浮动支座停止下滑,进而阻止吊笼向下坠落。

⑤ 惯性楔块断绳保护装置的工作原理

该装置主要由悬挂弹簧、导向轮悬挂板、楔形制动块、制动架、调节螺栓和支座等组成,如图5-10所示。防坠装置分别安装在吊笼顶部两侧。该断绳保护装置的制动工作原理主要是利用惯性原理,使得防坠装置的制动块在吊笼突然发生钢丝绳断裂下坠时能紧紧夹在导轨架上。当吊笼正常升降时,导向轮悬挂板悬挂在悬挂弹簧上,此时弹簧于压缩状态,同时楔形制动块与导轨架自动处于脱离状态。当吊笼提升钢丝绳突然断裂时,由于导向轮悬挂板突然发生失重,原来受压的弹簧突然释放,导向轮悬挂板在弹簧力的推动作用下向上运动,带动楔形制动块紧紧夹在导轨架上,从而避免发生吊笼的坠落。

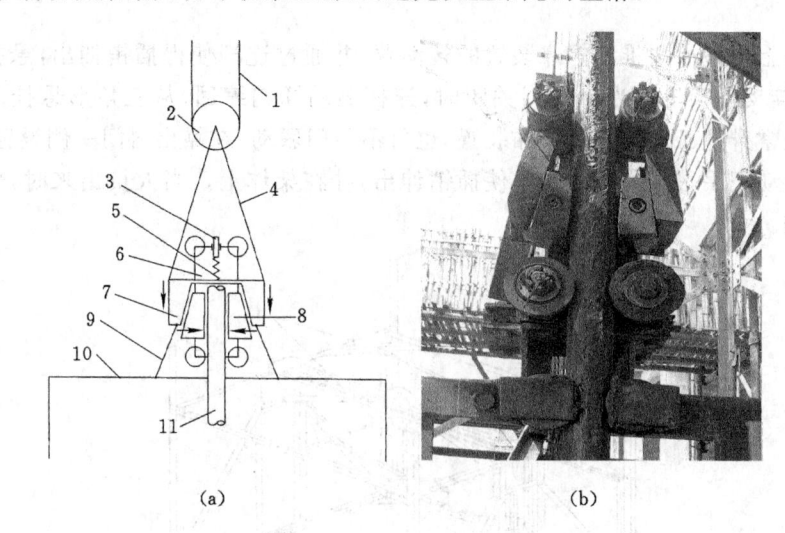

图5-10 惯性楔块断绳保护装置
(a) 防坠工作原理;(b) 外观实物照片
1——提升钢丝绳;2——吊笼提升动滑轮;3——调节螺栓;4——拉索;5——悬挂弹簧;
6——导向轮悬挂板;7——制动架;8——楔形制动块;9——支座;10——吊笼;11——导轨

⑥ 停层防坠落装置的工作原理

如图5-4所示,在吊笼运行前,向下拉动拉杆7,带动横连杆8围绕轮轴11向下转动,在轮轴11的带动下使同侧的连杆10和偏心轮12一起向外侧转动。而当连杆10在转动时,同时带动另一侧的连杆10—1和偏心轮12—1围绕轮轴11—1一起向外侧转动,此时两偏心轮同时离开导轨,吊笼可启动,如图5-11(b)所示。当到达层站时,只要松开拉杆7的约束,在弹簧13的作用下,拉杆7向上移动,完成一系列动作后,使两偏心轮向中间转动,达到夹紧导轨防止吊笼坠落的目的,如图5-11(a)所示。

以下是几种常用的停层防坠落装置:

a. 插销式楼层安全停靠装置

如图5-12所示为吊笼内包容式货用施工升降机的插销式楼层停靠装置。其主要由安装在吊笼两侧的吊笼上部对角线上的悬挂插销、连杆、转动臂和吊笼出料门碰撞块以及安装在架体两侧的三角形悬挂支架等组成。工作原理是:当吊笼在某一楼层停靠,打开吊笼出料

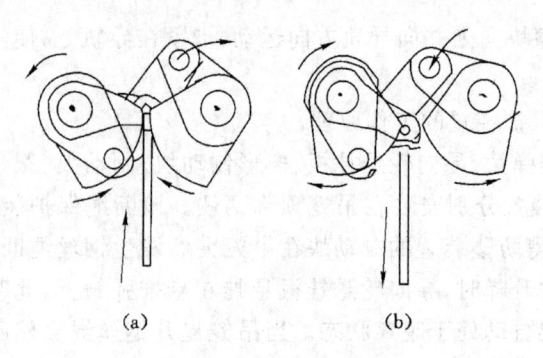

图 5-11 停层防坠落装置工作状态图
(a) 停层状态；(b) 运行状态

门时,出料门上的碰撞块推动停靠装置的转动臂,并通过连杆使得插销伸出,悬挂在架体上的三角形悬挂支撑架上。当出料门关闭时,连杆驱动插销缩回,从三角形悬挂支撑架上脱离,吊笼可正常升降工作。上述停靠装置,也可不与门联动,在靠出料门一侧设置把手,在人上吊笼前,拨动把手,把手推动连杆,使插销伸出,挂在架体上。当人员出来时,恢复把手位置,插销缩进。

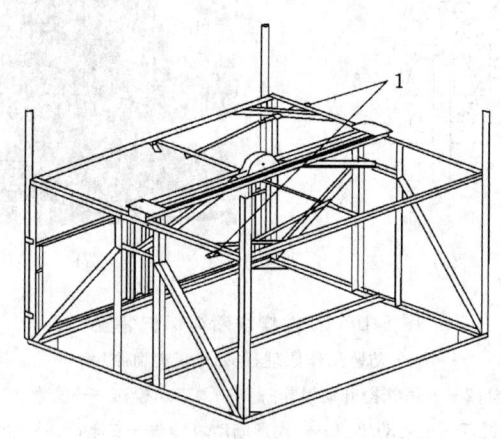

图 5-12 插销式楼层停靠装置示意图
1——插销

该装置在使用中应注意:吊笼下降时必须完全将出料门关闭后才能下降,同样吊笼停靠时必须将门完全打开后,才能保证停靠装置插销完全伸出使吊笼与架体可靠连接。

b. 牵引式楼层安全停靠装置

牵引式楼层停靠装置的工作原理是:利用断绳保护装置作为停靠装置,当吊笼出料门打开时,出料门上的碰撞块推动停靠装置的转动臂并通过断绳保护装置的滚轮悬挂板上的钢丝绳牵引带动楔块夹紧在导轨架上,以防止吊笼坠落。它的特点是不需要在架体上安装停靠支架,其缺点是当吊笼的联锁门开启不到位或拉索断裂时,易造成停靠失效,因此使用时应特别注意停靠制动的有效性。其工作原理参见图 5-13。

c. 联锁式楼层安全停靠装置

如图 5-14 所示为一联锁式楼层安全停靠装置示意图。其工作原理是:当吊笼到达指定

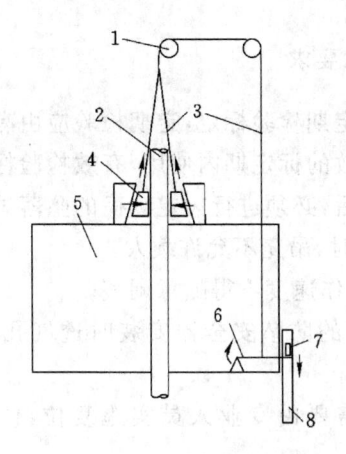

图 5-13 牵引式楼层停靠装置

1——导向滑轮；2——导轨；3——拉索；4——楔块抱闸；5——吊笼；
6——转动臂；7——碰撞块；8——出料门

楼层,工作人员进入吊笼之前,要开启上下推拉的出料门。吊笼出料门向上提升时,吊笼门平衡重 1 下降,拐臂杆 2 随之向下摆,带动拐臂 4 绕转轴 3 顺时针旋转,随之放松拉线 5,插销 6 在压簧 7 的作用下伸出,挂靠在架体的停靠横担 8 上。吊笼升降之前,必须关闭出料门,门向下运动,吊笼门平衡重 1 上升,顶起拐臂杆 2,带动拐臂 4 绕转轴 3 逆时针旋转,随之拉紧拉线 5,拉线将插销从横担 8 上抽回并压缩压簧 7,吊笼便可自由升降。

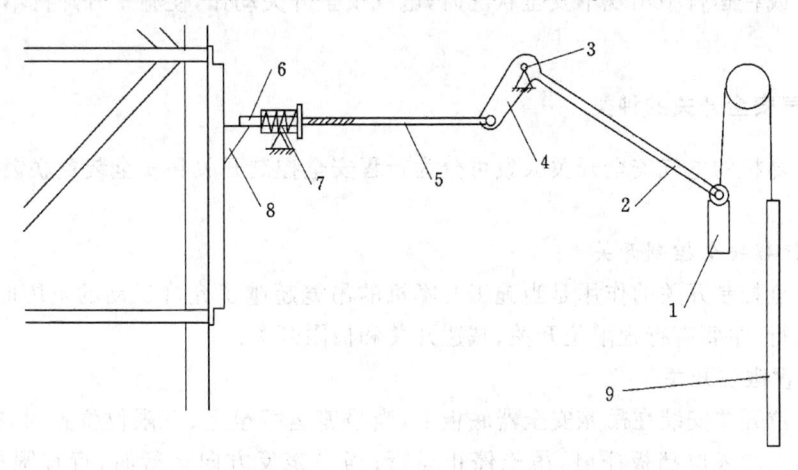

图 5-14 联锁式楼层安全停靠装置示意图

1——吊笼门平衡重；2——拐臂杆；3——转轴；4——拐臂；5——拉线；
6——插销；7——压簧；8——横担；9——吊笼门

（3）防坠安全装置的试验

施工升降机安装后和使用过程中应进行坠落试验和对停层防坠装置进行试验。坠落试验时,应在吊笼内装上额定载荷并把吊笼上升到离地面 3 m 左右高度后停住,然后用模拟断绳的方法进行试验。停层防坠落装置试验时,应在吊笼内装上额定载荷并把吊笼上升 1 m 左右高度后停住,在断绳保护装置不起作用的情况下,使停层防坠落装置动作,然后启动卷扬机使钢丝绳松弛,看吊笼是否下降。

5.1.4 防坠安全器的安全技术要求

（1）防坠安全器必须进行定期检验标定，定期检验应由有相应资质的单位进行。

（2）防坠安全器只能在有效的标定期内使用，有效检验标定期限不应超过1年。

（3）施工升降机每次安装后，必须进行额定载荷的坠落试验，以后至少每3个月进行一次额定载荷的坠落试验。试验时，吊笼不允许载人。

（4）防坠安全器出厂后，动作速度不得随意调整。

（5）SC型施工升降机使用的防坠安全器安装时透气孔应向下，紧固螺孔不能出现裂纹，安全开关的控制接线完好。

（6）防坠安全器动作后，需要由专业人员实施复位，使施工升降机恢复到正常工作状态。

（7）防坠安全器在任何时候都应该起作用，包括安装和拆卸工况。

（8）防坠安全器不应由电动、液压或气动操纵的装置触发。

（9）一旦防坠安全器触发，正常控制下的吊笼运行应由电气安全装置自动中止。

5.2 电气安全开关

电气安全开关是施工升降机中使用比较多的一种安全防护开关。当施工升降机没有满足运行条件或在运行中出现不安全状况时，电气安全开关动作，使施工升降机不能启动或自动停止运行。

5.2.1 电气安全开关的种类

施工升降机的电气安全开关大致可分为行程安全控制开关和安全装置联锁控制开关两大类。

5.2.1.1 行程安全控制开关

行程安全控制开关的作用是当施工升降机的吊笼超越了允许运动的范围时，能自动停止吊笼的运行，主要有行程限位开关、减速开关和极限开关。

（1）行程限位开关

行程限位开关安装在吊笼安全器底板上，当吊笼运行至上、下限位位置时，行程限位开关与导轨架上的限位挡板碰触，吊笼停止运行；当吊笼反方向运行时，行程限位开关自动复位。

（2）减速开关

变频调速施工升降机必须设置减速开关，当吊笼下降时在触发下限位开关前，应先触发减速开关，使变频器切断加速电路，以避免吊笼下降时冲击底座。

（3）极限开关

施工升降机必须设置极限开关，当吊笼在运行时如果上、下限位开关出现失效，超出限位挡板并越程，极限开关须切断总电源使吊笼停止运行。极限开关应为非自动复位型的开关，其动作后必须手动复位才能使吊笼重新启动。在正常工作状态下，下极限开关挡板的安装位置，应保证吊笼碰到缓冲器之前极限开关首先动作。

5.2.1.2 安全装置联锁控制开关

当施工升降机出现不安全状态,触发安全装置动作后,能及时切断电源或控制电路,使电动机停止运转。该类电气安全开关主要有防坠安全器安全开关和防松绳开关。

(1) 防坠安全器安全开关

防坠安全器动作时,设在安全器上的安全开关能立即将电动机的电路断开,制动器制动。

(2) 防松绳开关

① 施工升降机的对重钢丝绳绳数为两条时,钢丝绳组与吊笼连接的一端应设置张力均衡装置,并装有由相对伸长量控制的非自动复位型的防松绳开关。当其中一条钢丝绳出现的相对伸长量超过允许值或断绳时,该开关将切断控制电路,同时制动器制动,使吊笼停止运行。

② 对重钢丝绳采用单根钢丝绳时,也应设置防松(断)绳开关,当施工升降机出现松绳或断绳时,该开关应立即切断电机控制电路,同时制动器制动,使吊笼停止运行。

(3) 门安全控制开关

当施工升降机的各类门没有关闭时,施工升降机就不能启动;而当施工升降机在运行中把门打开时,施工升降机吊笼就会自动停止运行。该类电气安全开关主要有单行门、双行门、顶盖门和围栏门等安全开关。

5.2.2 电气安全开关的安全技术要求

(1) 电气安全开关必须安装牢固、不能松动。
(2) 电气安全开关应完整、完好,紧固螺栓应齐全,不能缺少或松动。
(3) 电气安全开关的臂杆不能弯曲变形,防止安全开关失效。
(4) 每班都要检查极限开关的有效性,防止极限开关失效。
(5) 严禁用触发上、下限位开关来作为吊笼在最高层站和地面站停站的操作。

5.3 机 械 门 锁

施工升降机的吊笼门、顶盖门、地面防护围栏门都装有机械电气联锁装置。各个门未关闭或关闭不严,电气安全开关将不能闭合,吊笼不能启动工作;吊笼运行中,一旦门被打开,吊笼的控制电路也将被切断,吊笼停止运行。

5.3.1 围栏门的机械联锁装置

(1) 围栏门的机械联锁装置的作用

围栏门应装有机械联锁装置,使围栏门只有在吊笼位于地面规定的位置时才能开启,且在门开启后吊笼不能启动,目的是为了防止在吊笼离开基础平台后,人员误入基础平台造成事故。

(2) 围栏门的机械联锁装置的结构

机械联锁装置的结构如图 5-15 所示,由机械锁钩、压簧、销轴和支座组成。整个装置由支座安装在围栏门框上。当吊笼停靠在基础平台上时,吊笼上的开门挡板压着机械锁钩的尾部，机械锁钩就离开围栏门，此时围栏门才能打开，而当围栏门打开时，电气安全开关作用，吊笼就不能启动；当吊笼运行离开基础平台时，机械锁在压簧的作用下，机械锁钩扣住围栏门，围栏门就不能打开；如强行打开围栏门时，吊笼就会立即停止运行。

5.3.2 吊笼门的机械联锁装置

吊笼设有进料门和出料门，进料门一般为单门，出料门一般为双门，进出门均设有机械锁止装置。当吊笼位于地面规定的位置和停层位置时，吊笼门才能开启；进出门完全关闭后，吊笼才能启动运行。

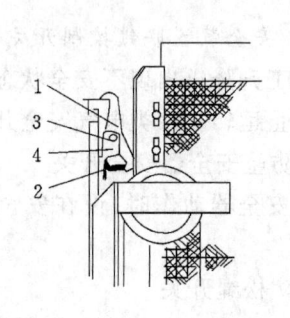

图 5-15 围栏门的机械联锁装置
1——机械锁钩；2——压簧；
3——销轴；4——支座

如图 5-16 所示为吊笼进料门机械联锁装置，由门上的挡块、门框上的机械锁钩、压簧、销轴和支座组成。当吊笼下降到地面时，施工升降机围栏上的开门压板压着机械锁钩的尾部，同时机械锁钩离开门上的挡块，此时门才能开启。当门关闭吊笼离地后，吊笼门框上的机械锁钩在压簧的作用下嵌入门上的挡块缺口内，吊笼门被锁住。如图 5-17 所示为吊笼出料门的机械联锁装置构造。

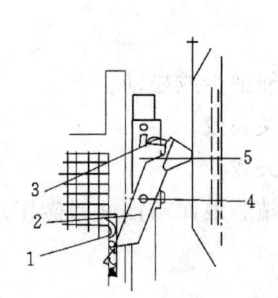

图 5-16 吊笼进料门机械联锁装置
1——挡块；2——机械锁钩；
3——压簧；4——销轴；5——支座

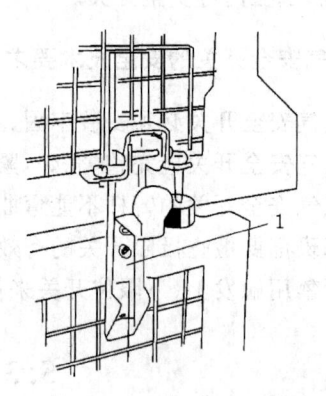

图 5-17 双行门机械联锁装置
1——双行门机械联锁装置

5.4 其他安全装置

5.4.1 缓冲装置

（1）缓冲装置的作用

缓冲装置安装在施工升降机底架上，用以吸收下降的吊笼或对重的动能，起到缓冲作用。

施工升降机的缓冲装置主要使用弹簧缓冲器，如图 5-18 所示。

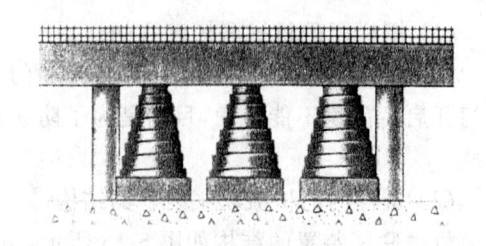

图 5-18 弹簧缓冲器

(2) 缓冲装置的安全要求

① 每个吊笼设置 2～3 个缓冲器，对重设置一个缓冲器。同一组缓冲器的顶面相对高度差不应超过 2 mm。

② 缓冲器中心与吊笼底楔或对重相应中心的偏移不应超过 20 mm。

③ 经常清理基础上的垃圾和杂物，防止堆在缓冲器上而使缓冲器失效。

④ 应定期检查缓冲器的弹簧，发现锈蚀严重超标的要及时更换。

5.4.2 安全钩

(1) 安全钩的作用

安全钩是防止吊笼倾翻的挡块，其作用是防止吊笼脱离导轨架或防坠安全器输出端齿轮脱离齿条，如图 5-19 所示。

(2) 安全钩的基本构造

安全钩一般有整体浇铸和钢板加工两种。其结构分底板和钩体两部分，底板由螺栓固定在施工升降机吊笼的立柱上。

(3) 安全钩的安全要求

① 安全钩必须成对设置，在吊笼立柱上一般安装上、下两组安全钩，安装应牢固。

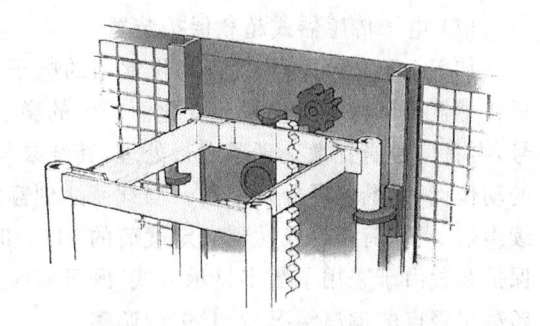

图 5-19　安全钩

② 上面一组安全钩的安装位置必须低于最下方的驱动齿轮。

③ 安全钩出现焊缝开裂、变形时，应及时更换。

5.4.3 齿条挡块

为避免施工升降机在运行或吊笼下坠时防坠安全器的齿轮与齿条啮合分离，施工升降机应采用齿条背轮和齿条挡块。在齿条背轮失效后，齿条挡块则成为最终的防护装置。

5.4.4 相序和断相保护器

电路应设有相序和断相保护器。当电路发生错相或断相时，保护器就能通过控制电路及时切断电动机电源，使施工升降机无法启动。

5.4.5 紧急断电开关

紧急断电开关简称急停开关，应装在司机容易控制的位置，采用非自动复位的红色按钮开关，在紧急情况下能及时切断电源。排除故障后，必须人工复位，以免误动作，确保安全。

5.4.6 信号通讯装置

(1) 信号装置

信号装置是一种由司机控制的音响或灯光显示装置，能足以使各层装卸物料的人员清晰听到或看到。常见的是在架体或吊笼上装设警铃或蜂鸣器，由司机操作鸣响开关，通知有关人员吊笼的运行状况。

(2) 通讯装置

因架体较高,吊笼停靠楼层较多时,司机看不清作业及指挥人员信号,应加设电气通讯装置,该装置必须是一个闭路双向通讯系统,司机能与每楼层通话联系。一般是在楼层上装置呼叫按钮,由装卸物料的人员使用,司机可以清晰了解使用者的需求,并通过音响装置给予回复。

5.4.7 超载保护装置

超载保护装置是用于施工升降机超载运行的安全装置,常用的有电子传感器式、弹簧式和拉力环式三种。

(1) 电子传感器式超载保护装置

如图 5-20 所示为施工升降机常用的电子传感器式超载保护装置,其工作原理是:当重量传感器得到因吊笼内载荷变化而产生的微弱信号,输入放大器后,经 A/D 转换成数字信号,再将信号送到微处理器进行处理,其结果与所设定的动作点进行比较,如果通过所设定的动作点,则继电器分别工作。当载荷达到额定载荷的 90% 时,警示灯闪烁,报警器发出断续声响;当载荷接近或达到额定载荷的 110% 时,报警器发出连续声响,此时吊笼不能启动。保护装置由于采用了数字显示方式,既可实时显示吊笼内的载荷值变化情况,还能及时发现超载报警点的偏离情况,及时进行调整。

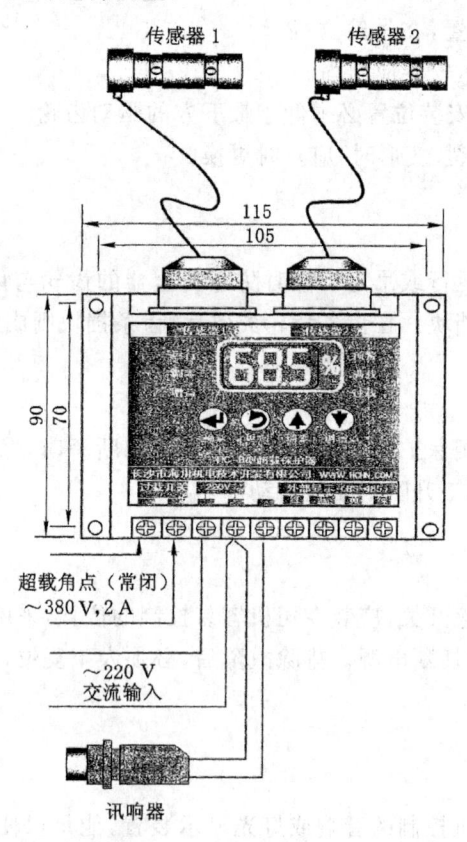

图 5-20 电子传感器式超载保护装置

(2) 弹簧式超载保护装置

弹簧式超载保护装置安装在地面转向滑轮上。如图5-21所示为弹簧式超载保护装置结构示意图。超载保护装置由钢丝绳、地面转向滑轮、支架、弹簧和行程开关组成。当载荷达到额定载荷的110%时,行程开关被压动,断开控制电路,使施工升降机停机,起到超载保护作用。其特点是结构简单、成本低,但可靠性较差,易产生误动作。

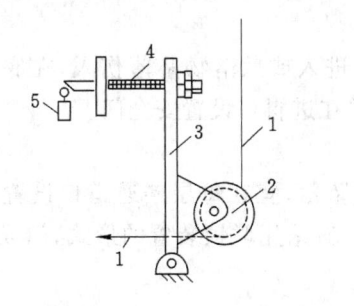

图5-21 弹簧式超载保护装置
1——钢丝绳;2——转向滑轮;3——支架;4——弹簧;5——行程开关

(3) 拉力环式超载保护装置

如图5-22所示为拉力环式超载保护装置结构。该超载限制器由弹簧钢片、微动开关和触发螺钉组成。

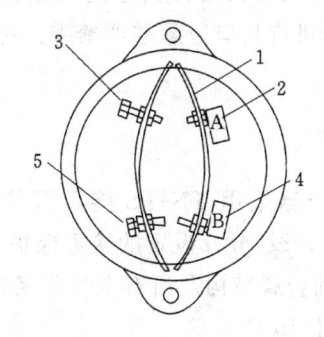

图5-22 拉力环式超载保护装置示意图
1——弹簧钢片;2,4——微动开关;3,5——触发螺钉

使用时将两端串入施工升降机吊笼提升钢丝绳中,当受到吊笼载荷重力时,拉力环立即变形,两块形变钢片向中间挤压,带动装在上边的微动开关和触发螺钉,当受力达到报警限制值时,其中一个开关动作;当拉力环继续增大,达到调节的超载限制值时,另一个开关也动作,断开电源,使吊笼不能启动。

(4) 超载保护装置的安全要求

① 超载保护装置的显示器要防止淋雨受潮。

② 在安装、拆卸、使用、维护过程中应避免对超载保护装置的冲击和振动。

③ 使用前应对超载保护装置进行调整,使用中发现设定的限定值出现偏差,应及时进行调整。

5.5 防护设施

5.5.1 安全门与防护棚

(1) 底层围栏和安全门

为防止施工升降机的作业区周围闲杂人员进入或散落物坠落伤人,在底层应设置不低于1.8 m(货用施工升降机1.5 m)高的围栏,并在进料口设置安全门。

(2) 层楼通道口安全门

为避免施工作业人员进入运料通道时不慎坠落,宜在每层楼通道口设置常闭状态的安全门或栏杆,只有在吊笼运行到位时才能打开。宜采用联锁装置的形式,门或栏杆的强度应能承受1 kN(100 kg左右)的水平荷载。

(3) 上料口防护棚

施工升降机的进料口是运料人员和施工人员经常出入和停留的地方,吊笼在运行过程中有可能发生坠物伤人事故,因此在地面进料口搭设防护棚十分必要。应根据吊笼运行高度、坠物坠落半径搭设防护棚。

(4) 警示标志

人货施工升降机要在围栏安全门口悬挂人数上限和限载警示牌,货用施工升降机进料口应悬挂严禁乘人标志(图5-23)和限载警示标志。

5.5.2 电气防护

施工升降机应当采用TN—S接零保护系统,即工作零线(N线)与保护零线(PE线)分开设置的接零保护系统。

图 5-23 禁止乘人标志

(1) 升降机的金属结构及所有电气设备的金属外壳应接地,其接地电阻不应大于10 Ω。

(2) 在相邻建筑物、构筑物的防雷装置保护范围以外的施工升降机应安装防雷装置。

① 防雷装置的冲击接地电阻值不得大于30 Ω。

② 接闪器(避雷针)可采用长1～2 m、ϕ16 mm镀锌圆钢。

③ 升降机的架体可作为防雷装置的引下线,但必须有可靠的电气连接。

(3) 做防雷接地施工升降机上的电气设备,所连接的PE线必须同时做重复接地。

(4) 同一台施工升降机的重复接地和防雷接地可共用同一接地体,但接地电阻应符合重复接地电阻值的要求。

(5) 接地体可分为自然接地体和人工接地体两种。

① 自然接地体是指原已埋入地下并可兼做接地用的金属物体。如原已埋入地中的直接与地接触的钢筋混凝土基础中的钢筋结构、金属井管、非燃气金属管道等,均可作为自然接地体。利用自然接地体,应保证其电气连接和热稳定。

② 人工接地体是指人为埋入地中直接与地接触的金属物体。用做人工接地体的金属材料通常可以采用圆钢、钢管、角钢、扁钢及其焊接件,但不得采用螺纹钢和铝材。

5.5.3 消防措施

施工升降机驾驶室应配备符合消防电气火灾的灭火器,一般为二氧化碳或干粉灭火器。当施工升降机发生火灾时,应立即停止运行并切断电源,打开灭火器进行灭火。

(1)二氧化碳灭火器的使用方法

先拔出保险销,再压合压把,将喷嘴对准火焰根部喷射。使用时,尽量防止皮肤因直接接触喷筒和喷射胶管而造成冻伤。

(2)干粉灭火器的使用方法

与二氧化碳灭火器的使用方法基本相同。但应注意的是,干粉灭火器在使用前要颠倒几次,使桶内的干粉松动。

6 施工升降机的安装与拆卸

6.1 施工升降机安装与拆卸的管理

6.1.1 施工升降机安装与拆卸的基本条件

(1) 安装单位和人员的条件

① 从事施工升降机安装、拆卸活动的单位应当依法取得建设主管部门颁发的起重设备安装工程专业承包资质和建筑施工企业安全生产许可证,并在其资质许可范围内承揽建筑起重机械安装工程。

② 施工升降机安装、拆卸项目应配备与承担项目相适应的专业安装作业人员以及专业安装技术人员。专业安装作业人员如安装拆卸工、起重指挥、电工等人员应当年满18周岁,具备初中以上的文化程度,经过专门培训,并经建设主管部门考核合格,取得"建筑施工特种作业人员操作资格证书"。

③ 施工升降机使用单位应与安装单位签订施工升降机安装、拆卸合同,明确双方的安全生产责任;实行施工总承包的,施工总承包单位应当与安装单位签订施工升降机安装、拆卸工程安全协议书。

④ 进行施工升降机安装作业前,安装单位应编制施工升降机安装、拆卸工程专项施工方案,由安装单位技术负责人批准后,报送施工总承包单位或使用单位、监理单位审核,并告知工程所在地县级以上建设行政主管部门。

⑤ 利用辅助起重设备安装、拆卸施工升降机时,应对辅助设备设置位置、锚固方法和基础承载能力等进行设计和验算。

⑥ 施工升降机安装、拆卸工程专项施工方案应根据产品使用说明书的要求、作业场地及周边环境的实际情况、施工升降机使用要求等编制。当安装、拆卸过程中专项施工方案发生变更时,应按程序重新对方案进行审批,未经审批不得继续进行安装、拆卸作业。

⑦ 在装拆前装拆人员应分工明确,每个人应熟悉各自的操作工艺和使用的工、器具,装拆过程中应各就各位,各负其责,对主要岗位应在技术交底中明确具体人员的工作范围和职责。

⑧ 装拆作业总负责人应全面负责和指挥装拆作业,在作业过程中应在现场协调、监督地面与空中装拆人员的作业情况,并严格执行装拆方案。

(2) 施工升降机的技术条件

① 施工升降机生产厂必须持有国家颁发的特种设备制造许可证。

② 施工升降机应当有监督检验证明、出厂合格证和产品设计文件、安装及使用维修说

明、有关型式试验合格证明等文件,并已在产权单位工商注册所在地县级以上建设主管部门备案登记。

③ 应有配件目录及必要的专用随机工具。

④ 对于购入的旧施工升降机应有两年内完整运行记录及维修、改造资料。

⑤ 对改造、大修的施工升降机要有出厂检验合格证、监督检验证明。

⑥ 施工升降机的各种安全装置、仪器仪表必须齐全和灵敏可靠。

⑦ 有下列情形之一的施工升降机,不得出租、安装和使用:

a. 属国家明令淘汰或者禁止使用的;

b. 超过安全技术标准或者制造厂家规定的使用年限的;

c. 经检验达不到安全技术标准规定的;

d. 无完整安全技术档案的;

e. 无齐全有效的安全保护装置的。

(3) 环境和作业条件

① 环境温度应当为 $-20 \sim +40$ ℃。

② 安装、拆卸、加节或降节作业时,最大安装高度处的风速不应大于 13 m/s,当有特殊要求时,按用户和制造厂的协议执行。

③ 遇有工作电压波动大于 $\pm 5\%$ 时,应停止安装、拆卸作业。

④ 遇有雨、大雪、大雾等影响安全作业的恶劣气候时,应停止安装、拆卸作业。

⑤ 作业空间的外沿与外电线路的距离应符合最小安全距离的规定,达不到要求的应进行防护。

⑥ 安装拆卸作业范围应设置警戒线及明显的警示标志。非作业人员不得进入警戒范围。任何人不得在悬吊物下方行走或停留。安装单位的专业技术人员、专职安全生产管理人员应进行现场监督。

(4) 辅助起重设备和机具条件

安拆现场须有满足吊装需要的 8 t 以上汽车起重机或满足最大吊重的塔机 1 台,校验合格的经纬仪、水准仪各 1 台。

6.1.2 施工升降机安装与拆卸的管理制度

(1) 施工升降机安装单位应当建立健全以下管理制度:

① 安装拆卸施工升降机现场勘察、编制任务书制度;

② 安装、拆卸方案的编制、审核、审批制度;

③ 基础验收制度;

④ 施工升降机安装拆卸前的零部件检查制度;

⑤ 安全技术交底制度;

⑥ 安装过程中及安装完毕后的质量验收制度;

⑦ 技术文件档案管理制度;

⑧ 作业人员安全技术培训制度;

⑨ 事故报告和调查处理制度。

(2) 安装单位必须建立健全岗位责任制。

岗位责任制应明确施工升降机安装、拆卸的主管人员、技术人员、机械管理人员、安全管理人员和施工升降机安装拆卸工、司机、起重司索信号工、建筑电工等在安装拆卸施工升降机工作中的岗位职责。

（3）安装单位必须建立和不断完善安全操作规程。

6.1.3 安装拆卸工操作规程

（1）必须对所使用的辅助起重设备和工具的性能和安全操作规程有全面了解，并进行认真的检查，合格后方准使用。

（2）在安装、拆卸作业前，应认真阅读使用说明书和安装拆卸方案，熟悉装拆工艺和程序，掌握零部件的重量和吊点位置。作业过程中应按施工安全技术交底内容进行作业，严禁擅自改动安装拆卸程序。

（3）施工升降机安装、拆卸作业必须在指定的专门指挥人员的指挥下作业，其他人不得发出指挥信号。危险部位安装时应采取可靠的防护措施。当视线阻隔和距离过远等致使指挥信号传递困难时，应采用对讲机或多级指挥等有效的措施进行指挥。

（4）进入现场的安装作业人员应佩戴安全防护用品，高处作业人员应系安全带，穿防滑鞋。

（5）严禁安装作业人员带病或酒后作业。

（6）当遇大雨、大雪、大雾或风速大于13 m/s等恶劣天气时，应停止安装作业。

（7）电气设备安装应按施工升降机使用说明书的规定进行，安装用电应符合现行行业标准《施工现场临时用电安全技术规范》(JGJ 46—2005)的规定。

（8）施工升降机金属结构和电气设备金属外壳均应接地，接地电阻不应大于4Ω。

（9）安装时应确保施工升降机运行通道内无障碍物。

（10）安装作业时必须将加节按钮盒或操作盒移至吊笼顶部操作。当导轨架或附墙架上有人员作业时，严禁开动施工升降机。

（11）在吊笼顶部作业前应确保吊笼顶部护栏齐全完好。

（12）对各个安装部件的连接件，必须按规定安装齐全，固定牢固，并在安装后做详细检查。螺栓紧固有预紧力要求的，必须使用力矩扳手或专用扳手。

（13）安装作业时严禁以投掷的方法传递工具和器材。

（14）吊笼顶上所有的零件和工具应放置平稳，不得超出安全护栏。

（15）安装、拆卸时不要倾靠在吊笼顶安全护栏上，防止施工升降机启动时出现危险。

（16）安装作业过程中安装作业人员和工具等总载荷不得超过施工升降机的额定安装载重量。

（17）安装吊杆上有悬挂物时，严禁开动施工升降机，严禁超载使用安装吊杆。

（18）层站应为独立受力体系，不得搭设在施工升降机附墙架的立杆上。

（19）当需要安装导轨架加厚标准节时，应确保普通标准节和加厚标准节的安装部位正确，不得使用普通标准节替代加厚标准节。

（20）导轨架安装时，应对施工升降机导轨架的垂直度进行测量校准。施工升降机导轨架安装垂直度偏差应符合使用说明书和表6-1的规定。

表 6-1　　　　　　　　　　　安装垂直度偏差

导轨架架设高度 h/m	$h \leqslant 70$	$70 < h \leqslant 100$	$100 < h \leqslant 150$	$150 < h \leqslant 200$	$h > 200$
垂直度偏差 /mm	不大于 $(1/1\,000)h$	$\leqslant 70$	$\leqslant 90$	$\leqslant 110$	$\leqslant 130$
	对钢丝绳式施工升降机,垂直度偏差不大于 $(1.5/1\,000)h$					

(21) 接高导轨架标准节时,应按使用说明书规定进行附墙连接;在拆卸导轨架过程中,不允许提前拆卸附墙架。

(22) 每次加节完毕后,应对施工升降机导轨架的垂直度进行校正,且应按规定及时重新设置行程限位和极限限位,经验收合格后方能运行。

(23) 连接件和连接件之间的防松防脱件应符合使用说明书的规定,不得用其他物件代替。对有预紧力要求的连接螺栓,应使用扭力扳手或专用工具,按规定的拧紧次序将螺栓准确地紧固到规定的扭矩值。安装标准节连接螺栓时,宜螺杆在下,螺母在上。

(24) 施工升降机最外侧边缘与外面架空输电线路的边线之间,应保持安全操作距离。最小安全操作距离应符合表 6-2 的规定。

表 6-2　　　　　　　　　　　最小安全操作距离

外电线电路电压/kV	<1	1~10	35~110	220	330~500
最小安全操作距离/m	4	6	8	10	15

(25) 当发现故障或危及安全的情况时,应立刻停止安装作业,采取必要的安全防护措施,应设置警示标志并报告技术负责人。在故障或危险情况未排除之前,不得继续安装作业。

(26) 当遇意外情况不能继续安装作业时,应使已安装的部件达到稳定状态并固定牢靠,经确认合格后方能停止作业。作业人员下班离岗时,应采取必要的防护措施,并应设置明显的警示标志。

(27) 安装完毕后应拆除为施工升降机安装作业而设置的所有临时设施,清理施工场地上作业时所用的索具、工具、辅助用具、各种零配件和杂物等。

(28) 安全器坠落试验时,吊笼内不允许载人。

(29) 钢丝绳式施工升降机的安装还应符合下列规定:

① 卷扬机应安装在平整、坚实的地点,且应符合使用说明书的要求;

② 卷扬机、曳引机应按使用说明书的要求固定牢靠;

③ 应按规定配备防坠安全装置;

④ 卷扬机卷筒、滑轮、曳引轮等应有防脱绳装置;

⑤ 每天使用前应检查卷扬机制动器,动作应正常;

⑥ 卷扬机卷筒与导向滑轮中心线应垂直对正,钢丝绳出绳偏角大于 2°时应设置排绳器。

⑦ 卷扬机的传动部位应安装牢固的防护罩。卷扬机卷筒旋转方向应与操纵开关上指

示方向一致。卷扬机钢丝绳在地面上运行区域内应有相应的安全保护措施。

6.1.4 施工升降机安装与拆卸施工方案

6.1.4.1 安装拆卸专项施工方案的编制
(1) 编制安装拆卸方案的依据
① 施工升降机使用说明书；
② 国家、行业、地方有关施工升降机的法规、标准、规范等；
③ 安装拆卸现场的实际情况,包括场地、道路、环境等。
(2) 安装拆卸工程专项方案的内容
① 工程概况；
② 编制依据；
③ 作业人员组织和职责；
④ 施工升降机安装位置平面图、立面图和安装作业范围平面图；
⑤ 对施工升降机基础的外形尺寸、技术要求以及地基承载能力(地耐力)等要求；
⑥ 施工升降机技术参数、主要零部件外形尺寸和重量及吊点位置；
⑦ 辅助起重设备的种类、型号、性能及位置安排；
⑧ 吊索具的配置、安装与拆卸工具及仪器；
⑨ 必要的计算资料；
⑩ 详细的安装、拆卸步骤与方法,包括每一程序的作业要点、安装拆卸方法、安全、质量控制措施及主要安装拆卸难点；
⑪ 安全技术措施；
⑫ 重大危险源及事故应急预案。

6.1.4.2 方案的审批
施工升降机的安装拆卸方案应当由安装单位技术部门组织本单位施工技术、安全、质量等部门的专业技术人员进行审核。经审核合格的,由安装单位技术负责人签字。
(1) 不需专家论证的专项方案,安装单位审核合格后报监理单位,由项目总监理工程师审核签字。
(2) 需专家论证的专项方案,安装单位应当组织召开专家论证会。实行施工总承包的,由施工总承包单位组织召开专家论证会。安装单位应当根据论证报告修改完善专项方案,并经安装单位技术负责人、总承包单位技术负责人、项目总监理工程师、建设单位项目负责人签字后,方可组织实施。

6.1.4.3 技术交底
(1) 安装作业前,安装单位技术人员应根据安装拆卸施工方案和使用说明书的要求向全体安装人员进行安全技术交底,重点明确每个作业人员所承担的装拆任务和职责以及与其他人员配合的要求,特别强调有关安全注意事项及安全措施,使作业人员了解装拆作业的全过程、进度安排及具体要求,增强安全意识,严格按照安全措施的要求进行工作。交底应包括以下内容:
① 施工升降机的性能参数；
② 安装、附着及拆卸的程序和方法；

③ 各部件的连接形式、连接件尺寸及连接要求；
④ 安装拆卸部件的重量、重心和吊点位置；
⑤ 使用的辅助设备、机具、吊索具的性能及操作要求；
⑥ 作业中安全操作措施；
⑦ 其他需要交底的内容。

交底必须由安装作业人员在交底书上签字，不得代签。在施工期限内，交底书应留存备查。

(2) 档案留存

在施工升降机使用期限内，非标准构件的设计计算书、图纸和施工升降机安装工程专项施工方案及相关资料应在工地存档。

6.2 施工升降机的安装

6.2.1 施工升降机安装前的检查

(1) 对地基基础进行复核

① 施工升降机地基、基础应满足产品使用说明书要求。对基础设置在地下室顶板、楼面或其他下部悬空结构上的施工升降机，应对基础支撑结构进行承载力验算。施工升降机安装前应按表 6-3 对基础进行验收，合格后方能安装。

② 安装作业前，安装单位应根据施工升降机基础验收表、隐蔽工程验收单和混凝土强度报告等相关资料，确认所安装的施工升降机和辅助起重设备的基础、地基承载力、预埋件、基础排水措施等符合施工升降机安装、拆卸工程专项施工方案的要求。

(2) 检查附墙架及附着点

施工升降机的附墙架形式、附着高度、垂直间距、附着点水平距离、附墙架与水平面之间的夹角、导轨架自由端高度和导轨架与主体结构间水平距离等均应符合使用说明书的要求。

附墙架附着点处的建筑结构承载力应满足施工升降机产品使用说明书的要求，预埋件应可靠地预埋在建筑物结构上。

当附墙架不能满足施工现场要求时，应对附墙架另行设计。附墙架的设计应满足构件刚度、强度、稳定性等要求，制作应满足设计要求。

(3) 核查结构件及零部件

安装前应检查施工升降机的导轨架、吊笼、围栏、天轮、附墙架等结构件是否完好、配套，螺栓、轴销、开口销等零部件的种类和数量是否齐全、完好。对有可见裂纹的构件应进行修复或更换，对有严重锈蚀、严重磨损、整体或局部变形的构件必须进行更换，直至符合产品标准的有关规定后方能进行安装。

(4) 检查安全装置是否齐全、完好

防坠安全器应在一年有效标定期内使用。

超载保护装置在载荷达到额定载重量的 110% 前应能中止吊笼启动，在齿轮齿条式载人施工升降机载荷达到额定载重量的 90% 时应能给出报警信号。

(5) 检查零部件连接部位除锈、润滑情况

表 6-3　　　　　　　　　　　　施工升降机基础验收表

工程名称		工程地址	
使用单位		安装单位	
设备型号		备案登记号	

序号	检查项目	检查结论（合格√、不合格×）	备注
1	地基承载力		
2	基础尺寸偏差(长×宽×厚)/mm		
3	基础混凝土强度报告		
4	基础表面平整度		
5	基础顶部标高偏差/mm		
6	预埋螺栓、预埋件位置偏差/mm		
7	基础周边排水措施		
8	基础周边与架空输电线安全距离		

其他需说明的内容：

总承包单位		参加人员签字	
使用单位		参加人员签字	
安装单位		参加人员签字	
监理单位		参加人员签字	

验收结论：

施工总承包单位（盖章）：
年　月　日

注：对不符合要求的项目应在备注栏具体说明，对要求量化的参数应填实测值。

检查导轨架、撑杆、扣件等构件的插口销轴、销轴孔部位的除锈和润滑情况，确保各部件涂油防锈，滚动部件润滑充分、转动灵活。

（6）检查安装作业所需的专用电源的配电箱、辅助起重设备、吊索具和工具，确保满足施工升降机的安装需求。

（7）基础预埋件、连接构件的设计、制作应符合使用说明书的要求。

所有项目检查完毕，全部验收合格后，方可进行施工升降机的安装。

6.2.2　施工升降机安装工艺流程

施工升降机主要有 SC 型和 SS 型两种类型。施工升降机由于构造及驱动方式不同，安装流程及方法也各不相同。这里介绍的是常用施工升降机的安装。

(1) SC 型施工升降机安装的一般工艺流程

基础施工→安装基础底架→安装 3～4 节导轨架→安装吊笼→安装吊杆→安装对重→安装围栏→安装电气系统→加高至 5～6 节导轨架并安装第一道附墙装置→试车→安装导轨架、附墙装置和电缆导向装置→安装天轮和对重钢丝绳→调试、自检、验收。

(2) SS 型施工升降机安装的一般工艺流程

基础施工→安装基础底架→安装架体基础节和第一个标准节→安装吊笼→安装吊杆→安装上部架体→安装附墙装置→安装天梁→安装起升机构→安装电气系统→穿绳→调试、自检、验收。

6.2.3 SC 型施工升降机的安装程序和要求

6.2.3.1 安装基础底架和导轨架

(1) 将基础底架吊运到已施工好的混凝土基础平面上，安装与基础底架连接的 4 个螺栓，但暂不拧紧，如图 6-1 所示。

(2) 如图 6-2 所示，用钢垫片插入基础底架和混凝土基础之间 1、2、3、4 位置，以调整基础底架的水平度（用水准仪校正），然后用较小的力矩拧紧连接螺栓。

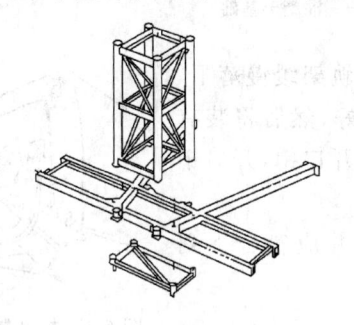

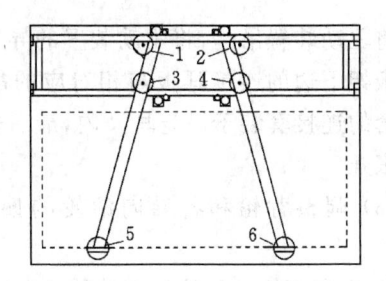

图 6-1 基础底架　　　　　图 6-2 基础底架调整示意图

(3) 安装底座节及 3～4 节导轨架，将其吊装到预埋基础底架的导轨架底座上，并在安装缓冲弹簧座及缓冲弹簧后，用螺栓将导轨架与预埋基础底架连接紧固，螺栓预紧力矩应符合说明书要求。

(4) 用经纬仪在两个方向检查导轨架的垂直度，要求导轨架的垂直度误差≤1/1 000。当导轨架的垂直度满足要求后，应在图 6-2 的 5、6 位置，用钢板垫片垫实。进一步拧紧基础底架与混凝土基础内的连接螺栓，预紧力需达到说明书要求。

(5) 安装吊笼和对重体的缓冲装置（无对重施工升降机不安装对重缓冲装置）。将吊笼和对重体的缓冲弹簧座用螺栓固定在底盘槽钢上，然后装上缓冲弹簧。

6.2.3.2 安装吊笼

(1) 用辅助起重设备将吊笼吊起，吊笼底部到达导轨架顶部时，将导向滚轮对准导轨架主弦杆缓慢落下。安装时注意吊笼双门一侧应朝向建筑物。将吊笼缓缓放置于缓冲弹簧上，并适当用木块垫稳。然后吊装另外一个吊笼。吊笼安装完毕后，将吊笼顶部的防护栏杆安装好。如图 6-3 所示，为吊笼安装后示意图。

(2) 安装驱动装置。

将驱动装置上的电机制动器拉手撬松，并用楔块垫实，如图 6-4 所示，然后用辅助起重

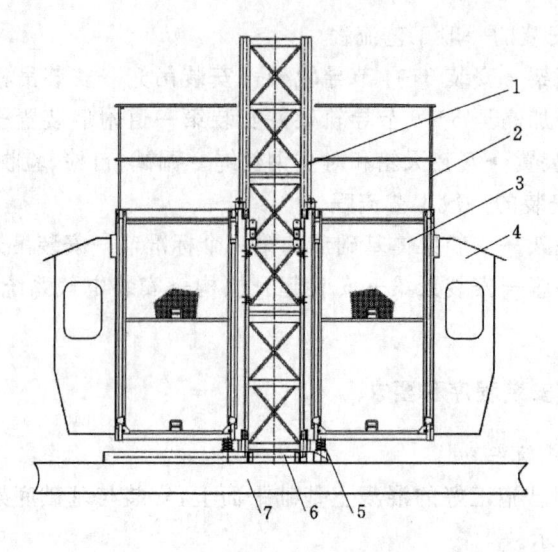

图 6-3 吊笼安装后示意图
1——导轨架；2——防护栏杆；3——吊笼；4——司机室；
5——缓冲装置；6——护栏底盘 7——混凝土基础

设备将驱动装置吊起，将驱动装置的导向滚轮对准导轨架缓慢落下，驱动板架下边的连接耳板与相对应的吊笼耳叉对接好，然后将装有缓冲套的连接套装于吊笼耳叉内，最后安装销轴并穿开口销，开口销充分张开。

（3）调整背轮和各导向滚轮的偏心距及位置，并应符合下列要求：

① 导向滚轮与导轨架立柱管的间隙为 0.5 mm；

② 调整背轮，使传动齿轮和齿条的啮合侧隙为 0.2~0.5 mm；

③ 沿齿高接触长度不少于 40%；

④ 沿齿长接触长度不少于 50%；

⑤ 防坠安全器齿轮、传动齿轮和背轮方向的中心平面处于齿条厚度方向的中间位置。

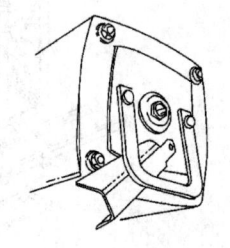

图 6-4 松开制动器

（4）解除楔块使电机制动器复位（如采用拧紧"制动器松闸拉手"上两螺母的作业法来松开制动器的，须将这两螺母退回至开口销处，以免影响"自动跟踪装置"的功能）。

（5）手动撬动作业法升降吊笼。

在安装过程中因限位调整不当，负荷太重或制动器磨损造成制动力矩不足，使吊笼触动下极限开关，主电源被切断不能自行复位；或者吊笼在运行过程中因长期断电而滞留在空中时，可通过手动撬动作业法使吊笼在断电的情况下上升或下降，如图 6-5 所示。

① 查清原因，排除故障；

② 取下减速器与电机之间联轴器检查罩；

③ 将摇把插入联轴器的孔中，提起制动器尾部的松脱手柄，下压摇把吊笼上升，反之则下降。

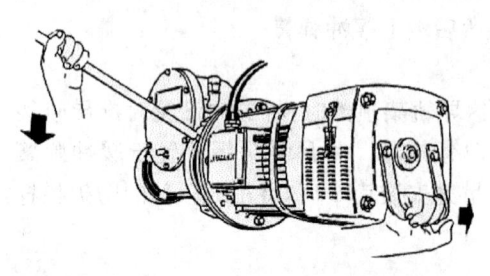

图 6-5 手动撬动作业法

注意每撬动一次后要使电机恢复制动,要使吊笼下滑只需提起制动器尾部的手柄,注意一定要间断进行,以防下滑速度过快使安全器动作。

在手动撬棒上升/下降吊笼的同时,应检查吊笼在导轨架上的运动情况,随时调整各导向滚轮的偏心轴,使各导向滚轮随着吊笼的上下运动均应能正常转动。

6.2.3.3 安装吊杆

将推力球轴承加注润滑油后安装在吊杆底部,用辅助起重设备将吊杆吊起放入吊笼顶部的安装孔内。在吊笼内将向心球轴承安装在吊杆下部的安装孔内,并用垫圈和螺栓固定。吊杆不使用时,应将吊钩钩住吊笼顶部的栏杆使其固定。

6.2.3.4 安装对重

对于有对重的施工升降机,必须在导轨架加高前将对重吊装就位在导轨架上。

(1) 使用辅助起重设备将对重吊起,对重下部的导向滚轮对准导轨缓慢落下,将对重放在已安装好的对重缓冲装置上。应确保每个导向滚轮转动灵活。调整对重导轨的上下各四件导向滚轮的偏心轴,使各对导向滚轮与立柱管的总间隙不大于1 mm。

(2) 对于双笼带对重的施工升降机,且对重导轨采用可拆式的,则在安装对重装置前,须将对重导轨用螺栓和压板分别紧固至已竖起的导轨架上。对重导轨的安装应符合下列要求:

① 对重导轨在导轨架的位置必须中心对称。

② 对重导轨下端部与导轨架端部要严格齐平。

③ 调整对重导轨接头,使对重导轨相互间的连接处平直,相互错位形成的阶差应不大于 0.5 mm。

(3) 对单吊笼施工升降机,对重导轨以吊笼对面的导轨架立柱管为导轨。

6.2.3.5 安装围栏

在基础底架周围安装门框(连同直拉门),前、侧墙板及后墙板。

(1) 安装围栏前护网

将前护网放到升降机前边的基础上,用螺栓将前护网的下部与围栏底盘连接牢固。然后将可调长连接杆的一端与导轨架用 U 形螺栓固定,另一端的连接耳板与前护网的上部角钢用螺栓固定,如图 6-6 所示。

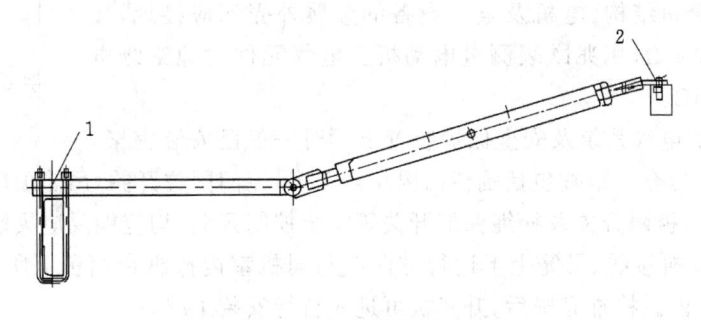

图 6-6 可调长连接杆
1——与导轨架连接;2——与前护网连接

(2) 安装围栏门框

将围栏门框吊放到前护网的侧面(一般情况下出厂时围栏门已安装到围栏门框内),注意左右门框的方向不要搞错,用螺栓将门框与前护网连接固定。再用同样方法安装另外一个门框。

(3) 安装侧护网及后护网

依次安装侧护网和后护网,有吊杆吊笼侧的两件侧护网应与围栏底盘连接固定,另一侧用连接杆相连。护网之间用螺栓连接牢固,后护网上方用连接杆与导轨架连接固定。

(4) 安装护栏门对重

先分别安装门对重导轨,外边门对重导轨上边与门框导轨角钢连接,下边与侧护网连接。靠近前护网侧对重导轨上边与门框导轨角钢连接,下边用螺栓与围栏底盘槽钢连接。然后安装对重体,钢丝绳的长度应调整到保证围栏门开启高度不小于1.8 m。

6.2.3.6 安装电气系统

(1) 安装电缆

施工升降机所用电缆应为五芯电缆,所用规格应合理选择,即应保证升降机满载运行时电压波动不得大于5%。

① 将电缆筒放至围栏基础底架上的安装位置,并用螺栓固定。

② 将地面电源箱安装到围栏的前墙板上,并用螺栓固定。

③ 将随行电缆以自由状态,按略小于电缆桶直径的圆圈,一圈一圈均匀地盘入电缆筒内,如图6-7所示。过程中电缆不能扭结和打扣。

④ 将电缆进线架用螺栓紧固到吊笼上的安装位置,使其与电缆筒的位置相对应。

⑤ 从电缆筒口拉出电缆的一端,通过电缆进线架,接到安装在传动底板上的电源极限开关的端子上。

⑥ 从电缆筒底部拉出电缆的另一端,连接到地面电源箱内的端子上。

⑦ 从施工现场供电箱引出供电电缆,接至地面电源箱的端子上。

(2) 电气系统检查

① 施工升降机结构、电机及电气设备的金属外壳均应接地,接地电阻不得超过4 Ω;用兆欧表测量电动机及电气元件对地绝缘电阻不得小于1 MΩ。

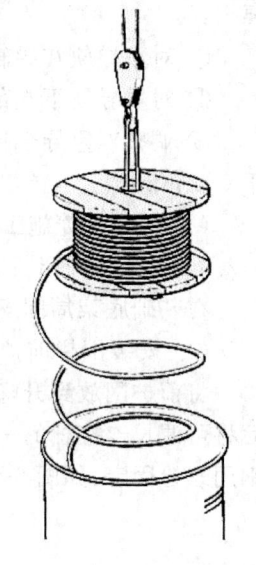

图6-7 电缆入筒

② 吊笼内的电气系统及安全保护装置出厂时一般已安装完毕,但仍需做必要的检查。检查包括围栏门限位开关,吊笼门限位开关,吊笼顶门限位开关,上、下限位开关,电源极限开关及松绳保护开关等安全控制开关,均应能反应灵敏,启闭自如。

③ 校核电动机接线、吊笼上下运行方向应与司机室内操纵台面板上所示一致,各按钮动作必须准确无误。检查完毕后,升降机可进入自行安装工况。

④ 带对重升降机安装时,因不挂对重,所以应将松绳保护开关锁住。

6.2.3.7 安装下限位挡块

(1) 用钩头螺栓将下限位挡块和下极限限位挡块安装在导轨架下部的适当位置,首先调整下极限挡块,保证在正常工作状态下极限开关动作后笼底不接触缓冲弹簧。

(2) 注意极限限位为手动复位型，动作后必须手动复位。

(3) 调整下限位挡块，要求下限位开关挡板的安装位置应保证吊笼以额定载重量下降时，触板触发该开关使吊笼制停，此时触板离下极限开关还应有一定的距离，具体位置以吊笼内底面与门坎上平面持平为准。

按吊笼传动机构底板上各限位开关的实际位置，安装各挡板，调整导轨架底部下极限限位及下限位开关的挡板，如图6-8所示。

(4) 下限位挡板应完好、安装牢固。

6.2.3.8 加高至5~6节导轨架

当完成上述基本部分的安装并进行检查后，即可进行加节接高至5~6节导轨架。如果现场条件允许，可在地面将导轨架用高强度螺栓按规定力矩连接，借用辅助起重设备将接好的导轨架起吊安装就位，可大大提高工作效率；如不能借用辅助设备，安装人员可操作施工升降机本身的吊杆进行接高作业。

升降机加高过程当中，要按照所安装升降机的要求间隔距离安装附着装置，安装导轨架和附着装置应同时进行。

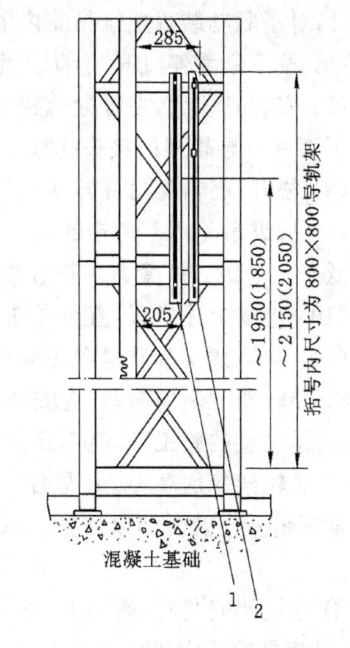

图6-8 下限位开关挡板
1——下极限开关挡板；2——下限位开关挡板

6.2.3.9 吊笼升降试车

在施工升降机完成上述的安装程序后，进行吊笼升降试车。

由于上限位挡板尚未安装，操作时必须谨慎，试车应在吊笼顶部用顶部控制装置操作，防止吊笼冒顶。

(1) 接通电源，使空载吊笼沿着导轨架上、下运行数次，行程高度不得大于5 m。要求吊笼运行平稳，无跳动、异响等故障；制动器工作正常；检查各导向滚轮与导轨架的接触情况、齿轮齿条的啮合情况等，均应符合规定的要求。

(2) 空载试车一切正常后，在吊笼内装入额定载重量的载荷，进行带载运行试车，操作方法同上，并检查电动机、减速器的发热情况。

6.2.3.10 导轨架的加高安装

当升降机基本部分安装结束并试车符合要求后，即可加高导轨架。可借用辅助起重设备将导轨架起吊安装就位，也可操作施工升降机本身的吊杆进行接高作业。利用吊杆加高导轨架可按以下程序和要求进行：

(1) 需将吊杆按钮盒的电源进线连接至吊笼上电气控制箱的接线端子上，电源出线接至吊杆电动机的接线端子上。

(2) 对于有驾驶室的施工升降机，须将加节按钮盒接线插头插至驾驶室操纵箱的相应插座上，并将操纵箱上的控制旋钮旋到加节位置。加节按钮盒应置于吊笼顶部。

(3) 对无驾驶室的升降机，须将吊笼内操作盒移至吊笼顶部。

(4) 在吊笼顶部操作安装吊杆，放下吊钩，吊起一节导轨架放置在吊笼顶部（每次在吊笼顶部最多仅允许放置3个导轨架）。关上被打开的护栏。吊笼驱动升降时，安装吊杆上不准挂导轨架。吊笼顶部作业人员须注意安全,防止与附墙架相碰。

(5) 操纵吊笼,驱动吊笼上升,直至驱动架上方距待要接高的标准节止口距离约 250 mm 时;对于驱动装置置于吊笼内的其吊笼顶面距离导轨架顶端约 300 mm。

(6) 按下紧急停机开关,防止意外。

(7) 安装导轨架,在该导轨架立柱接头锥面涂上润滑脂。将导轨架吊运至导轨架顶端,对准下面一节导轨架的接头孔放下插入,用螺栓固定连接处。

(8) 松开吊钩,将吊杆转回。

(9) 操纵吊笼降至适当的工作位置,拧紧全部导轨架连接螺栓。所用螺栓其强度等级不得低于 8.8 级。拧紧力矩符合规定要求。

(10) 重复上述过程,直至导轨架达到所要求的安装高度为止。

(11) 导轨架安装质量和注意事项:

① 导轨架加高的同时,应安装附墙架。

② 无对重的施工升降机,顶部导轨架的 4 根立柱管上口必须装上橡胶密封顶套。

③ 导轨架每加高 10 m 左右,应用经纬仪在两个方向上检查一次导轨架整体的垂直度,一旦发现超差应及时加以调整。SC 型施工升降机导轨架安装垂直度偏差应符合表 6-1 的规定。

④ 导轨架安装时,确保上、下导轨架立柱结合面对接应平直,相互错位形成的阶差应限制在:吊笼导轨不大于 0.8 mm,对重导轨不大于 0.5 mm。

⑤ 标准节上的齿条连接应牢固,相邻两齿条的对接处,沿齿高方向的阶差不应大于 0.3 mm,沿长度方向的齿距偏差不应大于 0.6 mm。

⑥ 当立管壁厚减少量为出厂厚度的 25% 时,标准节应予以报废或按立管壁厚规格降级使用。

⑦ 当一台施工升降机使用的标准节有不同的立管壁厚时,标准节应有标识,因此在安装使用前,把相同类型的标准节堆放归类,并严格按使用说明书或安装手册规定依次加节安装。

⑧ SS 型施工升降机导轨架轴心线对底座水平基准面的安装垂直度偏差不应大于导轨架高度的 1.5‰。

⑨ SS 型施工升降机导轨接点截面相互错位形成的阶差不大于 1.5 mm。

⑩ 导轨架与标准节及其附件应保持完整完好。

6.2.3.11 安装附墙架

附墙架的安装,应与导轨架的加高安装同步进行。

附墙架可用吊笼上的安装吊杆吊装或用吊笼运送。用吊笼运送附墙架时,应在吊笼顶部操纵吊笼运送。

附墙架形式因建筑物结构和施工升降机的位置不同而有不同形式,一般有Ⅰ、Ⅱ、Ⅲ和Ⅳ四种类型,如图 6-9 所示。

安装附墙架时必须按下紧急停机按钮或将防止误动作开关处于停机位置。

附墙架的安装质量要求如下:

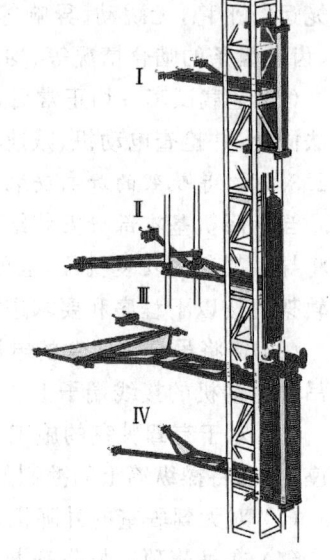

图 6-9 附墙架形式

① 导轨架的高度超过最大独立高度时,应设置附墙装置。附墙架的附着间隔应符合使用说明书要求。附墙架的结构与零部件应完整和完好,施工升降机运动部件与除登机平台以外的建筑物和固定施工设备之间的距离不应小于 0.2 m。

② 附墙架位置尽可能保持水平,若由于建筑物条件影响,其倾角不得超过说明书规定值(一般允许最大倾角为±8°)。

③ 连接螺栓应为高强度螺栓,不得低于 8.8 级,其紧固件的表面不得有锈斑、碰撞凹坑和裂纹等缺陷。

④ 附墙架在安装的同时,调节附墙架的丝杆或调节孔,使导轨架的垂直度符合标准。

四种类型的附墙架安装方法如下:

(1) Ⅰ型附墙架的安装

Ⅰ型附墙架的安装顺序如图 6-10 所示。

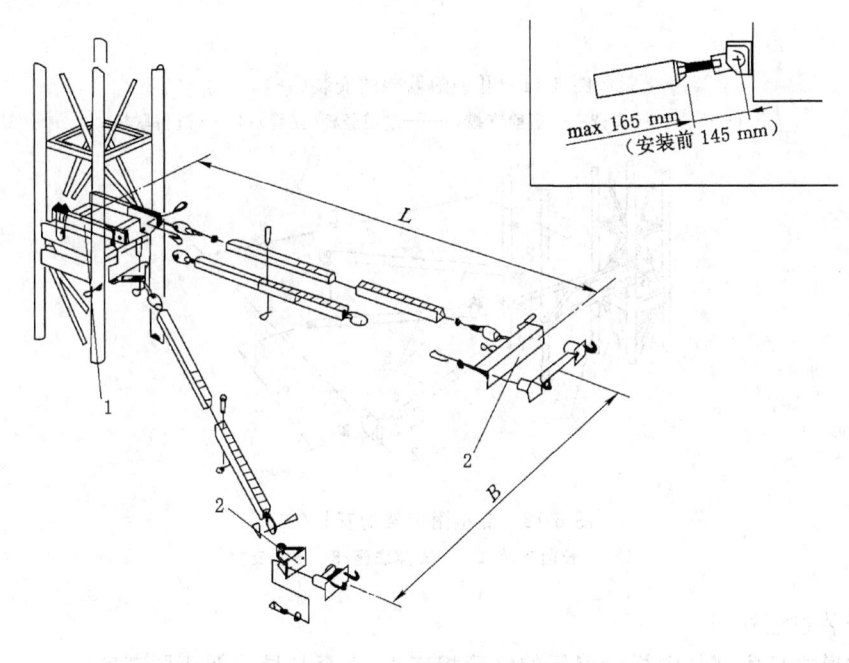

图 6-10　Ⅰ型附墙架的安装
1——固定杆;2——支撑底座;

① 把左右固定杆用 U 形螺栓对称地安装在导轨架的上/下框架上,并在左右固定杆之间装上横支撑。

② 用螺栓将两端的支撑底座连接至建筑物墙体的预埋件上。

③ 调整并连接 3 组调节杆。在调节杆的两端旋入微调螺杆。安装前微调螺杆必须旋出大约 145 mm。调整时,微调螺杆旋出的最大长度不能超过 165 mm。

④ 校正导轨架垂直度:调整附墙架,使导轨架的垂直度满足公差允许值要求。

⑤ 紧固所有的螺栓、螺母,销轴连接的开口销须安装正确,并确保附墙架与吊笼、对重的运行不发生干涉。

(2) Ⅱ型附墙架的安装

Ⅱ型附墙架,导轨架与建筑物墙体之间有 4 根支撑登楼平台的过道立杆,这 4 根立杆须随着导轨架的加高而同步加高。中间2根立杆每隔9 m由2道短前支撑和一道长前支撑（间隔为3 m）与导轨架连接。立杆由斜支撑与建筑物墙体连接。4根立杆之间由过桥联杆横向连接。过道立杆由一端带安装缺口的钢管对接而成。

Ⅱ型附墙架的安装顺序如图6-11、图6-12所示。

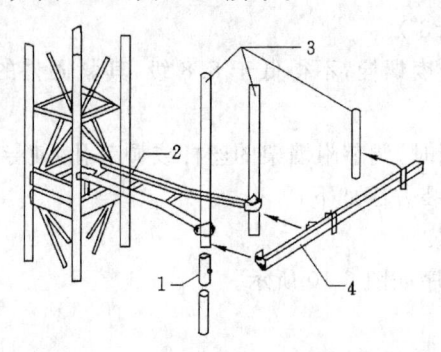

图6-11 Ⅱ型附墙架的安装（一）
1——立杆接头；2——短前支撑；3——过道竖杆（立管）；4——过桥联杆

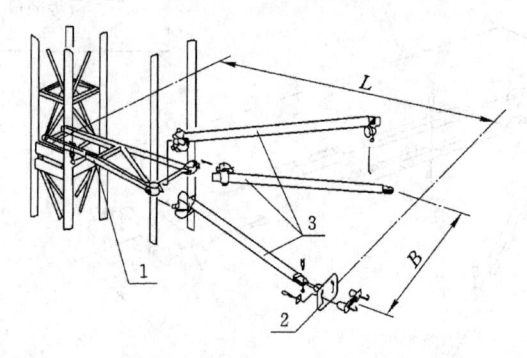

图6-12 Ⅱ型附墙架的安装（二）
1——长前支撑；2——支撑底座；3——斜支撑

① 安装过道立杆

a. 过道立杆底部与围栏后墙板的钢管相连接，直至与导轨架相同高度。

b. 安装各节过道立杆时，立杆带缺口的一端向下，并在两节竖管间装上内张式竖杆接头，用旋紧螺栓的方式张紧接头。

c. 每隔规定的上下间距安装短前支撑和长前支撑。前支撑一端固定在导轨架的上/下框架上，另一端用前支撑上的扣环与中间两根过道立杆连接。

d. 靠近长、短前支撑，用过桥联杆上的扣环将过桥联杆水平安装在过道立杆上。

② 用螺栓将支撑底座连接到建筑物墙体的预埋件上。

③ 安装斜支撑：将3根斜支撑的一端用异角扣环固定在接近长前支撑的过道立杆上。其中两根斜支撑一端用螺栓与支撑底座连接，较长的斜支撑的另一端用异角扣环对角搭接在另一根斜支撑接近支撑底座处。

附墙架与附墙杆（斜支撑）连接尽可能靠近，上下间距不大于200 mm。

④ 校正导轨架的垂直度：调整附墙架的伸缩调节杆，使导轨架的垂直度满足偏差允许值要求。Ⅱ型的附墙架可采用适当的拉紧器调整导轨架的垂直度，如吊紧螺栓和钢丝绳等。

⑤ 紧固所有的螺栓,销轴连接的开口销须安装正确,并确保吊笼和对重等不与附墙架发生干涉。

(3) Ⅲ型附墙架的安装

Ⅲ型附墙架的安装顺序,如图6-13所示。

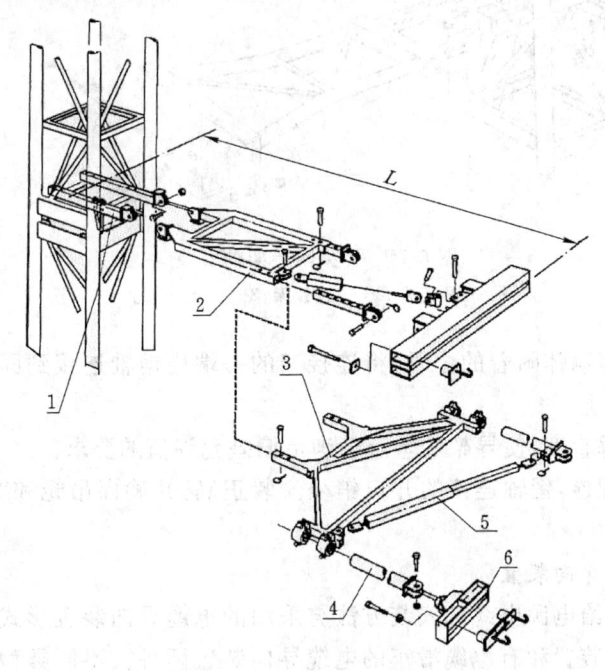

图6-13 Ⅲ型附墙架安装形式
1——固定杆;2——主撑杆;3——副撑杆;4——直杆;5——调整杆;6——支撑底座

① 将两根固定杆用U形螺栓对称地安装在导轨架的上/下框架上,U形螺栓此时不用拧得太紧,以便于在与主撑架连接时调整位置。

② 用螺栓将支撑底座连接至建筑物墙体的预埋件上。

③ 根据选用的附墙距离L,将主撑架、副撑架、直杆、调整杆用销轴连接组装成一体。然后将其吊运到建筑物墙体附着的位置,用销轴与固定杆连接,最后用螺栓与支撑底座连接。

④ 校正导轨架的垂直度:用伸缩二直杆的办法,导轨架可做少量位移;如要使导轨架做侧向位移,固定在墙上的支撑底座须做移动。直至使导轨架的垂直度满足偏差允许值的要求。

⑤ 调整杆必须调整至撑紧,并用螺母锁住。

⑥ 紧固所有的螺栓,销轴连接的开口销须安装正确,并确保吊笼和对重等不与附墙架发生干涉。

(4) Ⅳ型附墙架的安装

Ⅳ型附墙架的安装,如图6-14所示。

① 将两根固定杆用U形螺栓对称地安装在导轨架的上/下框架上。

② 用螺栓将支撑底座连接至建筑物墙体的预埋件上。

施工升降机

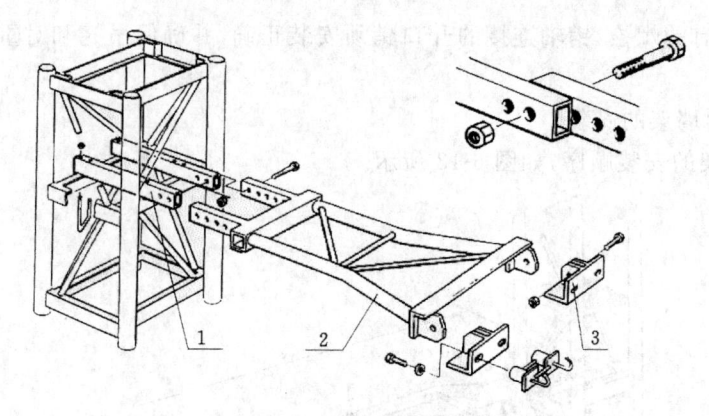

图 6-14　Ⅳ型附墙架的安装
1——固定杆；2——连接架；3——支撑底座

③ 吊运连接架至墙体附着的位置，将连接架的一端用销轴连接到固定杆上，另一端用销轴连接至支撑底座上。

④ 校正导架的垂直度，使导架的垂直度满足偏差允许值的要求。

⑤ 紧固所有的螺栓，销轴连接的开口销须安装正确，并确保吊笼和对重等不与附墙架发生干涉。

6.2.3.12　安装电缆导向装置

施工升降机的供给电源电缆的安装方法与采用的电缆导向装置形式有关，常规分为无电缆滑车的电缆导向装置和有电缆滑车的电缆导向装置两种。不同类型的附墙架，电缆导向架的扣环固定位置不同，如有过道竖杆的附墙架，电缆导向架的扣环可固定在外侧的过道竖杆，如图 6-15(a)所示；其他类型的附墙架，电缆导向架用螺栓钩固定在导轨架的框架上，

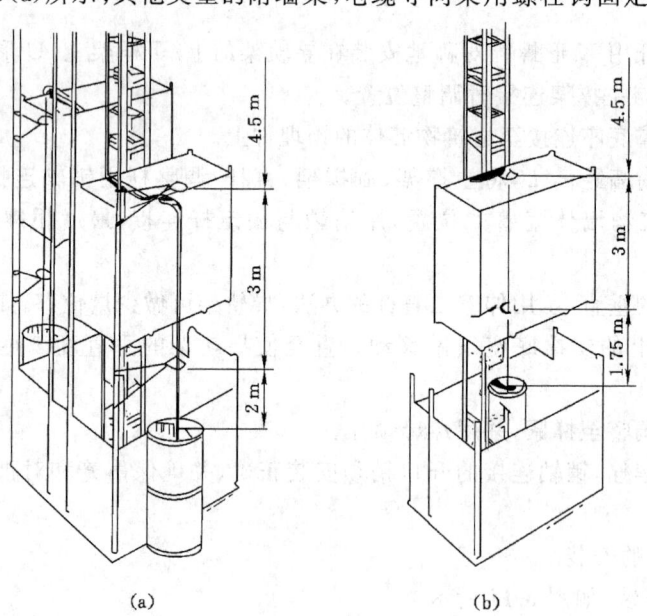

图 6-15　电缆导向装置安装
(a) 采用Ⅱ型附墙架；(b) 采用其他类型附墙架

如图 6-15(b)所示。

在导轨架加高程序过程中,应同时安装电缆导向装置。安装过程中吊笼上下运行时必须在吊笼顶部操纵,在吊笼顶部的安装人员必须处于安全位置,避免发生碰撞等事故。

安装时必须按下紧急停机按钮或将防止误动作开关置于停机位置。在接线时或交换电源箱中的相线位置时,必须切断地面总电源。

安装后调整电缆导向架的位置,应确保电缆处于电缆导向架、导向环的中间位置,电缆导向架不与对重总成相碰。

(1) 无电缆滑车的电缆导向装置的安装

① 按说明书要求安装,如在电缆筒上方 2 m 处安装第一道电缆导向架,第二道电缆导向架距离为 3 m,第三道电缆导向架距离为 4.5 m,以后每隔 6 m 安装一道电缆导向架,如图 6-15 所示。

② 调整电缆导向架的位置,确保电缆处于电缆导向架 U 形环的中间位置,确保电缆导向架不与对重总成相碰。

(2) 有电缆滑车的电缆导向装置的安装

用电缆滑车的施工升降机每台吊笼的动力电缆分为两根:随行电缆和固定电缆,安装程序同专用电缆滑车。

6.2.3.13 专用电缆滑车的安装

为了减少动力电缆的电压降和防止电缆受拉力太大而损坏,应采用带滑车的电缆导向装置,如图 6-16 所示,即专用电缆滑车。其安装方法一般分两种情况,一种是升降机高度分阶段安装,且一开始就安装电缆滑车;另一种是安装滑车系统前,导轨架安装高度已超过需要安装高度的一半。

(1) 当安装滑车系统前,导轨架安装高度已超过需要安装高度的一半时,应按如下程序进行:

① 将固定电缆及固定电缆托杆置于吊笼顶,吊笼上升。

② 将固定电缆托杆安装在 $H/2+6$ m 处的导轨架中框上(H 为升降机需要安装的高度)。

③ 将固定电缆的一头接入固定电缆托架的接线盒内,并固定好端头,然后吊笼逐段下降,将固定电缆固定在导轨架上,到最底部时,将固定电缆的另一头拉至底护栏上的下电箱处。

④ 安装滑车导轨,并将滑车穿入滑车导轨中,滑车导轨安装高度为 $H/2+4.5$ m。

⑤ 将吊笼开至固定电缆托杆处,切断总电源,拆下下电箱中现供电电缆头,而将固定电缆下端头接入下电箱。

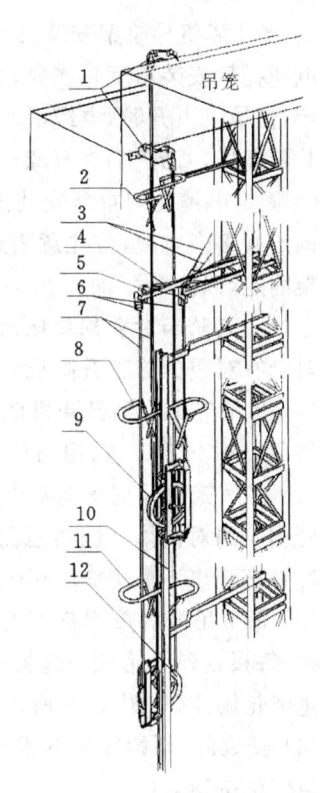

图 6-16 电缆导向装置
1——进线架;2——电缆导向架 A;
3——钢丝绳;4——电缆撑杆 A;
5——电缆撑杆 B;6——随行电缆;
7——固定电缆;8——电缆导向架 B;
9——右侧滑车;10——滑车导轨;
11——电缆导向架 C;12——左侧滑车

⑥ 将现供电电缆即随行电缆拉至吊笼顶,电缆端头接入固定电缆托架的接线盒内,使随行电缆与固定电缆连成一体。

⑦ 将随行电缆在吊笼中极限开关内的端头拆下,穿过吊笼上电缆滑车导轨处的电缆臂再接入极限开关。

⑧ 合上电源,并检查电源相序无误后吊笼下降,并逐渐释放吊笼顶上的随行电缆(注意:此时必须小心,不要拉刮伤电缆)。

⑨ 吊笼下至最底部后,将随行电缆挂入电缆滑车的轮槽中,并调整随行电缆长度,使滑车底部离地面 400~500 mm。

⑩ 安装电缆导向架,安装时应注意使电缆都在导向架圈中,电缆臂能顺利地通过导向架上的弹性体。电缆导向架的安装间距为 6 m 一套。

(2) 当施工升降机属分阶段安装,且一开始就安装电缆滑车时,按如下程序安装:

① 初始安装时,同上述(1)①条,只是要注意固定电缆托架直接装到导轨架最顶端,且多余的电缆(固定电缆和随行电缆)均从固定电缆托架处顺到导轨架中间,且适当固定,以防压挂损坏。

② 当升降机导轨架安装高度 $H_1 \geqslant 2H_2 - 6$ m 时(式中 H_1 为已安装导轨架高度,H_2 为固定电缆托架安装高度),将导轨架中的电缆拉到吊笼顶上,将随行电缆的两头在吊笼上适当固定,使吊笼上升时,电缆滑车能随吊笼一起上升,从导轨架上拆下固定电缆托架,移装到现安装最高处,直到 $H_2 > H/2 + 6$ m 时,不再移动固定电缆托架。

③ 固定电缆托架重新安装固定后,放松随行电缆,按上述(1)⑨条要求调整随行电缆长度并固定好多余电缆,应注意固定电缆托架原安装位置与现安装位置间的固定电缆必须与导轨架固定,以防损坏。

6.2.3.14 天轮和对重钢丝绳的安装

对于有对重的施工升降机,在导轨架安装完毕后应进行天轮和对重钢丝绳的安装。

(1) 将吊笼下降到升降机底部位置,用吊杆将天轮吊至吊笼顶部,然后将升降机开至距导轨架顶端约 0.5 m 处,用吊杆将天轮吊到导轨架顶部,用螺栓连接固定。

(2) 将吊笼顶部钢丝绳架中的钢丝绳一端放出,穿过对重绳轮和导轨架顶部的天轮,然后放到相应的对重体一侧的地面上。钢丝绳的长度应保证吊笼到达最大提升高度时,对重离缓冲弹簧距离不小于 500 mm。

(3) 每个吊笼对重均有两根连接钢丝绳。将两根钢丝绳分别与对重体上部的自动调整块连接,每根钢丝绳用三个绳夹固定,如图 6-17 所示。用同一种方法将另一端与吊笼顶部的对重绳轮固定,如图 6-18 所示。

(4) 安装时,须始终按下紧急停机按钮或将防止误动作开关扳至停机位置,安装完毕后将紧急停机按钮复位。

6.2.3.15 安装上限位挡块

用钩头螺栓将上限位挡块和上极限限位挡块安装在导轨架上部。首先调整上限位挡块,上限位开关的安装位置应保证吊笼触发该开关后,上部安全距离不小于 1.8 m。上极限挡块的安装位置应保证上极限开关与上限位开关之间的越程距离为 0.15 m。

6.2.3.16 导轨架再次加高后天轮和对重钢丝绳的安装

因工程需要,施工升降机需加高时,需将天轮架拆下,方能对导轨架进行加高安装。具

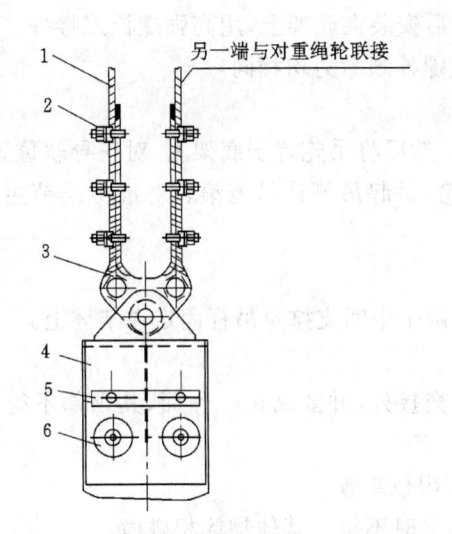

图 6-17　钢丝绳与对重体连接示意图
1——对重钢丝绳；2——钢丝绳夹；3——对重轮；
4——对重体；5——滑轮保护架；6——导向滑轮

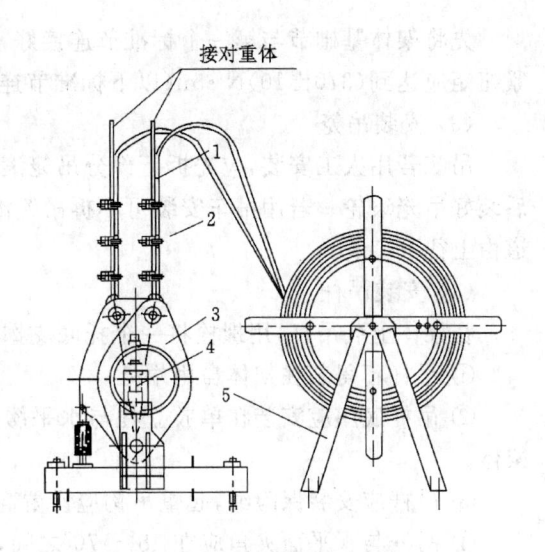

图 6-18　钢丝绳与对重体连接示意图
1——对重钢丝绳；2——钢丝绳夹；3——对重轮；
4——断绳限位开关；5——钢丝绳架

体程序如下：

(1) 在吊笼顶部操纵吊笼升至导轨架顶部。

(2) 拆除导轨架顶部的上限位装置的限位挡板、挡块。

(3) 在吊笼顶部操纵吊笼上升，将对重装置缓缓降到地面的缓冲弹簧上。

(4) 拆去天轮架滑轮的防护罩，将钢丝绳从偏心绳具和天轮架上取下，并将其挂在导轨架上。也可将钢丝绳放至顶部楼面(连同钢丝绳盘绳装置)，操作时需防止钢丝绳脱落。

(5) 拆除天轮架与导轨架的固定螺栓，用安装吊杆将天轮架拆下。

(6) 将导轨架加高到所需高度，并重新安装天轮和对重钢丝绳。

6.2.3.17　楼层呼叫系统的安装

各楼层应当设置与施工升降机操作人员联络的楼层呼叫装置。其安装程序和方法按照生产厂家的施工升降机楼层呼叫系统使用说明书的要求进行。

楼层呼叫系统安装后，必须经调试合格。

6.2.4　SS型施工升降机的安装程序和要求

(1) 底架安装

① 将底架安放在混凝土基础上，用水准仪将安装架体标准节的四个支点(法兰盘)基本找平，水平度为1/1 000。当超出时一般可用专用钢垫片调整底座，垫片数量为1~2片，不宜过多，并与底座固定为一体。

② 将底架用压杆与地脚螺栓锁紧。

③ 按要求将接地体打入土壤，实施保护接地。铜芯导线和底架可靠连接。接地电阻小于10 Ω。

(2) 架体底部节安装

先将架体基础节与第一个标准节连接好,然后安装在底架上,用高强螺栓连接好。其预紧扭矩应达到$(370\pm10)N\cdot m$(以下标准节连接螺栓预紧力均相同)。

(3) 安装吊笼

吊笼若用人工安装,应先拆下部分吊笼滚轮,然后将吊笼置于底架上,对正导轨位置,然后装好吊笼滚轮。若用吊车安装可不拆吊笼滚轮,吊起吊笼让吊笼滚轮对准标准节主肢轨道由上往下套装。

(4) 安装吊杆

在架体上装吊杆,用螺栓将一个托底支撑和两个中间支撑及吊杆固定在架体上。

① 吊杆不得装在架体自由端处。

② 吊杆底座应安装在单肢立柱与水平缀条交接处,并要高出工作面,其顶部不得高出架体。

③ 吊杆应安装保险绳,起重吊钩应设置高度限位装置。

④ 吊杆与水平面夹角应在$45°\sim70°$之间,转向时不得与其他物体相碰撞。

⑤ 随着工作面升高需要重新安装吊杆时,其下方的其他作业应暂时停止。

(5) 架体上部安装

① 吊杆穿绳。将起升机构钢丝绳穿过吊杆上两个滑轮后,再穿过一个吊钩,绳头固定在吊杆上。

② 吊起并安装标准节。开动卷扬机放下吊钩并用索具拴好标准节挂在吊钩上,再开动卷扬机起升标准节至足够高度,用人力旋转吊杆使吊起的标准节对准已安装好的标准节,用高强螺栓连接好。

以相同的方法,用吊杆再吊起另一个标准节装于架体上部,用高强螺栓固定。

③ 提升吊杆(此时由于吊杆长度的限制,已无法再提升并安装标准节,必须提升吊杆)。

④ 在架体上部固定一个单门滑轮,用一根直径为$6\sim9$ mm的钢丝绳穿过,一端用绳卡固定在吊杆托底支撑上,另一端用绳卡固定在起升机构钢丝绳上(此时吊钩应远离吊杆定滑轮2 m以上)将下面一个中间支撑松开后固定在原上面一个中间支撑的上面(两个中间支撑间距约3 m),然后松开吊杆托底支撑,启动起升机构提升吊杆至中间支撑附近固定好,松开吊杆托底支撑附近的中间支撑,上移约1.5 m固定好,提升吊杆步骤完成。

⑤ 完成架体上部安装。交替②及③两个步骤即可全部完成架体上部安装。

若用汽车吊或塔机安装可在地面将标准节按每次$6\sim8$节先组装好,用汽车吊或塔机提升,螺栓固定,即可完成架体上部安装。

⑥ 架体安装的垂直度偏差,不应超过架体高度的$1.5/1\,000$。

⑦ 导轨架截面内两对角线长度公差,不得超过最大边长名义尺寸的$3/1\,000$,如图6-19所示。

⑧ 导轨节点截面错位不应大于1.5 mm。

⑨ 按设备使用说明书要求调整吊笼导靴与导轨的安装间隙,说明书没有明确要求的,可控制在$5\sim10$ mm以内。

⑩ 内包容式吊笼的架体,在各层楼通道进出料接口处,开口后应局部加强。

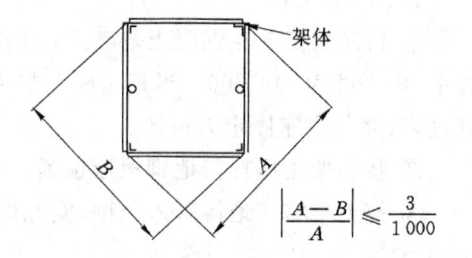

图6-19 测量架体对角线偏差示意图

⑪ 架体搭设时,采用螺栓连接的构件,不得采用 M10 以下的螺栓,每一杆件的节点及接头的一边螺栓数量不少于 2 个,不得漏装或以铁丝等代替。

⑫ 架体顶部自由端不得大于 6 m。

(6) 安装附墙架

附着杆可用两种形式,一种用制造厂配套的附着杆;另一种用 $\phi 48$ 钢管与钢管扣件根据现场的情况组装而成,一般分为附着杆和固定架两部分,如图 6-20 所示。固定架与架体标准节用螺栓固定连接,附着杆一端与建筑物连接,另一端用钢管扣件与固定架相连。架体中心线与建筑物的距离一般以 1.8~2.0 m 为宜。

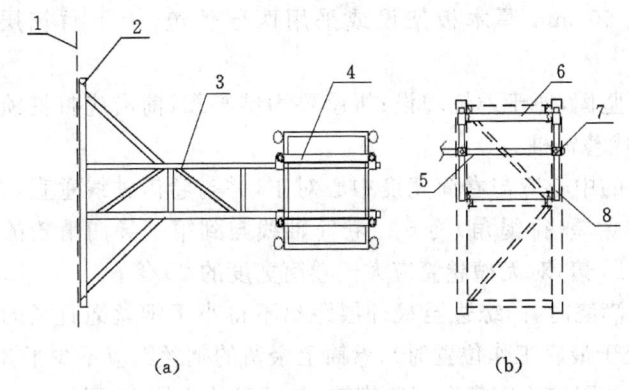

图 6-20 附墙架示意图
(a) 俯视图;(b) 正面图
1——建筑物外沿;2——预埋螺栓;3——附着杆Ⅰ;4——固定架;5——附着杆Ⅱ;
6——固定架Ⅰ;7——钢管扣件;8——固定架Ⅱ

附墙架的使用和安装应注意以下事项:

① 附墙架与建筑结构的连接应进行设计计算,附墙架与立柱及建筑物应采用刚性连接,并形成稳定结构。附墙架严禁连接在脚手架等临时设施上。附墙架的材质应达到 GB/T 700—2006 的要求,严禁使用木杆、竹竿等做附墙架。

② 安装第一道附墙架。应注意将架体垂直度随时调整到架体高度的 1/1 000 以内。以后间隔不超过 9 m(6 节)设置一道附墙架,且在建筑物顶层必须设置一组。架体顶部离最上一层附着架的自由高度不大于 6 m(4 节)。

③ 安装高度在 30 m 以内时,第一道附墙架可在 18 m 高度上,安装高度超过 30 m 时,第一道附墙架应在 6~9 m 的高度上。

④ 应提前在建筑物上预埋固定件,待混凝土达到强度要求后方可进行附墙架安装。

⑤ 附墙架安装必须牢固可靠,各连接件紧固螺栓必须旋紧。

⑥ 必须使用经纬仪调整架体垂直度小于 1/1 000。

⑦ 必须在需设附墙架的位置先安装附墙架后再进行架体的继续安装。

(7) 安装天梁

全部标准节安装完后,再安装天梁。开动卷扬机放下吊钩并用索具拴好天梁挂在吊钩上,再开动卷扬机起升天梁至足够高度,用人力旋转吊杆使吊起的天梁对准已安装好的标准节,用高强螺栓连接好。

若用汽车吊或塔机安装,可在架体标准节安完后,用汽车吊或塔机提升天梁,到位后用螺栓固定。

(8) 安装起升机构

将起升机构置于底架上,用销轴连接固定。

对于置于操作棚内的起升机构应满足以下安装要求:

① 安装位置必须视野良好,施工中的建筑物、脚手架及堆放的材料、构件都不能影响司机操作对升降全过程的监视。应尽量远离危险作业区域,选择较高地势处。因施工条件限制,卷扬机安装位置距施工作业区较近时,其操作棚的顶部材料强度应能承受 10 kPa 的均布静荷载。也可采用 50 mm 厚木板架设或采用两层竹笆,上下竹笆层间距应不小于 600 mm。

② 卷扬机地基须坚固,便于地锚埋设;机座要固结牢靠,前沿应打桩锁住,防止移动倾翻;不得以树木、电杆代替锚桩。

③ 底架导向滑轮的中心应与卷筒宽度中心对正,并与卷筒轴线垂直,否则要设置过渡导向滑轮,垂直度允许偏差(排绳角)为 6°。卷筒轴线与到第一导向滑轮的距离,对带槽卷筒应大于卷筒宽度的 15 倍;对无槽卷筒应大于卷筒宽度的 20 倍。

④ 卷筒在钢丝绳满绕时,凸缘边至最外层距离不得小于钢丝绳直径的 2 倍;放出全部工作钢丝绳后(吊笼处于最底工作位置时),卷筒上余留的钢丝绳应不少于 3 圈。

⑤ 钢丝绳与卷筒的固结应牢靠有闭紧措施,与天梁的连接应可靠。

⑥ 钢丝绳不得与机架或地面摩擦,通过道路时应设过路保护装置。

⑦ 卷筒和各滑轮均要设置防钢丝绳跳槽装置,滑轮必须与架体(或吊笼)刚性连接。

⑧ 钢丝绳在卷筒上应排列整齐,有叠绕或斜绕时,应重新排列。

⑨ 提升用钢丝绳的安全系数 $K \geqslant 6$。

⑩ 钢丝绳绳夹应与钢丝绳匹配,不得少于 3 个,绳夹要一顺排列,不得正反交错,间距不小于钢丝绳直径的 6 倍,U 形环部分应卡在绳头一侧,压板放在受力绳的一侧。

⑪ 制动器推杆行程范围内不得有障碍物或卡阻,制动器应设置防护罩。

(9) 安装曳引机的对重(卷扬机驱动无)

对重各组件安装应牢固可靠,升降通道周围应设置不低于 1.5 m 的防护围栏,其运行区域与建筑物及其他设施间应保证有足够的安全距离。

(10) 穿绳

按图 6-21 穿好起升机构钢丝绳。点动卷扬机试验吊笼升降,确保无误。

(11) 安装各种安全装置及防护设施

① 安全停靠装置及防坠安全装置必须安装可靠、动作灵敏、试验有效。

② 吊笼应前后安装安全门,开启灵活、关闭可靠。

③ 上极限限位器,越程不得小于 3 m,灵活有效;高架提升机需装下极限限位器,并在吊笼碰到

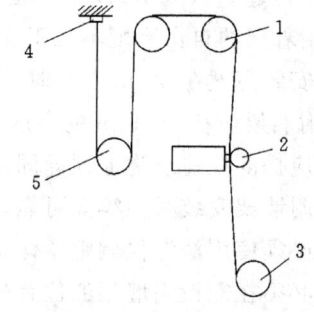

图 6-21 起升机构钢丝绳穿绕示意图
1——天梁滑轮;2——重量限制器;
3——卷扬机卷筒;4——钢丝绳天梁固定点;
5——吊笼滑轮

缓冲器前即动作。

④ 紧急断电开关应安装在司机方便操作的地方,选用非自动复位的型式。

⑤ 施工升降机的缓冲、超载限制、下极限限位、闭合双向通讯等装置可靠、有效。

⑥ 底层设置安全围栏和安全门,围栏应围成一圈,有一定强度和刚度,能承受 1 kN/m 的水平荷载,高度不低于 1.5 m,对重应设置在围栏内;围栏安全门应与吊笼有机械或电气联锁。

⑦ 各层楼通道(接料平台),应脱离脚手架单独搭设,上、下防护栏杆高度分别不低于 1.2 m 和 0.6 m;栏杆内侧应有防坠落密目网和竹笆围挡;安全门高度不低于 1.5 m,应为常闭状态,吊笼到位后才能打开。

⑧ 上(进)料口防护棚必须独立搭设,严禁利用架体做支撑搭设,其宽度应大于施工升降机的最外部尺寸;低架提升机的防护棚长度应大于 3 m,高架提升机的防护棚长度应大于 5 m;顶部可采用 50 mm 厚木板或两层竹笆,上下竹笆层间距应不小于 600 mm。

⑨ 进料口应设置限载重量标识。

⑩ 在相邻建筑物、构筑物的防雷装置保护范围以外的施工升降机应安装防雷装置。

(12) 安装电气系统

① 禁止使用倒顺开关作为卷扬机的控制开关。

② 金属结构及所有电气设备的外壳应有可靠接地,其接地电阻不应大于 10 Ω。

③ 电缆或信号线通过道路时应设过路保护装置或架空。

6.3 施工升降机的检验

施工升降机安装完毕,应进行通电试运转、调试和整机性能试验。

6.3.1 安装自检的内容和要求

安装自检应当按照安全技术标准及安装使用说明书的有关要求对金属结构件、传动机构、附墙装置、安全装置、对重系统和电气系统等进行自检,自检后应填写安装自检表,并向使用单位进行安全使用说明。安装自检的主要内容与要求见表 6-4。

表 6-4 施工升降机安装自检表

工程名称			工程地址		
安装单位			安装资质等级		
制造单位			使用单位		
设备型号			备案登记号		
安装日期		初始安装高度		最高安装高度	
检查结果代号说明		√=合格　O=整改后合格　×=不合格　无=无此项
名称	序号	检查项目	要　求	检查结果	备注

施工升降机

续表 6-4

类别	序号	检查项目	要求
资料检查	1	基础验收表和隐蔽工程验收单	应齐全
	2	安装方案、安全交底记录	应齐全
	3	转场保养记录	应齐全
标志	4	统一编号牌	应设置在规定位置
	5	警示标志	吊笼内应有安全操作规程,操纵按钮及其他危险处应有醒目的警示标志,施工升降机应设限载和楼层标志
基础和围护设施	6	地面防护围栏门联锁保护装置	应装机电联锁装置。吊笼位于底部规定位置时,地面防护围栏门才能打开。地面防护围栏开启后吊笼不能启动
	7	地面防护围栏	基础上吊笼和对重升降通道周围应设置地面防护围栏,高度不小于 1.8 m
	8	安全防护区	当施工升降机基础下方有施工作业区时,应加设对重坠落伤人的安全防护区及其安全防护措施
金属结构件	9	金属结构件外观	无明显变形、脱焊、开裂和锈蚀
	10	螺栓连接	紧固件安装准确、紧固可靠
	11	销轴连接	销轴连接定位可靠
	12	导轨架垂直度	架设高度/m 垂直度偏差/mm $h \leq 70$ $\leq (1/1\,000)h$ $70 < h \leq 100$ ≤ 70 $100 < h \leq 150$ ≤ 90 $150 < h \leq 200$ ≤ 110 $h > 200$ ≤ 130 对钢丝绳式施工升降机,垂直度偏差不大于 $(1.5/1\,000)h$
吊笼	13	紧急逃离门	吊笼顶应有紧急出口,装有向外开启活动板门,并配有专用扶梯。活动板门应设有安全开关,当门打开时,吊笼不能启动
	14	吊笼顶部护栏	吊笼顶周围应设置护栏,高度不小于 1.05 m
层门	15	层站层门	应设置层站层门。层门只能由司机启闭,吊笼门与层站边缘水平距离不大于 50 mm
传动及导向	16	防护装置	转动零部件的外露部分应有防护罩等防护装置
	17	制动器	制动性能良好,有手动松闸功能
	18	卷扬驱动	钢丝绳缠绕层数应符合要求;卷筒两侧边,超出的最外层钢丝绳的高度应大于 2 倍的钢丝绳直径。当吊笼停止并完全压缩在缓冲器或地面上时,卷筒上应至少留有 3 圈钢丝绳

续表 6-4

分类	序号	项目	要求	结果
传动及导向	19	曳引驱动	当吊笼或对重停止在被其重量压缩的缓冲器上时,提升钢丝绳不应松弛。当吊笼超载25%并以额定提升速度上、下运行和制动时,钢丝绳在曳引轮绳槽内不应产生滑动	
	20	齿条对接	相邻两齿条的对接处沿齿高方向的阶差应不大于 0.3 mm,沿长度方向的阶差不大于 0.6 mm	
	21	齿轮齿条啮合	齿条应有90%以上的计算宽度参与啮合,且与齿轮的啮合侧隙应为 0.2~0.5 mm	
	22	导向轮及背轮	连接及润滑应良好,导向灵活,无明显倾侧现象	
附着装置	23	附着装置	应采用配套标准产品	
	24	附着间距	应符合使用说明书要求或设计要求	
	25	自由端高度	应符合使用说明书要求	
	26	与构筑物连接	应牢固可靠	
安全装置	27	防坠安全器	只能在有效标定期限内使用(应提供检测合格证)	
	28	防松绳开关	对重应设置防松绳开关	
	29	安全钩	安装位置及结构应能防止吊笼脱离导轨架或安全器的输出齿轮脱离齿条	
	30	上限位	安装位置:提升速度$v<0.8$ m/s时,留有上部安全距离应$\geqslant$1.8 m;$v\geqslant 0.8$ m/s时,留有上部安全距离(m)应$\geqslant 1.8+0.1v^2$	
	31	上极限开关	极限开关应为非自动复位型,动作时能切断总电源,动作后须手动复位才能使吊笼启动	
	32	越程距离	上限位和上极限开关之间的越程距离应不小于 0.15 m	
	33	下限位	安装位置:应在吊笼制停时,距下极限开关一定距离	
	34	下极限开关	在正常工作状态下,吊笼碰到缓冲器之前,下极限开关应首先动作	
	35	急停开关	应在便于操纵处装设非自行复位的急停开关	
电气系统	36	绝缘电阻	电动机及电气元件(电子元器件部分除外)的对地绝缘电阻应不小于 0.5 MΩ,电气线路的对地绝缘电阻应不小于 1 MΩ	
	37	接地保护	电动机和电气设备金属外壳均应接地,接地电阻应不大于 4 Ω	
	38	失压、零位保护	灵敏、正确	
	39	电气线路	排列整齐,接地、零线分开	
	40	相序保护装置	应设置	
	41	通讯联络装置	应设置	
	42	电缆与电缆导向	电缆完好无破损,电缆导向架按规定设置	

续表 6-4

对重和钢丝绳	43	钢丝绳	应规格正确,且未达到报废标准		
	44	对重安装	应按使用说明书要求设置		
	45	对重导轨	接缝平整,导向良好		
	46	钢丝绳端部固结	应固结可靠。绳卡规格应与绳径匹配,其数量不得少于3个,间距不小于绳径的6倍,滑鞍应放在受力一侧		

自检结论:

检查人签字:　　　　　　　　　　　　检查日期:　　年　月　日

注:对不符合要求的项目应在备注栏具体说明,对要求量化的参数应填实测值。

6.3.2 施工升降机的调试

施工升降机的调试是安装工作的重要组成部分和不可缺少的程序,也是安全使用的保证措施。调试包括调整和试验两方面内容。调整须在反复试验中进行,试验后一般也要进行多次调整,直至符合要求。施工升降机的调试主要有以下几项。

(1) 制动器的调试

吊笼在额定载荷运行制动时如有下滑现象,就应调整制动器。调整间隙应根据产品不同型号及说明书要求进行。调整后必须进行额定载荷下的制动试验。

(2) 导轨架垂直度的调整

吊笼空载降至最低点,从垂直于吊笼长度方向与平行于吊笼长度方向分别使用经纬仪测量导轨架的安装垂直度,重复三次取平均值。如垂直度偏差超过规定值,可通过调整附墙架的调节杆,使导轨架的垂直度符合标准要求。

(3) 导向滚轮与导轨架的间隙调试

用塞尺检查滚轮与导轨架的间隙,不符合要求的,应予以调整。松开滚轮的固定螺栓,用专用扳手转动偏心轴,调整后滚轮与导轨架立柱管的间隙为 0.5 mm,调整完毕务必将螺栓紧固好。

(4) 齿轮与齿条啮合间隙调试

用压铅法测量齿轮与齿条的啮合间隙,不符合要求的,应予以调整。松开传动板及安全板上的靠背轮螺母,用专用扳手转动偏心套调整齿轮与齿条的啮合间隙、背轮与齿轮背面的间隙。调整后齿轮与齿条的侧向间隙应为 0.2~0.5 mm,靠背轮与齿条背面的间隙为 0.5 mm,调整后将螺母拧紧。

(5) 上限位挡块、下限位挡块及减速限位挡块调试调整

① 上限位挡块。

在笼顶操作,将吊笼向上提升,当上限位触发时,上部安全距离应不小于 1.8 m。如位置出现偏差,应调整上限位挡块,并用钩头螺栓固定挡块。

② 减速限位挡块。

在吊笼内操作,将吊笼下降到吊笼底与外笼门槛平齐时(满载),减速限位挡块应与减速

限位接触并有效。如位置出现偏差,应重新安装减速限位挡块,并用螺栓固定减速限位挡块。

③ 下限位挡块。

使吊笼继续下降,下限位应与下限位挡块有效接触,使吊笼制停。如位置出现偏差,应调下限位挡块位置,并用螺栓固定。

④ 上、下极限限位挡块。

a. SC 型施工升降机上极限开关的安装位置应保证上极限开关与上限位开关之间的越程距离为 0.15 m,SS 型为不小于 0.5 m。

b. 下极限开关的安装位置应保证吊笼在碰到缓冲器之前下极限开关先动作。

⑤ 限位调整时,对于双吊笼施工升降机,一吊笼进行调整作业,另一吊笼必须停止运行。

(6) 断绳保护装置调试

对渐进式(楔块抱闸式)的安全装置,可进行坠落试验。试验时将吊笼降至地面,先检查安全装置的间隙和摩擦面清洁情况,符合要求后按额定载重量在吊笼内均匀放置;将吊笼升至 3 m 左右,利用停靠装置将吊笼挂在架体上,放松提升钢丝绳 1.5 m 左右,松开停靠装置,模拟吊笼坠落,吊笼应在 1 m 距离内可靠停住。超过 1 m 时,应在吊笼降地后调整楔块间隙,重复上述过程,直至符合要求。

(7) 超载限制器调试

将吊笼降至离地面 200 mm 处,逐步加载,当载荷达到额定载荷 90% 时应能报警;继续加载,在超过额定载荷时,即自动切断电源,吊笼不能启动。如不符合上述要求,对拉力环式超载保护装置应通过调节螺栓螺母改变弹簧钢片的预压缩量来进行调整。

(8) 电气装置调试

升降按钮、急停开关应可靠有效,漏电保护器应灵敏,接地防雷装置可靠。

(9) 变频调速施工升降机的快速运行调试

变频调速施工升降机,必须在生产厂方指导下,调整变频器的参数,直到施工升降机运行速度达到规定值。

在完成上述所有内容及调试项目后,即可使施工升降机进行快速运行和整机性能试验。

6.3.3 施工升降机的整机性能试验

施工升降机在进行性能试验时应具备以下条件:环境温度为 −20～+40 ℃,现场风速不应大于 13 m/s,电源电压值偏差不大于 ±5%,荷载的质量允许偏差不大于 ±1%。

(1) 安装试验

安装试验也就是安装工况不少于 2 个标准节的接高试验。实验时首先将吊笼离地 1 m,向吊笼平稳、均布地加载荷至额定安装载重量的 125%,然后切断动力电源,进行静态试验 10 min,吊笼不应下滑,也不应出现其他异常现象。如若滑动距离超过标准,则说明制动器的制动力矩不够,应压紧其电机尾部的制动弹簧。有对重的施工升降机,应当在不安装对重的安装工况下进行试验。

(2) 空载试验

① 全行程进行不少于 3 个工作循环的空载试验,每一工作循环的升、降过程中应进行

不少于 2 次的制动,其中在半行程应至少进行一次吊笼上升和下降的制动试验,观察有无制动瞬时滑移现象。若滑动距离超过标准,则说明制动器的制动力矩不够,应压紧其电机尾部的制动弹簧。

② 在进行上述试验的同时,应对各安全装置进行灵敏度试验。

③ 双吊笼提升机,应对各单吊笼升和双吊笼同时升降,分别进行试验。

④ 空载试验过程中,应检查各机构动作是否平稳、准确,不允许有震颤、冲击等现象。

(3) 额定载荷试验

在吊笼内装额定载重量,载荷重心位置按吊笼宽度方向均向远离导轨架方向偏 1/6 宽度,长度方向均向附墙架方向偏 1/6 长度的内偏以及反向偏移 1/6 长度的外偏,按所选电动机的工作制,各做全行程连续运行 30 min 的试验,每一工作循环的升、降过程应进行不少于一次制动。

额定载荷试验中,吊笼应运行平稳,启动、制动正常,无异常响声,吊笼停止时,不应出现下滑现象,在中途再启动上升时,不允许出现瞬时下滑现象。额定载荷试验后,应测量减速器和液压系统的温升,蜗轮蜗杆减速器油液温升不得超过 60 ℃,其他减速器油液温升不得超过 45 ℃。

双吊笼施工升降机应按左、右吊笼分别进行额定载荷试验。

(4) 超载试验

在施工升降机吊笼内均匀布置 125% 额定载重量的载荷,工作行程为全行程,工作循环不应少于 3 个,每一工作循环的升、降过程中应进行不少于一次制动。吊笼应运行平稳,启动、制动正常,无异常响声,吊笼停止时不应出现下滑现象。金属结构不得出现永久变形、可见裂纹、油漆脱落以及连接损坏、松动等现象。

(5) 坠落试验

首次使用的施工升降机,或转移工地后重新安装的施工升降机,必须在投入使用前进行额定载荷坠落试验。施工升降机投入正常运行后,还需每隔三个月定期进行一次坠落试验。以确保施工升降机的使用安全。坠落试验一般程序如下:

① 在吊笼中加载额定载重量。

② 切断地面电源箱的总电源。

③ 将坠落试验按钮盒的电缆插头插入吊笼电气控制箱底部的坠落试验专用插座中。

④ 把试验按钮盒的电缆固定在吊笼上电气控制箱附近,将按钮盒设置在地面。坠落试验时,应确保电缆不会被挤压或卡住。

⑤ 撤离吊笼内所有人员,关上全部吊笼门和围栏门。

⑥ 合上地面电源箱中的主电源开关。

⑦ 按下试验按钮盒标有上升符号的按钮(↑),驱动吊笼上升至离地面约 3~10 m 的高度。

⑧ 按下试验按钮盒标有下降符号的按钮(↓),并保持按住这按钮。这时,电机制动器松闸,吊笼下坠。当吊笼下坠速度达到临界速度,防坠安全器将动作,把吊笼刹住。

当防坠安全器未能按规定要求动作而刹住吊笼时,必须将吊笼上电气控制箱上的坠落试验插头拔下,操纵吊笼下降至地面后,查明防坠安全器不动作的原因,排除故障后,才能再次进行试验。必要时需送生产厂校验。

⑨ 拆除试验电缆。此时,吊笼应无法启动。这是因为当防坠安全器动作时,其内部的电控开关已动作,以防止吊笼在试验电缆被拆除而防坠安全器尚未按规定要求复位的情况下被启动。

(6) 防坠安全器动作后的复位

坠落试验后或防坠安全器每发生一次动作,均需对防坠安全器进行复位工作。在正常操作中发生动作后,须查明发生动作的原因,并采取相应的措施。在检查确认完好后或查清原因、排除故障后,才可对安全器进行复位。防坠安全器未复位前,严禁继续向下操作施工升降机。安全器在复位前应检查电动机、制动器、蜗轮减速器、联轴器、吊笼滚轮、对重滚轮、驱动小齿轮、安全器齿轮、齿条、背轮和安全器的安全开关等零部件是否完好,联接是否牢固,安装位置是否符合规定。

目前常用的渐进式防坠安全器从外观构造上区分有两种,一种是后端只有后盖,另一种在后盖上有一个小罩盖。两种安全器的复位方法有所不同。

后端只有后盖的安全器复位操作,如图 6-22 所示:
① 断开主电源;
② 旋出螺钉 1,拆下后盖 2,旋出螺钉 3;
③ 用专用工具 4 和扳手 5,旋出铜螺母 6 直至弹簧销 7 的端部和安全器外壳后端面平齐为止,这时安全器的安全开关已复位;
④ 安装螺钉 3;
⑤ 接通主电源,驱动吊笼向上运行 300 mm 以上,使离心块复位;
⑥ 用锤子通过铜棒,敲击安全器后螺杆;
⑦ 装上后盖 2,旋紧螺钉 1;
⑧ 若复位后,外锥体摩擦片未脱开,可用锤子通过铜棒,敲击安全器后螺杆,迫使其脱离达到复位作用。

带罩盖安全器的复位操作,如图 6-23 所示:
① 断开主电源;
② 旋出螺钉 1,拆下后盖 2,旋出螺钉 3;
③ 用专用工具 4 和扳手 5,旋出铜螺母 6 直至弹簧销 7 的端部和安全器外壳后端面平齐为止,这时安全器的安全开关已复位;
④ 安装螺钉 3;
⑤ 接通主电源,驱动吊笼向上运行 300 mm 以上,使离心块复位;
⑥ 装上后盖 2,旋紧螺钉 1,旋下罩盖 9,用手旋紧螺栓 8;
⑦ 用扳手 5 把螺栓 8 再旋紧 30°左右,然后立即反向退至上一步的初始位置;
⑧ 装上罩盖 9。

6.3.4　检测机构的监督检验

安装单位自检合格后,应经有相应资质的检验检测机构监督检验合格。

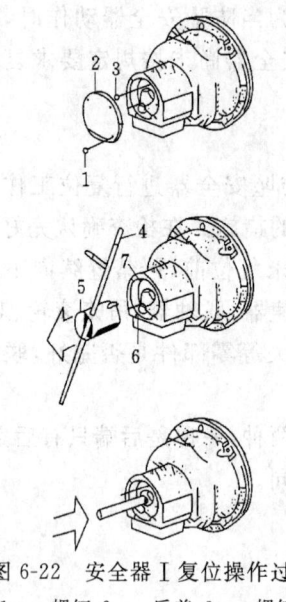

图 6-22 安全器Ⅰ复位操作过程
1——螺钉;2——后盖;3——螺钉;
4——专用工具;5——扳手;
6——铜螺母;7——弹簧销

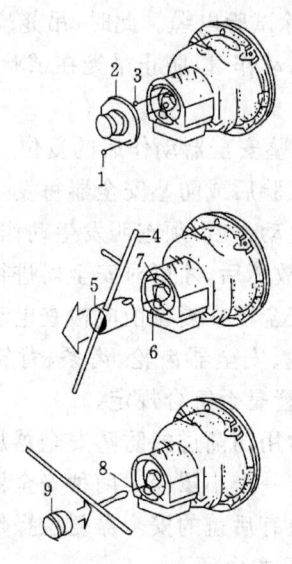

图 6-23 安全器Ⅱ复位操作过程
1——螺钉;2——后盖;3——螺钉;
4——专用工具;5——扳手;6——铜螺母;
7——弹簧销;8——螺栓;9——罩盖

6.4 施工升降机的验收(联合验收)

施工升降机经安装单位自检合格交付使用前,应当经有相应资质的检验检测机构监督检验合格。监督检验合格后,使用单位应当组织产权(出租)、安装、监理等有关单位进行综合验收。实行施工总承包的,应由施工总承包单位组织验收。验收合格后方可投入使用,严禁使用未经验收或验收不合格的施工升降机。

施工升降机安装验收参照表 6-5 进行。安装自检表、检测报告和验收记录等应纳入设备档案,并且使用单位应自施工升降机安装验收合格之日起 30 日内,将施工升降机安装验收资料、施工升降机安全管理制度、特种作业人员名单等,向工程所在地县级以上建设行政主管部门办理使用登记备案。

表 6-5　　　　　　　　　　　施工升降机安装验收表

工程名称		工程地址	
设备型号		备案登记号	
设备生产厂		出厂编号	
出厂年月		安装高度	
安装负责人		安装日期	
检查结果代号说明	√=合格　O=整改后合格　×=不合格　无=无此项		

续表 6-5

检查项目	序号	内容和要求	检查结果	备注
主要部件	1	导轨架、附墙架连接安装齐全、牢固、位置正确		
	2	螺栓拧紧力矩达到技术要求,开口销完全撬开		
	3	导轨架安装垂直度满足要求		
	4	结构无变形、开焊、裂纹		
	5	对重导轨符合使用说明书要求		
传动系统	6	钢丝绳规格正确,未达到报废标准		
	7	钢丝绳固定和编结符合标准要求		
	8	各部位滑轮转动灵活、可靠,无卡阻现象		
	9	齿条、齿轮、曳引轮符合标准要求,保险装置可靠		
	10	各机构转动平稳、无异常响声		
	11	各润滑点润滑良好、润滑油牌号正确		
	12	制动器、离合器动作灵活可靠		
电气系统	13	供电系统正常,额定电压值偏差不大于±5%		
	14	接触器、继电器触点良好		
	15	仪表、照明、报警系统完好可靠		
	16	控制、操纵装置动作灵活、可靠		
	17	各种电气安全保护装置齐全、可靠		
	18	电气系统对导轨架的绝缘电阻应不小于 0.5 MΩ		
	19	接地电阻应不大于 4 Ω		
安全系统	20	防坠安全器在有效标定期限内		
	21	防坠安全器灵敏可靠		
	22	超载保护装置灵敏可靠		
	23	上、下限位开关灵敏可靠		
	24	上、下极限开关灵敏可靠		
	25	急停开关灵敏可靠		
	26	安全钩完好		
	27	额定载重量标牌牢固清晰		
	28	地面防护围栏门、吊笼门机电联锁灵敏可靠		
试运行	29	空载	双吊笼施工升降机应分别对两个吊笼进行试运行。试运行中吊笼应起动、制动正常,运行平稳,无异常现象	
	30	额定载重量		
	31	125%额定载重量		
坠落试验	32	吊笼制动后,结构及连接件应无任何损坏或永久变形,且制动距离应符合要求		

续表 6-5

验收结论：

总承包单位(盖章)：　　　　　　　　验收日期：　年　月　日

总承包单位		参加人员签字	
使用单位		参加人员签字	
安装单位		参加人员签字	
监理单位		参加人员签字	
监理单位		参加人员签字	

注：1. 新安装的施工升降机及在用的施工升降机应至少每3个月进行一次额定载重量的坠落试验；新安装及大修后的施工升降机应做125%额定载重量试运行。
　　2. 对不符合要求的项目应在备注栏具体说明，对要求量化的参数应填实测值。

6.5 施工升降机的拆卸

6.5.1 拆卸作业前的准备

（1）拆卸前，应制定拆卸方案，确定指挥和起重工，安排参加作业人员，划定危险作业区域，设置警戒线和醒目的安全警示标志，并应派专人监护。

（2）察看拆卸现场周边环境，如架空线路位置、脚手架及地面设施情况、各种障碍物情况等，确保作业现场无障碍物，有足够的工作面，场地路面平整、坚实。

（3）对施工升降机的关键部件进行检查，当发现问题时，应在问题解决后方能进行拆卸作业。

6.5.2 拆卸作业注意事项

（1）施工升降机拆卸过程中，应认真检查各就位部件的连接与紧固情况，发现问题及时整改，确保拆卸时施工升降机工作安全可靠。

（2）施工升降机拆卸作业应符合拆卸工程专项施工方案的要求。

（3）拆卸施工升降机时，不得在拆卸作业区域内进行与拆卸无关的其他作业。

（4）夜间不得进行施工升降机的拆卸作业，大雨、大风等恶劣天气应停止拆卸。

（5）拆卸导轨架时，要确保吊笼的最高导向滚轮的位置始终处于被拆卸的导轨架接头之下，且吊具和安装吊杆都已到位，然后才能卸去连接螺栓。

（6）拆卸导轨架，先将导轨架连接螺栓拆下，然后用吊杆将导轨架放至吊笼顶部，吊笼落到底层卸下导轨架。注意吊笼顶部的导轨架不得超过3节。

（7）在拆卸附墙架前，确保架体的自由高度始终不大于8 m或满足使用说明书的要求。

（8）应确保与基础相连的导轨架在最后一个附墙架拆除后，仍能保持各方向的稳定性。

（9）施工升降机拆卸应连续作业。当拆卸作业不能连续完成时，应根据拆卸状态采取相应的安全措施。

（10）吊笼未拆除之前，非拆卸作业人员不得在地面防护围栏内、施工升降机运行通道内、导轨架内和附墙架上等区域活动。

（11）拆卸两柱式导轨架的天梁前，应先分别对两立柱采取稳固措施，保证单个立柱的稳定。

（12）拆卸两柱式导轨架时，应先挂好吊具，拉紧起吊绳，使架体呈起吊状态，再解除地脚螺栓。

（13）拆卸作业中，严禁从高处向下抛掷物件。

（14）拆卸作业其他注意事项应符合 6.1.3 安装拆卸工操作规程要求。

6.5.3 一般拆卸作业程序

施工升降机的拆卸程序是安装程序的逆程序，一般按照先装后拆、自上而下的步骤进行。

（1）SC 型施工升降机拆卸一般程序

① 对施工升降机进行全面检查，确定各部件完好，运转正常。

② 将操纵盒置于吊笼顶部。

a. 对有驾驶室的施工升降机，须将加节按钮盒接线插头插至驾驶室操纵箱的相应插座上，并将操纵箱上的控制旋钮旋至"加节"位置，再将加节按钮盒置于吊笼顶部。

b. 对无驾驶室的施工升降机，须将吊笼内的操纵盒移至吊笼顶部。

③ 在吊笼顶部安装好吊杆。

④ 使吊笼提升到导轨架顶部，拆卸上极限开关挡块和上限位开关挡板。

⑤ 拆除对重的缓冲弹簧，并在对重下垫上足够高度的枕木。

⑥ 使吊笼缓缓上升适当距离，让对重平稳地停在所垫的枕木上，使钢丝绳卸载。

⑦ 从对重上和偏心绳具上卸下钢丝绳，用吊笼顶的钢丝绳盘收起所有的钢丝绳。

⑧ 拆卸天轮架。

⑨ 拆卸导轨架、附墙架，同时拆卸电缆导向装置。

⑩ 保留三节导轨架组成的最下部导轨架，然后拆除吊杆，吊笼停至缓冲弹簧上。

⑪ 切断地面电源箱的总电源，拆卸连接至吊笼的电缆。

⑫ 将吊笼吊离导轨架。

⑬ 拆卸吊笼的缓冲弹簧。

⑭ 将对重吊离导轨架。

⑮ 拆卸围栏和底架。

（2）SS 型施工升降机拆卸一般程序

① 对施工升降机进行全面检查，确定各部件完好，运转正常；

② 安装吊杆；

③ 将吊笼吊落到地面；

④ 解下钢丝绳；

⑤ 拆卸天梁；
⑥ 拆卸标准节和附着架；
⑦ 拆到只有三节标准节时，拆卸吊杆；
⑧ 吊走吊笼；
⑨ 拆除剩余的标准节、底架和围栏。

6.6 常见施工升降机安拆实例

6.6.1 SC200/200型施工升降机安装与拆卸实例

6.6.1.1 安装前的准备工作

（1）根据施工要求及现场条件，考虑有效发挥施工升降机的工作能力，便于车辆进出场及安装、拆卸作业，合理确定基座位置。

（2）基础坑底应夯实，地耐力不小于150 kPa。整个基础地面不得产生不均匀沉陷。要按基础图制作基础，基础养护期应不小于7天，使混凝土的强度不低于标准强度的75%。

（3）做好安拆人员的配备及组织工作。作业人员必须持有特种作业操作资格证书，熟悉施工升降机的性能、结构特点，并有熟练的操作技术和排除故障的能力，作业时应系好安全带，戴好安全帽，穿防滑胶鞋。

（4）安装与拆卸作业前，应根据现场工作条件及设备情况编制装拆作业方案，划定安全警戒区域并设监护人员。

（5）安装过程中，必须由专人负责，统一指挥。

（6）如遇雨、雪、雾及风速超过13 m/s的恶劣天气，不得进行安装和拆卸作业。

（7）吊杆额定起重量为200 kg，不许超载，并且只允许用来安装或拆卸施工升降机零部件，不得作其他用途。

（8）安装位置如果不可避免地需靠近架空输电线路时，应根据有关规定保证最小安全距离，并应采取安全防护措施。

（9）必须配备一个专供施工升降机用的电源箱，每只吊笼应由一个开关控制。供电熔断器的电流为额定电流的1.5~2倍。

6.6.1.2 安装前的检查

（1）对地基基础进行复核

施工升降机地基、基础大小及位置、螺栓的位置、外露长度及规格应符合使用说明书中对基础的有关要求，其基础座上框平面与水平面平行误差应不大于1/1 000。对施工升降机基础设置在地下室顶板、楼面或其他下部悬空结构上的，应对其支撑结构进行承载力计算。当支撑结构不能满足承载力要求时，应采取可靠的加固措施，经验收合格后方能安装。

（2）检查附墙架附着点

附墙架附着点处的建筑结构强度应满足施工升降机产品使用说明书的要求，预埋件应可靠地预埋在建筑物结构上。

（3）核查结构件及零部件

安装前应检查施工升降机的导轨架、吊笼、围栏、天轮、附着架等结构件是否完好、配套，螺栓、轴销、开口销等零部件的种类和数量是否齐全、完好,高强螺栓必须达到8.8级。对有可见裂纹的、严重锈蚀的、严重磨损的、整体或局部变形的构件应进行修复或更换,直至符合产品标准的有关规定后方可进行安装。

(4) 检查安全装置是否齐全、完好。

(5) 检查零部件连接部位除锈、润滑情况

检查导轨架、撑杆、扣件等构件的插口销轴、销轴孔部位的除锈和润滑情况,确保各部件涂油防锈,滚动部件润滑充分、转动灵活。

如施工现场已配有起重设备(如塔吊、汽车吊等)协助安装,可以先在地面上将4～6个导轨架标准节用8.8级高强度螺栓M24×220组装好(拧紧力矩不小于300 N·m)。组装前,应将管接口处及齿条两端的泥土等杂物清理干净,在标准节立柱管的接口处涂以润滑脂防止生锈。

(6) 检查安装作业所需的专用电源的配电箱、辅助起重设备(8 t以上汽车吊或相应能力的塔机)、吊索具和工具(经纬仪),确保满足施工升降机的安装需求。

所有项目检查完毕,全部验收合格后,方可进行施工升降机的安装。

6.6.1.3　安装

(1) 用辅助起重设备将升降机的基本部分(底架、吊笼和两个标准节等)先后起吊就位,放在事先浇注好的混凝土基础上,此时先不要紧固地脚螺栓,如图6-24所示。

(2) 用起重设备将另一个吊笼也起吊就位,如图6-25所示。

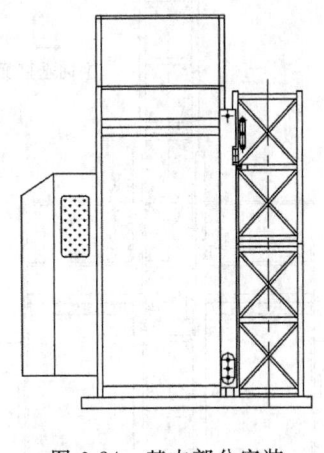

图6-24　基本部分安装　　　　　图6-25　吊笼就位

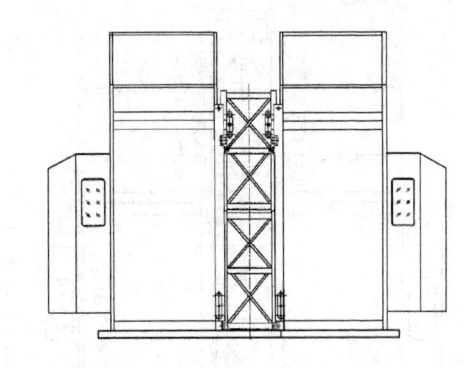

(3) 准备好驱动架,将吊笼上各导轮及滚轮偏心轴调整至最大偏心量,以利于安装驱动装置。

(4) 用起重设备在升降机基本部分上加装一个标准节,并按规定的力矩拧紧其连接螺栓,如图6-26所示。

(5) 分别将两套驱动装置(图6-27)安装在各自的吊笼上方,如图6-28所示。并将吊笼上各组导轮及滚轮偏心轴调整至使导轮、滚轮与导轨间合适的间隙。

(6) 加装两个标准节,如图6-29所示。

(7) 用经纬仪检查并调整导轨架的垂直度,使其在两个互相垂直的立面上,垂直度的误差均不超过5 mm,如图6-29所示。

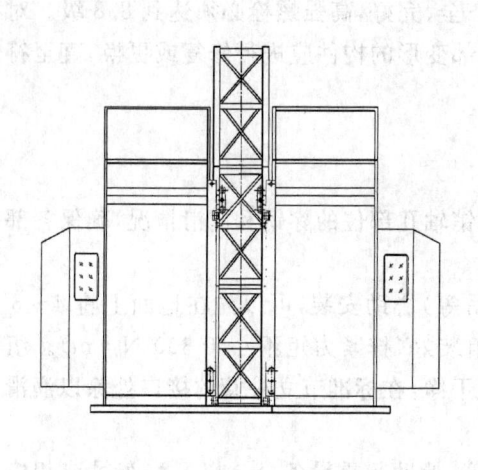

图 6-26 加装标准节

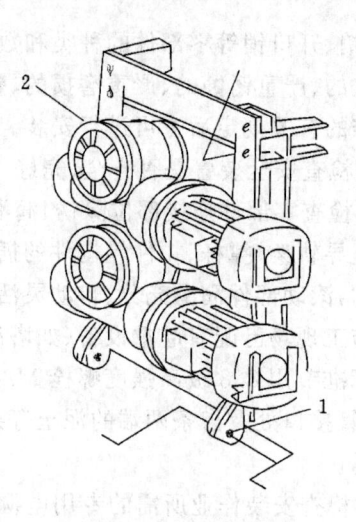

图 6-27 驱动装置
1——开口销;2——驱动装置

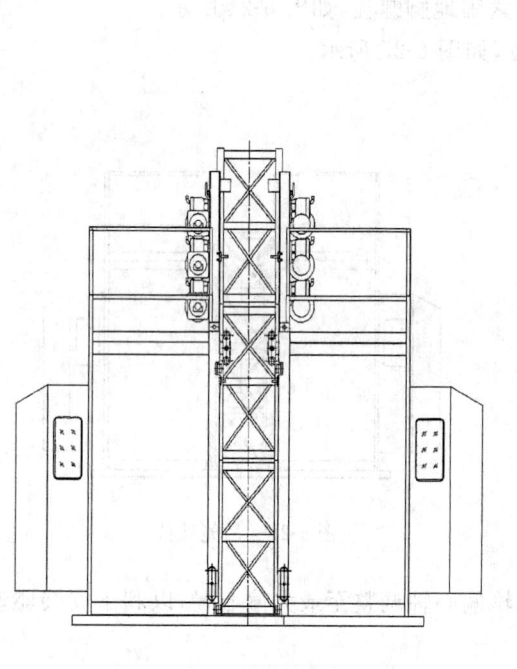

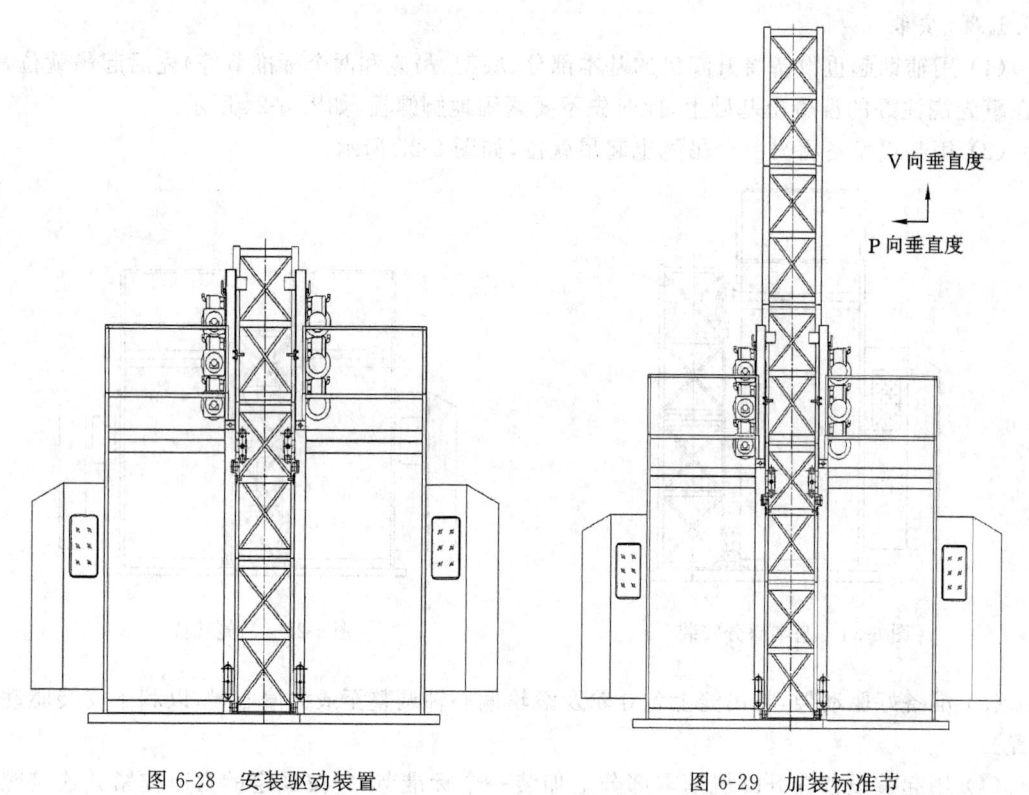

图 6-28 安装驱动装置

图 6-29 加装标准节

(8) 将升降机的基础用地脚螺栓紧固好,拧紧力矩不小于 350 N·m。

(9) 接通施工升降机电源。

(10) 吊笼通电试运行,确保各个动作准确无误后,调整好下限位碰块和下极限碰块,以防止吊笼撞底。

(11) 下限位碰块的安装位置,应保证吊笼满载向下运行时,开关触及下限位碰块自动切断控制电源而停车后,使吊笼底至地面缓冲弹簧的距离为300～400 mm;下极限碰块的安装位置应保证极限开关在下限位开关动作之后动作,而且吊笼不能碰撞缓冲弹簧,如图6-30所示。

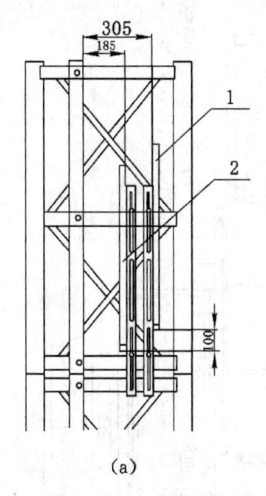

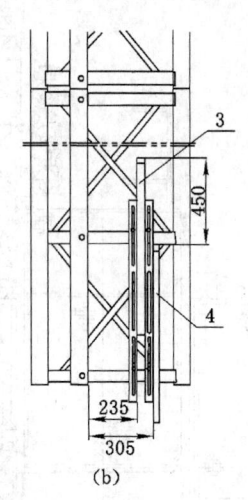

图6-30 限位碰块安装
(a)上限位碰块;(b)下限位碰块
1——上极限碰块;2——上限位碰块;3——下限位碰块;4——下极限碰块

(12)限位开关及极限开关调整合适后,便可进行导轨架接高及附着架、电缆导向架的安装作业。在距地面6～8 m处安装最下面一个附着架,将所有螺栓可靠紧固。

① 导轨架接高按以下步骤进行:

a. 利用手动起重机安装导轨架标准节时,操作人员应站在吊笼顶部,利用机顶盒操作升降机,不可在吊笼内进行操作,以免发生事故。

b. 将吊笼开至下限位所允许到达的最低位置。

c. 放下手动起重机的钢丝绳和吊具。

d. 在地面挂好一个标准节,缓缓摇动卷筒手柄,将该标准节从地面护栏外提升至吊笼顶部并放好,如图6-31所示。

e. 操作人员带好标准节所需的连接螺栓、扭力扳手等工具,然后在笼顶操作升降机使吊笼上升。注意在上升过程中,应将手动起重机吊臂转至一个安全角度,并临时固定,以确保吊笼运行时吊臂不与导轨架及周围建筑物碰撞。

f. 向上开动吊笼,当笼顶驱动架上方距待要接高的标准节止口距离约250 mm时立即停止吊笼运行。

g. 用手动起重机吊起吊笼顶部的标准节并且高出导轨架标准节20 mm,擦拭标准节下部的接口,并涂抹黄油,缓缓转动吊杆,使标准节接口对正,此时慢慢放下标准节,使四个接口安全吻合,如图6-32所示。

h. 穿好标准节螺栓,并拧紧,拧紧力矩不小于300 N·m。

i. 从标准节上摘下吊具,收回钢丝绳,将吊杆转至安全方向,吊笼下降,进行下一个标准节的接高作业。

注意:每次接高时应在标准节止口处涂上黄油,以免生锈。

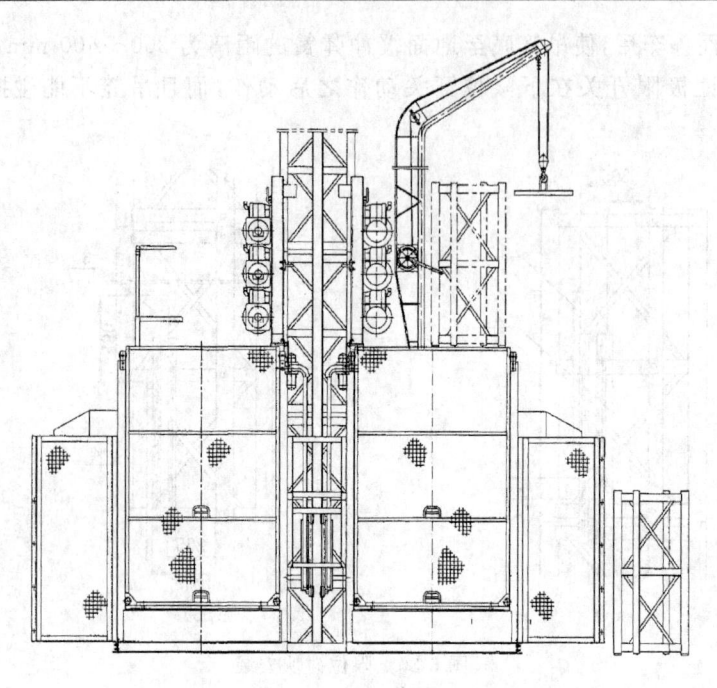

图 6-31 起吊标准节

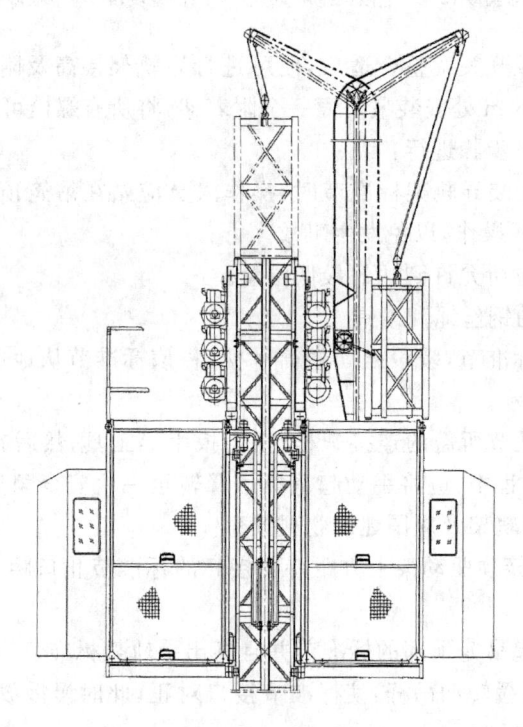

图 6-32 接高标准节

② 附墙架安装步骤：

a. 当升降机的导轨架安装高度接近 9 m 时，应当安装第一套附着装置，该附着架距地面高度为 6～8 m（也可视具体情况而定），最大高度附着架以上悬出高度不得超过 6 m。相邻两道附着架间隔距离不得大于 9 m。

b. 首先在需要附着的导轨架高度处将件 1（前连接杆）用 U 形螺栓联好，如图 6-33 所示。

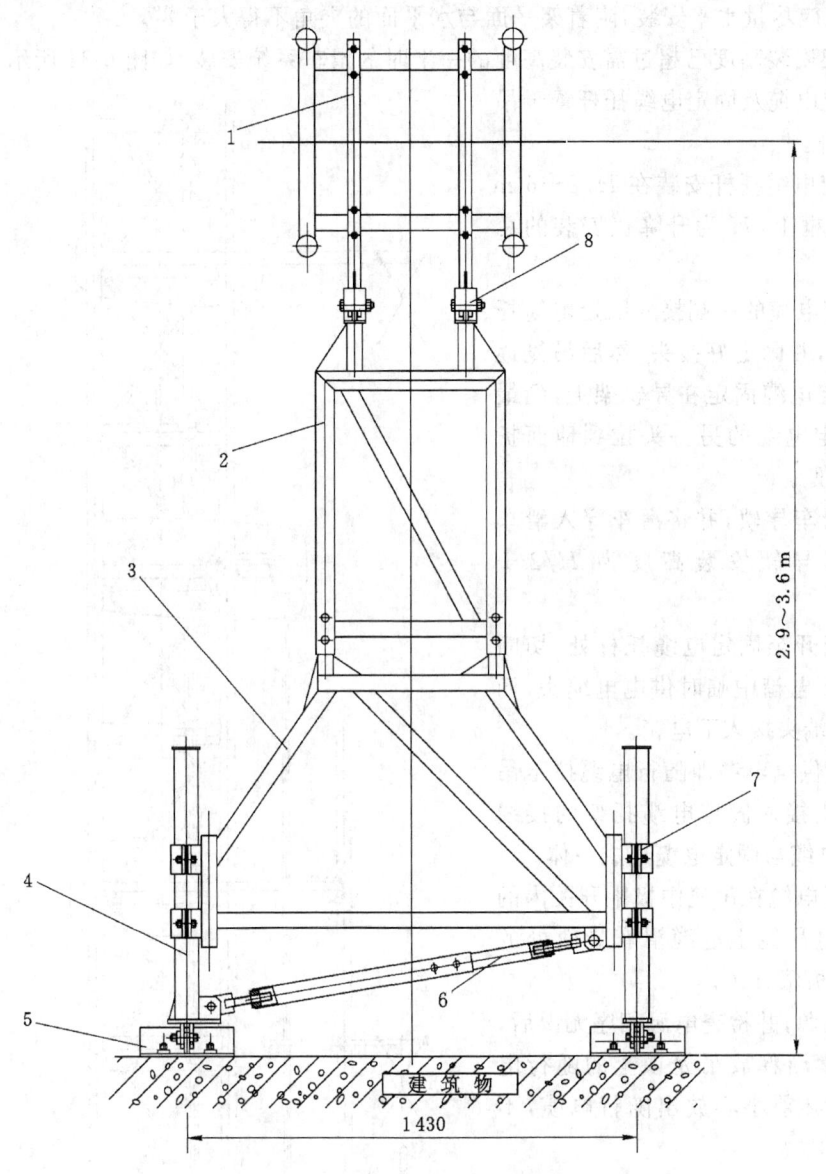

图 6-33 附墙架安装

1——前连接杆；2——中间架；3——可调中连接杆；4——后连接杆；5——附墙架连接座架；
6——可调螺杆；7——扣件 A；8——扣件 B

c. 用起重设备将件 2（中间架）与件 1 连接好，如图 6-33 所示。

d. 用起重设备将件 3（可调中连接杆）、件 4（后连接杆）一同和件 2 连好，此时件 1、件 2 之间的扣件 A 先不要拧紧，以便件 3 前后可调，同样件 3、件 4 之间的扣件 B 也不要拧紧，以便于附着杆前后进行调整，如图 6-33 所示。

e. 将件5(附墙架连接座架)与建筑物上预留孔用螺栓联好并拧紧,通过经纬仪测定后确认导轨架垂直度在误差要求范围之内后,将各处扣件拧紧,如图6-33所示。通过调节可调螺杆来调节校正导轨架的垂直度。

f. 附着架应尽量水平安装,附着架平面与水平面的夹角不得大于8°。

③ 导轨架安装高度已超过需安装高度的一半时的滑车系统安装,如图6-34所示。

a. 将固定电缆及固定电缆托杆置于吊笼顶,吊笼上升。

b. 将固定电缆托杆安装在 $H/2+6$ m处的导轨架中框上(H为升降机安装的总高度)。

c. 将固定电缆的一端接入固定电缆托架的接线盒内,并固定好接头,然后吊笼逐段下降,将固定电缆固定在导轨架上,到最底部时,将固定电缆的另一头拉到地面护栏上的下电箱处。

d. 安装滑车导轨,并将滑车穿入滑车导轨中,滑车导轨安装高度为 $H/2+4.5$ m。

e. 将吊笼开至固定电缆托杆处,切断总电源,拆下下电箱中临时供电电缆头,而将固定电缆下端头接入下电箱。

f. 将临时供电电缆即随行电缆拉至吊笼顶,电缆端头接入固定电缆托架的接线盒内,使随行电缆与固定电缆连成一体。

g. 将随行电缆在吊笼中极限开关内的端头拆下,穿过吊笼上电缆滑车导轨处的电缆臂再接入极限开关。

h. 合上电源,并检查电源相序无误后,吊笼下降,并逐渐释放吊笼顶上的随行电缆(注意:此时必须小心放出随行电缆,不要拉挂伤电缆)。

i. 吊笼下至最底部后,将随行电缆挂入电缆滑车的轮槽中,并调整随行电缆长度,使滑车底部离地面400～500 mm。

j. 安装电缆导向架,安装时应注意使电缆都在导向架圈中,电缆臂应能顺利地通过导向架上的弹性体。电缆导向架的安装间距为 6 m 一套。

④ 升降机高度分阶段安装,且一开始

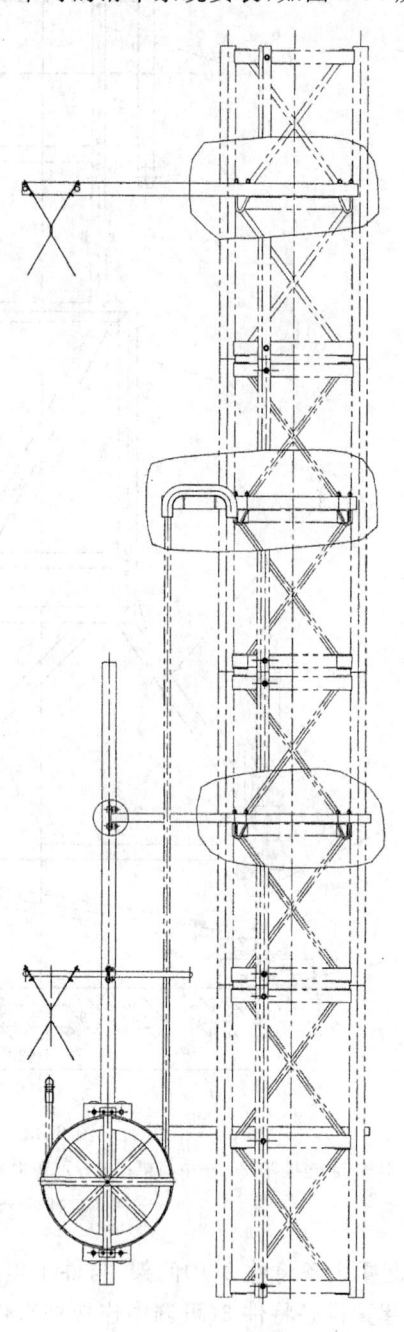

图6-34 电缆滑车安装

就安装电缆滑车。

a. 初始安装时,同③条,只是须注意:固定电缆托架直接装到导轨架最顶端,且多余的电缆(固定电缆和随行电缆)均从固定电缆托架处顺到导轨架中间,且适当固定,以防压、挂损坏。

b. 当升降机导轨架安装高度 $H_1 \geqslant 2H_2 - 6$ m 时(式中 H_1 为已安装导轨架高度,H_2 为固定电缆托架安装高度),将导轨架中的电缆拉到吊笼顶上,将随行电缆的两头在吊笼上适当固定,使吊笼上升时,电缆滑车能随吊笼一起上升,从导轨架上拆下固定电缆托架,移装到现安装最高处,直到 $H_2 > H/2 + 6$ m 时,不再移动固定电缆托架。

c. 固定电缆托架重新安装固定后,放松随行电缆,按③中 i 要求调整随行电缆长度并固定好多余电缆,按④中 a 步骤进行(注意:固定电缆托架原安装位置与现安装位置间的固定电缆必须与导轨架固定,以防损坏)。

(13) 继续进行升降机的接高作业,直到需要的工作高度。附着架的安装高度每隔 6~9 m 一套,最上面一套附着架以上的导轨架,悬出高度不得超过 6 m,电缆导向架每隔 6 m 安装一套。

(14) 每次安装一套附着架,都要用经纬仪测量一下导轨架在两个立面的垂直度,如果超出表 6-1 要求,必须进行校正。

(15) 当导轨架高度达到要求高度时,最后需将上限位碰块和上极限碰块安装好。首先是安装上极限碰块,该碰块的安装位置应保证吊笼向上运行至极限开关碰到极限碰块而停止后,吊笼底高出最高施工层约 150~200 mm,且吊笼上部距导轨架顶部距离不小于 1.5 m,然后安装上限位碰块。上限位碰块的安装位置应保证吊笼向上运行至限位开关停止后,吊笼底与最高施工层平齐。

限位碰块安装完毕后,应反复试验三次以校验其动作的准确性和可靠度。

(16) 将所有的滚轮、导轮间隙调整好,以保证吊笼运行平稳。

(17) 当所有安装工作结束后,应检查各紧固件有无松动,是否达到了规定的拧紧力矩,然后进行载荷试验、吊笼坠落试验并将防坠安全器正确复位。

(18) 将地面防护围栏装好。

6.6.1.4 调试

(1) 垂直度调整

用经纬仪测定架体的垂直度,调整到误差小于 1/1 000(导轨架设高度小于 70 m 时,其他高度参照表 6-1 安装垂直度偏差)。

(2) 滚轮与轨道接触吻合的调整

① 侧滚轮的调整,如图 6-35 所示。

一定要成对调整导轨架立柱管两侧的对应导向滚轮。转动滚轮的偏心使侧滚轮与导轨架立柱管之间的间隙为 0.5 mm 左右,调整合适后用 250 N·m 力矩将其连接螺栓紧固。

② 上下滚轮的调整

可在导轨架与安全钩之间插一把螺丝刀使上滚轮脱离轨道调整偏心,使间隙适当。

用垫高吊笼外侧的方法使下滚轮脱离轨道进行调整,调整后用 250 N·m 力矩将螺栓紧固。上下滚轮应均匀受力,使驱动板上的减速箱齿轮和安全器齿轮同齿条啮合沿齿宽方向不小于 50%。

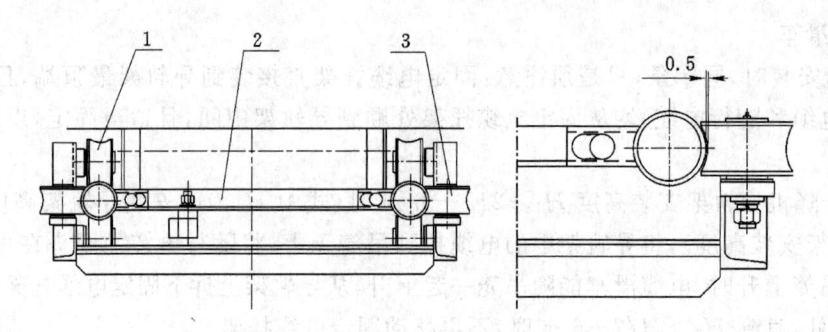

图 6-35 侧滚轮调整
1——正压轮；2——导轨架；3——侧滚轮

③ 导轮的调整

在驱动板背后的安全钩板和齿条背间插把大螺丝刀，使导轮与齿条背脱离，转动导轮偏心套调整间隙，使驱动齿轮与齿条的啮合侧隙为 0.3~0.5 mm，啮合接触面沿齿高不小于 40%，调整后用 300 N·m 力矩将导轮螺栓紧固。

注意：导轮、滚轮的连接螺栓绝对不允许用普通螺栓代替。

(3) 齿轮与齿条啮合间隙调试

用压铅法测量齿轮与齿条的啮合间隙，不符合要求的，应予以调整。松开传动板及安全板上的靠背轮螺母，用专用扳手转动偏心套调整齿轮与齿条的啮合间隙、背轮与齿轮背面的间隙。调整后齿轮与齿条的侧向间隙应为 0.2~0.5 mm，靠背轮与齿条背面的间隙为 0.5 mm，调整后将螺母拧紧。

(4) 通电调试

① 全面检查已拧紧一遍的安装完毕的机械部分和各处紧固件、各销轴，做到正确无误，导轨接口处偏移应不大于 0.8 mm。在各螺母端涂抹黄油防锈，吊笼导轨和各门导轨上也应涂抹黄油润滑。

② 检查、确认吊笼通道内没有障碍物。

③ 吊笼空载，提升约 500 mm，用断续点动的方式开动升降机，观察升降机的运转和吊笼的升降是否正常。

④ 调节上、下限位开关位置，以使吊笼自动停止在上、下终端站的平层位置上。上限位碰铁应安装在吊笼越过上终端站的 300 mm 处，且距导轨架顶部 6 m 以上。下限位碰铁则应安装在吊笼越过下终端站 100 mm 处，并保证在吊笼碰到缓冲弹簧之前，极限开关动作。

⑤ 调节好升降机入口安全门联锁开关和吊笼出料门联锁开关的位置。

(5) 制动器制动距离的调整

吊笼满载下降时制动距离不应超过 350 mm，超过则电机制动力矩不足，应调整电机尾部的制动弹簧。

(6) 运行试验

① 在空载情况下，全程范围内，进行上升、下降、制动等动作，反复试验 3 次，检查系统是否运转正常，各滚轮与轨道吻合是否正常。同时进行上、下限位器灵敏度试验。

② 吊笼内加入额定载荷，进行上升、下降、制动等动作，全程范围内试验 3 次，检查运转是否正常。

③ 吊笼内加入额定载重量的125%,载荷在吊笼内应均匀分布,进行上升、下降、制动,应运转正常,制动可靠,无下滑。金属结构不得有永久变形、可见裂纹、油漆脱落及连接松动、损坏等现象。

(7) 检查超载保护装置

载荷达到90%时,超载保护装置应发出报警信号;当载荷达到额定载重量的110%前,吊笼应不能启动。重复试验3次确保灵敏可靠。

(8) 吊笼坠落试验

① 凡新安装的升降机都应进行吊笼额定载荷的坠落试验,以后至少每3个月进行一次。

② 在升降机正常工作时,安全器自发制停或发出不正常的响声时,应立即停止操作,并通知生产厂家,查明原因后进行检修。

③ 坠落试验时,吊笼内不得载人,确认升降机各个部件无故障时方可进行:

a. 切断电源,将地面控制按钮盒的电线接入上电箱,理顺电缆,防止吊笼升降时卡断电缆。

b. 在吊笼内装好额定载荷 2 000 kg 后接通主开关,在地面操纵按钮盒,使吊笼上升约 10 m 停止。

c. 按下"坠落"按钮并保持之,此时电机制动器松脱不起作用,吊笼呈自由状态下落,达到安全器动作速度时,吊笼将平稳地制停在导轨架上。

注意:如果吊笼底部在距地面 4 m 左右时,吊笼仍未被安全器制停,此时应立即松开"坠落"按钮,使电机恢复制动,以防吊笼撞底。

d. 试启动吊笼向上,此时不应动作,因为此时安全器微动开关已将控制电路切断,如仍然能够动作,则应重新调整微动开关。

④ 安全器复位。坠落试验后,应对防坠安全器进行复位。复位时按以下步骤进行,如图 6-36 所示:

a. 旋出螺钉1,拿掉端盖2,取下螺钉3。

b. 用专用工具5和手柄4,旋出螺母7,直到销6的尾部和壳体端面平齐。

c. 安装螺钉3和端盖2,取下罩盖9,用手尽可能拧紧螺栓8,然后用工具将螺栓8再拧紧约30°,装好罩盖9。

d. 接通主电源后,必须向上开动吊笼200 mm以上,以便使离心甩块与摩擦片脱离。

6.6.1.5 拆卸

在拆卸前应对设备进行一次全面检查,在确认各部件功能正常,动作无误后,方可进行拆卸作业。拆除时必须遵守安装时所有的注意事项。升降机的拆卸过程与安装过程正好相反。可按下述过程进行:

(1) 拆除上限位和上极限限位碰块,将吊笼开至导轨架的顶部,使吊笼对重落在缓冲弹簧上,然后拆除对重端的钢丝绳并缠绕在钢丝绳架上。同样方法拆除另外一个吊笼的钢丝绳。

(2) 拆除天轮(无对重升降机没有前两个拆卸步骤)。

(3) 用手动起重机将最上面一道附着架以上标准节和电缆导向架逐节拆下,安全运至地面。

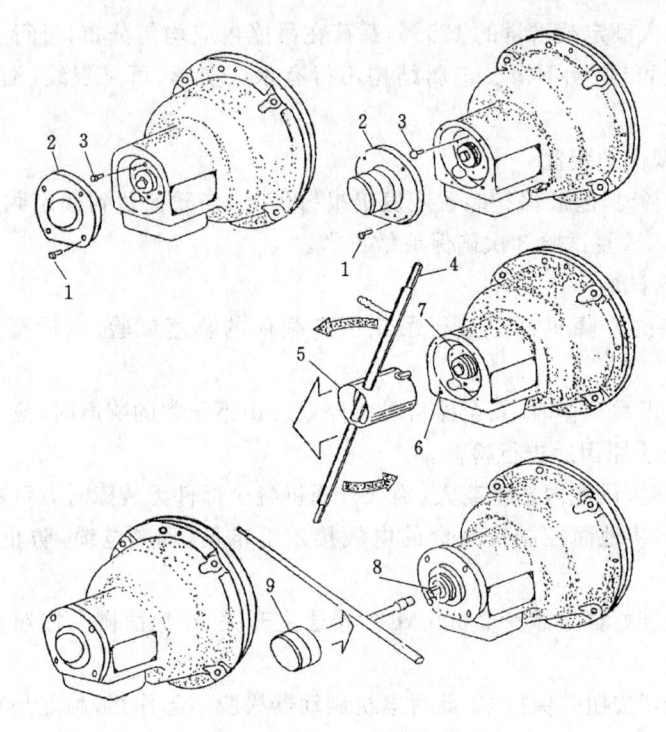

图 6-36 安全器的复位

1——罩盖螺钉;2——端盖;3——螺钉;4——手柄;5——复位专用工具;
6——销;7——螺母;8——螺栓;9——罩盖

(4) 将最上面一道附着架拆下,运至地面。

(5) 重复过程(3),依次再将其余标准节及电缆导向架拆下。

(6) 重复过程(4),将上面第二道附着架也拆下。

(7) 重复过程(5)、(6),直到最后只剩下升降机基本部分。

(8) 将下限位和下极限碰块取下并收好,然后小心地用手拉开电机制动器,将吊笼滑至地面处且落实(注意:一定要小心下降,切勿使吊笼撞底)。

(9) 拆掉升降机电源线及电缆筒与极限开关之间的接线,将电缆筒和下电箱放好。

(10) 拆卸驱动装置。

(11) 拆卸钢丝绳架及对重绳轮(无对重升降机没有此道工序)。

(12) 将地面防护围栏拆下并放好,切勿扭曲和挤压。

(13) 用起重设备将吊笼及对重吊出放置在安全的地方。

(14) 拆卸基础标准节和缓冲装置。

(15) 松开地脚螺栓,拆卸护栏底盘。

(16) 将所有部件(包括标准节和专用工具)整理收拾好,准备入库或转移至下一工地。

6.6.2 SS100/100 型施工升降机安装与拆卸调试实例

如图 6-37 所示,为 SS100/100 型施工升降机。此类型施工升降机架体结构为标准节形式。下面以该施工升降机为例,介绍 SS 型施工升降机的安装、拆卸和调试。

6.6.2.1 安装前的准备工作

(1) 根据施工要求及现场条件,考虑有效发挥施工升降机的工作能力,便于车辆进出场及安装、拆卸作业,合理确定基座位置。

(2) 基础坑底应夯实,地耐力不小于150 kPa。整个基础地面不得产生不均匀沉陷。要按基础图制作基础,基础养护期应不小于7天,使混凝土的强度不低于标准强度的75%。

(3) 做好架设人员的配备及组织工作。作业人员必须持有特种作业操作资格证书,熟悉施工升降机的性能、结构特点,并有熟练的操作技术和排除故障的能力,作业时应系好安全带,戴好安全帽,穿防滑胶鞋。

(4) 安装与拆卸作业前,应根据现场工作条件及设备情况编制装拆作业方案,划定安全警戒区域并用标志杆围起来,禁止非工作人员入内,并设监护人员监督。

(5) 安装过程中,必须由专人负责,统一指挥。

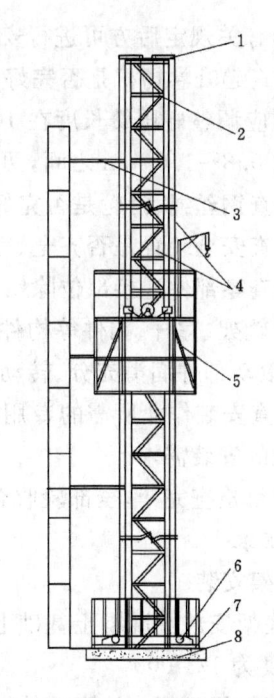

图 6-37 SS00/100 型施工升降机简图
1——天梁;2——标准节;3——附墙架;4——钢丝绳
5——吊笼;6——卷扬机;7——底架;8——基础

(6) 如遇雨、雪、雾及风速超过13 m/s的恶劣天气,不得进行安装和拆卸作业。

(7) 吊杆额定起重量为200 kg,不许超载,并且只允许用来安装或拆卸施工升降机零部件,不得作其他用途。

(8) 安装位置如果不可避免地需靠近架空输电线路时,应根据有关规定保证最小安全距离,并应采取安全防护措施。

(9) 必须配备一个专供施工升降机用的电源箱,每只吊笼应由一个开关控制。供电熔断器的电流为额定电流的1.5~2倍。

6.6.2.2 安装前的检查

(1) 对地基基础进行复核:

施工升降机地基、基础大小及位置、地脚螺栓的位置、外露长度及规格应符合使用说明书中对基础的有关要求,其基础座上框平面与水平面平行误差应不大于1/1 000。对施工升降机基础设置在地下室顶板、楼面或其他下部悬空结构上的,应对其支撑结构进行承载力计算。当支撑结构不能满足承载力要求时,应采取可靠的加固措施,经验收合格后方能安装。

(2) 检查附墙架附着点:

附墙架附着点处的建筑结构强度应满足施工升降机产品使用说明书的要求,预埋件应可靠地预埋在建筑物结构上。

(3) 核查结构件及零部件:

安装前应检查施工升降机的导轨架、吊笼、围栏、天轮、附着架等结构件是否完好、配套,螺栓、轴销、开口销等零部件的种类和数量是否齐全、完好,高强螺栓必须达到8.8级。对有可见裂纹的,严重锈蚀的,严重磨损的,整体或局部变形的构件应进行修复或更换,直至符合产品标准的有关规定后方可进行安装。

(4) 检查起升卷扬机是否完好：

制动器应调整好压簧长度在 100～110 mm 之间，电磁吸铁间隙在 13 mm 左右，闸瓦与制动轮间隙 0.8～1.0 mm 之间，两闸瓦与制动轮的间隙应均匀一致。

(5) 检查钢丝绳、滑轮是否完好，润滑是否良好。

(6) 检查安全装置是否齐全、完好。

(7) 检查零部件连接部位除锈、润滑情况：

检查导轨架、撑杆、扣件等构件的插口销轴、销轴孔部位的除锈和润滑情况，确保各部件涂油防锈，滚动部件润滑充分、转动灵活。

(8) 检查安装作业所需的专用电源的配电箱、辅助起重设备、吊索具和工具，确保满足施工升降机的安装需求。

所有项目检查完毕，全部验收合格后，方可进行施工升降机的安装。

6.6.2.3 安装

(1) 底架安装

① 将底架安放在混凝土基础上，用水准仪将安装架体标准节的四个支点（法兰盘）基本找平，水平度为 1/1 000。

② 将底架用压杆与地脚螺栓锁紧。

③ 按要求将接地体打入土壤，实施保护接地。铜芯导线和底架可靠连接。接地电阻小于 4 Ω。接地、避雷装置由用户按照有关电气安全标准和规定自行设置。

(2) 架体底部节安装

先将架体基础节与第一个标准节连接好，然后安装在底架上，用高强螺栓连接好。其预紧扭矩应达到 (370 ± 10) N·m（以下标准节连接螺栓预紧力均相同）。

(3) 安装吊笼

若用人工安装，应先拆下部分吊笼滚轮，然后将吊笼置于底架上，对正导轨位置，然后装好吊笼滚轮。若用吊车安装可不拆吊笼滚轮，吊起吊笼让吊笼滚轮对准标准节主肢轨道由上往下套装。

(4) 安装吊杆

在架体上装吊杆。用螺栓将一个托底支撑和两个中间支撑及吊杆固定在架体上。

(5) 起升机构安装

将起升机构置于底架上，用销轴连接固定，并与电控箱进行电气连接。起升机构安装时，卷筒应与导向定滑轮对中。钢丝绳的出绳偏角 α，当自然排绳时 $\alpha \leq 1.5°$。当钢丝绳穿越主要干道时，应挖沟槽并加保护措施，严禁在钢丝绳穿行的区域内堆放物料。

(6) 架体上部安装

① 吊杆穿绳。将起升机构钢丝绳穿过吊杆上两个滑轮后，再穿过一个吊钩，绳头固定在吊杆上。

② 吊起并安装标准节。开动卷扬机放下吊钩并用索具拴好标准节挂在吊钩上，再开动卷扬机起升标准节至足够高度，用人力旋转吊杆使吊起的标准节对准已安装好的标准节，用高强螺栓连接好。

以相同的方法，用吊杆再吊起另一个标准节装于架体上部，用高强螺栓固定。

③ 提升吊杆(此时由于吊杆长度的限制,已无法再提升并安装标准节,必须提升吊杆)。

在架体上部固定一个单门滑轮,用一根直径为 6~9 mm 的钢丝绳穿过,一端用绳卡固定在吊杆托底支撑上,另一端用绳卡固定在起升机构钢丝绳上(此时吊钩应远离吊杆定滑轮 2 m 以上)将下面一个中间支撑松开后固定在原上面一个中间支撑的上面(两个中间支撑间距约 3 m),然后松开吊杆托底支撑,起动起升机构提升吊杆至中间支撑附近固定好,松开吊杆托底支撑附近的中间支撑上移约 1.5 m 固定好,提升吊杆步骤完成。

④ 完成架体上部安装。交替②及③两个步骤即可全部完成架体上部安装。

若用汽车吊或塔机安装,可在地面将标准节每次 6~8 节先组装好,用汽车吊或塔机提升,用螺栓固定,即可全部完成架体上部安装。

(7) 安装天梁

全部标准节安装完后,再安装天梁。开动卷扬机放下吊钩并用索具拴好天梁挂在吊钩上,再开动卷扬机起升天梁至足够高度,用人力旋转吊杆使吊起的天梁对准已安装好的标准节,用高强螺栓连接好。

若用汽车吊或塔机安装,可在架体标准节安完后,用汽车吊或塔机提升天梁,到位后用螺栓固定。

(8) 穿绳

按图 6-21 穿好起升机构钢丝绳。点动卷扬机试验吊笼升降,确保无误。

(9) 附墙架的安装

附墙架可分两种形式,一种用制造厂配套的附墙架,另一种用 $\phi 48$ 钢管与钢管扣件根据现场的情况组装而成。厂家配套的附墙架一般分为附着杆和固定架两部分,如图 6-38 所示。固定架与架体标准节用螺栓固定连接,附着杆一端与建筑物连接,另一端用钢管扣件与固定架相连。架体中心线与建筑物的距离一般以 1.8~2.0 m 为宜。

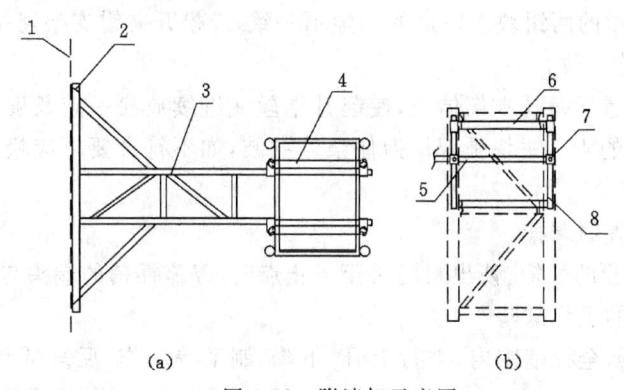

图 6-38 附墙架示意图
(a) 俯视图;(b) 正面图
1——建筑物外沿;2——预埋螺栓;3——附着杆Ⅰ;4——固定架;5——附着杆Ⅱ;
6——固定架Ⅰ;7——钢管扣件;8——固定架Ⅱ

附墙架的使用和安装应注意以下事项:

① 附墙架与建筑结构的连接应进行设计计算,附墙架与立柱及建筑物应采用刚性连接,并形成稳定结构。附墙架严禁连接在脚手架等临时设施上。附墙架的材质应达到 GB/T 700—2006 的要求,严禁使用木杆、竹竿等作附墙架。

② 安装第一道附墙架。应注意将架体垂直度随时调整到架体高度的 1.5/1 000 以内。以后每 6~9 m 设一道附墙架。架体顶部离最上一层附着架的悬高不超过 6 m。

③ 安装高度在 30 m 以内时,第一道附墙架可在 18 m 高度上,安装高度超过 30 m 时,第一道附墙架应在 6~9 m 的高度上。

④ 应提前在建筑物上预埋固定件,待混凝土达到强度要求后方可进行附墙架安装。

⑤ 附墙架安装必须牢固可靠,各连接件紧固螺栓必须旋紧。

⑥ 必须使用经纬仪调整架体垂直度小于 1.5/1 000。

⑦ 必须在需设附墙架的位置先安装附墙架后再进行架体的继续安装。

(10) 避雷

架体高度超过周围建筑物或构筑物的,应在架体顶部安装避雷针。

6.6.2.4 调试

(1) 用经纬仪测定架体的垂直度

调整到误差<1.5/1 000。

(2) 滚轮与轨道接触吻合的调整

启动卷扬机使吊笼离开缓冲装置,先调整两侧上、下 4 个滚轮的滚轮轴偏心位置,使这 4 个滚轮均与轨道(标准节主肢)的间隙处于最大时,然后通过调整另外 6 个滚轮的滚轮轴偏心位置及在滚轮后面滚轮轴上加或减垫圈的方法使这 6 个滚轮的弧面与轨道完全吻合接触,并且接触力基本一致。然后再用相同的方法调整两侧上、下 4 个滚轮,使滚轮的弧面与轨道完全吻合,且保留间隙 1~2 mm。

(3) 断绳保护装置的调整

启动卷扬机使吊笼离开缓冲装置,此时起升钢丝绳将吊笼滑轮拉至竖向槽顶部,调整该装置的传力钢丝绳并紧固好,使该装置的夹钳与轨道(标准节主肢)的间隙均保持在 3~5 mm 之间。若同一夹钳的两钳块与轨道的间隙不一致,应松开夹钳支架连接螺栓,调整支架位置,使两侧间隙保持一致。

将吊笼用停靠装置插销挂在架体上,使起升钢丝绳继续放松一定长度,模仿断绳状况,检查该装置两个夹钳的 4 个钳块是否均抱住架体主肢,如不符合要求应松开夹钳支架的连接螺栓,调整支架位置。

(4) 安全停靠装置的调整

通过调节花篮螺栓的长短,使出料门关至下止点时,停靠插销的端头与套筒端面齐平。

(5) 施工升降机的运行试验

① 在空载情况下,全程范围内,进行上升、下降、制动等动作,反复试验 3 次,检查提升系统是否运转正常、各滚轮与轨道吻合是否正常。同时进行上、下限位器灵敏度试验。

② 吊笼内加入额定载荷,进行上升、下降、制动等动作,全程范围内试验 3 次,检查运转是否正常。

③ 吊笼内加入额定载重量的 125%,载荷在吊笼内应均匀分布,进行上升、下降、制动,应运转正常,制动可靠,无下滑。金属结构不得有永久变形、可见裂纹、油漆脱落及连接松动、损坏等现象。同时试验停靠装置在各楼层位置能否将吊笼可靠定位。

④ 检查电气操纵是否灵敏可靠。

⑤ 检查载重量限制器,载荷达到>100%至 110%额载时是否停止起升动作,重复试验

3次确保灵敏可靠。

6.6.2.5 拆卸

(1) 升降机在拆卸前应对设备进行一次全面检查,在确认各部件功能正常、动作无误后,方可进行拆卸作业。拆除时必须遵守安装时所有的注意事项。

(2) 施工升降机的拆卸是安装的逆过程,由上至下进行拆除。拆卸下的高强螺栓应保存好,螺纹部分应涂防锈油备用。

(3) SS100/100施工升降机拆卸步骤如下:

① 将吊笼降落到地面,断开电源并拆除。

② 将钢丝绳从天梁上解下。

③ 利用施工现场塔机或施工升降机自备的安装吊杆拆卸天梁,然后拆卸标准节。

④ 当拆卸标准节接近附墙架时,拆卸最上一套附墙架。

⑤ 重复③④步骤,将所有标准节逐步拆除。在拆除过程中,仍始终保持标准节每隔6~9 m与建筑物的刚性附墙连接。决不允许把所有附墙架同时拆除。

⑥ 拆到最后两节标准节时,移走吊笼、撑杆。

⑦ 拆卸剩余的标准节、底架、围栏等。

6.6.3 SSD100/100型施工升降机(曳引机上置式)的安装与拆卸实例

国家标准《施工升降机》(GB/T 10054—2005)中比往年版本增加关于曳引传动的章节,因为曳引传动是将客用电梯技术应用到施工现场,其在安全、节能方面具有不可替代的优势。曳引机上置式的基本工作原理是:用3~5根钢丝绳两端分别挂有吊笼和对重块,用曳引轮的摩擦力驱动,其动力消耗为同样起重量的卷扬机牵引方式的一半。如图6-39所示,为SSD100/100型施工升降机,此类型施工升降机为曳引机上置式。下面以该施工升降机为例,介绍SSD型施工升降机的安装、拆卸和调试。

6.6.3.1 安装前的准备工作

每个升降套架平台上作业人数不得超过3人,配备工具的重量不得超过100 kg。

其他参见6.6.2.1。

6.6.3.2 安装前的检查

同6.6.2.2。

6.6.3.3 安装

(1) 底架安装。

① 将底架安放在混凝土基础上,用水准仪将安装架体标准节的四个支点(法兰盘)基本找平,水平度为1/1 000。

② 将底架用压杆与地脚螺栓锁紧。

③ 按要求将接地体打入土壤,实施保护接地。铜芯导线和底架可靠连接。接地电阻小于4 Ω。接地、避雷装置由用户按照有关电气安全标准和规定自行设置。

(2) 架体底部节安装。

先将架体基础节与第一个标准节连接好,然后安装在底架上,用高强螺栓连接好。用水平仪测量其垂直度,调整至保证主弦杆在各个方向上的垂直度不大于1.5/1 000,然后紧固基础螺栓,其预紧扭矩应达到(370±10) N·m(以下标准节连接螺栓预紧力均相同)。

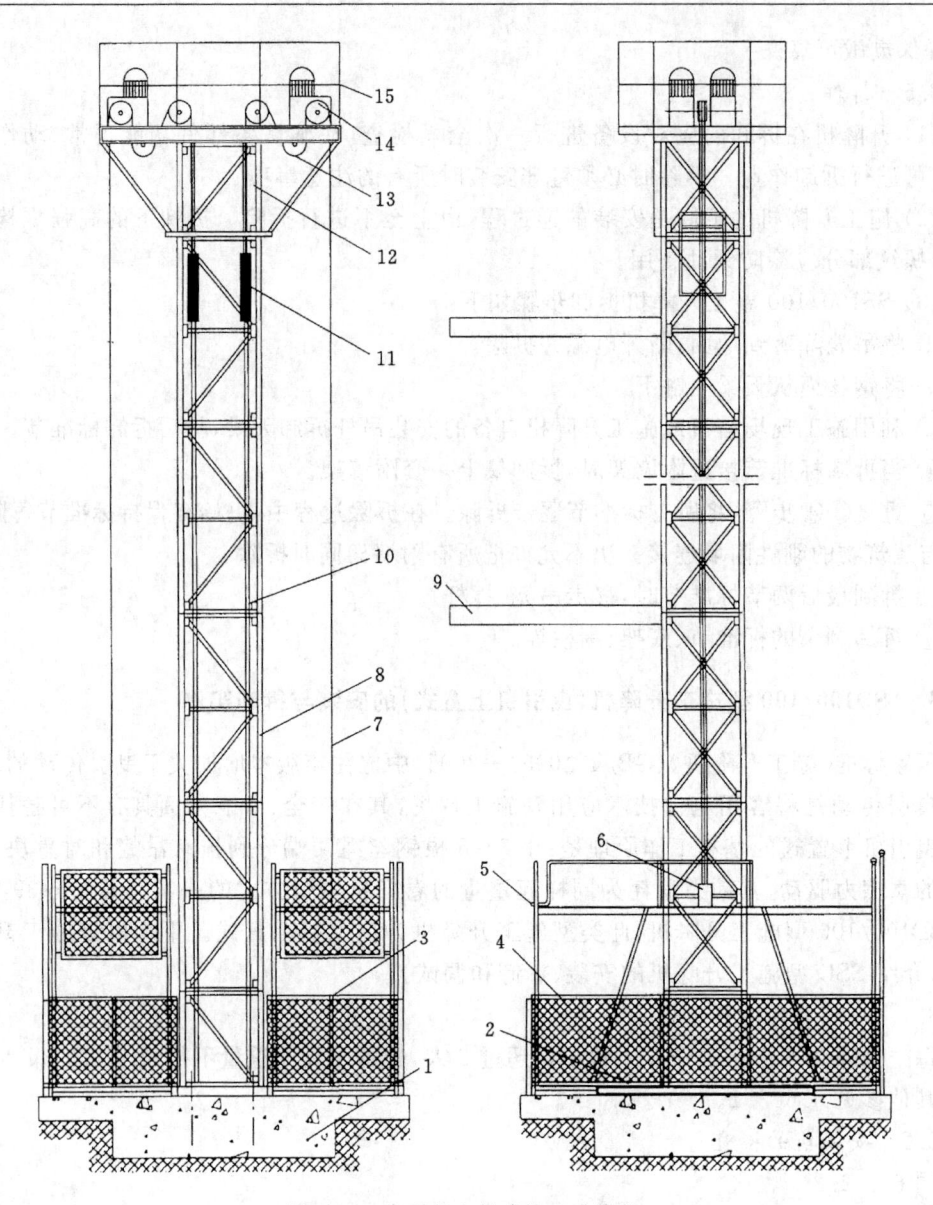

图 6-39 曳引机上置式施工升降机

1——基础；2——底座；3——围栏门；4——围栏；5——吊笼；6——防坠装置；7——钢丝绳；8——标准节；9——附墙架；
10——对重导轨；11——对重块；12——升降套架(自升平台)；13——定滑轮；14——曳引机；15——栏杆

(3) 安装升降套架(图 6-40)。

将升降套架上的导向滚轮、顶升机构、操作平台、吊杆、配电箱等装配到位。

将套架整体从已安装好的标准节上部套入标准节外围，落座时把套架支承座脚打开，使其支撑在标准节不等边角钢的横楞上。

(4) 将吊杆安装在套架立柱上，穿引好钢丝绳。

(5) 接通起吊和顶升电源。

(6) 用吊杆将标准节吊起，安装在标准节上，用螺栓紧固。

(7) 用吊杆将帽顶(图 6-41)安装到第三节标准节上。

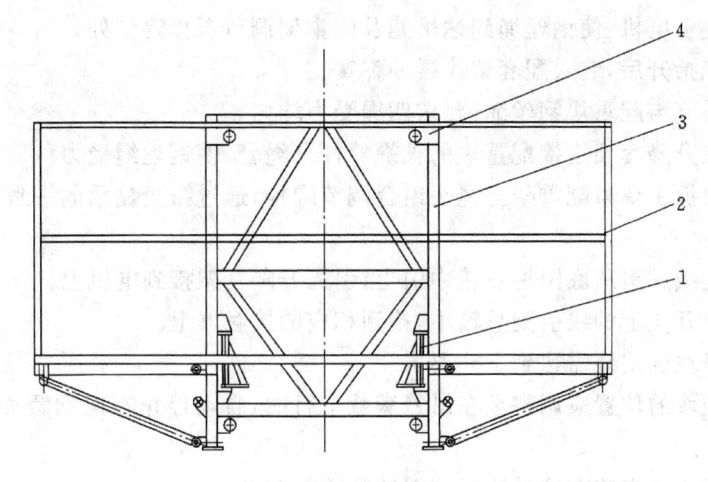

图 6-40 升降套架
1——支撑脚；2——工作平台；3——架体；4——导向滚轮

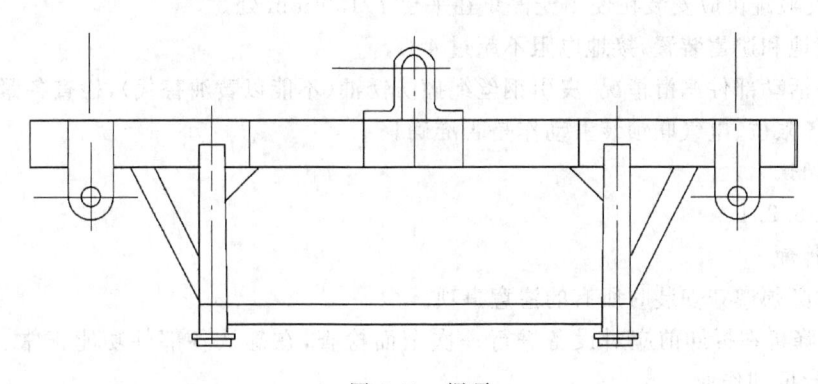

图 6-41 帽顶

(8) 将油缸伸出连接到帽顶上，通过油缸的收缩提升套架。

(9) 接高导轨架。

① 检查升降套架支承座是否稳妥地支撑在标准节角钢的横楞上，然后将帽顶和顶升油缸分开，并拆卸固定帽顶的紧固螺栓。

② 用吊杆将帽顶吊下，放到工作平台上。用吊杆从地面吊起一个标准节，旋转吊杆，把吊起的标准节放到拆掉帽顶的标准节上，用螺栓紧固。

③ 把帽顶吊起，安装到刚安装好的标准节上，用螺栓紧固，并和顶升油缸连接好。

④ 收缩顶升油缸，把升降套架支承座旋转90°收起，使升降套架爬升一个标准节的高度，把升降套架支承座旋转90°打开，使其支撑在标准节角钢的横楞上。

⑤ 重复以上步骤，逐节加高导轨架。

(10) 安装附墙架时利用吊杆起吊作业，先在标准节上安装架体前附着杆，用螺栓紧固，吊平后附着杆，略松管卡后与墙体连接，待校正标准节垂直度后紧固所有的螺栓。

(11) 拆卸两台吊笼单面导向滚轮或调大间隙，将其与标准节装配就位。

(12) 接入曳引机工作电源，并松动刹车制动器。

(13) 穿引曳引机钢丝绳，从四轮槽中引出。

(14) 点动曳引电机,使钢丝绳到达吊笼及配重架调节螺栓定位处。

(15) 将吊笼抬升后,装入配套架体缓冲弹簧。

(16) 穿连吊笼与配重块钢丝绳,要求四绳受力均匀。

(17) 松脱在升降套架连接配重块的长螺栓杆及绳套,使钢丝绳受力。

(18) 用扭力扳手调整配重架上绳头组合调节螺栓,通过扭矩显示的一致性达到四绳受力均匀的目的。

(19) 电缆主线一头从底围栏总箱中引出,引入升降套架接到电机上。

(20) 把限位开关上的线引到总箱中,接到相应的接触器上。

(21) 限位碰块的安装需达到下列要求:

① 下限位碰块的位置应调整至在吊笼满载下行时,自动停止在碰到缓冲弹簧前100～200 mm处;

② 下极限碰块应安装在使吊笼碰到缓冲弹簧前制动;

③ 上限位碰块应安装在离标准节最上方4 500 mm位置上;

④ 上极限碰块应安装在使吊笼停止在平台下150 mm处。

做好接地和避雷装置,接地电阻不超过4 Ω。

检查各活动部件润滑情况,曳引钢丝绳擦防锈油(不能以黄油替代),检查各紧固件紧固情况,检查各限位、电气联锁装置动作是否准确。

6.6.3.4 调试

参见6.6.2.4。

6.6.3.5 拆卸

拆除时必须遵守安装时所有的注意事项。

(1) 升降机在拆卸前应对设备进行一次全面检查,在确认各部件功能正常、动作无误后,方可进行拆卸作业。

(2) 施工升降机的拆卸是安装的逆过程、由上至下进行拆除。拆卸下的高强螺栓应保存好,螺纹部分应涂防锈油备用。

(3) SSD100/100型施工升降机的拆卸步骤如下:

① 将吊笼落到地面,将曳引机的电源断开。

② 接通顶升机构电源,收紧油缸,把升降套架支承座脚转90°收回。

③ 伸长顶升油缸,使升降套架下降一个标准节,把升降套架支承座回转90°打开,使其支撑在标准节角钢的横楞上。

④ 将帽顶与顶升油缸分开并拆除与标准节连接的紧固螺栓,用吊杆把帽顶吊到操作平台上,将伸出升降套架的标准节螺栓拆卸掉,用吊杆将此标准节吊到地面,然后用吊杆将帽顶吊到升降套架上的标准节上,并用螺栓将其连接好,将顶升油缸和帽顶连接好。

⑤ 重复②③④步骤,将所有标准节拆除。在拆除过程中,当拆卸标准节接近附墙架时,拆卸最上一套附墙架。必须始终保持标准节每隔6～9 m与建筑物的刚性附墙连接,决不允许把所有附墙架同时拆除。

⑥ 在拆除过程中,当配重降落到缓冲装置上后,将钢丝绳解除并收到钢丝绳架上。

⑦ 标准节拆到最后两节标准节时,移走围栏、吊笼和配重。

⑧ 拆卸剩余的两节标准节和底架。

7 施工升降机的安全使用

7.1 施工升降机的使用管理

7.1.1 施工升降机使用的技术条件

施工升降机在施工中要保证安全使用和正常运行,必须具备一定的安全技术条件。一般来说安全技术条件包括操作人员条件、设备技术条件和环境设施条件等。

(1) 操作人员的条件

从事施工升降机驾驶操作人员应当具备以下条件:

① 年满18周岁,具有初中以上的文化程度。

② 每年须进行一次身体检查,矫正视力不低于5.0,没有色盲、听觉障碍、心脏病、贫血、美尼尔症、癫痫、眩晕、突发性昏厥、断指等妨碍起重作业的疾病和缺陷。

③ 接受专门安全操作知识培训,经建设主管部门考核合格,取得建筑施工特种作业操作资格证书。

④ 首次取得证书的人员实习操作不得少于3个月。否则,不得独立上岗作业。

⑤ 持证人员必须按规定进行操作证的复审,对到期未经复审或复审不合格的人员不得继续独立操作施工升降机。

⑥ 每年应当参加不少于24小时的安全生产教育。

(2) 施工升降机的技术条件

① 施工升降机生产厂必须持有国家颁发的特种设备制造许可证。

② 施工升降机应当有监督检验证明、出厂合格证和产品设计文件、安装及使用维修说明、有关型式试验合格证明等文件,并已在产权单位工商注册所在地县级以上建设主管部门备案登记。

③ 应有配件目录及必要的专用随机工具。

④ 对于购入的旧施工升降机应有两年内完整运行记录及维修、改造资料。

⑤ 对改造、大修的施工升降机要有出厂检验合格证、监督检验证明。

⑥ 施工升降机的各种安全装置、仪器仪表必须齐全和灵敏可靠。

⑦ 有下列情形之一的施工升降机,不得使用:

a. 属国家明令淘汰或者禁止使用的;

b. 超过安全技术标准或者制造厂家规定的使用年限的;

c. 经检验达不到安全技术标准规定的;

d. 没有完整安全技术档案的;

e. 没有齐全有效的安全保护装置的。

(3) 环境设施条件

① 环境温度应当为 $-20\sim+40$ ℃。

② 顶部风速不得大于 20 m/s。

③ 电源电压值偏差应当小于 $\pm5\%$。

④ 基础周围应有排水设施,基础四周 5 m 内不得开挖沟槽,30 m 范围内不得进行对基础有较大振动的施工。

⑤ 在吊笼地面出入口处应搭设防护隔离棚,其纵距必须大于出入口的宽度,其横距应满足高处作业物体坠落规定半径范围要求。

7.1.2 施工升降机使用的管理制度

7.1.2.1 交接班制度

为使施工升降机在多班作业或多人轮班操作时,能相互了解情况、交待问题,分清责任,防止机械损坏和附件丢失,保证施工生产的连续进行,必须建立交接班制度,作为岗位责任制的组成部分。

交接班时,双方都要全面检查,做到不漏项目,交接清楚,由交方负责填写交接班记录,接方核对相符经签收后交方才能下班。

(1) 交班司机职责

① 检查施工升降机的机械、电气部分是否完好;

② 操作手柄置于零位,切断电源;

③ 本班施工升降机运转情况、保养情况及有无异常情况;

④ 交接随机工具、附件等情况;

⑤ 清扫卫生,保持清洁;

⑥ 认真填写好设备运转记录和交接班记录。

(2) 接班司机职责

① 认真听取上一班司机工作情况介绍;

② 仔细检查施工升降机各部件完好情况;

③ 使用前必须进行空载试验运转,检查限位开关、紧急开关等是否灵敏可靠,如有问题应及时修复后方可使用,并做好记录。

(3) 交接班记录内容

交接班记录具体内容和格式,见表 7-1。交接记录簿由机械管理部门于月末更换,收回的记录簿是设备使用的原始记录,应保存备查。机长应经常检查交接班制度的执行情况,并作为司机日常考核的依据。

7.1.2.2 三定制度

施工升降机的使用必须贯彻"管、用、养结合"和"人机固定"的原则,实行定人、定机、定岗位的"三定"岗位责任制,也就是每台施工升降机有专人操作、维护与保管。实行岗位责任制,根据施工升降机使用类型的不同,可采取下列两种形式:

(1) 施工升降机由单人驾驶的,应明确其为机械使用负责人,承担机长职责。

(2) 多班作业或多人驾驶的施工升降机,应任命一人为机长,其余为机员。机长选定后,应由施工升降机的使用或所有单位任命,并保持相对稳定,一般不轻易作变动。在设备内部调动时,最好随机随人。

表 7-1　　　　　　　　　施工升降机交接班记录表

工程名称		使用单位	
设备型号		备案登记号	
时间	年 月 日 时 分		
检查结果代号说明	√=合格　O=整改后合格　×=不合格　无=无此项		

序号	检查项目	检查结果	备注
1	施工升降机通道无障碍物		
2	地面防护围栏门、吊笼门机电联锁完好		
3	各限位挡板位置无移动		
4	各限位器灵敏可靠		
5	各制动器灵敏可靠		
6	清洁良好		
7	润滑充足		
8	各部件紧固无松动		
9	其他		

故障及维修记录:

交班司机签名:	接班司机签名:

7.1.2.3　岗位责任制

施工升降机使用得正常与否,决定于司机的高度责任心和熟练的操作技术。从人和设备的关系上来看,一方面人是设备的创造者和操作者,另一方面在生产过程中,人又为设备本身的运转规律所支配。因此,在设备使用过程中,必须有熟悉和掌握设备运转、操作、维修的技术人员和相应管理人员,才能使机械设备处于完好状态,充分发挥其效能。

司机的岗位责任制,就是把施工升降机的使用和管理的责任落实到具体人员身上,也就是把人与机的关系相对固定下来,由他们负责操作、维护、保养和保管,在使用过程中对机械技术状况和使用效率全面负责,以增强司机爱护机械设备的责任心,有利于司机熟悉机械特性,熟练掌握操作技术,合理使用机械设备,提高机械效率,确保安全生产。

(1) 机长职责

机长是机组的负责人和组织者,其主要职责是:

① 指导机组人员正确使用施工升降机,充分发挥机械效能,努力完成施工生产任务等

各项技术经济指标,确保安全作业;

② 带领机组人员坚持业务学习,不断提高业务水平,模范地遵守操作规程和有关安全生产的规章制度;

③ 检查、督促机组人员共同做好施工升降机的维护保养,保证机械和附属装置及随机工具整洁、完好,延长设备的使用寿命;

④ 督促机组人员认真落实交接班制度。

(2) 施工升降机司机职责

司机在机长带领下除协助机长工作和完成施工生产任务外,还应做好下列工作:

① 严格遵守施工升降机安全操作规程,严禁违章作业;

② 认真做好施工升降机作业前的检查、试运转工作;

③ 及时做好班后整理工作,认真填写试车检查记录、设备运转记录;

④ 严格遵守施工现场的安全管理的相关规定;

⑤ 做好施工升降机的调整、紧固、清洁、润滑、防腐等维护保养工作;

⑥ 及时处理和报告施工升降机的故障及安全隐患。

(3) 指导司机、实习司机的岗位职责

① 指导司机的职责:

a. 实习司机开车时,指导司机必须在旁监护;

b. 指导实习司机按规定程序操作;

c. 及时提醒实习司机减速、制动和停车等;

d. 监护观察实习司机的精神状态,出现紧急情况而实习司机未操作时,指导司机应及时采取措施,对施工升降机进行安全操作。

② 实习司机的职责:

a. 尊敬师傅,接受分配的工作,未经师傅许可,不准擅自操作和启动施工升降机;

b. 遵守安全操作规程,在师傅指导下,努力学习操作和保养等技术技能;

c. 协助机长和师傅填写使用记录。

7.1.2.4 施工升降机安全技术检查制度

(1) 日常检查

设备日常检查为每日强制检修制项目,时间为每日交接班时或上、下班时。

设备日常检查应做好设备的清洁、润滑、调整、紧固工作。检查设备零部件是否完整、设备运转是否正常,有无异常声响、漏油、漏电等现象。维护和保持设备状态良好,保证设备正常运转。施工升降机司机应按使用说明书及表 7-2 的要求对施工升降机进行检查,并对检查结果进行记录,发现问题应向使用单位报告。

(2) 月检查

月检查由维修工人或设备管理技术人员按规定的检查周期对设备进行检查,检查除对日常检查的部位进行检查外,着重对设备的机械性能和安全状况进行检查。使用单位应每月组织专业技术人员按表 7-3 对施工升降机进行检查,并对检查结果进行记录。

(3) 不定期检查

不定期检查主要指季节性及节假日前后的检查。针对气候特点(如冬季、夏季、雨季等)可能给设备带来的危害和节假日(主要指元旦、劳动节、国庆节、春节)前后职工纪律松懈、思想麻痹的特点,进行季节性及节假日前后针对性的专项检查。当遇到可能影响施工升降机安全技术性能的自然灾害、发生设备事故或停工 6 个月以上时,应对施工升降机重新组织检查验收。

表 7-2　　　　　　　　　施工升降机每日使用前检查表

工程名称		工程地址	
使用单位		设备型号	
租赁单位		备案登记号	
检查日期		年　月　日	

检查结果代号说明　　　√=合格　O=整改后合格　×=不合格　无=无此项

序号	检 查 项 目	检查结果	备注
1	外电源箱总开关、总接触器正常		
2	地面防护围栏门及机电联锁正常		
3	吊笼、吊笼门和机电联锁操作正常		
4	吊笼顶紧急逃生门正常		
5	吊笼及对重通道无障碍物		
6	钢丝绳连接、固定情况正常,各曳引钢丝绳松紧一致		
7	导轨架连接螺栓无松动、缺失		
8	导轨架及附墙架无异常移动		
9	齿轮、齿条啮合正常		
10	上、下限位开关正常		
11	极限限位开关正常		
12	电缆导向架正常		
13	制动器正常		
14	电机和变速箱无异常发热及噪声		
15	急停开关正常		
16	润滑油无泄漏		
17	警报系统正常		
18	地面防护围栏内及吊笼顶无杂物		

发现问题：

维修详情：

司机签名：

施工升降机

表 7-3 施工升降机每月检查表

设备型号		备案登记号	
工程名称		工程地址	
设备生产厂		出厂编号	
出厂日期		安装高度	
安装负责人		安装日期	
检查结果代号说明		√＝合格　O＝整改后合格　×＝不合格　无＝无此项	

名称	序号	检查项目	要求	检查结果	备注
标志	1	统一编号牌	应设置在规定位置		
	2	警示标志	吊笼内应有安全操作规程,操纵按钮及其他危险处应有醒目的警示标志,施工升降机应设限载和楼层标志		
基础和围护设施	3	地面防护围栏门联锁保护装置	应装机电联锁装置。吊笼位于底部规定位置时,地面防护围栏门才能打开。地面防护围栏门开启后吊笼不能启动		
	4	地面防护围栏	基础上吊笼和对重升降通道周围应设置地面防护围栏,高度不小于 1.8 m		
	5	安全防护区	当施工升降机基础下方有施工作业区时,应加设对重坠落伤人的安全防护区及其安全防护措施		
	6	电缆收集筒	固定可靠、电缆能正确导入		
	7	缓冲弹簧	应完好		
金属结构件	8	金属结构件外观	无明显变形、脱焊、开裂和锈蚀		
	9	螺栓连接	紧固件安装准确、紧固可靠		
	10	销轴连接	销轴连接定位可靠		
	11	导轨架垂直度	架设高度 h/m　　　垂直度偏差/mm $\leqslant 70$　　　　　$\leqslant (1/1\,000)h$ $70 < h \leqslant 100$　　$\leqslant 70$ $100 < h \leqslant 150$　$\leqslant 90$ $150 < h \leqslant 200$　$\leqslant 110$ > 200　　　　$\leqslant 130$ 对钢丝绳式施工升降机,垂直度偏差不大于 $(1.5/1\,000)h$		
吊笼及层门	12	紧急逃离门	应完好		
	13	吊笼顶部护栏	应完好		
	14	吊笼门	开启正常,机电联锁有效		
	15	层门	应完好		
传动及导向	16	防护装置	转动零部件的外露部分应有防护罩等防护装置		
	17	制动器	制动性能良好,有手动松闸功能		
	18	齿轮齿条啮合	齿条应有 90% 以上的计算宽度参与啮合,且与齿轮的啮合侧隙应为 0.2～0.5 mm		
	19	导向轮及背轮	连接及润滑应良好,导向灵活,无明显倾侧现象		
	20	润滑	无漏油现象		

7 施工升降机的安全使用

续表 7-3

附着装置	21	附墙架	应采用配套标准产品	
	22	附着间距	应符合使用说明书要求	
	23	自由端高度	应符合使用说明书要求	
	24	与构筑物连接	应牢固可靠	
安全装置	25	防坠安全器	应在有效标定期限内使用	
	26	防松绳开关	应有效	
	27	安全钩	应完好有效	
	28	上限位	安装位置：提升速度 $v<0.8$ m/s 时，留有上部安全距离应 $\geqslant 1.8$ m；$v\geqslant 0.8$ m/s 时，留有上部安全距离(m)应 $\geqslant 1.8+0.1v^2$	
	29	上极限开关	极限开关应为非自动复位型，动作时能切断总电源，动作后须手动复位才能使吊笼启动	
	30	越程距离	上限位和上极限开关之间的越程距离应不小于 0.15 m	
	31	下限位	应完好有效	
	32	下极限开关	应完好有效	
	33	紧急逃离门安全开关	应有效	
	34	急停开关	应有效	
电气系统	35	绝缘电阻	电动机及电气元件(电子元器件部分除外)的对地绝缘电阻应不小于 0.5 MΩ，电气线路的对地绝缘电阻应不小于 1 MΩ	
	36	接地保护	电动机和电气设备金属外壳均应接地，接地电阻应不大于 4 Ω	
	37	失压、零位保护	应有效	
	38	电气线路	排列整齐，接地、零线分开	
	39	相序保护装置	应有效	
	40	通讯联络装置	应有效	
	41	电缆与电缆导向	电缆完好无破损，电缆导向架按规定设置	
对重和钢丝绳	42	钢丝绳	应规格正确，且未达到报废标准	
	43	对重导轨	接缝平整，导向良好	
	44	钢丝绳端部固结	应固结可靠。绳卡规格应与绳径匹配，其数量不得少于 3 个，间距不小于绳径的 6 倍，滑鞍应放在受力一侧	

检查结论：

租赁单位检查人签字：
使用单位检查人签字：
日　期：　　年　　月　　日

注：对不符合要求的项目应在备注栏具体说明，对要求量化的参数应填实测值。

(4) 年度检审

根据国家有关规定,特种设备使用超过一定年限,每年必须经有相应资质的检验检测机构监督检验合格,才可以正常使用。

7.2 施工升降机的安全操作

7.2.1 操作前的安全检查

(1) 作业前,应当检查以下事项:

① 检查导轨架等金属结构有无变形,连接螺栓有无松动,节点有无裂缝、开焊等情况。

② 检查附墙是否牢固,接料平台是否平整,各层接料口的栏杆和安全门是否完好,联锁装置是否有效,安全防护设施是否符合要求。

③ 检查钢丝绳固定是否良好,对断股断丝是否超标进行检查。

④ 查看吊笼和对重运行范围内有无障碍物等,司机的视线应清晰良好。

⑤ 对于 SS 型施工升降机,检查钢丝绳、滑轮组的固结情况;检查卷筒的绕绳情况,发现斜绕或叠绕时,应松绳后重绕。

(2) 启动前,应当检查以下事项:

① 电源接通前,检查地线、电缆是否完整无损,操纵开关是否置于零位。

② 电源接通后,检查电压是否正常、机件有无漏电、电器仪表是否灵敏有效。

③ 进行以下操作,检查安全开关是否有效,应当确保此时吊笼等均不能启动:

a. 打开围栏门;

b. 打开吊笼单开门;

c. 打开吊笼双开门;

d. 打开顶盖紧急出口门;

e. 触动防断绳安全开关;

f. 按下紧急制动按钮。

④ 信号及通讯装置的使用效果是否良好清晰。

(3) 进行空载运行,检查上、下限位开关,极限开关及其碰铁是否有效、可靠、灵敏。

(4) 负载运行,检查制动器的可靠性和架体的稳定性。

(5) 检查各润滑部位,应润滑良好。如润滑情况差,应及时进行润滑;油液不足应及时补充润滑油。

7.2.2 定期检查

施工升降机的定期检查应每月进行一次,主要检查以下内容:

(1) 金属结构有无开焊、锈蚀、永久变形。

(2) 架体及附墙架各节点的螺栓紧固情况。

(3) 驱动机构(SS 型的卷扬机、曳引机)制动器、联轴器磨损情况,减速机和卷筒的运行情况。

(4) 钢丝绳、滑轮的完好性及润滑情况。

(5) 附墙架、电缆架有无松动。
(6) 安全装置和防护设施有无缺损、失灵。
(7) 电机及减速机有无异常发热及噪声。
(8) 电缆线有无破损或老化。
(9) 电气设备的接零保护和接地情况是否完好。
(10) 进行断绳保护装置的可靠性、灵敏度试验。

7.2.3 施工升降机的安全使用要求

(1) 施工升降机司机必须经过有关部门专业培训,考核合格后取得特种作业人员操作资格证书,持证上岗,不得无证操作。使用单位应对施工升降机司机进行书面安全技术交底,交底资料应留存备查。

(2) 施工升降机额定载重量、额定乘员数标牌应置于吊笼醒目位置。严禁在超过额定载重量或额定乘员数的情况下使用施工升降机。

(3) 当电源电压值与施工升降机额定电压的偏差超过±5%,或供电总功率小于施工升降机的规定值时,不得使用施工升降机。

(4) 应在施工升降机作业范围内设置明显的安全警示标志,应在集中作业区做好安全防护。

(5) 当建筑物超过2层时,施工升降机地面通道上方应搭设防护棚。当建筑物高度超过24 m时,应设置双层防护棚。

(6) 使用单位应根据不同的施工阶段、周围环境、季节和气候,对施工升降机采取相应的安全防护措施。

(7) 使用单位应在现场设置相应的设备管理机构或配备专职的设备管理人员,并指定专职设备管理人员、专职安全生产管理人员进行监督检查。

(8) 当遇大雨、大雪、大雾、施工升降机顶部风速大于20 m/s及导轨架、电缆表面结有冰层时,不得使用施工升降机。

(9) 严禁用行程限位开关作为停止运行的控制开关。

(10) 使用期间,使用单位应按使用说明书的要求对施工升降机定期进行保养。

(11) 在施工升降机基础周边水平距离5 m以内,不得开挖井沟,不得堆放易燃易爆物品及其他杂物。

(12) 施工升降机运行通道内不得有障碍物。不得利用施工升降机的导轨架、横竖支承、层站等牵拉或悬挂脚手架、施工管道、绳缆标语、旗帜等。

(13) 施工升降机安装在建筑物内部井道中时,应在运行通道四周搭设封闭屏障。

(14) 安装在阴暗处或夜班作业的施工升降机,应在全行程装设明亮的楼层编号标志灯。夜间施工时作业区应有足够的照明,照明应满足现行行业标准《施工现场临时用电安全技术规范》(JGJ 46—2005)的要求。

(15) 施工升降机不得使用脱皮、裸露的电线、电缆。

(16) 施工升降机吊笼底板应保持干燥整洁。各层站通道区域不得有物品长期堆放。

(17) 施工升降机司机严禁酒后作业。工作时间内司机不应与其他人员闲谈,不应有妨碍施工升降机运行的行为。

(18) 施工升降机司机应遵守安全操作规程和安全管理制度。

(19) 实行多班作业的施工升降机,应执行交接班制度,交班司机应按表7-1填写交接班记录表。接班司机应进行班前检查,确认无误后,方可开机作业。不得使用有故障的施工升降机。

(20) 施工升降机每天第一次使用前,司机应将吊笼升离地面1～2 m,停车试验制动器的可靠性。当发现问题,应经修复合格后方可运行。严禁施工升降机使用超过有效标定期的防坠安全器。

(21) 施工升降机每3个月应进行1次1.25倍额定载重量的超载试验,确保制动器性能安全可靠。

(22) 工作时间内司机不得擅自离开施工升降机。当有特殊情况需离开时,应将施工升降机停到最底层,关闭电源,锁好吊笼门,并挂上有关告示牌。

(23) 操作手动开关的施工升降机时,不得利用机电联锁开动或停止施工升降机。

(24) 层门门栓宜设置在靠施工升降机一侧,且层门应处于常闭状态。未经施工升降机司机许可,不得启闭层门。

(25) 施工升降机专用开关箱应设置在导轨架附近便于操作的位置,配电容量应满足施工升降机直接启动的要求。

(26) 散状物料运载时应装入容器、进行捆绑或使用织物袋包装,堆放时应使荷载分布均匀。

(27) 运载熔化沥青、强酸、强碱、溶液、易燃物品或其他特殊物料时,应由相关技术部门做好风险评估和采取安全措施,且应向施工升降机司机、相关作业人员书面交底后方能载运。

(28) 当使用搬运机械向施工升降机吊笼内搬运物料时,搬运机械不得碰撞施工升降机。卸料时,物料放置速度应缓慢。

(29) 当运料小车进入吊笼时,车轮处的集中荷载不应大于吊笼底板和层站底板的允许承载力。

(30) 吊笼上的各类安全装置应保持完好有效。经过大雨、大雪、台风等恶劣天气以后应对各安全装置进行全面检查,确认安全有效后方能使用。

(31) 当在施工升降机运行中发现异常情况时,应立即停机,直到排除故障后方能继续运行。

(32) 当在施工升降机运行中由于断电或其他原因中途停止时,可进行手动下降。吊笼手动下降速度不得超过额定运行速度。

(33) 司机应监督施工升降机的负荷情况,当超载、超重时,应当停止施工升降机的运行。

(34) 当物件装入吊笼后,首先应检查物件有无伸出吊笼外情况,应特别注意装载位置,确保堆放稳妥,防止物件倾倒。

(35) 物体不得伸出、阻挡吊笼上的紧急出口,平时正常行驶时应将紧急出口关闭。

(36) 施工升降机运行时,人员的头、手等身体任何部位严禁伸出吊笼。

(37) 在等候载物或人员时,应当监督他人不得站在吊笼和卸料平台之间,应站在吊笼内,或在卸料平台等候。

(38) 如有人在导轨架上或附墙架上作业时,不得开动施工升降机,当吊笼升起时严禁有人进入地面防护围栏内。

(39) 吊笼启动前必须鸣铃示意。

(40) 在施工升降机未切断电源前,司机不得离开工作岗位。

(41) 施工升降机在正常运行时,严禁把极限开关手柄脱离挡铁,使其失效。

(42) 驾驶施工升降机时,必须用手操纵手柄开关或按钮开关,不得用身体其他部位代替手来操纵。严禁利用物品吊在操纵开关上或塞住控制开关,开动施工升降机上下行驶。

(43) 施工升降机在运行时,禁止揩拭、清洁、润滑和修理机件。

(44) 施工升降机向上行驶至最上层站时,应注意及时停止行驶,以防吊笼冲顶。满载向下行驶至最底层站时,也应注意及时停止行驶,以防吊笼下冲底座。

(45) 施工升降机在行驶中停层时,应注意层站位置,不能将上下限位块作为停层开关,不能用打开单行门和双行门来停机。在转换运行方向时,应先把开关打到停止位置,待施工升降机停稳后,再换反向位置,不能换向太快,以防损坏电气、机械部件,造成危险。

(46) 在施工升降机运行中或吊笼未停妥前,不可开启单行门和双行门。对于 SS 型货用施工升降机,当安全停靠装置没有固定好吊笼时,严禁任何人员进入吊笼;吊笼安全门未关好或人未走出吊笼时,不得升降吊笼。

(47) 吊笼内应配置灭火器,放置平稳,便于取用。

(48) 作业中无论任何人发出紧急停车信号,均应立即执行。

(49) 司机发现施工升降机在行驶中出现故障时,不得随意对施工升降机进行检修,应当及时通知维修人员进行维修。维修时应协助维修人员工作,不能随便离开工作岗位。

(50) 闭合电源前或作业中突然停电时,应将所有开关扳回零位。在重新恢复作业前,应在确认升降机动作正常后方可继续使用。

(51) 发生故障或维修保养必须停机,切断电源后方可进行,并在醒目处挂"正在检修,禁止合闸"的标志,现场须有人监护。

(52) 作业结束后应将施工升降机返回最底层停放,将各控制开关拨到零位,切断电源,锁好开关箱、吊笼门和地面防护围栏门。

(53) 钢丝绳式施工升降机的使用还应符合下列规定:

① 钢丝绳应符合现行国家标准《起重机 钢丝绳 保养、维护、安装、检验和报废》(GB/T 5972—2009)的规定;

② 施工升降机吊笼运行时钢丝绳不得与遮掩物或其他物件发生碰触或摩擦;

③ 当吊笼位于地面时,最后缠绕在卷扬机卷筒上的钢丝绳不应少于 3 圈,且卷扬机卷筒上钢丝绳应无乱绳现象;当重叠或叠绕时,应停机重新排列,严禁在转动中手拉、脚踩钢丝绳;

④ 卷扬机工作时,卷扬机上部不得放置任何物件;

⑤ 不得在卷扬机、曳引机运转时进行清理或加油;

⑥ 提升钢丝绳运行中不得拖地和被水浸泡;必须穿越主要干道时,应挖沟槽并加保护措施;严禁在钢丝绳穿行的区域内堆放物料。

7.2.4　施工升降机操作的一般步骤

(1) 熟悉使用说明书

当接管从未操作过的施工升降机或新出厂第一次使用的施工升降机,首先须认真阅读该机的使用说明书,了解施工升降机的结构特点,熟悉使用性能和技术参数,掌握操作程序、安全使用规定和维护保养要求。

(2) 熟悉操作台面板

如图 7-1 所示,通常情况下施工升降机的操纵台面板上配有启动、急停、警铃等按钮,安装了操作手柄,可操作吊笼上升、下降,并配有电压表、电源锁、照明开关以及电源、常规、加节指示灯等。施工升降机司机应当按说明书的内容逐项熟悉并掌握施工升降机的部件、机构、安全装置和操纵台以及操作面板上各类按钮、仪表、指示灯的作用。

(a)

(b)

图 7-1　操作台面板
(a)操纵台面板实物图;(b)操纵台面板示意图

① 电源锁,打开后控制系统将通电;

② 电压表,供查看供电电压是否稳定;

③ 启动按钮,按下后主回路供电;

④ 操作手柄,控制吊笼向上或向下运行;

⑤ 电铃按钮,按下后发出警示铃声信号;
⑥ 急停按钮,按下后切断控制系统电源;
⑦ 照明开关,控制驾驶室照明;
⑧ 电源指示灯,显示控制电路通断情况;
⑨ 常规指示灯,显示设备处于正常工作状态;
⑩ 加节指示灯,显示施工升降机正处于加节安装工作状态。

(3) SC 型施工升降机正常驾驶的步骤

① 依次打开防护围栏门、吊笼门,进入吊笼。

② 确认吊笼内的极限开关手柄置于中间位置,确认操纵台上的紧急制动按钮处于打开状态,升降操纵手柄置于中间位置。

③ 把围栏门上电源箱的电源开关置于"合"或"ON"位置,接通电源。

④ 依次关闭围栏门、吊笼单行门、双行门等。

⑤ 观察电压表,确认电源电压正常稳定。

⑥ 用钥匙打开控制电源。

⑦ 按下启动按钮,使控制电路通电。

⑧ 在运行前先按电铃按钮开关发出开车信号,然后操纵手柄,使施工升降机吊笼向上或向下运行。

⑨ 进行空载试运转,确认制动器、安全限位装置灵敏有效。

⑩ 吊笼行至接近停层站时,按下停止按钮开关,吊笼即停该层。如出现平层不准确时,可继续开动吊笼调整位置,使吊笼达到准确的平层。

⑪ 在运行中如果发生电气失控或遇异常情况时,立即按下急停按钮开关,切断控制电路电源,吊笼则立即停止运行。故障排除后,将急停按钮开关复位,按下总电源按钮,即可正常运行。

⑫ 安装拆卸施工升降机或对其进行维护保养时,应把笼顶操纵盒上的"加节/运行"开关拧到"加节"位置,并在吊笼顶上进行操作。

⑬ 当操作变频高速施工升降机经过变速碰块而不变速时,必须马上人工变速,即将操作手柄置于低速挡或零位,直至停车检查限位开关正常,变速碰块安装位置正确。正常操作也应注意控制运行速度,只有行程足够远时才可开到高速,即手柄打到较大角度位置。当吊笼将要达到目的地时,将手柄打到低速挡,使速度降下来之后再停车,保证就位准确。当楼层不高、行程不远时,司机必须根据实际情况把运行速度控制在低速或中速,以保证安全和就位准确。

⑭ 司机离开驾驶室时,应将钥匙开关锁上,切断总电源开关,并将吊笼门锁死。

(4) SS 型货用施工升降机正常驾驶步骤

① 在操作前,司机应首先按要求进行班前检查。

② 送电后,进行空载试运转,无异常后,方可正常作业。

③ 物料进入吊笼内,笼门关闭后,发出音响信号示意,按下上升按钮使吊笼向上运行。

④ 运行到某一指定接料平台处,按下停止按钮,吊笼停止。

⑤ 待物料推出吊笼外,笼门关闭后,发出音响信号示意,按下下降按钮使吊笼向下运行,运行到地面,按下停止按钮,吊笼停止,完成一个操作过程。

(5) 施工升降机的使用记录

施工升降机在使用过程中必须认真做好使用记录,使用记录一般包括运行记录、维护保养记录、交接记录和其他内容。

7.2.5 作业结束后的安全要求

(1) 施工升降机工作完毕后停驶时,司机应将吊笼停靠至地面层站。

(2) 司机应将控制开关置于零位,切断电源开关。

(3) 司机在离开吊笼前应检查一下吊笼内外情况,做好清洁保养工作,熄灯并切断控制电源。

(4) 司机离开吊笼后,应将吊笼门和防护围栏门关闭严实,并上锁。

(5) 切断施工升降机专用电箱电源和开关箱电源。

(6) 如装有空中障碍灯时,夜间应打开障碍灯。

(7) 当班司机要写好交接班记录,进行交接班。

7.2.6 出现异常情况的操作要求

(1) 当施工升降机的吊笼门和防护围栏门关闭后,如吊笼不能正常起动时,应随即将操纵开关复位,防止电动机缺相或制动器失效,而造成电动机损坏。

(2) 在吊笼门和防护围栏门没有关闭情况下,吊笼仍能起动运行,应立即停止使用,进行检修。

(3) 施工升降机在运行中,如果电源突然中断,应使所有操纵开关恢复停止的原始位置。电源恢复后,应检查所有操纵开关位置后方可重新驾驶。

(4) 吊笼在行驶中或停层时,出现失去控制的现象时,应立即按下急停开关,切断控制回路电源,使吊笼停止运行,由专业人员进行检修。

(5) 当施工升降机在运行时,如果发现有异常的噪声、振动和冲击等现象,应立即停止使用,通知维修人员查明原因。

(6) 吊笼在正常载荷下,停层时出现明显下滑现象时,应停用检修。

(7) 当接触到施工升降机的任何金属部件时,如有漏电现象,应立即切断施工升降机的电源进行检修。

(8) 施工升降机在正常运载条件、正常行驶速度下,防坠安全器发生动作而使吊笼制动时,应由专业维修人员及时检修。

(9) 当发现电气零件及接线发出焦热的异味时,施工升降机应立即停止使用,进行检修。

7.2.7 紧急情况下的操作要求

在施工升降机使用过程中,有时会发生一些紧急情况,此时司机首先要保持镇静,维持好吊笼内乘员的秩序,迅速采取一些合理有效的应急措施,等待维修人员排除故障,尽可能地避免事故,减少损失。

(1) 吊笼在运行中突然断电

吊笼在运行中突然断电时,司机应立即关闭吊笼内控制箱的电源开关,切断电源。紧急情况下可立即拉下极限开关臂杆切断电源,防止突然来电时发生意外,然后与地面或楼层上有关人员联系,判明断电原因,按照以下方法处置,千万不能图省事,与乘员一起攀爬导轨架、附墙架或防护栏杆等进入楼层,以防坠落造成人身伤害事故。

① 若短时间停电,可让乘员在吊笼内等待,待接到来电通知后,合上电源开关,经检查机械正常后才可启动吊笼。

② 若停电时间较长且在层站上时,应及时撤离乘员,等待来电;若不在层站上时,应由专业维修人员进行手动下降到最近层站撤离乘员,然后下降到地面等待来电。

③ 若因故障造成断电且在层站上时,应及时撤离乘员,等待维修人员检修;若不在层站上时,应由专业维修人员进行手动下降到最近层站撤离乘员,然后下降到地面进行维修。

④ 若因电缆扯断而断电,应当关注电缆断头,防止有人触电。若吊笼停在层站上时,应及时撤离乘员,等待维修人员检修;若不在层站上时,应由专业维修人员进行手动下降到最近层站撤离乘员,然后下降到地面进行维修。

(2) 吊笼发生失火

当吊笼在运行中途突然遇到电气设备或货物发生燃烧,司机应立即停止施工升降机的运行,及时切断电源,并用随机备用的灭火器来灭火。然后,报告有关部门和抢救受伤人员,撤离所有乘员。

使用灭火器时应注意,在电源未切断之前,应用1211、干粉、二氧化碳等灭火器来灭火;待电源切断后,方可用酸碱、泡沫等灭火器及水来灭火。

(3) 发生坠落事故

当施工升降机在运行中发生吊笼坠落事故时,司机应保持镇静,及时稳定乘员的情绪。同时,应告诉乘员,将脚跟提起,使全身重量由脚尖支持,身体下蹲,并用手扶住吊笼,或抱住头部,以防吊笼因坠落而发生伤亡事故。如吊笼内载有货物,应将货物扶稳,以防倒下伤人。

若安全器动作并把吊笼制停在导轨架上,应及时与地面或楼层上有关人员联系,由专业维修人员登机检查原因。

① 若因货物超载造成坠落,则由维修人员对安全器进行复位,然后由司机合上电源,启动吊笼上升约 30~40 cm 使安全器完全复位,然后让吊笼停在距离最近的层站上,卸去超载的货物后,施工升降机可继续使用。

② 如因机械故障造成坠落,而一时又不能修复的,应在采取安全措施的情况下,有组织地向最近楼层撤离乘员,然后交维修人员修理。

在安全器进行机械复位后,一定要启动吊笼上升一段行程使安全器脱挡,进行完全复位,因为马上下降吊笼易发生机械故障;另外,在不能及时修复时,撤离乘员的安全措施必须由工地负责制订和实施。

(4) 吊笼越程冲顶

所谓吊笼冲顶是指施工升降机在运行过程中吊笼越过上限位、上极限限位,冲击天轮架,甚至击毁天轮架,使吊笼脱离导轨架从高处坠落。

施工升降机使用过程中若发生吊笼冲顶事故,司机一定要镇静应对,防止乘员慌乱而造成更大的事故后果。

① 在吊笼的上限位开关碰到限位挡铁时,该位置的上部导轨架应有 1.8 m 的安全距

离,当发现吊笼越程时,司机应及时按下红色急停按钮,让吊笼停止上升;如不起作用吊笼继续上升,则应立即关闭极限开关,切断控制箱内电源,使吊笼停止上升。吊笼停止后,用手动下降方法,使吊笼下降,让乘员在最近层站撤离,然后下降吊笼到地面站,交由专业维修人员进行修理。

② 当吊笼冲击天轮架后停住不动,司机应及时切断电源,稳住乘员的情绪,然后与地面或楼层上有关人员联系,等候维修人员上机检查;如施工升降机无重大损坏即可用手动下降方法,使吊笼下降,让乘员在最近层站撤离,然后下降到地面站进行维修。

③ 当吊笼冲顶后,仅靠安全钩悬挂在导轨架上,此种情况最危险,司机和乘员一定要镇静,严禁在吊笼内乱动、乱攀爬,以免吊笼翻出导轨架而造成坠落事故。此时要及时向临近的其他人员发出求救信号,等待救援人员施救。救援人员应根据现场情况,尽快采取最安全和有效的应急方案,在有关方面统一指挥下,有序地进行施救。

救援过程中一定要先固定住吊笼,然后撤离人员。救援人员动作一定要轻,尽量保持吊笼的平稳,避免受到过度冲击或振动,使救援工作稳步有序进行。

(5) SS 型施工升降机吊笼在运行时,钢丝绳突然被卡住

吊笼在运行中钢丝绳突然被卡住时,司机应及时按下紧急断电开关,使卷扬机停止运行,向周围人员发出示警,把各控制开关置于零位,关闭控制箱内电源开关,并启动安全停靠装置,然后通知专业维修人员,交由专业维修人员对施工升降机进行维修。专业维修人员到达前,司机不得离开现场。

7.3 施工升降机作业过程中的检查

施工升降机在使用过程中,司机可以通过听、看、试等方法及早发现施工升降机的各类故障和隐患,通过及时检修和维护保养,可以避免施工升降机零部件的损坏或损坏程度的扩大,避免事故的发生。

7.3.1 防护围栏及基础的检查

施工升降机作业过程中对防护围栏及基础检查的内容、方法和要求见表 7-4。

表 7-4　　　　　　　　　　防护围栏及基础检查表

序号	检查项目	存在的问题	检查方法和要求
1	防护围栏内杂物和建筑垃圾	防护围栏内常有木条、砖块、短钢筋等杂物;楼层清理垃圾时大量垃圾堆积在防护围栏内,埋没缓冲弹簧,甚至堆积到吊笼无法停层到位	(1) 每天启动吊笼前检查防护围栏内有无杂物。 (2) 在使用过程中经常检查围栏内有无杂物,发现杂物必须及时清理,尤其是较大物件,必须清理后才能使用
2	基础内积水	下雨或施工过程造成积水	(1) 下雨后或施工中,检查基础是否积水,如有积水应及时扫除。 (2) 如由于无排水沟造成积水,应及时向有关部门反映设置排水沟等出水系统

7.3.2 吊笼顶部的检查

施工升降机作业过程中对吊笼顶部检查的内容、方法和要求见表 7-5。

表 7-5 吊笼顶部检查表

检查项目	存在的问题	检查方法和要求
吊笼顶部杂物和栏杆	吊笼顶部堆积建筑垃圾、安装加节时遗留的零件等;防护栏杆缺少、弯曲变形或固定不可靠等	(1) 每天下班前应做好检查和清洁工作,把吊笼停靠地面站后,通过爬梯登上笼顶,清扫顶部,尤其在加节后或顶部有人操作、使用后,应及时做好清扫工作;同时检查栏杆固定是否可靠。 (2) 每天上班前应检查吊笼顶部的防护栏杆是否缺少、损坏变形,检查栏杆是否固定牢靠

7.3.3 层门与卸料平台的检查

司机在驾驶施工升降机时,要养成随手关闭吊笼层门的良好习惯,经常观察卸料平台及通道围挡的情况,关注层门与吊笼门的间隙距离,防止高空坠落。施工升降机作业过程中对层门与卸料平台检查的内容、方法和要求见表 7-6。

表 7-6 层门与卸料平台检查表

序号	检查项目	存在的问题	检查方法和要求
1	层门	层门未关闭,层门外开并进入吊笼运行通道内	(1) 在地面观察层楼上有无未关闭的层门,在操纵吊笼运行时观察有无未关闭的层门,一旦发现必须立即设法关闭。 (2) 在开关层门时观察层门是否会与吊笼运行相干涉,一旦发现必须立即进行整改
2	卸料平台和防护设施	卸料平台未固定或固定不牢靠,卸料平台防护设施不符合安全要求	(1) 吊笼停层后,乘员和物料通过卸料平台时,观察卸料平台是否有松动、滑移。 (2) 发现卸料平台端头搁置过短或未进行固定等现象,应立即进行整改。 (3) 吊笼停层后,观察卸料平台临边的防护栏杆是否达到 1.2 m 高度并符合安全要求,临边部位是否用密目式安全网或竹笆等进行围挡
3	层门与吊笼的间隙	层门的净宽度大于吊笼进出口宽度 120 mm	吊笼停层时,用卷尺测量层门净宽是否大于吊笼门净宽度 120 mm,如大于应及时进行整改

7.3.4 安全装置的检查

施工升降机的安全限位保险装置较多,包括围栏门及吊笼门机械联锁装置,吊笼上、下限位开关、极限开关、防松(断)绳限位开关、安全钩,防坠安全器,紧急制动按钮以及超载保护装置等,其是否灵敏可靠直接关系到施工升降机是否能够安全运行。施工升降机司机应当经常检查或在相关人员配合下检查安全装置是否灵敏、可靠、有效。施工升降机作业过程中对安全保险限位装置检查的内容、方法和要求见表7-7。

表7-7　　　　　　　　　　　安全装置检查表

序号	检查项目	存在的问题	检查方法和要求
1	围栏门及吊笼门机械联锁装置和电气安全开关	无联锁装置、装置失效或损坏	(1) 在地面检查有无机械联锁装置。 (2) 把吊笼升至离地面2 m左右停止起升,检查围栏门的机械联锁装置是否有效地扣着围栏门;如吊笼门也有机械联锁装置,则试图打开吊笼门,检查能否被打开。 (3) 地面人员试图打开围栏门,检查门能否被打开。 (4) 检查围栏门的电气安全开关是否有效
2	上、下限位开关	限位开关紧固螺栓松动或脱落,限位开关臂杆弯曲变形及限位开关失效	(1) 在吊笼内观察限位开关的臂杆有无弯曲变形。 (2) 观察限位开关螺栓有无脱落,用手摇动限位开关观察有无松动。 (3) 启动吊笼,在上升过程中按压上限位臂杆,测试吊笼是否能够停止上升,同样在下降中测试下限位开关是否有效
3	极限开关	极限开关手柄脱离挡铁位置、极限开关失效或某一方向失效	(1) 吊笼停靠地面站或继续下行碰撞下限位开关,吊笼停止运行后观察极限开关手柄是否脱离挡铁位置。 (2) 启动吊笼,在上升或下降运行中扳动极限开关手柄,看吊笼是否能停止运行,同时观察手柄在上、下位置定位是否准确
4	防松(断)绳限位开关	限位开关未接入控制电路、限位开关脱落或松动、限位开关损坏失效	(1) 打开顶盖门登上吊笼顶,检查防松(断)绳限位开关有无脱落、松动、倾斜等现象。 (2) 观察限位开关导线是否接入控制电路。 (3) 按下限位开关臂杆或触头,检查吊笼运行是否停止
5	安全钩	安全钩松动,安全钩变形、开裂,上安全钩位置高于最低驱动齿轮	(1) 在地面站台观察左右两侧的安全钩,有无松动、变形和开裂等现象。 (2) 从围栏外或另一只吊笼内观察安全钩是否在最低驱动齿轮的下方
6	防坠安全器	紧固螺孔有裂纹,透气孔向上,安全开关控制线腐蚀,超过标定期限	(1) 在吊笼内观察安全器的紧固螺孔周围有无裂纹。 (2) 观察安全器壳体上的透气孔是否向下。 (3) 检查安全开关引线的绝缘层上有无油污、绝缘层是否腐朽。 (4) 察看安全器壳体上的检测标牌是否在有效期内
7	紧急制动按钮	控制线接反或未接,按钮失效或损坏	(1) 检查按钮有无损坏,向下按压检查能否顺利按下和自行锁定,然后反向旋转检查能否复位。 (2) 在吊笼上升至离地面站1～2 m左右时按下紧急制动按钮,观察吊笼能否停止运行
8	超载保护装置	误差超过规定要求;未设置	(1) 检查超载保护装置是否已设置,是否对吊笼内载荷及笼顶载荷均有效。 (2) 对吊笼进行加载,当载荷达到90%额定载重量时是否有报警信号,当达到110%时能否中止吊笼启动

7.3.5 传动机构的检查

施工升降机传动机构主要由电动机、电磁制动器、联轴节、蜗轮减速箱、驱动齿轮等组成。施工升降机作业过程中对传动机构检查的内容、方法和要求见表7-8。

表 7-8　　　　　　　　　　传动机构检查表

序号	检查项目	存在的问题	检查方法和要求
1	电动机	电动机过热；进线罩壳松动	(1) 用手触摸电动机外壳，估计温度值，如遇过热，尽量加长停机时间。 (2) 要求派检修人员检查热继电器是否失效。 (3) 检查电动机进线罩有无松动、紧固螺栓有无缺少等，否则应及时完善
2	电磁制动器	电磁制动器缺罩壳或罩壳松动；制动块（片）磨损超标	(1) 检查电磁制动器有无罩壳或罩壳是否固定可靠。 (2) 在地面起升吊笼到1～2m高处停机，检查吊笼有无明显下滑
3	卷扬机卷筒（SS型）	不转或达不到额定转速	(1) 检查是否超载，如果超载，卸下部分载荷。 (2) 检查制动器间隙是否过小，如果是调整间隙。 (3) 检查电磁制动器是否脱开，否则检查电源电压或线路系统，排除故障。 (4) 检查卷筒轴承是否缺油，如果是应加注润滑油
4	卷扬机减速器（SS型）	温升过高或有噪声	(1) 检查齿轮是否有损坏或啮合间隙是否正常。 (2) 检查轴承的磨损程度或是否损坏。 (3) 检查是否超载作业。 (4) 检查润滑油油面，看是否过多或过少。 (5) 检查制动器间隙是否符合要求
5	蜗轮减速器	漏油，缺油及过热	(1) 进入吊笼内检查蜗轮减速箱是否有滴油现象，吊笼底板、蜗轮箱壳、电缆上有无油污，如有漏油应及时维修。 (2) 检查蜗轮箱壳上的油仓，查看油液是否低于油面线，否则应及时加注专用蜗轮油。 (3) 吊笼运行一段时间后应检查蜗轮箱的发热情况，一般温升不应超过60℃。如使用不频繁又无长距离运行，而温度很高，应考虑是否缺油或蜗轮副效率降低、失效。前者应及时加油，后者应由机修人员检查维修

7.3.6 齿轮齿条的检查

齿轮齿条式施工升降机靠齿轮齿条的啮合，使吊笼挂在导轨架上，并沿导轨架升降，故齿轮的磨损量和齿轮齿条是否正确啮合是确保安全的重要因素。施工升降机作业过程中对齿轮齿条检查的内容、方法和要求见表7-9。

表 7-9　　　　　　　　　　　　　齿轮齿条检查表

序号	检查项目	存在的问题	检查方法和要求
1	驱动齿轮	齿形磨损严重	(1) 在防护围栏外、在对面吊笼内或进入吊笼顶部观察驱动齿轮齿形是否变尖。 (2) 根据经验:有对重的吊笼在正常使用情况下,一般三到四个月该换齿轮;无对重的吊笼,一般一到二个月需更换小齿轮。 (3) 用公法线千分尺测量齿轮
2	齿轮齿条间杂物	齿轮齿条间常有较硬的建筑垃圾,会加剧齿面的磨损	(1) 每天第一次启动吊笼时,必须检查所有齿轮与齿条间有无杂物。 (2) 在使用过程中,应经常检查齿轮齿条间有无杂物,尤其是较长时间停用后更要检查
3	齿轮齿条间的啮合	由于安装时未调试好,使用中吊笼变形、滚轮移位等造成齿轮齿条的啮合过松、过紧或接触面积变化	观察齿条上润滑油被小齿轮啮合后的印痕,判断啮合情况,如图7-2所示,其中(a)为正确,(b)为中心距过大(过松),(c)为中心距过小(过紧),(d)为轴线不平行。中心距过大,吊笼运行时易跳动;中心距过小,吊笼运行时有阻滞现象;轴线不平行,吊笼位置可能会远离导轨架,或吊笼向某一方向倾斜。这些现象都可能造成齿轮和齿条过度磨损,或局部受力后局部磨损,造成齿根裂纹或折断等情况

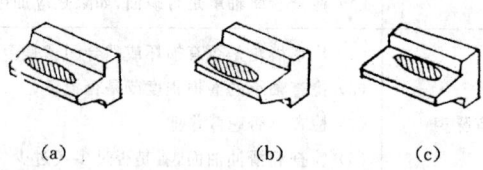

(a)　　　　　(b)　　　　　(c)　　　　　(d)

图 7-2　齿条上的印痕
(a) 正确;(b) 中心距过大(过松);(c) 中心距过小(过紧);(d) 轴线不平行

7.3.7　对重装置的检查

施工升降机的对重装置主要由对重、导向轮、防脱导板、钢丝绳等组成。施工升降机作业过程中对对重装置检查的内容、方法和要求见表 7-10。

表 7-10　　　　　　　　　　　　　对重装置检查表

序号	检查项目	存在的问题	检查方法和要求
1	对重导轨	固定式导轨脱焊;装配式导轨松动;导轨上下对接处阶差超标	在吊笼升降过程中观察导轨有无脱焊、松动,以及导轨上下对接处阶差是否过大。如对重运行时由于导轨阶差过大造成跳动等现象应立即停机整改维修

续表 7-10

序号	检查项目	存在的问题	检查方法和要求
2	对重滚轮、防脱导板	滚轮或导向轮缺损、不转动造成局部磨损;防脱导板局部磨损、扭曲变形	(1) 吊笼上升至导轨架高度的中部,使对重上部停在吊笼的下半部,在吊笼内检查滚轮或导向轮有无缺损,有无局部严重磨损;检查防脱导板有无扭曲变形和严重磨损的现象。 (2) 将吊笼下降,使对重的下端停在吊笼的上半部,在吊笼内检查下滚轮或导向轮是否缺损,有无局部磨损;检查防脱导板有无严重磨损和扭曲变形的现象
3	钢丝绳及钢丝绳夹	钢丝绳缺油,外部磨损严重,钢丝绳断丝断股,钢丝绳夹正反混轧,绳夹数量不足或不匹配等	(1) 将吊笼上升至导轨架高度的中部,使对重上部停在吊笼下部,在吊笼内检查安全弯有无被拉成小弯或拉直,钢丝绳夹有无正反混轧,绳夹数量规格是否符合规定。 (2) 继续上升吊笼,到最上部停靠点,运行中检查钢丝绳有无缺油、外部磨损、断丝断股等现象(该项应有人员配合)。 (3) 吊笼停靠地面站,使用专用扶梯从顶门进入吊笼顶部,检查连接防松(断)绳保护装置上的钢丝绳、绳夹等有无不安全现象(该项应有人员配合)

7.3.8 电缆及电缆导向架的检查

施工升降机作业过程中对电缆及电缆导向架检查的内容、方法和要求见表 7-11。

表 7-11　　　　　　　　电缆及电缆导向架检查表

序号	检查项目	存在的问题	检查方法和要求
1	电缆	电缆盘落到了储存筒外;电缆绝缘外皮被破损;电缆与防护设施干涉	(1) 吊笼在升降过程中检查电缆绝缘外皮有无破损,电缆与脚手架等设施是否干涉。 (2) 吊笼下降过程中经常检查电缆有无盘落在电缆储存筒之外的现象
2	电缆导向架	电缆导向架变形、移位;电缆导向架橡皮缺损;电缆导向架安装位置不规范	(1) 吊笼升降过程中检查电缆导向架有无变形移位,电缆导向架橡皮有无缺损。 (2) 在地面检查电缆导向架是否按规定安装: ① 第一只电缆导向架离电缆储存筒上口约 1.5 m; ② 第二只电缆导向架距第一只电缆导向架约 3 m; ③ 第三只电缆导向架距第二只电缆导向架约 4.5 m; ④ 从第四只电缆导向架开始每只电缆导向架距前一只电缆导向架 6 m

7.3.9 吊笼运行异常检查

发现施工升降机吊笼在运行中出现跳动、晃动等异常现象,应当按照表 7-12 所列内容、方法和要求进行检查。

表 7-12　　　　　　　　　　吊笼运行跳动情况检查表

序号	检查项目	存在的问题	检查方法和要求
1	制动时吊笼下滑	制动时吊笼有下滑现象	检查制动器的制动力矩是否不足,制动块磨损是否超标,如出现上述情况应调整制动力矩或更换制动片(块)
2	运行时吊笼晃动	运行时吊笼左右晃动	检查吊笼滚轮是否松动,滚轮槽内的油脂印痕有无单边受力、磨损等情况,滚轮间隙是否符合要求
3	吊笼跳动	运行时出现跳动	(1) 出现有节奏性的跳动现象,应检查驱动齿轮是否断齿,齿轮齿条是否磨损超标,检查蜗轮轴是否弯曲变形。 (2) 吊笼运行到某一部位时跳动,应检查以下方面: ① 吊笼所在位置的导轨架的阶差是否超标; ② 对重所在位置的导轨阶差是否超标; ③ 齿条对接阶差是否超标; ④ 导轨架的标准节对接紧固螺栓是否松动或脱落

7.3.10　运动部件安全距离的检查

施工升降机的运动部件主要包括:吊笼、对重、对重钢丝绳和电缆(电缆小车)等,周围一般有脚手架、防护棚、模板和主体结构等,施工升降机与周围的固定设施保持一定的安全距离。施工升降机作业过程中对运动部件安全距离检查的内容、方法和要求见表 7-13。

表 7-13　　　　　　　　　　运动部件的安全距离检查表

检查项目	存在的问题	检查方法和要求
安全距离	吊笼尤其是驾驶室与脚手架杆件、地面站防护棚的架体的距离小于安全要求;电缆通道与脚手钢管及地面站防护棚的距离过小	(1) 在地面台站检查吊笼运行通道内,查看脚手架杆件等是否与吊笼、电缆和对重等运行存在干涉。 (2) 把吊笼从地面站上升 2～3 m,检查进料口防护棚设施是否会碰擦吊笼、驾驶室、电缆、对重等。 (3) 在吊笼运行过程中,检查靠近吊笼、电缆、对重运行的部位,检查是否会发生碰擦现象或距离小于安全规定

7.4　施工升降机性能试验

施工升降机的性能试验应具备以下条件:环境温度为 -20～$+40$ ℃,现场风速不应大于 13 m/s,电源电压值偏差不大于 ±5%,荷载的质量允许偏差不大于 ±1%。

7.4.1　空载试验

全行程进行不少于 3 个工作循环的空载试验,每一工作循环的升、降过程中应进行不少于 2 次的制动,其中在半行程应至少进行一次吊笼上升和下降的制动试验,观察有无制动瞬时滑移现象。若滑动距离超过标准,则说明制动器的制动力矩不够,应压紧其电机尾部的制动弹簧。

7.4.2 安装试验

安装试验也就是安装工况不少于 2 个标准节的接高试验。试验时首先将吊笼吊离地面 1 m,再向其中平稳、均布地加载荷至额定载重量的 125%,然后切断动力电源,保持静态 10 min,吊笼不应下滑,也不应出现其他异常现象。如若滑动距离超过标准,则说明制动器的制动力矩不够,应压紧其电机尾部的制动弹簧。有对重的施工升降机,应当在不安装对重的安装工况下进行试验。

7.4.3 额定载荷试验

在吊笼内装额定载重量,载荷重心位置按吊笼宽度方向均向远离导轨架方向偏 1/6 宽度,长度方向均向附墙架方向偏 1/6 长度的内偏以及反向偏移 1/6 长度的外偏,按所选电动机的工作制,各做全行程连续运行 30 min 的试验。每一工作循环的升、降过程应进行至少一次制动。

额定载荷试验中,吊笼应运行平稳,启动、制动正常,无异常响声,吊笼停止时,不应出现下滑现象,在中途再启动上升时,不允许出现瞬时下滑现象。额定载荷试验后,记录减速器油液和液压系统的温升,蜗轮蜗杆减速器油液温升不得超过 60 K,其他减速器油液温升不得超过 45 K。

双吊笼施工升降机应按左、右吊笼分别进行额定载荷试验。

7.4.4 超载试验

在施工升降机吊笼内均匀布置 125% 额定载重量的载荷,工作行程为全行程,工作循环不应少于 3 个,每一工作循环的升、降过程中应进行不少于一次制动。吊笼应运行平稳,启动、制动正常,无异常响声,吊笼停止时不应出现下滑现象。

7.4.5 坠落试验

首次使用的施工升降机,或转移工地后重新安装的施工升降机,必须在投入使用前进行额定载荷坠落试验。施工升降机投入正常运行后,每 3 个月应进行不少于一次的额定载荷坠落试验。坠落试验的方法、时间间隔及评定标准应符合使用说明书和现行国家标准《施工升降机》(GB/T 10054—2005)的有关要求,以确保施工升降机的使用安全。坠落试验一般程序如下:

(1) 在吊笼中加载额定载重量。
(2) 切断地面电源箱的总电源。
(3) 将坠落试验按钮盒的电缆插头插入吊笼电气控制箱底部的坠落试验专用插座中。
(4) 把试验按钮盒的电缆固定在吊笼上电气控制箱附近,将按钮盒设置在地面。坠落试验时,应确保电缆不会被挤压或卡住。
(5) 撤离吊笼内所有人员,关上全部吊笼门和围栏门。
(6) 合上地面电源箱中的主电源开关。
(7) 按下试验按钮盒标有上升符号的按钮(↑),驱动吊笼上升至离地面约 3～10 m 的高度。

（8）按下试验按钮盒标有下降符号的按钮(↓)，并保持按住该按钮。这时,电机制动器松闸,吊笼下坠。当吊笼下坠速度达到临界速度时,防坠安全器将动作,把吊笼刹住。

当防坠安全器未能按规定要求动作而刹住吊笼时,必须将吊笼上电气控制箱上的坠落试验插头拔下,操纵吊笼下降至地面后,查明防坠安全器不动作的原因,排除故障后,才能再次进行试验,必要时需送生产厂校验。

（9）拆除试验电缆。此时,吊笼应无法起动。这是因为当防坠安全器动作时,其内部的电控开关已动作,以防止吊笼在试验电缆被拆除而防坠安全器尚未按规定要求复位的情况下被启动。

7.4.6 噪声测定

测定施工升降机噪声是否达到标准要求,一方面是环保的要求,减少施工对周围环境的影响,另一方面也是判断机械能否正常运行的标准之一。巨大的噪声,常常说明机械性能有问题。因为噪声多是机械在工作过程中的间隙、撞击、摩擦、振动等造成的。这些环节性能变差就会造成噪声加大。噪声具体测量方法如下：

（1）吊笼内噪声的测定（对传动系统在吊笼内的升降机而言）。

升降机以额定载荷、额定起升速度上升时,声级计位于吊笼宽度方向距传动板内壁 1 m 处,在长度方向的中点,距吊笼内底板 1.6 m 高的位置,声级计的传感器分别指向 A、B、C、D 方向,如图 7-3 所示,测量 3 次,每次取最大的噪声值记录,它们均不能超过表 7-14 的限值。

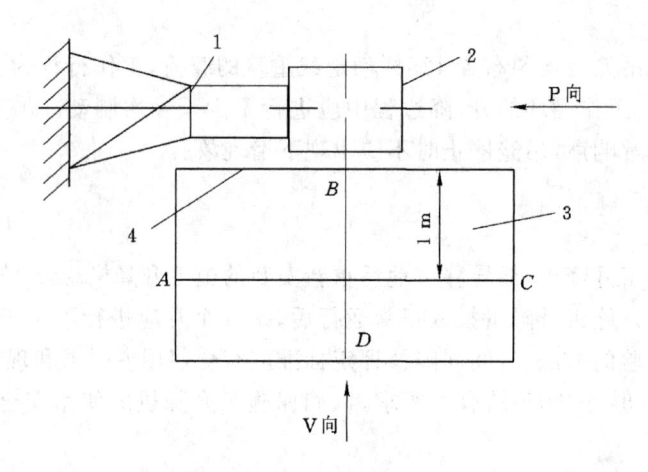

图 7-3 测定吊笼内噪声时声级计传感器方位示意图
1——附墙架；2——导轨架；3——吊笼；4——传动板内壁

表 7-14　　　　　　　　　　　噪 声 限 值　　　　　　　　　　　dB(A)

测量部位	单传动	并联双传动	并联三传动	液压调速
吊笼内	≤85	≤86	≤87	≤98
离传动系统 1 m 处	≤88	≤90	≤92	≤110

(2) 对于 SS 型施工升降机,只测吊笼外传动机械(卷扬机、曳引机)处的噪声。升降机以额定载荷、额定起升速度上升,声级计位于距传动系统底座下表面 1.5 m 高度上,如图 7-4 所示,分别从 A、B、C、D 共 4 个位置距传动系统水平距离为 1 m 处,以及距传动系统上表面 1 m 处的 E 点指向该传动系统,测量 3 次,取最大的噪声值记录,它们的最大值均不能超过表 7-15 的限值。

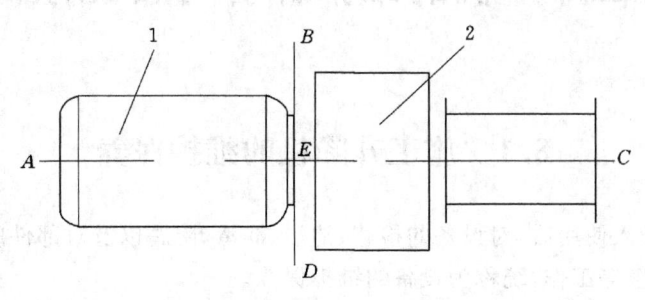

图 7-4 测定传动系统噪声时声级计传感器方位示意图
1——电机;2——减速机

8 施工升降机的维护保养与常见故障排除

8.1 施工升降机的维护保养

在机械设备投入使用后,对设备的检查、清洁、润滑、防腐以及对部件的更换、调试、紧固和位置、间隙的调整等工作,统称为设备的维护保养。

8.1.1 维护保养的意义

为了使施工升降机经常处于完好、安全运转状态,避免和消除在运转工作中可能出现的故障,提高施工升降机的使用寿命,必须及时正确地做好维护保养工作。

(1)施工升降机工作状态中,经常遭受风吹雨打、日晒的侵蚀,灰尘、砂土的侵入和沉积,如不及时清除和保养,将会加快机械的锈蚀、磨损,使其寿命缩短。

(2)在机械运转过程中,各工作机构润滑部位的润滑油及润滑脂会自然损耗,如不及时补充,将会加重机械的磨损。

(3)机械经过一段时间的使用后,各运转机件会自然磨损,零部件间的配合间隙会发生变化,如果不及时进行保养和调整,磨损就会加快,甚至导致完全损坏。

(4)机械在运转过程中,如果各工作机构的运转情况不正常,又得不到及时的保养和调整,将会导致工作机构完全损坏,大大降低施工升降机的使用寿命。

8.1.2 维护保养的分类

(1)日常维护保养

日常维护保养,又称为例行保养,是指在设备运行的前、后和运行过程中的保养作业。日常维护保养由施工升降机司机完成。

(2)月检查保养

月检查保养,一般每月进行一次,由施工升降机司机和修理工负责完成。

(3)定期维护保养

季度及年度的维护保养,以专业维修人员为主,施工升降机司机配合进行。

(4)大修

大修,一般运转不超过 8 000 h 进行一次,由具有相应资质的单位完成。

(5)特殊维护保养

施工升降机除日常维护保养和定期维护保养外,在转场、闲置等特殊情况下还需进行维护保养,如转场保养、停置或封存保养。

① 转场保养。在施工升降机转移到新工程,安装使用前,需进行一次全面的维护保养,

保证施工升降机状况完好,确保安装、使用安全。

② 闲置保养。施工升降机在停置或封存期内,至少每月进行一次保养,重点是润滑和防腐,由专业维修人员进行。

③ 润滑保养。为保证施工升降机的正常运行,应经常检查施工升降机的各部位的润滑情况,按时添加或更换润滑剂。油质符合要求;油壶、油枪、油杯、油毡、油线清洁齐全,油标明亮,油路畅通。

8.1.3 维护保养的方法

维护保养一般采用"清洁、紧固、调整、润滑、防腐"等方法,通常简称为"十字作业"法。

(1) 清洁

所谓清洁,是指对机械各部位的油泥、污垢、尘土等进行清除等工作,目的是为了减少部件的锈蚀、运动零件的磨损,保证良好的散热和为检查提供良好的观察效果等。

(2) 紧固

所谓紧固,是指对连接件进行检查紧固等工作。机械运转中产生的震动,容易使连接件松动,如不及时紧固,不仅可能产生漏油、漏电等,有些关键部位的连接松动,轻者导致零件变形,重者会出现零件断裂、分离,甚至导致机械事故。

(3) 调整

所谓调整,是指对机械零部件的间隙、行程、角度、压力、松紧、速度等及时进行检查调整,以保证机械的正常运行。尤其是要对制动器、减速机等关键机构进行适当调整,确保其灵活可靠。

(4) 润滑

所谓润滑,是指按照规定和要求,选用并定期加注或更换润滑油,以保持机械运动零件间的良好运动,减少零件磨损。

(5) 防腐

所谓防腐,是指对机械设备和部件进行防潮、防锈、防酸等处理,防止机械零部件和电气设备被腐蚀损坏。最常见的防腐保养是对机械外表进行补漆或涂上油脂等防腐涂料。

8.1.4 维护保养的注意事项

在进行施工升降机的维护保养和维修时,应注意以下事项:

(1) 应按使用说明书的规定对施工升降机进行保养、维修。保养、维修的时间间隔应根据使用频率、操作环境和施工升降机状况等因素确定。使用单位应在施工升降机使用期间安排足够的设备保养、维修时间。

(2) 施工升降机保养过程中,对磨损、破坏程度超过规定的部件,应及时进行维修或更换,并由专业技术人员检查验收。

(3) 对施工升降机进行检修时应切断电源,拉下吊笼内的极限开关,防止吊笼被意外启动或发生触电事故,并设置醒目的警示标志。当需通电检修时,应做好防护措施。

(4) 在维护保养和维修过程中,不得承载无关人员或装载物料,同时悬挂检修停用警示牌,禁止无关人员进入检修区域内。

(5) 所用的照明行灯必须采用 36 V 以下的安全电压,并检查行灯导线、防护罩,确保照明灯具使用安全。

(6) 应设置监护人员,随时注意维修现场的工作状况,防止生产安全事故发生。

(7) 检查基础或吊笼底部时,应首先检查制动器是否可靠,同时切断电动机电源,采用将吊笼用木方支起等措施,防止吊笼或对重突然下降伤害维修人员。

(8) 保养和维修人员必须佩戴安全帽;高处作业时,应穿防滑鞋,佩戴安全带。

(9) 保养和维修后的施工升降机,经检测确认各部件状态良好后,宜对施工升降机进行额定载荷试验。双吊笼施工升降机应对左右吊笼分别进行额定载荷试验。试验范围应包括施工升降机正常运行的所有方面,确认一切正常后方可投入使用,不得使用未排除安全隐患的施工升降机。

(10) 严禁在施工升降机运行中进行保养、维修作业。

(11) 应将各种与施工升降机检查、保养和维修相关的记录纳入安全技术档案,并在施工升降机使用期间内在工地存档。

8.1.5 施工升降机维护保养的内容

(1) 日常维护保养

每班开始工作前,应当进行检查和维护保养,包括目测检查和功能测试,有严重情况的应当报告有关人员进行停用、维修,检查和维护保养情况应当及时记入交接班记录。检查一般应包括以下内容:

① 电气系统与安全装置。检查线路电压是否符合额定值及其偏差范围,机件有无漏电,限位装置及机械电气联锁装置是否工作正常、灵敏可靠。

② 制动器。检查制动器性能是否良好、能否可靠制动。

③ 标牌。检查机器上所有标牌是否清晰、完整。

④ 金属结构。检查施工升降机金属结构的焊接点有无脱焊及开裂;附墙架固定是否牢靠,停层过道是否平整,防护栏杆是否齐全;各部件连接螺栓有无松动。

⑤ 导向滚轮装置。检查侧滚轮、背轮、上下滚轮部件的定位螺钉和紧固螺栓有无松动;滚轮是否能转动灵活,与导轨的间隙是否符合规定值。

⑥ 对重及其悬挂钢丝绳。检查对重运行区内有无障碍物,对重导轨及其防护装置是否正常完好;钢丝绳有无损坏,其连接点是否牢固可靠。

⑦ 地面防护围栏和吊笼。检查围栏门和吊笼门是否启闭自如;通道区有无其他杂物堆放;吊笼运行区间有无障碍物,笼内是否保持清洁。

⑧ 电缆和电缆导向架。检查电缆是否完好无破损,电缆导向架是否可靠有效。

⑨ 传动、变速机构。检查各传动、变速机构有无异响;蜗轮箱油位是否正常,有无渗漏现象。

⑩ 润滑系统检查有无泄漏。

(2) 月度维护保养

月度维护保养除按日常维护保养的内容和要求进行外,还要按照以下内容和要求进行。

① 导向滚轮装置。

检查滚轮轴支撑架紧固螺栓是否可靠紧固。

② 对重及其悬挂钢丝绳。检查对重导向滚轮的紧固情况是否良好,天轮装置工作是否

正常可靠,钢丝绳有无严重磨损和断丝。

③ 电缆和电缆导向装置。检查电缆支承臂和电缆导向装置之间的相对位置是否正确,导向装置弹簧功能是否正常,电缆有无扭曲、破坏。

④ 传动、减速机构。检查机械传动装置安装紧固螺栓有无松动,特别是提升齿轮副的紧固螺钉是否松动;电动机散热片是否清洁,散热功能是否良好;减速器箱内油位是否降低。

⑤ 制动器。检查试验制动器的制动力矩是否符合要求。

⑥ 电气系统与安全装置。

检查吊笼门与围栏门的电气机械联锁装置,上、下限位装置,吊笼单行门、双行门联锁等装置性能是否良好;导轨架上的限位挡铁位置是否正确。

⑦ 金属结构。重点查看导轨架标准节之间的连接螺栓是否牢固;附墙结构是否稳固,螺栓有无松动;表面防护是否良好,有无脱漆和锈蚀,构架有无变形。

(3) 季度维护保养

季度维护保养除按月度维护保养的内容和要求进行外,还要按照以下内容和要求进行。

① 导向滚轮装置。检查导向滚轮的磨损情况,确认滚珠轴承是否良好,是否有严重磨损,调整与导轨之间的间隙。

② 检查齿条及齿轮的磨损情况。检查提升齿轮副的磨损情况,检测其磨损量是否大于规定的最大允许值;用塞尺检查蜗轮减速器的蜗轮磨损情况,检测其磨损量是否大于规定的最大允许值。

③ 电气系统与安全装置。在额定负载下进行坠落试验,检测防坠安全器的性能是否可靠。

(4) 年度维护保养

年度维护保养应全面检查各零部件,除按季度维护保养的内容和要求进行外,还要按照以下内容和要求进行。

① 传动、减速机构。检查驱动电机和蜗轮减速器、联轴器结合是否良好,传动是否安全可靠。

② 对重及其悬挂钢丝绳。检查悬挂对重的天轮装置是否牢固可靠,检查天轮轴承磨损程度,必要时应调换轴承。

③ 电气系统与安全装置。复核防坠安全器的出厂日期,对超过标定年限的,应通过具有相应资质的检测机构进行重新标定,合格后方可使用。此外,在进入新的施工现场使用前,应按规定进行坠落试验。

(5) 大修

施工升降机经过一段长时间的运转后应进行大修,大修间隔最长不应超过 8 000 h。大修应按以下要求进行。

① 施工升降机的所有可拆零件应全部拆卸、清洗、修理或更换(生产厂有特殊要求的除外)。

② 应更换润滑油。

③ 所有电动机应拆卸、解体、维修。

④ 更换老化的电线和损坏的电气元件。

⑤ 除锈、涂漆。

⑥ 对标准节、附着架等进行磨损和锈蚀检查。
⑦ 施工升降机上所用的仪表应按有关规定维修、校验和更换。
⑧ 大修出厂时,施工升降机应达到产品出厂时的工作性能,并应有监督检验证明。

(6) 特殊维护保养

① 转场保养。在施工升降机转移到新工程安装使用前,需进行一次全面的维护保养,保证施工升降机状况完好,确保安装、使用安全。

② 闲置保养。施工升降机在停置或封存期内,应当对施工升降机各部位做好润滑、防腐、防雨处理,至少每季度进行一次保养检查,重点是润滑和防腐,由专业维修人员进行。

③ 润滑保养。施工升降机在安装后,应当按照产品说明书要求进行润滑,说明书没有明确规定的,使用满 40 h 应清洗并更换蜗轮减速箱内的润滑油,以后每隔半年更换一次。蜗轮减速箱的润滑油应按照铭牌上的标注进行润滑。对于其他零部件的润滑,当生产厂无特殊要求时,可参照以下说明进行:

a. SC 型施工升降机主要零部件的润滑周期、部位和润滑方法,见表 8-1。

表 8-1　　　　　　　　　　　SC 型施工升降机润滑表

周期	润滑部位	润滑剂	润滑方法
每月	减速箱	N320 蜗轮润滑油	检查油位,不足时加注
	齿条	2# 钙基润滑脂	上润滑脂时升降机降下并停止使用 2~3 h,使润滑脂凝结
	安全器	2# 钙基润滑脂	油嘴加注
	对重绳轮	钙基脂	加注
	导轨架导轨	钙基脂	刷涂
	门滑道、门对重滑道	钙基脂	刷涂
每月	对重导向轮、滑道	钙基脂	刷涂
	滚轮	2# 钙基润滑脂	油嘴加注
	背轮	2# 钙基润滑脂	油嘴加注
	门导轮	20# 齿轮油	滴注
每季度	电机制动器锥套	20# 齿轮油	滴注,切勿滴到摩擦盘上
	钢丝绳	沥青润滑脂	刷涂
	天轮	钙基脂	油嘴加注
每年	减速箱	N320 蜗轮润滑油	清洗、换油

b. SS 型施工升降机主要零部件的润滑周期、部位和润滑方法,见表 8-2。

表 8-2　　　　　　　　　　　SS 型施工升降机润滑表

周期	润滑部位	润滑剂	润滑方法
每周	滚轮	润滑脂	涂抹
	导轨架导轨	润滑脂	涂抹

续表 8-2

周期	润滑部位	润滑剂	润滑方法
每月	减速箱	30#机油(夏季);20#机油(冬季)	检查油位,不足时加注
	轴承	ZC—4润滑脂	加注
	钢丝绳	润滑脂	涂抹
每年	减速箱	30#机油(夏季);20#机油(冬季)	清洗,更换
	轴承	ZC—4润滑脂	清洗,更换

8.1.6 主要零部件的维护保养

8.1.6.1 零部件磨损的测量

以 SC 型施工升降机为例,说明滚轮、齿条等零部件磨损程度的测量方法。

(1) 滚轮的磨损极限

① 测量方法:用游标卡尺测量,如图 8-1 所示。

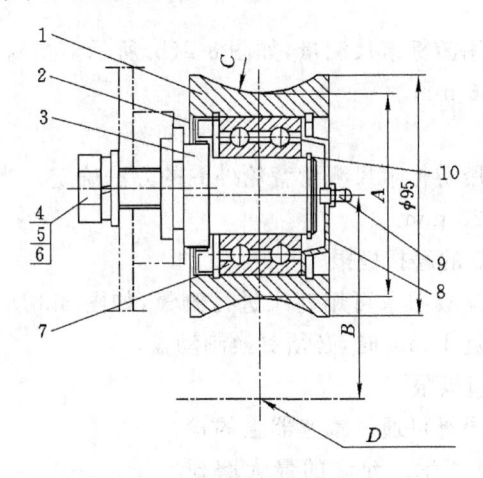

图 8-1 滚轮磨损量的测量

1——滚轮;2——油封;3——滚轮轴;4——螺栓;5,6——垫圈;
7——轴承;8——端盖;9——油杯;10——挡圈;
A——滚轮直径;B——滚轮与导轨架主弦杆的中心距;C——导轮凹面弧度半径;D——导轨中心线

② 滚轮的极限磨损量要求见表 8-3。

表 8-3　　滚轮的极限磨损量

测量尺寸	新滚轮/mm	磨损的滚轮/mm
A	$\phi 80$	最小 $\phi 78$
B	79 ± 3	最小 76
C	$R40$	最大 $R42$

(2) 齿轮的磨损极限

齿轮的磨损极限的测量可用公法线千分尺跨二齿测公法线长度,如图 8-2(a)所示。当新齿轮相邻齿公法线长度 $L=37.1$ mm 时,磨损后相邻齿公法线长度 $L \geqslant 35.8$ mm。

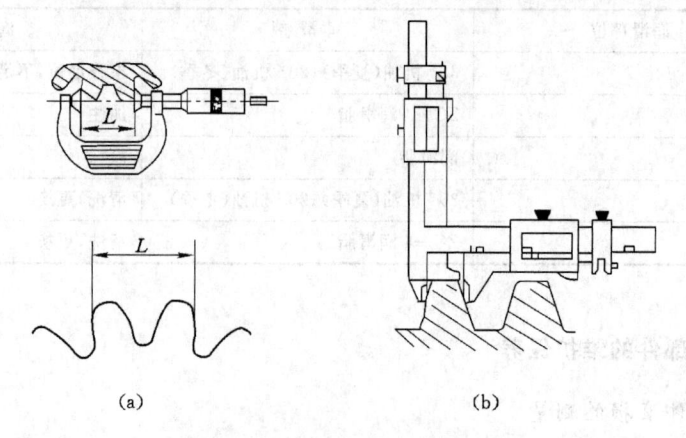

图 8-2 齿轮齿条的磨损测量
(a)齿轮的磨损测量;(b)齿条的磨损测量

(3)齿条的磨损极限

齿条的磨损极限量可用游标卡尺测量,如图 8-2(b)所示。当新齿条齿宽为 12.566 mm 时,磨损后齿宽不小于 11.6 mm。

(4)背轮的磨损极限

背轮的磨损极限量可用游标卡尺测量背轮外圈的方法确定。当新背轮外圈直径为 124 mm 时,磨损后不得小于 120 mm。

(5)电动机旋转制动盘的磨损极限

电动机旋转制动盘磨损极限量可用塞尺进行测量,如图 8-3 所示。当旋转制动盘摩擦材料单面厚度 a 磨损到接近 1 mm 时,必须更换制动盘。

(6)减速器蜗轮的磨损极限

减速器蜗轮的磨损极限量可通过减速器上的检查孔用塞尺测量,如图 8-4 所示。允许的最大磨损量为 $L=1$ mm。

(7)防坠安全器转轴的径向间隙

防坠安全器转轴的径向间隙的测量,如图 8-5 所示:

① 用 C 形夹具将测量支架紧固在安全器的齿轮上方约 1.0 mm 处;

② 利用塞尺测量齿顶与支架下沿的间隙;

③ 用杠杆提升齿轮,然后再次测量此间隙;

④ 以上测得的两个间隙值之差即为安全器转轴的径向间隙;

⑤ 若测得的径向间隙大于 0.3 mm 时,则应更换安全器。

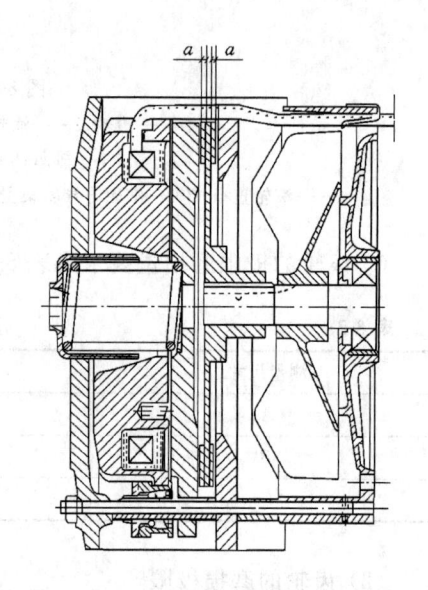

图 8-3 电动机旋转制动盘磨损量的测量

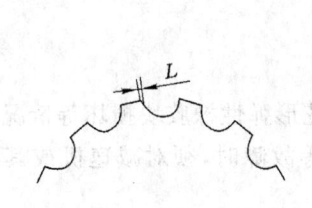

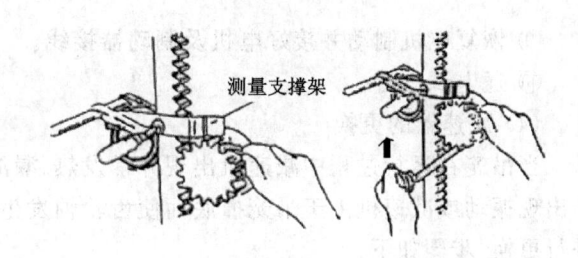

图 8-4　蜗轮磨损量的测量　　　　图 8-5　防坠安全器转轴的径向间隙测量

8.1.6.2　SC型施工升降机零部件的维护保养

以SC系列某型号施工升降机的零部件为例,说明滚轮、齿条等零部件的更换方法。

(1) 滚轮的更换

当滚轮轴承损坏或滚轮磨损超差时必须更换。更换步骤为:

① 将吊笼降至地面,用木块垫稳。

② 用扳手松开并取下滚轮连接螺栓,取下滚轮。

③ 装上新滚轮,调整好滚轮与导轨之间的间隙,使用扭力扳手紧固好滚轮连接螺栓,拧紧力矩应达到 200 N·m。

(2) 背轮的更换

当背轮轴承损坏或背轮外圈磨损超差时,必须进行更换。更换步骤为:

① 将吊笼降至地面,用木块垫稳。

② 将背轮连接螺栓松开,取下背轮。

③ 装上新背轮并调整好齿条与齿轮的啮合间隙,使用扭力扳手紧固好背轮连接螺栓,拧紧力矩应达到 300 N·m。

(3) 减速器驱动齿轮的更换

当减速器驱动齿轮齿形磨损达到极限时,必须进行更换,方法如图8-6所示。

图 8-6　更换减速器驱动齿轮

① 将吊笼降至地面,用木块垫稳。

② 拆掉电机接线,松开电动机制动器,拆下背轮。

③ 松开驱动板连接螺栓,将驱动板从驱动架上取下。

④ 拆下减速机驱动齿轮外轴端圆螺母及锁片,拔出小齿轮。

⑤ 将轴径表面擦洗干净并涂上黄油。

⑥ 将新齿轮装到轴上,上好圆螺母及锁片。

⑦ 将驱动板重新装回驱动架上,穿好连接螺栓(先不要拧紧)并安装好背轮。

⑧ 调整好齿轮啮合间隙,使用扭力扳手将背轮连接螺栓、驱动板连接螺栓拧紧,拧紧力矩应分别达到 300 N·m 和 200 N·m。

⑨ 恢复电机制动并接好电机及制动器接线。
⑩ 通电试运行。

（4）减速器的更换

当吊笼在运行过程中减速机出现异常发热、漏油、梅花形弹性橡胶块损坏等情况而使机器出现振动或减速机由于吊笼撞底而使齿轮轴发生弯曲等故障时，须对减速机或其零部件进行更换，步骤如下：

① 将吊笼降至地面，用木块垫稳。

② 拆掉电动机线，松开电动机制动器，拆下背轮，松开驱动板连接螺栓，将驱动板从驱动架上取下。

③ 取下电机箍，松开减速器与驱动板间的连接螺栓，取下驱动单元。

④ 松开电动机与减速器之间的法兰盘连接螺栓，将减速器与电动机分开。

⑤ 将减速箱内剩余油放掉，取下减速器输入轴的半联轴器。

⑥ 将新减速箱输入轴擦洗干净并涂油，装好半联轴器。如联轴器装入时较紧，切勿用锤重击，以免损坏减速器。

⑦ 将新减速箱与电机联好，正确装配橡胶缓冲块，拧好连接螺栓。

⑧ 将新驱动单元装在驱动板上，用螺栓紧固，装好电机箍。

⑨ 安装驱动板，以 200 N·m 力矩拧紧驱动板连接螺栓，安装背轮，以 300 N·m 力矩拧紧背轮连接螺栓。

⑩ 重新调整好齿轮与齿条之间的啮合间隙，给电机重新接线。

⑪ 恢复电动机制动，接电试运行。

（5）齿条的更换

当齿条损坏或已达到磨损极限时应予以更换，步骤如下：

① 松开齿条连接螺栓，拆卸磨损或损坏了的齿条，必要时允许用气割等工艺手段拆除齿条及其固定螺栓，清洁导轨架上的齿条安装螺孔，并用特制液体涂定液做标记。

② 按标定位置安装新齿条，其位置偏差、齿条距离导轨架立柱管中心线的尺寸，如图8-7所示。螺栓预紧力为 200 N·m。

（6）防坠安全器的更换

防坠安全器达到报废标准的应更换，更换步骤如下：

① 拆下安全器上部开关罩，拆下微动开关接线。

② 松开安全器与驱动板之间的连接螺栓，取下安全器。

③ 装上新安全器，以 200 N·m 力矩拧紧连接螺栓，调整安全器齿轮与齿条之间的啮合间隙。

④ 接好微动开关线，装好上开关罩。

⑤ 进行坠落实验，检查安全器的制动情况。

⑥ 按安全器复位说明进行复位。

⑦ 润滑安全器。

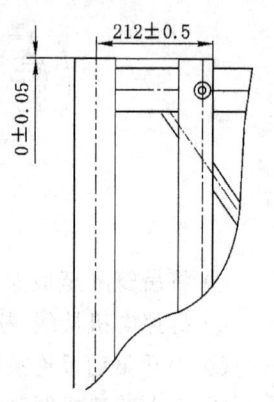

图 8-7 齿条安装位置偏差

8.1.6.3 SS型施工升降机零部件的维护保养

（1）断绳保护和安全停靠装置制动块的更换

对SS型施工升降机楔块式保护装置来讲，当长时间使用施工升降机后，断绳保护和安全停靠装置的制动块会磨损,当制动块磨损不很严重时,可不更换制动块,直接调节弹簧的预紧力,使制动状态时制动块制动灵敏,非制动状态时两制动块离开导轨。如图 8-8 所示为防断绳保护装置示意图。

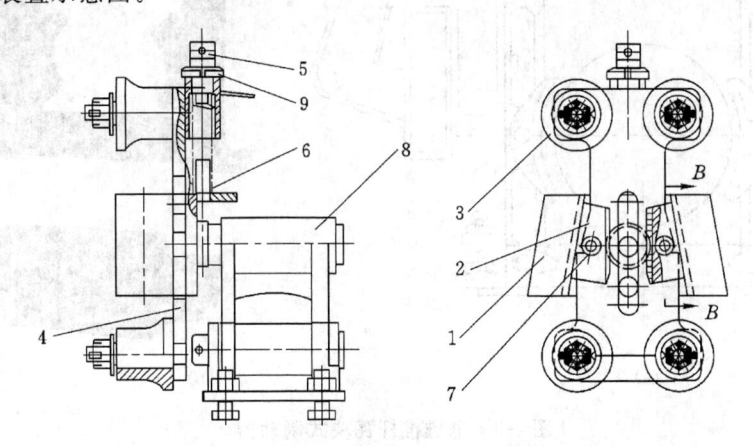

图 8-8 防断绳保护装置示意图
1——托架;2——制动滑块;3——导轮;4——导轮架;5——调节螺丝;
6——压缩弹簧;7——内六角螺丝;8——防坠器连接架;9——圆螺母

当制动块磨损严重时,应当将断绳保护和安全停靠装置从吊笼上拆下,更换制动块,更换方法和步骤如下:

① 将钢丝绳楔形接头的销轴拔出,卸防坠连接架 8 的连接螺栓,将断绳保护和安全停靠装置从吊笼托架上取下。

② 将内六角螺丝 7 松开取下,卸下旧制动块更换上新的制动块,然后将更换好制动块的保护器再安装在吊笼托架上。

③ 调整制动滑块弹簧 6 的预紧力通过旋动调节螺丝 5,使制动滑块既不与导轨碰擦卡阻,又要使停层制动和断绳制动灵敏正常。

④ 在制动块的滑槽内加入适量的油脂,起到润滑和防锈作用。

⑤ 清洁制动滑块的齿槽摩擦面。

(2) 闸瓦制动器的维护保养

闸瓦(块式)电磁制动器是 SS 型施工升降机中最常用制动器,如图 8-9 所示。当制动闸瓦磨损过甚而使铆钉露头,或闸瓦磨损量超过原厚度 1/3 时,应及时更换;制动器心轴磨损量超过标准直径 5% 和椭圆度超过 0.5 mm 时,应更换心轴;杆系弯曲时应校直,有裂纹时应更换,弹簧弹力不足或有裂纹时应更换;各铰链处有卡滞及磨损现象应及时调整和更换,各处紧固螺钉松动时应及时紧固;制动臂与制动块的连接松紧度不符合要求时,应及时调整。

闸瓦制动器的维修与保养主要是调整电磁铁冲程、调节主弹簧长度、调整瓦块与制动轮间隙等,一般可按如下步骤进行:

① 调整电磁铁冲程,如图 8-10 所示。先用扳手旋松锁紧的小螺母,然后用扳手夹紧螺母,用另一扳手转动推杆的方头,使推杆前进或后退。前进时顶起衔铁,冲程增大;后退时衔铁下落,冲程减小。

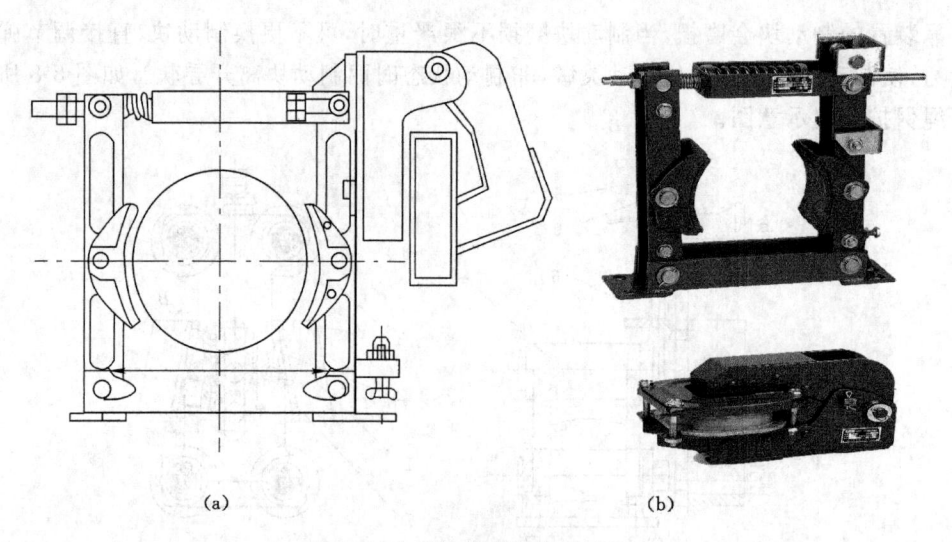

图 8-9 电磁推杆瓦块式制动器
(a) 制动器示意图；(b) 制动器与衔铁图片

② 调节主弹簧长度，如图 8-11 所示。先用扳手夹紧推杆的外端方头和旋松螺母的锁紧螺母，然后旋松或夹住调整螺母，转动推杆的方头，因螺母的轴向移动改变了主弹簧的工作长度，随着弹簧的伸长或缩短，制动力矩随之减小或增大，调整完毕后，把右面锁紧螺母旋回锁紧，以防松动。

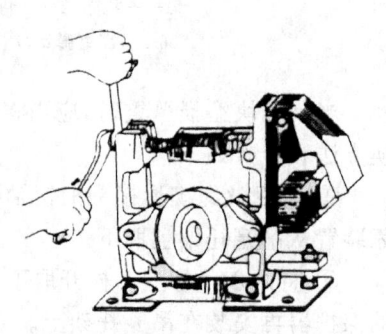

③ 调整瓦块与制动轮间隙，如图 8-12 所示。把衔铁推压在铁芯上，使制动器松开，然后调整背帽螺母，使左右瓦块制动轮间隙相等。

图 8-10 电磁制动器的冲程调节

(3) 曳引机曳引轮的维护保养
① 应保证曳引轮绳槽的清洁，不允许在绳槽中加油润滑。

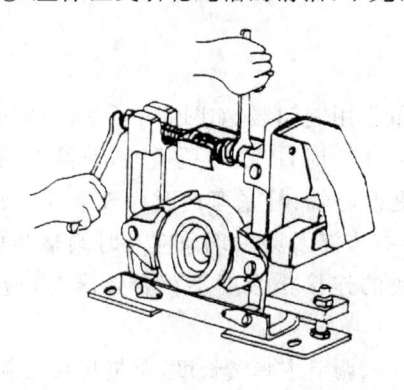

图 8-11 电磁制动器的制动力矩调节 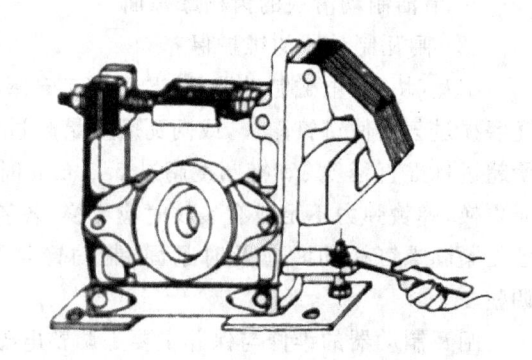　　图 8-12 电磁制动器瓦块与制动轮间隙调节

② 当发现绳槽间的磨损深度差距最大达到曳引绳直径 d_0 的 1/10 以上时，要修理车削至深度一致，或更换轮缘，如图 8-13 所示。

③ 对于带切口半圆槽,当绳槽磨损至切口深度小于 2 mm 时,应重新车削绳槽,但经修理车削后切口下面的轮缘厚度应大于曳引绳直径 d_0,如图 8-14 所示,否则应当进行更换。

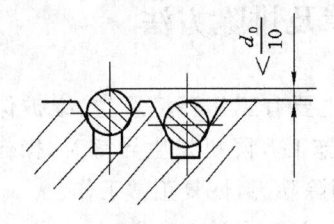

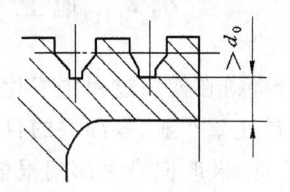

图 8-13　绳槽磨损差　　　　　　图 8-14　最小轮缘厚度

(4) 减速器的维护保养

① 箱体内的油量应保持在油针或油镜的标定范围,油的规格应符合要求。

② 润滑部位,应按产品说明书规定进行润滑。

③ 应保证箱体内润滑油的清洁,当发现杂质明显时,应换新油。对新使用的减速机,在使用一周后,应清洗减速机并更换新油液;以后应每年清洗和更换新油。

④ 轴承的温升不应高于 60 ℃;箱体内的油液温升不超过 60 ℃,否则应停机检查原因。

⑤ 当轴承在工作中出现撞击、摩擦等异常噪声,并通过调整也无法排除时,应考虑更换轴承。

(5) 电动机的维护保养

① 应保证电动机各部分的清洁,不应让水或油浸入电动机内部。应经常吹净电动机内部和换向器、电刷等部分的灰尘。

② 对使用滑动轴承的电动机,应注意油槽内的油量是否达到油线,同时应保持油的清洁。

③ 当电动机转子轴承磨损过大,出现电动机运转不平稳,噪声增大时,应更换轴承。

(6) 钢丝绳的维护和保养

钢丝绳是施工升降机的重要部件之一,工作时弯曲频繁,又由于升降机经常启动、制动及偶然急停等情况,钢丝绳不但要承受静载荷,同时还要承受动载荷。在日常使用中,要加强维护和保养,以确保钢丝绳的功能正常,保证使用安全。

钢丝绳的维护保养,应根据钢丝绳的用途、工作环境和种类而定。在可能的情况下,应对钢丝绳进行适时清洗并涂以润滑油或润滑脂,以降低钢丝之间的摩擦损耗,同时保持表面不锈蚀。钢丝绳的润滑应根据生产厂家的要求进行,润滑油或润滑脂应根据生产厂家的说明书选用。

钢丝绳内原有油浸麻芯或其他油浸绳芯,使用时油逐渐外渗,一般不需在表面涂油,如果使用日久和使用场合条件较差有腐蚀气体,温湿度高,则容易引起钢丝绳锈蚀腐烂,必须定时上油。但油质宜薄,用量不可太多,使润滑油在钢丝绳表面能有渗透进绳芯的能力即可。如果润滑过度,将会造成摩擦因数显著下降而产生在滑轮中打滑现象。

润滑前,应将钢丝绳表面上积存的污垢和铁锈清除干净,最好是用镀锌钢丝刷清理。钢丝绳表面越干净,润滑油脂就越容易渗透到钢丝绳内部去,润滑效果越好。

钢丝绳润滑的方法有刷涂法和浸涂法:刷涂法就是人工使用专用的刷子,把加热的润滑脂涂刷在钢丝绳的表面上;浸涂法就是将润滑脂加热到 60 ℃,然后使钢丝绳通过一组导辊装置被张紧,同时使之缓慢地从容器里熔融的润滑脂中通过。

8.2 施工升降机常见故障及排除方法

施工升降机在使用过程中发生故障的原因很多,主要有工作环境恶劣、维护保养不及时、操作人员违章作业、零部件的自然磨损等多方面。施工升降机发生异常时,操作人员应立即停止作业,及时向有关部门报告,以便及时处理,消除隐患,恢复正常工作。

施工升降机常见的故障一般分为电气故障和机械故障两大类。

8.2.1 施工升降机电气故障的查找和排除

由于电气线路、元器件、电气设备以及电源系统等发生故障,造成用电系统不能正常运行的情况,统称为电气故障。

8.2.1.1 电气故障的查找基本程序

电气故障相对来说比较多,有的故障比较直观,容易判断,有的故障比较隐蔽,难以判断。维修人员在对施工升降机进行检查维修时,一般应当遵循以下基本程序,以便于尽快查找故障,确保检修人员安全。

(1) 在诊断电气系统故障前,维修人员应当认真熟悉电气原理图,了解电气元器件的结构与功能。

(2) 熟悉电气原理图后,应当对以下事项进行确认:

① 确认吊笼处于停机状态,但控制电路未被断开;

② 确认防坠安全器微动开关、吊笼门开关、围栏门开关等安全装置的触头处于闭合状态;

③ 确认紧急停机按钮及停机开关和加节转换开关未被按下;

④ 确认上、下限位开关完好,动作无误。

(3) 确认地面电源箱内主开关闭合,箱内主接触已经接通。

(4) 检查输出电缆并确认已通电,确认从配电箱至施工升降机电气控制箱的电缆完好。

(5) 确认吊笼内电气控制箱电源被接通。

(6) 将电压表连接在零位端子和电气原理图上所标明的端子之间,检查须通电的部位,应确认已有电,分端子逐步测试,以排除法找到故障位置。

(7) 检查操纵按钮和控制装置发出的"上"、"下"指令(电压),确认已被正确地送到电气控制箱。

(8) 试运行吊笼,确保上、下运行主接触器的电磁线圈通电启动,确认制动接触器被启动,制动器动作。

在上述过程中查找存在的问题和故障。针对照明等其他辅助电路时,也可按上述程序进行故障检查。

8.2.1.2 施工升降机常见电气故障及排除方法

(1) SC型施工升降机常见电气故障现象、故障原因及排除方法见表8-4。

表 8-4　　　　　　　　　SC 型施工升降机常见电气系统故障及排除方法

序号	故障现象	故障原因	故障诊断与排除
1	总电源开关合闸即跳	电路内部损伤、短路或相线对地短接	找出电路短路或接地的位置,修复或更换
2	断路器跳闸	电缆、限位开关损坏; 电路短路或对地短接	更换损坏电缆、限位开关
3	施工升降机突然停机或不能启动	停机电路及限位开关被启动; 断路器启动	释放"紧急按钮"; 恢复热继电器功能; 恢复其他安全装置
4	启动后吊笼不运行	联锁电路开路(参见电气原理图)	关闭吊笼门或释放"紧急按钮"; 查 200 V 联锁控制电路
5	电源正常,主接触器不吸合	(1) 有个别限位开关没复位; (2) 相序接错; (3) 元件损坏或线路开路断路	(1) 复位限位开关; (2) 相序重新连接; (3) 更换元件或修复线路
6	电机启动困难,并有异常响声	(1) 电机制动器未打开或无直流电压(整流元件损坏); (2) 严重超载; (3) 供电电压远低于 380 V	(1) 恢复制动器功能(调整工作间隙)或恢复直流电压(更换整流元件); (2) 减少吊笼载荷; (3) 待供电电压恢复至 380 V 再工作
7	运行时,上、下限位开关失灵	(1) 上、下限位开关损坏; (2) 上、下限位碰块移位	(1) 更换上、下限位开关; (2) 恢复上、下限位碰块位置
8	操作时,动作不稳定	(1) 线路接触不好或端子接线松动; (2) 接触器粘连或复位受阻	(1) 恢复线路接触性能,紧固端子接线; (2) 修复或更换接触器
9	吊笼停机后,可重新启动,但随后再次停机	(1) 控制装置(按钮、手柄)接触不良; (2) 门限位开关与挡板错位	(1) 修复或更换控制装置(按钮、手柄); (2) 恢复门限位开关挡板位置
10	吊笼上、下运行时有自停现象	(1) 上、下限位开关接触不良或损坏; (2) 严重超载; (3) 控制装置(按钮、手柄)接触不良或损坏	(1) 修复或更换上、下限位开关; (2) 减少吊笼载荷; (3) 修复或更换控制装置(按钮、手柄)
11	接触器易烧毁	供电电源压降太大,启动电流过大	(1) 缩短供电电源与施工升降机的距离; (2) 加大供电电缆截面
12	电机过热	(1) 制动器工作不同步; (2) 长时间超载运行; (3) 启、制动过于频繁; (4) 供电电压过低	(1) 调整或更换制动器; (2) 减少吊笼载荷; (3) 动作频率适当调整; (4) 调整供电电压

(2) SS 型施工升降机常见电气系统故障现象、故障原因及排除方法见表 8-5。

表 8-5　　　　　　　SS 型施工升降机常见电气系统故障及排除方法

序号	故障现象	故障原因	故障诊断与排除
1	总电源合闸即跳	电路内部损伤,短路或相线接地	查明原因,修复线路
2	电压正常,但主交流接触器不吸合	(1) 限位开关未复位; (2) 相序接错; (3) 电气元件损坏或线路开路断路	(1) 限位开关复位; (2) 正确接线; (3) 更换电气元件或修复线路
3	操作按钮置于上、下运位置,但交流接触器不动作	(1) 限位开关未复位; (2) 操作按钮线路断路	(1) 限位开关复位; (2) 修复操作按钮线路
4	电机启动困难,并有异常响声	(1) 电机制动器未打开或无直流电压(整流元件损坏); (2) 严重超载; (3) 供电电压远低于 380 V	(1) 恢复制动器功能(调整工作间隙)或恢复直流电压(更换整流元件); (2) 减少吊笼载荷; (3) 待供电电压恢复至 380 V 再工作
5	上下限位开关不起作用	(1) 上、下限位损坏; (2) 限位架和限位碰块移位; (3) 交流接触器触点粘连	(1) 更换限位; (2) 恢复限位架和限位位置; (3) 修复或更换接触器
6	电路正常,但操作时有时动作正常,有时动作不正常	(1) 线路接触不好或虚接; (2) 制动器未彻底分离	(1) 修复线路; (2) 调整制动器间隙
7	吊笼不能正常起升	(1) 供电电压低于 380 V 或供电阻抗过大; (2) 超载或超高	(1) 暂停作业,恢复供电电压至 380 V; (2) 减少吊笼载荷,下降吊笼
8	制动器失效	电气线路损坏	修复电气线路
9	制动器制动臂不能张开	(1) 电源电压低或电气线路出现故障; (2) 衔铁之间连接定位件损坏或位置变化,造成衔铁运动受阻,推不开制动弹簧; (3) 电磁铁衔铁芯之间间隙过大,造成吸力不足; (4) 电磁铁衔铁芯之间间隙过小,造成铁芯吸合行程小,不能打开制动	(1) 恢复供电电压至 380 V,修复电气线路; (2) 调整电磁铁衔铁芯之间间隙
10	制动器电磁铁合闸功率迟缓	(1) 继电器常开触点有粘连现象; (2) 卷扬机制动器没有调好	(1) 更换触点; (2) 调整制动器

(3) 变频器常见故障及排除方法:

当发生故障时,变频器故障保护继电器动作,变频器检测出故障事项,并在数字操作器上显示该故障内容,可根据产品使用说明对照相应内容和处置方法进行检查维修。

8.2.2　施工升降机常见机械故障及排除方法

由于机械零部件磨损、变形、断裂、卡塞,润滑不良以及相对位置不正确等造成机械系统不能正常运行,统称为机械故障。机械故障一般比较明显、直观,容易判断。

8 施工升降机的维护保养与常见故障排除

（1）SC 型施工升降机常见机械故障现象、故障原因及排除方法见表 8-6。

表 8-6　　　　　　　　　SC 型施工升降机常见机械故障及排除方法

序号	故障现象	故障原因	故障诊断与排除
1	吊笼运行时振动过大	(1) 导向滚轮连接螺栓松动； (2) 齿轮、齿条啮合间隙过大或缺少润滑油； (3) 导向滚轮与背轮间隙过大	(1) 紧固导向滚轮螺栓； (2) 调整齿轮、齿条啮合间隙或添注润滑油； (3) 调整导向滚轮与背轮的间隙
2	吊笼启动或停止运行时有跳动	(1) 电机制动力矩过大； (2) 电机与减速箱联轴节内橡胶块损坏	(1) 重新调整电机制动力矩； (2) 更换联轴节内橡胶块
3	吊笼运行时有电机跳动现象	(1) 电机固定装置松动； (2) 电机橡胶垫损坏或失落； (3) 减速箱与传动板连接螺栓松动	(1) 紧固电机固定装置； (2) 更换电机橡胶垫； (3) 紧固减速箱与传动板连接螺栓
4	吊笼运行时有跳动现象	(1) 导轨架对接阶差过大； (2) 齿条螺栓松动,对接阶差过大； (3) 齿轮严重磨损	(1) 调整导轨架对接； (2) 紧固齿条螺栓,调整对接阶差； (3) 更换齿轮
5	吊笼运行时有摆动现象	(1) 导向滚轮连接螺栓松动； (2) 支撑板螺栓松动	(1) 紧固导向滚轮连接螺栓； (2) 紧固支撑板螺栓
6	吊笼启、制动时振动过大	(1) 电机制动力矩过大； (2) 齿轮、齿条啮合间隙不当	(1) 调整电机制动力矩； (2) 调整齿轮、齿条啮合间隙
7	制动块磨损过快	制动器止退轴承内润滑不良,不能同步工作	润滑或更换轴承
8	制动器噪声过大	(1) 制动器止退轴承损坏； (2) 制动器转动盘摆动	(1) 更换制动器止退轴承； (2) 调整或更换制动器转动盘
9	减速箱蜗轮磨损过快	(1) 润滑油品型号不正确或未按时更换； (2) 蜗轮、蜗杆中心距偏移	(1) 更换润滑油品； (2) 调整蜗轮、蜗杆中心距

（2）SS 型施工升降机常见机械故障现象、故障原因及排除方法见表 8-7。

表 8-7　　　　　　　　　SS 型施工升降机常见机械故障及排除方法

序号	故障现象	故障原因	故障诊断与排除
1	上下限位开关不起作用	(1) 上、下限位损坏； (2) 限位架和限位碰块移位	(1) 更换限位； (2) 恢复限位架和限位位置
2	吊笼不能正常起升	(1) 冬季减速箱润滑油太稠太多； (2) 制动器未彻底分离； (3) 超载或超高； (4) 停靠装置插销伸出挂在架体上	(1) 更换润滑油； (2) 调整制动器间隙； (3) 减少吊笼载荷,下降吊笼； (4) 恢复插销位置

续表 8-7

序号	故障现象	故障原因	故障诊断与排除
3	吊笼不能正常下降	(1) 断绳保护装置误动作; (2) 摩擦副损坏	(1) 修复断绳保护装置; (2) 更换摩擦副
4	制动器失效	(1) 制动器各运动部件调整不到位;机构损坏,使运动受阻。 (2) 制动衬料或制动轮磨损严重,制动衬料或制动块连接铆钉露头	(1) 修复或更换制动器; (2) 更换制动衬料或制动轮
5	制动器制动力矩不足	(1) 制动衬料和制动轮之间有油垢; (2) 制动弹簧过松; (3) 活动铰链处有卡滞地方或有磨损过甚的零件; (4) 锁紧螺母松动,引起调整用的横杆松脱; (5) 制动衬料与制动轮之间的间隙过大	(1) 清理油垢; (2) 更换弹簧; (3) 更换失效零件; (4) 紧固锁紧螺母; (5) 调整制动衬料与制动轮之间的间隙
6	制动器制动轮温度过高,制动块冒烟	(1) 制动轮径向跳动严重超差; (2) 制动弹簧过紧,电磁松闸器存在故障而不能松闸或松闸不到位; (3) 制动器机件磨损,造成制动衬料与制动轮之间位置错误; (4) 铰链卡死	(1) 修复制动轮与轴的配合; (2) 调整松紧螺帽; (3) 更换制动器机件; (4) 修复
7	制动器制动臂不能张开	(1) 制动弹簧过紧,造成制动力矩过大; (2) 制动块和制动轮之间有污垢而形成粘边现象	(1) 调整松紧螺帽; (2) 清理污垢
8	吊笼停靠时有下滑现象	(1) 卷扬机制动器摩擦片磨损过大; (2) 卷扬机制动器摩擦片、制动轮沾油	(1) 更换摩擦片; (2) 清理油垢
9	正常动作时断绳保护装置动作	制动块(钳)压得太紧	调整制动块滑动间隙
10	吊笼运行时有抖动现象	(1) 导轨上有杂物; (2) 导向滚轮(导靴)和导轨间隙过大	(1) 清除杂物; (2) 调整间隙

9 施工升降机事故与案例分析

近年,虽然国家和地方管理部门针对特种设备的管理颁布了一系列的管理办法,但因特种设备造成的群死群伤恶性事故还在各地不断上演,为使警钟长鸣,警醒设备管理人员和操作人员,特辑案例以为警示。

9.1 施工升降机常见事故

9.1.1 施工升降机常见的事故类型

施工升降机作为施工现场垂直运输的大型施工设备,也是危险性较大的机械设备,每年都有因管理不善或操作不当造成事故发生,虽然造成的伤害不尽相同,但仔细加以归纳总结,可将施工升降机事故大致分为以下几种类型:

(1) 高处坠落事故。在施工升降机安装、使用、维修和拆卸过程中,安装、拆卸、维修人员及乘员从吊笼顶部、导轨架等高处坠落的事故。

(2) 冒顶事故。指吊笼、对重从导轨上方冲出导轨造成的事故。

(3) 脱轨事故。指吊笼从导轨中脱出或安全钩脱落、断裂等造成的事故。

(4) 断绳事故。指起升或对重钢丝绳破断等造成的事故。

(5) 安全设施失灵事故。指防坠安全器、限位开关、极限开关机械联锁装置等失效造成的事故。

(6) 其他事故。如吊笼装载物品散落发生物体打击的事故,吊笼、对重运行过程中发生挤压的事故等。

9.1.2 施工升降机事故发生的主要原因

(1) 违章作业

① 安装、指挥、操作人员未经培训、无证上岗;

② 不遵守施工现场的安全管理制度,高处作业不系安全带和不正确使用个人防护用品;

③ 安装拆卸前未进行安全技术交底,作业人员未按照安装、拆卸工艺流程装拆;

④ 临时组织装拆队伍,工种不配套,多人作业配合不默契、不协调;

⑤ 违章指挥;

⑥ 安装现场无专人监护;

⑦ 擅自拆、改、挪动机电设备或安全设施等。

(2) 超载使用

超载作业,在超载限制器失效的情况下,极易引发事故。超载限制器是施工升降机关键的安全装置,超载限制器的损坏、恶意调整、调整不当或失灵等均能造成限制失效。因施工现场工况复杂,应定期保养、校核超载限制器,不能擅自调整,严禁拆除。

(3) 基础不符合要求

① 未按说明书要求进行地耐力测试,因地基承载力不够造成施工升降机倾翻;

② 未按说明书要求施工,地基不能满足施工升降机的稳定性要求;

③ 基础尺寸、混凝土强度不符合设计要求;

④ 基础表面平整度不符合要求,预埋件布置不正确,影响了架体的垂直度和联结强度。

(4) 附着达不到要求

① 超过独立高度没有安装附着;

② 附着点以上施工升降机最大自由高度超出说明书要求;

③ 附着杆、附着间距不符合说明书要求;

④ 擅自使用非原厂生产制造的不合格附墙装置;

⑤ 附着装置的联结、固定不牢。

(5) 施工升降机位置不当

① 与外电线路安全距离不足;

② 与边坡外沿距离不足,造成基础不稳固。

(6) 钢结构磨损、疲劳

施工升降机使用多年,导轨立柱磨损、锈蚀严重,焊缝易产生疲劳裂纹,引发事故。

(7) 钢丝绳断裂

① 钢丝绳断丝、断股超过规定标准;

② 未设置滑轮防脱绳装置或装置损坏,钢丝绳脱槽被挤断;

③ 防断(松)绳安全装置失效。

(8) 高强螺栓达不到要求

① 连接螺栓松动;

② 未按照规定使用高强度螺栓;

③ 连接螺栓缺少垫圈;

④ 螺栓、螺母损伤、变形。

(9) 安全装置失效

如各种安全器、制动器、超载限制器、机械联锁装置、行程限位开关、防松绳装置、急停开关等损坏、拆除或失灵。

9.1.3 事故预防的几个方面

(1) 施工升降机购置和租赁

在购买或租赁施工升降机时,用户要从长远利益出发,兼顾产品质量与成本,不走入低价购置、租赁的误区,要选择具有制造许可证、产品合格证和制造监督检验证明,技术资料齐全的正规厂家生产的合格产品,材料、元器件符合设计要求,各种限位、保险等安全装置齐全有效,设备完好,性能优良,不得购置、租赁国家淘汰、存在严重事故隐患、技术资料不齐全以及不符合国家技术标准或检验不合格的产品。

(2) 施工升降机安拆队伍

施工升降机的安装、拆卸必须由具备起重设备安装工程专业承包资质、取得安全生产许可证的专业队伍施工,作业人员应相对固定,工种应匹配,作业中应遵守纪律、服从指挥、配合默契,严格遵守操作规程;辅助起重设备、机具应配备齐全、性能可靠;在拆装现场应服从施工总承包单位、建设单位和监理单位的管理。

(3) 作业人员培训考核

严格特种作业人员资格管理,施工升降机的安装拆卸工、施工升降机司机、起重司索信号工及电工等特种作业人员必须接受专门的安全操作知识培训,经建设主管部门考核合格,取得"建筑施工特种作业操作资格证书",每年还应参加安全生产教育。

首次取得证书的人员实习操作不得少于3个月,实习操作期间,用人单位应当指定专人指导和监督作业。指导人员应当从取得相应特种作业资格证书并从事相关工作3年以上、无不良记录的熟练工中选择。实习操作期满,经用人单位考核合格,方可独立作业。

(4) 技术管理

① 施工升降机在安装拆卸前,必须制定安全专项施工方案,并按照规定程序进行审核审批,确保方案的可行性。

② 安装队伍技术人员要对拆装作业人员进行详细的安全技术交底,作业时工程监理单位应当旁站监理,确保安全专项施工方案得到有效执行。

③ 技术人员应根据工程实际情况和设备性能状况对施工升降机司机进行安全技术交底。

④ 施工升降机司机应遵守劳动纪律,听从指挥、严格按照操作规程操作,认真履行交接班制度,做好日常检查和维护保养工作。

(5) 检查验收

① 施工升降机在安装后,安装单位应当按照规定的内容对施工升降机进行严格的自检,并出具自检报告。

② 自检合格后,使用单位应当委托具有相应资质的检测检验单位对施工升降机进行检验。

③ 施工升降机使用前,施工总承包单位应当组织使用、安装、出租和工程监理等单位进行共同验收,合格后方可投入使用。

④ 使用期间,有关单位应当按照规定的时间、项目和要求做好施工升降机的检查和日常、定期维护保养,尤其要注重对各种安全器、机械联锁装置、行程限位开关、螺栓紧固、钢丝绳、安全钩、随行电缆等部位的检查和维修保养,确保使用安全。

9.2 施工升降机事故案例

9.2.1 驾驶室底框开焊坠落事故

2001年某月某日,某建筑工地发生一起施工升降机吊笼坠落事故,造成施工升降机司机1人当场死亡。

(1) 事故经过

2001年某月某日,某建筑工地施工接近尾声,项目部准备第二天拆除施工升降机。安装单位接到通知后,当天就派遣两名安装拆卸人员去现场检查施工升降机。当检查到吊笼底部时,发现驾驶室底座框及焊缝被混凝土包裹,为看清焊缝情况,两人向工地借了一柄铁锤敲击驾驶室底框,结果发现其中一个吊笼的底架与驾驶室底框间的焊缝开裂,当即进行电焊修补;然后又对第二个吊笼的底架与驾驶室底框进行敲击检查,未发现问题。但施工升降机使用到下午4时左右,第二个吊笼上升到20层时,驾驶室突然发生坠落,造成施工升降机司机当场死亡。

经查驾驶室底框与吊笼底架之间的焊缝开裂很长,并有新老两种焊缝开裂痕迹。

(2) 原因分析

① 经现场调查、分析,该事故系吊笼的底架与驾驶室底框间的焊缝开裂所致。据勘察,焊缝开裂已经很严重,且时间较长,由于混凝土附着物覆盖未能发现。用大锤敲击后,混凝土附着物不仅没有脱落,反而加大了焊缝的开裂程度,致使吊笼在运行振动后,发生驾驶室坠落事故。

② 拆卸前的检查是一项正常的工作,但使用了不规范的检查方法和手段。

③ 检查人员的安全意识淡薄,业务知识不足。

(3) 预防措施

① 拆卸前的检查是一项重要的工作,安装单位应制订企业的检查标准,明确检查的方法和手段。

② 检查人员在不断提高业务水平的同时,也应不断地提高自己的安全意识,避免在工作中留下事故隐患。

9.2.2 违规使用施工升降机物体打击事故

2000年某月某日,某高层施工工地,发生一起建筑脚手架钢管从施工升降机吊笼内坠落,造成1名地面作业人员受物体打击死亡的事故。

(1) 事故经过

事故发生的当天,在34层楼面进行清理脚手架钢管作业过程中,作业人员将钢管搬运进施工升降机吊笼内准备运送至地面。因钢管有长有短,长的钢管超出施工升降机吊笼的长度,作业人员便将吊笼外侧单行门拉起20 cm,用细钢筋将其挂在吊笼侧面的钢丝网上,并将单行门的限位开关捆绑,以保持限位开关处单行门关闭位置,使单行门在开启的情况下,仍可启动吊笼。

作业人员将长钢管从拉起的单行门下伸入,装进吊笼内。然后将短钢管以丢抛的形式装进吊笼。在丢抛过程中,一根约1 m长的钢管从单行门下侧飞出,击穿地面的防护隔离棚,击中一名正在等候施工升降机的作业人员,致其当场死亡。

(2) 原因分析

① 作业人员违章作业。施工升降机的正常启动运行的前提是吊笼内外侧门均应处于关闭状态,限位装置的设置是确保吊笼门在未关闭严实的情况下,吊笼不能启动。但作业人员擅自拉开单行门并使门限位开关失去防护作用。

② 作业人员违规、野蛮作业。施工现场搬运任何器具材料不得采用抛掷的方式,脚手架钢管装运作业人员采用丢抛方式运放钢管属于严重违规行为。

③ 司机放任作业人员违章作业并不予制止。当司机发现作业人员违章作业时,有责任当即制止,但此次事故中司机听任作业人员违章和野蛮作业。
④ 防护棚防砸措施不到位。

(3) 预防措施

施工人员和施工升降机司机必须严格按照操作规程作业,发现违章行为和野蛮作业应及时制止。

9.2.3 吊笼冒顶坠落事故

2008年某月某日,某建筑项目工程在未安装调试到位的情况下启用施工升降机,发生一起施工升降机吊笼坠落事故,造成3人死亡。

(1) 事故经过

该工程地下1层、地上20层,为现浇框筒结构,事故发生时已完成9层结构施工。因施工需要,该工程项目部向某建筑机械租赁公司租赁了一台SCD200/200A型新购的双笼施工升降机,由具有安装资质的租赁公司进行安装。因时间紧迫,租赁公司在尚未制定安装方案,也未向工人进行安全技术交底情况下,就派出无证的安装工人到场安装,并约请生产厂派出技术人员到场指导安装工作。某日,该施工升降机导轨架安装到28.8 m高度,并在建筑结构设置了附着装置,但吊笼安全钩未固定,上限位和上极限限位撞块未安装,安装单位未对施工升降机进行全面检查,亦未办理验收手续,即于当日向工程项目部出具了工作联系单,告知"安装验收完毕,交付项目使用,并于即日起开始收取租赁费"。4日后的6时,由无证女司机开动该施工升降机的一个吊笼,载2名工人驶向9楼,吊笼运行超出导轨架顶后从高空倾翻坠落,3人当场死亡。

(2) 原因分析

① 使用时施工升降机上限位和上极限限位撞块均未安装,使上限位和上极限限位功能失效。
② 安装单位未制定施工升降机安装方案和安全技术措施,未进行技术交底,未落实严格的安装验收手续,在安装尚未结束情况下就交付使用。
③ 安装单位安排无证人员安装设备。
④ 设备使用单位未履行施工升降机安装后交接验收手续,就启用施工升降机。
⑤ 设备使用单位安排无证人员担任施工升降机司机。
⑥ 监理单位对尚未安装结束的施工升降机投入使用的行为未进行制止。
⑦ 施工升降机司机无证上岗违章操作,安装人员无证从事施工升降机安装。

(3) 预防措施

① 设备安装、使用单位必须加强内部管理,增强企业领导安全意识,遵守相关安全法律法规。

a. 安装单位必须严格遵守《建设工程安全生产管理条例》第十七条"施工起重机械……安装完毕后,安装单位应当自检,出具自检合格证明,并向施工单位进行安全使用说明,办理验收手续并签字"的规定。

b. 设备使用单位(工程施工总承包单位)必须根据《建设工程安全生产管理条例》第三十五条"施工单位在使用施工起重机械……前,应当组织有关单位进行验收……"的规定组织出租单位、安装单位、工程监理等单位共同进行验收后才能启用设备。

c. 设备使用单位必须按照《建筑起重机械安全监督管理规定》(建设部令第166号)第二十五条"建筑起重机械安装拆卸工、起重信号工、起重司机、司索工等特种作业人员应当经建设主管部门考核合格,并取得特种作业操作资格证书后,方可上岗作业"的规定,安排有资格的司机进行操作。

② 设备生产厂家必须全面履行合同。施工升降机是使用单位租赁的新设备,按合同规定,该设备第一次安装时厂家技术人员有义务到现场进行技术指导,直至全面检查、调试、验收合格后方可离开现场。

9.2.4 制动失灵吊笼坠落事故

2007年某月某日,某居民住宅小区工地发生一起施工升降机吊笼坠落事故,一台SCD200/200型施工升降机西侧吊笼突然从11层楼坠落,吊笼内17名作业人员随吊笼坠落至地面,造成11人死亡、6人受伤。

(1) 事故经过

该工程为一幢34层高层住宅楼,某日,施工升降机西侧吊笼从地面送料上行至33层卸料后,下行逐层搭乘了若干名下班工人与1辆手推车,到26层时又进入4人,此时吊笼内共载17人(含司机)。关门后,在未启动电动机的情况下,吊笼即开始下滑并加速下降,司机当即按下急停按钮,但未能制动住吊笼,吊笼加速坠落至地,当场死亡4人,后经抢救无效陆续死亡7人,共造成11人死亡6人受伤。

(2) 事故调查情况

① 经现场勘察和事故调查,该施工升降机由某建筑机械厂生产,出厂合格证签发时间为1996年,吊笼内传动板标牌标注时间为1999年8月。升降机传动板上安装两套驱动装置、一台防坠安全器及上、下两个背轮,其中防坠安全器出厂时间为2005年8月,已通过检测。

② 施工升降机司机持有效操作证上岗,设备无台班日检纪录、无设备维修纪录。

③ 事故发生时该吊笼内乘载17人、1辆手推车,其重量为一个吊笼额定载重量2 000 kg的66.75%,未超载使用。

④ 对重块钢丝绳未断裂,对重块坠落在施工升降机护栏外;天轮被对重块撞出顶部支座并坠于34层平台上,轮缘明显有被平衡块冲顶撞击痕迹。

⑤ 吊笼操作室内主令开关位于"0"位,紧急制动按钮位于"按下"状态。

⑥ 坠地吊笼传动板的下背轮轴断裂,下背轮脱落,驱动装置齿轮径向脱离齿条,防坠安全器齿轮失去水平约束。动力板上未设置齿轮防脱轨挡块,如图9-1所示。

⑦ 经相关机构对该吊笼的防坠安全器、电磁制动器、驱动齿轮进行检测,防坠安全器的安全开关动作可

图9-1 下背轮已脱落、无挡块

靠,均符合《施工升降机齿轮锥鼓形渐进式防坠安全器》(JG 121—2000)的规定;两个电磁制动器摩擦片严重磨损,制动力矩小于《SC系列施工升降机使用说明书》(下称《使用说明书》)标明的120 N·m额定力矩。当两制动器同时有效制动时,该吊笼所能承受的最大载重量仅为1 058 kg(静载);下背轮轴所采用的内六角螺栓为4.8级,低于《施工升降机》(GB/T 10054—2005)标准规定的8.8级。

(3) 事故原因

① 电磁制动器的制动力矩不足。吊笼电磁制动器的制动片磨损后,制动片与制动盘的间隙增大,压紧弹簧对制动盘的推力减小,所产生的实际制动力矩远远低于额定制动力矩,并小于吊笼内载荷在制动器上产生的自重力矩,导致吊笼失速下坠。

② 更换了规格不当的螺栓轴。按使用说明书规定,下背轮轴原为M20—8.8级高强度内六角螺栓,而实际选用的为4.8级的内六角螺栓。

③ 产品设计制造不符合规范标准要求,传动板上未设置齿轮防脱轨挡块。吊笼的传动板上未设置防脱轨挡块,在吊笼坠落时,背轮轴被安全器齿轮传来的水平冲击力剪断,背轮作用失效,防坠落输出端齿轮失去水平约束而脱轨。

④ 维护保养不到位。两个电磁制动器摩擦片严重磨损,未及时更换。

(4) 预防措施

① 应按照规定对设备进行日常检查和定期检查,并应留下记录,对维修情况也必须进行详细记录。

② 对于紧固螺栓,必须严格按照规定采用8.8级高强螺栓,不能用低等级产品替换。

③ 必须按规定进行维护保养,对存在安全隐患的部件应及时维修或更换。

9.2.5 导轨架折断吊笼坠落事故

2008年某月某日,某建筑工地发生一起施工升降机因导轨架折断而使运行中的吊笼从空中坠落地面,共造成18人死亡的事故。如图9-2所示,为事故现场。

图9-2 吊笼坠地现场

(1) 事故经过

事故的前天晚上,安装单位对该施工升降机(型号:SCD200/200V)进行了接高加节作业,使导轨架悬出端的距离有12 m,但未按规范及时加装一道附着装置。

第二天上午上班,施工升降机司机未对上面悬出情况进行检查,也未看交接班记录,就将吊笼开过最上一道附着点,到达工程的第28层(约位于悬出导轨架的中部),接送上下作业人员。在接送两次均无异常的情况下,第三次共乘载了18人,当运行至28层楼时,由于吊笼对导轨架的偏心荷载,使悬出的导轨架从最上一道附着点处折断,吊笼从高空中坠落。

(2) 原因分析

① 安装单位在未安装附着装置和其他安全限位开关的情况下,未及时通知设备使用单位禁止使用施工升降机。

② 设备使用单位在未与安装单位进行交接验收,未了解清楚安装任务是否完成的情况下,直接通知司机启用施工升降机。

③ 施工升降机司机上班前在未进行例行检查,未查看上一班的交接班记录的情况下,盲目启用施工升降机。

(3) 预防措施

① 无论是新安装还是在使用中进行加节,作业完毕交付使用前,均需进行联合验收,合格后才能使用。

② 司机在每天正式运行前,必须查看交接班记录并进行例行检查,只有例行检查合格后才能使用。

9.2.6　使用不合格货用施工升降机吊笼坠落事故

某建筑工地使用钢丝绳式货用施工升降机安装落水管,在施工过程中钢丝绳因脱槽被拉断,吊笼坠落,造成3死1伤的事故。

(1) 事故经过

某建筑工程项目经理安排工人在钢丝绳式货用施工升降机拆除之前,使用升降机进行落水管安装。当晚,5名作业人员加班,4人安装落水管,1人操作施工升降机(无操作证)。4名作业人员从第17层处进入施工升降机吊笼开始安装落水管,当安装到第12层(距地面32 m)时,他们边安装边让施工升降机司机将吊笼再提升一点。在司机提升吊笼过程中,提升钢丝绳脱槽,被拉断。该施工升降机无断绳保护装置,当钢丝绳被拉断后,吊笼随即坠落地面。吊笼内作业的4名人员随吊笼一同坠落地面,造成3人死亡,1人重伤。

(2) 事故原因

① 货用施工升降机禁止吊笼内载人作业,而该项目经理违章指挥,安排作业人员进入升降机吊笼内进行作业。

② 施工升降机安装不合格,导致钢丝绳与滑轮磨损,造成轮缘破损;运行中钢丝绳脱槽,被拉断。

③ 施工单位管理混乱,设备管理制度不健全,安装后未验收,使用中未检查维修。

④ 施工升降机司机属特种作业人员,应按规定持特种作业操作资格证书上岗,而此案例中司机未经培训,无证上岗,冒险蛮干。

(3) 预防措施

① 施工单位主要负责人和项目负责人应加强有关安全生产法律法规和技术规范的学习,增强法制观念,防止出现违章指挥现象。

② 施工单位在选用施工升降机等起重机械设备时应查验制造许可证、产品合格证、制造监督检验证明、产权备案证明,技术资料不齐全的不得使用。

③ 施工单位应加强起重机械管理,起重机械安装前制订方案,安装过程严格按方案规定的工艺和顺序进行安装作业,安装完毕按规定进行调试、检验和验收。

④ 特种作业人员必须接受专门安全技术培训,考核合格后持证上岗。

9.2.7 违章操作致使施工升降机吊笼坠落事故

某建筑工地在使用钢丝绳式货用施工升降机运送废料时,2名工人违规乘坐吊笼,因钢丝绳突然断裂,造成2人随吊笼一同坠落地面,当场死亡的事故。

(1) 事故经过

该工地正在施工一栋主楼7层、局部10层的建筑,主体已经完工,准备迎接验收。项目经理徐某安排工人当晚加班清扫6层楼面,用施工升降机运送废料,因施工升降机司机吴某家中有事不愿加夜班,施工队长临时指派无证人员李某顶班。当晚19时40分左右,李某在操作时发现吊笼在下降过程中卡在6层与5层之间,于是操作吊笼提升,但吊笼还是不能动。木工班班长黄某和机修工王某听到召唤后随即带着橇杠由6层运料平台爬到升降机吊笼内检修,发现吊笼导轮已滑出轨道。2人用橇杠将吊笼导轮拨回轨道,随后乘吊笼下来。但吊笼下降近2m又被卡住,在吊笼内的黄某便让司机提升吊笼,此时提升钢丝绳突然断裂,黄、王二人随吊笼一同坠落地面,当场死亡。

(2) 原因分析

根据当事人、目击者的口述和对事故现场的勘测发现,卷扬机钢丝绳已被理顺,断头距卷扬机约3m。断头是分股断裂的,第一股断头距第二股断头70cm左右,后边几股依次断裂,断头两端有2m多长的挤压和摩擦伤痕。据测算,吊笼坠落时,钢丝绳断头在卷扬机卷筒处,卷筒外缘及底座有明显的钢丝绳环绕摩擦痕迹。根据分析,造成此次事故的原因如下:

① 施工升降机设备存在缺陷

a. 卷扬机卷筒未设防脱绳装置。吊笼在下降过程中被卡在轨道上,等到司机发现吊笼不动,关停卷扬机时,已多放出2m多长的钢丝绳。由于卷扬机卷筒未设防脱绳装置,致使钢丝绳脱出卷筒,绕在了卷扬机的底座上,吊笼因此放不下也提不起。由于司机反复进行提升和下降操作,钢丝绳被反复收紧,在卷筒边缘处受到挤压和剪切双重破坏,最终被扯断。

b. 断绳保护装置失效。在提升钢丝绳断裂、吊笼坠落时,断绳保护装置的插销因失修锈蚀未能在弹簧力作用下插到导轨架的横档上阻止吊笼下滑。

② 违章作业、违章指挥

a. 司机李某是临时顶班人员,没有经过专门培训,不懂施工升降机安全操作规程,发现吊笼不能下降,在未弄清故障原因的情况下,随意改为提升吊笼操作。

b. 黄某、王某对吊笼脱轨故障进行维修,属高处作业,未按规定系安全带,进入吊笼前又未操作安全停靠装置,对吊笼采取防坠落保护措施,吊笼拨回轨道后,又违反规定乘坐吊笼下降。

c. 黄某、王某违章指挥。吊笼下滑一段距离后停止运动,黄某、王某在没有查清原因的情况下,违章指挥司机进行提升操作。

(3) 预防措施

① 加强对项目负责人、特种作业人员的安全教育,严格遵守特种作业人员持证上岗的规定,杜绝违章指挥、违章作业。

② 卷筒防脱绳装置、断绳保护装置等安全装置,是保护施工作业人员和施工设备安全的重要装置,一定要齐全、有效。

③ 夜间作业,应设有足够的照明,使司机能看清起重机械的运行情况。

9.2.8 违规固定滑轮致使吊笼坠落事故

某建筑工地,在安装钢丝绳式货用施工升降机过程中,2名作业人员违章乘坐在吊笼内,因吊笼坠落,致使吊笼内2人死亡。

(1) 事故经过

某建筑工地,在安装钢丝绳式货用施工升降机过程中,为图省力,2名作业人员乘坐在吊笼内,进行架体的向上搭设。架体底部的导向滑轮采用了扣件固定,因扣件脱落,钢丝绳弹出,又由于未安装防坠安全装置,吊笼失控坠落,致使吊笼内2人死亡。

(2) 原因分析

① 货用施工升降机在任何情况下,都不得载人升降,违规乘人是造成此次事故的主要原因。

② 导向滑轮的固定,应采用可靠的刚性连接,本案例中采用了可靠性较差的扣件连接,其强度及刚度均不能保证,尤其在受拉力作用时,易滑移、松脱甚至断裂,这也是事故发生的重要原因。

③ 在没有安装防坠安全装置的情况下,违规提升吊笼。

(3) 预防措施

① 施工升降机安装前,应制定安装方案,并组织现场安装人员进行技术交底。

② 严格按照安装工艺、顺序进行安装。

③ 严禁货用施工升降机载人运行。

④ 钢丝绳式施工升降机底部滑轮的固定,应采用可靠的刚性连接,不得随意替换连接部件。

⑤ 加强经常性的安全教育,提高作业人员的安全意识。

9.2.9 违规替代重要部件致使吊笼坠落事故

某建筑工地,在拆卸过程中,用脚手架钢管代替天梁并违规乘货用施工升降机吊笼下降,因钢管弯曲,吊笼坠落,造成2人死亡的事故。

(1) 事故经过

某建筑工地,完成结构封顶后进行钢丝绳式货用施工升降机的拆卸。为贪图省力和方便,在拆卸架体取下天梁后,用脚手架钢管代替天梁,临时安装天梁滑轮。2名无操作证的辅助工人,擅自进入吊笼,利用吊笼装运天梁。由于脚手架钢管的强度不够,又有明显的锈蚀,吊笼下降不多时,钢管严重弯曲,滑轮与钢管一同从架体脱落,防坠安全装置又不起作用,吊笼从30 m高处坠落,造成2人死亡。

(2) 原因分析

① 擅自使用脚手架钢管代替槽钢作天梁,是造成事故的直接原因。

② 货用施工升降机在任何情况下,都不得载人升降,本案例中2名作业人员违规乘坐吊笼上下。

③ 2名作业人员均为无证上岗,缺乏必要的安全和技能知识。

④ 施工升降机司机违反操作规程,随意搭载人员升降吊笼。

⑤ 防坠安全装置失灵,说明安装质量和检查验收不符合要求,日常保养也没有做好。

(3) 预防措施

① 施工升降机的安装拆卸人员应认真执行持证上岗的规定,经过一定的安全技术培训,可使作业人员掌握基本的操作技能和安全知识,因此持证上岗是消除事故隐患的必要措施。

② 制订科学合理的拆卸方案,并进行现场的安全技术交底,可有效地避免拆卸作业中的随意性,严格遵照拆卸顺序和工艺进行操作,从而避免事故的发生。

③ 要严格按照施工升降机的安装规定执行,对天梁、滑轮和钢丝绳等重要零部件不得随意用其他物件替代。

④ 认真执行安装验收制度,未达到要求的,必须整改合格方可投入使用,尤其是安全装置,更应认真调试和维护保养。

⑤ 加强现场管理和监督检查,尤其在升降机的安装和拆卸阶段,时刻提醒作业人员加强安全意识。

⑥ 积极组织司机参加技术培训和复审验证,不断提高技能和安全知识,使之自觉杜绝和抵制违章作业。

9.2.10 设备失修高处坠落事故

2003年某月某日,某施工现场安装施工升降机过程中,吊笼门脱落,连同一名安装作业人员高处坠落,造成1人死亡事故。

(1) 事故经过

该工地在安装刚从其他工地转移来的施工升降机,当导轨架安装到14层高时,吊笼内一名安装人员搬起铁扶梯,准备从紧急出口到笼顶,由于失去重心,连人带扶梯一起倒向单行门,单行门脱离门框,与扶梯、人一起从高空翻落到地面,造成该安装人员当场死亡。

(2) 原因分析

① 经现场调查、分析,该施工升降机因未经转场保养,进入工地后发现单行门框的上滑轮轴失落,安装人员擅自使用一根钢筋临时替代。临时替代滑轮轴的钢筋较细,当单行门受力向外挤压时,滑轮向外侧移动,造成轮距增大,致使单行门脱出滑轮后向下倾翻。

② 施工升降机转移工地时未经保养,致使施工升降机达不到完好标准。

③ 安装人员安全意识淡薄,违规用钢筋代替滑轮轴。

(3) 预防措施

① 施工现场用钢筋代替销轴、铅丝代替开口销、焊接代替锁片紧固时有发生,应引起安装人员的重视。在安装、使用过程中要严格按照施工升降机的国家规定执行,对任何有关安全的零部件不得随意用其他物件替代。

② 施工升降机不执行转场保养制度,从一工地拆卸后即运至另一工地进行重新安装,

边安装、边保养、边修理的情况比较普遍，要引起安装单位的重视。对于拆卸后或长时间未用的施工升降机必须严格按照规定进行维护保养，并按照要求进行联合验收，只有维护保养到位、联合验收合格的设备才能投入安装和使用。

9.2.11 违反操作规程拆卸吊笼坠落事故

2005年某月某日，某建筑工程局安装工程处，在某大酒店工地主楼B段进行拆除58 m高的人货两用施工升降机作业中，发生吊笼失控坠落事故，造成4人死亡。

（1）事故经过

事故发生当日，上午10时左右，在拆除施工升降机第一节标准节和四个滑轮后，准备把吊笼下滑到预定位置拆除第二节标准节时，防坠安全器开始制动，吊笼被制停在导轨架不能下降。当时吊笼内有朱某和王某二人，朱某要求在脚手架上的雷某下来帮忙。雷某到达吊笼内后，朱某打开防坠安全器盖，发现螺母松不动，无法调整，就把防坠安全器整体拆除，朱某把吊笼下滑到预定位置，由王某固定好保险钢丝绳后，拆除第二节标准节。11时30分左右，第二节标准节被顺利拆除，吊笼被停在第三节标准节的位置上，距地面高度为52.8 m，作业人员从楼梯下楼吃饭。

13时20分，8名作业人员仍从楼梯上到屋面，其中3人留在屋面，朱某等5人通过外脚手架下到吊笼顶上。5人中2人留在吊笼顶部工作平台上负责起重吊杆，松动标准节螺栓，3人在吊笼内。朱某操作电器开关启动升降机，吊笼下降0.5 m左右后被卡阻在导轨中，既不能下降又不能上升。朱某叫雷某用手压开电磁抱闸，扳动一下传动轮，但扳不动。朱某又用电器开关启动，吊笼仍然不动，朱某就拿管钳和扳手调整刹车。螺栓松了约15扣之后，朱某继续用电器开关启动，吊笼还是不动，就命雷某出吊笼检查。雷某没发现什么异常情况，朱某想再试一下，却只听"哗啦"一声，吊笼失去控制，从52.8 m的高空坠落，造成吊笼内2人和吊笼顶部2人死亡，1人重伤。

（2）原因分析

① 该设备在拆卸标准节作业中，平衡重已拆除，吊笼下降，依靠制动器制动、防坠安全器保证安全，而朱某在发现防坠安全器发生动作后，不是按规定对防坠安全器进行复位，而是擅自将防坠安全器整体拆除，使吊笼失掉了安全保证。

② 防坠安全器被拆除后，施工升降机已处于无安全保障的情况，当时电磁制动器的制动力矩只能增加，绝不允许减少，以确保安全。但是朱某违章调松电磁制动器，减少了制动力矩，从而造成了施工升降机的坠落。

③ 保险钢丝绳挂设不当又未进行验算，致使直径12.5 mm的钢丝绳在吊笼失控坠落时，抵不住巨大冲击力，被导轨架上角铁切断，无法起到保险作用。

（3）预防措施

① 施工升降机在拆除过程中，防坠安全器必须始终有效地啮合在齿条上。如果发生施工升降机下滑，防坠安全器制动时，必须在查找和排除下滑过快的原因后，才能对防坠安全器进行复位操作。注意严禁将防坠安全器一拆了之，从而失去安全保障。

② 拆卸作业时，必须对制动器进行检查，存在问题时应当进行调整，使制动力矩达到规定值，确保施工升降机可靠地制停在导轨架上，绝对不允许调松制动器。

9.2.12 私自操作施工升降机,吊笼冒顶出轨事故

2002年6月28日,在河南省郑州市某工程1号楼工程施工中,一名机械工私自操作人货两用施工升降机,由于施工升降机未能及时接高施工升降机导轨架和未按规定正确安装安全装置,导致吊笼冒顶出轨坠落,造成5人死亡,1人受伤。

(1) 事故经过

郑州市某工程,建筑面积32 000 m^2,高33层,建筑高度109 m,框架剪力墙结构。该工程由某局一公司总承包,工程监理单位为河南某工程建设监理公司,土建由南通市某建筑公司分包,施工机械由南通市某建筑公司负责提供,垂直运输采用了人货两用施工升降机。

2002年6月,工程主体进行到第24层。6月28日,施工升降机司机王某上午运输人员至下午上班后,见施工升降机无人使用,便擅自离岗回宿舍睡觉,但施工升降机没有拉闸上锁。此时,有几名施工人员需要乘施工升降机,因找不到司机,其中一名机械工便私自操作,当吊笼运行至24层后发生冒顶,从66 m高处出轨坠落,造成5人死亡。

(2) 原因分析

① 造成事故的技术方面的原因:未按规定正确安装安全装置。按《施工升降机安全规程》规定,升降机应安装上、下极限开关,当吊笼向上运行超过越程的安全距离时,极限开关动作切断提升电源,使吊笼停止运行,吊笼应设置安全钩,防止在出事故时吊笼脱离导轨架。

② 造成事故的管理方面的原因:一是分包单位南通市某建筑公司管理混乱,对施工升降机的安装和使用,未按国家及行业颁布的标准实施。二是施工升降机司机不经批准便擅自离岗睡觉,致使非司机人员操作。三是该工程施工升降机安装前没有编制实施方案,安装后也不报验,自5月8日安装至6月28日发生事故之间的50天中,无人检查无人过问,致使施工升降机未安装上极限限位挡板,吊笼越程运行无安全限位保障;施工升降机安全钩安装不正确,吊笼发生脱轨时保险装置失效等重大安全隐患,未能得以发现和解决。因此,事故发生的表面原因,是施工升降机司机离岗,非司机人员擅自操作施工升降机,但实质上事故完全是由于施工管理混乱造成的。

(3) 预防措施

① 加强对机械设备的管理。机械设备、施工用电等的管理是土建项目经理日常管理中的弱项,由于专业性强,不十分熟悉,尤其对相关标准不清楚,往往会疏于管理,不能预见问题,工作容易被动。为此,应适当配备机械设备专业人员协助项目经理进行项目管理。这些专业管理人员应该熟悉相关标准、规范,并被赋予相关权力和责任。尤其较大工程项目,如塔机、施工升降机以及混凝土泵车等,设备品种多、数量多,应针对不同设备特点加强机械设备管理,使各种机械设备得以合理使用,提高机械设备完好率。加强对机械设备的管理不仅有利于安全施工,同时也会促进生产任务的顺利完成。

② 加强对司机、操作人员的培训管理。各种机械设备的最直接使用者就是司机和操作人员,他们不仅是操作者,同时还是机械设备的保养和监护人。许多机械设备事故的发生与司机和操作人员的违章操作有直接关系。一个单位的机械设备的状况如何,实际上也从另一角度展示了这个单位的管理水平和能力。应该健全制度,定期培训,经常检查,使操作机械的司机成为遵章守纪的带头人。

9.2.13 擅自驾乘施工升降机致使吊笼冒顶坠落事故

2003年4月20日,浙江省宁波市某公寓楼工程在施工中,3名施工人员在施工升降机司机尚未上班到岗的情况下,擅自驾乘施工升降机,在上升过程中由于超高极限开关未起作用,上行停车操作失控,发生吊笼冒顶,致使吊笼坠落至地面,造成3人死亡。

（1）事故经过

浙江省宁波市某公寓楼工程,由裙体相连的A、B、C三幢32层高层公寓楼组成,总建筑面积为72 000 m²。工程项目建设单位为宁波某公司,监理单位为宁波市某监理公司,施工总承包单位为宁波某建筑公司。宁波某建筑公司将该工程的部分装饰工程分包给宁波某建筑装饰公司。工程开工日期为2001年5月20日,合同竣工日期为2003年10月20日。事故发生时,工程外墙装修即将结束,内装修进入修补阶段,A楼的施工升降机拆卸至13层高度。

发生事故的施工升降机位于A楼,由宁波某建筑设备租赁公司提供并负责日常维修检查工作,宁波某建筑公司工程项目部使用并配备了施工升降机司机。

4月20日6时20分左右,宁波某建筑装修公司员工鲍某等3人,在施工升降机司机尚未上班到岗的情况下,擅自驾乘A楼施工升降机右笼前往7层,在上升过程中,由于上极限开关未起作用,上行停车操作失控,发生吊笼冒顶,致使吊笼从13层（约40 m高）坠落至地面,造成吊笼内的3名员工中2人当场死亡,另1人经抢救无效于当天14时左右死亡。事故造成直接经济损失50.15万元。

（2）原因分析

① 造成事故的技术方面的原因。一是该楼施工升降机上极限开关安装不合格,动作杆不稳固,造成上极限开关动作不灵敏。在吊笼上升过程中,因上极限开关动作杆松动,碰到限位块时缩回,致使极限开关失灵。二是宁波某建筑设备租赁公司对施工升降机的日常维护不到位,用电接线不规范,将吊笼内配电箱电线外接,配电箱又未上锁,也没有对进入吊笼和升降机控制按钮采取有效的隔离和封闭措施,造成施工人员可以随意进入吊笼,开启操作升降机。

② 造成事故管理方面的原因。

a. 鲍某等3人非施工升降机司机,无证且擅自操作施工升降机,在施工升降机不能正常停止运行时,由于不熟悉操作规程和操作技能,不知如何进行应急处理。

b. 宁波某建筑装饰公司承揽该工程业务后,没有组建分包工程项目管理机构或向现场派驻必要的管理人员,也没有采取措施对分包工程施工进行安全生产管理,对施工作业人员缺少安全生产培训教育,特别是对所属职工的违章违规行为缺乏监督检查。

c. 宁波某建筑公司未切实履行总承包单位的安全生产职责,将部分装修工程分包给装饰公司后,未报监理单位审查,也没有督促分包单位落实安全管理责任,缺少有效的监督管理,造成施工过程安全管理失控。

d. 该项目部管理人员对施工升降机的安全运行疏于管理。施工升降机虽然实行专人操作,但在监理单位和升降机操作司机反映无证施工人员经常擅自操作施工升降机问题之后,未采取有效措施加以制止,默认此类违章违规行为。

e. 监理单位对施工人员无证操作施工升降机等违章违规行为本应下达监理通知书,虽多次提出,但是没有严格履行监理职责。

(3) 预防措施

① 对施工机械应按规定进行全面的定期安全检查,保证机械设备的完好;

② 对施工人员应定期进行安全教育;

③ 要加强对项目部的管理和施工现场安全生产管理,特别是要加强对工程的承发包合同管理、人员管理和制度建设,严格落实安全生产责任制度、劳务用工制度、职工教育培训制度和其他各项安全生产管理制度。

9.2.14 施工升降机未关闭层门导致高处坠落事故

2002年5月1日上午,在江苏某高层住宅楼施工工地上,一名无施工升降机上岗证的工人擅自操作施工升降机,造成坠落死亡事故。

(1) 事故经过

5月1日上午,在江苏某建筑公司总包、该省某县级市房屋修建队分包的某高层住宅楼施工工地上,分包现场负责人沈某安排木工朱某等人到14号楼16~18层支设阳台模板。7时50分左右,施工升降机司机张某因上厕所离岗,但未按操作规程切断电源以及关闭施工升降机门并上锁。此时,无施工升降机上岗证的工人范某,擅自操作施工升降机运送朱某等人以及装有支模材料的小推车上16层。施工升降机停靠16层后,朱某将推车推出轿厢上了楼层运料平台。此时,18层有人需要装运电焊机,范某叮嘱朱某自己关好楼层层门,随即启动施工电梯从16层上升到18层。然而,朱某将推车推出轿厢后,并未关闭层门,就与他人在平台上卸木模板。朱某在倒车卸料时,不慎一脚踏空,连人带车从未关闭层门的16层平台沿口坠落。事故发生后,现场人员立即将朱某送往医院,经抢救无效,于8时10分死亡,事故直接经济损失约为17万元。

(2) 原因分析

① 造成事故的直接原因。一是工人范某无施工升降机操作证书,违章擅自操作施工升降机,且未关闭楼层层门;二是施工升降机司机张某违反操作规程,离岗未切断电源,不关闭升降机门;三是木工朱某在未关闭层门的楼层平台沿口处冒险作业,因而导致事故。

② 造成事故的间接原因。一是分包单位项目部安全管理工作不落实,对职工安全教育不严;二是分包单位职工安全生产意识淡薄,安全防范自我保护意识不强;三是施工总包单位对分包队伍严格执行有关安全规定的检查、监督不严。

(3) 预防措施

① 定期组织全面安全生产大检查,对照《建筑施工安全检查标准》(JGJ 59—1999)要求,按照"三定"原则,对查出的安全隐患逐条落实整改。

② 加强安全教育,提高职工安全意识和遵章守纪的自觉性,杜绝违章作业。

③ 加强施工总包对分包队伍的安全管理,规范各项安全生产措施,杜绝事故的发生。

④ 加强安全生产管理工作,进一步明确各个岗位、各级各部门安全生产职责,落实安全生产责任制,提高全员安全生产意识。

9.2.15 施工升降机钢丝绳断裂造成人员坠落事故

2002年10月24日,辽宁省某航空城C座高层住宅楼在建筑施工中,正在运行的一台施工升降机钢丝绳突然发生断裂,致使载货吊笼和乘坐吊笼的4人一起从高处坠落,造成3人死亡、1人受伤。

(1) 事故经过

10月24日14时50分,辽宁省某航空城C座高层住宅楼在建筑施工中,已经结构封顶,开始进行装修阶段。沈阳某玻璃经销部按照合同约定,运送玻璃到19层。玻璃装上吊笼后,2名经销部人员进入吊笼扶玻璃,另2人也一同进入,当运行到12层时,钢丝绳突然发生断裂,致使载货吊笼和乘坐吊笼的4人一起从高处坠落,造成3人死亡、1人受伤。

(2) 原因分析

① 升降机在27层处施工升降机吊梁上的滑车已经非正常过度磨损,钢丝绳将滑轮槽底一侧磨出约10 mm的沟槽后,又将侧板磨出3 mm左右的槽,使钢丝绳进入滑轮侧面与侧板缝隙之间。10月24日14时50分,当升降机在运行时,钢丝绳在这个位置上被卡死,不能移动,而卷扬机还在继续转动,将钢丝绳拉断,载货吊笼坠落。

② 沈阳某起重机技术服务有限责任公司负责升降机的制造、安装,但是在制造、安装时没有设计方案和图样,使升降机存在如下严重缺陷:

a. 滑车和钢丝绳选配不合理。当时现行国家标准《施工升降机安全规程》(GB 1005—1996)中明确规定,货用升降机滑轮名义直径与钢丝绳直径之比不得小于30(现行标准 GB 10055—2007 规定为20),而事故现场选用的滑轮和钢丝绳的直径比不到8,不符合国家标准的规定。因此,在使用中加快滑轮和钢丝绳的磨损。

b. 导向滑轮的安装定位不合理。选择位置较偏,钢丝绳入角偏大,形成了歪拉斜拽,使27层处施工升降机吊梁上的滑车受到较大侧向力,当吊笼升降时,造成钢丝绳与滑轮轮缘和侧板的磨损,并使钢丝绳滑入滑轮侧面与侧板缝隙之间,造成钢丝绳被卡死。

c. 吊笼断绳保护装置不合格。保护用伸出杆较细,强度不够,当钢丝绳断裂后,吊笼坠落产生的冲击力将伸出杆别弯,没有起到保护作用。

③ 沈阳某起重技术服务有限责任公司不具备制造、安装升降机的资格。在没有获得制造许可证和安装资质的情况下,违反国家规定,制造和安装升降机,并在升降机安装调试后,没有进行验收的情况下擅自使用,使升降机在使用中没有安全保障,是这起事故发生的一个间接原因。

④ 沈阳某起重技术服务有限责任公司对升降机运行状况的检查存在严重漏洞。每天两次检查竟然没有发现问题,说明工作人员在检查中极不认真,工作严重失职,这是事故发生的又一重要原因。

(3) 预防措施

① 加强对施工起重机械的监管力度,坚决打击和制止非法制造、安装、使用起重机械的行为;

② 加强对施工升降机的检验,尤其对磨损严重的部位和主要受力部分应仔细检查;

③ 加强对施工升降机安全装置的性能确认和检查,尤其是建设项目发包方,不能随意将工程项目交给不具备相应资质的单位,应该选择具有相应资质的单位,保证人员和设备的安全,同时也保证工程项目的顺利进行。

9.2.16 简易升降机超载致使吊笼坠落事故

2003年10日28日,黑龙江省齐齐哈尔市一座综合楼在建筑施工中,23名建筑工人违章乘坐简易升降机下楼,造成吊笼失控坠落事故。

(1) 事故经过

10月28日11时27分,黑龙江省齐齐哈尔市一座综合楼在建筑施工中,23名建筑工人准备吃午饭,于12层(高度为54 m)违章乘坐货用施工升降机下楼,升降机中还有一辆手推货车。当施工升降机下降到10层时,吊笼失控并加速坠落至地面,当场死亡2人,医院抢救过程中死亡3人,18人重伤。

事故之后经勘察,该施工升降机整机型号为SS100,额定载重量为1 000 kg,其主要配套件电动卷扬机交流电磁铁制动器型号为MZDI—200,整机出厂日期为2001年7月。升降机吊笼沿轨道下落,坠落在地面,有部分变形。电动卷扬机和控制室在吊笼以东约40 m。电动卷扬机制动器完全损坏,制动轮碎裂为数块(约6块),断口为新鲜断口,未见陈旧裂纹痕迹,制动器摩擦片破裂为数块(见到3块),未见到剧烈摩擦的痕迹,制动臂散架变形,制动弹簧严重扭曲,防坠落装置变形,防过载限位有明显的磨损痕迹,显然为经常超载使用所致。

(2) 原因分析

不同的起重机械有不同的起重量。起重量是指被吊起重物的质量,是衡量起重机械安全运载性能的重要指标,一般分为额定起重量、最大起重量、有效起重量、总起重量等,通常使用较多的是额定起重量。额定起重量是指重机械在正常作业时所允许的吊起重物或物料,加上取物装置(吊钩除外)质量的总和。在这起事故中,该施工升降机的额定起重量为1 000 kg,23名建筑工人同时乘坐,即使每人的质量为70 kg,其总质量也近1 610 kg,属于严重超载,发生坠落事故具有必然性。

① 造成事故的直接原因。一是升降机司机违章操作,在承载人员23人及其他物品的严重超载的情况下,仍然操作升降机运行;二是升降机严重超载致使卷扬机制动器的制动力矩不足,不能阻止吊笼在严重超载情况下坠落,加之下坠过程中系统的传动部件运动速度远超出产品设计条件及有关技术规范,造成零部件破坏解体,吊笼失控后加速坠落。

② 造成事故的间接原因。一是施工现场管理混乱,升降机为货梯,严禁载人,事故发生前作业人员经常违章乘坐货用升降机,但是无人制止,直至事故发生;二是升降机的操作者未经培训,无操作资格,不掌握有关升降机的安全性能和操作知识。

(3) 预防措施

事故之后施工单位所采取的预防措施如下:

① 明确各管理部门职责,加强对建筑工地起重机械使用的监督管理,严格执行有关国家法律法规和安全技术规范。加强对司机的资格培训、考核和监督管理。

② 明确现场施工管理责任,对承包或转包的施工单位强化责任,加强安全管理,把严禁违章工作落到实处。

③ 设备技术检查到位,特别是对安全保护装置和联锁保护装置的实际状况加强检查,决不允许带病运行。

④ 加强对进入施工现场的机械设备的检查,重点检查塔式起重机、施工升降机等起重机械,确保安全性能,严禁使用国家明令淘汰的安全保护装置及附件。

9.2.17 货用施工升降机违章载人导致人员坠落伤亡事故

1995年7月11日,湖南省某住宅楼建筑施工工地在施工中,8名工人为图方便,从楼顶违章乘坐货用施工升降机,造成吊笼滚轮出轨,吊笼倾斜坠落事故。

(1) 事故经过

7月11日,湖南省某建筑公司所承建的一栋住宅楼(建筑面积 4 000 m²,砖混 6 层)正在施工当中。瓦工组24人,被安排在该楼顶砌筑女儿墙。19时30分左右,施工升降机司机周某,利用吊笼将模板提升至屋顶,在屋顶施工的工人将吊笼内模板搬到顶层屋面后,又将两部空手推车推进吊笼内。吊笼下行前,正逢楼顶施工作业工人准备下楼到食堂进餐,其中蒋某等8名工人为图方便,从楼顶违章乘坐货用施工升降机。施工升降机司机周某虽然发现了这一严重违章行为,但未予以制止,而是开动了升降机,使吊笼下行。因两部手推车占据了一定空间,8名工人集中站于吊笼一侧,吊笼行至六层楼面(高度 14.6 m)时,在不平衡力矩作用下,吊笼滚轮出轨,吊笼倾斜,8名工人全部从吊笼上坠落。其中蒋某、朱某2人直接坠至地面,1人掉入安全网,5人先碰到脚手架后坠至地面,造成1人死亡,5人重伤。

(2) 原因分析

① 造成这起事故的直接原因,一是蒋某等8名工人违反货用施工升降机严禁乘人的规定,搭乘吊笼;二是施工升降机司机周某不制止,违章操作。

② 造成这起事故的间接原因,是工地安排的进餐时间过于集中,而该工程上下屋顶仅以一个维修孔洞作为通道,工人在同一时间内都急于去进餐,上下又很不方便,使得有的工人冒险搭乘货用施工升降机。

(3) 预防措施

这起事故反映出8名工人及施工升降机司机存在着侥幸、麻痹心理,而侥幸、麻痹心理正是安全生产的大敌。在事故发生前,虽然人们意识到存在危险,但是在侥幸心理驱使下,不断进行冒险性尝试,一次、两次不出问题,这种侥幸心理就逐渐演变成麻痹心理。麻痹心理的典型特征是面对危险而没有意识,最终都会引发事故。应当指出的是,侥幸、麻痹心理不仅存在于作业工人心中,也存在于一部分管理人员心中。所以,应当采取切实措施,防止类似事故再次发生。

① 要"警钟长鸣",加强宣传教育,经常组织安全法律、法规、安全生产知识学习,提高广大施工人员的安全生产意识,不断提醒施工人员严格按照安全生产规律办事,消除侥幸、麻痹心理。

② 加大管理力度,制止违章作业。

③ 采取措施,提高施工升降机的本质安全性,防止吊笼滚轮出轨、吊笼倾斜等情况的出现。

④ 搭设脚手架及上人斜道,方便工人上下及紧急情况下疏散。

9.2.18 违章乘坐货用施工升降机,钢丝绳断裂导致人员坠落事故

1999年4月6日下午,河北省某商贸综合楼施工工地,一名电焊工在焊接作业结束后,擅自开动升降机,同时两名作业人员违章乘坐,因操作不当,钢丝绳突然断裂,造成1人死亡,1人重伤。

(1) 事故经过

4月6日下午,由某建筑公司承建的河北省某商贸综合楼(建筑面积4 500 m², 框架6层)正在施工中,按照工作安排,钢筋工丁某、电工陈某、电焊工平某三人进行竖向电渣埋弧焊作业,焊接第五层框架柱钢筋。17时30分左右,焊接作业结束,平某将焊接工具放入手推车,并把手推车推上停靠在四层楼面的货用施工升降机吊笼。见地面无人开升降机,平某就经导轨架爬至地面。这时丁某、陈某走上吊笼,准备乘坐吊笼下楼。平某下到地面后,没有察看吊笼里是否有人就开动了升降机。当吊笼下降1 m多时,卷扬机停转,吊笼停止下降,平某迅速启动提升按钮将吊笼向上提升,在此瞬间,钢丝绳突然断裂,丁某、陈某二人随吊笼从16.8 m高处坠落至地面。事故发生后,现场人员急忙将丁某、陈某二人送往医院,丁某经抢救无效于次日死亡,陈某腹部及脊椎受伤。

(2) 原因分析

事故现场勘察情况如下:当时丁某站在手推车后面,陈某站在手推车前面;卷扬机距离升降机导向滑轮10 m,且绳筒上的钢丝绳排列不整齐;断裂钢丝绳断口附近有断丝和明显扭曲痕迹。

① 造成这起事故的直接原因,是施工单位违反《起重机械用钢丝绳检验和报废实用规范》的规定,使用已达报废标准的钢丝绳;该钢丝绳承受不了因吊笼运动突然变化产生的冲击力而断裂,从而导致事故的发生。

② 造成这起事故的间接原因。一是丁某、陈某违章搭乘货用施工升降机吊笼;二是工地所用的升降机为非专业厂家生产,没有安装断绳保险等安全保险装置;三是工地未定人定机,平某未经培训,不懂卷扬机的性能及安全操作规程,擅自开机;四是卷扬机与导向滑轮之间的距离不足15 m,导致钢丝绳在卷扬机卷筒上排列混乱,使钢丝绳在受力时产生扭曲、断丝,加速了钢丝绳的损坏进程。

(3) 预防措施

这是一起较典型的由一系列违章行为导致的事故,造成事故的一系列原因中,如使用报废钢丝绳、违章搭乘、升降机没有断绳保险、无证操作等,只要控制住任何一个,这起事故就不会发生。这反映出该施工企业根本没有重视安全生产工作,安全生产管理极其混乱。这起事故再次警示我们:安全生产马虎不得,各项安全生产法律、法规必须认真执行。

为此,应采取如下预防措施:

① 严格执行《施工升降机安全规程》和《起重机械用钢丝绳检验和报废实用规范》,确保施工升降机各种装置符合要求。

② 施工升降机的操作工必须经过培训考核,做到持证上岗,并且定人定机,不串岗,不脱岗,不违章开机。

③ 落实各级各类人员安全生产责任制,加强对安全管理人员、特种作业人员和机械操作人员的管理,加强监督检查。

④ 加强对工人的安全教育和培训,提高工人的安全意识和自我防护能力,制止"三违"(违章作业、违章指挥、违反劳动纪律)现象。

9.2.19 违章乘坐货用施工升降机导致人员坠落事故

2001年4月30日,黑龙江省哈尔滨市技术经济开发区某住宅小区R栋工地,作业人员违章乘坐货用施工升降机吊笼发生意外坠落事故。

(1) 事故经过

黑龙江省哈尔滨市技术经济开发区某住宅小区B区R栋工程,由某建筑公司总承包,其模板工程分包给湖北省安陆市某建筑公司。工程施工的垂直运输设备,为由某建筑公司提供的货用施工升降机,而该升降机未经国家规定的机构进行检测,又缺少必要的安全装置。

4月30日,湖北省安陆市某建筑公司工人,在使用该升降机运送材料时,由于物料过长未采取绑扎固定措施,且作业人员图省事,违章乘坐吊笼上下,在升降机存在多处隐患和无安全装置的情况下,突然发生吊笼坠落,造成4人死亡,1人重伤的重大事故。

(2) 原因分析

① 造成事故的技术方面的原因。一是违章使用施工升降机。货用施工升降机严禁人员乘吊笼上下,物料不得超出吊笼,当长料在吊笼中立放时,应采取防滚落措施。二是该施工升降机运送物料时物料未进行绑扎固定,造成在吊笼上升时物料散乱,卡阻吊笼上升,致使钢丝绳被拉断,因无断绳保护装置导致吊笼坠落,而且作业人员严重违反有关规定违章乘坐吊笼,导致作业人员与吊笼同时坠落,造成伤亡事故,这也是造成事故的直接原因。

② 造成事故的管理方面的原因。一是某建筑公司虽为施工总包单位,但并未对现场的安全生产实行统一管理,施工升降机未经检验确认合格就投入使用,带病运行。安全装置不齐全,缺少断绳保护、限位等安全装置,当吊笼意外坠落时,由于没有任何保护措施,造成人员伤亡。二是施工总包单位对分包单位资质不认真审查且随意录用人员,架子工、施工升降机司机都未经正式培训考核,对相关操作规程不清楚,对违章乘坐吊笼不加制止,无知蛮干,导致现场混乱。三是该施工单位领导疏于管理导致基层忽视安全。该住宅工程长期管理混乱,并未经上级检查管理,又不加以改进。该事故发生后,施工单位采取了隐瞒不报的行为,由某建筑公司与湖北省安陆市某建筑公司协商自行处理,事后虽经有关部门查处,但由于该单位不积极配合,致使隐瞒事故长达80天,造成极坏影响。

(3) 预防措施

事故之后,施工单位所采取的预防措施如下:

① 施工升降机在施工现场组装后,应经有关部门检测验收,确认合格方可投入使用。

② 在施工升降机使用之前,项目经理应组织有关人员再次进行检查,并向操作和使用人员交底。施工升降机在使用过程中应有专人进行检查,发现违章现象应停机进行教育。

③ 施工升降机司机必须经特种作业安全技术培训考核合格持证上岗,必须具有对施工升降机使用保养的知识,掌握施工升降机相关安全规定,具备拒绝违章行为的素质和意外情况应急处理的能力。

9.2.20 使用非法制造的简易升降机导致坠落伤亡事故

2004年12月8日,在陕西省西安市某汽车修理市场展厅施工工地,由于使用非法制造的简易升降机载人,造成坠落伤亡事故。

(1) 事故经过

12月8日上午,在陕西省西安市某汽车修理市场展厅施工工地,该市场内一个新建的汽车展厅举行封顶仪式。12时40分,仪式结束后,承办方邀请参加仪式的23位来宾,违规使用运输建筑材料的升降机前往楼顶参观。升降机升至二楼时，卷筒轴断裂，两侧轴承座破损，卷筒飞出，平台两侧钢丝绳松弛，造成平台西侧下沉倾斜，乘坐人员随之全部滑落坠地。由于冲击作用，平台东侧吊环随之被拉断，导致平台板翻转垮落，造成6人死亡、17人受伤（其中5人重伤）的重大事故。

(2) 原因分析

事故发生后，经过勘察发现，发生事故的设备是西安某机械有限公司非法制造的简易载货升降平台。该设备由1台电动机、摆线针轮减速机及同一轴上的2个卷筒组成，摆线针轮减速机通过链条与卷筒连接，每个卷筒上同时缠绕2根钢丝绳。事故发生时，4根钢丝绳分别通过吊环与平台的四角连接，起升高度为12.6 m，起升速度14.52 m/min，平台尺寸6 000 mm×3 200 mm。

① 造成事故的直接原因，是简易载货升降平台卷筒轴强度不够，在重载时发生断裂。

② 该设备的制造单位不具备施工升降机制造许可证，属非法制造，不能保证安全质量，且在未完成安装调试即交付使用；施工单位违章采用非法制造的起重机械，在明知该设备未完成安装、调试的情况下，让23人乘坐货用升降机，是造成事故的主要原因。

(3) 预防措施

① 建筑施工中用于垂直运输的施工升降机大体上有两种，一种是物料专用，一种是人货两用。施工升降机生产厂家必须具备制造许可证，产品必须具有监督检验证明。

② 施工升降机等设备的使用单位必须严格执行法规要求，使用合法、安全的起重机械，认真落实安全管理制度，强化作业人员的安全教育和培训，提高作业人员的安全责任意识，载货升降机严禁人货混用，严禁违章操作。

9.2.21 安装使用"三无"升降机坠落导致人员伤亡事故

2001年8月5号，湖南省永州市某建筑有限公司在建筑施工中，由于自行安装使用"三无"升降机，8名工人在往吊笼里抬预制板时，吊笼突然从5楼坠落，致使8名工人与预制板一起落下，造成4人死亡、3人重伤、1人轻伤的重大伤亡事故。

(1) 事故经过

2001年2月，湖南省永州市某建筑有限公司在建筑施工中，自行安装使用了一台无生产厂家、无制造许可证、无出厂合格证的"三无"升降机，并于2月8日投入使用。

为向5楼搬运预制板进行安装，8月5日6时30分，在无人指挥的情况下，8名工人擅自开启升降机装运预制板，事故发生前，已经装运并安装好了3块。在升降机运送第4块预制板到5楼后，8名工人开始在吊笼里向外抬预制板。由于8人同时在吊笼上用力，而吊笼下方未插楼层停靠保险杆，吊笼钢丝绳卡安装也不正确，在8人同时用力的瞬间，钢丝绳滑落，吊笼突然从5楼坠落，致使8名工人与预制板一起落下，造成4人死亡、3人重伤、1人轻伤的重大伤亡事故。

(2) 原因分析

① 该升降机无生产厂家、无制造许可证、无出厂合格证，属于"三无"产品。该升降机由该建筑公司自行安装，并于2001年2月8日投入使用，未按规定进行注册登记，司机无操作证。

② 事故发生前一天，由电工更换了新钢丝绳。在更换完成后，电工只将原有的3个绳

卡中的2个绳卡紧固(另一个因螺杆滑丝已拧不紧)。因为施工升降机刚换上钢丝绳,包工头要求先试一试,然后再放楼层停靠保险杆。在未放保险杆的情况下作业了一天。第二天由于工人开工早,安全管理人员还未到岗,因而无人制止违章行为,导致了这起重大伤亡事故。

③ 该吊笼钢丝绳卡安装不符合当时国标 GB 5976—86《钢丝绳夹》(现已被 GB/T 5976—2006 替代)关于钢丝绳夹的规定。该标准规定:钢丝绳公称直径≤19 mm(现行标准为 18 mm)时要求,必须设置不少于 3 个绳卡,而实际只设置了 2 个。

④ 升降机无楼层停靠安全装置,特别是未插保险杆。

(3) 预防措施

施工升降机是在垂直方向上沿道轨运行,用轿厢或吊笼输送人员和物料的起重运输设备。被提升在空中的人员、设备等的安全,取决于提升钢丝绳的安全性能和安全装置的有效性。对于包括施工升降机在内的起重机械,国家制定了一系列法律法规、部门规章以及国家和行业标准,对设计、生产、使用、检验、维修等都有明确的规定,建筑施工企业必须遵守国家法律法规,不能自行其是。

对类似情况应采取如下预防措施:

① 建筑施工企业在选用施工升降机时,必须采用具有制造许可证生产厂家生产的合格产品。

② 建筑施工企业必须切实落实岗位责任制,杜绝无证上岗、违章指挥和违章操作,教育特种设备操作人员必须遵守安全操作规程。

③ 有关部门要加强对施工现场的安全监管工作,落实有关责任,对建筑施工企业的违法违规行为,要及时查处纠正,尤其是要坚决取缔非法制造的起重机械,消除事故隐患。

9.2.22 麻痹大意将头伸进吊笼通道内致使吊笼伤人事故

1999年4月3日下午,某建筑公司第二工程处在承建某市公安局综合办公楼工程中,一名作业人员在等待乘坐施工升降机时,因思想麻痹,缺少应有的安全基本知识,当吊笼下降后,仍然将头伸进吊笼通道内,致使被快速下降的吊笼撞伤,当场死亡。

(1) 事故经过

某建筑公司(一级资质)第二工程处承建某市公安局综合办公楼工程(建筑面积 14 600 m²,结构类型为框架 8 层,施工时间为 1998 年 10 月 16 日至 1999 年 8 月 18 日)。

1999年4月3日下午,施工队安排朱某在该工地三楼工作面协助瓦工砌隔墙。下午5时左右,朱某到升降机通道门口,头伸在吊笼运行通道内,向在地面搅拌砂浆的工人喊话。此时,吊笼正从 8 楼快速往下降落,将朱某的头颅切下,造成朱某当场死亡。

(2) 原因分析

① 造成这起事故的直接原因,是现场施工人员朱某思想麻痹,缺少应有的安全基本知识。当吊笼运行时,仍然将头伸进吊笼运行通道内,严重违反了操作规程,致使快速下降的吊笼将朱某的头颅切下,当场死亡。

② 造成这起事故的间接原因,一是该工程项目部对现场安全管理存有疏漏,安全生产责任制未真正落实,对职工的安全教育不够,职工自身的安全防范意识不足;二是施工升降机停靠楼层无安全门,上下无必备的联络措施。

(3) 预防措施

针对类似事故,主要预防措施如下:

① 加强升降机停靠楼层门口的防护,设置安全门;针对施工情况,明确联络信号及配备专人指挥。

② 加强对施工人员的安全意识教育,使作业人员具备基本的安全知识,杜绝违章作业。

③ 切实落实各项安全生产责任制,增强管理人员的责任感,加强对重点部位的监督检查,发现问题及时处理。

9.2.23 观察施工升降机运行情况造成人员伤亡事故

2002年10月16日,在上海某建筑企业总包、广东某建安总公司分包的高层建设施工工地上,一名作业人员在完成填充墙上嵌缝工作后,擅自拆除过道竖管的邻边防护措施,将头部与上身伸入正在运行的施工升降机吊笼通道中,被吊笼撞击头部,经抢救无效死亡。

(1) 事故经过

10月16日下午5时30分,在上海某建筑企业总包、广东某建安总公司分包的高层工地上,瓦工班普工杨某在完成填充墙上嵌缝工作后,站在建筑物15层施工升降机通道板中间两根过道竖管边准备下班。当时施工升降机东笼装着混凝土小车向上运行,施工升降机司机听到上面有人呼叫,就将吊笼开到16层楼面,发现16层没有人,就再启动吊笼往下运行,在下行将至15层处,正好压在将头部与上身伸出过道竖管探望施工升降机运行情况的瓦工班普工杨某头部左侧顶部,以致其当场昏迷。这时,吊笼内人员发现有人趴在15层连接运料平台板的施工升降机稳固撑上,便前去查看,及时采取措施将杨某运至地面,送往医院抢救,终因杨某颅脑外伤严重,抢救无效死亡。

(2) 原因分析

① 造成事故的直接原因,是杨某在完成填充墙上嵌缝工作后,擅自拆除过道竖管的邻边防护措施,将头部与上身伸入正在运行的吊笼通道中,从而引发事故。

② 造成事故的间接原因。一是分包项目部施工升降机管理制度不健全,安全教育培训不够,安全检查不到位;二是作业班长安排工作时,未按规定做好安全监护工作;三是总包单位对施工现场的安全管理力度不够,未严格实施总包单位对现场管理的具体要求,对安全隐患整改监督不力。

③ 造成事故的主要原因,是施工企业安全管理松懈,安全措施不到位,对施工人员的安全教育培训工作不够深入。

(3) 预防措施

这起事故属于意外,在这类意外事故中的,施工人员的个人因素占有较大的成分。一般来讲,人的反应速度比吊笼运行速度要快,但是这需要一定的距离作保障,如果距离较远,人能够反应过来从而回避危险,如果距离太近,人就难以反应从而造成事故。因此,在对施工人员的安全教育中,应该讲明白什么是危险,如何克服麻痹大意回避危险。

针对此类情况应采取如下预防措施:

① 总包单位必须加强对施工现场各分包单位的安全生产管理的监管力度,强化安全生产责任制。

② 分包单位必须加强对职工的安全教育与培训,提高职工自我的保护意识,加强施工

作业前有针对性的安全技术交底工作,杜绝各类违章现象。

③ 施工总包单位与分包单位实施现场全面安全检查,制定有效的安全防护措施,严格按体系要求对安全防护设施进行检查与检验工作,杜绝隐患。

9.2.24 作业人员与施工升降机司机信号联络失误造成的伤亡事故

2002年12月28日凌晨2时左右,在上海某安装工程公司承建的12号楼的夜间施工中,一名作业人员在将小推车送进吊笼时,货用施工升降机司机因为夜间视野不清,按动按钮开关正常提升吊笼,结果将这名作业人员夹在吊笼边框和施工升降机支撑间,造成其当场死亡。

(1) 事故经过

12月27日晚,在上海某安装工程公司承建的某市郊工地上,12号楼工程进行夜间施工,浇筑西二单元六层楼面混凝土。班组长分配李某等三人负责混凝土出料,其中李某负责将吊笼内的空车拉出,另两人负责将装满混凝土的小推车拉到升降机进料口,并协助李某将小推车送进吊笼,每次吊运两车混凝土。

28日凌晨2时左右,李某将第二车放好后也出了吊笼,当班负责操作升降机的司机汪某见李某出了吊笼,即准备开机提升吊笼。但此时李某又进了吊笼,欲将没有放稳的小推车停稳。由于李某没打手势信号通知汪某,而汪某也因为夜间视野不清,没注意到李某第二次进入吊笼,就先按了一下按钮微动提升吊笼(这是夜间操作施工升降机时发出的开机信号),未发现异常,汪某随即按按钮开关正常提升吊笼。提升时李某也没有呼叫。当另两人拉着装满混凝土的小推车来到升降机进料口时,发现吊笼内有人,就大叫"停机、停机,吊笼内有人",这时吊笼已上升了2.5 m左右。停机后发现李某的右腿伸出导轨架外,上半身夹在吊笼边框和导轨架支撑间。此时有其他人赶到现场,让汪某赶快将吊笼放下,当吊笼下降60～70 cm,李某从吊笼内掉了下来,当场死亡。

(2) 原因分析

① 造成事故的直接原因,是李某严重缺乏个人安全保护意识,未向施工升降机司机发出信号,就擅自第二次进入吊笼,而吊笼提升后又不立即呼叫停机却慌忙外逃,由此而导致事故。

② 造成事故的间接原因。一是司机汪某警惕性不高,注意力不集中,没有注意到李某第二次进入吊笼,而继续提升吊笼;二是深夜施工,虽有照明但视野不清晰,加之操作前方有砖堆放,给操作判断带来影响;三是施工现场安全管理人员对员工安全教育和安全交底不够,现场施工无安全监控;四是劳动组织不合理,为抢进度进行夜间加班施工。

(3) 预防措施

针对此类事故,应采取如下预防措施:

① 加强对现场作业人员安全生产的教育培训和宣传工作,提高职工的安全防范意识和自我保护、相互保护的能力。

② 增加安全设施的投入,规范与完善施工现场的设施、设备,为施工现场安全生产提供物质保证。

③ 在施工现场摆正安全、质量与进度的关系,严格控制夜间加班施工,防止职工疲劳作业。

④ 建立严格的安全检查制度，加强现场的安全检查力度，对违章指挥、违章作业的行为立即进行处理，发现安全隐患立即进行整改。

9.2.25 施工升降机碰触导致作业人员坠落事故

1995年3月8日，某市建筑公司在承建一座大厦建筑工程时，一名架子工在42 m高空搭设防护脚手架，因升降吊笼下降时碰触导致坠落，经抢救无效死亡。

(1) 事故经过

某市建筑公司(企业资质：一级)承建某大厦，该大厦为18层框架结构，工程开竣工日期是1994年8月至1996年8月。

3月8日下午13时15分左右，架子工班班长唐某，安排王某、汤某和他一起搭设塔机的附墙脚手架。13时20分左右，三人在12层楼面将三根4.5 m长的钢管一头放在靠墙的脚手架上，另一头放在塔机上，放好后将竹排铺在上面，然后用铁丝扎牢。当时三人的位置是，唐某站立在11层楼面的塔机网片上，汤某站在竹排上，王某在12层楼面将钢管传递给汤某。唐某先将一根4.5 m长的钢管放在塔机的东西二角，然后用12号铁丝绑扎，再用一根4.3 m长的钢管在南北两角绑扎好，第三根放在北面塔机东西两角。就在唐某正准备绑扎时，上面的升降机突然启动下降，下降到靠近唐某约60 cm高度时，被架子工王某发现并发出呼叫声，就在这时只听到一声惊叫，唐某被下降的升降机碰触后坠落地面死亡。

(2) 原因分析

① 造成事故的直接原因，是施工升降机司机杨某操作中思想麻痹，作业前未按规定检查升降机运行范围内有无障碍物，致使升降机在下降时碰触唐某。

② 造成事故的间接原因，是架子工班班长唐某违反高处悬空作业必须使用安全带的规定，违章冒险作业，致使被升降机碰触后，无安全带保护导致坠落。

③ 现场工长水某没有坚持"管生产必须管安全"的原则，当唐某提出要做塔机附墙脚手架时，水某未及时向机操班协调，水某看到唐某上班前未戴安全带，未加制止和纠正，是造成这起事故的重要原因。

(3) 预防措施

要防止此类事故的再次发生，主要应采取下列预防措施：

① 切实加强对架子工等特种作业人员的教育和管理，这是一项制度化的管理工作，只有做到班前活动天天搞、安全施工警钟长鸣，才能克服违章作业的坏习惯，确保安全施工。

② 现场施工管理人员在管施工的同时必须管安全，也就是说必须使每个职工都在安全的条件下施工，对每个作业班组的作业环境应该做到心中有数，在交叉作业中，不得在同一垂直方向上下同时操作。

9.2.26 施工升降机检修未停机造成人员伤亡事故

2004年2月14日，江苏省某市新都大厦工地上，施工升降机司机发现施工升降机有一颗螺母松动，请机修工王某维修紧固松动的螺母，由于检修时未停机，王某被上下传动的杆件挂住了下颌，因颈部动脉血管破裂，经抢救无效死亡。

(1) 事故经过

2月14日，江苏省某市新都大厦工地上，建筑主体已完成，一台施工升降机正在运行，输送用于装修的砂浆。施工升降机司机发现机器有一颗螺母松动,就报告了项目经理,项目经理通知了机修工王某。王某说:"小毛病,好修。"于是,手持扳手在一楼爬上导轨架,紧固松动的螺母。由于检修时未停机,王某被上下传动的杆件挂住了下颌,升降机司机见王某10分钟还未下来,抬头一看王某居然已经升到二楼,便赶快停机,并大喊:"出事了!"现场人员急忙将王某抬到地面,只见王某脸色苍白并休克,急忙叫来120救护车,将王某送到医院抢救。下午5时,王某因颈部动脉血管破裂,经抢救无效死亡。

(2) 原因分析

① 造成事故的直接原因,是王某麻痹大意,安全意识淡薄,违章操作,在未停机的情况下进行检修作业。施工升降机使用说明书上明确规定:"检修时应停机"。王某担任施工升降机维修工多年,具有丰富的作业经验,完全应该知道违章作业的危险性,以前在施工升降机螺母松动时违章操作没有发生事故,其中存在着许多偶然的因素。据施工升降机司机讲,机器螺母松动时,他都是这样操作,从未发生事故,因此产生侥幸心理。

② 造成事故的间接原因,是2月13日晚上王某打麻将至午夜12点,导致睡眠时间不足,第二天精神恍惚,以致冒险作业发生事故。

(3) 预防措施

《建筑机械使用安全技术规程》(JGJ 33—2001)规定,电梯运行中发现机械有异常情况应立即停机检查,排除故障后,方可继续运行。王某因违章作业导致身亡,教训惨痛。

这起事故的发生,用事实证明了只要是违章作业,就存在着危险性,这种危险性就有可能导致事故。所以,施工人员在作业中,应做到遵章守纪,增强安全意识,时刻保持警惕,不要因为自己的违章行为伤害自己或者别人。

9.2.27 施工升降机司机违章涂油保养作业造成坠落事故

2002年1月30日,广西梧州市某建筑安装工程总公司在建筑施工中,一名施工升降机司机在对导轨架导轨进行涂抹润滑油的保养作业时,因违章操作,造成人随同吊笼从10层坠落地面,经抢救无效死亡。

(1) 事故经过

1月30日9时35分,广西梧州市某建筑安装工程总公司升降机司机蒙某,在对钢丝绳式施工升降机导轨架进行涂抹润滑油的保养作业时,为图方便,叫同班电工李某开机,并吩咐当看到卷扬机的钢丝绳有黄色标记时,表示吊笼已到10层,立即停机。蒙某随后走进吊笼,在升降机运行中为右边的导轨加油。吊笼上升后,当李某听到卷扬机钢丝绳发出异常声音时,立即停机,此时吊笼和蒙某已经从10层坠落地面。现场人员急忙将蒙某送往医院,但是经抢救无效死亡。

(2) 原因分析

事故之后经勘察,发现坠落后吊笼已严重变形,有一立柱在1m高处断开,8层的安全停靠防坠装置有2个被撞断,钢丝绳被拉断,断口一端在7层。此施工升降机导轨架总高43.5 m,吊笼采用双绳提升,提升高度34 m,载重量1 000 kg,2001年12月20投入使用。施工升降机司机蒙某有操作证,李某无操作证。

① 造成这起事故的直接原因,是司机蒙某违章操作,冒险作业,搭乘施工升降机在运行中加油;电工李某无证操作施工升降机,由于操作不当,未能及时停机。

② 造成这起事故的间接原因是升降机没有设置防断绳安全装置，上限位开关失效，致使升降机冲顶拉断钢丝绳后，吊笼从10层坠落。

③ 事故单位安全管理不到位，对职工安全教育不够，人员违章操作，是造成人员高处坠落事故管理上的原因。

(3) 预防措施

施工升降机属于特种设备，司机属于特种作业人员，按照有关规定，建筑工地起重机械作业人员(包括安装拆卸工、起重机司机和起重信号工等)必须经过主管部门培训考核合格，获得特种设备作业人员证，方可上岗作业。作业人员在作业中应当严格执行建筑工地起重机械的安全操作规程和相关的安全作业规章制度，应当对建筑工地起重机械使用状况进行经常性检查，在检查或作业过程中发现事故隐患或者其他不安全因素时应当立即处理；情况紧急时，可以决定停止使用设备，并及时向现场安全管理人员和有关负责人报告。

在这起事故中，从事故发生经过来看，升降机没有设置防断绳安全装置，限位开关失效。在事故发生之前，蒙某作为升降机司机，在每天进行的检查中或者在作业中，应该能够发现所存在的这些问题，并且应向现场安全管理人员和有关负责人报告，予以解决。没有发现、没有解决，属于失职，进而由于自己的违章作业造成坠落事故。

为避免类似事故的发生，应采取以下预防措施：

① 要严格执行各项规章制度，杜绝作业人员的违章行为；

② 加强对作业人员的安全教育，提高作业人员的责任心和操作技能；

③ 严格执行施工升降机的检查制度，要按规定装设防断绳安全装置和强制断电的上极限保护开关。

9.2.28 违章处置施工升降机吊笼故障造成人员伤亡事故

1997年7月21日，某建筑公司在承建某市泰山商业有限公司二期扩建工程的施工中，因钢丝绳式施工升降机吊笼在6~7层楼之间被卡堵停止下行，瓦工曹某不听劝阻，自行处理机械故障，结果吊笼突然下坠，曹某意外地被带入吊笼内，并随其下坠至地面死亡。

(1) 事故经过

某市泰山商业有限公司二期扩建工程，由某建筑公司承建，该企业为一级资质，工程面积10 800 m²，结构类型为框架，局部11层，开竣工日期是1996年10月至1997年12月。

1997年7月21日下午3时30分左右，该建筑工程在施工过程中，钢丝绳式施工升降机吊笼在6~7层楼之间被卡堵停止下行，而卷扬机仍在工作。在7层楼面工作的瓦工曹某不听劝阻，自行处理机械故障，从7层楼面下到6~7层之间，用力推摇被卡堵的吊笼，由于卷扬机没有及时停止运行，吊笼又被卡堵，已有相当部分钢丝绳松开离开滚筒。当曹某用力推摇吊笼离开被卡堵处后，吊笼突然下坠，造成钢丝绳因吊笼突然加速下坠而被拉断，与此同时，曹某也意外地被带入吊笼内，并随其下坠至地面，因颅骨被脚手架钢管猛烈碰撞造成开裂，经抢救无效死亡。

(2) 原因分析

① 造成这起事故的直接原因是曹某违章冒险作业，在没有与升降机司机充分协调的情况下，冒险推摇吊笼，结果发生吊笼下坠及曹某随同下坠身亡事故。

② 造成事故的间接原因，一是现场管理混乱，安全管理松懈，对施工人员缺乏安全知识

教育,层门防护不严等;二是机械设备维护保养差,钢丝绳断丝严重,断绳保护装置失灵;三是施工单位对安全工作不重视,安全隐患没有及时得到整改。

③ 该工程从1996年9月至1997年6月底在无任何手续的情况下擅自开工并施工至8层,现场管理较乱,隐患较多,电线乱拉乱接,作业人员违章作业,无证上岗,缺乏三级安全知识教育,现场洞口、临边防护不严,特别是机械设备维护保养问题较多,这也是引发事故的一个重要原因。

(3) 预防措施

这是一起可以避免的、由于违章造成的事故。施工单位应通过这起事故吸取教训,采取如下预防措施,防止此类事故再次发生:

① 加强对起重机械设备检查,及时维修;

② 加强对施工人员的培训教育,认真落实安全生产责任制和安全防护措施;

③ 加强施工现场管理,制止违章作业、冒险作业。

9.2.29 处置吊笼滑轮故障钢丝绳断裂导致伤亡事故

1998年7月5日,某建筑公司在进行某综合楼施工中,两名职工在处置钢丝绳式施工升降机吊笼滑轮故障的过程中,因钢丝绳突然断裂,从7~8层楼之间(约26.5 m高度)坠落地面,经抢救无效死亡。

(1) 事故经过

1998年7月5日,某建筑公司在进行某综合楼(建筑面积17 000 m²)的建筑施工。当天下午,该工程项目部为迎接主体工程验收,组织加班清理建筑垃圾。当天施工升降机司机郑某是由公司安全设备科派来的,一直工作到晚上7点20下班。下班前,现场施工队长黄某,安排孙某和王某、丁某、沈某、余某五人进行夜间作业,孙某、王某两人负责清扫10层、11层楼面垃圾,装入翻斗推车运至层门口推到吊笼里,丁某、沈某两人在地面负责拖运吊下来的垃圾,余某负责操作升降机。余某是1998年2月1日经黄某介绍的临时工,经过教育签订上岗合同,但没有经过升降机操作的专业培训。出事前,在10楼的孙某和王某用翻斗推车装好垃圾,由王某将垃圾拖进吊笼,吊笼下到9楼位置,吊笼滑轮卡住了,后又向上开,吊笼仍然不动,后停机。这时正好黄某过来,发现施工升降机吊笼卡住了,便拿了一根短撬杠,到10层导轨架平台,从导轨架南面进入吊笼,用撬杠撬南边滑轮,撬上去后,再撬北边滑轮,没有撬上。这时丁某拿了一根长撬杠递给黄某,自己也进入吊笼帮忙,几分钟后,就处理好了。黄某喊"试一下",余某就朝上开,黄某又说"再向下开"。卷扬机向下的过程中,吊笼发生抖动,接着钢丝绳突然发生断裂,吊笼从高处坠落,丁某和黄某二人随吊笼一起坠落至地面。事故发生后,现场人员立即组织抢救,伤员送到医院后,经医生诊断二人已经死亡。

(2) 原因分析

① 造成这起事故的直接原因。一是施工单位未按《建筑机械使用安全技术规程》的规定,在传动部分设置防护罩,而且操作不当。吊笼在下降过程中滑轮卡住,卷扬机钢丝绳放松过多,滑出卷筒板外侧,夹在卷筒底座轴承座上,钢丝绳严重受压变形,反复启动卷扬机时,钢丝绳受剪切力拉断,导致吊笼坠落。二是丁某、黄某在处理吊笼滑轮故障时,违反《建筑施工高处作业安全技术规范》的规定,未采取有效的安全防范措施。

② 造成这起事故的间接原因。一是施工单位违反《建筑机械使用安全技术规程》关于

卷扬机绳筒位置与导轨架底部导向滑轮安装的规定。卷扬机启动时钢丝绳容易偏移,吊笼运行异常时,滑出绳筒,加之卷扬机防护棚搭设过低,操作者不易发现钢丝绳的运行排列情况。二是违反《建筑机械使用安全技术规程》规定。司机没有经过培训,在出现故障时,处置不当,缺乏实际经验和应变能力。三是该工程项目部现场安全管理不力和安全教育工作不落实,职工安全意识淡薄。四是该分公司安全管理上还存有漏洞,安全教育不到位,对事故隐患检查整改督促不力。

(3) 预防措施

为避免类似事故的发生,应采取如下预防措施:

① 加强对起重机械设备的管理,对设备的危险源如卷筒应设有安全可靠不影响操作的卷筒保险装置。防止钢丝绳排绳混乱;卷扬机应设有保险装置,如行程保险装置、制动装置等。禁止在设备运转中进行维修保养工作。

② 操作人员必须持证上岗,佩戴好个人防护用品。参加施工的工人,要熟知本工种的安全技术规程。

③ 施工机电设备布局应合理,操作人员的视野要开阔,对不符合规定要求的,限期进行整改,消除事故隐患。

9.2.30 拆除施工升降机违规操作导致吊笼坠落伤亡事故

2002年9月9日,杭州市下城区某小区工地在拆除施工升降机时,由于拆卸作业前,未对施工升降机进行全面检查,未能及早发现问题采取措施,致使已达报废标准的钢丝绳受力后断开,导致吊笼坠落,造成3人死亡,1人重伤。

(1) 事故经过

杭州某小区工程建筑面积为80 340 m²,由浙江某房地产开发公司开发,某建设集团公司总承包,并将工程的室内外装饰、外脚手架及施工升降机拆除等工程项目分包给东阳市某建筑安装公司。该工程于2000年12月25日开工,2001年12月31日主体工程结束,进入装饰阶段施工,2002年9月2日因资金问题停工。

2002年9月9日,该工程处于停工状态,东阳市某建筑安装公司机修班进入施工现场,准备拆卸8号楼使用的施工升降机(型号为SSED100人货两用施工升降机)。但是在拆卸施工升降机前,既无专项施工方案指导,也未仔细阅读该升降机说明书,便由1人在一层看护,4人到升降机顶部拆卸。原计划将吊笼从17层下降到15层,所以先在15层处垫设2根钢管,然后4人进入停在17层的吊笼操作,先拆卸了吊笼的防坠钢丝绳。在进行下一步工作时,吊笼钢丝绳突然断开,吊笼由17层坠落至15层,将15层处垫设的钢管撞弯,此时吊笼内共有4人,其中一人跳出抓住导轨(导致重伤),其余3人随吊笼一起坠落至地面,造成3人死亡,1人重伤的事故。

(2) 原因分析

① 造成事故技术方面的原因。一是由于钢丝绳在卷筒上排绳混乱,导致钢丝绳受力后互相挤压变形使得其内部结构被破坏,因而发生吊笼钢丝绳突然断开的情况。由于拆卸作业前,拆卸人员未对施工升降机进行全面检查,所以未能及早发现问题采取措施,致使钢丝绳在已达报废标准的情况下受力后断开。二是由于拆卸人员不懂拆除程序,拆除前既未做全面检查,也未认真阅读说明书,错误地先拆除了钢丝绳的防坠装置,导致拆除过程中失去

安全保障。

② 造成事故管理方面的原因。一是东阳市某建筑安装公司不具备安装拆卸施工升降机资质,施工总包单位未经审查任意将拆除升降机工作分包给该施工单位,施工中又未加管理,导致违章指挥发生事故。二是该施工升降机安装和使用过程中均无人检验,以致造成安装不合格,卷筒上排绳混乱,安装后未按规定认真验收,使用中未设检修人员进行检查,司机只管操作不进行检查,在排绳混乱的工况下违章使用,造成钢丝绳过快损坏但侥幸未发生事故,拆卸前又未检查,错失最后发现事故隐患的机会,仍继续使用,最终导致钢丝绳断开。

(3) 预防措施

施工升降机因安装及拆卸工作技术要求高、危险性大,国家明文规定必须由具有相应资质的队伍进行,防止发生机械事故和人身伤害事故。这起事故的发生,主要是违反有关规定,由没有取得上岗证的人员进行拆卸;施工总包单位分包前不调查了解情况,拆除过程中又不加管理,拆卸前既不制订方案,也不对施工升降机现状全面了解而盲目施工造成的。

此外,该施工升降机因原使用单位管理混乱,未按要求安装,造成钢丝绳在卷筒上排绳混乱,使用中又无人检修,长期带病运行,钢丝绳因挤压已造成结构破坏,再加上作业人员不懂拆除工艺,又未读懂说明书,错误地拆除了安全装置,且自己设置的钢管又未能起保护作用,因此钢丝绳受力拉断,造成吊笼及人员坠落。

针对此类事故,应采取如下预防措施:

① 施工升降机等机械设备的安装与拆卸作业,具有危险大、专业性强的特点,必须由具有相应资质的队伍承担,不能为了省钱或者图省事怕麻烦,交给不具有相应资质的队伍承担。

② 拆卸前必须对施工升降机进行全面检查,各部件、装置尤其有关安全的设施必须完好有效。

③ 拆卸前必须制订拆卸方案并通过审批,在拆卸前必须按要求对操作人员进行技术安全交底并由接底人签字确认,拆卸时必须严格按照制定的拆卸方案实施,并有管理人员现场监督实施。

施工升降机司机理论考试题库

一、名词术语解释

1. 力

答：力是一个物体对另一个物体的作用。

2. 串联电路

答：电路中电流依次通过每一个组成元件的电路称为串联电路。

3. 并联电路

答：电路中所有负载（电源）的输入端和输出端分别被连接在一起的电路，称为并联电路。

4. 齿轮传动

答：齿轮传动是靠主动轮的轮齿与从动轮的轮齿直接啮合来传递运动和动力的装置。

5. 重心

答：重心是物体所受重力的合力的作用点。

6. 滑车组

答：滑车组是由一定数量的定滑车和动滑车及绕过它们的绳索组成的简单起重工具。

7. 施工升降机

答：施工升降机是用吊笼载人、载物沿导轨做上下运输的施工机械。

8. 最大提升高度

答：吊笼运行至最高上限位位置时，吊笼底板与基础底架平面间的垂直距离。

9. 导轨架

答：施工升降机的导轨架是用以支撑和引导吊笼、对重等装置运行的金属构架。

10. 附墙架

答：附墙架是按一定间距连接导轨架与建筑物或其他固定结构，从而支撑导轨架的构件。

11. 防坠安全器

答：防坠安全器是非电气、气动和手动控制的防止吊笼或对重坠落的机械式安全保护装置。

12. 渐进式安全器

答：初始制动力（或力矩）可调，制动过程中制动力（或力矩）逐渐增大的防坠安全器，称为渐进式安全器。

13. 安全器动作速度

答：安全器动作速度是指能触发防坠安全器开始动作的吊笼或对重的运行速度。

14. 限速器

答：限速器是当吊笼运行速度达到限定值时，激发安全钳动作的装置。

15. 安全钳

答：安全钳是由限速器激发，迫使吊笼制停的安全装置。

16. 吊笼

答：吊笼是施工升降机用来运载人员或货物的笼形部件，以及用来运载物料的带有侧护栏的平台或斗状容器的总称。

17. 限位挡板

答：限位挡板是触发安全开关的金属构件，一般安装在导轨架上。

18. 电气系统

答：电气系统是施工现场配电系统将电源输送到施工升降机的电控箱，电控箱内的电路元器件按照控制要求，将电送达驱动电动机，指令电动机通电运转，将电能转换成所需要的机械能。

19. 标定动作速度

答：标定动作速度是指按所要限定的防护目标运行速度而调定的安全器开始动作时的速度。

20. 缓冲装置

答：缓冲装置是安装在施工升降机底架上，用以吸收下降的吊笼或对重的动能，起到缓冲作用的装置。

21. 交接班制度

答：为使施工升降机在多班作业或多人轮班操作时，能相互了解情况、交待问题，分清责任，防止机械损坏和附件丢失，保证施工生产的连续进行而建立的制度。

22. 司机岗位责任制

答：司机岗位责任制，就是把施工升降机的使用和管理的责任落实到具体人员身上，由他们负责操作、维护、保养和保管，在使用过程中对机械技术状况和使用效率全面负责，以增强司机爱护机械设备的责任心，有利于司机熟悉机械特性，熟练掌握操作技术，合理使用机械设备，提高机械效率，确保安全生产。

23. 不定期检查

答：不定期检查主要指季节性及节假日前后的检查。

24. 三定制度

答：施工升降机的使用必须贯彻"管、用、养结合"和"人机固定"的原则，实行定人、定机、定岗位的"三定"岗位责任制。

25. 转场保养

答：在施工升降机转移到新工程，安装使用前，需进行一次全面的维护保养，保证施工升降机状况完好，确保安装、使用安全。

26. 闲置保养

答：施工升降机在停置或封存期内，至少每月进行一次保养，重点是润滑和防腐，由专业维修人员进行。

27. "十字作业"法

答：维护保养一般采用"清洁、紧固、调整、润滑、防腐"等方法，通常简称为"十字作业"法。

28. 清洁

答：所谓清洁，是指对机械各部位的油泥、污垢、尘土等进行清除等工作。

29. 紧固

答：所谓紧固，是指对连接件进行检查紧固等工作。

30. 调整

答：所谓调整，是指对机械零部件的间隙、行程、角度、压力、松紧、速度等及时进行检查调整，以保证机械的正常运行。

31. 润滑

答：所谓润滑，是指按照规定和要求，选用并定期加注或更换润滑油，以保持机械运动零件间的良好运动，减少零件磨损。

32. 防腐

答：所谓防腐，是指对机械设备和部件进行防潮、防锈、防酸等处理，防止机械零部件和电气设备被腐蚀损坏。

33. 高空坠落事故

答：在施工升降机安装、使用和拆卸过程中，安装、拆卸、维修人员及乘员从吊笼顶部、导轨架等高处坠落的事故，称为高空坠落事故。

二、单项选择题（下列各题的选项中只有一个是正确的或是最符合题意的，请将正确选项的字母填入相应的空格中）

1. 常用的螺栓、键、销轴或铆钉等联接件产生的变形都是（   ）变形的实例。
   A. 拉伸与压缩   B. 剪切   C. 扭转   D. 弯曲
   答案：B

2. 力使物体运动状态发生变化的效应称为力的（   ）。
   A. 内效应   B. 外效应
   答案：B

3. 力使物体产生变形的效应称为力的（   ）。
   A. 内效应   B. 外效应
   答案：A

4. 作用力与反作用力作用在（   ）物体上。
   A. 一个   B. 两个
   答案：B

5. 在电路中能量的传输靠的是（   ）。
   A. 电压   B. 电动势   C. 电流
   答案：C

6. 测量电流时必须将电流表（   ）在被测的电路中。
   A. 并联   B. 串联   C. 串联或并联均可
   答案：B

7. 电流能从电路中的高电位点流向低电位点,是因为有( )。
   A. 电位差　　　　　　B. 电压　　　　　　C. 电功率
   答案:A

8. ( )是指电路中(或电场中)任意两点之间的电位差。
   A. 电流　　　　　　　B. 电压　　　　　　C. 电阻
   答案:B

9. 测量电压时,必须将电压表( )在被测量电路中,使用时,必须注意所测的电压不得超过伏特表的量程。
   A. 并联　　　　　　　B. 串联　　　　　　C. 串联或并联均可
   答案:A

10. 在任何情况下,两导体间或任一导体与地之间均不得超过交流(50～500 Hz)有效值( )V,此电压称为安全电压。
    A. 50　　　　　B. 42　　　　　C. 36　　　　　D. 24
    答案:A

11. 安全电压有5个等级:( )、36 V、24 V、12 V、6 V。
    A. 50 V　　　　　　　B. 48 V　　　　　　C. 42 V
    答案:C

12. 短路时负载中( )电流通过。
    A. 有　　　　　　　　B. 无
    答案:B

13. 电流做功的过程实际上是( )转化为其他形式能的过程。
    A. 电压　　　　　B. 电流　　　　　C. 电阻　　　　　D. 电能
    答案:D

14. 功率表可以测量用电设备或电气设备在( )的电功率大小。
    A. 某一工作瞬间　　　B. 某一段时间内
    答案:A

15. 电动机在额定电压下运行时,三相定子绕组的接线方式有两种,一种额定电压为380 V/220 V,接法为( );另一种额定电压为380 V。
    A. Y/△　　　　　　　B. △
    答案:A

16. 应用于潮湿场所的电气设备为防止人为触电,应选用额定漏电动作电流不大于15 mA、额定漏电动作时间不应大于( )s的漏电保护器。
    A. 0.02　　　　B. 0.05　　　　C. 0.1　　　　D. 0.2
    答案:C

17. 齿轮的传动比,就是主动齿轮与从动齿轮转速(角速度)之比,与其齿数成( )。
    A. 正比　　　　　　　B. 反比
    答案:B

18. ( )齿轮传动是将齿轮安装在刚性良好的密闭壳体内,并将齿轮浸入一定深度的润滑油中,以保证有良好的工作条件,适用于中速及高速传动的场合。

A. 开式 B. 半开式 C. 闭式
答案：C

19. 蜗杆传动由蜗杆和蜗轮组成，传递（　）之间的运动和动力。
A. 两平行轴 B. 两相交轴 C. 两交错轴
答案：C

20. 安装V型带时应有合适的张紧力，在中等中心距的情况下，用大拇指按下（　）cm即可。
A. 1.5 B. 5 C. 15
答案：A

21. 同步齿形带传动是一种（　）。
A. 摩擦传动 B. 啮合传动
答案：B

22. 平键联接时，键的上顶面与轮毂键槽的底面之间留有间隙，而键的两侧面与轴、轮毂键槽的侧面配合紧密，工作时依靠键和键槽侧面的挤压来传递运动和转矩，因此平键的（　）为工作面。
A. 侧面 B. 底面 C. 正面
答案：A

23. 定位销一般不受载荷或受很小载荷，其直径按结构确定，数目量不得少于（　）。
A. 1个 B. 2个 C. 3个
答案：B

24. 联轴器用于轴与轴之间的联接，按性能可分为刚性联轴器和（　）两大类。
A. 柔性联轴器 B. 弹性联轴器 C. 安全联轴器
答案：B

25. 液压系统利用（　）将机械能转换为液体的压力能。
A. 液压马达 B. 液压缸 C. 液压泵
答案：C

26. 双向液压锁广泛应用于工程机械及各种液压装置的保压油路中，双向液压锁是一种防止过载和液力冲击的安全溢流阀，安装在液压缸的（　）。
A. 上端 B. 下端 C. 中部
答案：A

27. 顺序阀是用来控制液压系统中两个或两个以上工作机构的先后顺序，它（　）于油路上。
A. 并联 B. 串联
答案：B

28. 普通螺栓材质一般采用Q235钢。普通螺栓的强度等级为3.6～（　）级。
A. 6.8 B. 7.8 C. 8.8 D. 9.8
答案：A

29. 螺栓、螺母、垫圈配合使用时，高强度螺栓必须使用（　）。
A. 弹簧垫圈 B. 平垫圈

答案：B

30. 施工升降机导轨架连接用高强度螺栓必须采用（　　）防松。
   A. 弹簧垫圈　　　　　　B. 平垫圈　　　　　　C. 双螺母
   答案：C

31. 高强度螺栓、螺母使用后拆卸再次使用，一般不得超过（　　）。
   A. 1次　　　　　B. 2次　　　　　C. 3次　　　　　D. 4次
   答案：B

32. 重量是表示物体所受地球引力的大小，是由物体的体积和材料的（　　）所决定的。
   A. 密度　　　　　　B. 重力密度（容重）
   答案：B

33. 对钢丝绳连接或固定时，编结长度不应小于钢丝绳直径的（　　）倍，且不应小于300 mm；连接强度不小于钢丝绳破断拉力的75%。
   A. 5　　　　　B. 10　　　　　C. 15　　　　　D. 20
   答案：C

34. 起升机构不得使用编结接长的钢丝绳。使用其他方法接长钢丝绳时，必须保证接头连接强度不小于钢丝绳破断拉力的（　　）。
   A. 75%　　　　　B. 85%　　　　　C. 90%　　　　　D. 95%
   答案：C

35. 浸涂法润滑钢丝绳就是将润滑脂加热到（　　）℃，然后使钢丝绳通过一组导辊装置被张紧，同时使之缓慢地在容器里的熔融润滑脂中通过。
   A. 50　　　　　B. 60　　　　　C. 70　　　　　D. 80
   答案：B

36. 钢丝绳夹用于钢丝绳的连接或固定时最少数量是（　　）个。
   A. 1　　　　　B. 2　　　　　C. 3　　　　　D. 4
   答案：C

37. 一般白棕绳的抗拉强度仅为同直径钢丝绳的（　　）左右，易磨损。
   A. 10%　　　　　B. 20%　　　　　C. 30%　　　　　D. 50%
   答案：A

38. 白棕绳在不涂油干燥情况下，强度高、弹性好，但受潮后强度降低约（　　）。
   A. 10%　　　　　B. 20%　　　　　C. 30%　　　　　D. 50%
   答案：D

39. 尼龙绳、涤纶绳安全系数可根据工作使用状况和重要程度选取，但不得小于（　　）。
   A. 6　　　　　B. 7　　　　　C. 8　　　　　D. 9
   答案：A

40. 为了提高钢丝绳的使用寿命，滑轮直径最小不得小于钢丝绳直径的（　　）倍。
   A. 8　　　　　B. 10　　　　　C. 15　　　　　D. 16
   答案：D

41. （　　）在使用中是随着重物移动而移动的，它能省力，但不能改变力的方向。

A. 定滑车 B. 动滑车
答案:B

42. 千斤顶顶升过程中,应设保险垫,并要随顶随垫,其脱空距离应保持在( )mm 以内,以防千斤顶倾倒或突然回油而造成事故。
A. 10 B. 20 C. 30 D. 50
答案:D

43. 一个四门滑车的允许荷载为 20 000 kg,则其中一个滑轮的允许荷载为( )kg。
A. 5 000 B. 10 000 C. 20 000
答案:A

44. ( )既能省力也能改变力的方向。
A. 定滑车 B. 动滑车 C. 滑车组
答案:C

45. 卷扬机的安装位置应能使操作人员看清指挥人员和起吊或拖动的物件,操作者视线仰角应小于( )。
A. 30° B. 45° C. 60° D. 75°
答案:B

46. 在卷扬机正前方应设置导向滑车,导向滑车至卷筒轴线的距离,带槽卷筒应不小于卷筒宽度的_____倍,无槽卷筒应大于卷筒宽度的_____倍,以免钢丝绳与导向滑车槽缘产生过度的磨损。( )
A. 10,15 B. 15,20 C. 20,25
答案:B

47. 钢丝绳绕入卷筒的方向应与卷筒轴线垂直,其垂直度允许偏差为( ),这样能使钢丝绳圈排列整齐,不致斜绕和互相错叠挤压。
A. 2° B. 6° C. 10° D. 12°
答案:B

48. 倾斜式施工升降机导轨架轴线与垂直线夹角一般不大于( )。
A. 6° B. 9° C. 11° D. 15°
答案:C

49. 普通施工升降机采用专用双驱动或三驱动电机作动力,其起升速度一般在( )m/min。
A. 32 B. 36 C. 96
答案:B

50. 对于额定提升速度大于 0.85 m/s 的 SS 型施工升降机安装有( )防坠安全装置。
A. 瞬时式 B. 非瞬时式
答案:B

51. 当立管壁厚减少量为出厂厚度的( )时,标准节应予报废或按立管壁厚规格降级使用。
A. 5% B. 15% C. 25% D. 75%

答案：C

52. 附墙架应能保证几何结构的稳定性，杆件不得少于（　　）根，形成稳定的三角形状态。
   A. 2　　　　　　B. 3　　　　　　C. 4　　　　　　D. 5
   答案：B

53. 附墙架各杆件与建筑物连接面处需有适当的分开距离，使之受力良好，杆件与架体中心线夹角一般宜控制在（　　）左右。
   A. 15°　　　　　B. 30°　　　　　C. 40°　　　　　D. 45°
   答案：C

54. 附墙架连接螺栓为不低于（　　）级的高强度螺栓，其紧固件的表面不得有锈斑、碰撞凹坑和裂纹等缺陷。
   A. 6.8　　　　　B. 8.8　　　　　C. 9.8　　　　　D. 10.9
   答案：B

55. 载人吊笼门框的净高度至少为2.0 m，净宽度至少为0.6 m。门应能完全遮蔽开口，其开启高度不应低于（　　）m。
   A. 0.6　　　　　B. 1.5　　　　　C. 1.6　　　　　D. 1.8
   答案：D

56. 载人的吊笼应封顶，笼内净高度不应小于（　　）m。
   A. 2　　　　　　B. 1.8　　　　　C. 1.6　　　　　D. 1.5
   答案：A

57. 吊笼上最高一对安全钩应处于最低驱动齿轮之（　　）。
   A. 上　　　　　　B. 下
   答案：B

58. 对于钢丝绳式货用施工升降机当其安装高度小于（　　）m时，吊笼顶可以不封闭，吊笼立面的高度不应低于1.5 m。
   A. 30　　　　　　B. 40　　　　　C. 50　　　　　D. 80
   答案：C

59. 吊杆提升钢丝绳的安全系数不应小于（　　），直径不应小于5 mm。
   A. 5　　　　　　B. 6　　　　　　C. 8　　　　　　D. 12
   答案：C

60. 层门应与吊笼的电气或机械联锁，当吊笼底板离某一卸料平台的垂直距离在（　　）m以内时，该平台的层门方可打开。
   A. ±0.05　　　　B. ±0.1　　　　C. ±0.15　　　　D. ±0.25
   答案：D

61. 层门锁止装置应安装牢固，紧固件应有防松装置，所有锁止元件的嵌入深度不应少于（　　）mm。
   A. 0.7　　　　　B. 7　　　　　　C. 17
   答案：B

62. SC型施工升降机的层门的开、关过程应由（　　）控制。

A. 吊笼的运动　　　　B. 楼层内人员　　　C. 吊笼内乘员
答案：C

63. 天轮架一般有固定式和（　　）两种。
A. 开启式　　　　　B. 浮动式　　　　　C. 可拆卸式　　　　D. 移动式
答案：A

64. 人货两用施工升降机悬挂对重的钢丝绳不得少于2根，且相互独立。每绳的安全系数不应小于6，直径不应小于9 mm。悬挂对重的钢丝绳为单绳时，安全系数不应小于（　　）。
A. 7　　　　　　　　B. 8　　　　　　　　C. 9　　　　　　　　D. 12
答案：B

65. 当吊笼底部碰到缓冲弹簧时，对重上端离开天轮架的下端应有（　　）mm的安全距离。
A. 50　　　　　　　B. 250　　　　　　　C. 500　　　　　　D. 1 000
答案：C

66. 当吊笼上升到施工升降机上部碰到（　　）后，吊笼停止运行时，吊笼的顶部与天轮架的下端应有1.8 m的安全距离。
A. 上限位　　　　　B. 上极限限位　　　C. 极限开关　　　　D. 限位开关
答案：A

67. 天轮架滑轮应有防止钢丝绳脱槽装置，该装置与滑轮外缘的间隙不应大于钢丝绳直径的20%，即不大于（　　）mm。
A. 9　　　　　　　　B. 6　　　　　　　　C. 3　　　　　　　　D. 1
答案：C

68. 当悬挂对重使用两根或两根以上相互独立的钢丝绳时，应设置（　　）平衡钢丝绳张力装置。
A. 浮动　　　　　　B. 手动　　　　　　C. 机械　　　　　　D. 自动
答案：D

69. 悬挂对重多余钢丝绳应卷绕在卷筒上，其弯曲直径不应小于钢丝绳直径的（　　）倍。
A. 3　　　　　　　　B. 5　　　　　　　　C. 15　　　　　　　D. 20
答案：C

70. SC型施工升降机通过调节（　　）使传动齿轮和齿条的啮合间隙符合要求。
A. 背轮　　　　　　B. 限位挡块　　　　C. 齿轮　　　　　　D. 齿条
答案：A

71. 当施工升降机架设超过一定高度（一般100～150 m）时，受电缆的机械强度限制，应采用电缆（　　）系统来收放随行电缆。
A. 导向架　　　　　B. 进线架　　　　　C. 滑车　　　　　　D. 储筒
答案：C

72. 启用新电动机或长期不用的电动机时，需要用（　　）测量电动机绕组间的绝缘电阻，其绝缘电阻不低于0.5 MΩ，否则应做干燥处理后方可使用。

A. 500 V 电压表　　　B. 500 A 电流表　　　C. 欧姆表　　　D. 500 V 兆欧表
答：D

73. 当电动机启动电压偏差大于额定电压（　　）时，应停止使用。
A. ±5％　　　　　　B. ±10％　　　　　　C. ±15％
答案：B

74. 当制动器的制动盘摩擦材料单面厚度磨损到接近（　　）mm 时，必须更换制动盘。
A. 0.02　　　　　　B. 0.05　　　　　　　C. 1　　　　　　　　D. 2
答案：C

75. 蜗轮副的失效形式主要是（　　），所以在使用中蜗轮减速箱内要按规定保持一定量的油液，防止缺油和发热。
A. 齿面胶合　　　　B. 齿面磨损　　　　　C. 轮齿折断　　　　D. 齿面点蚀
答案：A

76. 蜗轮减速器的油液温升不得超过（　　）℃，否则会造成油液的黏度急剧下降。
A. 45　　　　　　　B. 50　　　　　　　　C. 60　　　　　　　D. 80
答案：C

77. 钢丝绳式人货两用施工升降机通常采用（　　）驱动。
A. 卷扬机　　　　　B. 曳引机　　　　　　C. 起重用盘式制动三相异步电动机
答案：B

78. 钢丝绳式人货两用施工升降机当其提升速度不大于 0.63 m/s 时，也可采用（　　）驱动。
A. 卷扬机　　　　　B. 曳引机　　　　　　C. 起重用盘式制动三相异步电动机
答案：A

79. 建筑施工用施工升降机配套的卷扬机多为（　　）系列。
A. 慢速（M）　　　B. 中速（Z）　　　　　C. 快速（K）　　　　D. 极速（J）
答案：C

80. 建筑施工用施工升降机配套的卷扬机的卷绳线速度或曳引机的节径线速度一般为 30～40 m/min，钢丝绳端的牵引力一般在（　　）kg 以下。
A. 500　　　　　　B. 1 000　　　　　　　C. 2 000　　　　　　D. 3 000
答案：C

81. 钢丝绳曳引式施工升降机一般都采用（　　）曳引机。
A. 有齿轮　　　　　B. 无齿轮
答案：A

82. 为了减少曳引机在运动时的噪声和提高平稳性，一般采用（　　）作减速传动装置。
A. 蜗杆副　　　　　B. 齿轮副
答案：A

83. 曳引机的摩擦力是由钢丝绳压紧在曳引轮绳槽中而产生的，压力愈大摩擦力（　　）。
A. 愈小　　　　　　B. 愈大
答案：B

84. 曳引机曳引力大小与钢丝绳在曳引轮上的包角有关系,包角( ),摩擦力愈大。
   A. 愈小   B. 愈大
   答案:B

85. SS型人货两用施工升降机驱动吊笼的钢丝绳不应少于2根,且相互独立。钢丝绳的安全系数不应小于( ),钢丝绳直径不应小于9 mm。
   A. 6   B. 8   C. 9   D. 12
   答案:D

86. SS型人货两用施工升降机采用卷筒驱动时钢丝绳只允许绕( )层。
   A. 1   B. 2   C. 3
   答案:A

87. SS型施工升降机当吊笼停止在最低位置时,留在卷筒上的钢丝绳不应小于( )圈。
   A. 1   B. 2   C. 3   D. 4
   答案:C

88. 卷筒两侧边缘大于最外层钢丝绳的高度不应小于钢丝绳直径的( )倍。
   A. 3   B. 2   C. 1   D. 0.5
   答案:B

89. 曳引驱动施工升降机,当吊笼超载( )并以额定提升速度上、下运行和制动时,钢丝绳在曳引轮绳槽内不应产生滑动。
   A. 5%   B. 15%   C. 25%   D. 50%
   答案:C

90. SS型施工升降机的制动器应是常闭式,其额定制动力矩对人货两用施工升降机不低于作业时的额定制动力矩的( )倍。不允许使用带式制动器。
   A. 1.25   B. 1.5   C. 1.75   D. 2
   答案:C

91. SS型人货两用施工升降机钢丝绳在驱动卷筒上的绳端应采用( )固定。
   A. 楔形装置   B. 压板   C. 长板条固定
   答案:A

92. 三相交流异步电动机变频调速原理是通过改变电动机电源的( )来进行调速的。
   A. 电压   B. 电流   C. 电阻   D. 频率
   答案:D

93. 施工升降机基础下土壤的承载力一般应大于( )MPa。
   A. 0.1   B. 0.15   C. 0.2   D. 0.25
   答案:B

94. 防坠安全器是( )控制的防止吊笼或对重坠落的机械式安全保护装置。
   A. 电气   B. 气动   C. 手动   D. 非人为
   答案:D

95. ( )的特点是制动距离较长,制动平稳、冲击小。

A. 瞬时式防坠安全器　　B. 渐进式防坠安全器

答案：B

96. （　　）防坠安全器的初始制动力（或力矩）不可调。

A. 渐进式　　　　　　B. 瞬时式

答案：B

97. SC型施工升降机应采用（　　）防坠安全器，当升降机对重质量大于吊笼质量时，还应加设对重防坠安全器。

A. 渐进式　　　　　　B. 瞬时式

答案：A

98. 对于SS型人货两用施工升降机，其吊笼额定提升速度大于（　　）m/s时，应采用渐进式防坠安全器。

A. 0.63　　　　B. 0.85　　　　C. 1　　　　D. 1.33

答案：A

99. 当施工升降机对重额定提升速度大于（　　）m/s时应采用渐进式防坠安全器。

A. 0.63　　　　B. 0.85　　　　C. 1　　　　D. 1.33

答案：C

100. SC100/100和SCD200/200施工升降机上，配备的安全器的额定制动载荷一般为（　　）kN。

A. 20　　　　　B. 30　　　　　C. 40　　　　　D. 60

答案：B

101. SC200/200施工升降机上配备的安全器的额定制动载荷一般为（　　）kN。

A. 20　　　　　B. 30　　　　　C. 40　　　　　D. 60

答案：C

102. 防坠安全器的制动距离最大不得超过（　　）m。

A. 1.6　　　　B. 1.8　　　　C. 2　　　　D. 2.5

答案：C

103. SS型人货两用施工升降机吊笼额定提升速度小于或等于（　　）m/s时，可采用瞬时式防坠安全装置。

A. 0.63　　　　B. 0.85　　　　C. 1　　　　D. 1.33

答案：A

104. 瞬时式防坠安全装置允许借助悬挂装置的断裂或借助一根（　　）来动作。

A. 安全绳　　　B. 钢丝绳　　　C. 安全锁　　　D. 杠杆

答案：A

105. 任何形式的（　　）防坠安全装置，当断绳或固定松脱时，吊笼锁住前的最大滑行距离，在满载情况下，不得超过1 m。

A. 渐进式　　　B. 瞬时式　　　C. 楔块式　　　D. 夹轨式

答案：B

106. 对于SS型施工升降机任何形式的防坠安全装置，当断绳或固定松脱时，吊笼锁住前的最大滑行距离，在满载情况下，不得超过（　　）m。

A. 0.63　　　　　B. 0.85　　　　　C. 1　　　　　D. 1.33
答案：C

107. 防坠安全器只能在有效的标定期内使用,有效检验标定期限不应超过(　　)。

A. 3个月　　　　B. 半年　　　　C. 1年　　　　D. 2年
答案：C

108. (　　)开关的作用是当施工升降机的吊笼超越了允许运动的范围时,能自动停止吊笼的运行。

A. 行程安全控制　　　　B. 安全装置联锁控制
答案：A

109. (　　)应为非自动复位型的开关。

A. 上行程限位开关　B. 下行程限位开关　C. 减速开关　　D. 极限开关
答案：D

110. 在正常工作状态下,下极限开关挡板的安装位置,应保证吊笼碰到缓冲器之前,(　　)应首先动作。

A. 下行程限位开关　B. 下极限开关　　C. 减速开关　　D. 极限开关
答案：B

111. (　　)施工升降机必须设置减速开关。

A. 齿轮齿条式　　B. 钢丝绳式　　　C. 曳引式　　　D. 变频调速
答案：D

112. 吊笼设有进料门和出料门,进料门一般为(　　)。

A. 单门　　　　　B. 双门
答案：A

113. 为避免施工作业人员进入运料通道时不慎坠落,宜在每层楼通道口设置(　　)状态的安全门或栏杆。

A. 常开　　　　　B. 常闭
答案：B

114. 升降机的金属结构及所有电气设备的金属外壳应接地,其接地电阻不应大于(　　)Ω。

A. 4　　　　　　　B. 10　　　　　　C. 30
答案：A

115. 防雷装置的冲击接地电阻值不得大于(　　)Ω。

A. 4　　　　　　　B. 10　　　　　　C. 30
答案：C

116. 施工升降机驾驶室应配备符合消防电气火灾的(　　)。

A. 灭火器　　　　B. 二氧化碳灭火器　C. 干粉灭火器
答案：A

117. 从事施工升降机安装与拆卸的操作人员、起重指挥、电工等人员应当年满(　　)周岁,具备初中以上的文化程度。

A. 16　　　　　　B. 18　　　　　　C. 20

答案：B

118. 从事施工升降机安装与拆卸的操作人员应经过专门培训,并经(　　)部门考核合格,取得建筑施工特种作业人员操作资格证书。

　　A. 建设主管　　　　　B. 技术质量监督　　　C. 安全管理

　　答案：A

119. 安装施工升降机时吊笼双门一侧应朝向(　　)。

　　A. 安全通道　　　　　B. 建筑物　　　　　　C. 导轨架

　　答案：B

120. 通过手动撬动作业法使吊笼在断电的情况下上升或下降时,应将摇把插入联轴器的孔中,提起制动器尾部的松脱手柄,下压摇把吊笼(　　)。

　　A. 上升　　　　　　　B. 下降

　　答案：A

121. 施工升降机所用电缆应为(　　)电缆,所用规格应合理选择。

　　A. 三芯　　　　　　　B. 四芯　　　　　　　C. 五芯

　　答案：C

122. 施工升降机电缆选择应合理,应保证升降机满载运行时电压波动不得大于(　　)。

　　A. 5%　　　　　　　B. 10%　　　　　　　C. 15%

　　答案：A

123. 施工升降机结构、电机及电气设备的(　　)均应接地,接地电阻不得超过 4Ω。

　　A. 接线盒　　　　　　B. 基座　　　　　　　C. 金属外壳

　　答案：C

124. 首次取得证书的人员实习操作不得少于(　　)个月;否则,不得独立上岗作业。

　　A. 1　　　　　　B. 2　　　　　　C. 3　　　　　　D. 6

　　答案：C

125. 施工升降机司机每年应当参加不少于(　　)的安全生产教育。

　　A. 24 小时　　　B. 2 天　　　　C. 8 小时　　　D. 3 天

　　答案：A

126. 施工升降机生产厂必须持有国家颁发的特种设备(　　)。

　　A. 监督检验证明　B. 出厂合格证　C. 备案登记　　D. 制造许可证

　　答案：D

127. 对于购入的旧施工升降机应有(　　)年内完整运行记录及维修、改造资料。

　　A. 1　　　　　　　　B. 2　　　　　　　　C. 3

　　答案：B

128. 施工升降机使用时顶部风速不得大于(　　)m/s。

　　A. 13　　　　　　　　B. 18　　　　　　　　C. 20

　　答案：C

129. 为使施工升降机在多班作业或多人轮班操作时,能相互了解情况、交待问题,分清责任,防止机械损坏和附件丢失,保证施工生产的连续进行,必须建立(　　)制度作为岗位责任制的组成部分。

A. 三定 　　　　　　B. 安全技术检查 　　C. 交接班

答案：C

130. 多班作业或多人驾驶的施工升降机，应任命一人为机长，其余为机员。机长选定后，应由施工升降机的使用或所有单位任命，并保持（　　）。

A. 不变 　　　　　　B. 一年一变 　　　　C. 相对稳定

答案：C

131. 根据国家有关规定，特种设备使用超过一定年限，（　　）必须经有相应资质的检验检测机构监督检验合格，才可以正常使用。

A. 每半年 　　　　　B. 每年 　　　　　　C. 每两年

答案：B

132. 施工升降机司机必须经过有关部门（　　），考核合格后取得特种作业人员操作资格证书，持证上岗。

A. 专业培训 　　　　B. 技术培训 　　　　C. 知识培训

答案：A

133. 电动机的电气制动可分为反接制动、能耗制动和再生制动。其中，再生制动只有当电动机转速 n（　　）同步转速 n_1 时才能实现。

A. 大于 　　　　　　B. 等于 　　　　　　C. 小于

答案：A

134. 清除钢丝绳表面上积存的污垢和铁锈，最好是用（　　）清刷。

A. 水 　　　　　　　　　　　　　　　　B. 毛刷

C. 钢丝刷 　　　　　　　　　　　　　　D. 镀锌钢丝刷

答案：D

135. 当新齿轮相邻齿公法线长度 $L=37.1$ mm 时，达到磨损极限时，磨损后相邻齿公法线长度 L（　　）。

A. ≥35.8 mm 　　B. =35.8 mm 　　C. ≤35.8 mm 　　D. <35.8 mm

答案：B

136. 齿条的磨损极限量可用游标卡尺测量，当新齿条齿宽为 12.566 mm 时，达到磨损极限后，磨损后齿宽（　　）。

A. ≥11.6 mm 　　B. =11.6 mm 　　C. ≤11.6 mm 　　D. <11.6 mm

答案：B

137. 背轮的磨损极限量可用游标卡尺测量背轮外圈的方法确定。当新背轮外圈直径为 124 mm 时，磨损后（　　）。

A. ≥120 mm 　　B. =120 mm 　　C. ≤120 mm 　　D. <120 mm

答案：A

138. 电动机旋转制动盘磨损极限量可用塞尺进行测量，当旋转制动盘摩擦材料单面厚度磨损到接近（　　）mm 时，必须更换制动盘。

A. 1 　　　　　B. 0.5 　　　　　C. 0.2 　　　　　D. 0.05

答案：A

139. 制动闸瓦磨损过甚而使铆钉露头,或闸瓦磨损量超过原厚度(　　)时,应及时更换。

A. 1/4　　　　　　　　B. 1/3　　　　　　　　C. 1/2

答案:B

140. 闸瓦(块式)电磁制动器心轴磨损量超过标准直径(　　)和椭圆度超过0.5 mm时,应更换心轴。

A. 1%　　　　　B. 2%　　　　　C. 5%　　　　　D. 10%

答案:C

三、多项选择题(下列各题的选项中,正确选项不止一个,请将正确选项的字母填入相应的空格中)

1. 力的(　　)称为力的三要素。

A. 大小　　　　　B. 方向　　　　　C. 长度　　　　　D. 作用点

答案:ABD

2. 在工程中构件的基本变形可简化为(　　)四种基本变形。

A. 轴向拉伸与压缩　　　B. 剪切　　　　　C. 扭转

D. 弯曲　　　　　　　　E. 挤压

答案:ABCD

3. 电路的状态一般有(　　)。

A. 开路　　　　　B. 通路　　　　　C. 短路　　　　　D. 闭路

答案:ABC

4. 电路一般由(　　)和控制器件等四部分组成组成。

A. 电源　　　　　B. 负载　　　　　C. 电阻　　　　　D. 导线

答案:ABD

5. 电路中的控制元件在电路中起(　　)、测量等作用的装置。

A. 接通　　　　　B. 断开　　　　　C. 传输　　　　　D. 保护

答案:ABD

6. 电路的主要任务是进行电能的(　　)。

A. 传送　　　　　B. 保护　　　　　C. 分配　　　　　D. 转换

答案:ACD

7. 三个具有相同(　　),但在相位上彼此相差120°的正弦交流电压、电流或电动势,统称为三相交流电。

A. 频率　　　　　B. 振幅　　　　　C. 电压　　　　　D. 电流

答案:AB

8. 三相交流电习惯上称为A/B/C三相,按国标GB 4026—2010规定,交流供电系统的电源A、B、C分别用L1、L2、L3表示,其相色漆的颜色分别以(　　)表示。

A. 黄色　　　　　B. 绿色　　　　　C. 灰色　　　　　D. 红色

答案:ABD

9. 三相异步电动机也叫三相感应电动机,主要由(　　)两个基本部分组成。

A. 定子 B. 定子绕组 C. 转子 D. 转子绕组

答案：AC

10. 转子部分由（　　）组成。

A. 转子铁芯 B. 转子绕组 C. 转轴 D. 机座

答案：ABC

11. 低压空气断路器用于当电路中发生（　　）等不正常情况时，能自动分断电路的电器，也可用作不频繁地启动电动机或接通、分断电路。

A. 过载 B. 短路 C. 电压过高 D. 欠压

答案：ABD

12. 机器基本上都是由（　　）组成的。

A. 原动部分 B. 传动部分 C. 控制部分 D. 工作部分

答案：ABD

13. 低副是指两构件之间作面接触的运动副。按两构件的相对运动情况，可分为（　　）。

A. 转动副 B. 移动副 C. 螺旋副 D. 滑动副

答案：ABC

14. （　　）之间的接触均为常用高副。

A. 滚轮与轨道 B. 凸轮与推杆 C. 丝杠与螺母 D. 轮齿与轮齿

答案：ABD

15. 靠机件间的摩擦力传递动力和运动的摩擦传动，包括（　　）等。

A. 带传动 B. 谐波传动 C. 绳传动 D. 摩擦轮传动

答案：ACD

16. 靠主动件与从动件啮合或借助中间件啮合传递动力或运动的啮合传动，包括（　　）和谐波传动等。

A. 齿轮传动 B. 链传动 C. 摩擦轮传动 D. 螺旋传动

答案：ACD

17. 按照轴的所受载荷不同，可将轴分为（　　）三类。

A. 心轴 B. 转轴 C. 曲轴 D. 传动轴

答案：ABD

18. 按润滑方式不同，齿轮润滑可分为（　　）等几种形式。

A. 开式 B. 半开式 C. 闭式 D. 密封式

答案：ABC

19. 常见的轮齿失效形式有（　　）等形式。

A. 轮齿折断 B. 齿面点蚀 C. 齿面胶合
D. 齿面磨损 E. 齿面塑性变形

答案：ABCDE

20. 施工升降机的齿轮齿条传动由于润滑条件差，灰尘、脏物等研磨性微粒易落在齿面上，轮齿磨损快，且齿根产生的弯曲应力大，因此（　　）是施工升降机齿轮齿条传动的主要失效形式。

A. 轮齿折断 B. 齿面点蚀 C. 齿面胶合
D. 齿面磨损 E. 齿面塑性变形
答案：AD

21．带传动可分为（　　）等形式。
A. 平型带传动 B. 梯形带传动
C. V型带传动 D. 同步齿形带传动
答案：ACD

22．滑动轴承根据轴承所受载荷方向不同，可分为（　　）。
A. 向心滑动轴承 B. 推力滑动轴承
C. 向心推力滑动轴承 D. 轴向推力滑动轴承
答案：ABC

23．花键的齿形有（　　）等三种，矩形键加工方便，应用较广。
A. 矩形 B. 半圆形 C. 三角形 D. 渐开线齿形
答案：ACD

24．根据构造不同，制动器可分为以下三类：（　　）、盘式和锥式制动器。
A. 常开式制动器 B. 带式制动器 C. 常闭式制动器 D. 块式制动器
答案：BD

25．制动器的零件有下列情况之一的，应予报废：（　　）。
A. 可见裂纹 B. 制动块摩擦衬垫磨损量达原厚度的10%
C. 制动轮表面磨损量达1.5~2 mm D. 弹簧出现塑性变形
答案：ACD

26．液压油换油周期可按以下（　　）几种方法确定。
A. 随机换油法 B. 固定周期换油法 C. 综合分析测定法 D. 经验判断法
答案：BCD

27．钢结构常用材料一般为（　　）。
A. HRB335 B. HRB400 C. Q235钢 D. Q345钢
答案：CD

28．钢结构通常是由多个杆件以一定的方式相互连接而组成的。常用的连接方法有（　　）。
A. 焊接连接 B. 螺栓连接 C. 铆接连接 D. 钎焊连接
答案：ABC

29．高强度螺栓按受力状态可分为（　　）。
A. 抗剪螺栓 B. 抗拉螺栓 C. 抗扭螺栓 D. 抗弯螺栓
答案：AB

30．高强度螺栓的预紧力矩是保证螺栓连接质量的重要指标，它综合体现了（　　）组合的安装质量。
A. 螺栓 B. 螺母 C. 弹簧垫圈 D. 平垫圈
答案：ABD

31．钢结构由于自身的特点和结构形式的多样性，应用范围越来越广，除房屋结构以外,钢结构还可用于下列结构:(　　)。
A. 塔桅结构　　　　　　　　　　B. 板壳结构
C. 桥梁结构　　　　　　　　　　D. 可拆卸移动式结构
答案:ABCD

32. 钢丝绳按捻法,分为(　　)。
A. 右交互捻(ZS)　　　　　　　　B. 左交互捻(SZ)
C. 右同向捻(ZZ)　　　　　　　　D. 左同向捻(SS)
答案:ABCD

33. 滑车按连接件的结构形式不同,可分为(　　)。
A. 吊钩型　　　B. 链环型　　　C. 吊环型　　　D. 吊梁型
答案:ABCD

34. 千斤顶有(　　)三种基本类型。
A. 齿条式　　　B. 螺旋式　　　C. 液压式　　　D. 链轮式
答案:ABC

35. 链式滑车可分为(　　)。
A. 环链蜗杆滑车　　　　　　　　B. 片状链式蜗杆滑车
C. 片状链式齿轮滑车　　　　　　D. 手拉葫芦
答案:ABC

36. 卷扬机必须用地锚予以固定,以防工作时产生滑动或倾覆。根据受力大小,固定卷扬机的方法大致有(　　)。
A. 螺栓锚固法　　B. 水平锚固法　　C. 立桩锚固法　　D. 压重锚固法
答案:ABCD

37. 施工升降机按其传动形式可分为(　　)。
A. 齿轮齿条式　　B. 钢丝绳式　　　C. 混合式　　　D. 曳引式
答案:ABC

38. 齿轮齿条式施工升降机根据驱动传动方式的不同可以分为(　　)。
A. 普通双驱动　　　　　　　　　B. 三驱动
C. 变频调速驱动　　　　　　　　D. 液压传动驱动
答案:ABCD

39. 变频调速施工升降机由于采用了变频调速技术,具有(　　)、启制动更平稳、噪声更小的优点。
A. 手控有级变速　　B. 自动有级变速　　C. 自动无级变速
答案:AC

40. 施工升降机一般由(　　)和电气系统等四部分组成。
A. 金属结构　　　B. 导轨架　　　C. 传动机构　　　D. 安全装置
答案:ACD

41. 电动机的电气制动可分为(　　)。
A. 反接制动　　　B. 能耗制动　　　C. 再生制动　　　D. 电磁制动
答案:ABC

42. 钢丝绳式施工升降机传动机构一般采用(   )。
    A. 卷扬机　　　　　　　B. 曳引机　　　　　　　C. 起重用盘式制动三相异步电动机
    答案:AB

43. 卷扬机具有结构简单、成本低廉的优点,其缺点是(   )。
    A. 多根钢丝绳独立牵引　B. 容易乱绳　　　　　C. 容易脱绳　　　　　D. 容易挤压
    答案:BCD

44. 按现行国家标准,建筑卷扬机有(   )系列。
    A. 慢速(M)　　　　　　B. 中速(Z)　　　　　　C. 快速(K)　　　　　　D. 极速(J)
    答案:ABC

45. SC 型施工升降机安全装置主要有(   )、缓冲装置和超载保护装置等。
    A. 防坠安全器　　　　　B. 安全钩　　　　　　C. 安全开关　　　　　D. 极限开关
    答案:ABC

46. SS 型人货两用施工升降机使用的防坠安全装置有(   )功能。
    A. 防坠　　　　　　　　B. 限速　　　　　　　C. 断绳保护　　　　　D. 停层防坠落
    答案:AB

47. SS 型货用施工升降机使用的防坠安全装置有(   )功能。
    A. 防坠　　　　　　　　B. 限速　　　　　　　C. 断绳保护　　　　　D. 停层防坠落
    答案:CD

48. 电气系统主要由(   )组成。
    A. 主电路　　　　　　　B. 主控制电路　　　　C. 辅助电路　　　　　D. 电控箱
    答案:ABC

49. 变频调速有(   )三种调速方法。
    A. 恒磁通调速　　　　　B. 恒电流调速　　　　C. 恒功率调速　　　　D. 恒电压调速
    答案:ABC

50. 施工升降机的基础一般分为三种形式,分别为(   )。
    A. 地上式　　　　　　　B. 地下式　　　　　　C. 地中式　　　　　　D. 地平式
    答案:ABD

51. 额定制动载荷是指安全器可有效制动停止的最大载荷,目前标准规定为(   )kN。
    A. 20　　　　　　　　　B. 30　　　　　　　　C. 40　　　　　　　　D. 60
    答案:ABCD

52. 对于 SS 型人货两用施工升降机,每个吊笼应设置兼有(   )双重功能的防坠安全装置。
    A. 防坠　　　　　　　　B. 限速　　　　　　　C. 断绳保护　　　　　D. 超载保护
    答案:AB

53. SS 型货用施工升降机的瞬时式防坠安全装置应具有(   )功能。
    A. 防坠　　　　　　　　B. 限速　　　　　　　C. 断绳保护　　　　　D. 超载保护
    答案:BC

54. 施工升降机的电气安全开关大致可分为(   )两大类。

A. 极限开关 B. 行程安全控制
C. 安全装置联锁控制 D. 急停开关
答案：BC

55. 行程安全控制开关主要有（　　）。
A. 上行程限位开关　B. 下行程限位开关　C. 减速开关　D. 极限开关
答案：ABCD

56. 安全装置联锁控制开关主要有（　　）。
A. 安全器安全开关　B. 防松绳开关　C. 门安全控制开关
答案：ABC

57. 施工升降机门电气安全开关主要有（　　）等安全开关。
A. 单行门　B. 双行门　C. 顶盖门　D. 围栏门
答案：ABCD

58. 超载限制器是用于施工升降机超载运行的安全装置，常用的有（　　）。
A. 电子传感器式　B. 弹簧式　C. 拉力环式
答案：ABC

59. 人货施工升降机要在围栏安全门口悬挂（　　）警示牌。
A. 严禁乘人　B. 人数上限　C. 限载
答案：BC

60. 施工升降机应当有（　　）、有关型式试验合格证明等文件，并已在产权单位工商注册所在地县级以上建设主管部门备案登记。
A. 出厂合格证 B. 安装及使用维修说明
C. 监督检验证明 D. 产品设计文件
答案：ABCD

61. 施工升降机的连接螺栓应为高强度螺栓，不得低于8.8级，其紧固件的表面不得有（　　）等缺陷。
A. 锈斑　B. 碰撞凹坑　C. 裂纹　D. 油污
答案：ABC

62. "三定"岗位责任制是指：（　　）。
A. 定人　B. 定时　C. 定机　D. 定岗位
答案：ACD

63. 对改造、大修的施工升降机要有（　　）。
A. 出厂检验合格证 B. 型式试验合格证明
C. 监督检验证明 D. 安装及使用维修说明
答案：AC

64. 施工升降机在使用过程中必须认真做好使用记录，使用记录一般包括（　　）和其他内容。
A. 运行记录　B. 维修记录　C. 维护保养记录　D. 交接班记录
答案：ACD

65. 施工升降机在使用过程中，司机可以通过听、看、试等方法及早发现施工升降机的各类故障和隐患,通过及时( ),可以避免施工升降机零部件的损坏或损坏程度的扩大,避免事故的发生。

  A. 紧固   B. 调整   C. 检修   D. 维护保养
  答案:CD

66. 闸瓦制动器的维修与保养主要是调整( )等。
  A. 电磁铁冲程   B. 齿轮啮合间隙
  C. 主弹簧长度   D. 瓦块与制动轮间隙
  答案:ACD

67. 施工升降机常见的故障一般分为( )。
  A. 电气故障   B. 液压故障   C. 机械故障
  答案:AC

68. 施工升降机在使用过程中发生故障的原因很多,主要有( )、零部件的自然磨损等。
  A. 调整润滑不及时   B. 维护保养不及时
  C. 操作人员违章作业   D. 工作环境恶劣
  答案:BCD

69. 施工升降机突然停机或不能启动,最可能的原因是( )被启动或断路器启动。
  A. 停机电路   B. 限位开关
  C. 相序接错   D. 上、下极限开关
  答案:AB

70. 吊笼上、下运行时有自停现象,最可能的原因是( )。
  A. 上、下限位开关接触不良或损坏   B. 严重超载
  C. 控制装置(按钮、手柄)接触不良或损坏   D. 制动器工作不同步
  答案:ABC

71. 电机过热,最可能的故障原因是( )或供电电压过低。
  A. 制动器工作不同步   B. 供电电缆截面过大
  C. 启、制动过于频繁   D. 长时间超载运行
  答案:ACD

72. 电机启动困难,并有异常响声,最可能的故障原因是( )及供电电压远低于360 V。
  A. 电机制动器未打开   B. 无直流电压
  C. 控制装置接触不良   D. 严重超载
  答案:ABD

73. SC型施工升降机吊笼运行时震动过大,最可能的原因是( )。
  A. 导向滚轮连接螺栓松动   B. 电机制动力矩过大
  C. 齿轮、齿条啮合间隙过大或缺少润滑   D. 导向滚轮与背轮间隙过大
  答案:ACD

74. SC型施工升降机吊笼运行时有跳动现象,最可能的原因是( )。
  A. 导轨架对接阶差过大   B. 齿条螺栓松动,对接阶差过大

C. 导向滚轮连接螺栓松动　　　　　　D. 齿轮严重磨损
答案：ABD

75. 施工升降机驾驶员应每年进行一次身体检查,矫正视力不低于5.0,没有(　　)、贫血、美尼尔症、癫痫、突发性昏厥、断指等妨碍起重作业的疾病和缺陷。
A. 色盲　　　　　B. 听觉障碍　　　　　C. 心脏病　　　　　D. 眩晕
答案：ABCD

76. 施工升降机标准节的截面形状有(　　)。
A. 矩形　　　　　B. 菱形　　　　　C. 正方形　　　　　D. 三角形
答案：ACD

77. 属于施工升降机金属结构的是(　　)。
A. 吊笼　　　　　B. 电机　　　　　C. 导轨架　　　　　D. 对重
答案：ACD

78. 施工升降机按驱动方式分类可分为(　　)。
A. SC型　　　　　B. 单柱型　　　　　C. 双柱型
D. SS型　　　　　E. SH型
答案：ADE

四、判断题(判断下列说法是否正确,对的在括号内画√,错的画×)

1. 力作用的结果是使物体的运动状态发生变化或使物体变形。　　　　　(√)
2. 磁铁间不需相互接触就有相互作用力,因此力可以脱离实际物体而存在。　(×)
3. 力的作用点的位置,可以在它的作用线上移动而不会影响力的作用效果,所以力的作用效果和力的作用点没有关系。　　　　　(×)
4. 力可以单独一个力出现,也可以成对出现。　　　　　(×)
5. 物体在两个力的作用下保持平衡的条件是:这两个力大小相等,方向相反,且作用在同一点上。　　　　　(×)
6. 在力的大小、方向不变的条件下,力的作用点的位置,可以在它的作用线上移动而不会影响力的作用效果。　　　　　(√)
7. 作用力与反作用力分别作用在两个物体上,且大小相等,方向相反,所以可以看成是两个平衡力而相互抵消。　　　　　(×)
8. 平行四边形法则实质上是一种对力进行等效替换的方法,所以在分析同一个问题时,合矢量和分矢量必须同时使用。　　　　　(×)
9. 合力对于平面内任意一点的力矩,等于各分力对同一点的力矩之和。　　(√)
10. 构件扭转时横截面上只有与半径垂直的剪应力,没有正应力,因此在圆心处的剪应力最大。　　　　　(×)
11. 大小和方向不随时间变化的电流,称为直流电,用字母"AC"或"—"表示。　(×)
12. 大小和方向随时间变化的电流,称为交流电,用字母"AC"或"～"表示。　(√)
13. 在日常工作中,用试电笔测量交流电时,试电笔氖管通身发亮,且亮度明亮。(√)
14. 在日常工作中,用试电笔测量直流电时,试电笔氖管通身发亮,且亮度较暗。(×)
15. 电源两端的导线因某种事故未经过负载而直接连通时称为断路。　　　　(×)

16. 低压电器在供配电系统中广泛用于电路、电动机、变压器等电气装置上,起着开关、保护、调节和控制的作用。（√）
17. 按钮是一种靠外力操作接通或断开电路的电气元件,用来直接控制电气设备。（×）
18. 行程开关又称限位开关或终点开关,它是利用人工操作,以控制自身的运动方向或行程大小的主令电器。（×）
19. 安装在负荷端电器电路的用于防止人为触电的漏电保护器,其动作电流不得大于 30 mA,动作时间不得大于 0.1 s。（√）
20. 继电器是一种自动控制电器,在一定的输入参数下,它受输入端的影响而使输出参数进行连续性的变化。（×）
21. 机构和机器的区别是机构的主要功用在于传递或转变运动的形式,而机器的主要功用是为了利用机械能做功或能量转换。（√）
22. 摩擦传动容易实现无级变速,大都能适应轴间距较大、大功率的传动场合,过载打滑还能起到缓冲和保护传动装置的作用,但不能保证准确的传动比。（×）
23. 靠主动件与从动件啮合或借助中间件啮合传递动力或运动的啮合传动,包括齿轮传动、链传动、螺旋传动和谐波传动等。（√）
24. 齿轮模数直接影响齿轮的大小、轮齿齿形和强度的大小。对于相同齿数的齿轮,模数越大,齿轮的几何尺寸越大,轮齿也大,因此承载能力也越大。（√）
25. 齿轮传动效率高,一般为 95%～98%,最高可达 99%。（√）
26. 链传动有准确的传动比,无滑动现象,但传动平稳性差,工作时有噪声。（×）
27. V 型带经过一段时间使用后,如发现不能使用时要及时更换,为了节约,允许新旧带混合使用。（×）
28. 同步齿形带传动工作时带与带轮之间无相对滑动,能保证准确的传动比。（√）
29. 同步齿形带不能保证准确的传动比,传动效率可达 0.98;传动比较大,可达 12～20;允许带速可高至 50 m/s。（×）
30. 一切做旋转运动的传动零件,都必须安装在轴上才能实现旋转和传递动力。（√）
31. 根据工作时摩擦性质不同,轴承可分为滑动轴承和滚动轴承。（√）
32. 轴承是机器中用来支承轴和轴上零件的重要零部件,它能保证轴的旋转精度、减小转动时轴与支承间的摩擦和磨损。（√）
33. 滚动轴承具有摩擦力矩小,易启动,载荷、转速及工作温度的适用范围较广,轴向尺寸小,润滑维修方便等优点。（√）
34. 滚动轴承不需用有色金属,对轴的材料和热处理要求不高。（√）
35. 键联接是一种应用很广泛的可拆联接,主要用于轴与轴上零件的轴向相对固定,以传递运动或转矩。（×）
36. 平键的特点是能自动适应零件轮毂槽底的倾斜,使键受力均匀。主要用于轴端传递转矩不大的场合。（×）
37. 销是标准件,其基本类型有圆柱销和圆锥销两种。（×）
38. 销可用作安全装置中的过载剪切元件。（√）
39. 圆柱销联接可以经常装拆,不会降低定位精度或联接的紧固性。（×）

40. 弹性联轴器种类繁多,它具有缓冲吸振及可补偿较大的轴向位移、微量的径向位移和角位移的特点,用在正反向变化多、启动频繁的高速轴上。（ √ ）

41. 电磁铁杠杆系统空行程超过其额定行程的 10% 时制动器应报废。（ √ ）

42. 液压泵一般有齿轮泵、叶片泵和斜盘式柱塞泵等几个种类。（ × ）

43. 轴向柱塞泵具有结构紧凑、径向尺寸小、惯性小、容积效率高、压力高等优点,然而轴向尺寸大,结构也比较复杂。（ √ ）

44. 液压油是液压系统的工作介质,也是液压元件的润滑剂和冷却剂。（ √ ）

45. 钢结构存在抗腐蚀性能和耐火性能较差、低温条件下易发生脆性断裂等缺点。（ √ ）

46. 钢结构不适合在动力载荷下工作,在一般情况下会因超载而突然断裂。（ × ）

47. 钢材内部组织均匀,力学性能匀质、各向同性,计算结果可靠。（ × ）

48. 普通碳素钢 Q235 系列钢,强度、塑性、韧性及可焊性都比较好,是建筑起重机械使用的主要钢材。（ √ ）

49. 钢材具有明显的弹性阶段、弹塑性阶段、塑性阶段及应变硬化阶段。（ √ ）

50. 钢结构通常是由多个杆件以一定的方式相互连接而组成的。常用的连接方法有焊接连接、螺栓连接和铆接连接等。（ √ ）

51. 钢结构钢材之间的焊接形式主要有正接填角焊缝、搭接填角焊缝、对接焊缝及塞焊缝等。（ √ ）

52. 高强度螺栓按强度可分为 8.8、9.8、10.8 和 12.8 四个等级,直径一般为 12～42mm。（ × ）

53. 普通螺栓连接中的精制螺栓分为 A 级、B 级和 C 级。（ × ）

54. 高强度螺栓安装穿插方向宜采用自下而上穿插,即螺母在上面。（ √ ）

55. 重心是物体所受重力的合力的作用点,物体的重心位置由物体的几何形状和物体各部分的质量分布情况来决定。（ √ ）

56. 物体的重心可能在物体的形体之内,也可能在物体的形体之外。（ √ ）

57. 只要物体的形状改变,其重心位置一定改变。（ × ）

58. 物体的重心相对物体的位置是一定的,它不会随物体放置的位置改变而改变。（ √ ）

59. 在截断钢丝绳时,宜使用专用刀具或砂轮锯截断,较粗钢丝绳可用乙炔切割。（ √ ）

60. 钢丝绳的安全系数是不可缺少的安全储备,可以凭借这种安全储备提高钢丝绳的最大允许安全载荷。（ × ）

61. 钢丝绳夹布置,应把绳夹座扣在钢丝绳的工作段上,U 形螺栓扣在钢丝绳的尾段上。（ √ ）

62. 钢丝绳夹可以在钢丝绳上交替布置。（ × ）

63. 钢丝绳夹间的距离应等于钢丝绳直径的 3～4 倍。（ × ）

64. 在实际使用中,绳夹受载一周以后应做检查。（ × ）

65. 钢丝绳夹紧固时须考虑每个绳夹的合理受力,离套环最远处的绳夹首先单独紧固。（ × ）

66. 吊索一般用 6×61 和 6×37 钢丝绳制成。（ √ ）

67. 尼龙绳和涤纶绳具有质量轻、质地柔软、弹性好、强度高、耐腐蚀、耐油、不生蛀虫及霉菌、抗水性能好等优点。（√）
68. 定滑车在使用中是固定的,可以改变用力的方向,也能省力。（×）
69. 滑车组是由一定数量的定滑车和动滑车及绕过它们的绳索组成的简单起重工具。它能省力也能改变力的方向。（√）
70. 滑轮绳槽壁厚磨损量达原壁厚的20%应予以报废。（√）
71. 滑轮底槽的磨损量超过相应钢丝绳直径的25%时滑轮应予以报废。（√）
72. 链式滑车转动部分要经常上油,如摩擦片,保证滑润,减少磨损。（×）
73. 卷筒上的钢丝绳全部放出时应留有不少于3圈。（√）
74. 链式滑车起吊重物中途停止的时间较长时,要将手拉链拴在起重链上,以防时间过长而自锁失灵。（√）
75. 使用链式滑车时当手拉链拉不动时,可以增加人数猛拉。（×）
76. 卷筒边缘外周至最外层钢丝绳的距离应不小于钢丝绳直径的1.5倍。（√）
77. 钢丝绳应与卷筒及吊笼连接牢固,不得与机架或地面摩擦,通过道路时,应设过路保护装置。（√）
78. 卷筒上的钢丝绳应排列整齐,当重叠或斜绕时,应停机重新排列,严禁在转动中用手拉脚踩钢丝绳。（√）
79. 作业中,任何人不得跨越正在作业的卷扬钢丝绳。（√）
80. 物件提升后,操作人员可以短暂离开卷扬机,物件或吊笼下面严禁人员停留或通过。（×）
81. 作业中如发现异响、制动不灵、制动装置或轴承等温度剧烈上升等异常情况时,应立即停机检查,排除故障后方可使用。（√）
82. 钢丝绳式施工升降机,单柱导轨架横截面为矩形,导轨架内包容一个吊笼,额定载重量为3 200 kg,第一次变型更新,表示为:施工升降机SSB320A(GB/T 10054)。（√）
83. 曲线式施工升降机吊笼与驱动装置采用拖式铰接联接,驱动装置采用半浮动机构,使曲线式施工升降机能适应更大的倾角和曲率。（×）
84. 导轨按滑道的数量和位置,可分为单滑道、双滑道及四角滑道。（√）
85. 四角滑道用于双吊笼施工升降机,设置在架体的四角,可使吊笼较平稳地运行。（×）
86. 当一台施工升降机使用的标准节有不同的立管壁厚时,标准节应有标识,并不得混用。（√）
87. 附墙架连接可以使用膨胀螺栓。（×）
88. 附墙架采用紧固件的,应保证有足够的连接强度。不得采用铁丝、铜线绑扎等非刚性连接方式,但可以与建筑脚手架相牵连。（×）
89. 吊笼门装有机械锁钩保证在运行时不会自动打开,同时还设有电气安全开关,当门未完全关闭时能有效切断控制回路电源,使吊笼停止或无法启动。（√）
90. 吊笼上的安全装置和各类保护措施,不仅在正常工作时起作用,在安装、拆卸、维护时也应起作用。（√）
91. 施工升降机的每一个登机处均应设置层门。（√）

92. SC型施工升降机,吊笼是通过齿轮齿条啮合传递力矩,实现上下运行。（√）
93. 施工升降机的地面防护围栏设置高度不低于1.8 m,对于钢丝绳式货用施工升降机应不小于1.5 m,并应围成一周,围栏登机门的开启高度不应低于1.8 m。（√）
94. 层门不得向吊笼通道开启,封闭式层门上应设有视窗。（√）
95. 人货两用施工升降机机械传动层门的开、关过程应由笼内乘员操作,不得受吊笼运动的直接控制。（√）
96. 连接对重用的钢丝绳绳头应采用可靠的连接方式,绳接头的强度不低于钢丝绳强度的75%。（×）
97. 电动机在额定电压偏差±5%的情况下,直流制动器在直流电压偏差±15%的情况下,仍然能保证电动机和直流制动器正常运转和工作。（√）
98. 再生制动不是把转速下降到零,而是使转速受到限制。再生制动可以向电网输电,经济性较好。（√）
99. 施工升降机不得在正常运行中进行反向运行。（×）
100. 标准节上的齿条应连接牢固,相邻标准节的两齿条在对接处,沿齿高方向的阶差不大于0.3 mm;沿长度方向的齿距偏差不大于0.6 mm。（√）
101. 齿轮与齿条啮合时的接触长度,沿齿高不小于40%;沿齿长不小于50%,齿面侧间隙应在0.2～0.5 mm之间。（√）
102. 齿条和所有驱动齿轮、防坠安全器齿轮正确啮合的条件是:齿条节线和与其平行的齿轮节圆切线重合或距离不超出模数的1/3;当措施失效时,应进一步采取其他措施,保证其距离不超出模数的2/3。（√）
103. 曳引机一般为4～5根钢丝绳独立并行曳引,因而同时发生钢丝绳断裂造成吊笼坠落的概率很小。但钢丝绳的受力调整比较麻烦,钢丝绳的磨损比卷扬机的大。（√）
104. 曳引式升降机对重着地时,吊笼一般不会发生冲顶事故,但吊笼还可以提升。（×）
105. 为了防止钢丝绳在曳引轮上脱绳,应在曳引轮上加防脱绳装置。（×）
106. 曳引式施工升降机根据需要可以设置对重。（×）
107. 曳引式施工升降机对重着地时,且上限位安全开关失效的情况下,吊笼必然会发生冲顶事故。（×）
108. 人货两用施工升降机的驱动卷筒节径与钢丝绳直径之比不应小于30。对于V形或底部切槽的钢丝绳曳引轮,其节径与钢丝绳直径之比不应小于31。（√）
109. 电气箱电气元件的对地绝缘电阻应不小于0.5 MΩ,电气线路的对地绝缘电阻应不小于1 MΩ。（√）
110. 变频器在电控箱中的安装与周围设备必须保持一定距离,以利通风散热,一般上下间隔120 mm以上,左右应有30 mm的间隙,背部应留有足够间隙。夏季必要时可打开电控箱门散热。（√）
111. 变频器在运行中或刚运行后,在电容器放电信号灯未熄灭时,切勿打开变频器外罩和接触接线端子等,防止电击伤人。（√）
112. 防坠安全器是一种人为控制的,当吊笼或对重一旦出现失速、坠落情况时,能在设置的距离、速度内使吊笼安全停止。（×）

113. 渐进式防坠安全器是一种初始制动力（或力矩）可调，制动过程中制动力（或力矩）逐渐减小的防坠安全器。其特点是制动距离较长，制动平稳、冲击小。（×）
114. 防坠安全器在任何时候都应该起作用，但不包括安装和拆卸工况。（×）
115. 施工升降机的架体可作为防雷装置的引下线，但必须有可靠的电气连接。（√）
116. 做防雷接地施工升降机上的电气设备，所连接的 PE 线必须同时做重复接地。（√）
117. 同一台施工升降机的重复接地和防雷接地可共用同一接地体，但接地电阻应符合重复接地电阻值的要求。（√）
118. 人工接地体是指人为埋入地中直接与地接触的金属物体。用作人工接地体的金属材料通常可以采用螺纹钢、圆钢、钢管、角钢、扁钢及其焊接件等。（×）
119. 施工升降机运动部件与除登机平台以外的建筑物和固定施工设备之间的距离不应小于 0.2 m。（√）
120. 钢丝绳绳夹应与钢丝绳匹配，不得少于 3 个，绳夹要一顺排列，也可正反交错。（×）
121. 限位调整时，对于双吊笼施工升降机，一吊笼进行调整作业，另一吊笼必须停止运行。（√）
122. 持证人员必须按规定进行操作证的复审，对到期未经复审或复审不合格的人员不得继续独立操作施工升降机。（√）
123. 司机在工作时间内不得擅自离开工作岗位。必须离开岗位时，应将吊笼停在地面站台，把吊笼门关闭上锁，将钥匙取走，并挂上有关告示牌。（√）
124. 在施工升降机未切断电源前，只要把门锁好，司机就可以离开工作岗位。（×）
125. 施工升降机运行到最上层和最下层时，可以用碰撞上、下限位开关自动停车来代替正常驾驶。（×）
126. 驾驶施工升降机时，当上升或下降距离较长，需花费时间较长时，可以利用物品吊在操纵开关上或塞住控制开关，开动施工升降机上下行驶。（×）
127. 施工升降机在运行时，如有空闲，可以揩拭、清洁、润滑和修理机件。（×）
128. 施工升降机运行过程中无论任何人发出紧急停车信号，均应立即执行。（√）
129. 司机发现施工升降机在行驶中出现故障时，应立即对施工升降机进行检修，减少停工损失。（×）
130. 施工升降机在大雨、大雾和大风（风速超过 20 m/s）时，应停止运行，并将吊笼降到地面站台，切断电源。（√）
131. 严禁酒后上岗作业，工作时不得与其他人闲谈，严禁听、看与驾驶无关的音像、书报等。（√）
132. 闭合电源前或作业中突然停电时，应将所有开关扳回零位。（√）
133. 发生故障或维修保养必须停机，切断电源后方可进行；并在醒目处挂"正在检修，禁止合闸"的标志，现场须有人监护。（√）
134. SS 型施工升降机的卷筒钢丝绳缠绕重叠或叠绕时，应停机重新排列，也可在转动中用手拉脚踩钢丝绳，使之缠绕整齐。（×）
135. 在吊笼地面出入口处应搭设防护隔离棚，其横距必须大于出入口的宽度，其纵距

应满足高处作业物体坠落规定半径范围要求。　　　　　　　　　　　　　　（×）

136. 司机必须进行班前检查和保养,全部合格后方可使用。　　　　　　　　（√）

137. 司机应在班后进行空载试运行。　　　　　　　　　　　　　　　　　　（×）

138. 施工升降机司机在每班首次运行时,应当将吊笼升离地面 1～2 m 试验制动器的可靠性,如发现制动器不正常,应修复后方可运行。　　　　　　　　　　　（√）

139. 如有人在导轨架上或附墙架上作业,施工升降机司机开动施工升降机时,必须鸣铃示警。　　　　　　　　　　　　　　　　　　　　　　　　　　　　　　（×）

140. 检查基础或吊笼底部时,应首先检查制动器是否可靠,同时切断电动机电源。将吊笼用木方支起等措施,防止吊笼或对重突然下降伤害维修人员。　　　　　（√）

141. 维护保养后的施工升降机,应进行试运转,确认一切正常后方可投入使用。（√）

142. 由于电气线路、元器件、电气设备,以及电源系统等发生故障,造成送电系统不能正常运行,统称为电气故障。　　　　　　　　　　　　　　　　　　　　（×）

五、简答题

1. 电动机运行中的监视与维护主要有哪些方面?

答:

(1) 电动机的温升及发热情况。

(2) 电动机的运行负荷电流值。

(3) 电源电压的变化。

(4) 三相电压和三相电流的不平衡度。

(5) 电动机的振动情况。

(6) 电动机运行的声音和气味。

(7) 电动机的周围环境、适用条件。

(8) 电刷是否冒火或其他异常现象。

2. 机器一般有哪三个共同的特征?

答:

(1) 机器是由许多的部件组合而成的。

(2) 机器中的构件之间具有确定的相对运动。

(3) 机器能完成有用的机械功或者实现能量转换。

3. 齿轮传动主要有哪些优点?

答:

(1) 传动效率高,一般为 95%～98%,最高可达 99%。

(2) 结构紧凑、体积小,与带传动相比,外形尺寸大大减小,它的小齿轮与轴做成一体时直径只有 50 mm 左右。

(3) 工作可靠,使用寿命长。

(4) 传动比固定不变,传递运动准确可靠。

(5) 能实现平行轴间、相交轴间及空间相错轴间的多种传动。

4. 蜗杆传动的主要特点有哪些?

答:

(1) 传动比大。

(2) 蜗杆的头数很少,仅为1~4,而蜗轮齿数很多。

(3) 工作平稳、噪声小。

(4) 具有自锁作用。

(5) 传动效率低。

(6) 价格昂贵。

5. 制动器的工作原理是什么?

答:工作原理是:制动器摩擦副中的一组与固定机架相连;另一组与机构转动轴相连。当摩擦副接触压紧时,产生制动作用;当摩擦副分离时,制动作用解除,机构可以运动。

6. 液压系统的基本工作原理是什么?

答:液压系统利用液压泵将机械能转换为液体的压力能,再通过各种控制阀和管路的传递,借助于液压执行元件(缸或马达)把液体压力能转换为机械能,从而驱动工作机构,实现直线往复运动和回转运动。

7. 为确保钢结构的安全使用,应做好哪几点工作?

答:

(1) 基本构件应完好,不允许存在变形、破坏的现象,一旦有一根基本构件破坏,将会导致钢结构整体的失稳、倒塌等事故。

(2) 连接应正确牢固,由于钢结构是由基本构件连接组成的,所以有一处连接失效同样会造成钢结构的整体失稳、倒塌,造成事故。

(3) 在允许的载荷、规定的作业条件下使用。

8. 钢丝绳的特点是什么?

答:钢丝绳通常由多根钢丝捻成绳股,再由多股绳股围绕绳芯捻制而成,具有强度高、自重轻、弹性大等特点,能承受震动荷载,能卷绕成盘,能在高速下平稳运动且噪声小。

9. 纤维芯和钢芯钢丝绳的特点分别是什么?

答:纤维芯钢丝绳比较柔软,易弯曲,纤维芯可浸油作润滑、防锈,减少钢丝间的摩擦;金属芯的钢丝绳耐高温、耐重压,硬度大、不易弯曲。

10. 选用钢丝绳应遵循的原则是什么?

答:

(1) 能承受所要求的拉力,保证足够的安全系数。

(2) 能保证钢丝绳受力不发生扭转。

(3) 耐疲劳,能承受反复弯曲和振动作用。

(4) 有较好的耐磨性能。

(5) 与使用环境相适应:高温或多层缠绕的场合宜选用金属芯;高温、腐蚀严重的场合宜选用石棉芯;有机芯易燃,不能用于高温场合。

(6) 必须有产品检验合格证。

11. 如何进行钢丝绳的存储?

答:

(1) 装卸运输过程中,应谨慎小心,卷盘或绳卷不允许坠落,也不允许用金属吊钩或叉车的货叉插入钢丝绳。

（2）钢丝绳应储存在凉爽、干燥的仓库里,且不应与地面接触。严禁存放在易受化学烟雾、蒸汽或其他腐蚀剂侵袭的场所。

（3）储存的钢丝绳应定期检查,如有必要,应对钢丝绳进行包扎。

（4）户外储存不可避免时,地面上应垫木方,并用防水毡布等进行覆盖,以免湿气导致锈蚀。

（5）储存从起重机上卸下的待用的钢丝绳时,应进行彻底的清洁,在储存之前对每一根钢丝绳进行包扎。

（6）长度超过30 m的钢丝绳应在卷盘上储存。

（7）为搬运方便,内部绳端应首先被固定到邻近的外圈。

12. 如何对钢丝绳进行展开?

答：

（1）当钢丝绳从卷盘或绳卷展开时,应采取各种措施避免绳的扭转或降低钢丝绳扭转的程度。当由钢丝绳卷直接往起升机构卷筒上缠绕时,应把整卷钢丝绳架在专用的支架上,采取保持张紧呈直线状态的措施,以免在绳内产生结环、扭结或弯曲的状况。

（2）展开时的旋转方向应与起升机构卷筒上绕绳的方向一致;卷筒上绳槽的走向应同钢丝绳的捻向相适应。

（3）在钢丝绳展开和重新缠绕过程中,应有效控制卷盘的旋转惯性,使钢丝绳按顺序缓慢地释放或收紧。应避免钢丝绳与污泥接触,尽可能保持清洁,以防止钢丝绳生锈。

（4）切勿由平放在地面的绳卷或卷盘中释放钢丝绳。

（5）钢丝绳严禁与电焊线碰触。

13. 有哪些情形时制动器需要报废处理?

答：制动器的零件有下列情况之一的,应予报废：

（1）可见裂纹。

（2）制动块摩擦衬垫磨损量达原厚度的50%。

（3）制动轮表面磨损量达1.5~2 mm。

（4）弹簧出现塑性变形。

（5）电磁铁杠杆系统空行程超过其额定行程的10%。

14. 电磁制动器的工作原理是什么?

答：当电动机未接通电源时,由于主弹簧通过衔铁压紧制动盘带动制动垫片（制动块）与固定制动盘的作用,电动机处于制动状态。当电动机通电时,磁铁线圈产生磁场,通过磁铁架,衔铁逐步吸合,制动盘带制动块渐渐摆脱制动状态,电动机逐步启动运转。电动机断电时,由于电磁铁磁场释放的制约作用,衔铁通过主辅弹簧的作用逐步增加对制动块的压力,使制动力矩逐步增大,达到电动机平缓制动的效果,减少升降机的冲击振动。

15. 施工升降机如果出现失去动力或控制失效,在无法重新启动时,可进行手动紧急下降操作,使吊笼下滑到下一停靠点,让乘员和司机安全离开吊笼。简述手动操作下降步骤。

答：手动下降操作时,将电动机尾部制动电磁铁手动释放拉手（环）缓缓向外拉出,使吊笼慢慢地下降,吊笼下降时,不能超过安全器的标定动作速度,否则会引起安全器动作,吊笼的最大紧急下降速度不应超过0.63 m/s。每下降20 m距离后,应停止1 min,让制动器冷却后再行下降,防止因过热而损坏制动器。手动下降必须由专业人员进行操纵。

16. 电动机与制动器的安全技术要求有哪些?

答:

(1) 启用新电动机或长期不用的电动机时,需要用 500 V 兆欧表测量电动机绕组间的绝缘电阻,其绝缘电阻不低于 0.5 MΩ,否则应做干燥处理后方可使用。

(2) 电动机在额定电压偏差±5%的情况下,直流制动器在直流电压偏差±15%的情况下,仍然能保证电动机和直流制动器正常运转和工作。当电压偏差大于额定电压±10%时,应停止使用。

(3) 施工升降机不得在正常运行中突然进行反向运行。

(4) 在使用中,当发现振动、过热、焦味、异常响声等反常现象时,应立即切断电源,排除故障后才能使用。

(5) 当制动器的制动盘摩擦材料单面厚度磨损到接近 1 mm 时,必须更换制动盘。

(6) 电动机在额定载荷运行时,制动力矩太大或太小,应进行调整。

17. 曳引式施工升降机的特点是什么?

答:

(1) 曳引机一般为 4～5 根钢丝绳独立并行曳引,因而同时发生钢丝绳断裂造成吊笼坠落的概率很小。但钢丝绳的受力调整比较麻烦,钢丝绳的磨损比卷扬机的大。

(2) 对重着地时,钢丝绳将在曳引轮上打滑,即使在上限位安全开关失效的情况下,吊笼一般也不会发生冲顶事故,但吊笼不能提升。

(3) 钢丝绳在曳引轮上始终是绷紧的,因此不会脱绳。

(4) 吊笼的部分重量由对重平衡,可以选择较小功率的曳引机。

18. 电气箱的安全技术要求是什么?

答:

(1) 施工升降机的各类电路的接线应符合出厂的技术规定。

(2) 电气元件的对地绝缘电阻应不小于 0.5 MΩ,电气线路的对地绝缘电阻应不小于 1 MΩ。

(3) 各类电气箱等不带电的金属外壳均应有可靠接地,其接地电阻应不超过 4 Ω。

(4) 对老化失效的电气元件应及时更换,对破损的电缆和导线予以包扎或更新。

(5) 各类电气箱应完整完好,经常保持清洁和干燥,内部严禁堆放杂物等。

19. 渐进式防坠安全器的工作原理是什么?

答:渐进式防坠安全器安装在施工升降机吊笼的传动底板上,一端的齿轮啮合在导轨架的齿条上,当吊笼在正常运行时,齿轮轴带动离心块座、离心块、调速弹簧、螺杆等组件一起转动,安全器也就不会动作。当吊笼瞬时超速下降或坠落时,离心块在离心力的作用下压缩调速弹簧并向外甩出,其三角形的头部卡住外锥体的凸台,然后就带动外锥体一起转动。此时外锥体尾部的外螺纹在加力螺母内转动,由于加力螺母被固定住,故外锥体只能向后方移动,这样使外锥体的外锥面紧紧地压向胶合在壳体上的摩擦片,当阻力达到一定量时就使吊笼制停。

20. 简述防松绳开关的作用。

答:

(1) 施工升降机的对重钢丝绳绳数为两条时,钢丝绳组与吊笼连接的一端应设置张力均衡装置,并装有由相对伸长量控制的非自动复位型的防松绳开关。当其中一条钢丝绳出现的相对伸长量超过允许值或断绳时,该开关将切断控制电路,同时制动器制动,使吊笼停止运行。

(2) 对重钢丝绳采用单根钢丝绳时,也应设置防松(断)绳开关,当施工升降机出现松绳或断绳时,该开关应立即切断电机控制电路,同时制动器制动,使吊笼停止运行。

21. 简述电气安全开关的安全技术要求。

答:

(1) 电气安全开关必须安装牢固、不能松动。

(2) 电气安全开关应完整、完好,紧固螺栓应齐全,不能缺少或松动。

(3) 电气安全开关的臂杆,不能歪曲变形,防止安全开关失效。

(4) 每班都要检查极限开关的有效性,防止极限开关失效。

(5) 严禁用触发上、下限位开关来作为吊笼在最高层站和地面站停站的操作。

22. 围栏门机械联锁装置的作用是什么?

答:围栏门应装有机械联锁装置,使吊笼只有位于地面规定的位置时围栏门才能开启,且在门开启后吊笼不能启动。目的是为了防止在吊笼离开基础平台后,人员误入基础平台造成事故。

23. 施工升降机有哪几种情形将禁止使用?

答:

(1) 属国家明令淘汰或者禁止使用的。

(2) 超过安全技术标准或者制造厂家规定的使用年限的。

(3) 经检验达不到安全技术标准规定的。

(4) 没有完整安全技术档案的。

(5) 没有齐全有效的安全保护装置的。

24. 在什么情况下,可通过手动撬动作业法使吊笼在断电的情况下上升或下降?

答:在安装过程中因限位调整不当,负荷太重或制动器磨损造成制动力矩不足,使吊笼触动下极限开关,主电源被切断不能自行复位;或者吊笼在运行过程中因长期断电而滞留在空中时。

25. 机长的主要职责是什么?

答:机长是机组的负责人和组织者,其主要职责是:

(1) 指导机组人员正确使用施工升降机,发挥机械效能,努力完成施工生产任务等各项技术经济指标,确保安全作业。

(2) 带领机组人员坚持业务学习,不断提高业务水平,模范地遵守操作规程和有关安全生产的规章制度。

(3) 检查、督促机组人员共同做好施工升降机维护保养,保证机械和附属装置及随机工具整洁、完好,延长设备的使用寿命。

(4) 督促机组人员认真落实交接班制度。

26. 施工升降机司机的职责主要是什么?

答:

(1) 在机长带领下协助机长工作和完成施工生产任务。

(2) 严格遵守施工升降机安全操作规程,严禁违章作业。
(3) 认真做好施工升降机作业前的检查、试运转。
(4) 及时做好班后整理工作,认真填写试车检查记录、设备运转记录。
(5) 严格遵守施工现场的安全管理的规定。
(6) 做好施工升降机的"调整、紧固、清洁、润滑、防腐"等维护保养工作。
(7) 及时处理和报告施工升降机故障及安全隐患。

27. 施工升降机司机作业结束后应做哪些安全工作?

答:

(1) 施工升降机工作完毕后停驶时,司机应将吊笼停靠至地面层站。
(2) 司机应将控制开关置于零位,切断电源开关。
(3) 司机在离开吊笼前应检查一下吊笼内外情况,做好清洁保养工作,熄灯并切断控制电源。
(4) 司机离开吊笼后,应将吊笼门和防护围栏门关闭严实,并上锁。
(5) 切断施工升降机专用电箱电源和开关箱电源。
(6) 如装有空中障碍灯时,夜间应打开障碍灯。
(7) 当班司机要写好交接班记录,进行交接班。

28. 施工升降机"三定制度"的两种形式是什么?

答:

(1) 施工升降机由单人驾驶的,应明确其为机械使用负责人,承担机长职责。
(2) 多班作业或多人驾驶的施工升降机,应任命一人为机长,其余为机员。机长选定后,应由施工升降机的使用或所有单位任命,并保持相对稳定,一般不轻易作变动。在设备内部调动时,最好随机随人。

29. 日常检查何时进行,应做哪些工作?

答:设备日常检查为每日强制检修制。时间为每日交接班或上、下班时进行。

设备日常检查应做好设备的清洁、润滑、调整和紧固工作。检查设备零部件是否完整、设备运转是否正常,有无异常声响、漏油、漏电等现象。维护和保持设备状态良好,保证设备正常运转。

30. 施工升降机吊笼内乘人(货用施工升降机严禁载人)或载物时,注意事项有哪些?

答:

(1) 应使载荷均匀分布,防止偏重,严禁超载运行。
(2) 司机应监视施工升降机的负荷情况,当超载、超重时,应当停止施工升降机的运行。
(3) 当物件装入吊笼后,首先应检查物件有无伸出吊笼外情况,应特别注意装载位置,确保堆放稳妥,防止物件倾倒。
(4) 物体不得伸出、阻挡吊笼上的紧急出口,平时正常行驶时应将紧急出口关闭。
(5) 施工升降机运行时,人员的头、手等身体任何部位严禁伸出吊笼。
(6) 装运易燃和易爆危险物品时,必须有安全防护措施。
(7) 装运有腐蚀危险的各种液体及其他危险品,必须采用专用容器搬运,并确保堆放稳妥。

31. 如果施工升降机吊笼内突然发生火情,应如何操作?

答:当吊笼在运行中途突然遇到电气设备或货物发生燃烧,司机应立即停止施工升降机的运行,及时切断电源,并用随机备用的灭火器来灭火。然后,报告有关部门和抢救受伤人员,撤离所有乘员。

使用灭火器时应注意,在电源未切断之前,应用1211、干粉、二氧化碳等灭火器来灭火;待电源切断后,方可用酸碱、泡沫等灭火器及水来灭火。

32. 施工升降机司机应如何做好对施工升降机防护围栏和基础的检查工作?

答:

(1)每天启动吊笼前检查防护围栏内有无杂物;在使用过程中经常检查围栏内有无杂物,发现杂物必须及时清理,尤其是较大物件,必须清理后才能使用。

(2)下雨后或施工中,检查基础是否积水,如有积水应及时扫除;如由于无排水沟造成积水,应及时向有关部门反映设置排水沟等出水系统。

33. 如何检查围栏门及吊笼门机械联锁装置和电气安全开关是否有效?

答:

(1)在地面检查有无机械联锁装置。

(2)把吊笼升至离地面2 m左右停止起升,检查围栏门的机械联锁装置是否有效地扣着围栏门;如吊笼门也有机械联锁装置,则试图打开吊笼门,检查能否被打开。

(3)地面人员试图打开围栏门,检查门能否被打开。

(4)检查围栏门的电气安全开关是否有效。

34. 如何做空载试验?

答:全行程进行不少于3个工作循环的空载试验,每一工作循环的升、降过程中应进行不少于2次的制动,其中在半行程应至少进行一次吊笼上升和下降的制动试验,观察有无制动瞬时滑移现象。若滑动距离超过标准,则说明制动器的制动力矩不够,应压紧其电机尾部的制动弹簧。

35. 如何做超载试验?

答:在施工升降机吊笼内均匀布置额定载重量的125%的载荷,工作行程为全行程,工作循环不应少于3个,每一工作循环的升、降过程中应进行不少于一次制动。吊笼应运行平稳,启动、制动正常,无异常响声,吊笼停止时不应出现下滑现象。

36. 维护保养一般分哪几类?

答:

(1)日常维护保养。日常维护保养,又称为例行保养,是指在设备运行的前、后和运行过程中的保养作业。日常维护保养由施工升降机司机完成。

(2)月检查保养。月检查保养,一般每月进行一次,由施工升降机司机和修理工负责完成。

(3)定期维护保养。季度及年度的维护保养,以专业维修人员为主,施工升降机司机配合进行。

(4)大修。大修,一般运转不超过8 000 h进行一次,由具有相应资质的单位完成。

(5)特殊维护保养。施工升降机除日常维护保养和定期维护保养外,在转场、闲置等特殊情况下还需进行维护保养。如转场保养、停置或封存保养。

37. 如何对防坠安全器转轴的径向间隙进行测量?

答：

(1) 用 C 形夹具将测量支架紧固在安全器的齿轮上方约 1.0 mm 处。

(2) 利用塞尺测量齿顶与支架下沿的间隙。

(3) 用杠杆提升齿轮,然后再次测量此间隙。

(4) 以上测得的二间隙值之差即为安全器转轴的径向间隙。

(5) 若测得的径向间隙大于 0.3 mm,则应更换安全器。

38. 如何做好减速器的维护保养工作？

答：

(1) 箱体内的油量应保持在油针或油镜的标定范围,油的规格应符合要求。

(2) 润滑部位,应按产品说明书规定进行润滑。

(3) 应保证箱体内润滑油的清洁,当发现杂质明显时,应换新油。对新使用的减速机,在使用一周后,应清洗减速机并更换新油液；以后应每年清洗和更换新油。

(4) 轴承的温升不应高于 60 ℃,箱体内的油液温升应不超过 60 ℃,否则应停机检查原因。

(5) 当轴承在工作中出现撞击、摩擦等异常噪声,并通过调整也无法排除时,应考虑更换轴承。

39. 施工升降机事故的主要原因之一是违章作业,违章作业主要表现在哪些方面？

答：

(1) 安装、指挥、操作人员未经培训、无证上岗。

(2) 不遵守施工现场的安全制度,高处作业不系安全带和不正确使用个人防护用品。

(3) 安装拆卸前未进行安全技术交底,作业人员未按照安装、拆卸工艺流程装拆。

(4) 临时组织装拆队伍,工种不配套,多人作业配合不默契、不协调。

(5) 违章指挥。

(6) 安装现场无专人监护。

(7) 擅自拆、改、挪动机械、电气设备或安全设施等。

40. 施工升降机事故的主要原因之一是附着达不到要求,附着达不到要求表现在哪些方面？

答：

(1) 超过独立高度没有安装附着。

(2) 附着点以上施工升降机最大自由高度超出说明书要求。

(3) 附着杆、附着间距不符合说明书要求。

(4) 擅自使用非原厂生产制造的不合格附墙装置。

(5) 附着装置的联接、固定不牢。

六、论述题

1. 请简单论述高强度螺栓的使用。

答：

(1) 使用前,应对高强度螺栓进行全面检查,核对其规格、等级标志,检查螺栓、螺母及垫圈有无损坏,其连接表面应清除灰尘、油漆、油迹和锈蚀。

(2) 螺栓、螺母、垫圈配合使用时,高强度螺栓绝不允许采用弹簧垫圈,必须使用平垫圈,施工升降机导轨架连接用高强度螺栓必须采用双螺母防松。

(3) 应使用力矩扳手或专用扳手,按使用说明书要求拧紧。

(4) 高强度螺栓安装穿插宜自下而上进行,即螺母在上面。

(5) 高强度螺栓、螺母使用后拆卸再次使用,一般不得超过两次。

(6) 拆下将再次使用的高强度螺栓的螺杆、螺母必须无任何损伤、变形、滑牙、缺牙、锈蚀及螺栓粗糙度变化较大等现象,否则禁止用于受力构件的连接。

2. 简述渐进式防坠安全器的工作原理。

答:安全器安装在施工升降机吊笼的传动底板上,一端的齿轮啮合在导轨架的齿条上,当吊笼在正常运行时,齿轮轴带动离心块座、离心块、调速弹簧、螺杆等组件一起转动,安全器也就不会动作。当吊笼瞬时超速下降或坠落时,离心块在离心力的作用下压缩调速弹簧并向外甩出,其三角形的头部卡住外锥体的凸台,然后就带动外锥体一起转动。此时外锥体尾部的外螺纹在加力螺母内转动,由于加力螺母被固定住,故外锥体只能向后方移动,这样使外锥体的外锥面紧紧地压向胶合在壳体上的摩擦片,当阻力达到一定量时就使吊笼制停。

3. 简述防坠安全器的安全技术要求。

答:

(1) 防坠安全器必须进行定期检验标定,定期检验应由有相应资质的单位进行。

(2) 防坠安全器只能在有效的标定期内使用,有效检验标定期限不应超过1年。

(3) 施工升降机每次安装后,必须进行额定载荷的坠落试验,以后至少每3个月进行一次额定载荷的坠落试验。试验时,吊笼不允许载人。

(4) 防坠安全器出厂后,动作速度不得随意调整。

(5) SC型施工升降机使用的防坠安全器安装时透气孔应向下,紧固螺孔不能出现裂纹,安全开关的控制接线完好。

(6) 防坠安全器动作后,需要由专业人员实施复位,使施工升降机恢复到正常工作状态。

(7) 防坠安全器在任何时候都应该起作用,包括安装和拆卸工况。

(8) 防坠安全器不应由电动、液压或气动操纵的装置触发。

(9) 一旦防坠安全器触发,正常控制下的吊笼运行应由电气安全装置自动中止。

4. 请简述交、接班司机的职责。

答:

(1) 交班司机职责

① 检查施工升降机的机械、电气部分是否完好;

② 操作手柄置于零位,切断电源;

③ 交接本班施工升降机运转情况、保养情况及有无异常情况;

④ 交接随机工具、附件等情况;

⑤ 清扫卫生,保持清洁;

⑥ 认真填写好设备运转记录和交接班记录。

(2) 接班司机职责

① 认真听取上一班司机工作情况介绍;

② 仔细检查施工升降机各部件完好情况；

③ 使用前必须进行空载试验运转,检查限位开关、紧急开关等是否灵敏可靠,如有问题应及时修复后方可使用,并做好记录。

5. 施工升降机司机作业前,应当检查的事项主要有哪些?

答:

(1) 检查导轨架等金属结构有无变形、连接螺栓有无松动,节点有无裂缝、开焊等情况。

(2) 检查附墙是否牢固,接料平台是否平整,各层接料口的栏杆和安全门是否完好,联锁装置是否有效,安全防护设施是否符合要求。

(3) 检查钢丝绳固定是否良好,对断股断丝是否超标进行检查。

(4) 查看吊笼和对重运行范围内有无障碍物等,司机的视线应清晰良好。

(5) 对于 SS 型施工升降机,检查钢丝绳、滑轮组的固结情况及卷筒的绕绳情况,发现斜绕或叠绕时,应松绳后重绕。

6. 施工升降机司机在启动施工升降机前,应当检查哪些事项?

答:

(1) 电源接通前,检查地线、电缆是否完整无损,操纵开关是否置于零位。

(2) 电源接通后,检查电压是否正常、机件有无漏电、电器仪表是否灵敏有效。

(3) 进行以下操作,检查安全开关是否有效,应当确保吊笼均不能启动:

① 打开围栏门；

② 打开吊笼单开门；

③ 打开吊笼双开门；

④ 打开顶盖紧急出口门；

⑤ 触动防断绳安全开关；

⑥ 按下紧急制动按钮。

7. 施工升降机的定期检查应每月进行一次,检查主要内容包括哪些?

答:

(1) 金属结构有无开焊、锈蚀、永久变形。

(2) 架体及附墙架各节点的螺栓紧固情况。

(3) 驱动机构(SS 型的卷扬机、曳引机)制动器、联轴器磨损情况,减速机和卷筒的运行情况。

(4) 钢丝绳、滑轮的完好性及润滑情况。

(5) 附墙架、电缆架有无松动。

(6) 安全装置和防护设施有无缺损、失灵。

(7) 电机及减速机有无异常发热及噪声。

(8) 电缆线有无破损或老化。

(9) 电气设备的接零保护和接地情况是否完好。

(10) 进行断绳保护装置的可靠性、灵敏度试验。

8. 请简要叙述施工升降机司机在作业后应做哪些工作。

答:

(1) 施工升降机工作完毕后停驶时,司机应将吊笼停靠至地面层站。

(2) 司机应将控制开关置于零位,切断电源开关。
(3) 司机在离开吊笼前应检查一下吊笼内外情况,做好清洁保养工作,熄灯并切断控制电源。
(4) 司机离开吊笼后,应将吊笼门和防护围栏门关闭严实,并上锁。
(5) 切断施工升降机专用电箱电源和开关箱电源。
(6) 如装有空中障碍灯时,夜间应打开障碍灯。
(7) 当班司机要写好交接班记录,进行交接班。

9. 简述 SC 型施工升降机在运行中突然断电的操作程序。

答:施工升降机在运行中突然断电时,司机应立即关闭吊笼内控制箱的电源开关,切断电源。紧急情况下可立即拉下极限开关臂杆切断电源,防止突然来电时发生意外。然后与地面或楼层上有关人员联系,判明断电原因,按照以下方法处置,千万不能图省事,与乘员一起攀爬导轨架、附墙架或防护栏杆等进入楼层,以防坠落造成人身伤害事故。

(1) 若短时间停电,可让乘员在吊笼内等待,待接到来电通知后,合上电源开关,经检查机械正常后才可启动吊笼。

(2) 若停电时间较长且在层站上时,应及时撤离乘员,等待来电;若不在层站上时,应由专业维修人员进行手动下降到最近层站撤离乘员,然后下降到地面等待来电。

(3) 若因故障造成断电且在层站上时,应及时撤离乘员,等待维修人员检修;若不在层站上时,应由专业维修人员进行手动下降到最近层站撤离乘员,然后下降到地面进行维修。

(4) 若因电缆扯断而断电,应当关注电缆断头,防止有人触电。若吊笼停在层站上时,应及时撤离乘员,等待维修人员检修;若不在层站上时,应由专业维修人员进行手动下降到最近层站撤离乘员,然后下降到地面进行维修。

10. 简述 SC 型施工升降机发生吊笼坠落时的操作程序。

答:

(1) 当施工升降机在运行中发生吊笼坠落事故时,司机应保持镇静,及时稳定乘员的恐惧心理和情绪。同时,应告诉乘员,将脚跟提起,使全身重量由脚尖支持。身体下蹲,并将手扶住吊笼,或抱住头部,以防吊笼因坠落而发生伤亡事故。如吊笼内载有货物,应将货物扶稳,以防倒下伤人。

(2) 若安全器动作并把吊笼制停在导轨架上,应及时与地面或楼层上有关人员联系,由专业维修人员登机检查原因。

① 若因货物超载造成坠落,则由维修人员对安全器进行复位,然后由司机合上电源,启动吊笼上升约 30~40 cm 使安全器完全复位,然后让吊笼停在距离最近的层站上,卸去超载的货物后,施工升降机可继续使用。

② 如因机械故障造成坠落,而一时又不能修复的,应在采取安全措施的情况下,有组织地向最近楼层撤离乘员,然后交维修人员修理。

(3) 在安全器进行机械复位后,一定要启动吊笼上升一段行程使安全器脱挡,进行完全复位,否则马上下降吊笼易发生机械故障;另外,在不能及时修复时,撤离乘员的安全措施必须由工地负责制定和实施。

11. 简述 SC 型施工升降机发生吊笼冲顶时的操作程序。

答:施工升降机使用过程中,若发生吊笼冲顶事故,司机一定要镇静应对,防止乘员慌乱而造成更大的事故后果。

（1）在吊笼的上限位开关碰到限位挡铁时,该位置的上部导轨架应有 1.8 m 的安全距离,当发现吊笼越程时,司机应及时按下红色急停按钮,让吊笼停止上升;如不起作用吊笼继续上升,则应立即关闭极限开关,切断控制箱内电源,使吊笼停止上升。用手动下降方法,使吊笼下降,让乘员在最近层站撤离,然后下降吊笼到地面站,交由专业维修人员进行修理。

（2）当吊笼冲击天轮架后停住不动,司机应及时切断电源,稳住乘员的情绪,然后与地面或楼层上有关人员联系,等候维修人员上机检查;如施工升降机无重大损坏,即可用手动下降方法使吊笼下降,让乘员在最近层站撤离,然后下降到地面站进行维修。

（3）当吊笼冲顶后,仅靠安全钩悬挂在导轨架上,此种情况最危险,司机和乘员一定要镇静,严禁在吊笼内乱动、乱攀爬,以免吊笼翻出导轨架而造成坠落事故。及时向邻近的其他人员发出求救信号,等待救援人员施救。救援人员应根据现场情况,尽快采取最安全和有效的应急方案,在有关方面统一指挥下,有序地进行施救。

救援过程中一定要先固定住吊笼,然后撤离人员。救援人员一定要动作轻,尽量保持吊笼的平稳,避免受到过度冲击或振动,使救援工作稳步有序进行。

12. 简述 SC 型施工升降机操作台各按钮、仪表、指示灯的作用。

答：
（1）电源锁,打开后控制系统将通电。
（2）电压表,供查看供电电压是否稳定。
（3）启动按钮,按下后主回路供电。
（4）操作手柄,控制吊笼向上或向下运行。
（5）电铃按钮,按下后发出警示铃声信号。
（6）急停按钮,按下后切断控制系统电源。
（7）照明开关,控制驾驶室照明。
（8）电源指示灯,显示控制电路通断情况。
（9）常规指示灯,显示设备处于正常工作状态。
（10）加节指示灯,显示施工升降机正处于加节安装工作状态。

13. 简述额定载荷试验的做法。

答：在吊笼内装额定载重量,载荷重心位置按吊笼宽度方向均向远离导轨架方向偏六分之一宽度,长度方向均向附墙架方向偏六分之一长度的内偏以及反向偏移六分之一长度的外偏,按所选电动机的工作制,各做全行程连续运行 30 min 的试验,每一工作循环的升、降过程应进行不少于一次制动。

额定载重量试验后,应测量减速器和液压系统油的温升。吊笼应运行平稳,启动、制动正常,无异常响声;吊笼停止时,不应出现下滑现象;在中途再启动上升时,不允许出现瞬时下滑现象。额定载荷试验后记录减速器油液的温升,蜗轮蜗杆减速器油液温升不得超过 60 K,其他减速器油液温升不得超过 45 K。

双吊笼施工升降机应按左、右吊笼分别进行额定载重量试验。

14. 简要叙述坠落试验的方法和步骤。

答：首次使用的施工升降机,或转移工地后重新安装的施工升降机,必须在投入使用前进行额定载荷坠落试验。施工升降机投入正常运行后,还需每隔 3 个月定期进行一次坠落

试验,以确保施工升降机的使用安全。坠落试验一般程序如下:

(1) 在吊笼中加载额定载重量。

(2) 切断地面电源箱的总电源。

(3) 将坠落试验按钮盒的电缆插头插入吊笼电气控制箱底部的坠落试验专用插座中。

(4) 把试验按钮盒的电缆固定在吊笼上电气控制箱附近,将按钮盒设置在地面。坠落试验时,应确保电缆不会被挤压或卡住。

(5) 撤离吊笼内所有人员,关上全部吊笼门和围栏门。

(6) 合上地面电源箱中的主电源开关。

(7) 按下试验按钮盒标有上升符号的按钮(符号↑),驱动吊笼上升至离地面约3~10 m高度。

(8) 按下试验按钮盒标有下降符号的按钮(符号↓),并保持按住此按钮。这时,电机制动器松闸,吊笼下坠。当吊笼下坠速度达到临界速度时,防坠安全器将动作,把吊笼刹住。

若防坠安全器未能按规定要求动作而刹住吊笼,必须将吊笼上电气控制箱上的坠落试验插头拔下,操纵吊笼下降至地面后,查明防坠安全器不动作的原因,排除故障后,才能再次进行试验,必要时需送生产厂校验。

(9) 拆除试验电缆。此时,吊笼应无法启动。因为当防坠安全器动作时,其内部的电控开关已动作,以防止吊笼在试验电缆被拆除而防坠安全器尚未按规定要求复位的情况下被启动。

15. 简述对施工升降机维护保养的意义。

为了使施工升降机经常处于完好、安全运转状态,避免和消除在运转工作中可能出现的故障,提高施工升降机的使用寿命,必须及时正确地做好维护保养工作。

(1) 施工升降机工作状态中,经常遭受风吹雨打、日晒的侵蚀,灰尘、沙土的侵入和沉积,如不及时清除和保养,将会加快机械的锈蚀、磨损,使其寿命缩短。

(2) 在机械运转过程中,各工作机构润滑部位的润滑油及润滑脂会自然损耗,如不及时补充,将会加重机械的磨损。

(3) 机械经过一段时间的使用后,各运转机件会自然磨损,零部件间的配合间隙会发生变化,如果不及时进行保养和调整,磨损就会加快,甚至导致完全损坏。

(4) 机械在运转过程中,如果各工作机构的运转情况不正常,又得不到及时的保养和调整,将会导致工作机构完全损坏,大大降低施工升降机的使用寿命。

施工升降机安装拆卸工理论考试题库

一、名词术语解释

1. 力

答:力是一个物体对另一个物体的作用。

2. 串联电路

答:电路中电流依次通过每一个组成元件的电路称为串联电路。

3. 并联电路

答:电路中所有负载(电源)的输入端和输出端分别被连接在一起的电路,称为并联电路。

4. 齿轮传动

答:齿轮传动是靠主动轮的轮齿与从动轮的轮齿直接啮合来传递运动和动力的装置。

5. 重心

答:重心是物体所受重力的合力的作用点。

6. 滑车组

答:滑车组是由一定数量的定滑车和动滑车及绕过它们的绳索组成的简单起重工具。

7. 施工升降机

答:施工升降机是用吊笼载人、载物沿导轨做上下运输的施工机械。

8. 最大提升高度

答:吊笼运行至最高上限位位置时,吊笼底板与基础底架平面间的垂直距离。

9. 导轨架

答:施工升降机的导轨架是用以支撑和引导吊笼、对重等装置运行的金属构架。

10. 附墙架

答:附墙架是按一定间距连接导轨架与建筑物或其他固定结构,从而支撑导轨架的构件。

11. 防坠安全器

答:防坠安全器是非电气、气动和手动控制的防止吊笼或对重坠落的机械式安全保护装置。

12. 渐进式安全器

答:初始制动力(或力矩)可调,制动过程中制动力(或力矩)逐渐增大的防坠安全器,称为渐进式安全器。

13. 安全器动作速度

答:安全器动作速度能触发防坠安全器开始动作的吊笼或对重的运行速度。

14. 限速器

答:限速器是当吊笼运行速度达到限定值时,激发安全钳动作的装置。

15. 安全钳

答:安全钳是由限速器激发,迫使吊笼制停的安全装置。

16. 吊笼

答:吊笼是施工升降机用来运载人员或货物的笼形部件,以及用来运载物料的带有侧护栏的平台或斗状容器的总称。

17. 限位挡板

答:限位挡板是触发安全开关的金属构件,一般安装在导轨架上。

18. 电气系统

答:电气系统是施工现场配电系统将电源输送到施工升降机的电控箱,电控箱内的电路元器件按照控制要求,将电送达驱动电动机,指令电动机通电运转,将电能转换成所需要的机械能。

19. 标定动作速度

答:标定动作速度是指按所要限定的防护目标运行速度而调定的安全器开始动作时的速度。

20. 缓冲装置

答:缓冲装置是安装在施工升降机底架上,用以吸收下降的吊笼或对重的动能,起到缓冲作用的装置。

21. 高空坠落事故

答:在施工升降机安装、使用和拆卸过程中,安装、拆卸、维修人员及乘员从吊笼顶部、导轨架等高处坠落的事故,称为高空坠落事故。

二、单项选择题(下列各题的选项中只有一个是正确的或是最符合题意的,请将正确选项的字母填入相应的空格中)

1. 常用的螺栓、键、销轴或铆钉等联接件产生的变形都是(　　)变形的实例。
A. 拉伸与压缩　　　　B. 剪切　　　　C. 扭转　　　　D. 弯曲
答案:B

2. 力使物体运动状态发生变化的效应称为力的(　　)。
A. 内效应　　　　B. 外效应
答案:B

3. 力使物体产生变形的效应称为力的(　　)。
A. 内效应　　　　B. 外效应
答案:A

4. 作用力与反作用力作用在(　　)物体上。
A. 一个　　　　B. 两个
答案:B

5. 在电路中能量的传输靠的是(　　)。
A. 电压　　　　B. 电动势　　　　C. 电流

答案：C

6. 测量电流时必须将电流表（　　）在被测的电路中。
A. 并联　　　　　　　B. 串联　　　　　　　C. 串联或并联均可
答案：B

7. 电流能从电路中的高电位点流向低电位点，是因为有（　　）。
A. 电位差　　　　　　B. 电压　　　　　　　C. 电功率
答案：A

8. （　　）是指电路中（或电场中）任意两点之间的电位差。
A. 电流　　　　　　　B. 电压　　　　　　　C. 电阻
答案：B

9. 测量电压时，必须将电压表（　　）在被测量电路中，使用时，必须注意所测的电压不得超过伏特表的量程。
A. 并联　　　　　　　B. 串联　　　　　　　C. 串联或并联均可
答案：A

10. 在任何情况下，两导体间或任一导体与地之间均不得超过交流（50~500 Hz）有效值（　　）V，此电压称为安全电压。
A. 50　　　　B. 42　　　　C. 36　　　　D. 24
答案：A

11. 安全电压有5个等级：（　　）、36 V、24 V、12 V、6 V。
A. 50 V　　　　　　　B. 48 V　　　　　　　C. 42 V
答案：C

12. 短路时负载中（　　）电流通过。
A. 有　　　　　　　　B. 无
答案：B

13. 电流做功的过程实际上是（　　）转化为其他形式能的过程。
A. 电压　　　　B. 电流　　　　C. 电阻　　　　D. 电能
答案：D

14. 功率表可以测量用电设备或电气设备在（　　）的电功率大小。
A. 某一工作瞬间　　　B. 某一段时间内
答案：A

15. 电动机在额定电压下运行时，三相定子绕组的接线方式有两种，一种额定电压为380 V/220 V，接法为（　　）；另一种额定电压为380 V。
A. Y/△　　　　　　　B. △
答案：A

16. 应用于潮湿场所的电器设备为防止人为触电，应选用额定漏电动作电流不大于15 mA、额定漏电动作时间不应大于（　　）s的漏电保护器。
A. 0.02　　　　B. 0.05　　　　C. 0.1　　　　D. 0.2
答案：C

17. 齿轮的传动比，就是主动齿轮与从动齿轮转速（角速度）之比，与其齿数成（　　）。

A. 正比   B. 反比
答案：B

18. ( )齿轮传动是将齿轮安装在刚性良好的密闭壳体内，并将齿轮浸入一定深度的润滑油中，以保证有良好的工作条件，适用于中速及高速传动的场合。
A. 开式   B. 半开式   C. 闭式
答案：C

19. 蜗杆传动由蜗杆和蜗轮组成，传递( )之间的运动和动力。
A. 两平行轴   B. 两相交轴   C. 两交错轴
答案：C

20. 安装 V 型带时应有合适的张紧力，在中等中心距的情况下，用大拇指按下( )cm 即可。
A. 1.5   B. 5   C. 15
答案：A

21. 同步齿形带传动是一种( )。
A. 摩擦传动   B. 啮合传动
答案：B

22. 平键联接时，键的上顶面与轮毂键槽的底面之间留有间隙，而键的两侧面与轴、轮毂键槽的侧面配合紧密，工作时依靠键和键槽侧面的挤压来传递运动和转矩，因此平键的( )为工作面。
A. 侧面   B. 底面   C. 正面
答案：A

23. 定位销一般不受载荷或受很小载荷，其直径按结构确定，数量不得少于( )。
A. 1个   B. 2个   C. 3个
答案：B

24. 联轴器用于轴与轴之间的联接，按性能可分为刚性联轴器和( )两大类。
A. 柔性联轴器   B. 弹性联轴器   C. 安全联轴器
答案：B

25. 液压系统利用( )将机械能转换为液体的压力能。
A. 液压马达   B. 液压缸   C. 液压泵
答案：C

26. 双向液压锁广泛应用于工程机械及各种液压装置的保压油路中，双向液压锁是一种防止过载和液力冲击的安全溢流阀，安装在液压缸的( )。
A. 上端   B. 下端   C. 中部
答案：A

27. 顺序阀是用来控制液压系统中两个或两个以上工作机构的先后顺序，它( )于油路上。
A. 并联   B. 串联
答案：B

28. 普通螺栓材质一般采用 Q235 钢。普通螺栓的强度等级为 3.6～( )级。

A. 6.8　　　　　　B. 7.8　　　　　　C. 8.8　　　　　　D. 9.8
答案：A

29. 螺栓、螺母、垫圈配合使用时，高强度螺栓必须使用（　　）。
A. 弹簧垫圈　　　　B. 平垫圈
答案：B

30. 施工升降机导轨架连接用高强度螺栓必须采用（　　）防松。
A. 弹簧垫圈　　　　B. 平垫圈　　　　C. 双螺母
答案：C

31. 高强度螺栓、螺母使用后拆卸再次使用，一般不得超过（　　）。
A. 1 次　　　　　　B. 2 次　　　　　　C. 3 次　　　　　　D. 4 次
答案：B

32. 重量是表示物体所受地球引力的大小，是由物体的体积和材料的（　　）所决定的。
A. 密度　　　　　　B. 重力密度（容重）
答案：B

33. 对钢丝绳连接或固定时，编结长度不应小于钢丝绳直径的（　　）倍，且不应小于 300 mm；连接强度不小于钢丝绳破断拉力的 75%。
A. 5　　　　　　　B. 10　　　　　　C. 15　　　　　　D. 20
答案：C

34. 起升机构不得使用编结接长的钢丝绳。使用其他方法接长钢丝绳时，必须保证接头连接强度不小于钢丝绳破断拉力的（　　）。
A. 75%　　　　　　B. 85%　　　　　　C. 90%　　　　　　D. 95%
答案：C

35. 浸涂法润滑钢丝绳就是将润滑脂加热到（　　）℃，然后使钢丝绳通过一组导辊装置被张紧，同时使之缓慢地在容器里的熔融润滑脂中通过。
A. 50　　　　　　　B. 60　　　　　　C. 70　　　　　　D. 80
答案：B

36. 钢丝绳夹用于钢丝绳的连接或固定时最少数量是（　　）个。
A. 1　　　　　　　B. 2　　　　　　　C. 3　　　　　　　D. 4
答案：C

37. 吊钩应有出厂合格证明，在（　　）应有额定起重量标记。
A. 低应力区　　　　B. 高应力区　　　　C. 压应力区　　　　D. 拉应力区
答案：A

38. 吊装时使用卸扣绑扎，在吊物起吊时应使（　　）在上。
A. 销轴　　　　　　B. 扣顶
答案：B

39. 一般白棕绳的抗拉强度仅为同直径钢丝绳的（　　）左右，易磨损。
A. 10%　　　　　　B. 20%　　　　　　C. 30%　　　　　　D. 50%
答案：A

40. 白棕绳在不涂油干燥情况下，强度高、弹性好，但受潮后强度降低约（　　）。

A. 10%	B. 20%	C. 30%	D. 50%
答案：D

41. 尼龙绳、涤纶绳安全系数可根据工作使用状况和重要程度选取，但不得小于（ ）。
A. 6	B. 7	C. 8	D. 9
答案：A

42. 为了提高钢丝绳的使用寿命，滑轮直径最小不得小于钢丝绳直径的（ ）倍。
A. 8	B. 10	C. 15	D. 16
答案：D

43. （ ）在使用中是随着重物移动而移动的，它能省力，但不能改变力的方向。
A. 定滑车	B. 动滑车
答案：B

44. 千斤顶顶升过程中，应设保险垫，并要随顶随垫，其脱空距离应保持在（ ）mm以内，以防千斤顶倾倒或突然回油而造成事故。
A. 10	B. 20	C. 30	D. 50
答案：D

45. 一个四门滑车的允许荷载为20 000 kg，则其中一个滑轮的允许荷载为（ ）kg。
A. 5 000	B. 10 000	C. 20 000
答案：A

46. （ ）既能省力也能改变力的方向。
A. 定滑车	B. 动滑车	C. 滑车组
答案：C

47. 卷扬机的安装位置应能使操作人员看清指挥人员和起吊或拖动的物件，操作者视线仰角应小于（ ）。
A. 30°	B. 45°	C. 60°	D. 75°
答案：B

48. 在卷扬机正前方应设置导向滑车，导向滑车至卷筒轴线的距离，带槽卷筒应不小于卷筒宽度的_____倍，无槽卷筒应大于卷筒宽度的_____倍，以免钢丝绳与导向滑车槽缘产生过度的磨损。（ ）
A. 10,15	B. 15,20	C. 20,25
答案：B

49. 钢丝绳绕入卷筒的方向应与卷筒轴线垂直，其垂直度允许偏差为（ ），这样能使钢丝绳圈排列整齐，不致斜绕和互相错叠挤压。
A. 2°	B. 6°	C. 10°	D. 12°
答案：B

50. 作业中平移起吊重物时，重物高出其所跨越障碍物的高度不得小于（ ）m。
A. 0.5	B. 1	C. 1.5	D. 2
答案：B

51. 起吊重物时必须先将重物吊离地面（ ）m左右停住，确定制动、物料捆扎、吊点和吊具无问题后,方可按照指挥信号操作。

A. 0.2　　　　　B. 0.3　　　　　C. 0.5　　　　　D. 1

答案:C

52. 汽车起重机吊重接近额定起重量时不得在吊物离地面(　　)m以上的空中回转。

A. 5　　　　　　B. 2　　　　　　C. 1　　　　　　D. 0.5

答案:D

53. 履带起重机应在平坦坚实的地面上作业,正常作业时,坡度不得大于(　　),并应与沟渠、基坑保持安全距离。

A. 30°　　　　　B. 15°　　　　　C. 6°　　　　　 D. 3°

答案:D

54. 双机抬吊作业时,载荷应分配合理,起吊重量不得超过两台起重机在该工况下允许起重量总和的(　　),单机载荷不得超过允许起重量的80%。

A. 60%　　　　　B. 65%　　　　　C. 70%　　　　　D. 75%

答案:D

55. 倾斜式施工升降机导轨架轴线与垂直线夹角一般不大于(　　)。

A. 6°　　　　　　B. 9°　　　　　　C. 11°　　　　　D. 15°

答案:C

56. 普通施工升降机采用专用双驱动或三驱动电机作动力,其起升速度一般在(　　)m/min。

A. 32　　　　　　B. 36　　　　　　C. 96

答案:B

57. 对于额定提升速度大于0.85 m/s的SS型施工升降机安装有(　　)防坠安全装置。

A. 瞬时式　　　　　　　　　　　　B. 非瞬时式

答案:B

58. 当立管壁厚减少量为出厂厚度的(　　)时,标准节应予报废或按立管壁厚规格降级使用。

A. 5%　　　　　　B. 15%　　　　　C. 25%　　　　　D. 75%

答案:C

59. 附墙架应能保证几何结构的稳定性,杆件不得少于(　　)根,形成稳定的三角形状态。

A. 2　　　　　　　B. 3　　　　　　　C. 4　　　　　　　D. 5

答案:B

60. 附墙架各杆件与建筑物连接面处需有适当的分开距离,使之受力良好,杆件与架体中心线夹角一般宜控制在(　　)左右。

A. 15°　　　　　　B. 30°　　　　　　C. 40°　　　　　　D. 45°

答案:C

61. 附墙架连接螺栓为不低于(　　)级的高强度螺栓,其紧固件的表面不得有锈斑、碰撞凹坑和裂纹等缺陷。

A. 6.8　　　　　B. 8.8　　　　　C. 9.8　　　　　D. 10.9
答案:B

62. 载人吊笼门框的净高度至少为 2.0 m,净宽度至少为 0.6 m。门应能完全遮蔽开口,其开启高度不应低于( ) m。
A. 0.6　　　　　B. 1.5　　　　　C. 1.6　　　　　D. 1.8
答案:D

63. 载人的吊笼应封顶,笼内净高度不应小于( ) m。
A. 2　　　　　　B. 1.8　　　　　C. 1.6　　　　　D. 1.5
答案:A

64. 吊笼上最高一对安全钩应处于最低驱动齿轮之( )。
A. 上　　　　　B. 下
答案:B

65. 对于钢丝绳式货用施工升降机当其安装高度小于( ) m 时,吊笼顶可以不封闭,吊笼立面的高度不应低于 1.5 m。
A. 30　　　　　B. 40　　　　　C. 50　　　　　D. 80
答案:C

66. 吊杆提升钢丝绳的安全系数不应小于( ),直径不应小于 5 mm。
A. 5　　　　　　B. 6　　　　　　C. 8　　　　　　D. 12
答案:C

67. 层门应与吊笼的电气或机械联锁,当吊笼底板离某一卸料平台的垂直距离在( ) m 以内时,该平台的层门方可打开。
A. ±0.05　　　B. ±0.1　　　　C. ±0.15　　　D. ±0.25
答案:D

68. 层门锁止装置应安装牢固,紧固件应有防松装置,所有锁止元件的嵌入深度不应少于( ) mm。
A. 0.7　　　　　B. 7　　　　　　C. 17
答案:B

69. SC型施工升降机的层门的开、关过程应由( )控制。
A. 吊笼的运动　　B. 楼层内人员　　C. 吊笼内乘员
答案:C

70. 天轮架一般有固定式和( )两种。
A. 开启式　　　B. 浮动式　　　C. 可拆卸式　　　D. 移动式
答案:A

71. 人货两用施工升降机悬挂对重的钢丝绳不得少于 2 根,且相互独立。每绳的安全系数不应小于 6,直径不应小于 9 mm。悬挂对重的钢丝绳为单绳时,安全系数不应小于( )。
A. 7　　　　　　B. 8　　　　　　C. 9　　　　　　D. 12
答案:B

72. 当吊笼底部碰到缓冲弹簧时,对重上端离开天轮架的下端应有( ) mm 的安全距离。

    A. 50   B. 250   C. 500   D. 1 000
答案：C

73. 当吊笼上升到施工升降机上部碰到（　）后,吊笼停止运行时,吊笼的顶部与天轮架的下端应有1.8 m的安全距离。

    A. 上限位   B. 上极限限位   C. 极限开关   D. 限位开关
答案：A

74. 天轮架滑轮应有防止钢丝绳脱槽装置,该装置与滑轮外缘的间隙不应大于钢丝绳直径的20%,即不大于（　）mm。

    A. 9   B. 6   C. 3   D. 1
答案：C

75. 当悬挂对重使用两根或两根以上相互独立的钢丝绳时,应设置（　）平衡钢丝绳张力装置。

    A. 浮动   B. 手动   C. 机械   D. 自动
答案：D

76. 悬挂对重多余钢丝绳应卷绕在卷筒上,其弯曲直径不应小于钢丝绳直径的（　）倍。

    A. 3   B. 5   C. 15   D. 20
答案：C

77. SC型施工升降机通过调节（　）使传动齿轮和齿条的啮合间隙符合要求。

    A. 背轮   B. 限位挡块   C. 齿轮   D. 齿条
答案：A

78. 当施工升降机架设超过一定高度（一般100～150 m）时,受电缆的机械强度限制,应采用电缆（　）系统来收放随行电缆。

    A. 导向架   B. 进线架   C. 滑车   D. 储筒
答案：C

79. 启用新电动机或长期不用的电动机时,需要用（　）测量电动机绕组间的绝缘电阻,其绝缘电阻不低于0.5 MΩ,否则应做干燥处理后方可使用。

    A. 500 V电压表   B. 500 A电流表
    C. 欧姆表   D. 500 V兆欧表
答：D

80. 当电动机启动电压偏差大于额定电压（　）时,应停止使用。

    A. ±5%   B. ±10%   C. ±15%
答案：B

81. 当制动器的制动盘摩擦材料单面厚度磨损到接近（　）mm时,必须更换制动盘。

    A. 0.02   B. 0.05   C. 1   D. 2
答案：C

82. 蜗轮副的失效形式主要是（　）,所以在使用中蜗轮减速箱内要按规定保持一定量的油液,防止缺油和发热。

A. 齿面胶合　　　　　B. 齿面磨损　　　　　C. 轮齿折断　　　　　D. 齿面点蚀
答案：A

83. 蜗轮减速器的油液温升不得超过（　　）℃,否则会造成油液的黏度急剧下降。
A. 45　　　　　　　　B. 50　　　　　　　　C. 60　　　　　　　　D. 80
答案：C

84. 钢丝绳式人货两用施工升降机通常采用（　　）驱动。
A. 卷扬机　　　　　　B. 曳引机　　　　　　C. 起重用盘式制动三相异步电动机
答案：B

85. 钢丝绳式人货两用施工升降机当其提升速度不大于 0.63 m/s 时,也可采用（　　）驱动。
A. 卷扬机　　　　　　B. 曳引机　　　　　　C. 起重用盘式制动三相异步电动机
答案：A

86. 建筑施工用施工升降机配套的卷扬机多为（　　）系列。
A. 慢速(M)　　　　　B. 中速(Z)　　　　　C. 快速(K)　　　　　D. 极速(J)
答案：C

87. 建筑施工用施工升降机配套的卷扬机的卷绳线速度或曳引机的节径线速度一般为 30~40 m/min,钢丝绳端的牵引力一般在（　　）kg 以下。
A. 500　　　　　　　B. 1 000　　　　　　C. 2 000　　　　　　D. 3 000
答案：C

88. 钢丝绳曳引式施工升降机一般都采用（　　）曳引机。
A. 有齿轮　　　　　　B. 无齿轮
答案：A

89. 为了减少曳引机在运动时的噪声和提高平稳性,一般采用（　　）作减速传动装置。
A. 蜗杆副　　　　　　B. 齿轮副
答案：A

90. 曳引机的摩擦力是由钢丝绳压紧在曳引轮绳槽中而产生的,压力愈大摩擦力（　　）。
A. 愈小　　　　　　　B. 愈大
答案：B

91. 曳引机曳引力大小与钢丝绳在曳引轮上的包角有关系,包角（　　）,摩擦力愈大。
A. 愈小　　　　　　　B. 愈大
答案：B

92. SS 型人货两用施工升降机驱动吊笼的钢丝绳不应少于 2 根,且相互独立。钢丝绳的安全系数不应小于（　　）,钢丝绳直径不应小于 9 mm。
A. 6　　　　　　　　B. 8　　　　　　　　C. 9　　　　　　　　D. 12
答案：D

93. SS 型货用施工升降机驱动吊笼的钢丝绳允许用一根,其安全系数不应小于 8。额定载重量不大于（　　）kg 的施工升降机,钢丝绳直径不应小于 6 mm。
A. 160　　　　　　　B. 320　　　　　　　C. 480　　　　　　　D. 600

答案:B

94. SS型货用施工升降机驱动吊笼的钢丝绳允许用一根,其安全系数不应小于8。额定载重量大于( )kg的施工升降机,钢丝绳直径不应小于8 mm。
　　A. 160　　　　　　B. 320　　　　　　C. 480　　　　　　D. 600
答案:B

95. SS型人货两用施工升降机采用卷筒驱动时钢丝绳只允许绕( )层。
　　A. 1　　　　　　　B. 2　　　　　　　C. 3
答案:A

96. SS型施工升降机当吊笼停止在最低位置时,留在卷筒上的钢丝绳不应小于( )圈。
　　A. 1　　　　　　　B. 2　　　　　　　C. 3　　　　　　　D. 4
答案:C

97. 卷筒两侧边缘大于最外层钢丝绳的高度不应小于钢丝绳直径的( )倍。
　　A. 3　　　　　　　B. 2　　　　　　　C. 1　　　　　　　D. 0.5
答案:B

98. 曳引驱动施工升降机,当吊笼超载( )并以额定提升速度上、下运行和制动时,钢丝绳在曳引轮绳槽内不应产生滑动。
　　A. 5%　　　　　　B. 15%　　　　　　C. 25%　　　　　　D. 50%
答案:C

99. SS型货用施工升降机的驱动卷筒节径、曳引轮节径、滑轮直径与钢丝绳直径之比不应小于( )。
　　A. 20　　　　　　　B. 30　　　　　　　C. 31
答案:A

100. SS型施工升降机的制动器应是常闭式,其额定制动力矩对人货两用施工升降机不低于作业时的额定制动力矩的( )倍。不允许使用带式制动器。
　　A. 1.25　　　　　　B. 1.5　　　　　　C. 1.75　　　　　　D. 2
答案:C

101. SS型施工升降机的制动器应是常闭式,其额定制动力矩对货用升降机为不低于作业时的额定制动力矩的( )倍。不允许使用带式制动器。
　　A. 1.25　　　　　　B. 1.5　　　　　　C. 1.75　　　　　　D. 2
答案:B

102. SS型人货两用施工升降机钢丝绳在驱动卷筒上的绳端应采用( )固定。
　　A. 楔形装置　　　　B. 压板　　　　　　C. 长板条固定
答案:A

103. SS型货用施工升降机钢丝绳在驱动卷筒上的绳端可采用( )固定。
　　A. 楔形装置　　　　B. 压板　　　　　　C. 长板条固定
答案:B

104. 三相交流异步电动机变频调速原理是通过改变电动机电源的( )来进行调速的。

A. 电压　　　　　　B. 电流　　　　　　C. 电阻　　　　　　D. 频率
答案：D

105. 施工升降机基础下土壤的承载力一般应大于（　　）MPa。
A. 0.1　　　　　　B. 0.15　　　　　　C. 0.2　　　　　　D. 0.25
答案：B

106. 对于驱动装置放置在架体外的钢丝绳式施工升降机，应单独制作卷扬机的基础，宜用混凝土或水泥砂浆找平，一般厚度不小于（　　）mm。
A. 100　　　　　　B. 150　　　　　　C. 200　　　　　　D. 300
答案：C

107. 防坠安全器是（　　）控制的防止吊笼或对重坠落的机械式安全保护装置。
A. 电气　　　　　　B. 气动　　　　　　C. 手动　　　　　　D. 非人为
答案：D

108. （　　）的特点是制动距离较长，制动平稳、冲击小。
A. 瞬时式防坠安全器　　B. 渐进式防坠安全器
答案：B

109. （　　）防坠安全器的初始制动力（或力矩）不可调。
A. 渐进式　　　　　　B. 瞬时式
答案：B

110. SC型施工升降机应采用（　　）防坠安全器，当升降机对重质量大于吊笼质量时，还应加设对重防坠安全器。
A. 渐进式　　　　　　B. 瞬时式
答案：A

111. 对于SS型人货两用施工升降机，其吊笼额定提升速度大于（　　）m/s时，应采用渐进式防坠安全器。
A. 0.63　　　　　　B. 0.85　　　　　　C. 1　　　　　　D. 1.33
答案：A

112. 当施工升降机对重额定提升速度大于（　　）m/s时应采用渐进式防坠安全器。
A. 0.63　　　　　　B. 0.85　　　　　　C. 1　　　　　　D. 1.33
答案：C

113. 对于SS型货用施工升降机，其吊笼额定提升速度大于（　　）m/s时，应采用渐进式防坠安全器。
A. 0.63　　　　　　B. 0.85　　　　　　C. 1　　　　　　D. 1.33
答案：B

114. SC100/100和SCD200/200施工升降机上，配备的安全器的额定制动载荷一般为（　　）kN。
A. 20　　　　　　B. 30　　　　　　C. 40　　　　　　D. 60
答案：B

115. SC200/200施工升降机上配备的安全器的额定制动载荷一般为（　　）kN。
A. 20　　　　　　B. 30　　　　　　C. 40　　　　　　D. 60

答案：C

116. 防坠安全器的制动距离最大不得超过（　　）m。
A. 1.6　　　　　B. 1.8　　　　　C. 2　　　　　D. 2.5
答案：C

117. SS型人货两用施工升降机吊笼额定提升速度小于或等于（　　）m/s时，可采用瞬时式防坠安全装置。
A. 0.63　　　　B. 0.85　　　　C. 1　　　　　D. 1.33
答案：A

118. 瞬时式防坠安全装置允许借助悬挂装置的断裂或借助一根（　　）来动作。
A. 安全绳　　　B. 钢丝绳　　　C. 安全锁　　　D. 杠杆
答案：A

119. 任何形式的（　　）防坠安全装置，当断绳或固定松脱时，吊笼锁住前的最大滑行距离，在满载情况下，不得超过1 m。
A. 渐进式　　　B. 瞬时式　　　C. 楔块式　　　D. 夹轨式
答案：B

120. 对于SS型施工升降机任何形式的防坠安全装置，当断绳或固定松脱时，吊笼锁住前的最大滑行距离，在满载情况下，不得超过（　　）m。
A. 0.63　　　　B. 0.85　　　　C. 1　　　　　D. 1.33
答案：C

121. 防坠安全器只能在有效的标定期内使用，有效检验标定期限不应超过（　　）。
A. 3个月　　　B. 半年　　　　C. 1年　　　　D. 2年
答案：C

122. 施工升降机每次安装后，必须进行额定载荷的坠落试验，以后至少每（　　）进行一次额定载荷的坠落试验。
A. 3个月　　　B. 半年　　　　C. 1年　　　　D. 2年
答案：A

123. SC型施工升降机使用的防坠安全器安装时透气孔应向（　　），紧固螺孔不能出现裂纹，安全开关的控制接线完好。
A. 上　　　　　B. 下　　　　　C. 左　　　　　D. 右
答案：B

124. （　　）开关的作用是当施工升降机的吊笼超越了允许运动的范围时，能自动停止吊笼的运行。
A. 行程安全控制　　　　B. 安全装置联锁控制
答案：A

125. （　　）应为非自动复位型的开关。
A. 上行程限位开关　B. 下行程限位开关　C. 减速开关　D. 极限开关
答案：D

126. 在正常工作状态下，下极限开关挡板的安装位置，应保证吊笼碰到缓冲器之前，（　　）应首先动作。

A. 下行程限位开关　　B. 下极限开关　　C. 减速开关　　D. 极限开关

答案：B

127. （　）施工升降机必须设置减速开关。

A. 齿轮齿条式　　B. 钢丝绳式　　C. 曳引式　　D. 变频调速

答案：D

128. 吊笼设有进料门和出料门，进料门一般为（　）。

A. 单门　　B. 双门

答案：A

129. 每个吊笼2～3个缓冲器；对重一个缓冲器。同一组缓冲器的顶面相对高度差不应超过（　）mm。

A. 2　　B. 5　　C. 10　　D. 20

答案：A

130. 缓冲器中心与吊笼底樑或对重相应中心的偏移，不应超过（　）mm。

A. 2　　B. 5　　C. 10　　D. 20

答案：D

131. 最上面一组安全钩的安装位置必须低于（　）的驱动齿轮。

A. 最上方　　B. 中间　　C. 最下方

答案：C

132. 为避免施工作业人员进入运料通道时不慎坠落，宜在每层楼通道口设置（　）状态的安全门或栏杆。

A. 常开　　B. 常闭

答案：B

133. 升降机的金属结构及所有电气设备的金属外壳应接地，其接地电阻不应大于（　）Ω。

A. 4　　B. 10　　C. 30

答案：A

134. 防雷装置的冲击接地电阻值不得大于（　）Ω。

A. 4　　B. 10　　C. 30

答案：C

135. 施工升降机驾驶室应配备符合消防电气火灾的（　）。

A. 灭火器　　B. 二氧化碳灭火器　　C. 干粉灭火器

答案：A

136. 从事施工升降机安装与拆卸的操作人员、起重指挥、电工等人员应当年满（　）周岁，具备初中以上的文化程度。

A. 16　　B. 18　　C. 20

答案：B

137. 从事施工升降机安装与拆卸的操作人员应经过专门培训，并经（　）部门考核合格，取得建筑施工特种作业人员操作资格证书。

A. 建设主管　　B. 技术质量监督　　C. 安全管理

答案：A

138. 施工升降机安装单位和使用单位应当签订（　　），明确双方的安全生产责任。
　　A. 安拆合同　　　　　　B. 安全协议书　　　　C. 承包合同
答案：A

139. 施工总承包单位应当与安装单位签订建筑起重机械安装工程（　　）。
　　A. 安拆合同　　　　　　B. 安全协议书　　　　C. 承包合同
答案：B

140. 安装、拆卸、加节或降节作业时，最大安装高度处的风速不应大于（　　）m/s。
　　A. 13　　　　　B. 15　　　　　C. 18　　　　　D. 20
答案：A

141. 在安装施工升降机初始阶段，用（　　）在两个方向检查导轨架的垂直度，要求导轨架的垂直度误差≤1/1 000。
　　A. 水平仪　　　　　　　B. 罗盘　　　　　　　C. 经纬仪
答案：C

142. 安装施工升降机时吊笼双门一侧应朝向（　　）。
　　A. 安全通道　　　　　　B. 建筑物　　　　　　C. 导轨架
答案：B

143. 通过手动撬动作业法使吊笼在断电的情况下上升或下降时，应将摇把插入联轴器的孔中，提起制动器尾部的松脱手柄，下压摇把吊笼（　　）。
　　A. 上升　　　　　　　　B. 下降
答案：A

144. 对于有对重的施工升降机，必须在导轨架加高（　　）将对重吊装就位在导轨架上。
　　A. 前　　　　　　　　　B. 后
答案：A

145. 安装对重后，调整对重导轨的上下各四件导向滚轮的偏心轴，使各对导向滚轮与立柱管的总间隙不大于（　　）mm。
　　A. 0.5　　　　　B. 0.6　　　　　C. 0.8　　　　　D. 1
答案：D

146. 调整对重导轨接头，使对重导轨相互间的连接处平直，相互错位形成的阶差应不大于（　　）mm。
　　A. 0.5　　　　　B. 0.6　　　　　C. 0.8
答案：A

147. 安装围栏门对重时，钢丝绳的长度应调整到保证围栏门开启高度不小于（　　）m。
　　A. 1.5　　　　　B. 1.8　　　　　C. 2.0
答案：B

148. 施工升降机所用电缆应为（　　）电缆，所用规格应合理选择。
　　A. 三芯　　　　　　　　B. 四芯　　　　　　　C. 五芯

答案:C

149. 施工升降机电缆选择应合理,应保证升降机满载运行时电压波动不得大于( )。
A. 5% B. 10% C. 15%
答案:A

150. 施工升降机结构、电机及电气设备的( )均应接地,接地电阻不得超过4Ω。
A. 接线盒 B. 基座 C. 金属外壳
答案:C

151. 带对重的施工升降机安装时,因不挂对重,所以应将( )开关锁住。
A. 防坠安全器 B. 极限 C. 安全 D. 松绳保护
答:D

152. 下极限挡块的安装位置,应保证在正常工作状态下下极限开关动作后( )不接触缓冲弹簧。
A. 笼底 B. 对重 C. 电缆滑车
答案:A

153. 在正常工作状态下( )开关动作后笼底不接触缓冲弹簧。
A. 下限位 B. 下极限
答案:B

154. SC型施工升降机在上限位挡板尚未安装时进行试车,操作时必须谨慎,试车应在( )操作,防止吊笼冒顶。
A. 吊笼内 B. 吊笼外 C. 吊笼顶部
答案:C

155. SC型施工升降机在上限位挡板尚未安装时进行试车,使空载吊笼沿着导轨架上、下运行数次,行程高度不得大于( )m。
A. 5 B. 6 C. 9 D. 10
答案:A

156. SC型施工升降机加高导轨架时,操纵吊笼,驱动吊笼上升,直至驱动架上方距待要接高的标准节止口距离约( )mm时,按下紧急停机开关,防止意外。
A. 200 B. 250 C. 300
答案:B

157. 导轨架每加高( )m左右,应用经纬仪在两个方向上检查一次导轨架整体的垂直度,一旦发现超差应及时加以调整。
A. 6 B. 9 C. 10 D. 12
答案:C

158. SS型施工升降机导轨架轴心线对底座水平基准面的安装垂直度偏差不应大于导轨架高度的( )。
A. 0.5‰ B. 1‰ C. 1.5‰ D. 2‰
答案:C

159. SS型施工升降机导轨接点截面相互错位形成的阶差不大于( )mm。

A. 0.3　　　　　　　B. 0.6　　　　　　　C. 0.8　　　　　　　D. 1.5
答案:D

160. 附墙架的安装,应与导轨架的加高安装(　　)进行。
A. 同步　　　　　　　B. 间断　　　　　　　C. 异步
答案:A

161. 对重钢丝绳的长度应保证吊笼到达最大提升高度时,对重离缓冲弹簧距离不小于(　　)mm。
A. 500　　　　　　　B. 250　　　　　　　C. 50　　　　　　　D. 5
答案:A

162. 上限位开关的安装位置应保证吊笼触发该开关后,上部安全距离不小于(　　)m。
A. 0.15　　　　　　　B. 1.2　　　　　　　C. 1.5　　　　　　　D. 1.8
答案:D

163. 上极限挡块的安装位置应保证上极限开关与上限位开关之间的越程距离为(　　)m。
A. 0.15　　　　　　　B. 1.2　　　　　　　C. 1.5　　　　　　　D. 1.8
答案:A

164. SS型施工升降机吊杆与水平面夹角应在(　　)之间,转向时不得与其他物体相碰撞。
A. 30°~60°　　　　　B. 45°~70°　　　　　C. 60°~90°
答案:B

165. 钢丝绳的长度应保证吊笼到达最大提升高度时,对重离缓冲弹簧距离不小于(　　)mm。
A. 200　　　　　　　B. 300　　　　　　　C. 500　　　　　　　D. 1 000
答案:C

166. SS型施工升降机安装高度在30 m以内时,第一道附墙架可设在(　　)m高度上。
A. 9　　　　　　　　B. 12　　　　　　　　C. 18　　　　　　　D. 24
答案:C

167. 实行总承包的工程,施工升降机经监督检验合格后,由(　　)单位组织有关单位进行综合验收。
A. 总承包　　　　　　B. 使用　　　　　　　C. 安装　　　　　　　D. 监理
答案:A

168. 拆卸施工升降机时,吊笼顶部的导轨架不得超过(　　)节。
A. 1　　　　　　　　B. 2　　　　　　　　C. 3　　　　　　　　D. 4
答案:C

169. 在拆卸附墙架前,应确保架体的自由高度始终不大于(　　)m。
A. 6　　　　　　　　B. 8　　　　　　　　C. 9
答案:B

170. 首次取得证书的人员实习操作不得少于（   ）个月；否则，不得独立上岗作业。
   A. 1   B. 2   C. 3   D. 6
   答案：C

171. 对于购入的旧施工升降机应有（   ）年内完整运行记录及维修、改造资料。
   A. 1   B. 2   C. 3
   答案：B

172. 根据国家有关规定，特种设备使用超过一定年限，（   ）必须经有相应资质的检验检测机构监督检验合格，才可以正常使用。
   A. 每半年   B. 每年   C. 每两年
   答案：B

173. 电动机的电气制动可分为反接制动、能耗制动和再生制动。其中，再生制动只有当电动机转速 n（   ）同步转速 n_1 时才能实现。
   A. 大于   B. 等于   C. 小于
   答案：A
   答案：B

174. 清除钢丝绳表面上积存的污垢和铁锈，最好是用（   ）清刷。
   A. 水   B. 毛刷   C. 钢丝刷   D. 镀锌钢丝刷
   答案：D

175. 当新齿轮相邻齿公法线长度 $L=37.1$ mm 时，达到磨损极限时，磨损后相邻齿公法线长度 L（   ）。
   A. ≥35.8 mm   B. =35.8 mm   C. ≤35.8 mm   D. <35.8 mm
   答案：B

176. 齿条的磨损极限量可用游标卡尺测量，当新齿条齿宽为 12.566 mm 时，达到磨损极限后，磨损后齿宽（   ）。
   A. ≥11.6 mm   B. =11.6 mm   C. ≤11.6 mm   D. <11.6 mm
   答案：B

177. 背轮的磨损极限量可用游标卡尺测量背轮外圈的方法确定。当新背轮外圈直径为 124 mm 时，磨损后（   ）。
   A. ≥120 mm   B. =120 mm   C. ≤120 mm   D. <120 mm
   答案：A

178. 电动机旋转制动盘磨损极限量可用塞尺进行测量，当旋转制动盘摩擦材料单面厚度磨损到接近（   ）mm 时，必须更换制动盘。
   A. 1   B. 0.5   C. 0.2   D. 0.05
   答案：A

179. 制动闸瓦磨损过甚而使铆钉露头，或闸瓦磨损量超过原厚度（   ）时，应及时更换。
   A. 1/4   B. 1/3   C. 1/2
   答案：B

180. 闸瓦（块式）电磁制动器心轴磨损量超过标准直径（   ）和椭圆度超过 0.5 mm

时,应更换心轴。

  A. 1％   B. 2％   C. 5％   D. 10％

答案:C

三、多项选择题(下列各题的选项中,正确选项不止一个,请将正确选项的字母填入相应的空格中)

1. 力的( )称为力的三要素。

  A. 大小   B. 方向   C. 长度   D. 作用点

答案:ABD

2. 在工程中构件的基本变形可简化为( )四种基本变形。

  A. 轴向拉伸与压缩   B. 剪切   C. 扭转

  D. 弯曲   E. 挤压

答案:ABCD

3. 电路的状态一般有( )。

  A. 开路   B. 通路   C. 短路   D. 闭路

答案:ABC

4. 电路一般由( )和控制器件等四部分组成组成。

  A. 电源   B. 负载   C. 电阻   D. 导线

答案:ABD

5. 电路中的控制元件在电路中起( )、测量等作用的装置。

  A. 接通   B. 断开   C. 传输   D. 保护

答案:ABD

6. 电路的主要任务是进行电能的( )。

  A. 传送   B. 保护   C. 分配   D. 转换

答案:ACD

7. 三个具有相同( ),但在相位上彼此相差120°的正弦交流电压、电流或电动势,统称为三相交流电。

  A. 频率   B. 振幅   C. 电压   D. 电流

答案:AB

8. 三相交流电习惯上称为 A/B/C 三相,按国标 GB 4026—2010 规定,交流供电系统的电源 A,B,C 分别用 L1、L2、L3 表示,其相色漆的颜色分别以( )表示。

  A. 黄色   B. 绿色   C. 灰色   D. 红色

答案:ABD

9. 三相异步电动机也叫三相感应电动机,主要由( )两个基本部分组成。

  A. 定子   B. 定子绕组   C. 转子   D. 转子绕组

答案:AC

10. 转子部分由( )组成。

  A. 转子铁芯   B. 转子绕组   C. 转轴   D. 机座

答案:ABC

11. 低压空气断路器用于当电路中发生(　　)等不正常情况时,能自动分断电路的电器,也可用作不频繁地启动电动机或接通、分断电路。
    A. 过载　　　　　　B. 短路　　　　　　C. 电压过高　　　　D. 欠压
    答案:ABD

12. 机器基本上都是由(　　)组成的。
    A. 原动部分　　　　B. 传动部分　　　　C. 控制部分　　　　D. 工作部分
    答案:ABD

13. 低副是指两构件之间作面接触的运动副。按两构件的相对运动情况,可分为(　　)。
    A. 转动副　　　　　B. 移动副　　　　　C. 螺旋副　　　　　D. 滑动副
    答案:ABC

14. (　　)之间的接触均为常用高副。
    A. 滚轮与轨道　　　B. 凸轮与推杆　　　C. 丝杠与螺母　　　D. 轮齿与轮齿
    答案:ABD

15. 靠机件间的摩擦力传递动力和运动的摩擦传动,包括(　　)等。
    A. 带传动　　　　　B. 谐波传动　　　　C. 绳传动　　　　　D. 摩擦轮传动
    答案:ACD

16. 靠主动件与从动件啮合或借助中间件啮合传递动力或运动的啮合传动,包括(　　)和谐波传动等。
    A. 齿轮传动　　　　B. 链传动　　　　　C. 摩擦轮传动　　　D. 螺旋传动
    答案:ACD

17. 按照轴的所受载荷不同,可将轴分为(　　)三类。
    A. 心轴　　　　　　B. 转轴　　　　　　C. 曲轴　　　　　　D. 传动轴
    答案:ABD

18. 按润滑方式不同,齿轮润滑可分为(　　)等几种形式。
    A. 开式　　　　　　B. 半开式　　　　　C. 闭式　　　　　　D. 密封式
    答案:ABC

19. 常见的轮齿失效形式有(　　)等形式。
    A. 轮齿折断　　　　B. 齿面点蚀　　　　C. 齿面胶合
    D. 齿面磨损　　　　E. 齿面塑性变形
    答案:ABCDE

20. 施工升降机的齿轮齿条传动由于润滑条件差,灰尘、脏物等研磨性微粒易落在齿面上,轮齿磨损快,且齿根产生的弯曲应力大,因此(　　)是施工升降机齿轮齿条传动的主要失效形式。
    A. 轮齿折断　　　　B. 齿面点蚀　　　　C. 齿面胶合
    D. 齿面磨损　　　　E. 齿面塑性变形
    答案:AD

21. 带传动可分为(　　)等形式。
    A. 平型带传动　　　B. 梯形带传动

C. V 型带传动　　　　　　D. 同步齿形带传动
答案：ACD

22. 滑动轴承根据轴承所受载荷方向不同，可分为（　　）。
A. 向心滑动轴承　　　　　　B. 推力滑动轴承
C. 向心推力滑动轴承　　　　D. 轴向推力滑动轴承
答案：ABC

23. 花键的齿形有（　　）等三种，矩形键加工方便，应用较广。
A. 矩形　　　　B. 半圆形　　　　C. 三角形　　　　D. 渐开线齿形
答案：ACD

24. 根据构造不同，制动器可分为以下三类：（　　）、盘式与锥式制动器。
A. 常开式制动器　　B. 带式制动器　　C. 常闭式制动器　　D. 块式制动器
答案：BD

25. 制动器的零件有下列情况之一的，应予报废：（　　）。
A. 可见裂纹　　　　　　　　　B. 制动块摩擦衬垫磨损量达原厚度的 10%
C. 制动轮表面磨损量达 1.5～2 mm　　D. 弹簧出现塑性变形
答案：ACD

26. 液压油换油周期可按以下（　　）方法确定。
A. 随机换油法　　B. 固定周期换油法　　C. 综合分析测定法　　D. 经验判断法
答案：BCD

27. 钢结构常用材料一般为（　　）。
A. HRB335　　　　B. HRB400　　　　C. Q235 钢　　　　D. Q345 钢
答案：CD

28. 钢结构通常是由多个杆件以一定的方式相互连接而组成的。常用的连接方法有（　　）。
A. 焊接连接　　　　B. 螺栓连接　　　　C. 铆接连接　　　　D. 钎焊连接
答案：ABC

29. 高强度螺栓按受力状态可分为（　　）。
A. 抗剪螺栓　　　　B. 抗拉螺栓　　　　C. 抗扭螺栓　　　　D. 抗弯螺栓
答案：AB

30. 高强度螺栓的预紧力矩是保证螺栓连接质量的重要指标，它综合体现了（　　）组合的安装质量。
A. 螺栓　　　　B. 螺母　　　　C. 弹簧垫圈　　　　D. 平垫圈
答案：ABD

31. 钢结构由于自身的特点和结构形式的多样性，应用范围越来越广，除房屋结构以外，钢结构还可用于下列结构：（　　）。
A. 塔桅结构　　　　　　　　B. 板壳结构
C. 桥梁结构　　　　　　　　D. 可拆卸移动式结构
答案：ABCD

32. 钢丝绳按捻法，分为（　　）。

A. 右交互捻(ZS) B. 左交互捻(SZ)
C. 右同向捻(ZZ) D. 左同向捻(SS)
答案：ABCD

33. 吊钩按制造方法可分为（ ）吊钩。
A. 锻造 B. 铸造 C. 焊接 D. 片式
答案：AD

34. 卸扣按活动销轴的形式可分为（ ）。
A. 销子式 B. 螺栓式 C. 直形式 D. 椭圆式
答案：AB

35. 使用卸扣时不得超过规定的荷载，应使（ ）受力。
A. 销轴 B. 扣体 C. 扣顶
答案：AC

36. 滑车按连接件的结构形式不同，可分为（ ）。
A. 吊钩型 B. 链环型 C. 吊环型 D. 吊梁型
答案：ABCD

37. 千斤顶有（ ）三种基本类型。
A. 齿条式 B. 螺旋式 C. 液压式 D. 链轮式
答案：ABC

38. 链式滑车可分为（ ）。
A. 环链蜗杆滑车 B. 片状链式蜗杆滑车
C. 片状链式齿轮滑车 D. 手拉葫芦
答案：ABC

39. 卷扬机必须用地锚予以固定，以防工作时产生滑动或倾覆。根据受力大小，固定卷扬机的方法大致有（ ）。
A. 螺栓锚固法 B. 水平锚固法 C. 立桩锚固法 D. 压重锚固法
答案：ABCD

40. 施工升降机按其传动形式可分为（ ）。
A. 齿轮齿条式 B. 钢丝绳式 C. 混合式 D. 曳引式
答案：ABC

41. 齿轮齿条式施工升降机根据驱动传动方式的不同可以分为（ ）。
A. 普通双驱动 B. 三驱动
C. 变频调速驱动 D. 液压传动驱动
答案：ABCD

42. 变频调速施工升降机由于采用了变频调速技术，具有（ ）、启制动更平稳、噪声更小的优点。
A. 手控有级变速 B. 自动有级变速 C. 自动无级变速
答案：AC

43. 施工升降机一般由（ ）和电气系统等四部分组成。
A. 金属结构 B. 导轨架 C. 传动机构 D. 安全装置

答案：ACD

44. 电动机的电气制动可分为（　　）。
A. 反接制动　　　　　B. 能耗制动　　　　　C. 再生制动　　　　　D. 电磁制动
答案：ABC

45. 钢丝绳式施工升降机传动机构一般采用（　　）。
A. 卷扬机　　　　　B. 曳引机　　　　　C. 起重用盘式制动三相异步电动机
答案：AB

46. 卷扬机具有结构简单、成本低廉的优点，其缺点是（　　）。
A. 多根钢丝绳独立牵引　B. 容易乱绳　　C. 容易脱绳　　D. 容易挤压
答案：BCD

47. 按现行国家标准，建筑卷扬机有（　　）系列。
A. 慢速（M）　　B. 中速（Z）　　C. 快速（K）　　D. 极速（J）
答案：ABC

48. SC 型施工升降机安全装置主要有（　　）缓冲装置和超载保护装置等。
A. 防坠安全器　　B. 安全钩　　C. 安全开关　　D. 极限开关
答案：ABC

49. SS 型人货两用施工升降机使用的防坠安全装置有（　　）功能。
A. 防坠　　　　B. 限速　　　　C. 断绳保护　　　　D. 停层防坠落
答案：AB

50. 电气系统主要分为（　　）组成。
A. 主电路　　B. 主控制电路　　C. 辅助电路　　D. 电控箱
答案：ABC

51. 变频调速有（　　）三种调速方法。
A. 恒磁通调速　　B. 恒电流调速　　C. 恒功率调速　　D. 恒电压调速
答案：ABC

52. 施工升降机的基础一般分为三种形式，分别为（　　）。
A. 地上式　　B. 地下式　　C. 地中式　　D. 地平式
答案：ABD

53. 额定制动载荷是指安全器可有效制动停止的最大载荷，目前标准规定为（　　）kN。
A. 20　　　　B. 30　　　　C. 40　　　　D. 60
答案：ABCD

54. 对于 SS 型人货两用施工升降机，每个吊笼应设置兼有（　　）双重功能的防坠安全装置。
A. 防坠　　　　B. 限速　　　　C. 断绳保护　　　　D. 超载保护
答案：AB

55. 施工升降机的电气安全开关大致可分为（　　）两大类。
A. 极限开关　　　　　　　　　　　B. 行程安全控制
C. 安全装置联锁控制　　　　　　　D. 急停开关
答案：BC

56. 行程安全控制开关主要有（　　）。
A. 上行程限位开关　　B. 下行程限位开关　　C. 减速开关　　D. 极限开关
答案：ABCD

57. 安全装置联锁控制开关主要有（　　）。
A. 安全器安全开关　　B. 防松绳开关　　C. 门安全控制开关
答案：ABC

58. 施工升降机门电气安全开关主要有（　　）等安全开关。
A. 单行门　　B. 双行门　　C. 顶盖门　　D. 围栏门
答案：ABCD

59. 超载限制器是用于施工升降机超载运行的安全装置，常用的有（　　）。
A. 电子传感器式　　B. 弹簧式　　C. 拉力环式
答案：ABC

60. 人货施工升降机要在围栏安全门口悬挂（　　）警示牌。
A. 严禁乘人　　B. 人数上限　　C. 限载
答案：BC

61. 施工升降机应当有（　　）、有关型式试验合格证明等文件，并已在产权单位工商注册所在地县级以上建设主管部门备案登记。
A. 出厂合格证　　　　　　　B. 安装及使用维修说明
C. 监督检验证明　　　　　　D. 产品设计文件
答案：ABCD

62. 施工升降机的连接螺栓应为高强度螺栓，不得低于 8.8 级，其紧固件的表面不得有（　　）等缺陷。
A. 锈斑　　B. 碰撞凹坑　　C. 裂纹　　D. 油污
答案：ABC

63. 对改造、大修的施工升降机要有（　　）。
A. 出厂检验合格证　　　　　B. 型式试验合格证明
C. 监督检验证明　　　　　　D. 安装及使用维修说明
答案：AC

64. 安装自检应当按照安全技术标准及安装使用说明书的有关要求对（　　）及对重系统和电气系统等进行检查，自检后应填写安装自检表。
A. 金属结构件　　B. 传动机构　　C. 附墙装置　　D. 安全装置
答案：ABCD

65. 实行总承包的工程，施工升降机经监督检验合格后，由总承包单位组织（　　）等有关单位进行验收。
A. 产权　　B. 使用　　C. 安装　　D. 监理
答案：ABCD

66. 施工升降机常见的故障一般分为（　　）。
A. 电气故障　　B. 液压故障　　C. 机械故障
答案：AC

67. 施工升降机在使用过程中发生故障的原因很多,主要是因为( )、零部件的自然磨损等多方面原因。
 A. 调整润滑不及时 B. 维护保养不及时
 C. 操作人员违章作业 D. 工作环境恶劣
 答案:BCD

68. 施工升降机突然停机或不能启动,最可能的原因是( )被启动或断路器启动。
 A. 停机电路 B. 限位开关
 C. 相序接错 D. 上、下极限开关
 答案:AB

69. 吊笼上、下运行时有自停现象,最可能的原因是( )。
 A. 上、下限位开关接触不良或损坏 B. 严重超载
 C. 控制装置(按钮、手柄)接触不良或损坏 D. 制动器工作不同步
 答案:ABC

70. 电机过热,最可能的故障原因是( )或供电电压过低。
 A. 制动器工作不同步 B. 供电电缆截面过大
 C. 启、制动过于频繁 D. 长时间超载运行
 答案:ACD

71. 电机启动困难,并有异常响声,最可能的故障原因是( )及供电电压远低于360 V。
 A. 电机制动器未打开 B. 无直流电压
 C. 控制装置接触不良 D. 严重超载
 答案:ABD

72. SC 型施工升降机吊笼运行时震动过大,最可能的原因是( )。
 A. 导向滚轮连接螺栓松动 B. 电机制动力矩过大
 C. 齿轮、齿条啮合间隙过大或缺少润滑 D. 导向滚轮与背轮间隙过大
 答案:ACD

73. SC 型施工升降机吊笼运行时有跳动现象,最可能的原因是( )。
 A. 导轨架对接阶差过大 B. 齿条螺栓松动,对接阶差过大
 C. 导向滚轮连接螺栓松动 D. 齿轮严重磨损
 答案:ABD

74. 施工升降机标准节的截面形状有( )。
 A. 矩形 B. 菱形 C. 正方形 D. 三角形
 答案:ACD

75. 属于施工升降机金属结构的是( )。
 A. 吊笼 B. 电机 C. 导轨架 D. 对重
 答案:ACD

76. 施工升降机按驱动方式分类可分为( )。
 A. SC 型 B. 单柱型 C. 双柱型
 D. SS 型 E. SH 型

答案：ADE

四、判断题（判断下列说法是否正确,对的在括号内画√,错的画×）

1. 力作用的结果是使物体的运动状态发生变化或使物体变形。（√）
2. 磁铁间不需相互接触就有相互作用力,因此力可以脱离实际物体而存在。（×）
3. 力的作用点的位置,可以在它的作用线上移动而不会影响力的作用效果,所以力的作用效果和力的作用点没有关系。（×）
4. 力可以单独一个力出现,也可以成对出现。（×）
5. 物体在两个力的作用下保持平衡的条件是:这两个力大小相等,方向相反,且作用在同一点上。（×）
6. 在力的大小、方向不变的条件下,力的作用点的位置,可以在它的作用线上移动而不会影响力的作用效果。（√）
7. 作用力与反作用力分别作用在两个物体上,且大小相等,方向相反,所以可以看成是两个平衡力而相互抵消。（×）
8. 平行四边形法则实质上是一种对力进行等效替换的方法,所以在分析同一个问题时,合矢量和分矢量必须同时使用。（×）
9. 合力对于平面内任意一点的力矩,等于各分力对同一点的力矩之和。（√）
10. 构件扭转时横截面上只有与半径垂直的剪应力,没有正应力,因此在圆心处的剪应力最大。（×）
11. 大小和方向不随时间变化的电流,称为直流电,用字母"AC"或"—"表示。（×）
12. 大小和方向随时间变化的电流,称为交流电,用字母"AC"或"～"表示。（√）
13. 在日常工作中,用试电笔测量交流电时,试电笔氖管通身发亮,且亮度明亮。（√）
14. 在日常工作中,用试电笔测量直流电时,试电笔氖管通身发亮,且亮度较暗。（×）
15. 电源两端的导线因某种事故未经过负载而直接连通时称为断路。（×）
16. 低压电器在供配电系统中广泛用于电路、电动机、变压器等电气装置上,起着开关、保护、调节和控制的作用。（√）
17. 按钮是一种靠外力操作接通或断开电路的电气元件,用来直接控制电气设备。（×）
18. 行程开关又称限位开关或终点开关,它是利用人工操作,以控制自身的运动方向或行程大小的主令电器。（×）
19. 安装在负荷端电器电路的用于防止人为触电的漏电保护器,其动作电流不得大于30 mA,动作时间不得大于0.1 s。（√）
20. 继电器是一种自动控制电器,在一定的输入参数下,它受输入端的影响而使输出参数进行连续性的变化。（×）
21. 机构和机器的区别是机构的主要功用在于传递或转变运动的形式,而机器的主要功用是为了利用机械能做功或能量转换。（√）
22. 摩擦传动容易实现无级变速,大都能适应轴间距较大、大功率的传动场合,过载打滑还能起到缓冲和保护传动装置的作用,但不能保证准确的传动比。（×）
23. 靠主动件与从动件啮合或借助中间件啮合传递动力或运动的啮合传动,包括齿轮

传动、链传动、螺旋传动和谐波传动等。 (√)

24. 齿轮模数直接影响齿轮的大小、轮齿齿形和强度的大小。对于相同齿数的齿轮,模数越大,齿轮的几何尺寸越大,轮齿也大,因此承载能力也越大。 (√)

25. 齿轮传动效率高,一般为95%~98%,最高可达99%。 (√)

26. 链传动有准确的传动比,无滑动现象,但传动平稳性差,工作时有噪声。 (×)

27. V型带经过一段时间使用后,如发现不能使用时要及时更换,为了节约,允许新旧带混合使用。 (×)

28. 同步齿形带传动工作时带与带轮之间无相对滑动,能保证准确的传动比。 (√)

29. 同步齿形带不能保证准确的传动比,传动效率可达0.98;传动比较大,可达12~20;允许带速可高至50 m/s。 (×)

30. 一切做旋转运动的传动零件,都必须安装在轴上才能实现旋转和传递动力。 (√)

31. 根据工作时摩擦性质不同,轴承可分为滑动轴承和滚动轴承。 (√)

32. 轴承是机器中用来支承轴和轴上零件的重要零部件,它能保证轴的旋转精度、减小转动时轴与支承间的摩擦和磨损。 (√)

33. 滚动轴承具有摩擦力矩小,易启动,载荷、转速及工作温度的适用范围较广,轴向尺寸小,润滑维修方便等优点。 (√)

34. 滚动轴承不需用有色金属,对轴的材料和热处理要求不高。 (√)

35. 键联接是一种应用很广泛的可拆联接,主要用于轴与轴上零件的轴向相对固定,以传递运动或转矩。 (×)

36. 平键的特点是能自动适应零件轮毂槽底的倾斜,使键受力均匀。主要用于轴端传递转矩不大的场合。 (×)

37. 销是标准件,其基本类型有圆柱销和圆锥销两种。 (×)

38. 销可用作安全装置中的过载剪切元件。 (√)

39. 圆柱销联接可以经常装拆,不会降低定位精度或联接的紧固性。 (×)

40. 弹性联轴器种类繁多,它具有缓冲吸振,可补偿较大的轴向位移,微量的径向位移和角位移的特点,用在正反向变化多、启动频繁的高速轴上。 (√)

41. 电磁铁杠杆系统空行程超过其额定行程的10%时制动器应报废。 (√)

42. 液压泵一般有齿轮泵、叶片泵和斜盘式柱塞泵等几个种类。 (×)

43. 轴向柱塞泵具有结构紧凑、径向尺寸小、惯性小、容积效率高、压力高等优点,然而轴向尺寸大,结构也比较复杂。 (√)

44. 液压油是液压系统的工作介质,也是液压元件的润滑剂和冷却剂。 (√)

45. 钢结构存在抗腐蚀性能和耐火性能较差、低温条件下易发生脆性断裂等缺点。 (√)

46. 钢结构不适合在动力载荷下工作,在一般情况下会因超载而突然断裂。 (×)

47. 钢材内部组织均匀,力学性能匀质、各向同性,计算结果可靠。 (×)

48. 普通碳素钢Q235系列钢,强度、塑性、韧性及可焊性都比较好,是建筑起重机械使用的主要钢材。 (√)

49. 钢材具有明显的弹性阶段、弹塑性阶段、塑性阶段及应变硬化阶段。 (√)

50. 钢结构通常是由多个杆件以一定的方式相互连接而组成的。常用的连接方法有焊

接连接、螺栓连接和铆接连接等。（√）

51. 钢结构钢材之间的焊接形式主要有正接填角焊缝、搭接填角焊缝、对接焊缝及塞焊缝等。（√）

52. 高强度螺栓按强度可分为8.8、9.8、10.8和12.8四个等级,直径一般为12～42mm。（×）

53. 普通螺栓连接中的精制螺栓分为A级、B级和C级。（×）

54. 高强度螺栓安装穿插方向宜采用自下而上穿插,即螺母在上面。（√）

55. 重心是物体所受重力的合力的作用点,物体的重心位置由物体的几何形状和物体各部分的质量分布情况来决定。（√）

56. 物体的重心可能在物体的形体之内,也可能在物体的形体之外。（√）

57. 只要物体的形状改变,其重心位置一定改变。（×）

58. 物体的重心相对物体的位置是一定的,它不会随物体放置的位置改变而改变。（√）

59. 在截断钢丝绳时,宜使用专用刀具或砂轮锯截断,较粗钢丝绳可用乙炔切割。（√）

60. 钢丝绳的安全系数是不可缺少的安全储备,可以凭借这种安全储备提高钢丝绳的最大允许安全载荷。（×）

61. 钢丝绳夹布置,应把绳夹座扣在钢丝绳的工作段上,U形螺栓扣在钢丝绳的尾段上。（√）

62. 钢丝绳夹可以在钢丝绳上交替布置。（×）

63. 钢丝绳夹间的距离应等于钢丝绳直径的3～4倍。（×）

64. 在实际使用中,绳夹受载一周以后应做检查。（×）

65. 钢丝绳夹紧固时须考虑每个绳夹的合理受力,离套环最远处的绳夹首先单独紧固。（×）

66. 吊索一般用6×61和6×37钢丝绳制成。（√）

67. 片式吊钩比锻造吊钩安全。（√）

68. 吊钩的危险断面有4个。（×）

69. 吊钩内侧拉应力比外侧压应力小一半多。（×）

70. 吊钩必须装有可靠防脱棘爪（吊钩保险）,防止工作时索具脱钩。（√）

71. 吊钩如有裂纹,应进行补焊。（×）

72. 卸扣必须是锻造的,一般是用20号钢锻造后经过热处理而制成的,以便消除残余应力和增加其韧性,不能使用铸造和补焊的卡环。（√）

73. 卸扣既可以锻造,也可以铸造。（×）

74. 吊装时使用卸扣绑扎,在吊物起吊时应使扣顶在上销轴在下。（√）

75. 尼龙绳和涤纶绳具有质量轻、质地柔软、弹性好、强度高、耐腐蚀、耐油、不生蛀虫及霉菌、抗水性能好等优点。（√）

76. 定滑车在使用中是固定的,可以改变用力的方向,也能省力。（×）

77. 滑车组是由一定数量的定滑车和动滑车及绕过它们的绳索组成的简单起重工具。它能省力也能改变力的方向。（√）

78. 滑轮绳槽壁厚磨损量达原壁厚的20%应予以报废。（√）

79. 滑轮底槽的磨损量超过相应钢丝绳直径的25%时滑轮应予以报废。（√）
80. 链式滑车转动部分要经常上油,如摩擦片,保证滑润,减少磨损。（×）
81. 卷筒上的钢丝绳全部放出时应留有不少于3圈。（√）
82. 链式滑车起吊重物中途停止的时间较长时,要将手拉链拴在起重链上,以防时间过长而自锁失灵。（√）
83. 使用链式滑车时当手拉链拉不动时,可以增加人数猛拉。（×）
84. 卷筒边缘外周至最外层钢丝绳的距离应不小于钢丝绳直径的1.5倍。（√）
85. 钢丝绳应与卷筒及吊笼连接牢固,不得与机架或地面摩擦,通过道路时,应设过路保护装置。（√）
86. 卷筒上的钢丝绳应排列整齐,当重叠或斜绕时,应停机重新排列,严禁在转动中用手拉脚踩钢丝绳。（√）
87. 作业中,任何人不得跨越正在作业的卷扬钢丝绳。（√）
88. 物件提升后,操作人员可以短暂离开卷扬机,物件或吊笼下面严禁人员停留或通过。（×）
89. 作业中如发现异响、制动不灵、制动装置或轴承等温度剧烈上升等异常情况时,应立即停机检查,排除故障后方可使用。（√）
90. 塔式起重机起升或下降重物时,重物下方禁止有人通行或停留。（√）
91. 吊重作业时,起重臂下严禁站人,禁止吊起埋在地下的重物或斜拉重物。（√）
92. 在起吊重载时应尽量避免吊重变幅,起重臂仰角很大时不准将吊物骤然放下,以防前倾。（×）
93. 履带起重机操纵灵活,本身能回转360°,在平坦坚实的地面上能负荷行驶。（√）
94. 起重机上下坡道时应无载行走,上坡时应将起重臂仰角适当放小,下坡时应将起重臂仰角适当放大,下坡空挡滑行。（×）
95. 钢丝绳式施工升降机,单柱导轨架横截面为矩形,导轨架内包容一个吊笼,额定载重量为3 200 kg,第一次变型更新,表示为：施工升降机 SSB320A(GB/T 10054)。（√）
96. 曲线式施工升降机吊笼与驱动装置采用拖式铰接联接,驱动装置采用半浮动机构,使曲线式施工升降机能适应更大的倾角和曲率。（×）
97. 导轨按滑道的数量和位置,可分为单滑道、双滑道及四角滑道。（√）
98. 四角滑道用于双吊笼施工升降机,设置在架体的四角,可使吊笼较平稳地运行。（×）
99. 当一台施工升降机使用的标准节有不同的立管壁厚时,标准节应有标识,并不得混用。（√）
100. 附墙架连接可以使用膨胀螺栓。（×）
101. 附墙架采用紧固件的,应保证有足够的连接强度。不得采用铁丝、铜线绑扎等非刚性连接方式,但可以与建筑脚手架相牵连。（×）
102. 吊笼门装有机械锁钩保证在运行时不会自动打开,同时还设有电气安全开关,当门未完全关闭时能有效切断控制回路电源,使吊笼停止或无法启动。（√）
103. 吊笼上的安全装置和各类保护措施,不仅在正常工作时起作用,在安装、拆卸、维护时也应起作用。（√）

104. 施工升降机的每一个登机处均应设置层门。（√）
105. SC型施工升降机，吊笼是通过齿轮齿条啮合传递力矩，实现上下运行。（√）
106. 施工升降机的地面防护围栏设置高度不低于1.8 m，对于钢丝绳式货用施工升降机应不小于1.5 m，并应围成一周，围栏登机门的开启高度不应低于1.8 m。（√）
107. 层门不得向吊笼通道开启，封闭式层门上应设有视窗。（√）
108. 人货两用施工升降机机械传动层门的开、关过程应由笼内乘员操作，不得受吊笼运动的直接控制。（√）
109. 连接对重用的钢丝绳绳头应采用可靠的连接方式，绳接头的强度不低于钢丝绳强度的75%。（×）
110. 电动机在额定电压偏差±5%的情况下，直流制动器在直流电压偏差±15%的情况下，仍然能保证电动机和直流制动器正常运转和工作。（√）
111. 再生制动不是把转速下降到零，而是使转速受到限制。再生制动可以向电网输电，经济性较好。（√）
112. 施工升降机不得在正常运行中进行反向运行。（×）
113. 标准节上的齿条应连接牢固，相邻标准节的两齿条在对接处，沿齿高方向的阶差不大于0.3 mm；沿长度方向的齿距偏差不大于0.6 mm。（√）
114. 齿轮与齿条啮合时的接触长度，沿齿高不小于40%；沿齿长不小于50%，齿面侧间隙应在0.2～0.5 mm之间。（√）
115. 齿条和所有驱动齿轮、防坠安全器齿轮正确啮合的条件是：齿条节线和与其平行的齿轮节圆切线重合或距离不超出模数的1/3；当措施失效时，应进一步采取其他措施，保证其距离不超出模数的2/3。（√）
116. 曳引机一般为4～5根钢丝绳独立并行曳引，因而同时发生钢丝绳断裂造成吊笼坠落的概率很小。但钢丝绳的受力调整比较麻烦，钢丝绳的磨损比卷扬机的大。（√）
117. 曳引式升降机对重着地时，吊笼一般不会发生冲顶事故，但吊笼还可以提升。（×）
118. 为了防止钢丝绳在曳引轮上脱绳，应在曳引轮上加防脱绳装置。（×）
119. 曳引式施工升降机根据需要可以设置对重。（×）
120. 曳引式施工升降机对重着地时，且上限位安全开关失效的情况下，吊笼必然会发生冲顶事故。（×）
121. 人货两用施工升降机的驱动卷筒节径与钢丝绳直径之比不应小于30。对于V形或底部切槽的钢丝绳曳引轮，其节径与钢丝绳直径之比不应小于31。（√）
122. 电气箱电气元件的对地绝缘电阻应不小于0.5 MΩ，电气线路的对地绝缘电阻应不小于1 MΩ。（√）
123. 变频器在电控箱中的安装与周围设备必须保持一定距离，以利通风散热，一般上下间隔120 mm以上，左右应有30 mm的间隙，背部应留有足够间隙。夏季必要时可打开电控箱门散热。（√）
124. 变频器在运行中或刚运行后，在电容器放电信号灯未熄灭时，切勿打开变频器外罩和接触接线端子等，防止电击伤人。（√）
125. 防坠安全器是一种人为控制的，当吊笼或对重一旦出现失速、坠落情况时，能在设

置的距离、速度内使吊笼安全停止。 (×)

126. 渐进式防坠安全器是一种初始制动力(或力矩)可调,制动过程中制动力(或力矩)逐渐减小的防坠安全器。其特点是制动距离较长,制动平稳、冲击小。 (×)

127. 防坠安全器在任何时候都应该起作用,但不包括安装和拆卸工况。 (×)

128. 施工升降机的架体可作为防雷装置的引下线,但必须有可靠的电气连接。 (√)

129. 做防雷接地施工升降机上的电气设备,所连接的PE线必须同时做重复接地。 (√)

130. 同一台施工升降机的重复接地和防雷接地可共用同一接地体,但接地电阻应符合重复接地电阻值的要求。 (√)

131. 人工接地体是指人为埋入地中直接与地接触的金属物体。用作人工接地体的金属材料通常可以采用螺纹钢、圆钢、钢管、角钢、扁钢及其焊接件等。 (×)

132. 从事施工升降机安装、拆卸活动的单位应当依法取得建设主管部门颁发的起重设备安装工程专业承包资质和建筑施工企业安全生产许可证,并在其资质许可范围内承揽建筑起重机械安装工程。 (√)

133. 施工升降机安装单位和使用单位应当签订安装、拆卸合同,明确双方的安全生产责任。 (√)

134. 遇有工作电压波动大于±5%时,应停止安装、拆卸作业。 (√)

135. 在安拆作业过程中,因施工升降机安装拆卸工对安拆作业已经非常熟悉,所以可以根据需要自行改动安装拆卸程序。 (×)

136. 在安装拆卸作业前,安装拆卸作业人员应认真阅读使用说明书和安装拆卸方案,熟悉装拆工艺和程序,掌握零部件的重量和吊点位置。 (√)

137. 施工升降机安装、拆卸作业必须在指定的专门指挥人员的指挥下作业,其他人也可以发出作业指挥信号。 (×)

138. 对各个安装部件的连接件,必须按规定安装齐全,固定牢固,并在安装后做详细检查。螺栓紧固有预紧力要求的,必须使用力矩扳手或专用扳手。 (√)

139. 安装作业时为提高效率,可以以投掷的方法传递工具和器材。 (×)

140. 吊笼顶上所有的安装零件和工具,必须放置平稳,露出安全栏外不得超过500 mm。 (×)

141. 加节顶升时,既可以在吊笼顶部操纵,也可以在吊笼内操作。 (×)

142. 在拆卸导轨架过程中,可以提前拆卸附墙架。 (×)

143. 当吊杆上有悬挂物时,必须起吊平稳后才能开动吊笼。 (×)

144. 当有人在导轨架、附墙架上作业时,严禁吊笼升降。 (√)

145. 安全器坠落试验时,吊笼内允许载人。 (×)

146. 在进行安拆技术交底时,由技术人员向全体作业人员进行技术交底,由班组长书面签字认可。 (×)

147. 吊笼内的电气系统及安全保护装置出厂时一般已安装完毕,因此没有必要再进行检查。 (×)

148. 施工升降机运动部件与除登机平台以外的建筑物和固定施工设备之间的距离不应小于0.2 m。 (√)

149. 钢丝绳绳夹应与钢丝绳匹配,不得少于3个,绳夹要一顺排列,也可正反交错。
（×）

150. 限位调整时,对于双吊笼施工升降机,一吊笼进行调整作业,另一吊笼必须停止运行。
（√）

151. 施工升降机经安装单位自检合格交付使用前,应当经有相应资质的检验检测机构监督检验合格。监督检验合格后,即可使用。
（×）

152. 在安装施工升降机时,基础养护期应不小于7天,混凝土的强度不低于标准强度的75%。
（√）

153. 持证人员必须按规定进行操作证的复审,对到期未经复审或复审不合格的人员不得继续独立操作施工升降机。
（√）

154. 闭合电源前或作业中突然停电时,应将所有开关扳回零位。（√）

155. 在吊笼地面出入口处应搭设防护隔离棚,其横距必须大于出入口的宽度,其纵距应满足高处作业物体坠落规定半径范围要求。
（×）

156. 由于电气线路、元器件、电气设备,以及电源系统等发生故障,造成送电系统不能正常运行,统称为电气故障。
（×）

五、简答题

1. 电动机运行中的监视与维护主要有哪些方面？

答：
(1) 电动机的温升及发热情况。
(2) 电动机的运行负荷电流值。
(3) 电源电压的变化。
(4) 三相电压和三相电流的不平衡度。
(5) 电动机的振动情况。
(6) 电动机运行的声音和气味。
(7) 电动机的周围环境、适用条件。
(8) 电刷是否冒火或其他异常现象。

2. 机器一般有哪三个共同的特征？

答：
(1) 机器是由许多的部件组合而成的。
(2) 机器中的构件之间具有确定的相对运动。
(3) 机器能完成有用的机械功或者实现能量转换。

3. 齿轮传动主要有哪些优点？

答：
(1) 传动效率高,一般为95%～98%,最高可达99%。
(2) 结构紧凑、体积小,与带传动相比,外形尺寸大大减小,它的小齿轮与轴做成一体时直径只有50 mm左右。
(3) 工作可靠,使用寿命长。
(4) 传动比固定不变,传递运动准确可靠。

(5) 能实现平行轴间、相交轴间及空间相错轴间的多种传动。

4. 蜗杆传动的主要特点有哪些？

答：

(1) 传动比大。

(2) 蜗杆的头数很少，仅为1~4，而蜗轮齿数很多。

(3) 工作平稳、噪声小。

(4) 具有自锁作用。

(5) 传动效率低。

(6) 价格昂贵。

5. 制动器的工作原理是什么？

答：工作原理是：制动器摩擦副中的一组与固定机架相连；另一组与机构转动轴相连。当摩擦副接触压紧时，产生制动作用；当摩擦副分离时，制动作用解除，机构可以运动。

6. 液压系统的基本工作原理是什么？

答：液压系统利用液压泵将机械能转换为液体的压力能，再通过各种控制阀和管路的传递，借助于液压执行元件（缸或马达）把液体压力能转换为机械能，从而驱动工作机构，实现直线往复运动和回转运动。

7. 为确保钢结构的安全使用，应做好哪几点工作？

答：

(1) 基本构件应完好，不允许存在变形、破坏的现象，一旦有一根基本构件破坏，将会导致钢结构整体的失稳、倒塌等事故。

(2) 连接应正确牢固，由于钢结构是由基本构件连接组成的，所以有一处连接失效同样会造成钢结构的整体失稳、倒塌，造成事故。

(3) 在允许的载荷、规定的作业条件下使用。

8. 钢丝绳的特点是什么？

答：钢丝绳通常由多根钢丝捻成绳股，再由多股绳股围绕绳芯捻制而成，具有强度高、自重轻、弹性大等特点，能承受震动荷载，能卷绕成盘，能在高速下平稳运动且噪声小。

9. 纤维芯和钢芯钢丝绳的特点分别是什么？

答：纤维芯钢丝绳比较柔软，易弯曲，纤维芯可浸油作润滑、防锈，减少钢丝间的摩擦；金属芯的钢丝绳耐高温、耐重压，硬度大、不易弯曲。

10. 选用钢丝绳应遵循的原则是什么？

答：

(1) 能承受所要求的拉力，保证足够的安全系数。

(2) 能保证钢丝绳受力不发生扭转。

(3) 耐疲劳，能承受反复弯曲和振动作用。

(4) 有较好的耐磨性能。

(5) 与使用环境相适应：高温或多层缠绕的场合宜选用金属芯；高温、腐蚀严重的场合宜选用石棉芯；有机芯易燃，不能用于高温场合。

(6) 必须有产品检验合格证。

11. 如何进行钢丝绳的存储？

答：
（1）装卸运输过程中，应谨慎小心，卷盘或绳卷不允许坠落，也不允许用金属吊钩或叉车的货叉插入钢丝绳。
（2）钢丝绳应储存在凉爽、干燥的仓库里，且不应与地面接触。严禁存放在易受化学烟雾、蒸汽或其他腐蚀剂侵袭的场所。
（3）储存的钢丝绳应定期检查，如有必要，应对钢丝绳进行包扎。
（4）户外储存不可避免时，地面上应垫木方，并用防水毡布等进行覆盖，以免湿气导致锈蚀。
（5）储存从起重机上卸下的待用的钢丝绳时，应进行彻底的清洁，在储存之前对每一根钢丝绳进行包扎。
（6）长度超过 30 m 的钢丝绳应在卷盘上储存。
（7）为搬运方便，内部绳端应首先被固定到邻近的外圈。

12. 如何对钢丝绳进行展开？
答：
（1）当钢丝绳从卷盘或绳卷展开时，应采取各种措施避免绳的扭转或降低钢丝绳扭转的程度。当由钢丝绳卷直接往起升机构卷筒上缠绕时，应把整卷钢丝绳架在专用的支架上，采取保持张紧呈直线状态的措施，以免在绳内产生结环、扭结或弯曲的状况。
（2）展开时的旋转方向应与起升机构卷筒上绕绳的方向一致；卷筒上绳槽的走向应同钢丝绳的捻向相适应。
（3）在钢丝绳展开和重新缠绕过程中，应有效控制卷盘的旋转惯性，使钢丝绳按顺序缓慢地释放或收紧。应避免钢丝绳与污泥接触，尽可能保持清洁，以防止钢丝绳生锈。
（4）切勿由平放在地面的绳卷或卷盘中释放钢丝绳。
（5）钢丝绳严禁与电焊线碰触。

13. 如何对吊钩进行检验？
答：吊钩的检验一般先用煤油洗净钩身，然后用 20 倍放大镜检查钩身是否有疲劳裂纹，特别对危险断面的检查要认真、仔细。钩柱螺纹部分的退刀槽是应力集中处，要注意检查有无裂缝。对板钩还应检查衬套、销子、小孔、耳环及其他紧固件是否有松动、磨损现象。对一些大型、重型起重机的吊钩还应采用无损探伤法检验其内部是否存在缺陷。

14. 吊钩在哪些情形下应做报废处理？
答：吊钩禁止补焊，有下列情况之一的，应予以报废：
（1）用 20 倍放大镜观察表面有裂纹。
（2）钩尾和螺纹部分等危险截面及钩筋有永久性变形。
（3）挂绳处截面磨损量超过原高度的 10%。
（4）心轴磨损量超过其直径的 5%。
（5）开口度比原尺寸增加 15%。

15. 卸扣出现哪些情形时应做报废处理？
答：卸扣出现以下情况之一时，应予报废：
（1）可见裂纹。
（2）磨损达原尺寸的 10%。

(3) 本体变形达原尺寸的 10%。
(4) 销轴变形达原尺寸的 5%。
(5) 螺栓坏丝或滑丝。
(6) 卸扣不能闭锁。

16. 有哪些情形时制动器需要报废处理？
答：制动器的零件有下列情况之一的，应予报废：
(1) 可见裂纹。
(2) 制动块摩擦衬垫磨损量达原厚度的 50%。
(3) 制动轮表面磨损量达 1.5～2 mm。
(4) 弹簧出现塑性变形。
(5) 电磁铁杠杆系统空行程超过其额定行程的 10%。

17. 哪几种情况下起重机司机应发出长声音响信号，以警告有关人员？
答：
(1) 当起重机司机发现他不能完全控制他操纵的设备时。
(2) 当司机预感到起重机在运行过程中会发生事故时。
(3) 当司机知道有与其他设备或障碍物相碰撞的可能时。
(4) 当司机预感到所吊运的负载对地面人员的安全有威胁时。

18. 电缆导向架设置的一般原则是什么？
答：电缆导向架设置的一般原则是：在电缆储筒口上方 1.5 m 处安装第一道导向架，第二道导向架安装在第一道上方 3 m 处，第三道导向架安装在第二道上方 4.5 m 处，第四道导向架安装在第三道上方 6 m 处，以后每道安装间隔 6 m。

19. 电磁制动器的工作原理是什么？
答：当电动机未接通电源时，由于主弹簧通过衔铁压紧制动盘带动制动垫片（制动块）与固定制动盘的作用，电动机处于制动状态。当电动机通电时，磁铁线圈产生磁场，通过磁铁架，衔铁逐步吸合，制动盘带制动块渐渐摆脱制动状态，电动机逐步启动运转。电动机断电时，由于电磁铁磁场释放的制约作用，衔铁通过主辅弹簧的作用逐步增加对制动块的压力，使制动力矩逐步增大，达到电动机平缓制动的效果，减少升降机的冲击振动。

20. 施工升降机如果出现失去动力或控制失效，在无法重新启动时，可进行手动紧急下降操作，使吊笼下滑到下一停靠点，让乘员和司机安全离开吊笼。简述手动操作下降步骤。
答：手动下降操作时，将电动机尾部制动电磁铁手动释放拉手（环）缓缓向外拉出，使吊笼慢慢地下降，吊笼下降时，不能超过安全器的标定动作速度，否则会引起安全器动作，吊笼的最大紧急下降速度不应超过 0.63 m/s。每下降 20 m 距离后，应停止 1 min，让制动器冷却后再行下降，防止因过热而损坏制动器。手动下降必须由专业人员进行操纵。

21. 电动机与制动器的安全技术要求有哪些？
答：
(1) 启用新电动机或长期不用的电动机时，需要用 500 V 兆欧表测量电动机绕组间的绝缘电阻，其绝缘电阻不低于 0.5 MΩ，否则应做干燥处理后方可使用。
(2) 电动机在额定电压偏差±5%的情况下，直流制动器在直流电压偏差±15%的情况下，仍然能保证电动机和直流制动器正常运转和工作。当电压偏差大于额定电压±10%时，应停止使用。

（3）施工升降机不得在正常运行中突然进行反向运行。

（4）在使用中，当发现振动、过热、焦味、异常响声等反常现象时，应立即切断电源，排除故障后才能使用。

（5）当制动器的制动盘摩擦材料单面厚度磨损到接近 1 mm 时，必须更换制动盘。

（6）电动机在额定载荷运行时，制动力矩太大或太小，应进行调整。

22. 曳引式施工升降机的特点是什么？

答：

（1）曳引机一般为 4~5 根钢丝绳独立并行曳引，因而同时发生钢丝绳断裂造成吊笼坠落的概率很小。但钢丝绳的受力调整比较麻烦，钢丝绳的磨损比卷扬机的大。

（2）对重着地时，钢丝绳将在曳引轮上打滑，即使在上限位安全开关失效的情况下，吊笼一般也不会发生冲顶事故，但吊笼不能提升。

（3）钢丝绳在曳引轮上始终是绷紧的，因此不会脱绳。

（4）吊笼的部分重量由对重平衡，可以选择较小功率的曳引机。

23. 电气箱的安全技术要求是什么？

答：

（1）施工升降机的各类电路的接线应符合出厂的技术规定。

（2）电气元件的对地绝缘电阻应不小于 0.5 MΩ，电气线路的对地绝缘电阻应不小于 1 MΩ。

（3）各类电气箱等不带电的金属外壳均应有可靠接地，其接地电阻应不超过 4 Ω。

（4）对老化失效的电气元件应及时更换，对破损的电缆和导线予以包扎或更新。

（5）各类电气箱应完整完好，经常保持清洁和干燥，内部严禁堆放杂物等。

24. 渐进式防坠安全器的工作原理是什么？

答：渐进式防坠安全器安装在施工升降机吊笼的传动底板上，一端的齿轮啮合在导轨架的齿条上，当吊笼在正常运行时，齿轮轴带动离心块座、离心块、调速弹簧、螺杆等组件一起转动，安全器也就不会动作。当吊笼瞬时超速下降或坠落时，离心块在离心力的作用下压缩调速弹簧并向外甩出，其三角形的头部卡住外锥体的凸台，然后就带动外锥体一起转动。此时外锥体尾部的外螺纹在加力螺母内转动，由于加力螺母被固定住，故外锥体只能向后方移动，这样使外锥体的外锥面紧紧地压向胶合在壳体上的摩擦片，当阻力达到一定量时就使吊笼制停。

25. 如何对 SS 型施工升降机的防坠安全装置进行坠落试验？

答：当施工升降机安装后和使用过程中应进行坠落试验和对停层防坠装置进行试验。坠落试验时应在吊笼内装上额定载荷并把吊笼上升到离地面 3 m 左右高度后停住，然后用模拟断绳的方法进行试验。停层防坠落装置试验时，应在吊笼内装上额定载荷把吊笼上升 1 m 左右高度后停住，在断绳保护装置不起作用的情况下，使停层防坠落装置动作，然后启动卷扬机使钢丝绳松弛，看吊笼是否下降。

26. 简述防松绳开关的作用。

答：

（1）施工升降机的对重钢丝绳绳数为两条时，钢丝绳组与吊笼连接的一端应设置张力均衡装置,并装有由相对伸长量控制的非自动复位型的防松绳开关。当其中一条钢丝绳出现的相对伸长量超过允许值或断绳时,该开关将切断控制电路,同时制动器制动,使吊笼停止运行。

(2) 对重钢丝绳采用单根钢丝绳时,也应设置防松(断)绳开关,当施工升降机出现松绳或断绳时,该开关应立即切断电机控制电路,同时制动器制动,使吊笼停止运行。

27. 简述电气安全开关的安全技术要求。

答:

(1) 电气安全开关必须安装牢固、不能松动。

(2) 电气安全开关应完整、完好,紧固螺栓应齐全,不能缺少或松动。

(3) 电气安全开关的臂杆,不能歪曲变形,防止安全开关失效。

(4) 每班都要检查极限开关的有效性,防止极限开关失效。

(5) 严禁用触发上、下限位开关来作为吊笼在最高层站和地面站停站的操作。

28. 围栏门机械联锁装置的作用是什么?

答:围栏门应装有机械联锁装置,使吊笼只有位于地面规定的位置时围栏门才能开启,且在门开启后吊笼不能启动。目的是为了防止在吊笼离开基础平台后,人员误入基础平台造成事故。

29. 施工升降机有哪几种情形将禁止使用?

答:

(1) 属国家明令淘汰或者禁止使用的。

(2) 超过安全技术标准或者制造厂家规定的使用年限的。

(3) 经检验达不到安全技术标准规定的。

(4) 没有完整安全技术档案的。

(5) 没有齐全有效的安全保护装置的。

30. 安装技术交底的重点和主要内容是什么?

答:安装单位技术人员应根据安装拆卸施工方案向全体安装人员进行技术交底,重点明确每个作业人员所承担的装拆任务和职责以及与其他人员配合的要求,特别强调有关安全注意事项及安全措施,使作业人员了解装拆作业的全过程、进度安排及具体要求,增强安全意识,严格按照安全措施的要求进行工作。交底应包括以下内容:

(1) 施工升降机的性能参数。

(2) 安装、附着及拆卸的程序和方法。

(3) 各部件的联接形式、联接件尺寸及联接要求。

(4) 安装拆卸部件的重量、重心和吊点位置。

(5) 使用的辅助设备、机具、吊索具的性能及操作要求。

(6) 作业中安全操作措施。

(7) 其他需要交底的内容。

31. 安装 SC 型施工升降机时,调整背轮和各导向滚轮的偏心距及位置时,应符合哪些要求?

答:

(1) 导向滚轮与导轨架立柱管的间隙为 0.5 mm。

（2）调整背轮，使传动齿轮和齿条的啮合侧隙为 0.2~0.5 mm。
（3）沿齿高接触长度不少于 40%。
（4）沿齿长接触长度不少于 50%。
（5）防坠安全器齿轮、传动齿轮和背轮方向的中心平面处于齿条厚度方向的中间位置。

32．SC 型施工升降机，在工程施工过程中需进行加高，加高的程序有哪些？

答：因工程需要，施工升降机需加高时，需将天轮架拆下，方能对导轨架进行加高安装。具体程序如下：

（1）在吊笼顶部操纵吊笼升至导轨架顶部。
（2）拆除导轨架顶部的上限位装置的限位挡板、挡块。
（3）在吊笼顶部操纵吊笼上升，将对重装置缓缓降到地面的缓冲弹簧上。
（4）拆去天轮架滑轮的防护罩，将钢丝绳从偏心绳具和天轮架上取下，并将其挂在导轨架上。也可将钢丝绳放至顶部楼面（连同钢丝绳盘绳装置），操作时需防止钢丝绳脱落。
（5）拆除天轮架与导轨架的固定螺栓，用安装吊杆将天轮架拆下。
（6）将导轨架加高到所需高度，并重新安装天轮和对重钢丝绳。

33．在什么情况下，可通过手动撬动作业法使吊笼在断电的情况下上升或下降？

答：在安装过程中因限位调整不当，负荷太重或制动器磨损造成制动力矩不足，使吊笼触动下极限开关，主电源被切断不能自行复位；或者吊笼在运行过程中因长期断电而滞留在空中时。

34．拆卸作业前的应做哪些准备工作？

答：

（1）拆前，应制定拆卸方案，确定指挥和起重工，安排参加作业人员，划定危险作业区域并设置警示设施。
（2）察看拆卸现场周边环境，如架空线路位置、脚手架及地面设施情况、各种障碍物情况等，确保作业现场无障碍物，场地路面平整、坚实。
（3）检查拆卸施工升降机的基础部位及附着装置。
（4）检查各机构的运行情况。

35．SC 型施工升降机拆卸作业应注意哪些事项？

答：

（1）施工升降机拆卸过程中，应认真检查各就位部件的连接与紧固情况，发现问题及时整改，确保拆卸时施工升降机工作安全可靠。
（2）拆卸导轨架时，要确保吊笼的最高导向滚轮的位置始终处于被拆卸的导轨架接头之下，且吊具和安装吊杆都已到位，然后才能卸去连接螺栓。
（3）在拆卸附墙架前，确保架体的自由高度始终不大于 8 m。
（4）拆卸导轨架，先将导轨架连接螺栓拆下，然后用吊杆将导轨架放至吊笼顶部，吊笼落到底层卸下导轨架。注意吊笼顶部的导轨架不得超过 3 节。
（5）拆卸工作完成后，拆卸下的螺栓、轴销、开口销应分类存放，保管妥当；施工场地上作业时所用的索具、工具、辅助用具和各种零配件和杂物等应及时清理。

36．施工升降机如何做空载试验？

答：全行程进行不少于 3 个工作循环的空载试验，每一工作循环的升、降过程中应进行不少于 2 次的制动,其中在半行程应至少进行一次吊笼上升和下降的制动试验,观察有无制动瞬时滑移现象。若滑动距离超过标准,则说明制动器的制动力矩不够,应压紧其电机尾部的制动弹簧。

37. 施工升降机如何做安装试验?

答:安装试验也就是安装工况不少于 2 个标准节的接高试验。实验时首先将吊笼离地 1 m,向吊笼平稳、均布地加载荷至额定安装载重量的 125%,然后切断动力电源,进行静态试验 10 min,吊笼不应下滑,也不应出现其他异常现象。如若滑动距离超过标准,则说明制动器的制动力矩不够,应压紧其电机尾部的制动弹簧。有对重的施工升降机,应当在不安装对重的安装工况下进行试验。

38. 施工升降机如何做超载试验?

答:在施工升降机吊笼内均匀布置额定载重量的 125% 的载荷,工作行程为全行程,工作循环不应少于 3 个,每一工作循环的升、降过程中应进行不少于一次制动。吊笼应运行平稳,启动、制动正常,无异常响声,吊笼停止时不应出现下滑现象。

39. 如何对防坠安全器转轴的径向间隙进行测量?

答:

(1) 用 C 形夹具将测量支架紧固在安全器的齿轮上方约 1.0 mm 处。

(2) 利用塞尺测量齿顶与支架下沿的间隙。

(3) 用杠杆提升齿轮,然后再次测量此间隙。

(4) 以上测得的二间隙值之差即为安全器转轴的径向间隙。

(5) 若测得的径向间隙大于 0.3 mm 时,则应更换安全器。

40. 施工升降机事故的主要原因之一是违章作业,违章作业主要表现在哪些方面?

答:

(1) 安装、指挥、操作人员未经培训、无证上岗。

(2) 不遵守施工现场的安全制度,高处作业不系安全带和不正确使用个人防护用品。

(3) 安装拆卸前未进行安全技术交底,作业人员未按照安装、拆卸工艺流程装拆。

(4) 临时组织装拆队伍,工种不配套,多人作业配合不默契、不协调。

(5) 违章指挥。

(6) 安装现场无专人监护。

(7) 擅自拆、改、挪动机械、电气设备或安全设施等。

41. 施工升降机事故的主要原因之一是附着达不到要求,附着达不到要求表现在哪些方面?

答:

(1) 超过独立高度没有安装附着。

(2) 附着点以上施工升降机最大自由高度超出说明书要求。

(3) 附着杆、附着间距不符合说明书要求。

(4) 擅自使用非原厂生产制造的不合格附墙装置。

(5) 附着装置的联接、固定不牢。

六、论述题

1. 请简单论述高强度螺栓的使用。

答：

（1）使用前，应对高强度螺栓进行全面检查，核对其规格、等级标志，检查螺栓、螺母及垫圈有无损坏，其连接表面应清除灰尘、油漆、油迹和锈蚀。

（2）螺栓、螺母、垫圈配合使用时，高强度螺栓绝不允许采用弹簧垫圈，必须使用平垫圈，施工升降机导轨架连接用高强度螺栓必须采用双螺母防松。

（3）应使用力矩扳手或专用扳手，按使用说明书要求拧紧。

（4）高强度螺栓安装穿插宜自下而上进行，即螺母在上面。

（5）高强度螺栓、螺母使用后拆卸再次使用，一般不得超过两次。

（6）拆下将再次使用的高强度螺栓的螺杆、螺母必须无任何损伤、变形、滑牙、缺牙、锈蚀及螺栓粗糙度变化较大等现象，否则禁止用于受力构件的连接。

2. 简述千斤顶的使用注意事项。

答：

（1）千斤顶使用前应拆洗干净，并检查各部件是否灵活，有无损伤，液压千斤顶的阀门、活塞、皮碗是否良好，油液是否干净。

（2）使用时，应放在平整坚实的地面上，如地面松软，应铺设方木以扩大承压面积。设备或物件的被顶点应选择坚实的平面部位并应清洁至无油污，以防打滑，还须加垫木板以免顶坏设备或物件。

（3）严格按照千斤顶的额定起重量使用千斤顶，每次顶升高度不得超过活塞上的标志。

（4）在顶升过程中要随时注意千斤顶的平整直立，不得歪斜，严防倾倒，不得任意加长手柄或操作过猛。

（5）操作时，先将物件顶起一点后暂停，检查千斤顶、枕木垛、地面和物件等情况是否良好，如发现千斤顶和枕木垛不稳等情况，必须处理后才能继续工作。顶升过程中，应设保险垫，并要随顶随垫，其脱空距离应保持在 50 mm 以内，以防千斤顶倾倒或突然回油而造成事故。

（6）用两台或两台以上千斤顶同时顶升一个物件时，要有统一指挥，动作一致，升降同步，保证物件平稳。

（7）千斤顶应存放在干燥、无尘土的地方，避免日晒雨淋。

3. 简述渐进式防坠安全器的工作原理。

答：安全器安装在施工升降机吊笼的传动底板上，一端的齿轮啮合在导轨架的齿条上，当吊笼在正常运行时，齿轮轴带动离心块座、离心块、调速弹簧和螺杆等组件一起转动，安全器也就不会动作。当吊笼瞬时超速下降或坠落时，离心块在离心力的作用下压缩调速弹簧并向外甩出，其三角形的头部卡住外锥体的凸台，然后就带动外锥体一起转动。此时外锥体尾部的外螺纹在加力螺母内转动，由于加力螺母被固定住，故外锥体只能向后方移动，这样使外锥体的外锥面紧紧地压向胶合在壳体上的摩擦片，当阻力达到一定量时就使吊笼制停。

4. 简述惯性楔块断绳保护装置的工作原理。

答：惯性楔块断绳保护装置的制动工作原理主要是：利用惯性原理使防坠装置的制动块

在吊笼突然发生钢丝绳断裂下坠时能紧紧夹紧在导轨架上。当吊笼在正常升降时,导向轮悬挂板悬挂在悬挂弹簧上,此时弹簧于压缩状态,同时楔形制动块与导轨架自动处于脱离状态。当吊笼提升钢丝绳突然断裂时,由于导向轮悬挂板突然发生失重,原来受压的弹簧突然释放,导向轮悬挂板在弹簧力的推动作用下向上运动,带动楔形制动块紧紧夹在导轨架上,从而避免发生吊笼的坠落。

5. 简述防坠安全器的安全技术要求。

答:

(1) 防坠安全器必须进行定期检验标定,定期检验应由有相应资质的单位进行。

(2) 防坠安全器只能在有效的标定期内使用,有效检验标定期限不应超过 1 年。

(3) 施工升降机每次安装后,必须进行额定载荷的坠落试验,以后至少每 3 个月进行一次额定载荷的坠落试验。试验时,吊笼不允许载人。

(4) 防坠安全器出厂后,动作速度不得随意调整。

(5) SC 型施工升降机使用的防坠安全器安装时透气孔应向下,紧固螺孔不能出现裂纹,安全开关的控制接线完好。

(6) 防坠安全器动作后,需要由专业人员实施复位,使施工升降机恢复到正常工作状态。

(7) 防坠安全器在任何时候都应该起作用,包括安装和拆卸工况。

(8) 防坠安全器不应由电动、液压或气动操纵的装置触发。

(9) 一旦防坠安全器触发,正常控制下的吊笼运行应由电气安全装置自动中止。

6. 施工升降机安装单位应当建立健全的管理制度主要有哪些?

答:

(1) 安装拆卸施工升降机现场勘察、编制任务书制度。

(2) 安装、拆卸方案的编制、审核、审批制度。

(3) 基础验收制度。

(4) 施工升降机安装拆卸前的零部件检查制度。

(5) 安全技术交底制度。

(6) 安装过程中及安装完毕后的质量验收制度。

(7) 技术文件档案管理制度。

(8) 作业人员安全技术培训制度。

(9) 事故报告和调查处理制度。

7. 请简要论述施工升降机安装前的检查事项。

答:

(1) 对地基基础进行复核。施工升降机地基、基础必须满足产品使用说明书要求。对施工升降机基础设置在地下室顶板、楼面或其他下部悬空结构上的,应对其支撑结构进行承载力计算。当支撑结构不能满足承载力要求时,应采取可靠的加固措施。经验收合格后方能安装。

(2) 检查附墙架附着点。附墙架附着点处的建筑结构强度应满足施工升降机产品使用说明书的要求,预埋件应可靠地预埋在建筑物结构上。

(3) 核查结构件及零部件。安装前应检查施工升降机的导轨架、吊笼、围栏、天轮和附墙架等结构件是否完好、配套,螺栓、轴销、开口销等零部件的种类和数量是否齐全、完好。对有可见裂纹的、严重锈蚀的、严重磨损的、整体或局部变形的构件应进行修复或更换,直至符合产品标准的有关规定后方可进行安装。

(4) 检查安全装置是否齐全、完好。

(5) 检查零部件连接部位除锈、润滑情况。检查导轨架、撑杆、扣件等构件的插口销轴、销轴孔部位的除锈和润滑情况,确保各部件涂油防锈,滚动部件润滑充分、转动灵活。

(6) 检查安装作业所需的专用电源的配电箱、辅助起重设备、吊索具和工具,确保满足施工升降机的安装需求。

所有项目检查完毕,全部验收合格后,方可进行施工升降机的安装。

8. 请简要描述 SC 型施工升降机安装的一般工艺流程。

答:基础施工→安装基础底架→安装 3～4 节导轨架→安装吊笼→安装吊杆→安装对重→安装围栏→安装电气系统→加高至 5～6 节导轨架并安装第一道附墙装置→试车→安装导轨架、附墙装置和电缆导向装置→安装天轮和对重钢丝绳→调试、自检、验收。

9. 请简要叙述附墙架的安装质量要求。

答:

(1) 导轨架的高度超过最大独立高度时,应设置附墙装置。附墙架的附着间隔应符合使用说明书要求。附墙架的结构与零部件应完整和完好;施工升降机运动部件与除登机平台以外的建筑物和固定施工设备之间的距离不应小于 0.2 m。

(2) 附墙架位置尽可能保持水平,由于建筑物条件影响,其倾角不得超过说明书规定值(一般允许最大倾角为 ±8°)。

(3) 连接螺栓应为高强度螺栓,不得低于 8.8 级,其紧固件的表面不得有锈斑、碰撞凹坑和裂纹等缺陷。

(4) 附墙架在安装的同时,调节附墙架的丝杆或调节孔,使导轨架的垂直度符合标准。

10. 简述断绳保护装置调试方法。

答:对渐进式(楔块抱闸式)的安全装置,可进行坠落试验。试验时将吊笼降至地面,先检查安全装置的间隙和摩擦面清洁情况,符合要求后按额定载重量在吊笼内均匀放置;将吊笼升至 3 m 左右,利用停靠装置将吊笼挂在架体上,放松提升钢丝绳 1.5 m 左右,松开停靠装置,模拟吊笼坠落,吊笼应在 1 m 距离内可靠停住。超过 1 m 时,应在吊笼降地后调整楔块间隙,重复上述过程,直至符合要求。

11. 简述拆卸作业前的准备工作。

答:

(1) 拆卸前,应制定拆卸方案,确定指挥和起重工,安排参加作业人员,划定危险作业区域并设置警示设施。

(2) 察看拆卸现场周边环境,如架空线路位置、脚手架及地面设施情况、各种障碍物情况等,确保作业现场无障碍物,场地路面平整、坚实。

(3) 检查拆卸施工升降机的基础部位及附着装置。

(4) 检查各机构的运行情况。

12. 简述 SC 型施工升降机在运行中突然断电的操作程序。

答:施工升降机在运行中突然断电时,司机应立即关闭吊笼内控制箱的电源开关,切断电源。紧急情况下可立即拉下极限开关臂杆切断电源,防止突然来电时发生意外。然后与地面或楼层上有关人员联系,判明断电原因,按照以下方法处置,千万不能图省事,与乘员一起攀爬导轨架、附墙架或防护栏杆等进入楼层,以防坠落造成人身伤害事故。

(1) 若短时间停电,可让乘员在吊笼内等待,待接到来电通知后,合上电源开关,经检查机械正常后才可启动吊笼。

(2) 若停电时间较长且在层站上时,应及时撤离乘员,等待来电;若不在层站上时,应由专业维修人员进行手动下降到最近层站撤离乘员,然后下降到地面等待来电。

(3) 若因故障造成断电且在层站上时,应及时撤离乘员,等待维修人员检修;若不在层站上时,应由专业维修人员进行手动下降到最近层站撤离乘员,然后下降到地面进行维修。

(4) 若因电缆扯断而断电,应当关注电缆断头,防止有人触电。若吊笼停在层站上时,应及时撤离乘员,等待维修人员检修;若不在层站上时,应由专业维修人员进行手动下降到最近层站撤离乘员,然后下降到地面进行维修。

13. 简述 SC 型施工升降机发生吊笼坠落时的操作程序。

答:

(1) 当施工升降机在运行中发生吊笼坠落事故时,司机应保持镇静,及时稳定乘员的恐惧心理和情绪。同时,应告诉乘员,将脚跟提起,使全身重量由脚尖支持。身体下蹲,并将手扶住吊笼,或抱住头部,以防吊笼因坠落而发生伤亡事故。如吊笼内载有货物,应将货物扶稳,以防倒下伤人。

(2) 若安全器动作并把吊笼制停在导轨架上,应及时与地面或楼层上有关人员联系,由专业维修人员登机检查原因。

① 若因货物超载造成坠落,则由维修人员对安全器进行复位,然后由司机合上电源,启动吊笼上升约 30~40 cm 使安全器完全复位,然后让吊笼停在距离最近的层站上,卸去超载的货物后,施工升降机可继续使用。

② 如因机械故障造成坠落,而一时又不能修复的,应在采取安全措施的情况下,有组织地向最近楼层撤离乘员,然后交维修人员修理。

(3) 在安全器进行机械复位后,一定要启动吊笼上升一段行程使安全器脱挡,进行完全复位,否则马上下降吊笼易发生机械故障;另外,在不能及时修复时,撤离乘员的安全措施必须由工地负责制定和实施。

14. 简述 SC 型施工升降机发生吊笼冲顶时的操作程序。

答:施工升降机使用过程中,若发生吊笼冲顶事故,此时司机一定要镇静应对,防止乘员慌乱而造成更大的事故后果。

(1) 在吊笼的上限位开关碰到限位挡铁时,该位置的上部导轨架应有 1.8 m 的安全距离,当发现吊笼越程时,司机应及时按下红色急停按钮,让吊笼停止上升;如不起作用吊笼继续上升,则应立即关闭极限开关,切断控制箱内电源,使吊笼停止上升。用手动下降方法,使吊笼下降,让乘员在最近层站撤离,然后下降吊笼到地面站,交由专业维修人员进行修理。

(2) 当吊笼冲击天轮架后停住不动,司机应及时切断电源,稳住乘员的情绪,然后与地面或楼层上有关人员联系,等候维修人员上机检查;如施工升降机无重大损坏,即可用手动下降方法,使吊笼下降,让乘员在最近层站撤离,然后下降到地面站进行维修。

(3) 当吊笼冲顶后,仅靠安全钩悬挂在导轨架上,此种情况最危险,司机和乘员一定要镇静,严禁在吊笼内乱动、乱攀爬,以免吊笼翻出导轨架而造成坠落事故。及时向邻近的其他人员发出求救信号,等待救援人员施救。救援人员应根据现场情况,尽快采取最安全和有效的应急方案,在有关方面统一指挥下,有序地进行施救。

救援过程中一定要先固定住吊笼,然后撤离人员。救援人员一定要动作轻,尽量保持吊笼的平稳,避免受到过度冲击或振动,使救援工作稳步有序进行。

15. 简述 SC 型施工升降机操作台各按钮、仪表、指示灯的作用。

答:

(1) 电源锁,打开后控制系统将通电。

(2) 电压表,供查看供电电压是否稳定。

(3) 启动按钮,按下后主回路供电。

(4) 操作手柄,控制吊笼向上或向下运行。

(5) 电铃按钮,按下后发出警示铃声信号。

(6) 急停按钮,按下后切断控制系统电源。

(7) 照明开关,控制驾驶室照明。

(8) 电源指示灯,显示控制电路通断情况。

(9) 常规指示灯,显示设备处于正常工作状态。

(10) 加节指示灯,显示施工升降机正处于加节安装工作状态。

16. 简述额定载荷试验的做法。

答:在吊笼内装额定载重量,载荷重心位置按吊笼宽度方向均向远离导轨架方向偏六分之一宽度,长度方向均向附墙架方向偏六分之一长度的内偏以及反向偏移六分之一长度的外偏,按所选电动机的工作制,各做全行程连续运行 30 min 的试验,每一工作循环的升、降过程应进行不少于一次制动。

额定载重量试验后,应测量减速器和液压系统油的温升。吊笼应运行平稳,启动、制动正常,无异常响声;吊笼停止时,不应出现下滑现象,在中途再启动上升时,不允许出现瞬时下滑现象。额定载荷试验后记录减速器油液的温升,蜗轮蜗杆减速器油液温升不得超过 60 K,其他减速器油液温升不得超过 45 K。

双吊笼施工升降机应按左、右吊笼分别进行额定载重量试验。

17. 简要叙述坠落试验的方法和步骤。

答:首次使用的施工升降机,或转移工地后重新安装的施工升降机,必须在投入使用前进行额定载荷坠落试验。施工升降机投入正常运行后,还需每隔 3 个月定期进行一次坠落试验。以确保施工升降机的使用安全。坠落试验一般程序如下:

(1) 在吊笼中加载额定载重量。

(2) 切断地面电源箱的总电源。

(3) 将坠落试验按钮盒的电缆插头插入吊笼电气控制箱底部的坠落试验专用插座中。

(4) 把试验按钮盒的电缆固定在吊笼上电气控制箱附近,将按钮盒设置在地面。坠落试验时,应确保电缆不会被挤压或卡住。

(5) 撤离吊笼内所有人员,关上全部吊笼门和围栏门。

(6) 合上地面电源箱中的主电源开关。

(7) 按下试验按钮盒标有上升符号的按钮(符号↑),驱动吊笼上升至离地面约 3~10

m 高度。

(8) 按下试验按钮盒标有下降符号的按钮(符号↓),并保持按住此按钮。这时,电机制动器松闸,吊笼下坠。当吊笼下坠速度达到临界速度,防坠安全器将动作,把吊笼刹住。

若防坠安全器未能按规定要求动作而刹住吊笼时,必须将吊笼上电气控制箱上的坠落试验插头拔下,操纵吊笼下降至地面后,查明防坠安全器不动作的原因,排除故障后,才能再次进行试验,必要时需送生产厂校验。

(9) 拆除试验电缆。此时,吊笼应无法启动。因为当防坠安全器动作时,其内部的电控开关已动作,以防止吊笼在试验电缆被拆除而防坠安全器尚未按规定要求复位的情况下被启动。

18. 简述对施工升降机维护保养的意义。

为了使施工升降机经常处于完好、安全运转状态,避免和消除在运转工作中可能出现的故障,提高施工升降机的使用寿命,必须及时正确地做好维护保养工作。

(1) 施工升降机工作状态中,经常遭受风吹雨打、日晒的侵蚀,灰尘、沙土的侵入和沉积,如不及时清除和保养,将会加快机械的锈蚀、磨损,使其寿命缩短。

(2) 在机械运转过程中,各工作机构润滑部位的润滑油及润滑脂会自然损耗,如不及时补充,将会加重机械的磨损。

(3) 机械经过一段时间的使用后,各运转机件会自然磨损,零部件间的配合间隙会发生变化,如果不及时进行保养和调整,磨损就会加快,甚至导致完全损坏。

(4) 机械在运转过程中,如果各工作机构的运转情况不正常,又得不到及时的保养和调整,将会导致工作机构完全损坏,大大降低施工升降机的使用寿命。

物料提升机司机理论考试题库

说明:本题库为物料提升机理论考试题库,为和教材统一,本题库中的施工升降机代指物料提升机。

一、名词术语解释

1. 力

答:力是一个物体对另一个物体的作用。

2. 串联电路

答:电路中电流依次通过每一个组成元件的电路称为串联电路。

3. 并联电路

答:电路中所有负载(电源)的输入端和输出端分别被连接在一起的电路,称为并联电路。

4. 齿轮传动

答:齿轮传动是靠主动轮的轮齿与从动轮的轮齿直接啮合来传递运动和动力的装置。

5. 重心

答:重心是物体所受重力的合力的作用点。

6. 施工升降机

答:施工升降机是用吊笼载人、载物沿导轨做上下运输的施工机械。

7. 最大提升高度

答:吊笼运行至最高上限位位置时,吊笼底板与基础底架平面间的垂直距离。

8. 导轨架

答:施工升降机的导轨架是用以支撑和引导吊笼、对重等装置运行的金属构架。

9. 附墙架

答:附墙架是按一定间距连接导轨架与建筑物或其他固定结构,从而支撑导轨架的构件。

10. 防坠安全器

答:防坠安全器是非电气、气动和手动控制的防止吊笼或对重坠落的机械式安全保护装置。

11. 渐进式安全器

答:初始制动力(或力矩)可调,制动过程中制动力(或力矩)逐渐增大的防坠安全器,称为渐进式安全器。

12. 安全器动作速度

答:安全器动作速度是指能触发防坠安全器开始动作的吊笼或对重的运行速度。

13. 限速器

答：限速器是指当吊笼运行速度达到限定值时，激发安全钳动作的装置。

14. 安全钳

答：安全钳是由限速器激发，迫使吊笼制停的安全装置。

15. 吊笼

答：吊笼是施工升降机用来运载人员或货物的笼形部件，以及用来运载物料的带有侧护栏的平台或斗状容器的总称。

16. 限位挡板

答：限位挡板是触发安全开关的金属构件，一般安装在导轨架上。

17. 电气系统

答：电气系统是施工现场配电系统将电源输送到施工升降机的电控箱，电控箱内的电路元器件按照控制要求，将电送达驱动电动机，指令电动机通电运转，将电能转换成所需要的机械能。

18. 标定动作速度

答：标定动作速度是指按所要限定的防护目标运行速度而调定的安全器开始动作时的速度。

19. 缓冲装置

答：缓冲装置是安装在施工升降机底架上，用以吸收下降的吊笼或对重的动能，起到缓冲作用的装置。

20. 交接班制度

答：为使施工升降机在多班作业或多人轮班操作时，能相互了解情况、交待问题，分清责任，防止机械损坏和附件丢失，保证施工生产的连续进行而建立的制度。

21. 司机岗位责任制

答：司机岗位责任制，就是把施工升降机的使用和管理的责任落实到具体人员身上，由他们负责操作、维护、保养和保管，在使用过程中对机械技术状况和使用效率全面负责，以增强司机爱护机械设备的责任心，有利于司机熟悉机械特性，熟练掌握操作技术，合理使用机械设备，提高机械效率，确保安全生产。

22. 不定期检查

答：不定期检查主要指季节性及节假日前后的检查。

23. 三定制度

答：施工升降机的使用必须贯彻"管、用、养结合"和"人机固定"的原则，实行定人、定机、定岗位的"三定"岗位责任制。

24. 转场保养

答：在施工升降机转移到新工程，安装使用前，需进行一次全面的维护保养，保证施工升降机状况完好，确保安装、使用安全。

25. 闲置保养

答：施工升降机在停置或封存期内，至少每月进行一次保养，重点是润滑和防腐，由专业维修人员进行。

26. "十字作业"法

答:维护保养一般采用"清洁、紧固、调整、润滑、防腐"等方法,通常简称为"十字作业"法。

27. 清洁

答:所谓清洁,是指对机械各部位的油泥、污垢、尘土等进行清除等工作。

28. 紧固

所谓紧固,是指对连接件进行检查紧固等工作。

29. 调整

答:所谓调整,是指对机械零部件的间隙、行程、角度、压力、松紧、速度等及时进行检查调整,以保证机械的正常运行。

30. 润滑

答:所谓润滑,是指按照规定和要求,选用并定期加注或更换润滑油,以保持机械运动零件间的良好运动,减少零件磨损。

31. 防腐

答:所谓防腐,是指对机械设备和部件进行防潮、防锈、防酸等处理,防止机械零部件和电气设备被腐蚀损坏。

32. 高空坠落事故

答:在施工升降机安装、使用和拆卸过程中,安装、拆卸、维修人员及乘员从吊笼顶部、导轨架等高处坠落的事故,称为高空坠落事故。

二、单项选择题(下列各题的选项中只有一个是正确的或是最符合题意的,请将正确选项的字母填入相应的空格中)

1. 常用的螺栓、键、销轴或铆钉等联接件产生的变形都是( )变形的实例。
   A. 拉伸与压缩　　　　B. 剪切　　　　C. 扭转　　　　D. 弯曲
   答案:B

2. 力使物体运动状态发生变化的效应称为力的( )。
   A. 内效应　　　　B. 外效应
   答案:B

3. 力使物体产生变形的效应称为力的( )。
   A. 内效应　　　　B. 外效应
   答案:A

4. 作用力与反作用力作用在( )物体上。
   A. 一个　　　　B. 两个
   答案:B

5. 在电路中能量的传输靠的是( )。
   A. 电压　　　　B. 电动势　　　　C. 电流
   答案:C

6. 测量电流时必须将电流表( )在被测的电路中。
   A. 并联　　　　B. 串联　　　　C. 串联或并联均可
   答案:B

7. 电流能从电路中的高电位点流向低电位点,是因为有( )。
   A. 电位差　　　　　　B. 电压　　　　　　C. 电功率
   答案:A

8. ( )是指电路中(或电场中)任意两点之间的电位差。
   A. 电流　　　　　　　B. 电压　　　　　　C. 电阻
   答案:B

9. 测量电压时,必须将电压表( )在被测量电路中,使用时,必须注意所测的电压不得超过伏特表的量程。
   A. 并联　　　　　　　B. 串联　　　　　　C. 串联或并联均可
   答案:A

10. 在任何情况下,两导体间或任一导体与地之间均不得超过交流(50～500 Hz)有效值( )V,此电压称为安全电压。
    A. 50　　　　B. 42　　　　C. 36　　　　D. 24
    答案:A

11. 安全电压有5个等级:( )、36 V、24 V、12 V、6 V。
    A. 50 V　　　　　　B. 48 V　　　　　　C. 42 V
    答案:C

12. 短路时负载中( )电流通过。
    A. 有　　　　　　　　B. 无
    答案:B

13. 电流做功的过程实际上是( )转化为其他形式能的过程。
    A. 电压　　　　B. 电流　　　　C. 电阻　　　　D. 电能
    答案:D

14. 功率表可以测量用电设备或电气设备在( )的电功率大小。
    A. 某一工作瞬间　　　B. 某一段时间内
    答案:A

15. 电动机在额定电压下运行时,三相定子绕组的接线方式有两种,一种额定电压为380 V/220 V,接法为( );另一种额定电压为380 V。
    A. Y/△　　　　　　　B. △
    答案:A

16. 应用于潮湿场所的电气设备为防止人为触电,应选用额定漏电动作电流不大于15 mA,额定漏电动作时间不应大于( )s的漏电保护器。
    A. 0.02　　　　B. 0.05　　　　C. 0.1　　　　D. 0.2
    答案:C

17. 齿轮的传动比,就是主动齿轮与从动齿轮转速(角速度)之比,与其齿数成( )。
    A. 正比　　　　　　　B. 反比
    答案:B

18. ( )齿轮传动是将齿轮安装在刚性良好的密闭壳体内,并将齿轮浸入一定深度的润滑油中,以保证有良好的工作条件,适用于中速及高速传动的场合。

A. 开式　　　　　　　B. 半开式　　　　　　C. 闭式
答案：C

19. 平键联接时，键的上顶面与轮毂键槽的底面之间留有间隙，而键的两侧面与轴、轮毂键槽的侧面配合紧密，工作时依靠键和键槽侧面的挤压来传递运动和转矩，因此平键的（　　）为工作面。
A. 侧面　　　　　　　B. 底面　　　　　　　C. 正面
答案：A

20. 定位销一般不受载荷或受很小载荷，其直径按结构确定，数量不得少于（　　）。
A. 1个　　　　　　　B. 2个　　　　　　　C. 3个
答案：B

21. 联轴器用于轴与轴之间的联接，按性能可分为刚性联轴器和（　　）两大类。
A. 柔性联轴器　　　　B. 弹性联轴器　　　　C. 安全联轴器
答案：B

22. 普通螺栓材质一般采用Q235钢。普通螺栓的强度等级为3.6～（　　）级。
A. 6.8　　　　B. 7.8　　　　C. 8.8　　　　D. 9.8
答案：A

23. 螺栓、螺母、垫圈配合使用时，高强度螺栓必须使用（　　）。
A. 弹簧垫圈　　　　　B. 平垫圈
答案：B

24. 施工升降机导轨架连接用高强度螺栓必须采用（　　）防松。
A. 弹簧垫圈　　　　　B. 平垫圈　　　　　　C. 双螺母
答案：C

25. 高强度螺栓、螺母使用后拆卸再次使用，一般不得超过（　　）。
A. 1次　　　　B. 2次　　　　C. 3次　　　　D. 4次
答案：B

26. 重量是表示物体所受地球引力的大小，是由物体的体积和材料的（　　）所决定的。
A. 密度　　　　　　　B. 重力密度（容重）
答案：B

27. 对钢丝绳连接或固定时，编结长度不应小于钢丝绳直径的（　　）倍，且不应小于300 mm；连接强度不小于钢丝绳破断拉力的75%。
A. 5　　　　B. 10　　　　C. 15　　　　D. 20
答案：C

28. 起升机构不得使用编结接长的钢丝绳。使用其他方法接长钢丝绳时，必须保证接头连接强度不小于钢丝绳破断拉力的（　　）。
A. 75%　　　　B. 85%　　　　C. 90%　　　　D. 95%
答案：C

29. 浸涂法润滑钢丝绳就是将润滑脂加热到（　　）℃，然后使钢丝绳通过一组导辊装置被张紧，同时使之缓慢地在容器里的熔融润滑脂中通过。
A. 50　　　　B. 60　　　　C. 70　　　　D. 80

答案:B

30. 钢丝绳夹用于钢丝绳的连接或固定时最少数量是( )个。
   A. 1　　　　　　B. 2　　　　　　C. 3　　　　　　D. 4
   答案:C

31. 为了提高钢丝绳的使用寿命,滑轮直径最小不得小于钢丝绳直径的( )倍。
   A. 8　　　　　　B. 10　　　　　　C. 15　　　　　　D. 16
   答案:D

32. 卷扬机的安装位置应能使操作人员看清指挥人员和起吊或拖动的物件,操作者视线仰角应小于( )。
   A. 30°　　　　　B. 45°　　　　　C. 60°　　　　　D. 75°
   答案:B

33. 在卷扬机正前方应设置导向滑车,导向滑车至卷筒轴线的距离,带槽卷筒应不小于卷筒宽度的＿＿＿＿倍,无槽卷筒应大于卷筒宽度的＿＿＿＿倍,以免钢丝绳与导向滑车槽缘产生过度的磨损。( )
   A. 10,15　　　　B. 15,20　　　　C. 20,25
   答案:B

34. 钢丝绳绕入卷筒的方向应与卷筒轴线垂直,其垂直度允许偏差为( ),这样能使钢丝绳圈排列整齐,不致斜绕和互相错叠挤压。
   A. 2°　　　　　　B. 6°　　　　　　C. 10°　　　　　　D. 12°
   答案:B

35. 对于额定提升速度大于0.85 m/s的SS型施工升降机安装有( )防坠安全装置。
   A. 瞬时式　　　　B. 非瞬时式
   答案:B

36. 当立管壁厚减少量为出厂厚度的( )时,标准节应予报废或按立管壁厚规格降级使用。
   A. 5%　　　　　B. 15%　　　　　C. 25%　　　　　D. 75%
   答案:C

37. 附墙架应能保证几何结构的稳定性,杆件不得少于( )根,形成稳定的三角形状态。
   A. 2　　　　　　B. 3　　　　　　C. 4　　　　　　D. 5
   答案:B

38. 附墙架各杆件与建筑物连接面处需有适当的分开距离,使之受力良好,杆件与架体中心线夹角一般宜控制在( )左右。
   A. 15°　　　　　B. 30°　　　　　C. 40°　　　　　D. 45°
   答案:C

39. 附墙架连接螺栓为不低于( )级的高强度螺栓,其紧固件的表面不得有锈斑、碰撞凹坑和裂纹等缺陷。
   A. 6.8　　　　　B. 8.8　　　　　C. 9.8　　　　　D. 10.9

答案：B

40. 对于钢丝绳式货用施工升降机当其安装高度小于（　　）m 时,吊笼顶可以不封闭,吊笼立面的高度不应低于 1.5 m。
    A. 30　　　　　　　B. 40　　　　　　　C. 50　　　　　　　D. 80
    答案：C

41. 吊杆提升钢丝绳的安全系数不应小于（　　）,直径不应小于 5 mm。
    A. 5　　　　　　　B. 6　　　　　　　C. 8　　　　　　　D. 12
    答案：C

42. 层门应与吊笼的电气或机械联锁,当吊笼底板离某一卸料平台的垂直距离在（　　）m 以内时,该平台的层门方可打开。
    A. ±0.05　　　　B. ±0.1　　　　C. ±0.15　　　　D. ±0.25
    答案：D

43. 天轮架一般有固定式和（　　）两种。
    A. 开启式　　　B. 浮动式　　　C. 可拆卸式　　　D. 移动式
    答案：A

44. 当吊笼底部碰到缓冲弹簧时,对重上端离开天轮架的下端应有（　　）mm 的安全距离。
    A. 50　　　　　　B. 250　　　　　C. 500　　　　　D. 1 000
    答案：C

45. 当吊笼上升到施工升降机上部碰到（　　）后,吊笼停止运行时,吊笼的顶部与天轮架的下端应有 1.8 m 的安全距离。
    A. 上限位　　　B. 上极限限位　　　C. 极限开关　　　D. 限位开关
    答案：A

46. 天轮架滑轮应有防止钢丝绳脱槽装置,该装置与滑轮外缘的间隙不应大于钢丝绳直径的 20%,即不大于（　　）mm。
    A. 9　　　　　　　B. 6　　　　　　　C. 3　　　　　　　D. 1
    答案：C

47. 当悬挂对重使用两根或两根以上相互独立的钢丝绳时,应设置（　　）平衡钢丝绳张力装置。
    A. 浮动　　　　B. 手动　　　　C. 机械　　　　D. 自动
    答案：D

48. 悬挂对重多余钢丝绳应卷绕在卷筒上,其弯曲直径不应小于钢丝绳直径的（　　）倍。
    A. 3　　　　　　　B. 5　　　　　　　C. 15　　　　　　D. 20
    答案：C

49. 启用新电动机或长期不用的电动机时,需要用（　　）测量电动机绕组间的绝缘电阻,其绝缘电阻不低于 0.5 MΩ,否则应做干燥处理后方可使用。
    A. 500 V 电压表　　　　　B. 500 V 电流表
    C. 欧姆表　　　　　　　　D. 500 伏兆欧表

答:D

50. 当电动机启动电压偏差大于额定电压( )时,应停止使用。
A. ±5%　　　　　B. ±10%　　　　　C. ±15%
答案:B

51. 当制动器的制动盘摩擦材料单面厚度磨损到接近( )mm时,必须更换制动盘。
A. 0.02　　　B. 0.05　　　C. 1　　　D. 2
答案:C

52. 蜗轮副的失效形式主要是( ),所以在使用中蜗轮减速箱内要按规定保持一定量的油液,防止缺油和发热。
A. 齿面胶合　　　B. 齿面磨损　　　C. 轮齿折断　　　D. 齿面点蚀
答案:A

53. 蜗轮减速器的油液温升不得超过( )℃,否则会造成油液的黏度急剧下降。
A. 45　　　B. 50　　　C. 60　　　D. 80
答案:C

54. 建筑施工用施工升降机配套的卷扬机多为( )系列。
A. 慢速(M)　　B. 中速(Z)　　C. 快速(K)　　D. 极速(J)
答案:C

55. 建筑施工用施工升降机配套的卷扬机的卷绳线速度或曳引机的节径线速度一般为30～40 m/min,钢丝绳端的牵引力一般在( )kg以下。
A. 500　　　B. 1 000　　　C. 2 000　　　D. 3 000
答案:C

56. 钢丝绳曳引式施工升降机一般都采用( )曳引机。
A. 有齿轮　　　　B. 无齿轮
答案:A

57. 为了减少曳引机在运动时的噪声和提高平稳性,一般采用( )作减速传动装置。
A. 蜗杆副　　　　B. 齿轮副
答案:A

58. 曳引机的摩擦力是由钢丝绳压紧在曳引轮绳槽中而产生的,压力愈大摩擦力( )。
A. 愈小　　　　B. 愈大
答案:B

59. 曳引机曳引力大小与钢丝绳在曳引轮上的包角有关系,包角( ),摩擦力愈大。
A. 愈小　　　　B. 愈大
答案:B

60. SS型货用施工升降机驱动吊笼的钢丝绳允许用一根,其安全系数不应小于8、额定载重量不大于( )kg的施工升降机,钢丝绳直径不应小于6 mm。
A. 160　　　B. 320　　　C. 480　　　D. 600
答案:B

61. SS型货用施工升降机驱动吊笼的钢丝绳允许用一根,其安全系数不应小于8,额定载重量大于( )kg的施工升降机,钢丝绳直径不应小于 8 mm。

A. 160　　　　　B. 320　　　　　C. 480　　　　　D. 600

答案:B

62. SS型施工升降机当吊笼停止在最低位置时,留在卷筒上的钢丝绳不应小于( )圈。

A. 1　　　　　　B. 2　　　　　　C. 3　　　　　　D. 4

答案:C

63. 卷筒两侧边缘大于最外层钢丝绳的高度不应小于钢丝绳直径的( )倍。

A. 3　　　　　　B. 2　　　　　　C. 1　　　　　　D. 0.5

答案:B

64. 曳引驱动施工升降机,当吊笼超载( )并以额定提升速度上、下运行和制动时,钢丝绳在曳引轮绳槽内不应产生滑动。

A. 5%　　　　　B. 15%　　　　　C. 25%　　　　　D. 50%

答案:C

65. SS型货用施工升降机的驱动卷筒节径、曳引轮节径、滑轮直径与钢丝绳直径之比不应小于( )。

A. 20　　　　　B. 30　　　　　C. 31

答案:A

66. SS型施工升降机的制动器应是常闭式,其额定制动力矩对货用升降机为不低于作业时的额定制动力矩的( )倍。不允许使用带式制动器。

A. 1.25　　　　B. 1.5　　　　　C. 1.75　　　　　D. 2

答案:B

67. SS型货用施工升降机钢丝绳在驱动卷筒上的绳端可采用( )固定。

A. 楔形装置　　　B. 压板　　　　　C. 长板条固定

答案:B

68. 施工升降机基础下土壤的承载力一般应大于( )MPa。

A. 0.1　　　　　B. 0.15　　　　　C. 0.2　　　　　D. 0.25

答案:B

69. 对于驱动装置放置在架体外的钢丝绳式施工升降机,应单独制作卷扬机的基础,宜用混凝土或水泥砂浆找平,一般厚度不小于( )mm。

A. 100　　　　　B. 150　　　　　C. 200　　　　　D. 300

答案:C

70. 防坠安全器是( )控制的防止吊笼或对重坠落的机械式安全保护装置。

A. 电气　　　　　B. 气动　　　　　C. 手动　　　　　D. 非人为

答案:D

71. ( )的特点是制动距离较长,制动平稳、冲击小。

A. 瞬时式防坠安全器　　B. 渐进式防坠安全器

答案:B

72. ( )防坠安全器的初始制动力(或力矩)不可调。

A. 渐进式　　　　　　　　B. 瞬时式

答案：B

73. 当施工升降机对重额定提升速度大于（　　）m/s 时应采用渐进式防坠安全器。

A. 0.63　　　　　B. 0.85　　　　　C. 1　　　　　D. 1.33

答案：C

74. 对于 SS 型货用施工升降机，其吊笼额定提升速度大于（　　）m/s 时，应采用渐进式防坠安全器。

A. 0.63　　　　　B. 0.85　　　　　C. 1　　　　　D. 1.33

答案：B

75. 防坠安全器的制动距离最大不得超过（　　）m。

A. 1.6　　　　　B. 1.8　　　　　C. 2　　　　　D. 2.5

答案：C

76. 对于额定提升速度小于或等于（　　）m/s 的 SS 型货用施工升降机，可采用瞬时式防坠安全装置。

A. 0.63　　　　　B. 0.85　　　　　C. 1　　　　　D. 1.33

答案：B

77. 瞬时式防坠安全装置允许借助悬挂装置的断裂或借助一根（　　）来动作。

A. 安全绳　　　　B. 钢丝绳　　　　C. 安全锁　　　　D. 杠杆

答案：A

78. 任何形式的（　　）防坠安全装置，当断绳或固定松脱时，吊笼锁住前的最大滑行距离，在满载情况下，不得超过 1 m。

A. 渐进式　　　　B. 瞬时式　　　　C. 楔块式　　　　D. 夹轨式

答案：B

79. 对于 SS 型施工升降机任何形式的防坠安全装置，当断绳或固定松脱时，吊笼锁住前的最大滑行距离，在满载情况下，不得超过（　　）m。

A. 0.63　　　　　B. 0.85　　　　　C. 1　　　　　D. 1.33

答案：C

80. 防坠安全器只能在有效的标定期内使用，有效检验标定期限不应超过（　　）。

A. 3 个月　　　　B. 半年　　　　C. 1 年　　　　D. 2 年

答案：C

81. （　　）开关的作用是当施工升降机的吊笼超越了允许运动的范围时，能自动停止吊笼的运行。

A. 行程安全控制　　　　B. 安全装置联锁控制

答案：A

82. （　　）应为非自动复位型的开关。

A. 上行程限位开关　　B. 下行程限位开关　　C. 减速开关　　D. 极限开关

答案：D

83. 在正常工作状态下，下极限开关挡板的安装位置，应保证吊笼碰到缓冲器之前，（　　）应首先动作。

A. 下行程限位开关　　　B. 下极限开关　　　C. 减速开关　　　D. 极限开关
答案：B

84. 吊笼设有进料门和出料门，进料门一般为（　　）。
A. 单门　　　　　　　　B. 双门
答案：A

85. 为避免施工作业人员进入运料通道时不慎坠落，宜在每层楼通道口设置（　　）状态的安全门或栏杆。
A. 常开　　　　　　　　B. 常闭
答案：B

86. 升降机的金属结构及所有电气设备的金属外壳应接地，其接地电阻不应大于（　　）Ω。
A. 4　　　　　B. 10　　　　　C. 30
答案：A

87. 防雷装置的冲击接地电阻值不得大于（　　）Ω。
A. 4　　　　　B. 10　　　　　C. 30
答案：C

88. 从事施工升降机安装与拆卸的操作人员、起重指挥、电工等人员应当年满（　　）周岁，具备初中以上的文化程度。
A. 16　　　　B. 18　　　　C. 20
答案：B

89. 从事施工升降机操作的人员应经过专门培训，并经（　　）部门考核合格，取得建筑施工特种作业人员操作资格证书。
A. 建设主管　　　B. 技术质量监督　　　C. 安全管理
答案：A

90. 通过手动撬动作业法使吊笼在断电的情况下上升或下降时，应将摇把插入联轴器的孔中，提起制动器尾部的松脱手柄，下压摇把吊笼（　　）。
A. 上升　　　　　　　　B. 下降
答案：A

91. 施工升降机所用电缆应为（　　）电缆，所用规格应合理选择。
A. 三芯　　　　B. 四芯　　　　C. 五芯
答案：C

92. 施工升降机电缆选择应合理，应保证升降机满载运行时电压波动不得大于（　　）。
A. 5%　　　　B. 10%　　　　C. 15%
答案：A

93. 施工升降机结构、电机及电气设备的（　　）均应接地，接地电阻不得超过4Ω。
A. 接线盒　　　B. 基座　　　C. 金属外壳
答案：C

94. 首次取得证书的人员实习操作不得少于（　　）个月；否则，不得独立上岗作业。
A. 1　　　　B. 2　　　　C. 3　　　　D. 6

答案：C

95．施工升降机司机每年应当参加不少于（　　）的安全生产教育。
A．24 小时　　　　　B．2 天　　　　　C．8 小时　　　　　D．3 天
答案：A

96．施工升降机生产厂必须持有国家颁发的特种设备（　　）。
A．监督检验证明　　　　　　　　　B．出厂合格证
C．备案登记　　　　　　　　　　　D．制造许可证
答案：D

97．对于购入的旧施工升降机应有（　　）年内完整运行记录及维修、改造资料。
A．1　　　　　　　　B．2　　　　　　　C．3
答案：B

98．施工升降机使用时顶部风速不得大于（　　）m/s。
A．13　　　　　　　　B．18　　　　　　　C．20
答案：C

99．为使施工升降机在多班作业或多人轮班操作时，能相互了解情况、交待问题，分清责任，防止机械损坏和附件丢失，保证施工生产的连续进行，必须建立（　　）制度作为岗位责任制的组成部分。
A．三定　　　　　　　B．安全技术检查　　　C．交接班
答案：C

100．多班作业或多人驾驶的施工升降机，应任命一人为机长，其余为机员。机长选定后，应由施工升降机的使用或所有单位任命，并保持（　　）。
A．不变　　　　　　　B．一年一变　　　　　C．相对稳定
答案：C

101．根据国家有关规定，特种设备使用超过一定年限，（　　）必须经有相应资质的检验检测机构监督检验合格，才可以正常使用。
A．每半年　　　　　　B．每年　　　　　　　C．每两年
答案：B

102．施工升降机司机必须经过有关部门（　　），考核合格后取得特种作业人员操作资格证书，持证上岗。
A．专业培训　　　　　B．技术培训　　　　　C．知识培训
答案：A

103．电动机的电气制动可分为反接制动、能耗制动和再生制动。其中，再生制动只有当电动机转速 n（　　）同步转速 n_1 时才能实现。
A．大于　　　　　　　B．等于　　　　　　　C．小于
答案：A

104．清除钢丝绳表面上积存的污垢和铁锈，最好是用（　　）清刷。
A．水　　　　　　　　B．毛刷　　　　　　　C．钢丝刷　　　　　D．镀锌钢丝刷
答案：D

105．电动机旋转制动盘磨损极限量可用塞尺进行测量，当旋转制动盘摩擦材料单面厚

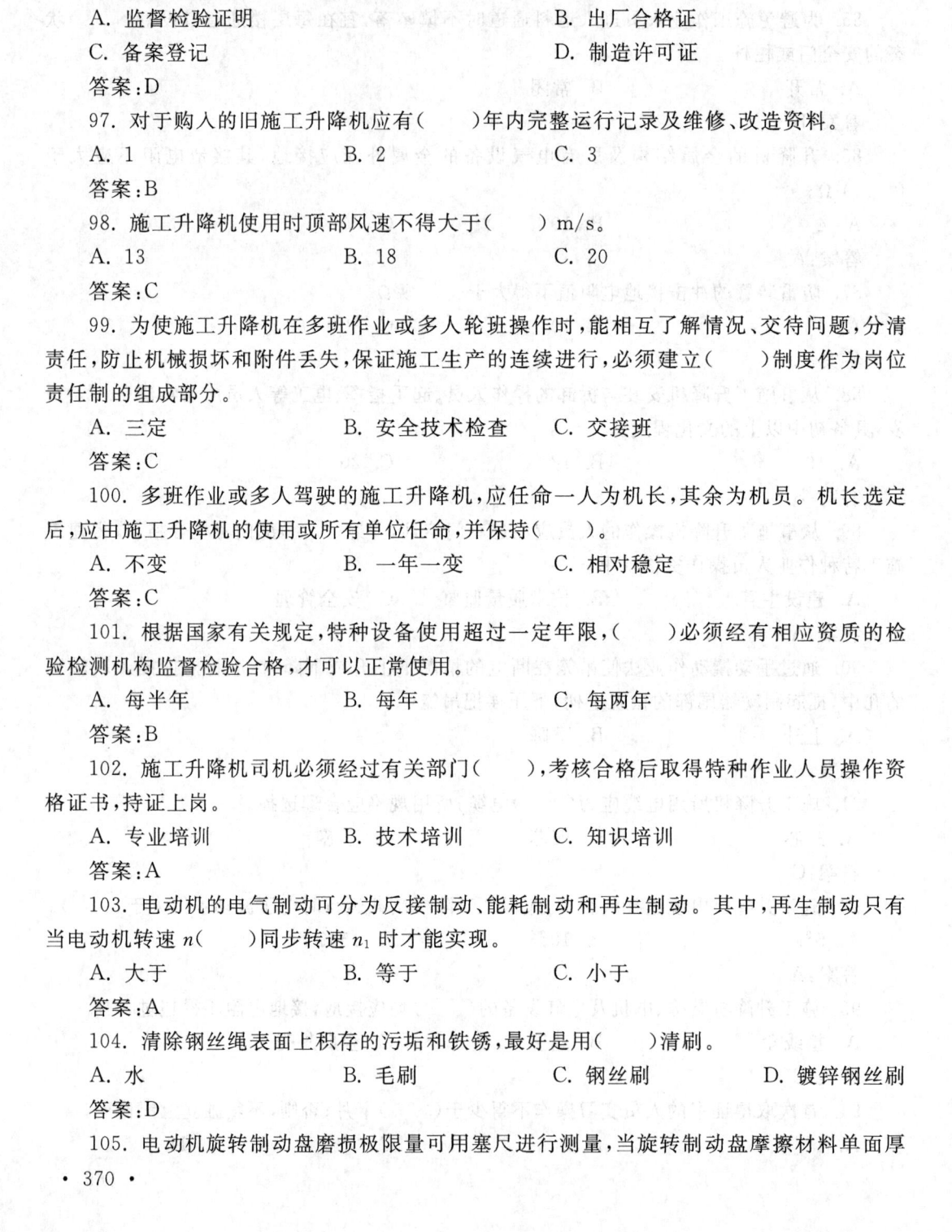

度磨损到接近（　　）mm 时，必须更换制动盘。

A. 1　　　　　　　B. 0.5　　　　　　　C. 0.2　　　　　　　D. 0.05

答案：A

106. 制动闸瓦磨损过甚而使铆钉露头，或闸瓦磨损量超过原厚度（　　）时，应及时更换。

A. 1/4　　　　　　B. 1/3　　　　　　　C. 1/2

答案：B

107. 闸瓦（块式）电磁制动器心轴磨损量超过标准直径（　　）和椭圆度超过 0.5 mm 时，应更换心轴。

A. 1%　　　　　　B. 2%　　　　　　　C. 5%　　　　　　　D. 10%

答案：C

三、多项选择题（下列各题的选项中，正确选项不止一个，请将正确选项的字母填入相应的空格中）

1. 力的（　　）称为力的三要素。

A. 大小　　　　　B. 方向　　　　　　C. 长度　　　　　　D. 作用点

答案：ABD

2. 在工程中构件的基本变形可简化为（　　）四种基本变形。

A. 轴向拉伸与压缩　　B. 剪切　　　　　　C. 扭转
D. 弯曲　　　　　　　E. 挤压

答案：ABCD

3. 电路的状态一般有（　　）。

A. 开路　　　　　B. 通路　　　　　　C. 短路　　　　　　D. 闭路

答案：ABC

4. 电路一般由（　　）和控制器件等四部分组成组成。

A. 电源　　　　　B. 负载　　　　　　C. 电阻　　　　　　D. 导线

答案：ABD

5. 电路中的控制元件在电路中起（　　）、测量等作用的装置。

A. 接通　　　　　B. 断开　　　　　　C. 传输　　　　　　D. 保护

答案：ABD

6. 电路的主要任务是进行电能的（　　）。

A. 传送　　　　　B. 保护　　　　　　C. 分配　　　　　　D. 转换

答案：ACD

7. 三个具有相同（　　），但在相位上彼此相差 120°的正弦交流电压、电流或电动势，统称为三相交流电。

A. 频率　　　　　B. 振幅　　　　　　C. 电压　　　　　　D. 电流

答案：AB

8. 三相交流电习惯上称为 A/B/C 三相，按国标 GB 4026—2010 规定，交流供电系统的电源 A、B、C 分别用 L1、L2、L3 表示，其相色漆的颜色分别以（　　）表示。

A. 黄色 B. 绿色 C. 灰色 D. 红色
答案：ABD

9. 三相异步电动机也叫三相感应电动机，主要由（　　）两个基本部分组成。
A. 定子 B. 定子绕组 C. 转子 D. 转子绕组
答案：AC

10. 转子部分由（　　）组成。
A. 转子铁芯 B. 转子绕组 C. 转轴 D. 机座
答案：ABC

11. 低压空气断路器用于当电路中发生（　　）等不正常情况时，能自动分断电路的电器，也可用作不频繁地启动电动机或接通、分断电路。
A. 过载 B. 短路 C. 电压过高 D. 欠压
答案：ABD

12. 机器基本上都是由（　　）组成的。
A. 原动部分 B. 传动部分 C. 控制部分 D. 工作部分
答案：ABD

13. 低副是指两构件之间作面接触的运动副。按两构件的相对运动情况，可分为（　　）。
A. 转动副 B. 移动副 C. 螺旋副 D. 滑动副
答案：ABC

14. （　　）之间的接触均为常用高副。
A. 滚轮与轨道 B. 凸轮与推杆 C. 丝杠与螺母 D. 轮齿与轮齿
答案：ABD

15. 靠机件间的摩擦力传递动力和运动的摩擦传动，包括（　　）等。
A. 带传动 B. 谐波传动 C. 绳传动 D. 摩擦轮传动
答案：ACD

16. 靠主动件与从动件啮合或借助中间件啮合传递动力或运动的啮合传动，包括（　　）和谐波传动等。
A. 齿轮传动 B. 链传动 C. 摩擦轮传动 D. 螺旋传动
答案：ACD

17. 按照轴的所受载荷不同，可将轴分为（　　）三类。
A. 心轴 B. 转轴 C. 曲轴 D. 传动轴
答案：ABD

18. 按润滑方式不同，齿轮润滑可分为（　　）等几种形式。
A. 开式 B. 半开式 C. 闭式 D. 密封式
答案：ABC

19. 常见的轮齿失效形式有（　　）等形式。
A. 轮齿折断 B. 齿面点蚀 C. 齿面胶合
D. 齿面磨损 E. 齿面塑性变形
答案：ABCDE

20. 带传动可分为( )等形式。
   A. 平型带传动	B. 梯形带传动
   C. V型带传动	D. 同步齿形带传动
   答案：ACD

21. 滑动轴承根据轴承所受载荷方向不同,可分为( )。
   A. 向心滑动轴承	B. 推力滑动轴承
   C. 向心推力滑动轴承	D. 轴向推力滑动轴承
   答案：ABC

22. 花键的齿形有( )等三种,矩形键加工方便,应用较广。
   A. 矩形	B. 半圆形	C. 三角形	D. 渐开线齿形
   答案：ACD

23. 根据构造不同,制动器可分为以下三类：( )、盘式和锥式制动器。
   A. 常开式制动器	B. 带式制动器	C. 常闭式制动器	D. 块式制动器
   答案：BD

24. 制动器的零件有下列情况之一的,应予报废：( )。
   A. 可见裂纹	B. 制动块摩擦衬垫磨损量达原厚度的10%
   C. 制动轮表面磨损量达1.5~2 mm	D. 弹簧出现塑性变形
   答案：ACD

25. 钢结构常用材料一般为( )。
   A. HRB335	B. HRB400	C. Q235钢	D. Q345钢
   答案：CD

26. 钢结构通常是由多个杆件以一定的方式相互连接而组成的。常用的连接方法有( )。
   A. 焊接连接	B. 螺栓连接	C. 铆接连接	D. 钎焊连接
   答案：ABC

27. 高强度螺栓按受力状态可分为( )。
   A. 抗剪螺栓	B. 抗拉螺栓	C. 抗扭螺栓	D. 抗弯螺栓
   答案：AB

28. 高强度螺栓的预紧力矩是保证螺栓连接质量的重要指标,它综合体现了( )组合的安装质量。
   A. 螺栓	B. 螺母	C. 弹簧垫圈	D. 平垫圈
   答案：ABD

29. 钢结构由于自身的特点和结构形式的多样性,应用范围越来越广,除房屋结构以外,钢结构还可用于下列结构：( )。
   A. 塔桅结构	B. 板壳结构
   C. 桥梁结构	D. 可拆卸移动式结构
   答案：ABCD

30. 钢丝绳按捻法,分为( )。
   A. 右交互捻(ZS)	B. 左交互捻(SZ)

C. 右同向捻(ZZ) D. 左同向捻(SS)
答案：ABCD

31. 滑车按连接件的结构形式不同，可分为（　　）。
A. 吊钩型　　　　B. 链环型　　　　C. 吊环型　　　　D. 吊梁型
答案：ABCD

32. 千斤顶有（　　）三种基本类型。
A. 齿条式　　　　B. 螺旋式　　　　C. 液压式　　　　D. 链轮式
答案：ABC

33. 链式滑车可分为（　　）。
A. 环链蜗杆滑车
B. 片状链式蜗杆滑车
C. 片状链式齿轮滑车
D. 手拉葫芦
答案：ABC

34. 卷扬机必须用地锚予以固定，以防工作时产生滑动或倾覆。根据受力大小，固定卷扬机的方法大致有（　　）。
A. 螺栓锚固法　　B. 水平锚固法　　C. 立桩锚固法　　D. 压重锚固法
答案：ABCD

35. 施工升降机一般由（　　）和电气系统等四部分组成。
A. 金属结构　　　B. 导轨架　　　　C. 传动机构　　　D. 安全装置
答案：ACD

36. 电动机的电气制动可分为（　　）。
A. 反接制动　　　B. 能耗制动　　　C. 再生制动　　　D. 电磁制动
答案：ABC

37. 钢丝绳式施工升降机传动机构一般采用（　　）。
A. 卷扬机　　　　B. 曳引机　　　　C. 起重用盘式制动三相异步电动机
答案：AB

38. 卷扬机具有结构简单、成本低廉的优点，其缺点是（　　）。
A. 多根钢丝绳独立牵引　B. 容易乱绳　C. 容易脱绳　D. 容易挤压
答案：BCD

39. 按现行国家标准，建筑卷扬机有（　　）系列。
A. 慢速(M)　　　B. 中速(Z)　　　C. 快速(K)　　　D. 极速(J)
答案：ABC

40. SS型货用施工升降机使用的防坠安全装置有（　　）功能。
A. 防坠　　　　　B. 限速　　　　　C. 断绳保护　　　D. 停层防坠落
答案：CD

41. 电气系统主要由（　　）组成。
A. 主电路　　　　B. 主控制电路　　C. 辅助电路　　　D. 电控箱
答案：ABC

42. 施工升降机的基础一般分为三种形式，分别为（　　）。
A. 地上式　　　　B. 地下式　　　　C. 地中式　　　　D. 地平式

答案：ABD

43. SS型货用施工升降机的瞬时式防坠安全装置应具有（　　）功能。
A. 防坠　　　　　　B. 限速　　　　　　C. 断绳保护　　　　D. 超载保护
答案：BC

44. 施工升降机的电气安全开关大致可分为（　　）两大类。
A. 极限开关　　　　　　　　　　　　　B. 行程安全控制
C. 安全装置联锁控制　　　　　　　　　D. 急停开关
答案：BC

45. 行程安全控制开关主要有（　　）。
A. 上行程限位开关　　B. 下行程限位开关　　C. 减速开关　　D. 极限开关
答案：ABCD

46. 安全装置联锁控制开关主要有（　　）。
A. 安全器安全开关　　B. 防松绳开关　　C. 门安全控制开关
答案：ABC

47. 施工升降机门电气安全开关主要有（　　）等安全开关。
A. 单行门　　　　　　B. 双行门　　　　　　C. 顶盖门　　　　　　D. 围栏门
答案：ABCD

48. 超载限制器是用于施工升降机超载运行的安全装置，常用的有（　　）。
A. 电子传感器式　　　B. 弹簧式　　　　　　C. 拉力环式
答案：ABC

49. 施工升降机应当有（　　）、有关型式试验合格证明等文件，并已在产权单位工商注册所在地县级以上建设主管部门备案登记。
A. 出厂合格证　　　　　　　　　　　　B. 安装及使用维修说明
C. 监督检验证明　　　　　　　　　　　D. 产品设计文件
答案：ABCD

50. 施工升降机的连接螺栓应为高强度螺栓，不得低于8.8级，其紧固件的表面不得有（　　）等缺陷。
A. 锈斑　　　　　　　B. 碰撞凹坑　　　　　C. 裂纹　　　　　　　D. 油污
答案：ABC

51. "三定"岗位责任制是指：（　　）。
A. 定人　　　　　　　B. 定时　　　　　　　C. 定机　　　　　　　D. 定岗位
答案：ACD

52. 对改造、大修的施工升降机要有（　　）。
A. 出厂检验合格证　　　　　　　　　　B. 型式试验合格证明
C. 监督检验证明　　　　　　　　　　　D. 安装及使用维修说明
答案：AC

53. 施工升降机在使用过程中必须认真做好使用记录，使用记录一般包括（　　）和其他内容。
A. 运行记录　　　　　　　　　　　　　B. 维修记录

C. 维护保养记录　　　　　　　　D. 交接班记录

答案：ACD

54. 施工升降机在使用过程中,司机可以通过听、看、试等方法及早发现施工升降机的各类故障和隐患,通过及时（　　），可以避免施工升降机零部件的损坏或损坏程度的扩大,避免事故的发生。

A. 紧固　　　B. 调整　　　C. 检修　　　D. 维护保养

答案：CD

55. 闸瓦制动器的维修与保养主要是调整（　　）等。

A. 电磁铁冲程　　　　　　　　B. 齿轮啮合间隙
C. 主弹簧长度　　　　　　　　D. 瓦块与制动轮间隙

答案：ACD

56. 施工升降机常见的故障一般分为（　　）。

A. 电气故障　　　B. 液压故障　　　C. 机械故障

答案：AC

57. 施工升降机在使用过程中发生故障的原因很多,主要有（　　）、零部件的自然磨损等。

A. 调整润滑不及时　　　　　　B. 维护保养不及时
C. 操作人员违章作业　　　　　D. 工作环境恶劣

答案：BCD

58. 施工升降机突然停机或不能启动,最可能的原因是（　　）被启动或断路器启动。

A. 停机电路　　　　　　　　　B. 限位开关
C. 相序接错　　　　　　　　　D. 上、下极限开关

答案：AB

59. 吊笼上、下运行时有自停现象,最可能的原因是（　　）。

A. 上、下限位开关接触不良或损坏　　　B. 严重超载
C. 控制装置（按钮、手柄）接触不良或损坏　　　D. 制动器工作不同步

答案：ABC

60. 电机过热,最可能的故障原因是（　　）或供电电压过低。

A. 制动器工作不同步　　　　　B. 供电电缆截面过大
C. 启、制动过于频繁　　　　　D. 长时间超载运行

答案：ACD

61. 电机启动困难,并有异常响声,最可能的故障原因是（　　）及供电电压远低于360 V。

A. 电机制动器未打开　　　　　B. 无直流电压
C. 控制装置接触不良　　　　　D. 严重超载

答案：ABD

62. 施工升降机驾驶员应每年进行一次身体检查,矫正视力不低于5.0,没有（　　）、贫血、美尼尔症、癫痫、突发性昏厥、断指等妨碍起重作业的疾病和缺陷。

A. 色盲　　　B. 听觉障碍　　　C. 心脏病　　　D. 眩晕

答案：ABCD

63. 施工升降机标准节的截面形状有（　　）。
A. 矩形　　　　B. 菱形　　　　C. 正方形　　　　D. 三角形
答案：ACD

64. 属于施工升降机金属结构的是（　　）。
A. 吊笼　　　　B. 电机　　　　C. 导轨架　　　　D. 对重
答案：ACD

65. 施工升降机按驱动方式分类可分为（　　）。
A. SC 型　　　　B. 单柱型　　　　C. 双柱型
D. SS 型　　　　E. SH 型
答案：ADE

四、判断题（判断下列说法是否正确，对的在括号内画√，错的画×）

1. 力作用的结果是使物体的运动状态发生变化或使物体变形。（√）
2. 磁铁间不需相互接触就有相互作用力，因此力可以脱离实际物体而存在。（×）
3. 力的作用点的位置，可以在它的作用线上移动而不会影响力的作用效果，所以力的作用效果和力的作用点没有关系。（×）
4. 力可以单独一个力出现，也可以成对出现。（×）
5. 物体在两个力的作用下保持平衡的条件是：这两个力大小相等，方向相反，且作用在同一点上。（×）
6. 在力的大小、方向不变的条件下，力的作用点的位置，可以在它的作用线上移动而不会影响力的作用效果。（√）
7. 作用力与反作用力分别作用在两个物体上，且大小相等，方向相反，所以可以看成是两个平衡力而相互抵消。（×）
8. 平行四边形法则实质上是一种对力进行等效替换的方法，所以在分析同一个问题时，合矢量和分矢量必须同时使用。（×）
9. 合力对于平面内任意一点的力矩，等于各分力对同一点的力矩之和。（√）
10. 构件扭转时横截面上只有与半径垂直的剪应力，没有正应力，因此在圆心处的剪应力最大。（×）
11. 大小和方向不随时间变化的电流，称为直流电，用字母"AC"或"—"表示。（×）
12. 大小和方向随时间变化的电流，称为交流电，用字母"AC"或"～"表示。（√）
13. 在日常工作中，用试电笔测量交流电时，试电笔氖管通身发亮，且亮度明亮。（√）
14. 在日常工作中，用试电笔测量直流电时，试电笔氖管通身发亮，且亮度较暗。（×）
15. 电源两端的导线因某种事故未经过负载而直接连通时称为断路。（×）
16. 低压电器在供配电系统中广泛用于电路、电动机、变压器等电气装置上，起着开关、保护、调节和控制的作用。（√）
17. 按钮是一种靠外力操作接通或断开电路的电气元件，用来直接控制电气设备。（×）
18. 行程开关又称限位开关或终点开关，它是利用人工操作，以控制自身的运动方向或

行程大小的主令电器。 (×)

19. 安装在负荷端电器电路的用于防止人为触电的漏电保护器,其动作电流不得大于 30 mA,动作时间不得大于 0.1 s。 (√)

20. 继电器是一种自动控制电器,在一定的输入参数下,它受输入端的影响而使输出参数进行连续性的变化。 (×)

21. 机构和机器的区别是机构的主要功用在于传递或转变运动的形式,而机器的主要功用是为了利用机械能做功或能量转换。 (√)

22. 摩擦传动容易实现无级变速,大都能适应轴间距较大、大功率的传动场合,过载打滑还能起到缓冲和保护传动装置的作用,但不能保证准确的传动比。 (×)

23. 靠主动件与从动件啮合或借助中间件啮合传递动力或运动的啮合传动,包括齿轮传动、链传动、螺旋传动和谐波传动等。 (√)

24. 齿轮模数直接影响齿轮的大小、轮齿齿形和强度的大小。对于相同齿数的齿轮,模数越大,齿轮的几何尺寸越大,轮齿也大,因此承载能力也越大。 (√)

25. 齿轮传动效率高,一般为 95%～98%,最高可达 99%。 (√)

26. 链传动有准确的传动比,无滑动现象,但传动平稳性差,工作时有噪声。 (×)

27. 一切做旋转运动的传动零件,都必须安装在轴上才能实现旋转和传递动力。 (√)

28. 根据工作时摩擦性质不同,轴承可分为滑动轴承和滚动轴承。 (√)

29. 轴承是机器中用来支承轴和轴上零件的重要零部件,它能保证轴的旋转精度、减小转动时轴与支承间的摩擦和磨损。 (√)

30. 滚动轴承具有摩擦力矩小,易启动,载荷、转速及工作温度的适用范围较广,轴向尺寸小,润滑维修方便等优点。 (√)

31. 滚动轴承不需用有色金属,对轴的材料和热处理要求不高。 (√)

32. 键联接是一种应用很广泛的可拆联接,主要用于轴与轴上零件的轴向相对固定,以传递运动或转矩。 (×)

33. 平键的特点是能自动适应零件轮毂槽底的倾斜,使键受力均匀。主要用于轴端传递转矩不大的场合。 (×)

34. 销是标准件,其基本类型有圆柱销和圆锥销两种。 (×)

35. 销可用作安全装置中的过载剪切元件。 (√)

36. 圆柱销联接可以经常装拆,不会降低定位精度或联接的紧固性。 (×)

37. 弹性联轴器种类繁多,它具有缓冲吸振及可补偿较大的轴向位移、微量的径向位移和角位移的特点,用在正反向变化多、启动频繁的高速轴上。 (√)

38. 电磁铁杠杆系统空行程超过其额定行程的 10% 时制动器应报废。 (√)

39. 钢结构存在抗腐蚀性能和耐火性能较差、低温条件下易发生脆性断裂等缺点。 (√)

40. 钢结构不适合在动力载荷下工作,在一般情况下会因超载而突然断裂。 (×)

41. 钢材内部组织均匀,力学性能匀质、各向同性,计算结果可靠。 (×)

42. 普通碳素钢 Q235 系列钢,强度、塑性、韧性及可焊性都比较好,是建筑起重机械使用的主要钢材。 (√)

43. 钢材具有明显的弹性阶段、弹塑性阶段、塑性阶段及应变硬化阶段。 (√)

44. 钢结构通常是由多个杆件以一定的方式相互连接而组成的。常用的连接方法有焊接连接、螺栓连接和铆接连接等。（√）
45. 钢结构钢材之间的焊接形式主要有正接填角焊缝、搭接填角焊缝、对接焊缝及塞焊缝等。（√）
46. 高强度螺栓按强度可分为 8.8、9.8、10.8 和 12.8 四个等级，直径一般为 12～42 mm。（×）
47. 普通螺栓连接中的精制螺栓分为 A 级、B 级和 C 级。（×）
48. 高强度螺栓安装穿插方向宜采用自下而上穿插，即螺母在上面。（√）
49. 重心是物体所受重力的合力的作用点，物体的重心位置由物体的几何形状和物体各部分的质量分布情况来决定。（√）
50. 物体的重心可能在物体的形体之内，也可能在物体的形体之外。（√）
51. 只要物体的形状改变，其重心位置一定改变。（×）
52. 物体的重心相对物体的位置是一定的，它不会随物体放置的位置改变而改变。（√）
53. 在截断钢丝绳时，宜使用专用刀具或砂轮锯截断，较粗钢丝绳可用乙炔切割。（√）
54. 钢丝绳的安全系数是不可缺少的安全储备，可以凭借这种安全储备提高钢丝绳的最大允许安全载荷。（×）
55. 钢丝绳夹布置，应把绳夹座扣在钢丝绳的工作段上，U 形螺栓扣在钢丝绳的尾段上。（√）
56. 钢丝绳夹可以在钢丝绳上交替布置。（×）
57. 钢丝绳夹间的距离应等于钢丝绳直径的 3～4 倍。（×）
58. 在实际使用中，绳夹受载一周以后应做检查。（×）
59. 钢丝绳夹紧固时须考虑每个绳夹的合理受力，离套环最远处的绳夹首先单独紧固。（×）
60. 吊索一般用 6×61 和 6×37 钢丝绳制成。（√）
61. 尼龙绳和涤纶绳具有质量轻、质地柔软、弹性好、强度高、耐腐蚀、耐油、不生蛀虫及霉菌、抗水性能好等优点。（√）
62. 定滑车在使用中是固定的，可以改变用力的方向，也能省力。（×）
63. 滑车组是由一定数量的定滑车和动滑车及绕过它们的绳索组成的简单起重工具。它能省力也能改变力的方向。（√）
64. 滑轮绳槽壁厚磨损量达原壁厚的 20% 应予以报废。（√）
65. 滑轮底槽的磨损量超过相应钢丝绳直径的 25% 时滑轮应予以报废。（√）
66. 链式滑车转动部分要经常上油，如摩擦片，保证滑润，减少磨损。（×）
67. 卷筒上的钢丝绳全部放出时应留有不少于 3 圈。（√）
68. 链式滑车起吊重物中途停止的时间较长时，要将手拉链拴在起重链上，以防时间过长而自锁失灵。（√）
69. 使用链式滑车时当手拉链拉不动时，可以增加人数猛拉。（×）
70. 卷筒边缘外周至最外层钢丝绳的距离应不小于钢丝绳直径的 1.5 倍。（√）
71. 钢丝绳应与卷筒及吊笼连接牢固，不得与机架或地面摩擦，通过道路时，应设过路

保护装置。(√)

72. 卷筒上的钢丝绳应排列整齐,当重叠或斜绕时,应停机重新排列,严禁在转动中用手拉脚踩钢丝绳。(√)

73. 作业中,任何人不得跨越正在作业的卷扬钢丝绳。(√)

74. 物件提升后,操作人员可以短暂离开卷扬机,物件或吊笼下面严禁人员停留或通过。(×)

75. 作业中如发现异响、制动不灵、制动装置或轴承等温度剧烈上升等异常情况时,应立即停机检查,排除故障后方可使用。(√)

76. 钢丝绳式施工升降机,单柱导轨架横截面为矩形,导轨架内包容一个吊笼,额定载重量为3 200 kg,第一次变型更新,表示为:施工升降机 SSB320A(GB/T 10054)。(√)

77. 导轨按滑道的数量和位置,可分为单滑道、双滑道及四角滑道。(√)

78. 四角滑道用于双吊笼施工升降机,设置在架体的四角,可使吊笼较平稳地运行。(×)

79. 当一台施工升降机使用的标准节有不同的立管壁厚时,标准节应有标识,并不得混用。(√)

80. 附墙架连接可以使用膨胀螺栓。(×)

81. 附墙架采用紧固件的,应保证有足够的连接强度。不得采用铁丝、铜线绑扎等非刚性连接方式,但可以与建筑脚手架相牵连。(×)

82. 吊笼门装有机械锁钩保证在运行时不会自动打开,同时还设有电气安全开关,当门未完全关闭时能有效切断控制回路电源,使吊笼停止或无法启动。(√)

83. 吊笼上的安全装置和各类保护措施,不仅在正常工作时起作用,在安装、拆卸、维护时也应起作用。(√)

84. 施工升降机的每一个登机处均应设置层门。(√)

85. 施工升降机的地面防护围栏设置高度不低于1.8 m,对于钢丝绳式货用施工升降机应不小于1.5 m,并应围成一周,围栏登机门的开启高度不应低于1.8 m。(√)

86. 层门不得向吊笼通道开启,封闭式层门上应设有视窗。(√)

87. 连接对重用的钢丝绳绳头应采用可靠的连接方式,绳接头的强度不低于钢丝绳强度的75%。(×)

88. 电动机在额定电压偏差±5%的情况下,直流制动器在直流电压偏差±15%的情况下,仍然能保证电动机和直流制动器正常运转和工作。(√)

89. 施工升降机不得在正常运行中进行反向运行。(×)

90. 曳引机一般为4~5根钢丝绳独立并行曳引,因而同时发生钢丝绳断裂造成吊笼坠落的概率很小。但钢丝绳的受力调整比较麻烦,钢丝绳的磨损比卷扬机的大。(√)

91. 曳引式升降机对重着地时,吊笼一般不会发生冲顶事故,但吊笼还可以提升。(×)

92. 为了防止钢丝绳在曳引轮上脱绳,应在曳引轮上加防脱绳装置。(×)

93. 曳引式施工升降机根据需要可以设置对重。(×)

94. 曳引式施工升降机对重着地时,且上限位安全开关失效的情况下,吊笼必然会发生冲顶事故。(×)

95. 电气箱电气元件的对地绝缘电阻应不小于0.5 MΩ,电气线路的对地绝缘电阻应不

小于 1 MΩ。 (√)

96. 防坠安全器是一种人为控制的,当吊笼或对重一旦出现失速、坠落情况时,能在设置的距离、速度内使吊笼安全停止。 (×)

97. 渐进式防坠安全器是一种初始制动力(或力矩)可调,制动过程中制动力(或力矩)逐渐减小的防坠安全器。其特点是制动距离较长,制动平稳、冲击小。 (×)

98. 防坠安全器在任何时候都应该起作用,但不包括安装和拆卸工况。 (×)

99. 施工升降机的架体可作为防雷装置的引下线,但必须有可靠的电气连接。 (√)

100. 做防雷接地施工升降机上的电气设备,所连接的 PE 线必须同时做重复接地。 (√)

101. 同一台施工升降机的重复接地和防雷接地可共用同一接地体,但接地电阻应符合重复接地电阻值的要求。 (√)

102. 人工接地体是指人为埋入地中直接与地接触的金属物体。用作人工接地体的金属材料通常可以采用螺纹钢、圆钢、钢管、角钢、扁钢及其焊接件等。 (×)

103. 施工升降机运动部件与除登机平台以外的建筑物和固定施工设备之间的距离不应小于 0.2 m。 (√)

104. 钢丝绳绳夹应与钢丝绳匹配,不得少于 3 个,绳夹要一顺排列,也可正反交错。 (×)

105. 限位调整时,对于双吊笼施工升降机,一吊笼进行调整作业,另一吊笼必须停止运行。 (√)

106. 持证人员必须按规定进行操作证的复审,对到期未经复审或复审不合格的人员不得继续独立操作施工升降机。 (√)

107. 司机在工作时间内不得擅自离开工作岗位。必须离开岗位时,应将吊笼停在地面站台,把吊笼门关闭上锁,将钥匙取走,并挂上有关告示牌。 (√)

108. 在施工升降机未切断电源前,只要把门锁好,司机就可以离开工作岗位。 (×)

109. 施工升降机运行到最上层和最下层时,可以用碰撞上、下限位开关自动停车来代替正常驾驶。 (×)

110. 驾驶施工升降机时,当上升或下降距离较长,需花费时间较长时,可以利用物品吊在操纵开关上或塞住控制开关,开动施工升降机上下行驶。 (×)

111. 施工升降机在运行时,如有空闲,可以揩拭、清洁、润滑和修理机件。 (×)

112. 施工升降机运行过程中无论任何人发出紧急停车信号,均应立即执行。 (√)

113. 司机发现施工升降机在行驶中出现故障时,应立即对施工升降机进行检修,减少停工损失。 (×)

114. 施工升降机在大雨、大雾和大风(风速超过 20 m/s)时,应停止运行,并将吊笼降到地面站台,切断电源。 (√)

115. 严禁酒后上岗作业,工作时不得与其他人闲谈,严禁听、看与驾驶无关的音像、书报等。 (√)

116. 闭合电源前或作业中突然停电时,应将所有开关扳回零位。 (√)

117. 发生故障或维修保养必须停机,切断电源后方可进行;并在醒目处挂"正在检修,禁止合闸"的标志,现场须有人监护。 (√)

· 381 ·

118. SS 型施工升降机的卷筒钢丝绳缠绕重叠或叠绕时,应停机重新排列,也可在转动中用手拉脚踩钢丝绳,使之缠绕整齐。(×)
119. 在吊笼地面出入口处应搭设防护隔离棚,其横距必须大于出入口的宽度,其纵距应满足高处作业物体坠落规定半径范围要求。(×)
120. 司机必须进行班前检查和保养,全部合格后方可使用。(√)
121. 司机应在班后进行空载试运行。(×)
122. 施工升降机司机在每班首次运行时,应当将吊笼升离地面 1~2 m 试验制动器的可靠性,如发现制动器不正常,应修复后方可运行。(√)
123. 如有人在导轨架上或附墙架上作业,施工升降机司机开动施工升降机时,必须鸣铃示警。(×)
124. 检查基础或吊笼底部时,应首先检查制动器是否可靠,同时切断电动机电源。将吊笼用木方支起等措施,防止吊笼或对重突然下降伤害维修人员。(√)
125. 维护保养后的施工升降机,应进行试运转,确认一切正常后方可投入使用。(√)
126. 由于电气线路、元器件、电气设备,以及电源系统等发生故障,造成送电系统不能正常运行,统称为电气故障。(×)

五、简答题

1. 电动机运行中的监视与维护主要有哪些方面?

答:

(1) 电动机的温升及发热情况。
(2) 电动机的运行负荷电流值。
(3) 电源电压的变化。
(4) 三相电压和三相电流的不平衡度。
(5) 电动机的振动情况。
(6) 电动机运行的声音和气味。
(7) 电动机的周围环境、适用条件。
(8) 电刷是否冒火或其他异常现象。

2. 机器一般有哪三个共同的特征?

答:

(1) 机器是由许多的部件组合而成的。
(2) 机器中的构件之间具有确定的相对运动。
(3) 机器能完成有用的机械功或者实现能量转换。

3. 齿轮传动主要有哪些优点?

答:

(1) 传动效率高,一般为 95%~98%,最高可达 99%。
(2) 结构紧凑、体积小,与带传动相比,外形尺寸大大减小,它的小齿轮与轴做成一体时直径只有 50 mm 左右。
(3) 工作可靠,使用寿命长。
(4) 传动比固定不变,传递运动准确可靠。

（5）能实现平行轴间、相交轴间及空间相错轴间的多种传动。

4. 蜗杆传动的主要特点有哪些？

答：

（1）传动比大。

（2）蜗杆的头数很少，仅为 1～4，而蜗轮齿数很多。

（3）工作平稳、噪声小。

（4）具有自锁作用。

（5）传动效率低。

（6）价格昂贵。

5. 制动器的工作原理是什么？

答：工作原理是：制动器摩擦副中的一组与固定机架相连；另一组与机构转动轴相连。当摩擦副接触压紧时，产生制动作用；当摩擦副分离时，制动作用解除，机构可以运动。

6. 为确保钢结构的安全使用，应做好哪几点工作？

答：

（1）基本构件应完好，不允许存在变形、破坏的现象，一旦有一根基本构件破坏，将会导致钢结构整体的失稳、倒塌等事故。

（2）连接应正确牢固，由于钢结构是由基本构件连接组成的，所以有一处连接失效同样会造成钢结构的整体失稳、倒塌，造成事故。

（3）在允许的载荷、规定的作业条件下使用。

7. 钢丝绳的特点是什么？

答：钢丝绳通常由多根钢丝捻成绳股，再由多股绳股围绕绳芯捻制而成，具有强度高、自重轻、弹性大等特点，能承受震动荷载，能卷绕成盘，能在高速下平稳运动且噪声小。

8. 纤维芯和钢芯钢丝绳的特点分别是什么？

答：纤维芯钢丝绳比较柔软，易弯曲，纤维芯可浸油作润滑、防锈，减少钢丝间的摩擦；金属芯的钢丝绳耐高温、耐重压，硬度大、不易弯曲。

9. 选用钢丝绳应遵循的原则是什么？

答：

（1）能承受所要求的拉力，保证足够的安全系数。

（2）能保证钢丝绳受力不发生扭转。

（3）耐疲劳，能承受反复弯曲和振动作用。

（4）有较好的耐磨性能。

（5）与使用环境相适应：高温或多层缠绕的场合宜选用金属芯；高温、腐蚀严重的场合宜选用石棉芯；有机芯易燃，不能用于高温场合。

（6）必须有产品检验合格证。

10. 如何进行钢丝绳的存储？

答：

（1）装卸运输过程中，应谨慎小心，卷盘或绳卷不允许坠落，也不允许用金属吊钩或叉车的货叉插入钢丝绳。

（2）钢丝绳应储存在凉爽、干燥的仓库里，且不应与地面接触。严禁存放在易受化学烟雾、蒸汽或其他腐蚀剂侵袭的场所。

(3) 储存的钢丝绳应定期检查,如有必要,应对钢丝绳进行包扎。

(4) 户外储存不可避免时,地面上应垫木方,并用防水毡布等进行覆盖,以免湿气导致锈蚀。

(5) 储存从起重机上卸下的待用的钢丝绳时,应进行彻底的清洁,在储存之前对每一根钢丝绳进行包扎。

(6) 长度超过 30 m 的钢丝绳应在卷盘上储存。

(7) 为搬运方便,内部绳端应首先被固定到邻近的外圈。

11. 如何对钢丝绳进行展开？

答：

(1) 当钢丝绳从卷盘或绳卷展开时,应采取各种措施避免绳的扭转或降低钢丝绳扭转的程度。当由钢丝绳卷直接往起升机构卷筒上缠绕时,应把整卷钢丝绳架在专用的支架上,采取保持张紧呈直线状态的措施,以免在绳内产生结环、扭结或弯曲的状况。

(2) 展开时的旋转方向应与起升机构卷筒上绕绳的方向一致；卷筒上绳槽的走向应同钢丝绳的捻向相适应。

(3) 在钢丝绳展开和重新缠绕过程中,应有效控制卷盘的旋转惯性,使钢丝绳按顺序缓慢地释放或收紧。应避免钢丝绳与污泥接触,尽可能保持清洁,以防止钢丝绳生锈。

(4) 切勿由平放在地面的绳卷或卷盘中释放钢丝绳。

(5) 钢丝绳严禁与电焊线碰触。

12. 有哪些情形时制动器需要报废处理？

答：制动器的零件有下列情况之一的,应予报废：

(1) 可见裂纹。

(2) 制动块摩擦衬垫磨损量达原厚度的 50%。

(3) 制动轮表面磨损量达 1.5~2 mm。

(4) 弹簧出现塑性变形。

(5) 电磁铁杠杆系统空行程超过其额定行程的 10%。

13. 电磁制动器的工作原理是什么？

答：当电动机未接通电源时,由于主弹簧通过衔铁压紧制动盘带动制动垫片(制动块)与固定制动盘的作用,电动机处于制动状态。当电动机通电时,磁铁线圈产生磁场,通过磁铁架,衔铁逐步吸合,制动盘带制动块渐渐摆脱制动状态,电动机逐步启动运转。电动机断电时,由于电磁铁磁场释放的制约作用,衔铁通过主辅弹簧的作用逐步增加对制动块的压力,使制动力矩逐步增大,达到电动机平缓制动的效果,减少升降机的冲击振动。

14. 电动机与制动器的安全技术要求有哪些？

答：

(1) 启用新电动机或长期不用的电动机时,需要用 500 V 兆欧表测量电动机绕组间的绝缘电阻,其绝缘电阻不低于 0.5 MΩ,否则应做干燥处理后方可使用。

(2) 电动机在额定电压偏差±5%的情况下,直流制动器在直流电压偏差±15%的情况下,仍然能保证电动机和直流制动器正常运转和工作。当电压偏差大于额定电压±10%时,应停止使用。

(3) 施工升降机不得在正常运行中突然进行反向运行。

(4) 在使用中,当发现振动、过热、焦味、异常响声等反常现象时,应立即切断电源,排除故障后才能使用。

(5) 当制动器的制动盘摩擦材料单面厚度磨损到接近 1 mm 时,必须更换制动盘。

(6) 电动机在额定载荷运行时,制动力矩太大或太小,应进行调整。

15. 曳引式施工升降机的特点是什么?

答:

(1) 曳引机一般为 4~5 根钢丝绳独立并行曳引,因而同时发生钢丝绳断裂造成吊笼坠落的概率很小。但钢丝绳的受力调整比较麻烦,钢丝绳的磨损比卷扬机的大。

(2) 对重着地时,钢丝绳将在曳引轮上打滑,即使在上限位安全开关失效的情况下,吊笼一般也不会发生冲顶事故,但吊笼不能提升。

(3) 钢丝绳在曳引轮上始终是绷紧的,因此不会脱绳。

(4) 吊笼的部分重量由对重平衡,可以选择较小功率的曳引机。

16. 电气箱的安全技术要求是什么?

答:

(1) 施工升降机的各类电路的接线应符合出厂的技术规定。

(2) 电气元件的对地绝缘电阻应不小于 0.5 MΩ,电气线路的对地绝缘电阻应不小于 1 MΩ。

(3) 各类电气箱等不带电的金属外壳均应有可靠接地,其接地电阻应不超过 4 Ω。

(4) 对老化失效的电气元件应及时更换,对破损的电缆和导线予以包扎或更新。

(5) 各类电气箱应完整完好,经常保持清洁和干燥,内部严禁堆放杂物等。

17. 如何对 SS 型施工升降机的防坠安全装置进行坠落试验?

答:当施工升降机安装后和使用过程中应进行坠落试验和对停层防坠装置进行试验。坠落试验时应在吊笼内装上额定载荷并把吊笼上升到离地面 3 m 左右高度后停住,然后用模拟断绳的方法进行试验。停层防坠落装置试验时,应在吊笼内装上额定载荷把吊笼上升 1 m 左右高度后停住,在断绳保护装置不起作用的情况下,使停层防坠落装置动作,然后启动卷扬机使钢丝绳松弛,看吊笼是否下降。

18. 简述防松绳开关的作用。

答:

(1) 施工升降机的对重钢丝绳绳数为两条时,钢丝绳组与吊笼连接的一端应设置张力均衡装置,并装有由相对伸长量控制的非自动复位型的防松绳开关。当其中一条钢丝绳出现的相对伸长量超过允许值或断绳时,该开关将切断控制电路,同时制动器制动,使吊笼停止运行。

(2) 对重钢丝绳采用单根钢丝绳时,也应设置防松(断)绳开关,当施工升降机出现松绳或断绳时,该开关应立即切断电机控制电路,同时制动器制动,使吊笼停止运行。

19. 简述电气安全开关的安全技术要求。

答:

(1) 电气安全开关必须安装牢固、不能松动。

(2) 电气安全开关应完整、完好,紧固螺栓应齐全,不能缺少或松动。

(3) 电气安全开关的臂杆,不能歪曲变形,防止安全开关失效。
(4) 每班都要检查极限开关的有效性,防止极限开关失效。
(5) 严禁用触发上、下限位开关来作为吊笼在最高层站和地面站停站的操作。

20. 围栏门机械联锁装置的作用是什么?

答:围栏门应装有机械联锁装置,使吊笼只有位于地面规定的位置时围栏门才能开启,且在门开启后吊笼不能启动。目的是为了防止在吊笼离开基础平台后,人员误入基础平台造成事故。

21. 施工升降机有哪几种情形将禁止使用?

答:

(1) 属国家明令淘汰或者禁止使用的。
(2) 超过安全技术标准或者制造厂家规定的使用年限的。
(3) 经检验达不到安全技术标准规定的。
(4) 没有完整安全技术档案的。
(5) 没有齐全有效的安全保护装置的。

22. 机长的主要职责是什么?

答:机长是机组的负责人和组织者,其主要职责是:

(1) 指导机组人员正确使用施工升降机,发挥机械效能,努力完成施工生产任务等各项技术经济指标,确保安全作业。
(2) 带领机组人员坚持业务学习,不断提高业务水平,模范地遵守操作规程和有关安全生产的规章制度。
(3) 检查、督促机组人员共同做好施工升降机维护保养,保证机械和附属装置及随机工具整洁、完好,延长设备的使用寿命。
(4) 督促机组人员认真落实交接班制度。

23. 施工升降机司机的职责主要是什么?

答:

(1) 在机长带领下协助机长工作和完成施工生产任务。
(2) 严格遵守施工升降机安全操作规程,严禁违章作业。
(3) 认真做好施工升降机作业前的检查、试运转。
(4) 及时做好班后整理工作,认真填写试车检查记录、设备运转记录。
(5) 严格遵守施工现场的安全管理的规定。
(6) 做好施工升降机的"调整、紧固、清洁、润滑、防腐"等维护保养工作。
(7) 及时处理和报告施工升降机故障及安全隐患。

24. 施工升降机司机作业结束后应做哪些安全工作?

答:

(1) 施工升降机工作完毕后停驶时,司机应将吊笼停靠至地面层站。
(2) 司机应将控制开关置于零位,切断电源开关。
(3) 司机在离开吊笼前应检查一下吊笼内外情况,做好清洁保养工作,熄灯并切断控制电源。
(4) 司机离开吊笼后,应将吊笼门和防护围栏门关闭严实,并上锁。

(5)切断施工升降机专用电箱电源和开关箱电源。
(6)如装有空中障碍灯时,夜间应打开障碍灯。
(7)当班司机要写好交接班记录,进行交接班。

25．施工升降机"三定制度"的两种形式是什么?
答：
(1)施工升降机由单人驾驶的,应明确其为机械使用负责人,承担机长职责。
(2)多班作业或多人驾驶的施工升降机,应任命一人为机长,其余为机员。机长选定后,应由施工升降机的使用或所有单位任命,并保持相对稳定,一般不轻易作变动。在设备内部调动时,最好随机随人。

26．日常检查何时进行,应做哪些工作?
答：设备日常检查为每日强制检修制。时间为每日交接班或上、下班时进行。
设备日常检查应做好设备的清洁、润滑、调整和紧固工作。检查设备零部件是否完整、设备运转是否正常,有无异常声响、漏油、漏电等现象。维护和保持设备状态良好,保证设备正常运转。

27．施工升降机吊笼内乘人(货用施工升降机严禁载人)或载物时,注意事项有哪些?
(1)应使载荷均匀分布,防止偏重,严禁超载运行。
(2)司机应监督施工升降机的负荷情况,当超载、超重时,应当停止施工升降机的运行。
(3)当物件装入吊笼后,首先应检查物件有无伸出吊笼外情况,应特别注意装载位置,确保堆放稳妥,防止物件倾倒。
(4)物体不得伸出、阻挡吊笼上的紧急出口,平时正常行驶时应将紧急出口关闭。
(5)施工升降机运行时,人员的头、手等身体任何部位严禁伸出吊笼。
(6)装运易燃和易爆危险物品时,必须有安全防护措施。
(7)装运有腐蚀危险的各种液体及其他危险品,必须采用专用容器搬运,并确保堆放稳妥。

28．如果施工升降机吊笼内突然发生火情,应如何操作?
答：当吊笼在运行中途突然遇到电气设备或货物发生燃烧,司机应立即停止施工升降机的运行,及时切断电源,并用随机备用的灭火器来灭火。然后,报告有关部门和抢救受伤人员,撤离所有乘员。
使用灭火器时应注意,在电源未切断之前,应用1211、干粉、二氧化碳等灭火器来灭火;待电源切断后,方可用酸碱、泡沫等灭火器及水来灭火。

29．SS型施工升降机吊笼在运行时,钢丝绳突然被卡住应如何操作?
答：吊笼在运行中钢丝绳突然被卡住时,司机应及时按下紧急断电开关,使卷扬机停止运行,向周围人员发出示警,把各控制开关置于零位,关闭控制箱内电源开关,并启动安全停靠装置。然后通知专业维修人员,交由专业维修人员对施工升降机进行维修。专业维修人员到达前,司机不得离开现场。

30．施工升降机司机应如何做好对施工升降机防护围栏和基础的检查工作?
答：
(1)每天启动吊笼前检查防护围栏内有无杂物;在使用过程中经常检查围栏内有无杂物,发现杂物必须及时清理,尤其是较大物件,必须清理后才能使用。

(2)下雨后或施工中,检查基础是否积水,如有积水应及时扫除;如由于无排水沟造成积水,应及时向有关部门反映设置排水沟等出水系统。

31. 如何检查围栏门及吊笼门机械联锁装置和电气安全开关是否有效?

答:

(1)在地面检查有无机械联锁装置。

(2)把吊笼升至离地面 2 m 左右停止起升,检查围栏门的机械联锁装置是否有效地扣着围栏门;如吊笼门也有机械联锁装置,则试图打开吊笼门,检查能否被打开。

(3)地面人员试图打开围栏门,检查门能否被打开。

(4)检查围栏门的电气安全开关是否有效。

32. 如何做空载试验?

答:全行程进行不少于 3 个工作循环的空载试验,每一工作循环的升、降过程中应进行不少于 2 次的制动,其中在半行程应至少进行一次吊笼上升和下降的制动试验,观察有无制动瞬时滑移现象。若滑动距离超过标准,则说明制动器的制动力矩不够,应压紧其电机尾部的制动弹簧。

33. 如何做超载试验?

答:在施工升降机吊笼内均匀布置额定载重量的 125% 的载荷,工作行程为全行程,工作循环不应少于 3 个,每一工作循环的升、降过程中应进行不少于一次制动。吊笼应运行平稳,启动、制动正常,无异常响声,吊笼停止时不应出现下滑现象。

34. 维护保养一般分哪几类?

答:

(1)日常维护保养。日常维护保养,又称为例行保养,是指在设备运行的前、后和运行过程中的保养作业。日常维护保养由施工升降机司机完成。

(2)月检查保养。月检查保养,一般每月进行一次,由施工升降机司机和修理工负责完成。

(3)定期维护保养。季度及年度的维护保养,以专业维修人员为主,施工升降机司机配合进行。

(4)大修。大修,一般运转不超过 8 000 h 进行一次,由具有相应资质的单位完成。

(5)特殊维护保养。施工升降机除日常维护保养和定期维护保养外,在转场、闲置等特殊情况下还需进行维护保养。如转场保养、停置或封存保养。

35. 如何做好减速器的维护保养工作?

答:

(1)箱体内的油量应保持在油针或油镜的标定范围,油的规格应符合要求。

(2)润滑部位,应按产品说明书规定进行润滑。

(3)应保证箱体内润滑油的清洁,当发现杂质明显时,应换新油。对新使用的减速机,在使用一周后,应清洗减速机并更换新油液;以后应每年清洗和更换新油。

(4)轴承的温升不应高于 60 ℃;箱体内的油液温升不超过 60 ℃,否则应停机检查原因。

(5)当轴承在工作中出现撞击、摩擦等异常噪声,并通过调整也无法排除时,应考虑更换轴承。

36. 施工升降机事故的主要原因之一是违章作业,违章作业主要表现在哪些方面?

答:

(1) 安装、指挥、操作人员未经培训、无证上岗。

(2) 不遵守施工现场的安全制度,高处作业不系安全带和不正确使用个人防护用品。

(3) 安装拆卸前未进行安全技术交底,作业人员未按照安装、拆卸工艺流程装拆。

(4) 临时组织装拆队伍,工种不配套,多人作业配合不默契、不协调。

(5) 违章指挥。

(6) 安装现场无专人监护。

(7) 擅自拆、改、挪动机械、电气设备或安全设施等。

37. 施工升降机事故的主要原因之一是附着达不到要求,附着达不到要求表现在哪些方面?

答:

(1) 超过独立高度没有安装附着。

(2) 附着点以上施工升降机最大自由高度超出说明书要求。

(3) 附着杆、附着间距不符合说明书要求。

(4) 擅自使用非原厂生产制造的不合格附墙装置。

(5) 附着装置的联接、固定不牢。

六、论述题

1. 请简单论述高强度螺栓的使用。

答:

(1) 使用前,应对高强度螺栓进行全面检查,核对其规格、等级标志,检查螺栓、螺母及垫圈有无损坏,其连接表面应清除灰尘、油漆、油迹和锈蚀。

(2) 螺栓、螺母、垫圈配合使用时,高强度螺栓绝不允许采用弹簧垫圈,必须使用平垫圈,施工升降机导轨架连接用高强度螺栓必须采用双螺母防松。

(3) 应使用力矩扳手或专用扳手,按使用说明书要求拧紧。

(4) 高强度螺栓安装穿插宜自下而上进行,即螺母在上面。

(5) 高强度螺栓、螺母使用后拆卸再次使用,一般不得超过两次。

(6) 拆下将再次使用的高强度螺栓的螺杆、螺母必须无任何损伤、变形、滑牙、缺牙、锈蚀及螺栓粗糙度变化较大等现象,否则禁止用于受力构件的连接。

2. 简述千斤顶的使用注意事项。

答:

(1) 千斤顶使用前应拆洗干净,并检查各部件是否灵活,有无损伤,液压千斤顶的阀门、活塞、皮碗是否良好,油液是否干净。

(2) 使用时,应放在平整坚实的地面上,如地面松软,应铺设方木以扩大承压面积。设备或物件的被顶点应选择坚实的平面部位并应清洁至无油污,以防打滑,还须加垫木板以免顶坏设备或物件。

(3) 严格按照千斤顶的额定起重量使用千斤顶,每次顶升高度不得超过活塞上的标志。

(4) 在顶升过程中要随时注意千斤顶的平整直立,不得歪斜,严防倾倒,不得任意加长手柄或操作过猛。

(5) 操作时,先将物件顶起一点后暂停,检查千斤顶、枕木垛、地面和物件等情况是否良好,如发现千斤顶和枕木垛不稳等情况,必须处理后才能继续工作。顶升过程中,应设保险垫,并要随顶随垫,其脱空距离应保持在 50 mm 以内,以防千斤顶倾倒或突然回油而造成事故。

(6) 用两台或两台以上千斤顶同时顶升一个物件时,要有统一指挥,动作一致,升降同步,保证物件平稳。

(7) 千斤顶应存放在干燥、无尘土的地方,避免日晒雨淋。

3. 简述惯性楔块断绳保护装置工作原理。

答:惯性楔块断绳保护装置的制动工作原理主要是:利用惯性原理使防坠装置的制动块在吊笼突然发生钢丝绳断裂下坠时能紧紧夹紧在导轨架上。当吊笼在正常升降时,导向轮悬挂板悬挂在悬挂弹簧上,此时弹簧于压缩状态,同时楔形制动块与导轨架自动处于脱离状态。当吊笼提升钢丝绳突然断裂时,由于导向轮悬挂板突然发生失重,原来受压的弹簧突然释放,导向轮悬挂板在弹簧力的推动作用下向上运动,带动楔形制动块紧紧夹在导轨架上,从而避免发生吊笼的坠落。

4. 简述断绳保护装置调试方法。

答:对渐进式(楔块抱闸式)的安全装置,可进行坠落试验。试验时将吊笼降至地面,先检查安全装置的间隙和摩擦面清洁情况,符合要求后按额定载重量在吊笼内均匀放置;将吊笼升至 3 m 左右,利用停靠装置将吊笼挂在架体上,放松提升钢丝绳 1.5 m 左右,松开停靠装置,模拟吊笼坠落,吊笼应在 1 m 距离内可靠停住。超过 1 m 时,应在吊笼降地后调整楔块间隙。重复上述过程,直至符合要求。

5. 请简述交、接班司机的职责。

答:

(1) 交班司机职责

① 检查施工升降机的机械、电气部分是否完好;

② 操作手柄置于零位,切断电源;

③ 交接本班施工升降机运转情况、保养情况及有无异常情况;

④ 交接随机工具、附件等情况;

⑤ 清扫卫生,保持清洁;

⑥ 认真填写好设备运转记录和交接班记录。

(2) 接班司机职责

① 认真听取上一班司机工作情况介绍;

② 仔细检查施工升降机各部件完好情况;

③ 使用前必须进行空载试验运转,检查限位开关、紧急开关等是否灵敏可靠,如有问题应及时修复后方可使用,并做好记录。

6. 施工升降机司机作业前,应当检查的事项主要有哪些?

答:

(1) 检查导轨架等金属结构有无变形、连接螺栓有无松动,节点有无裂缝、开焊等情况。

(2) 检查附墙是否牢固,接料平台是否平整,各层接料口的栏杆和安全门是否完好,联锁装置是否有效,安全防护设施是否符合要求。

(3)检查钢丝绳固定是否良好,对断股断丝是否超标进行检查。

(4)查看吊笼和对重运行范围内有无障碍物等,司机的视线应清晰良好。

(5)对于 SS 型施工升降机,检查钢丝绳、滑轮组的固结情况及卷筒的绕绳情况,发现斜绕或叠绕时,应松绳后重绕。

7．施工升降机司机在启动施工升降机前,应当检查哪些事项?

答:

(1)电源接通前,检查地线、电缆是否完整无损,操纵开关是否置于零位。

(2)电源接通后,检查电压是否正常、机件有无漏电、电器仪表是否灵敏有效。

(3)进行以下操作,检查安全开关是否有效,应当确保吊笼均不能启动:

① 打开围栏门;

② 打开吊笼单开门;

③ 打开吊笼双开门;

④ 打开顶盖紧急出口门;

⑤ 触动防断绳安全开关;

⑥ 按下紧急制动按钮。

8．施工升降机的定期检查应每月进行一次,检查主要内容包括哪些?

答:

(1)金属结构有无开焊、锈蚀、永久变形。

(2)架体及附墙架各节点的螺栓紧固情况。

(3)驱动机构(SS 型的卷扬机、曳引机)制动器、联轴器磨损情况,减速机和卷筒的运行情况。

(4)钢丝绳、滑轮的完好性及润滑情况。

(5)附墙架、电缆架有无松动。

(6)安全装置和防护设施有无缺损、失灵。

(7)电机及减速机有无异常发热及噪声。

(8)电缆线有无破损或老化。

(9)电气设备的接零保护和接地情况是否完好。

(10)进行断绳保护装置的可靠性、灵敏度试验。

9．请简要叙述施工升降机司机在作业后应做哪些工作。

答:

(1)施工升降机工作完毕后停驶时,司机应将吊笼停靠至地面层站。

(2)司机应将控制开关置于零位,切断电源开关。

(3)司机在离开吊笼前应检查一下吊笼内外情况,做好清洁保养工作,熄灯并切断控制电源。

(4)司机离开吊笼后,应将吊笼门和防护围栏门关闭严实,并上锁。

(5)切断施工升降机专用电箱电源和开关箱电源。

(6)如装有空中障碍灯时,夜间应打开障碍灯。

(7)当班司机要写好交接班记录,进行交接班。

10. 简述 SS 型货用施工升降机正常驾驶步骤。

答：

(1) 在操作前，司机应首先按要求进行班前检查。

(2) 送电后，进行空载试运转，无异常后，方可正常作业。

(3) 物料进入吊笼内，笼门关闭后，发出音响信号示意，按下上升按钮使吊笼向上运行。

(4) 运行到某一指定接料平台处，按下停止按钮，吊笼停止。

(5) 待物料推出吊笼外，笼门关闭后，发出音响信号示意，按下下降按钮使吊笼向下运行，运行到地面，按下停止按钮，吊笼停止，完成一个操作过程。

(6) 作业完毕应将钥匙开关锁上，切断总电源开关，做好使用记录，离开时将操作棚门锁死。

11. 简述额定载荷试验的做法。

答：在吊笼内装额定载重量，载荷重心位置按吊笼宽度方向均向远离导轨架方向偏六分之一宽度，长度方向均向附墙架方向偏六分之一长度的内偏以及反向偏移六分之一长度的外偏，按所选电动机的工作制，各做全行程连续运行 30 min 的试验，每一工作循环的升、降过程应进行不少于一次制动。

额定载重量试验后，应测量减速器和液压系统油的温升。吊笼应运行平稳，启动、制动正常，无异常响声；吊笼停止时，不应出现下滑现象；在中途再启动上升时，不允许出现瞬时下滑现象。额定载荷试验后记录减速器油液的温升，蜗轮蜗杆减速器油液温升不得超过 60 K，其他减速器油液温升不得超过 45 K。

双吊笼施工升降机应按左、右吊笼分别进行额定载重量试验。

12. 简要叙述坠落试验的方法和步骤。

答：首次使用的施工升降机，或转移工地后重新安装的施工升降机，必须在投入使用前进行额定载荷坠落试验。施工升降机投入正常运行后，还需每隔 3 个月定期进行一次坠落试验，以确保施工升降机的使用安全。坠落试验一般程序如下：

(1) 在吊笼中加载额定载重量。

(2) 切断地面电源箱的总电源。

(3) 将坠落试验按钮盒的电缆插头插入吊笼电气控制箱底部的坠落试验专用插座中。

(4) 把试验按钮盒的电缆固定在吊笼上电气控制箱附近，将按钮盒设置在地面。坠落试验时，应确保电缆不会被挤压或卡住。

(5) 撤离吊笼内所有人员，关上全部吊笼门和围栏门。

(6) 合上地面电源箱中的主电源开关。

(7) 按下试验按钮盒标有上升符号的按钮(符号↑)，驱动吊笼上升至离地面约 3~10 m 高度。

(8) 按下试验按钮盒标有下降符号的按钮(符号↓)，并保持按住此按钮。这时，电机制动器松闸，吊笼下坠。当吊笼下坠速度达到临界速度时，防坠安全器将动作，把吊笼刹住。

当防坠安全器未能按规定要求动作而刹住吊笼，必须将吊笼上电气控制箱上的坠落试验插头拔下，操纵吊笼下降至地面后，查明防坠安全器不动作的原因，排除故障后，才能再次进行试验，必要时需送生产厂校验。

(9) 拆除试验电缆。此时，吊笼应无法启动。因为当防坠安全器动作时，其内部的电控开关已动作,以防止吊笼在试验电缆被拆除而防坠安全器尚未按规定要求复位的情况下被启动。

13. 简述对施工升降机维护保养的意义。

为了使施工升降机经常处于完好、安全运转状态,避免和消除在运转工作中可能出现的故障,提高施工升降机的使用寿命,必须及时正确地做好维护保养工作。

(1)施工升降机工作状态中,经常遭受风吹雨打、日晒的侵蚀,灰尘、沙土的侵入和沉积,如不及时清除和保养,将会加快机械的锈蚀、磨损,使其寿命缩短。

(2)在机械运转过程中,各工作机构润滑部位的润滑油及润滑脂会自然损耗,如不及时补充,将会加重机械的磨损。

(3)机械经过一段时间的使用后,各运转机件会自然磨损,零部件间的配合间隙会发生变化,如果不及时进行保养和调整,磨损就会加快,甚至导致完全损坏。

(4)机械在运转过程中,如果各工作机构的运转情况不正常,又得不到及时的保养和调整,将会导致工作机构完全损坏,大大降低施工升降机的使用寿命。

物料提升机安装拆卸工理论考试题库

说明:本题库为物料提升机安装拆卸工理论考试题库,为和教材统一,本试题库中的施工升降机代指物料提升机。

一、名词术语解释

1. 力

答:力是一个物体对另一个物体的作用。

2. 串联电路

答:电路中电流依次通过每一个组成元件的电路称为串联电路。

3. 并联电路

答:电路中所有负载(电源)的输入端和输出端分别被连接在一起的电路,称为并联电路。

4. 齿轮传动

答:齿轮传动是靠主动轮的轮齿与从动轮的轮齿直接啮合来传递运动和动力的装置。

5. 重心

答:重心是物体所受重力的合力的作用点。

6. 滑车组

答:滑车组是由一定数量的定滑车和动滑车及绕过它们的绳索组成的简单起重工具。

7. 施工升降机

答:施工升降机是用吊笼载人、载物沿导轨做上下运输的施工机械。

8. 最大提升高度

答:吊笼运行至最高上限位位置时,吊笼底板与基础底架平面间的垂直距离。

9. 导轨架

答:施工升降机的导轨架是用以支撑和引导吊笼、对重等装置运行的金属构架。

10. 附墙架

答:附墙架是按一定间距连接导轨架与建筑物或其他固定结构,从而支撑导轨架的构件。

11. 防坠安全器

答:防坠安全器是非电气、气动和手动控制的防止吊笼或对重坠落的机械式安全保护装置,称为渐进式安全器。

12. 渐进式安全器

答:初始制动力(或力矩)可调,制动过程中制动力(或力矩)逐渐增大的防坠安全器,称为渐进式安全器。

13. 安全器动作速度

答:安全器动作速度是指能触发防坠安全器开始动作的吊笼或对重的运行速度。

14. 限速器

答:限速器是当吊笼运行速度达到限定值时,激发安全钳动作的装置。

15. 安全钳

答:安全钳是由限速器激发,迫使吊笼制停的安全装置。

16. 吊笼

答:吊笼是施工升降机用来运载人员或货物的笼形部件,以及用来运载物料的带有侧护栏的平台或斗状容器的总称。

17. 限位挡板

答:限位挡板是触发安全开关的金属构件,一般安装在导轨架上。

18. 电气系统

答:电气系统是施工现场配电系统将电源输送到施工升降机的电控箱,电控箱内的电路元器件按照控制要求,将电送达驱动电动机,指令电动机通电运转,将电能转换成所需要的机械能。

19. 标定动作速度

答:标定动作速度是指按所要限定的防护目标运行速度而调定的安全器开始动作时的速度。

20. 缓冲装置

答:缓冲装置是安装在施工升降机底架上,用以吸收下降的吊笼或对重的动能,起到缓冲作用的装置。

21. 高空坠落事故

答:在施工升降机安装、使用和拆卸过程中,安装、拆卸、维修人员及乘员从吊笼顶部、导轨架等高处坠落的事故,称为高空坠落事故。

二、单项选择题(下列各题的选项中只有一个是正确的或是最符合题意的,请将正确选项的字母填入相应的空格中)

1. 常用的螺栓、键、销轴或铆钉等联接件产生的变形都是(　　)变形的实例。
   A. 拉伸与压缩　　　B. 剪切　　　C. 扭转　　　D. 弯曲
   答案:B

2. 力使物体运动状态发生变化的效应称为力的(　　)。
   A. 内效应　　　　　B. 外效应
   答案:B

3. 力使物体产生变形的效应称为力的(　　)。
   A. 内效应　　　　　B. 外效应
   答案:A

4. 作用力与反作用力作用在(　　)物体上。
   A. 一个　　　　　　B. 两个
   答案:B

5. 在电路中能量的传输靠的是（　　）。
   A. 电压　　　　　　　B. 电动势　　　　　　　C. 电流
   答案：C

6. 测量电流时必须将电流表（　　）在被测的电路中。
   A. 并联　　　　　　　B. 串联　　　　　　　　C. 串联或并联均可
   答案：B

7. 电流能从电路中的高电位点流向低电位点，是因为有（　　）。
   A. 电位差　　　　　　B. 电压　　　　　　　　C. 电功率
   答案：A

8. （　　）是指电路中（或电场中）任意两点之间的电位差。
   A. 电流　　　　　　　B. 电压　　　　　　　　C. 电阻
   答案：B

9. 测量电压时，必须将电压表（　　）在被测量电路中，使用时，必须注意所测的电压不得超过伏特表的量程。
   A. 并联　　　　　　　B. 串联　　　　　　　　C. 串联或并联均可
   答案：A

10. 在任何情况下，两导体间或任一导体与地之间均不得超过交流（50～500 Hz）有效值（　　）V，此电压称为安全电压。
    A. 50　　　　　　　B. 42　　　　　　　C. 36　　　　　　　D. 24
    答案：A

11. 安全电压有 5 个等级：（　　）、36 V、24 V、12 V、6 V。
    A. 50 V　　　　　　B. 48 V　　　　　　C. 42 V
    答案：C

12. 短路时负载中（　　）电流通过。
    A. 有　　　　　　　B. 无
    答案：B

13. 电流做功的过程实际上是（　　）转化为其他形式能的过程。
    A. 电压　　　　　　B. 电流　　　　　　C. 电阻　　　　　　D. 电能
    答案：D

14. 功率表可以测量用电设备或电气设备在（　　）的电功率大小。
    A. 某一工作瞬间　　　B. 某一段时间内
    答案：A

15. 电动机在额定电压下运行时，三相定子绕组的接线方式有两种，一种额定电压为380 V/220 V，接法为（　　）；另一种额定电压为 380 V。
    A. Y/△　　　　　　B. △
    答案：A

16. 应用于潮湿场所的电器设备为防止人为触电，应选用额定漏电动作电流不大于 15 mA、额定漏电动作时间不应大于（　　）s 的漏电保护器。
    A. 0.02　　　　　　B. 0.05　　　　　　C. 0.1　　　　　　D. 0.2

答案:C

17. 齿轮的传动比,就是主动齿轮与从动齿轮转速(角速度)之比,与其齿数成( )。
A. 正比　　　　　　B. 反比
答案:B

18. ( )齿轮传动是将齿轮安装在刚性良好的密闭壳体内,并将齿轮浸入一定深度的润滑油中,以保证有良好的工作条件,适用于中速及高速传动的场合。
A. 开式　　　　　　B. 半开式　　　　　　C. 闭式
答案:C

19. 蜗杆传动由蜗杆和蜗轮组成,传递( )之间的运动和动力。
A. 两平行轴　　　　B. 两相交轴　　　　　C. 两交错轴
答案:C

20. 安装V型带时应有合适的张紧力,在中等中心距的情况下,用大拇指按下( )cm即可。
A. 1.5　　　　　　B. 5　　　　　　　　C. 15
答案:A

21. 同步齿形带传动是一种( )。
A. 摩擦传动　　　　B. 啮合传动
答案:B

22. 平键联接时,键的上顶面与轮毂键槽的底面之间留有间隙,而键的两侧面与轴、轮毂键槽的侧面配合紧密,工作时依靠键和键槽侧面的挤压来传递运动和转矩,因此平键的( )为工作面。
A. 侧面　　　　　　B. 底面　　　　　　　C. 正面
答案:A

23. 定位销一般不受载荷或受很小载荷,其直径按结构确定,数量不得少于( )。
A. 1个　　　　　　B. 2个　　　　　　　C. 3个
答案:B

24. 联轴器用于轴与轴之间的联接,按性能可分为刚性联轴器和( )两大类。
A. 柔性联轴器　　　B. 弹性联轴器　　　　C. 安全联轴器
答案:B

25. 普通螺栓材质一般采用Q235钢。普通螺栓的强度等级为3.6～( )级。
A. 6.8　　　　　　B. 7.8　　　　　　　C. 8.8　　　　　　D. 9.8
答案:A

26. 螺栓、螺母、垫圈配合使用时,高强度螺栓必须使用( )。
A. 弹簧垫圈　　　　B. 平垫圈
答案:B

27. 施工升降机导轨架连接用高强度螺栓必须采用( )防松。
A. 弹簧垫圈　　　　B. 平垫圈　　　　　　C. 双螺母
答案:C

28. 高强度螺栓、螺母使用后拆卸再次使用,一般不得超过( )。

A. 1次　　　　　B. 2次　　　　　C. 3次　　　　　D. 4次
答案：B

29. 重量是表示物体所受地球引力的大小,是由物体的体积和材料的(　　)所决定的。
A. 密度　　　　　B. 重力密度(容重)
答案：B

30. 对钢丝绳连接或固定时,编结长度不应小于钢丝绳直径的(　　)倍,且不应小于 300 mm;连接强度不小于钢丝绳破断拉力的 75%。
A. 5　　　　　B. 10　　　　　C. 15　　　　　D. 20
答案：C

31. 起升机构不得使用编结接长的钢丝绳。使用其他方法接长钢丝绳时,必须保证接头连接强度不小于钢丝绳破断拉力的(　　)。
A. 75%　　　　　B. 85%　　　　　C. 90%　　　　　D. 95%
答案：C

32. 浸涂法润滑钢丝绳就是将润滑脂加热到(　　)℃,然后使钢丝绳通过一组导辊装置被张紧,同时使之缓慢地在容器里的熔融润滑脂中通过。
A. 50　　　　　B. 60　　　　　C. 70　　　　　D. 80
答案：B

33. 钢丝绳夹用于钢丝绳的连接或固定时最少数量是(　　)个。
A. 1　　　　　B. 2　　　　　C. 3　　　　　D. 4
答案：C

34. 吊钩应有出厂合格证明,在(　　)应有额定起重量标记。
A. 低应力区　　　B. 高应力区　　　C. 压应力区　　　D. 拉应力区
答案：A

35. 吊装时使用卸扣绑扎,在吊物起吊时应使(　　)在上。
A. 销轴　　　　　B. 扣顶
答案：B

36. 一般白棕绳的抗拉强度仅为同直径钢丝绳的(　　)左右,易磨损。
A. 10%　　　　　B. 20%　　　　　C. 30%　　　　　D. 50%
答案：A

37. 白棕绳在不涂油干燥情况下,强度高、弹性好,但受潮后强度降低约(　　)。
A. 10%　　　　　B. 20%　　　　　C. 30%　　　　　D. 50%
答案：D

38. 尼龙绳、涤纶绳安全系数可根据工作使用状况和重要程度选取,但不得小于(　　)。
A. 6　　　　　B. 7　　　　　C. 8　　　　　D. 9
答案：A

39. 为了提高钢丝绳的使用寿命,滑轮直径最小不得小于钢丝绳直径的(　　)倍。
A. 8　　　　　B. 10　　　　　C. 15　　　　　D. 16
答案：D

40. （　　）在使用中是随着重物移动而移动的，它能省力，但不能改变力的方向。
A. 定滑车　　　　　　B. 动滑车
答案：B

41. 千斤顶顶升过程中，应设保险垫，并要随顶随垫，其脱空距离应保持在（　　）mm以内，以防千斤顶倾倒或突然回油而造成事故。
A. 10　　　　　　B. 20　　　　　　C. 30　　　　　　D. 50
答案：D

42. 一个四门滑车的允许荷载为 20 000 kg，则其中一个滑轮的允许荷载为（　　）kg。
A. 5 000　　　　　　B. 10 000　　　　　　C. 20 000
答案：A

43. （　　）既能省力也能改变力的方向。
A. 定滑车　　　　　　B. 动滑车　　　　　　C. 滑车组
答案：C

44. 卷扬机的安装位置应能使操作人员看清指挥人员和起吊或拖动的物件，操作者视线仰角应小于（　　）。
A. 30°　　　　　　B. 45°　　　　　　C. 60°　　　　　　D. 75°
答案：B

45. 在卷扬机正前方应设置导向滑车，导向滑车至卷筒轴线的距离，带槽卷筒应不小于卷筒宽度的_____倍，无槽卷筒应大于卷筒宽度的_____倍，以免钢丝绳与导向滑车槽缘产生过度的磨损。（　　）
A. 10,15　　　　　　B. 15,20　　　　　　C. 20,25
答案：B

46. 钢丝绳绕入卷筒的方向应与卷筒轴线垂直，其垂直度允许偏差为（　　），这样能使钢丝绳圈排列整齐，不致斜绕和互相错叠挤压。
A. 2°　　　　　　B. 6°　　　　　　C. 10°　　　　　　D. 12°
答案：B

47. 作业中平移起吊重物时，重物高出其所跨越障碍物的高度不得小于（　　）m。
A. 0.5　　　　　　B. 1　　　　　　C. 1.5　　　　　　D. 2
答案：B

48. 起吊重物时必须先将重物吊离地面（　　）m 左右停住，确定制动、物料捆扎、吊点和吊具无问题后，方可按照指挥信号操作。
A. 0.2　　　　　　B. 0.3　　　　　　C. 0.5　　　　　　D. 1
答案：C

49. 汽车起重机吊重接近额定起重量时不得在吊物离地面（　　）m 以上的空中回转。
A. 5　　　　　　B. 2　　　　　　C. 1　　　　　　D. 0.5
答案：D

50. 履带起重机应在平坦坚实的地面上作业，正常作业时，坡度不得大于（　　），并应与沟渠、基坑保持安全距离。
A. 30°　　　　　　B. 15°　　　　　　C. 6°　　　　　　D. 3°

答案：D

51. 双机抬吊作业时，载荷应分配合理，起吊重量不得超过两台起重机在该工况下允许起重量总和的（　　），单机载荷不得超过允许起重量的80%。
    A. 60%   B. 65%   C. 70%   D. 75%
    答案：D

52. 对于额定提升速度大于0.85 m/s的SS型施工升降机安装有（　　）防坠安全装置。
    A. 瞬时式   B. 非瞬时式
    答案：B

53. 当立管壁厚减少量为出厂厚度的（　　）时，标准节应予报废或按立管壁厚规格降级使用。
    A. 5%   B. 15%   C. 25%   D. 75%
    答案：C

54. 附墙架应能保证几何结构的稳定性，杆件不得少于（　　）根，形成稳定的三角形状态。
    A. 2   B. 3   C. 4   D. 5
    答案：B

55. 附墙架各杆件与建筑物连接面处需有适当的分开距离，使之受力良好，杆件与架体中心线夹角一般宜控制在（　　）左右。
    A. 15°   B. 30°   C. 40°   D. 45°
    答案：C

56. 附墙架连接螺栓为不低于（　　）级的高强度螺栓，其紧固件的表面不得有锈斑、碰撞凹坑和裂纹等缺陷。
    A. 6.8   B. 8.8   C. 9.8   D. 10.9
    答案：B

57. 对于钢丝绳式货用施工升降机当其安装高度小于（　　）m时，吊笼顶可以不封闭，吊笼立面的高度不应低于1.5 m。
    A. 30   B. 40   C. 50   D. 80
    答案：C

58. 吊杆提升钢丝绳的安全系数不应小于（　　），直径不应小于5 mm。
    A. 5   B. 6   C. 8   D. 12
    答案：C

59. 层门应与吊笼的电气或机械联锁，当吊笼底板离某一卸料平台的垂直距离在（　　）m以内时，该平台的层门方可打开。
    A. ±0.05   B. ±0.1   C. ±0.15   D. ±0.25
    答案：D

60. 天轮架一般有固定式和（　　）两种。
    A. 开启式   B. 浮动式   C. 可拆卸式   D. 移动式
    答案：A

61. 当吊笼底部碰到缓冲弹簧时,对重上端离开天轮架的下端应有( )mm 的安全距离。
　　A. 50　　　　　　　B. 250　　　　　　C. 500　　　　　　D. 1 000
　　答案:C

62. 天轮架滑轮应有防止钢丝绳脱槽装置,该装置与滑轮外缘的间隙不应大于钢丝绳直径的 20%,即不大于( )mm。
　　A. 9　　　　　　　B. 6　　　　　　　C. 3　　　　　　　D. 1
　　答案:C

63. 当悬挂对重使用两根或两根以上相互独立的钢丝绳时,应设置( )平衡钢丝绳张力装置。
　　A. 浮动　　　　　　B. 手动　　　　　　C. 机械　　　　　　D. 自动
　　答案:D

64. 悬挂对重多余钢丝绳应卷绕在卷筒上,其弯曲直径不应小于钢丝绳直径的( )倍。
　　A. 3　　　　　　　B. 5　　　　　　　C. 15　　　　　　　D. 20
　　答案:C

65. 启用新电动机或长期不用的电动机时,需要用( )测量电动机绕组间的绝缘电阻,其绝缘电阻不低于 0.5 MΩ,否则应做干燥处理后方可使用。
　　A. 500 V 电压表　　　　　　　　　　B. 500 A 电流表
　　C. 欧姆表　　　　　　　　　　　　　D. 500 V 兆欧表
　　答:D

66. 当电动机启动电压偏差大于额定电压( )时,应停止使用。
　　A. ±5%　　　　　　B. ±10%　　　　　C. ±15%
　　答案:B

67. 当制动器的制动盘摩擦材料单面厚度磨损到接近( )mm 时,必须更换制动盘。
　　A. 0.02　　　　　　B. 0.05　　　　　　C. 1　　　　　　　D. 2
　　答案:C

68. 蜗轮副的失效形式主要是( ),所以在使用中蜗轮减速箱内要按规定保持一定量的油液,防止缺油和发热。
　　A. 齿面胶合　　　　B. 齿面磨损　　　　C. 轮齿折断　　　　D. 齿面点蚀
　　答案:A

69. 蜗轮减速器的油液温升不得超过( )℃,否则会造成油液的黏度急剧下降。
　　A. 45　　　　　　　B. 50　　　　　　　C. 60　　　　　　　D. 80
　　答案:C

70. 建筑施工用施工升降机配套的卷扬机多为( )系列。
　　A. 慢速(M)　　　　B. 中速(Z)　　　　C. 快速(K)　　　　D. 极速(J)
　　答案:C

71. 建筑施工用施工升降机配套的卷扬机的卷绳线速度或曳引机的节径线速度一般为 30～40 m/min,钢丝绳端的牵引力一般在( )kg 以下。

A. 500　　　　　　B. 1 000　　　　　　C. 2 000　　　　　　D. 3 000
答案：C

72. 钢丝绳曳引式施工升降机一般都采用（　　）曳引机。
A. 有齿轮　　　　　　B. 无齿轮
答案：A

73. 为了减少曳引机在运动时的噪声和提高平稳性，一般采用（　　）作减速传动装置。
A. 蜗杆副　　　　　　B. 齿轮副
答案：A

74. 曳引机的摩擦力是由钢丝绳压紧在曳引轮绳槽中而产生，压力愈大摩擦力（　　）。
A. 愈小　　　　　　B. 愈大
答案：B

75. 曳引机曳引力大小与钢丝绳在曳引轮上的包角有关系，包角（　　），摩擦力愈大。
A. 愈小　　　　　　B. 愈大
答案：B

76. SS型货用施工升降机驱动吊笼的钢丝绳允许用一根，其安全系数不应小于8、额定载重量不大于（　　）kg的施工升降机，钢丝绳直径不应小于6 mm。
A. 160　　　　　　B. 320　　　　　　C. 480　　　　　　D. 600
答案：B

77. SS型货用施工升降机驱动吊笼的钢丝绳允许用一根，其安全系数不应小于8、额定载重量大于（　　）kg的施工升降机，钢丝绳直径不应小于8 mm。
A. 160　　　　　　B. 320　　　　　　C. 480　　　　　　D. 600
答案：B

78. SS型施工升降机当吊笼停止在最低位置时，留在卷筒上的钢丝绳不应小于（　　）圈。
A. 1　　　　　　B. 2　　　　　　C. 3　　　　　　D. 4
答案：C

79. 卷筒两侧边缘大于最外层钢丝绳的高度不应小于钢丝绳直径的（　　）倍。
A. 3　　　　　　B. 2　　　　　　C. 1　　　　　　D. 0.5
答案：B

80. 曳引驱动施工升降机，当吊笼超载（　　）并以额定提升速度上、下运行和制动时，钢丝绳在曳引轮绳槽内不应产生滑动。
A. 5%　　　　　　B. 15%　　　　　　C. 25%　　　　　　D. 50%
答案：C

81. SS型货用施工升降机的驱动卷筒节径、曳引轮节径、滑轮直径与钢丝绳直径之比不应小于（　　）。
A. 20　　　　　　B. 30　　　　　　C. 31
答案：A

82. SS型施工升降机的制动器应是常闭式，其额定制动力矩对人货两用施工升降机不低于作业时的额定制动力矩的（　　）倍。不允许使用带式制动器。

402

A. 1.25　　　　　B. 1.5　　　　　C. 1.75　　　　　D. 2
答案：C

83. SS型施工升降机的制动器应是常闭式,其额定制动力矩对货用升降机为不低于作业时的额定制动力矩的(　　)倍。不允许使用带式制动器。
A. 1.25　　　　　B. 1.5　　　　　C. 1.75　　　　　D. 2
答案：B

84. SS型货用施工升降机钢丝绳在驱动卷筒上的绳端可采用(　　)固定。
A. 楔形装置　　　B. 压板　　　　　C. 长板条固定
答案：B

85. 三相交流异步电动机变频调速原理是通过改变电动机电源的(　　)来进行调速的。
A. 电压　　　　　B. 电流　　　　　C. 电阻　　　　　D. 频率
答案：D

86. 施工升降机基础下土壤的承载力一般应大于(　　)MPa。
A. 0.1　　　　　B. 0.15　　　　　C. 0.2　　　　　D. 0.25
答案：B

87. 对于驱动装置放置在架体外的钢丝绳式施工升降机,应单独制作卷扬机的基础,宜用混凝土或水泥砂浆找平,一般厚度不小于(　　)mm。
A. 100　　　　　B. 150　　　　　C. 200　　　　　D. 300
答案：C

88. 防坠安全器是(　　)控制的防止吊笼或对重坠落的机械式安全保护装置。
A. 电气　　　　　B. 气动　　　　　C. 手动　　　　　D. 非人为
答案：D

89. (　　)的特点是制动距离较长,制动平稳、冲击小。
A. 瞬时式防坠安全器　　　B. 渐进式防坠安全器
答案：B

90. (　　)防坠安全器的初始制动力(或力矩)不可调。
A. 渐进式　　　　　B. 瞬时式
答案：B

91. 当施工升降机对重额定提升速度大于(　　)m/s时应采用渐进式防坠安全器。
A. 0.63　　　　　B. 0.85　　　　　C. 1　　　　　D. 1.33
答案：C

92. 对于SS型货用施工升降机,其吊笼额定提升速度大于(　　)m/s时,应采用渐进式防坠安全器。
A. 0.63　　　　　B. 0.85　　　　　C. 1　　　　　D. 1.33
答案：B

93. 防坠安全器的制动距离最大不得超过(　　)m。
A. 1.6　　　　　B. 1.8　　　　　C. 2　　　　　D. 2.5
答案：C

94. 对于额定提升速度小于或等于( )m/s 的 SS 型货用施工升降机,可采用瞬时式防坠安全装置。
   A. 0.63   B. 0.85   C. 1   D. 1.33
   答案:B

95. 瞬时式防坠安全装置允许借助悬挂装置的断裂或借助一根( )来动作。
   A. 安全绳   B. 钢丝绳   C. 安全锁   D. 杠杆
   答案:A

96. 任何形式的( )防坠安全装置,当断绳或固定松脱时,吊笼锁住前的最大滑行距离,在满载情况下,不得超过 1 m。
   A. 渐进式   B. 瞬时式   C. 楔块式   D. 夹轨式
   答案:B

97. 对于 SS 型施工升降机任何形式的防坠安全装置,当断绳或固定松脱时,吊笼锁住前的最大滑行距离,在满载情况下,不得超过( )m。
   A. 0.63   B. 0.85   C. 1   D. 1.33
   答案:C

98. ( )开关的作用是当施工升降机的吊笼超越了允许运动的范围时,能自动停止吊笼的运行。
   A. 行程安全控制   B. 安全装置联锁控制
   答案:A

99. ( )应为非自动复位型的开关。
   A. 上行程限位开关   B. 下行程限位开关   C. 减速开关   D. 极限开关
   答案:D

100. 在正常工作状态下,下极限开关挡板的安装位置,应保证吊笼碰到缓冲器之前,( )应首先动作。
   A. 下行程限位开关   B. 下极限开关   C. 减速开关   D. 极限开关
   答案:B

101. 吊笼设有进料门和出料门,进料门一般为( )。
   A. 单门   B. 双门
   答案:A

102. 每个吊笼 2~3 个缓冲器;对重一个缓冲器。同一组缓冲器的顶面相对高度差不应超过( )mm。
   A. 2   B. 5   C. 10   D. 20
   答案:A

103. 缓冲器中心与吊笼底梁或对重相应中心的偏移,不应超过( )mm。
   A. 2   B. 5   C. 10   D. 20
   答案:D

104. 为避免施工作业人员进入运料通道时不慎坠落,宜在每层楼通道口设置( )状态的安全门或栏杆。
   A. 常开   B. 常闭

答案:B

105. 升降机的金属结构及所有电气设备的金属外壳应接地,其接地电阻不应大于( )Ω。
A. 4   B. 10   C. 30
答案:A

106. 防雷装置的冲击接地电阻值不得大于( )Ω。
A. 4   B. 10   C. 30
答案:C

107. 从事施工升降机安装与拆卸的操作人员、起重指挥、电工等人员应当年满( )周岁,具备初中以上的文化程度。
A. 16   B. 18   C. 20
答案:B

108. 从事施工升降机安装与拆卸的操作人员应经过专门培训,并经( )部门考核合格,取得建筑施工特种作业人员操作资格证书。
A. 建设主管   B. 技术质量监督   C. 安全管理
答案:A

109. 施工升降机安装单位和使用单位应当签订( ),明确双方的安全生产责任。
A. 安拆合同   B. 安全协议书   C. 承包合同
答案:A

110. 施工总承包单位应当与安装单位签订建筑起重机械安装工程( )。
A. 安拆合同   B. 安全协议书   C. 承包合同
答案:B

111. 安装、拆卸、加节或降节作业时,最大安装高度处的风速不应大于( )m/s。
A. 13   B. 15   C. 18   D. 20
答案:A

112. 在安装施工升降机初始阶段,用( )在两个方向检查导轨架的垂直度,要求导轨架的垂直度误差≤1/1 000。
A. 水平仪   B. 罗盘   C. 经纬仪
答案:C

113. 安装施工升降机时吊笼双门一侧应朝向( )。
A. 安全通道   B. 建筑物   C. 导轨架
答案:B

114. 施工升降机所用电缆应为( )电缆,所用规格应合理选择。
A. 三芯   B. 四芯   C. 五芯
答案:C

115. 施工升降机电缆选择应合理,应保证升降机满载运行时电压波动不得大于( )。
A. 5%   B. 10%   C. 15%
答案:A

405

116. 施工升降机结构、电机及电气设备的（　　）均应接地,接地电阻不得超过 4 Ω。
　　A. 接线盒　　　　　　　B. 基座　　　　　　　C. 金属外壳
　　答案：C

117. 下极限挡块的安装位置,应保证在正常工作状态下下极限开关动作后（　　）不接触缓冲弹簧。
　　A. 笼底　　　　　　　　B. 对重　　　　　　　C. 电缆滑车
　　答案：A

118. 在正常工作状态下（　　）开关动作后笼底不接触缓冲弹簧。
　　A. 下限位　　　　　　　B. 下极限
　　答案：B

119. 导轨架每加高（　　）m 左右,应用经纬仪在两个方向上检查一次导轨架整体的垂直度,一旦发现超差应及时加以调整。
　　A. 6　　　　　B. 9　　　　　C. 10　　　　　D. 12
　　答案：C

120. SS 型施工升降机导轨架轴心线对底座水平基准面的安装垂直度偏差不应大于导轨架高度的（　　）。
　　A. 0.5‰　　　B. 1‰　　　　C. 1.5‰　　　D. 2‰
　　答案：C

121. SS 型施工升降机导轨接点截面相互错位形成的阶差不大于（　　）mm。
　　A. 0.3　　　　B. 0.6　　　　C. 0.8　　　　D. 1.5
　　答案：D

122. 附墙架的安装,应与导轨架的加高安装（　　）进行。
　　A. 同步　　　　　　　　B. 间断　　　　　　　C. 异步
　　答案：A

123. 上限位开关的安装位置应保证吊笼触发该开关后,上部安全距离不小于（　　）m。
　　A. 0.15　　　B. 1.2　　　　C. 1.5　　　　D. 1.8
　　答案：D

124. 上极限挡块的安装位置应保证上极限开关与上限位开关之间的越程距离为（　　）m。
　　A. 0.15　　　B. 1.2　　　　C. 1.5　　　　D. 1.8
　　答案：A

125. SS 型施工升降机吊杆与水平面夹角应在（　　）之间,转向时不得与其他物体相碰撞。
　　A. 30°～60°　　　　　B. 45°～70°　　　　　C. 60°～90°
　　答案：B

126. SS 型施工升降机安装高度在 30 m 以内时,第一道附墙架可设在（　　）m 高度上。
　　A. 9　　　　　B. 12　　　　C. 18　　　　D. 24

答案：C

127. 实行总承包的工程，施工升降机经监督检验合格后，由（　　）单位组织有关单位进行综合验收。
A. 总承包　　　　　B. 使用　　　　　C. 安装　　　　　D. 监理
答案：A

128. 拆卸施工升降机时，吊笼顶部的导轨架不得超过（　　）节。
A. 1　　　　　B. 2　　　　　C. 3　　　　　D. 4
答案：C

129. 在拆卸附墙架前，应确保架体的自由高度始终不大于（　　）m。
A. 6　　　　　B. 8　　　　　C. 9
答案：B

130. 首次取得证书的人员实习操作不得少于（　　）个月；否则，不得独立上岗作业。
A. 1　　　　　B. 2　　　　　C. 3　　　　　D. 6
答案：C

131. 对于购入的旧施工升降机应有（　　）年内完整运行记录及维修、改造资料。
A. 1　　　　　B. 2　　　　　C. 3
答案：B

132. 根据国家有关规定，特种设备使用超过一定年限，（　　）必须经有相应资质的检验检测机构监督检验合格，才可以正常使用。
A. 每半年　　　　　B. 每年　　　　　C. 每两年
答案：B

133. 电动机的电气制动可分为反接制动、能耗制动和再生制动。其中，再生制动只有当电动机转速 n（　　）同步转速 n_1 时才能实现。
A. 大于　　　　　B. 等于　　　　　C. 小于
答案：A

134. 清除钢丝绳表面上积存的污垢和铁锈，最好是用（　　）清刷。
A. 水　　　　　　　　　　　　B. 毛刷
C. 钢丝刷　　　　　　　　　　D. 镀锌钢丝刷
答案：D

135. 制动闸瓦磨损过甚而使铆钉露头，或闸瓦磨损量超过原厚度（　　）时，应及时更换。
A. 1/4　　　　　B. 1/3　　　　　C. 1/2
答案：B

136. 闸瓦（块式）电磁制动器心轴磨损量超过标准直径（　　）和椭圆度超过 0.5 mm 时，应更换心轴。
A. 1%　　　　　B. 2%　　　　　C. 5%　　　　　D. 10%
答案：C

三、多项选择题（下列各题的选项中，正确选项不止一个，请将正确选项的字母填入相应的空格中）

1. 力的（　　）称为力的三要素。
   A. 大小　　　　　　　　B. 方向　　　　　　　　C. 长度　　　　　　　　D. 作用点
   答案：ABD

2. 在工程中构件的基本变形可简化为（　　）四种基本变形。
   A. 轴向拉伸与压缩　　　B. 剪切　　　　　　　　C. 扭转　　　　　　　　D. 弯曲
   E. 挤压
   答案：ABCD

3. 电路的状态一般有（　　）。
   A. 开路　　　　　　　　B. 通路　　　　　　　　C. 短路　　　　　　　　D. 闭路
   答案：ABC

4. 电路一般由（　　）和控制器件等四部分组成组成。
   A. 电源　　　　　　　　B. 负载　　　　　　　　C. 电阻　　　　　　　　D. 导线
   答案：ABD

5. 电路中的控制元件在电路中起（　　）、测量等作用的装置。
   A. 接通　　　　　　　　B. 断开　　　　　　　　C. 传输　　　　　　　　D. 保护
   答案：ABD

6. 电路的主要任务是进行电能的（　　）。
   A. 传送　　　　　　　　B. 保护　　　　　　　　C. 分配　　　　　　　　D. 转换
   答案：ACD

7. 三个具有相同（　　），但在相位上彼此相差120°的正弦交流电压、电流或电动势，统称为三相交流电。
   A. 频率　　　　　　　　B. 振幅　　　　　　　　C. 电压　　　　　　　　D. 电流
   答案：AB

8. 三相交流电习惯上称为A/B/C三相，按国标GB 4026—2010规定，交流供电系统的电源A、B、C分别用L1、L2、L3表示，其相色漆的颜色分别以（　　）表示。
   A. 黄色　　　　　　　　B. 绿色　　　　　　　　C. 灰色　　　　　　　　D. 红色
   答案：ABD

9. 三相异步电动机也叫三相感应电动机，主要由（　　）两个基本部分组成。
   A. 定子　　　　　　　　B. 定子绕组　　　　　　C. 转子　　　　　　　　D. 转子绕组
   答案：AC

10. 转子部分由（　　）组成。
    A. 转子铁芯　　　　　　B. 转子绕组　　　　　　C. 转轴　　　　　　　　D. 机座
    答案：ABC

11. 低压空气断路器用于当电路中发生（　　）等不正常情况时，能自动分断电路的电器，也可用作不频繁地启动电动机或接通、分断电路。
    A. 过载　　　　　　　　B. 短路　　　　　　　　C. 电压过高　　　　　　D. 欠压

答案：ABD

12. 机器基本上都是由（　　）组成的。
A. 原动部分　　B. 传动部分　　C. 控制部分　　D. 工作部分
答案：ABD

13. 低副是指两构件之间作面接触的运动副。按两构件的相对运动情况，可分为（　　）。
A. 转动副　　B. 移动副　　C. 螺旋副　　D. 滑动副
答案：ABC

14. （　　）之间的接触均为常用高副。
A. 滚轮与轨道　　B. 凸轮与推杆　　C. 丝杠与螺母　　D. 轮齿与轮齿
答案：ABD

15. 靠机件间的摩擦力传递动力和运动的摩擦传动，包括（　　）等。
A. 带传动　　B. 谐波传动　　C. 绳传动　　D. 摩擦轮传动
答案：ACD

16. 靠主动件与从动件啮合或借助中间件啮合传递动力或运动的啮合传动，包括（　　）和谐波传动等。
A. 齿轮传动　　B. 链传动　　C. 摩擦轮传动　　D. 螺旋传动
答案：ACD

17. 按照轴的所受载荷不同，可将轴分为（　　）三类。
A. 心轴　　B. 转轴　　C. 曲轴　　D. 传动轴
答案：ABD

18. 按润滑方式不同，齿轮润滑可分为（　　）等几种形式。
A. 开式　　B. 半开式　　C. 闭式　　D. 密封式
答案：ABC

19. 常见的轮齿失效形式有（　　）等形式。
A. 轮齿折断　　B. 齿面点蚀　　C. 齿面胶合
D. 齿面磨损　　E. 齿面塑性变形
答案：ABCDE

20. 施工升降机的齿轮齿条传动由于润滑条件差，灰尘、脏物等研磨性微粒易落在齿面上，轮齿磨损快，且齿根产生的弯曲应力大，因此（　　）是施工升降机齿轮齿条传动的主要失效形式。
A. 轮齿折断　　B. 齿面点蚀　　C. 齿面胶合
D. 齿面磨损　　E. 齿面塑性变形
答案：AD

21. 带传动可分为（　　）等形式。
A. 平型带传动　　B. 梯形带传动
C. V型带传动　　D. 同步齿形带传动
答案：ACD

22. 滑动轴承根据轴承所受载荷方向不同，可分为（　　）。

A. 向心滑动轴承 B. 推力滑动轴承
C. 向心推力滑动轴承 D. 轴向推力滑动轴承
答案：ABC

23. 花键的齿形有（　　）等三种,矩形键加工方便,应用较广。
A. 矩形 B. 半圆形 C. 三角形 D. 渐开线齿形
答案：ACD

24. 根据构造不同,制动器可分为以下三类：（　　）、盘式和锥式制动器。
A. 常开式制动器 B. 带式制动器 C. 常闭式制动器 D. 块式制动器
答案：BD

25. 制动器的零件有下列情况之一的,应予报废：（　　）。
A. 可见裂纹 B. 制动块摩擦衬垫磨损量达原厚度的10%
C. 制动轮表面磨损量达1.5～2 mm D. 弹簧出现塑性变形
答案：ACD

26. 钢结构常用材料一般为（　　）。
A. HRB335 B. HRB400 C. Q235钢 D. Q345钢
答案：CD

27. 钢结构通常是由多个杆件以一定的方式相互连接而组成的。常用的连接方法有（　　）。
A. 焊接连接 B. 螺栓连接 C. 铆接连接 D. 钎焊连接
答案：ABC

28. 高强度螺栓按受力状态可分为（　　）。
A. 抗剪螺栓 B. 抗拉螺栓 C. 抗扭螺栓 D. 抗弯螺栓
答案：AB

29. 高强度螺栓的预紧力矩是保证螺栓连接质量的重要指标,它综合体现了（　　）组合的安装质量。
A. 螺栓 B. 螺母 C. 弹簧垫圈 D. 平垫圈
答案：ABD

30. 钢结构由于自身的特点和结构形式的多样性,应用范围越来越广,除房屋结构以外,钢结构还可用于下列结构：（　　）。
A. 塔桅结构 B. 板壳结构
C. 桥梁结构 D. 可拆卸移动式结构
答案：ABCD

31. 钢丝绳按捻法,分为（　　）。
A. 右交互捻(ZS) B. 左交互捻(SZ)
C. 右同向捻(ZZ) D. 左同向捻(SS)
答案：ABCD

32. 吊钩按制造方法可分为（　　）吊钩。
A. 锻造 B. 铸造 C. 焊接 D. 片式
答案：AD

33. 卸扣按活动销轴的形式可分为（　　）。
　　A. 销子式　　　　　　B. 螺栓式　　　　　　C. 直形式　　　　　　D. 椭圆式
答案：AB

34. 使用卸扣时不得超过规定的荷载,应使（　　）受力。
　　A. 销轴　　　　　　　B. 扣体　　　　　　　C. 扣顶
答案：AC

35. 滑车按连接件的结构型式不同,可分为（　　）。
　　A. 吊钩型　　　　　　B. 链环型　　　　　　C. 吊环型　　　　　　D. 吊梁型
答案：ABCD

36. 千斤顶有（　　）三种基本类型。
　　A. 齿条式　　　　　　B. 螺旋式　　　　　　C. 液压式　　　　　　D. 链轮式
答案：ABC

37. 链式滑车可分为（　　）。
　　A. 环链蜗杆滑车　　　　　　　　　　　　　B. 片状链式蜗杆滑车
　　C. 片状链式齿轮滑车　　　　　　　　　　　D. 手拉葫芦
答案：ABC

38. 卷扬机必须用地锚予以固定,以防工作时产生滑动或倾覆。根据受力大小,固定卷扬机的方法大致有（　　）。
　　A. 螺栓锚固法　　　　B. 水平锚固法　　　　C. 立桩锚固法　　　　D. 压重锚固法
答案：ABCD

39. 施工升降机一般由（　　）和电气系统等四部分组成。
　　A. 金属结构　　　　　B. 导轨架　　　　　　C. 传动机构　　　　　D. 安全装置
答案：ACD

40. 电动机的电气制动可分为（　　）。
　　A. 反接制动　　　　　B. 能耗制动　　　　　C. 再生制动　　　　　D. 电磁制动
答案：ABC

41. 钢丝绳式施工升降机传动机构一般采用（　　）。
　　A. 卷扬机　　　　　　B. 曳引机　　　　　　C. 起重用盘式制动三相异步电动机
答案：AB

42. 卷扬机具有结构简单、成本低廉的优点,其缺点是（　　）。
　　A. 多根钢丝绳独立牵引　B. 容易乱绳　　　　　C. 容易脱绳　　　　　D. 容易挤压
答案：BCD

43. 按现行国家标准,建筑卷扬机有（　　）系列。
　　A. 慢速(M)　　　　　B. 中速(Z)　　　　　　C. 快速(K)　　　　　D. 极速(J)
答案：ABC

44. SS型货用施工升降机使用的防坠安全装置有（　　）功能。
　　A. 防坠　　　　　　　B. 限速　　　　　　　C. 断绳保护　　　　　D. 停层防坠落
答案：CD

45. 电气系统主要由（　　）组成。

A. 主电路   B. 主控制电路   C. 辅助电路   D. 电控箱

答案：ABC

46. 施工升降机的基础一般分为三种形式,分别为（　　）。

A. 地上式   B. 地下式   C. 地中式   D. 地平式

答案：ABD

47. SS型货用施工升降机的瞬时式防坠安全装置应具有（　　）功能。

A. 防坠   B. 限速   C. 断绳保护   D. 超载保护

答案：BC

48. 施工升降机的电气安全开关大致可分为（　　）两大类。

A. 极限开关   B. 行程安全控制

C. 安全装置联锁控制   D. 急停开关

答案：BC

49. 行程安全控制开关主要有（　　）。

A. 上行程限位开关   B. 下行程限位开关   C. 减速开关   D. 极限开关

答案：ABCD

50. 安全装置联锁控制开关主要有（　　）。

A. 安全器安全开关   B. 防松绳开关   C. 门安全控制开关

答案：ABC

51. 施工升降机门电气安全开关主要有（　　）等安全开关。

A. 单行门   B. 双行门   C. 顶盖门   D. 围栏门

答案：ABCD

52. 超载限制器是用于施工升降机超载运行的安全装置,常用的有（　　）。

A. 电子传感器式   B. 弹簧式   C. 拉力环式

答案：ABC

53. 施工升降机应当有（　　）、有关型式试验合格证明等文件,并已在产权单位工商注册所在地县级以上建设主管部门备案登记。

A. 出厂合格证   B. 安装及使用维修说明

C. 监督检验证明   D. 产品设计文件

答案：ABCD

54. 施工升降机的连接螺栓应为高强度螺栓,不得低于8.8级,其紧固件的表面不得有（　　）等缺陷。

A. 锈斑   B. 碰撞凹坑   C. 裂纹   D. 油污

答案：ABC

55. 对改造、大修的施工升降机要有（　　）。

A. 出厂检验合格证   B. 型式试验合格证明

C. 监督检验证明   D. 安装及使用维修说明

答案：AC

56. 安装自检应当按照安全技术标准及安装使用说明书的有关要求对（　　）及对重系统和电气系统等进行检查,自检后应填写安装自检表。

A. 金属结构件　　　　B. 传动机构　　　　C. 附墙装置　　　　D. 安全装置
答案：ABCD

57. 实行总承包的工程，施工升降机经监督检验合格后，由总承包单位组织（　　）等有关单位进行验收。
A. 产权　　　　　　B. 使用　　　　　　C. 安装　　　　　　D. 监理
答案：ABCD

58. 施工升降机常见的故障一般分为（　　）。
A. 电气故障　　　　B. 液压故障　　　　C. 机械故障
答案：AC

59. 施工升降机在使用过程中发生故障的原因很多，主要有（　　）、零部件的自然磨损等。
A. 调整润滑不及时　　　　　　　　　B. 维护保养不及时
C. 操作人员违章作业　　　　　　　　D. 工作环境恶劣
答案：BCD

60. 施工升降机突然停机或不能启动，最可能的原因是（　　）被启动或断路器启动。
A. 停机电路　　　　　　　　　　　　B. 限位开关
C. 相序接错　　　　　　　　　　　　D. 上、下极限开关
答案：AB

61. 吊笼上、下运行时有自停现象，最可能的原因是（　　）。
A. 上、下限位开关接触不良或损坏　　　B. 严重超载
C. 控制装置（按钮、手柄）接触不良或损坏　D. 制动器工作不同步
答案：ABC

62. 电机过热，最可能的故障原因是（　　）或供电电压过低。
A. 制动器工作不同步　　　　　　　　B. 供电电缆截面过大
C. 启、制动过于频繁　　　　　　　　D. 长时间超载运行
答案：ACD

63. 电机启动困难，并有异常响声，最可能的故障原因是（　　）及供电电压远低于360 V。
A. 电机制动器未打开　　　　　　　　B. 无直流电压
C. 控制装置接触不良　　　　　　　　D. 严重超载
答案：ABD

64. 施工升降机标准节的截面形状有（　　）。
A. 矩形　　　　　　B. 菱形　　　　　　C. 正方形　　　　　D. 三角形
答案：ACD

65. 属于施工升降机金属结构的是（　　）。
A. 吊笼　　　　　　B. 电机　　　　　　C. 导轨架　　　　　D. 对重
答案：ACD

66. 施工升降机按驱动方式分类可分为（　　）。
A. SC型　　　　　　B. 单柱型　　　　　C. 双柱型　　　　　D. SS型

E． SH 型

答案：ADE

四、判断题（判断下列说法是否正确，对的在括号内画√，错的画×）

1. 力作用的结果是使物体的运动状态发生变化或使物体变形。 （√）
2. 磁铁间不需相互接触就有相互作用力，因此力可以脱离实际物体而存在。 （×）
3. 力的作用点的位置，可以在它的作用线上移动而不会影响力的作用效果，所以力的作用效果和力的作用点没有关系。 （×）
4. 力可以单独一个力出现，也可以成对出现。 （×）
5. 物体在两个力的作用下保持平衡的条件是：这两个力大小相等，方向相反，且作用在同一点上。 （×）
6. 在力的大小、方向不变的条件下，力的作用点的位置，可以在它的作用线上移动而不会影响力的作用效果。 （√）
7. 作用力与反作用力分别作用在两个物体上，且大小相等，方向相反，所以可以看成是两个平衡力而相互抵消。 （×）
8. 平行四边形法则实质上是一种对力进行等效替换的方法，所以在分析同一个问题时，合矢量和分矢量必须同时使用。 （×）
9. 合力对于平面内任意一点的力矩，等于各分力对同一点的力矩之和。 （√）
10. 构件扭转时横截面上只有与半径垂直的剪应力，没有正应力，因此在圆心处的剪应力最大。 （×）
11. 大小和方向不随时间变化的电流，称为直流电，用字母"AC"或"—"表示。 （×）
12. 大小和方向随时间变化的电流，称为交流电，用字母"AC"或"～"表示。 （√）
13. 在日常工作中，用试电笔测量交流电时，试电笔氖管通身发亮，且亮度明亮。 （√）
14. 在日常工作中，用试电笔测量直流电时，试电笔氖管通身发亮，且亮度较暗。 （×）
15. 电源两端的导线因某种事故未经过负载而直接连通时称为断路。 （×）
16. 低压电器在供配电系统中广泛用于电路、电动机、变压器等电气装置上，起着开关、保护、调节和控制的作用。 （√）
17. 按钮是一种靠外力操作接通或断开电路的电气元件，用来直接控制电气设备。 （×）
18. 行程开关又称限位开关或终点开关，它是利用人工操作，以控制自身的运动方向或行程大小的主令电器。 （×）
19. 安装在负荷端电器电路的用于防止人为触电的漏电保护器，其动作电流不得大于 30 mA，动作时间不得大于 0.1 s。 （√）
20. 继电器是一种自动控制电器，在一定的输入参数下，它受输入端的影响而使输出参数进行连续性的变化。 （×）
21. 机构和机器的区别是机构的主要功用在于传递或转变运动的形式，而机器的主要功用是为了利用机械能做功或能量转换。 （√）
22. 摩擦传动容易实现无级变速，大都能适应轴间距较大、大功率的传动场合，过载打滑还能起到缓冲和保护传动装置的作用，但不能保证准确的传动比。 （×）

23. 靠主动件与从动件啮合或借助中间件啮合传递动力或运动的啮合传动,包括齿轮传动、链传动、螺旋传动和谐波传动等。（√）

24. 齿轮模数直接影响齿轮的大小、轮齿齿形和强度的大小。对于相同齿数的齿轮,模数越大,齿轮的几何尺寸越大,轮齿也大,因此承载能力也越大。（√）

25. 齿轮传动效率高,一般为95%～98%,最高可达99%。（√）

26. 链传动有准确的传动比,无滑动现象,但传动平稳性差,工作时有噪声。（×）

27. V型带经过一段时间使用后,如发现不能使用时要及时更换,为了节约,允许新旧带混合使用。（×）

28. 同步齿形带传动工作时带与带轮之间无相对滑动,能保证准确的传动比。（√）

29. 同步齿形带不能保证准确的传动比,传动效率可达0.98;传动比较大,可达12～20;允许带速可高至50 m/s。（×）

30. 一切做旋转运动的传动零件,都必须安装在轴上才能实现旋转和传递动力。（√）

31. 根据工作时摩擦性质不同,轴承可分为滑动轴承和滚动轴承。（√）

32. 轴承是机器中用来支承轴和轴上零件的重要零部件,它能保证轴的旋转精度、减小转动时轴与支承间的摩擦和磨损。（√）

33. 滚动轴承具有摩擦力矩小,易启动,载荷、转速及工作温度的适用范围较广,轴向尺寸小,润滑维修方便等优点。（√）

34. 滚动轴承不需用有色金属,对轴的材料和热处理要求不高。（√）

35. 键联接是一种应用很广泛的可拆联接,主要用于轴与轴上零件的轴向相对固定,以传递运动或转矩。（×）

36. 平键的特点是能自动适应零件轮毂槽底的倾斜,使键受力均匀。主要用于轴端传递转矩不大的场合。（×）

37. 销是标准件,其基本类型有圆柱销和圆锥销两种。（×）

38. 销可用作安全装置中的过载剪切元件。（√）

39. 圆柱销联接可以经常装拆,不会降低定位精度或联接的紧固性。（×）

40. 弹性联轴器种类繁多,它具有缓冲吸振及可补偿较大的轴向位移、微量的径向位移和角位移的特点,用在正反向变化多、启动频繁的高速轴上。（√）

41. 电磁铁杠杆系统空行程超过其额定行程的10%时制动器应报废。（√）

42. 钢结构存在抗腐蚀性能和耐火性能较差、低温条件下易发生脆性断裂等缺点。（√）

43. 钢结构不适合在动力载荷下工作,在一般情况下会因超载而突然断裂。（×）

44. 钢材内部组织均匀,力学性能匀质、各向同性,计算结果可靠。（×）

45. 普通碳素钢Q235系列钢,强度、塑性、韧性及可焊性都比较好,是建筑起重机械使用的主要钢材。（√）

46. 钢材具有明显的弹性阶段、弹塑性阶段、塑性阶段及应变硬化阶段。（√）

47. 钢结构通常是由多个杆件以一定的方式相互连接而组成的。常用的连接方法有焊接连接、螺栓连接和铆接连接等。（√）

48. 钢结构钢材之间的焊接形式主要有正接填角焊缝、搭接填角焊缝、对接焊缝及塞焊缝等。（√）

49. 高强度螺栓按强度可分为 8.8、9.8、10.8 和 12.8 四个等级,直径一般为 12～42 mm。 (×)

50. 普通螺栓连接中的精制螺栓分为 A 级、B 级和 C 级。 (×)

51. 高强度螺栓安装穿插方向宜采用自下而上穿插,即螺母在上面。 (√)

52. 重心是物体所受重力的合力的作用点,物体的重心位置由物体的几何形状和物体各部分的质量分布情况来决定。 (√)

53. 物体的重心可能在物体的形体之内,也可能在物体的形体之外。 (√)

54. 只要物体的形状改变,其重心位置一定改变。 (×)

55. 物体的重心相对物体的位置是一定的,它不会随物体放置的位置改变而改变。 (√)

56. 在截断钢丝绳时,宜使用专用刀具或砂轮锯截断,较粗钢丝绳可用乙炔切割。 (√)

57. 钢丝绳的安全系数是不可缺少的安全储备,可以凭借这种安全储备提高钢丝绳的最大允许安全载荷。 (×)

58. 钢丝绳夹布置,应把绳夹座扣在钢丝绳的工作段上,U 形螺栓扣在钢丝绳的尾段上。 (√)

59. 钢丝绳夹可以在钢丝绳上交替布置。 (×)

60. 钢丝绳夹间的距离应等于钢丝绳直径的 3～4 倍。 (×)

61. 在实际使用中,绳夹受载一周以后应做检查。 (×)

62. 钢丝绳夹紧固时须考虑每个绳夹的合理受力,离套环最远处的绳夹首先单独紧固。 (×)

63. 吊索一般用 6×61 和 6×37 钢丝绳制成。 (√)

64. 片式吊钩比锻造吊钩安全。 (√)

65. 吊钩的危险断面有 4 个。 (×)

66. 吊钩内侧拉应力比外侧压应力小一半多。 (×)

67. 吊钩必须装有可靠防脱棘爪(吊钩保险),防止工作时索具脱钩。 (√)

68. 吊钩如有裂纹,应进行补焊。 (×)

69. 卸扣必须是锻造的,一般是用 20 号钢锻造后经过热处理而制成,以便消除残余应力和增加其韧性,不能使用铸造和补焊的卡环。 (√)

70. 卸扣既可以锻造,也可以铸造。 (×)

71. 吊装时使用卸扣绑扎,在吊物起吊时应使扣顶在上销轴在下。 (√)

72. 尼龙绳和涤纶绳具有质量轻、质地柔软、弹性好、强度高、耐腐蚀、耐油、不生蛀虫及霉菌、抗水性能好等优点。 (√)

73. 定滑车在使用中是固定的,可以改变用力的方向,也能省力。 (×)

74. 滑车组是由一定数量的定滑车和动滑车及绕过它们的绳索组成的简单起重工具。它能省力也能改变力的方向。 (√)

75. 滑轮绳槽壁厚磨损量达原壁厚的 20% 应予以报废。 (√)

76. 滑轮底槽的磨损量超过相应钢丝绳直径的 25% 时滑轮应予以报废。 (√)

77. 链式滑车转动部分要经常上油,如摩擦片,保证滑润,减少磨损。 (×)

78. 卷筒上的钢丝绳全部放出时应留有不少于 3 圈。 (√)

79. 链式滑车起吊重物中途停止的时间较长时,要将手拉链拴在起重链上,以防时间过长而自锁失灵。（√）
80. 使用链式滑车时当手拉链拉不动时,可以增加人数猛拉。（×）
81. 卷筒边缘外周至最外层钢丝绳的距离应不小于钢丝绳直径的1.5倍。（√）
82. 钢丝绳应与卷筒及吊笼连接牢固,不得与机架或地面摩擦,通过道路时,应设过路保护装置。（√）
83. 卷筒上的钢丝绳应排列整齐,当重叠或斜绕时,应停机重新排列,严禁在转动中用手拉脚踩钢丝绳。（√）
84. 作业中,任何人不得跨越正在作业的卷扬钢丝绳。（√）
85. 物件提升后,操作人员可以短暂离开卷扬机,物件或吊笼下面严禁人员停留或通过。（×）
86. 作业中如发现异响、制动不灵、制动装置或轴承等温度剧烈上升等异常情况时,应立即停机检查,排除故障后方可使用。（√）
87. 塔式起重机起升或下降重物时,重物下方禁止有人通行或停留。（√）
88. 吊重作业时,起重臂下严禁站人,禁止吊起埋在地下的重物或斜拉重物。（√）
89. 在起吊重载时应尽量避免吊重变幅,起重臂仰角很大时不准将吊物骤然放下,以防前倾。（×）
90. 履带起重机操纵灵活,本身能回转360°,在平坦坚实的地面上能负荷行驶。（√）
91. 起重机上下坡道时应无载行走,上坡时应将起重臂仰角适当放小,下坡时应将起重臂仰角适当放大。下坡空挡滑行。（×）
92. 钢丝绳式施工升降机,单柱导轨架横截面为矩形,导轨架内包容一个吊笼,额定载重量为3 200 kg,第一次变型更新,表示为:施工升降机 SSB320A(GB/T 10054)。（√）
93. 导轨按滑道的数量和位置,可分为单滑道、双滑道及四角滑道。（√）
94. 四角滑道用于双吊笼施工升降机,设置在架体的四角,可使吊笼较平稳地运行。（×）
95. 当一台施工升降机使用的标准节有不同的立管壁厚时,标准节应有标识,并不得混用。（√）
96. 附墙架连接可以使用膨胀螺栓。（×）
97. 附墙架采用紧固件的,应保证有足够的连接强度。不得采用铁丝、铜线绑扎等非刚性连接方式,但可以与建筑脚手架相牵连。（×）
98. 吊笼门装有机械锁钩保证在运行时不会自动打开,同时还设有电气安全开关,当门未完全关闭时能有效切断控制回路电源,使吊笼停止或无法启动。（√）
99. 吊笼上的安全装置和各类保护措施,不仅在正常工作时起作用,在安装、拆卸、维护时也应起作用。（√）
100. 施工升降机的每一个登机处均应设置层门。（√）
101. 施工升降机的地面防护围栏设置高度不低于1.8 m,对于钢丝绳式货用施工升降机应不小于1.5 m,并应围成一周,围栏登机门的开启高度不应低于1.8 m。（√）
102. 层门不得向吊笼通道开启,封闭式层门上应设有视窗。（√）
103. 电动机在额定电压偏差±5%的情况下,直流制动器在直流电压偏差±15%的情

况下,仍然能保证电动机和直流制动器正常运转和工作。　　　　　　　　　　　(√)

104. 施工升降机不得在正常运行中进行反向运行。　　　　　　　　　　　　(×)

105. 曳引机一般为4～5根钢丝绳独立并行曳引,因而同时发生钢丝绳断裂造成吊笼坠落的概率很小。但钢丝绳的受力调整比较麻烦,钢丝绳的磨损比卷扬机的大。　　(√)

106. 为了防止钢丝绳在曳引轮上脱绳,应在曳引轮上加防脱绳装置。　　　　(×)

107. 曳引式施工升降机根据需要可以设置对重。　　　　　　　　　　　　　(×)

108. 曳引式施工升降机对重着地时,且上限位安全开关失效的情况下,吊笼必然会发生冲顶事故。　　　　　　　　　　　　　　　　　　　　　　　　　　　　　　(×)

109. 电气箱电气元件的对地绝缘电阻应不小于 0.5 MΩ,电气线路的对地绝缘电阻应不小于 1 MΩ。　　　　　　　　　　　　　　　　　　　　　　　　　　　　　(√)

110. 防坠安全器是一种人为控制的,当吊笼或对重一旦出现失速、坠落情况时,能在设置的距离、速度内使吊笼安全停止。　　　　　　　　　　　　　　　　　　　(×)

111. 防坠安全器在任何时候都应该起作用,但不包括安装和拆卸工况。　　　(×)

112. 施工升降机的架体可作为防雷装置的引下线,但必须有可靠的电气连接。(√)

113. 做防雷接地施工升降机上的电气设备,所连接的 PE 线必须同时做重复接地。
　　　　　　　　　　　　　　　　　　　　　　　　　　　　　　　　　　　　(√)

114. 同一台施工升降机的重复接地和防雷接地可共用同一接地体,但接地电阻应符合重复接地电阻值的要求。　　　　　　　　　　　　　　　　　　　　　　　(√)

115. 人工接地体是指人为埋入地中直接与地接触的金属物体。用作人工接地体的金属材料通常可以采用螺纹钢、圆钢、钢管、角钢、扁钢及其焊接件等。　　　(×)

116. 从事施工升降机安装、拆卸活动的单位应当依法取得建设主管部门颁发的起重设备安装工程专业承包资质和建筑施工企业安全生产许可证,并在其资质许可范围内承揽建筑起重机械安装工程。　　　　　　　　　　　　　　　　　　　　　　　　(√)

117. 施工升降机安装单位和使用单位应当签订安装、拆卸合同,明确双方的安全生产责任。　　　　　　　　　　　　　　　　　　　　　　　　　　　　　　　　(√)

118. 遇有工作电压波动大于±5%时,应停止安装、拆卸作业。　　　　　　(√)

119. 在安拆作业过程中,因施工升降机安装拆卸工对安拆作业已经非常熟悉,所以可以根据需要自行改动安装拆卸程序。　　　　　　　　　　　　　　　　　　(×)

120. 在安装拆卸作业前,安装拆卸作业人员应认真阅读使用说明书和安装拆卸方案,熟悉装拆工艺和程序,掌握零部件的重量和吊点位置。　　　　　　　　　　　(√)

121. 施工升降机安装、拆卸作业必须在指定的专门指挥人员的指挥下作业,其他人也可以发出作业指挥信号。　　　　　　　　　　　　　　　　　　　　　　　(√)

122. 对各个安装部件的连接件,必须按规定安装齐全,固定牢固,并在安装后做详细检查。螺栓紧固有预紧力要求的,必须使用力矩扳手或专用扳手。　　　　　　(√)

123. 安装作业时为提高效率,可以以投掷的方法传递工具和器材。　　　　(×)

124. 吊笼顶上所有的安装零件和工具,必须放置平稳,露出安全栏外不得超过500 mm。　　　　　　　　　　　　　　　　　　　　　　　　　　　　　　　　(×)

125. 加节顶升时,既可以在吊笼顶部操纵,也可以在吊笼内操作。　　　　(×)

126. 在拆卸导轨架过程中,可以提前拆卸附墙架。　　　　　　　　　　　(×)

127. 当吊杆上有悬挂物时,必须起吊平稳后才能开动吊笼。（×）
128. 当有人在导轨架、附墙架上作业时,严禁吊笼升降。（√）
129. 安全器坠落试验时,吊笼内允许载人。（×）
130. 在进行安拆技术交底时,由技术人员向全体作业人员进行技术交底,由班组长书面签字认可。（×）
131. 吊笼内的电气系统及安全保护装置出厂时一般已安装完毕,因此没有必要再进行检查。（×）
132. 施工升降机运动部件与除登机平台以外的建筑物和固定施工设备之间的距离不应小于 0.2 m。（√）
133. 钢丝绳绳夹应与钢丝绳匹配,不得少于 3 个,绳夹要一顺排列,也可正反交错。（×）
134. 限位调整时,对于双吊笼施工升降机,一吊笼进行调整作业,另一吊笼必须停止运行。（√）
135. 施工升降机经安装单位自检合格交付使用前,应当经有相应资质的检验检测机构监督检验合格。监督检验合格后,即可使用。（×）
136. 在安装施工升降机时,基础养护期应不小于 7 天,混凝土的强度不低于标准强度的 75%。（√）
137. 持证人员必须按规定进行操作证的复审,对到期未经复审或复审不合格的人员不得继续独立操作施工升降机。（√）
138. 闭合电源前或作业中突然停电时,应将所有开关扳回零位。（√）
139. 在吊笼地面出入口处应搭设防护隔离棚,其横距必须大于出入口的宽度,其纵距应满足高处作业物体坠落规定半径范围要求。（×）
140. 由于电气线路、元器件、电气设备,以及电源系统等发生故障,造成送电系统不能正常运行,统称为电气故障。（×）

五、简答题

1. 电动机运行中的监视与维护主要有哪些方面?
答:
(1) 电动机的温升及发热情况。
(2) 电动机的运行负荷电流值。
(3) 电源电压的变化。
(4) 三相电压和三相电流的不平衡度。
(5) 电动机的振动情况。
(6) 电动机运行的声音和气味。
(7) 电动机的周围环境、适用条件。
(8) 电刷是否冒火或其他异常现象。

2. 机器一般有哪三个共同的特征?
答:
(1) 机器是由许多的部件组合而成的。

(2) 机器中的构件之间具有确定的相对运动。

(3) 机器能完成有用的机械功或者实现能量转换。

3. 齿轮传动主要有哪些优点？

答：

(1) 传动效率高，一般为95%～98%，最高可达99%。

(2) 结构紧凑、体积小，与带传动相比，外形尺寸大大减小，它的小齿轮与轴做成一体时直径只有50 mm左右。

(3) 工作可靠，使用寿命长。

(4) 传动比固定不变，传递运动准确可靠。

(5) 能实现平行轴间、相交轴间及空间相错轴间的多种传动。

4. 蜗杆传动的主要特点有哪些？

答：

(1) 传动比大。

(2) 蜗杆的头数很少，仅为1～4，而蜗轮齿数很多。

(3) 工作平稳、噪声小。

(4) 具有自锁作用。

(5) 传动效率低。

(6) 价格昂贵。

5. 制动器的工作原理是什么？

答：工作原理是：制动器摩擦副中的一组与固定机架相连；另一组与机构转动轴相连。当摩擦副接触压紧时，产生制动作用；当摩擦副分离时，制动作用解除，机构可以运动。

6. 为确保钢结构的安全使用，应做好哪几点工作？

答：

(1) 基本构件应完好，不允许存在变形、破坏的现象，一旦有一根基本构件破坏，将会导致钢结构整体的失稳、倒塌等事故。

(2) 连接应正确牢固，由于钢结构是由基本构件连接组成的，所以有一处连接失效同样会造成钢结构的整体失稳、倒塌，造成事故。

(3) 在允许的载荷、规定的作业条件下使用。

7. 钢丝绳的特点是什么？

答：钢丝绳通常由多根钢丝捻成绳股，再由多股绳股围绕绳芯捻制而成，具有强度高、自重轻、弹性大等特点，能承受震动荷载，能卷绕成盘，能在高速下平稳运动且噪声小。

8. 纤维芯和钢芯钢丝绳的特点分别是什么？

答：纤维芯钢丝绳比较柔软，易弯曲，纤维芯可浸油作润滑、防锈，减少钢丝间的摩擦；金属芯的钢丝绳耐高温、耐重压，硬度大、不易弯曲。

9. 选用钢丝绳应遵循的原则是什么？

答：

(1) 能承受所要求的拉力，保证足够的安全系数。

(2) 能保证钢丝绳受力不发生扭转。

(3) 耐疲劳，能承受反复弯曲和振动作用。

（4）有较好的耐磨性能。

（5）与使用环境相适应：高温或多层缠绕的场合宜选用金属芯；高温、腐蚀严重的场合宜选用石棉芯；有机芯易燃，不能用于高温场合。

（6）必须有产品检验合格证。

10. 如何进行钢丝绳的存储？

答：

（1）装卸运输过程中，应谨慎小心，卷盘或绳卷不允许坠落，也不允许用金属吊钩或叉车的货叉插入钢丝绳。

（2）钢丝绳应储存在凉爽、干燥的仓库里，且不应与地面接触。严禁存放在易受化学烟雾、蒸汽或其他腐蚀剂侵袭的场所。

（3）储存的钢丝绳应定期检查，如有必要，应对钢丝绳进行包扎。

（4）户外储存不可避免时，地面上应垫木方，并用防水毡布等进行覆盖，以免湿气导致锈蚀。

（5）储存从起重机上卸下的待用的钢丝绳时，应进行彻底的清洁，在储存之前对每一根钢丝绳进行包扎。

（6）长度超过 30 m 的钢丝绳应在卷盘上储存。

（7）为搬运方便，内部绳端应首先被固定到邻近的外圈。

11. 如何对钢丝绳进行展开？

答：

（1）当钢丝绳从卷盘或绳卷展开时，应采取各种措施避免绳的扭转或降低钢丝绳扭转的程度。当由钢丝绳卷直接往起升机构卷筒上缠绕时，应把整卷钢丝绳架在专用的支架上，采取保持张紧呈直线状态的措施，以免在绳内产生结环、扭结或弯曲的状况。

（2）展开时的旋转方向应与起升机构卷筒上绕绳的方向一致；卷筒上绳槽地走向应同钢丝绳的捻向相适应。

（3）在钢丝绳展开和重新缠绕过程中，应有效控制卷盘的旋转惯性，使钢丝绳按顺序缓慢地释放或收紧。应避免钢丝绳与污泥接触，尽可能保持清洁，以防止钢丝绳生锈。

（4）切勿由平放在地面的绳卷或卷盘中释放钢丝绳。

（5）钢丝绳严禁与电焊线碰触。

12. 如何对吊钩进行检验？

答：吊钩的检验一般先用煤油洗净钩身，然后用 20 倍放大镜检查钩身是否有疲劳裂纹，特别对危险断面的检查要认真、仔细。钩柱螺纹部分的退刀槽是应力集中处，要注意检查有无裂缝。对板钩还应检查衬套、销子、小孔、耳环及其他紧固件是否有松动、磨损现象。对一些大型、重型起重机的吊钩还应采用无损探伤法检验其内部是否存在缺陷。

13. 吊钩有哪些情形是应做报废处理？

答：吊钩禁止补焊，有下列情况之一的，应予以报废：

（1）用 20 倍放大镜观察表面有裂纹。

（2）钩尾和螺纹部分等危险截面及钩筋有永久性变形。

（3）挂绳处截面磨损量超过原高度的 10%。

（4）心轴磨损量超过其直径的 5%。

(5) 开口度比原尺寸增加15%。

14. 卸扣出现哪些情形时应做报废处理?

答:卸扣出现以下情况之一时,应予报废:

(1) 可见裂纹。

(2) 磨损达原尺寸的10%。

(3) 本体变形达原尺寸的10%。

(4) 销轴变形达原尺寸的5%。

(5) 螺栓坏丝或滑丝。

(6) 卸扣不能闭锁。

15. 有哪些情形时制动器需要报废处理?

答:制动器的零件有下列情况之一的,应予报废:

(1) 可见裂纹。

(2) 制动块摩擦衬垫磨损量达原厚度的50%。

(3) 制动轮表面磨损量达1.5~2 mm。

(4) 弹簧出现塑性变形。

(5) 电磁铁杠杆系统空行程超过其额定行程的10%。

16. 哪几种情况下起重机司机应发出长声音响信号,以警告有关人员?

答:

(1) 当起重机司机发现他不能完全控制他操纵的设备时。

(2) 当司机预感到起重机在运行过程中会发生事故时。

(3) 当司机知道有与其他设备或障碍物相碰撞的可能时。

(4) 当司机预感到所吊运的负载对地面人员的安全有威胁时。

17. 电动机与制动器的安全技术要求有哪些?

答:

(1) 启用新电动机或长期不用的电动机时,需要用500 V兆欧表测量电动机绕组间的绝缘电阻,其绝缘电阻不低于0.5 MΩ,否则应做干燥处理后方可使用。

(2) 电动机在额定电压偏差±5%的情况下,直流制动器在直流电压偏差±15%的情况下,仍然能保证电动机和直流制动器正常运转和工作。当电压偏差大于额定电压±10%时,应停止使用。

(3) 施工升降机不得在正常运行中突然进行反向运行。

(4) 在使用中,当发现振动、过热、焦味、异常响声等反常现象时,应立即切断电源,排除故障后才能使用。

(5) 当制动器的制动盘摩擦材料单面厚度磨损到接近1 mm时,必须更换制动盘。

(6) 电动机在额定载荷运行时,制动力矩太大或太小,应进行调整。

18. 曳引式施工升降机的特点是什么?

答:

(1) 曳引机一般为4~5根钢丝绳独立并行曳引,因而同时发生钢丝绳断裂造成吊笼坠落的概率很小。但钢丝绳的受力调整比较麻烦,钢丝绳的磨损比卷扬机的大。

(2) 对重着地时,钢丝绳将在曳引轮上打滑,即使在上限位安全开关失效的情况下,吊笼一般也不会发生冲顶事故,但吊笼不能提升。

（3）钢丝绳在曳引轮上始终是绷紧的,因此不会脱绳。

（4）吊笼的部分重量由对重平衡,可以选择较小功率的曳引机。

19. 电气箱的安全技术要求是什么？

答：

（1）施工升降机的各类电路的接线应符合出厂的技术规定。

（2）电气元件的对地绝缘电阻应不小于 0.5 MΩ,电气线路的对地绝缘电阻应不小于 1 MΩ。

（3）各类电气箱等不带电的金属外壳均应有可靠接地,其接地电阻应不超过 4 Ω。

（4）对老化失效的电气元件应及时更换,对破损的电缆和导线予以包扎或更新。

（5）各类电气箱应完整完好,经常保持清洁和干燥,内部严禁堆放杂物等。

20. 如何对 SS 型施工升降机的防坠安全装置进行坠落试验？

答：当施工升降机安装后和使用过程中应进行坠落试验和对停层防坠装置进行试验。坠落试验时,应在吊笼内装上额定载荷并把吊笼上升到离地面 3 m 左右高度后停住,然后用模拟断绳的方法进行试验。停层防坠落装置试验时,应在吊笼内装上额定载荷把吊笼上升 1 m 左右高度后停住,在断绳保护装置不起作用的情况下,使停层防坠落装置动作,然后启动卷扬机使钢丝绳松弛,看吊笼是否下降。

21. 简述防松绳开关的作用。

答：

（1）施工升降机的对重钢丝绳绳数为两条时,钢丝绳组与吊笼连接的一端应设置张力均衡装置,并装有由相对伸长量控制的非自动复位型的防松绳开关。当其中一条钢丝绳出现的相对伸长量超过允许值或断绳时,该开关将切断控制电路,同时制动器制动,使吊笼停止运行。

（2）对重钢丝绳采用单根钢丝绳时,也应设置防松（断）绳开关,当施工升降机出现松绳或断绳时,该开关应立即切断电机控制电路,同时制动器制动,使吊笼停止运行。

22. 简述电气安全开关的安全技术要求。

答：

（1）电气安全开关必须安装牢固、不能松动。

（2）电气安全开关应完整、完好,紧固螺栓应齐全,不能缺少或松动。

（3）电气安全开关的臂杆,不能歪曲变形,防止安全开关失效。

（4）每班都要检查极限开关的有效性,防止极限开关失效。

（5）严禁用触发上、下限位开关来作为吊笼在最高层站和地面站停站的操作。

23. 围栏门机械联锁装置的作用是什么？

答：围栏门应装有机械联锁装置,使吊笼只有位于地面规定的位置时围栏门才能开启,且在门开启后吊笼不能启动。目的是为了防止在吊笼离开基础平台后,人员误入基础平台造成事故。

24. 施工升降机有哪几种情形将禁止使用？

答：

（1）属国家明令淘汰或者禁止使用的。

(2) 超过安全技术标准或者制造厂家规定的使用年限的。
(3) 经检验达不到安全技术标准规定的。
(4) 没有完整安全技术档案的。
(5) 没有齐全有效的安全保护装置的。

25. 安装技术交底的重点和主要内容是什么？

答：安装单位技术人员应根据安装拆卸施工方案向全体安装人员进行技术交底，重点明确每个作业人员所承担的装拆任务和职责以及与其他人员配合的要求，特别强调有关安全注意事项及安全措施，使作业人员了解装拆作业的全过程、进度安排及具体要求，增强安全意识，严格按照安全措施的要求进行工作。交底应包括以下内容：

(1) 施工升降机的性能参数。
(2) 安装、附着及拆卸的程序和方法。
(3) 各部件的联接形式、联接件尺寸及联接要求。
(4) 安装拆卸部件的重量、重心和吊点位置。
(5) 使用的辅助设备、机具、吊索具的性能及操作要求。
(6) 作业中安全操作措施。
(7) 其他需要交底的内容。

26. 拆卸作业前的应做哪些准备工作？

答：

(1) 拆卸前，应制定拆卸方案，确定指挥和起重工，安排参加作业人员，划定危险作业区域并设置警示设施。
(2) 察看拆卸现场周边环境，如架空线路位置、脚手架及地面设施情况、各种障碍物情况等，确保作业现场无障碍物，场地路面平整、坚实。
(3) 检查拆卸施工升降机的基础部位及附着装置。
(4) 检查各机构的运行情况。

27. 施工升降机如何做空载试验？

答：全行程进行不少于3个工作循环的空载试验，每一工作循环的升、降过程中应进行不少于2次的制动，其中在半行程应至少进行一次吊笼上升和下降的制动试验，观察有无制动瞬时滑移现象。若滑动距离超过标准，则说明制动器的制动力矩不够，应压紧其电机尾部的制动弹簧。

28. 施工升降机如何做安装试验？

答：安装试验也就是安装工况不少于2个标准节的接高试验。实验时首先将吊笼离地1 m，向吊笼平稳、均布地加载荷至额定安装载重量的125％，然后切断动力电源，进行静态试验10 min，吊笼不应下滑，也不应出现其他异常现象。如若滑动距离超过标准，则说明制动器的制动力矩不够，应压紧其电机尾部的制动弹簧。有对重的施工升降机，应当在不安装对重的安装工况下进行试验。

29. 施工升降机如何做超载试验？

答：在施工升降机吊笼内均匀布置额定载重量的125％的载荷，工作行程为全行程，工作循环不应少于3个，每一工作循环的升、降过程中应进行不少于一次制动。吊笼应运行平稳，启动、制动正常，无异常响声，吊笼停止时不应出现下滑现象。

30. 施工升降机事故的主要原因之一是违章作业,违章作业主要表现在哪些方面?

答:

(1) 安装、指挥、操作人员未经培训、无证上岗。

(2) 不遵守施工现场的安全制度,高处作业不系安全带和不正确使用个人防护用品。

(3) 安装拆卸前未进行安全技术交底,作业人员未按照安装、拆卸工艺流程装拆。

(4) 临时组织装拆队伍,工种不配套,多人作业配合不默契、不协调。

(5) 违章指挥。

(6) 安装现场无专人监护。

(7) 擅自拆、改、挪动机械、电气设备或安全设施等。

31. 施工升降机事故的主要原因之一是附着达不到要求,附着达不到要求表现在哪些方面?

答:

(1) 超过独立高度没有安装附着。

(2) 附着点以上施工升降机最大自由高度超出说明书要求。

(3) 附着杆、附着间距不符合说明书要求。

(4) 擅自使用非原厂生产制造的不合格附墙装置。

(5) 附着装置的联接、固定不牢。

六、论述题

1. 请简单论述高强度螺栓的使用。

答:

(1) 使用前,应对高强度螺栓进行全面检查,核对其规格、等级标志,检查螺栓、螺母及垫圈有无损坏,其连接表面应清除灰尘、油漆、油迹和锈蚀。

(2) 螺栓、螺母、垫圈配合使用时,高强度螺栓绝不允许采用弹簧垫圈,必须使用平垫圈,施工升降机导轨架连接用高强度螺栓必须采用双螺母防松。

(3) 应使用力矩扳手或专用扳手,按使用说明书要求拧紧。

(4) 高强度螺栓安装穿插宜自下而上进行,即螺母在上面。

(5) 高强度螺栓、螺母使用后拆卸再次使用,一般不得超过两次。

(6) 拆下将再次使用的高强度螺栓的螺杆、螺母必须无任何损伤、变形、滑牙、缺牙、锈蚀及螺栓粗糙度变化较大等现象,否则禁止用于受力构件的连接。

2. 简述千斤顶的使用注意事项。

答:

(1) 千斤顶使用前应拆洗干净,并检查各部件是否灵活,有无损伤,液压千斤顶的阀门、活塞、皮碗是否良好,油液是否干净。

(2) 使用时,应放在平整坚实的地面上,如地面松软,应铺设方木以扩大承压面积。设备或物件的被顶点应选择坚实的平面部位并应清洁至无油污,以防打滑,还须加垫木板以免顶坏设备或物件。

(3) 严格按照千斤顶的额定起重量使用千斤顶,每次顶升高度不得超过活塞上的标志。

(4) 在顶升过程中要随时注意千斤顶的平整直立,不得歪斜,严防倾倒,不得任意加长手柄或操作过猛。

(5) 操作时,先将物件顶起一点后暂停,检查千斤顶、枕木垛、地面和物件等情况是否良好,如发现千斤顶和枕木垛不稳等情况,必须处理后才能继续工作。顶升过程中,应设保险垫,并要随顶随垫,其脱空距离应保持在 50 mm 以内,以防千斤顶倾倒或突然回油而造成事故。

(6) 用两台或两台以上千斤顶同时顶升一个物件时,要有统一指挥,动作一致,升降同步,保证物件平稳。

(7) 千斤顶应存放在干燥、无尘土的地方,避免日晒雨淋。

3. 简述惯性楔块断绳保护装置工作原理。

答:惯性楔块断绳保护装置的制动工作原理主要是:利用惯性原理使防坠装置的制动块在吊笼突然发生钢丝绳断下坠时能紧紧夹紧在导轨架上。当吊笼在正常升降时,导向轮悬挂板悬挂在悬挂弹簧上,此时弹簧于压缩状态,同时楔形制动块与导轨架自动处于脱离状态。当吊笼起升钢丝绳突然断裂时,由于导向轮悬挂板突然发生失重,原来受压的弹簧突然释放,导向轮悬挂板在弹簧力的推动作用下向上运动,带动楔形制动块紧紧夹在导轨架上,从而避免发生吊笼的坠落。

4. 施工升降机安装单位应当建立健全的管理制度主要有哪些?

答:

(1) 安装拆卸施工升降机现场勘察、编制任务书制度。

(2) 安装、拆卸方案的编制、审核、审批制度。

(3) 基础验收制度。

(4) 施工升降机安装拆卸前的零部件检查制度。

(5) 安全技术交底制度。

(6) 安装过程中及安装完毕后的质量验收制度。

(7) 技术文件档案管理制度。

(8) 作业人员安全技术培训制度。

(9) 事故报告和调查处理制度。

5. 请简要论述施工升降机安装前的检查事项。

答:

(1) 对地基基础进行复核。施工升降机地基、基础必须满足产品使用说明书要求。对施工升降机基础设置在地下室顶板、楼面或其他下部悬空结构上的,应对其支撑结构进行承载力计算。当支撑结构不能满足承载力要求时,应采取可靠的加固措施。经验收合格后方能安装。

(2) 检查附墙架附着点。附墙架附着点处的建筑结构强度应满足施工升降机产品使用说明书的要求,预埋件应可靠地预埋在建筑物结构上。

(3) 核查结构件及零部件。安装前应检查施工升降机的导轨架、吊笼、围栏、天轮和附墙架等结构件是否完好、配套,螺栓、轴销、开口销等零部件的种类和数量是否齐全、完好。对有可见裂纹的、严重锈蚀的、严重磨损的、整体或局部变形的构件应进行修复或更换,直至符合产品标准的有关规定后方可进行安装。

(4) 检查安全装置是否齐全、完好。

(5) 检查零部件连接部位除锈、润滑情况。检查导轨架、撑杆、扣件等构件的插口销轴、销轴孔部位的除锈和润滑情况,确保各部件涂油防锈,滚动部件润滑充分、转动灵活。

(6) 检查安装作业所需的专用电源的配电箱、辅助起重设备、吊索具和工具,确保满足施工升降机的安装需求。

所有项目检查完毕,全部验收合格后,方可进行施工升降机的安装。

6. 请简要叙述附墙架的安装质量要求。

答:

(1) 导轨架的高度超过最大独立高度时,应设置附墙装置。附墙架的附着间隔应符合使用说明书要求。附墙架的结构与零部件应完整和完好;施工升降机运动部件与除登机平台以外的建筑物和固定施工设备之间的距离不应小于 0.2 m。

(2) 附墙架位置尽可能保持水平,由于建筑物条件影响,其倾角不得超过说明书规定值(一般允许最大倾角为±8°)。

(3) 连接螺栓应为高强度螺栓,不得低于 8.8 级,其紧固件的表面不得有锈斑、碰撞凹坑和裂纹等缺陷。

(4) 附墙架在安装的同时,调节附墙架的丝杆或调节孔,使导轨架的垂直度符合标准。

7. 简述断绳保护装置调试方法。

答:对渐进式(楔块抱闸式)的安全装置,可进行坠落试验。试验时将吊笼降至地面,先检查安全装置的间隙和摩擦面清洁情况,符合要求后按额定载重量在吊笼内均匀放置;将吊笼升至 3 m 左右,利用停靠装置将吊笼挂在架体上,放松提升钢丝绳 1.5 m 左右,松开停靠装置,模拟吊笼坠落,吊笼应在 1 m 距离内可靠停住。超过 1 m 时,应在吊笼降地后调整楔块间隙,重复上述过程,直至符合要求。

8. 简述拆卸作业前的准备工作。

答:

(1) 拆卸前,应制定拆卸方案,确定指挥和起重工,安排参加作业人员,划定危险作业区域并设置警示设施。

(2) 察看拆卸现场周边环境,如架空线路位置、脚手架及地面设施情况、各种障碍物情况等,确保作业现场无障碍物,场地路面平整、坚实。

(3) 检查拆卸施工升降机的基础部位及附着装置。

(4) 检查各机构的运行情况。

9. 简述额定载荷试验的做法。

答:在吊笼内装额定载重量,载荷重心位置按吊笼宽度方向均向远离导轨架方向偏六分之一宽度,长度方向均向附墙架方向偏六分之一长度的内偏以及反向偏移六分之一长度的外偏,按所选电动机的工作制,各做全行程连续运行 30 min 的试验,每一工作循环的升、降过程应进行不少于一次制动。

额定载重量试验后,应测量减速器和液压系统油的温升。吊笼应运行平稳,启动、制动正常,无异常响声;吊笼停止时,不应出现下滑现象;在中途再启动上升时,不允许出现瞬时下滑现象。额定载荷试验后记录减速器油液的温升,蜗轮蜗杆减速器油液温升不得超过 60 K,其他减速器油液温升不得超过 45 K。

双吊笼施工升降机应按左、右吊笼分别进行额定载重量试验。

10. 简要叙述坠落试验的方法和步骤。

答：首次使用的施工升降机，或转移工地后重新安装的施工升降机，必须在投入使用前进行额定载荷坠落试验。施工升降机投入正常运行后，还需每隔 3 个月定期进行一次坠落试验，以确保施工升降机的使用安全。坠落试验一般程序如下：

(1) 在吊笼中加载额定载重量。

(2) 切断地面电源箱的总电源。

(3) 将坠落试验按钮盒的电缆插头插入吊笼电气控制箱底部的坠落试验专用插座中。

(4) 把试验按钮盒的电缆固定在吊笼上电气控制箱附近，将按钮盒设置在地面。坠落试验时，应确保电缆不会被挤压或卡住。

(5) 撤离吊笼内所有人员，关上全部吊笼门和围栏门。

(6) 合上地面电源箱中的主电源开关。

(7) 按下试验按钮盒标有上升符号的按钮(符号↑)，驱动吊笼上升至离地面约 3～10 m 高度。

(8) 按下试验按钮盒标有下降符号的按钮(符号↓)，并保持按住此按钮。这时，电机制动器松闸，吊笼下坠。当吊笼下坠速度达到临界速度时，防坠安全器将动作，把吊笼刹住。

若防坠安全器未能按规定要求动作而刹住吊笼，必须将吊笼上电气控制箱上的坠落试验插头拔下，操纵吊笼下降至地面后，查明防坠安全器不动作的原因，排除故障后，才能再次进行试验，必要时需送生产厂校验。

(9) 拆除试验电缆。此时，吊笼应无法启动。因为当防坠安全器动作时，其内部的电控开关已动作，以防止吊笼在试验电缆被拆除而防坠安全器尚未按规定要求复位的情况下被启动。

11. 简述对施工升降机维护保养的意义。

答：为了使施工升降机经常处于完好、安全运转状态，避免和消除在运转工作中可能出现的故障，提高施工升降机的使用寿命，必须及时正确地做好维护保养工作。

(1) 施工升降机工作状态中，经常遭受风吹雨打、日晒的侵蚀，灰尘、沙土的侵入和沉积，如不及时清除和保养，将会加快机械的锈蚀、磨损，使其寿命缩短。

(2) 在机械运转过程中，各工作机构润滑部位的润滑油及润滑脂会自然损耗，如不及时补充，将会加重机械的磨损。

(3) 机械经过一段时间的使用后，各运转机件会自然磨损，零部件间的配合间隙会发生变化，如果不及时进行保养和调整，磨损就会加快，甚至导致完全损坏。

(4) 机械在运转过程中，如果各工作机构的运转情况不正常，又得不到及时的保养和调整，将会导致工作机构完全损坏，大大降低施工升降机的使用寿命。

附 录

附录 A 山东省建筑起重机械司机(施工升降机)安全技术考核标准(试行)

本标准规定了建筑起重机械司机(施工升降机)的适用范围,以及建筑起重机械司机(施工升降机)安全技术考核的条件、内容、方法和评分标准。

1 适用范围

本标准适用于在山东省行政区域内建筑施工现场从事施工升降机驾驶操作人员的安全技术考核。

2 引用标准

下列标准所包含的条款,通过在本标准中引用而构成本标准的条文。本标准颁布实施时,所示版本均为有效。所有标准都会被修订,使用本标准的各方应探讨使用下列标准最新版本的可能性。

GB 5306—1985《特种作业人员安全技术考核管理规则》
JGJ 59—1999《建筑施工安全检查标准》
JGJ 33—2001《建筑机械使用安全技术规程》
JGJ 160—2008《施工现场机械设备检查技术规程》
GB/T 5972—2006《起重机用钢丝绳检验和报废实用规范》
GB 10055—2007《施工升降机安全规程》
GB 8918—2006《重要用途钢丝绳》
GB/T 5976—2006《钢丝绳夹》
JB/T 8112—1999《一般起重用锻造卸扣 D形卸扣和弓形卸扣》

3 定义

建筑起重机械司机(施工升降机)是指在建筑施工现场从事施工升降机驾驶操作的人员。

4 基本条件

4.1 年满18周岁。
4.2 身体健康,无听觉障碍、无色盲,矫正视力不低于5.0,无妨碍从事本工种的疾病

(如癫痫病、高血压、心脏病、眩晕症、精神病和突发性昏厥症等)和生理缺陷。

4.3 有初中及以上文化程度。

5 考核方法

5.1 考核分安全技术理论考试和实际操作考核两部分,经安全技术理论考试合格后,方可进行实际操作考核。

5.2 安全技术理论考试方式为闭卷笔试,时间为2小时。

5.3 实际操作考核方式包括模拟操作、口试等方式。

5.4 安全技术理论考试和实际操作考核均采用百分制,安全技术理论考试60分为及格,实际操作考核70分为及格。考试不及格者,允许补考1次。

6 考核内容

6.1 安全技术理论考试内容

6.1.1 安全生产基本知识

6.1.1.1 了解建筑安全生产法律法规和规章制度。

6.1.1.2 熟悉有关特种作业人员的管理制度。

6.1.1.3 掌握从业人员的权利义务和法律责任。

6.1.1.4 熟悉高处作业安全知识。

6.1.1.5 掌握安全防护用品的使用。

6.1.1.6 熟悉安全标志、安全色的基本知识。

6.1.1.7 熟悉施工现场消防知识。

6.1.1.8 了解现场急救知识。

6.1.1.9 熟悉施工现场安全用电基本知识。

6.1.2 专业基础知识

6.1.2.1 了解力学基本知识。

6.1.2.2 了解电工基础知识。

6.1.2.3 熟悉机械基础知识。

6.1.2.4 了解液压传动知识。

6.1.3 专业技术理论

6.1.3.1 了解施工升降机的分类、性能。

6.1.3.2 熟悉施工升降机的基本技术参数。

6.1.3.3 熟悉施工升降机的基本构造和基本工作原理。

6.1.3.4 掌握施工升降机主要零部件的技术要求及报废标准。

6.1.3.5 熟悉施工升降机安全保护装置的结构、工作原理和使用要求。

6.1.3.6 熟悉施工升降机安全保护装置的维护保养和调整(试)方法。

6.1.3.7 掌握施工升降机的安全使用和安全操作。

6.1.3.8 掌握施工升降机驾驶员的安全职责。

6.1.3.9 熟悉施工升降机的检查和维护保养常识。

6.1.3.10 熟悉施工升降机常见故障的判断和处置方法。

6.1.3.11 了解施工升降机常见事故和原因。

6.2 实际操作考核内容

6.2.1 掌握施工升降机操作技能。

6.2.2 掌握主要零部件的性能及可靠性的判定。

6.2.3 掌握安全器动作后检查与复位处理方法。

6.2.4 掌握常见故障的识别、判断。

6.2.5 掌握紧急情况处置方法。

7 实际操作考核模拟试题及评分标准

7.1 施工升降机驾驶

7.1.1 考核设备:施工升降机一台或模拟机一台,行程高度20 m。

7.1.2 考核方法:在考评人员指挥下,考生驾驶施工升降机上升、下降各一个过程;在上升和下降过程中各停层一次。

7.1.3 考核时间:20 min。

7.1.4 考核评分标准:满分60分。考核评分标准见表7.1.4。

表7.1.4 考核评分标准

序号	扣分项目	扣分值
1	启动前,未确认控制开关在零位的	10
2	作业前,未检查层门与吊笼电气或机械联接的	5
3	作业前,未调整上限位挡板的	5
4	作业前,未发出声响信号示意一次	2
5	未关闭层门启动升降机的	10
6	运行到最上层或最下层时,触动上、下限位开关一次	5
7	停层超过规定距离±20 mm一次	5
8	作业后,未将梯笼降到底层、各控制开关拨到零位、切断电源、闭锁梯笼门的,每项	5

7.2 故障识别判断

7.2.1 考核方法:在施工升降机上设置两个简单故障或图示、影像资料,由考生识别判断。

7.2.2 考核时间:10 min。

7.2.3 考核评分标准满分15分。在规定时间内正确识别判断的,每项得7.5分。

7.3 零部件判废

7.3.1 考核器具

7.3.1.1 施工升降机零部件实物或图示、影像资料(包括达到报废标准和有缺陷的)。

7.3.1.2 其他器具:计时器一个。

7.3.2 考核方法:从施工升降机零部件实物或图示、影像资料中随机抽取2件(张、个),由考生判断其是否达到报废标准并说明原因。

7.3.3 考核时间:10 min。

7.3.4 考核评分标准:满分15分。在规定时间内正确判断并说明原因的,每项得7.5分;判断正确但不能准确说明原因的,每项得4分。

7.4 紧急情况处置

7.4.1 考核器具:设置施工升降机电动机制动失灵、突然断电、对重出轨等紧急情况或图示、影像资料。

7.4.2 考核方法:由考生对施工升降机电动机制动失灵、突然断电、对重出轨等紧急情况或图示、影像资料中所示的紧急情况进行描述,并口述处置方法。对每个考生设置一种。

7.4.3 考核时间:10 min。

7.4.4 评分标准:满分10分。在规定时间内对存在的问题描述正确并正确叙述处置方法的,得10分;对存在的问题描述正确,但未能正确叙述处置方法的,得5分。

附录B 山东省建筑起重机械安装拆卸工(施工升降机)安全技术考核标准(试行)

本标准规定了建筑起重机械安装拆卸工(施工升降机)的适用范围,以及建筑起重机械安装拆卸工(施工升降机)安全技术考核的条件、内容、方法和评分标准。

1 适用范围

本标准适用于在山东省行政区域内建筑施工现场从事施工升降机安装、拆卸作业人员的安全技术考核。

2 引用标准

下列标准所包含的条款,通过在本标准中引用而构成本标准的条文。本标准颁布实施时,所示版本均为有效。所有标准都会被修订,使用本标准的各方应探讨使用下列标准最新版本的可能性。

GB 5306—1985《特种作业人员安全技术考核管理规则》
JGJ 59—1999《建筑施工安全检查标准》
JGJ 33—2001《建筑机械使用安全技术规程》
JGJ 160—2008《施工现场机械设备检查技术规程》
GB/T 5972—2006《起重机用钢丝绳检验和报废实用规范》
GB/T 10054—2005《施工升降机》
GB 10055—2007《施工升降机安全规程》
JGJ 46—2005《施工现场临时用电安全技术规范》
GB 8918—2006《重要用途钢丝绳》
GB/T 5976—2006《钢丝绳夹》
JB/T 8112—1999《一般起重用锻造卸扣 D形卸扣和弓形卸扣》

3 定义

建筑起重机械安装拆卸工(施工升降机)是指在建筑施工现场从事施工升降机安装、附着、加节和拆卸作业的人员。

4 基本条件

4.1 年满18周岁。

4.2 身体健康,无听觉障碍、无色盲,双眼裸视力在5.0以上,无妨碍从事本工种的疾病(如癫痫病、高血压、心脏病、眩晕症、恐高症、精神病和突发性昏厥症等)和生理缺陷。

4.3 具有初中及以上文化程度。

5 考核方法

5.1 考核分安全技术理论考试和实际操作考核两部分,经安全技术理论考试合格后,方可进行实际操作考核。

5.2 安全技术理论考试方式为闭卷笔试,时间为2小时。

5.3 实际操作考核方式包括模拟操作、口试等方式。

5.4 安全技术理论考试和实际操作考核均采用百分制,安全技术理论考试60分为及格,实际操作考核70分为及格。考试不及格者,允许补考1次。

6 考核内容

6.1 安全技术理论考试内容

6.1.1 安全生产基本知识

6.1.1.1 了解建筑安全生产法律法规和规章制度。

6.1.1.2 熟悉有关特种作业人员的管理制度。

6.1.1.3 掌握从业人员的权利义务和法律责任。

6.1.1.4 熟悉高处作业安全知识。

6.1.1.5 掌握安全防护用品的使用。

6.1.1.6 熟悉安全标志、安全色的基本知识。

6.1.1.7 熟悉施工现场消防知识。

6.1.1.8 了解现场急救知识。

6.1.1.9 熟悉施工现场安全用电基本知识。

6.1.2 专业基础知识

6.1.2.1 熟悉力学基本知识。

6.1.2.2 了解电工基本知识。

6.1.2.3 掌握机械基本知识。

6.1.2.4 了解液压传动知识。

6.1.2.5 了解钢结构基础知识。

6.1.2.6 熟悉起重吊装基本知识。

6.1.3 专业技术理论

6.1.3.1 了解施工升降机的分类、性能。

6.1.3.2 熟悉施工升降机的基本技术参数。

6.1.3.3 掌握施工升降机的基本构造和工作原理。

6.1.3.4 熟悉施工升降机主要零部件的技术要求及报废标准。

6.1.3.5 熟悉施工升降机安全保护装置的构造、工作原理。

6.1.3.6 掌握施工升降机安全保护装置的调整(试)方法。

6.1.3.7 掌握施工升降机的安装、拆除的程序、方法。

6.1.3.8 掌握施工升降机安装、拆除的安全操作规程。

6.1.3.9 掌握施工升降机主要零部件安装后的调整(试)。

6.1.3.10 熟悉施工升降机维护保养要求。

6.1.3.11 掌握施工升降机安装自检的内容和方法。

6.1.3.12 了解施工升降机安装、拆卸常见事故和原因。

6.2 实际操作考核内容

6.2.1 掌握施工升降机安装、拆卸前的检查和准备。
6.2.2 掌握施工升降机的安装、拆卸工序和注意事项。
6.2.3 掌握主要零部件的性能及可靠性的判定。
6.2.4 掌握防坠安全器动作后的检查与复位处理方法。
6.2.5 掌握常见故障的识别、判断。
6.2.6 掌握紧急情况处置方法。

7 实际操作考核模拟试题及评分标准

7.1 施工升降机的安装和调试

7.1.1 考核设备和器具

7.1.1.1 辅助起重设备。

7.1.1.2 扳手一套、扭力扳手、安全器复位专用扳手、经纬仪、线柱小撬棒2根、道木4根、塞尺、计时器。

7.1.1.3 导轨架底节、导轨架6节、附着装置一套,吊笼一个。

7.1.1.4 个人安全防护用品。

7.1.2 考核方法:每5位考生一组,在辅助起重设备的配合下,完成以下作业:

7.1.2.1 安装导轨架和一道附着装置,并调整其垂直度。

7.1.2.2 安装吊笼,并对就位的吊笼进行手动上升操作,调整滚轮及背轮的间隙。

7.1.2.3 防坠安全器动作后的复位调整。

7.1.3 考核时间:240 min。具体可根据实际模拟情况调整。

7.1.4 考核评分标准:满分70分。考核评分标准见表7.1.4,考核得分即为每个人得分,各项目所扣分数总和不得超过该项应得分值。

表7.1.4 考核评分标准

序号	项目	扣分标准	应得分值
1	架体、吊笼安装及垂直度的调整	螺栓紧固力矩未达标准的,每处扣2分	10
2		导轨架垂直度未达标准的,扣10分	10
3		未按照工艺流程安装的,扣15分	15
4	吊笼滚轮及背轮间隙的调整	滚轮间隙调整未达标准的,每处扣4分	4
5		背轮间隙调整未达标准的,每处扣4分	4
6		手动下降未达要求的,扣2分	2
7		未按照工艺流程操作的,扣15分	15
8	防坠安全器复位调整	复位前未对升降机进行检查的,扣3分	3
9		复位前未上升吊笼使离心块脱挡的,扣5分	5
10		复位后指示销未与外壳端面平齐的,扣2分	2
11	合计		70

7.2 故障识别判断

7.2.1 考核方法:在施工升降机上设置两个故障或图示、影像资料,由考生识别判断。

7.2.2 考核时间:10 min。

7.2.3 考核评分标准:满分10分。在规定时间内正确识别判断的,每项得5分。

7.3 零部件判废

7.3.1 考核器具

7.3.1.1 施工升降机零部件实物或图示、影像资料(包括达到报废标准和有缺陷的)。

7.3.1.2 其他器具:计时器一个。

7.3.2 考核方法:从施工升降机零部件实物或图示、影像资料中随机抽取2件(张),由考生判断其是否达到报废标准并说明原因。

7.3.3 考核时间:10 min。

7.3.4 考核评分标准:满分10分。在规定时间内正确判断并说明原因的,每项得5分;判断正确但不能准确说明原因的,每项得3分。

7.4 紧急情况处置

7.4.1 考核器具:设置施工升降机电动机制动失灵、突然断电、对重出轨等紧急情况或图示、影像资料。

7.4.2 考核方法:由考生对施工升降机电动机制动失灵、突然断电、对重出轨等紧急情况或图示、影像资料中所示的紧急情况进行描述,并口述处置方法。对每个考生设置一种。

7.4.3 考核时间:10 min。

7.4.4 评分标准:满分10分。在规定时间内对存在的问题描述正确并正确叙述处置方法的,得10分;对存在的问题描述正确,但未能正确叙述处置方法的,得5分。

说明:

1. 两名以上考生合作完成实操考核项目时,应当分工明确,责任到人,相互协作,确保安全。

2. 在施工升降机的安装和调试实操考核时,实操教学人员应在现场进行监护,出现险情时,采取措施制止考生继续操作;必要时,引导考生紧急避险。正常情况下,实操教学人员不得指导考生操作。

附录C 山东省建筑起重机械司机(物料提升机)安全技术考核标准(试行)

本标准规定了建筑起重机械司机(物料提升机)的适用范围,以及建筑起重机械司机(物料提升机)安全技术考核的条件、内容、方法和评分标准。

1 适用范围

本标准适用于在山东省行政区域内建筑施工现场从事物料提升机操作人员的安全技术考核。

2 引用标准

下列标准所包含的条款,通过在本标准中引用而构成本标准的条文。本标准颁布实施时,所示版本均为有效。所有标准都会被修订,使用本标准的各方应探讨使用下列标准最新版本的可能性。

GB 5306—1985《特种作业人员安全技术考核管理规则》
JGJ 59—1999《建筑施工安全检查标准》
JGJ 33—2001《建筑机械使用安全技术规程》
JGJ 160—2008《施工现场机械设备检查技术规程》
GB/T 5972—2006《起重机用钢丝绳检验和报废实用规范》
JGJ 88—1992《龙门架及井架物料提升机安全技术规范》
DBJ 14—015—2002《建筑施工物料提升机安全技术规程》
GB/T 1955—2008《建筑卷扬机》
GB 8918—2006《重要用途钢丝绳》
GB/T 5976—2006《钢丝绳夹》
JB/T 8112—1999《一般起重用锻造卸扣 D形卸扣和弓形卸扣》

3 定义

建筑起重机械司机(物料提升机)是指在建筑施工现场从事物料提升机操作的人员。

4 基本条件

4.1 年满18周岁。

4.2 身体健康,无听觉障碍、无色盲,矫正视力不低于5.0,无妨碍从事本工种的疾病(如癫痫病、高血压、心脏病、眩晕症、精神病和突发性昏厥症等)和生理缺陷。

4.3 有初中及以上文化程度。

5 考核方法

5.1 考核分安全技术理论考试和实际操作考核两部分,经安全技术理论考试合格后,方可进行实际操作考核。

5.2 安全技术理论考试方式为闭卷笔试,时间为2小时。

5.3 实际操作考核方式包括模拟操作、口试等方式。

5.4 安全技术理论考试和实际操作考核均采用百分制,安全技术理论考试60分为及格,实际操作考核70分为及格。考试不及格者,允许补考1次。

6 考核内容

6.1 安全技术理论考试内容

6.1.1 安全生产基本知识

6.1.1.1 了解建筑安全生产法律法规和规章制度。

6.1.1.2 熟悉有关特种作业人员的管理制度。

6.1.1.3 掌握从业人员的权利义务和法律责任。

6.1.1.4 熟悉高处作业安全知识。

6.1.1.5 掌握安全防护用品的使用。

6.1.1.6 熟悉安全标志、安全色的基本知识。

6.1.1.7 熟悉施工现场消防知识。

6.1.1.8 了解现场急救知识。

6.1.1.9 熟悉施工现场安全用电基本知识。

6.1.2 专业基础知识

6.1.2.1 了解力学基本知识。

6.1.2.2 了解电工基本知识。

6.1.2.3 熟悉机械基础知识。

6.1.3 专业技术理论

6.1.3.1 了解物料提升机的分类、性能。

6.1.3.2 熟悉物料提升机的基本技术参数。

6.1.3.3 了解力学的基本知识,架体的受力分析。

6.1.3.4 了解钢桁架结构基本知识。

6.1.3.5 熟悉物料提升机技术标准及安全操作规程。

6.1.3.6 熟悉物料提升机基本结构和工作原理。

6.1.3.7 熟悉物料提升机安全装置的调试方法。

6.1.3.8 熟悉物料提升机维护保养常识。

6.1.3.9 了解物料提升机常见事故和原因。

6.2 实际操作考核内容

6.2.1 掌握物料提升机的操作技能。

6.2.2 掌握主要零部件的性能及可靠性的判定。

6.2.3 掌握常见故障的识别、判断。

6.2.4 掌握紧急情况处置方法。

7 实际操作考核模拟试题及评分标准

7.1 物料提升机的操作

7.1.1 考核设备和器具。

7.1.1.1 设备:物料提升机一台,安装高度在 10 m 以上,25 m 以下。

7.1.1.2 砝码:在吊笼内均匀放置砝码 200 kg。

7.1.1.3 其他器具:哨笛一个,计时器一个。

7.1.2 考核方法:根据指挥信号操作,每次提升或下降均需连续完成,中途不停。

7.1.2.1 将吊笼从地面提升至第一停层接料平台处,停止。

7.1.2.2 从任意一层接料平台处提升至最高停层接料平台处,停止。

7.1.2.3 从最高停层接料平台处下降至第一停层接料平台处,停止。

7.1.2.4 从第一停层接料平台处下降至地面。

7.1.3 考核时间:15 min。

7.1.4 考核评分标准:满分 60 分。考核评分标准见表 7.1.4。

表 7.1.4　　　　　　　　　考核评分标准

序号	扣 分 项 目	扣分值
9	启动前,未确认控制开关在零位的	2
10	启动前,未发出声响信号示意一次	5
11	运行到最上层或最下层时,触动上、下限位开关一次	5
12	未连续运行,有停顿的,一次	5
13	到规定停层未停止的,一次	5
14	停层超过规定距离±100 mm 一次	10
15	停层超过规定距离±50 mm,但不超过±100 mm 一次	5
16	作业后,未将吊笼降到底层、各控制开关拨到零位、切断电源的,每项	5

7.2 故障识别判断

7.2.1 考核方法:在物料提升机上设置安全装置失灵等故障或图示、影像资料(对每个考生只设置两种),由考生识别判断。

7.2.2 考核时间:10 min。

7.2.3 考核评分标准:满分 10 分。在规定时间内正确识别判断的,每项得 5 分。

7.3 零部件判废

7.3.1 考核器具。

7.3.1.1 物料提升机零部件(钢丝绳、滑轮、联轴节或制动器)实物或图示、影像资料(包括达到报废标准和有缺陷的)。

7.3.1.2 其他器具:计时器一个。

7.3.2 考核方法:从零部件的实物或图示、影像资料中随机抽取 2 件(张),判断其是否达到报废标准(缺陷)并说明原因。

7.3.3 考核时间:10 min。

7.3.4 考核评分标准:满分 20 分。在规定时间内能正确判断并说明原因的,每项得 10 分;判断正确但不能准确说明原因的,每项得 5 分。

7.4 紧急情况处置

7.4.1 考核器具：设置电动机制动失灵、突然断电、钢丝绳意外卡住等紧急情况或图示、影像资料。

7.4.2 考核方法：由考生对电动机制动失灵、突然断电、钢丝绳意外等紧急情况或图示、影像资料中所示的紧急情况进行描述，并口述处置方法。对每个考生设置一种。

7.4.3 考核时间：10 min。

7.4.4 考核评分标准：满分 10 分。在规定时间内对存在的问题描述正确并正确叙述处置方法的，得 10 分；对存在的问题描述正确，但未能正确叙述处置方法的，得 5 分。

附录 D 山东省建筑起重机械安装拆卸工(物料提升机)安全技术考核标准(试行)

本标准规定了建筑起重机械安装拆卸工(物料提升机)的适用范围,以及建筑起重机械安装拆卸工(物料提升机)安全技术考核的条件、内容、方法和评分标准。

1 适用范围

本标准适用于在山东省行政区域内建筑施工现场从事物料提升机安装、拆卸作业人员的安全技术考核。

2 引用标准

下列标准所包含的条款,通过在本标准中引用而构成本标准的条文。本标准颁布实施时,所示版本均为有效。所有标准都会被修订,使用本标准的各方应探讨使用下列标准最新版本的可能性。

GB 5306—1985《特种作业人员安全技术考核管理规则》
JGJ 59—1999《建筑施工安全检查标准》
JGJ 33—2001《建筑机械使用安全技术规程》
JGJ 160—2008《施工现场机械设备检查技术规程》
GB/T 5972—2006《起重机用钢丝绳检验和报废实用规范》
JGJ 88—1992《龙门架及井架物料提升机安全技术规范》
DBJ 14—015—2002《建筑施工物料提升机安全技术规程》
GB/T 1955—2008《建筑卷扬机》
GB 8918—2006《重要用途钢丝绳》
GB/T 5976—2006《钢丝绳夹》
JB/T 8112—1999《一般起重用锻造卸扣 D形卸扣和弓形卸扣》

3 定义

建筑起重机械安装拆卸工(物料提升机)是指在建筑施工现场从事物料提升机安装、附着、加节和拆卸作业的人员。

4 基本条件

4.1 年满18周岁。

4.2 身体健康,无听觉障碍、无色盲,双眼裸视力在5.0以上,无妨碍从事本工种的疾病(如癫痫病、高血压、心脏病、眩晕症、恐高症、精神病和突发性昏厥症等)和生理缺陷。

4.3 具有初中及以上文化程度。

5 考核方法

5.1 考核分安全技术理论考试和实际操作考核两部分,经安全技术理论考试合格后,方可进行实际操作考核。

5.2 安全技术理论考试方式为闭卷笔试,时间为2小时。

5.3 实际操作考核方式包括模拟操作、口试等方式。

5.4 安全技术理论考试和实际操作考核均采用百分制,安全技术理论考试60分为及格,实际操作考核70分为及格。考试不及格者,允许补考1次。

6 考核内容

6.1 安全技术理论考试内容

6.1.1 安全生产基本知识

6.1.1.1 了解建筑安全生产法律法规和规章制度。

6.1.1.2 熟悉有关特种作业人员的管理制度。

6.1.1.3 掌握从业人员的权利义务和法律责任。

6.1.1.4 熟悉高处作业安全知识。

6.1.1.5 掌握安全防护用品的使用。

6.1.1.6 熟悉安全标志、安全色的基本知识。

6.1.1.7 熟悉施工现场消防知识。

6.1.1.8 了解现场急救知识。

6.1.1.9 熟悉施工现场安全用电基本知识。

6.1.2 专业基础知识

6.1.2.1 熟悉力学基本知识。

6.1.2.2 了解电学基本知识。

6.1.2.3 熟悉机械基础知识。

6.1.2.4 了解钢结构基础知识。

6.1.2.5 熟悉起重吊装基本知识。

6.1.3 专业技术理论

6.1.3.1 了解物料提升机的分类、性能。

6.1.3.2 熟悉物料提升机的基本技术参数。

6.1.3.3 掌握物料提升机的基本结构和工作原理。

6.1.3.4 掌握物料提升机安装、拆除的程序、方法。

6.1.3.5 掌握物料提升机安全保护装置的结构、工作原理和调整(试)方法。

6.1.3.6 掌握物料提升机安装、拆除的安全操作规程。

6.1.3.7 掌握物料提升机的安装自检内容和方法。

6.1.3.8 熟悉物料提升机的维护保养要求。

6.1.3.9 了解物料提升机安装、拆卸常见事故和原因。

6.2 实际操作考核内容

6.2.1 掌握装拆工具、起重工具、索具的使用。

6.2.2 掌握钢丝绳的选用、更换、穿绕、固结。

6.2.3 掌握物料提升机的架体、提升机构、附墙装置或缆风绳的安装、拆卸。

6.2.4 掌握物料提升机的各主要系统安装调试。

6.2.5 掌握紧急情况应急处置方法。

7 实际操作考核模拟试题及评分标准

7.1 物料提升机的安装与调试

7.1.1 考核设备和机器具

7.1.1.1 满足安装运行调试条件的物料提升机部件一套(架体钢结构杆件、吊笼、安全限位装置、滑轮组、卷扬机、钢丝绳及紧固件等),或模拟机一套。

7.1.1.2 机具:起重设备、扭力扳手、钢丝绳绳卡、绳索。

7.1.1.3 其他器具:哨笛一个、计时器一个、塞尺一套。

7.1.1.4 个人安全防护用品。

7.1.2 考核方法:每5名考生一组,在辅助起重设备的配合下,完成以下作业:

7.1.2.1 安装高度9 m左右的物料提升机。

7.1.2.2 对吊笼的滚轮间隙进行调整。

7.1.2.3 对安全装置进行调试。

7.1.3 考核时间:180分钟,具体可根据实际模拟情况调整。

7.1.4 考核评分标准:满分70分。考核评分标准见表7.1.4,考核得分即为每个人得分,各项目所扣分数总和不得超过该项应得分值。

表 7.1.4 考核评分标准

序号	项目	扣分标准	应得分值
1	整机安装	杆件安装和螺栓规格选用错误的,每处扣5分	10
2		漏装螺栓、螺母、垫片的,每处扣2分	5
3		未按照工艺流程安装的,扣10分	10
4		螺母紧固力矩未达标准的,每处扣2分	5
5		未按照标准进行钢丝绳连接的,每处扣2分	5
6		卷扬机的固定不符合标准要求的,扣5分	5
7		附墙装置或缆风绳安装不符合标准要求的,每组扣2分	5
8	吊笼滚轮间隙调整	吊笼滚轮间隙过大或过小的,每处扣2分	5
9		螺栓或螺母未锁住的,每处扣2分	5
10	安全装置调试	安全装置未调试的,每处扣5分;	10
11		调试精度达不到要求的,每处扣2分	5
12	合计		70

7.2 零部件的判废

7.2.1 考核设备和器具

7.2.1.1 物料提升机零部件(钢丝绳、滑轮、联轴节或制动器)实物或图示、影像资料(包括达到报废标准和有缺陷的)。

7.2.1.2 其他器具:计时器一个。

7.2.2 考核方法:从零部件的实物或图示、影像资料中随机抽取2件(张),由考生判断其是否达到报废标准(缺陷)并说明原因。

7.2.3　考核时间:10 min。

7.2.4　考核评分标准:满分 20 分。在规定时间内能正确判断并说明原因的,每项得 10 分;判断正确但不能准确说明原因的,每项得 5 分。

7.3　紧急情况处置

7.3.1　考核器具:设置电动机制动失灵、突然断电、钢丝绳意外卡住等紧急情况或图示、影像资料。

7.3.2　考核方法:由考生对电动机制动失灵、突然断电、钢丝绳意外卡住等紧急情况或图示、影像资料所示的紧急情况进行描述,并口述处置方法。对每个考生设置一种。

7.3.3　考核时间:10 min。

7.3.4　考核评分标准:满分 10 分。在规定时间内对存在的问题描述正确并正确叙述处置方法的,得 10 分;对存在的问题描述正确,但未能正确叙述处置方法的,得 5 分。

说明:

1. 两名以上考生合作完成实操考核项目时,应当分工明确,责任到人,相互协作,确保安全。

2. 在物料提升机的安装和调试实操考核时,实操教学人员应在现场进行监护,出现险情时,采取措施制止考生继续操作;必要时,引导考生紧急避险。正常情况下,实操教学人员不得指导考生操作。

附录 E 风力等级、风速与风压对照表

风级	风名	风速/(m/s)	风压/(×10 N/m²)	风的特性
0	无风	0~0.2	0~0.025	静,烟直上
1	软风	0.3~1.5	0.056~0.14	人能辨别风向,但风标不能转动
2	轻风	1.6~3.3	0.16~6.8	人面感觉有风,树叶有微响,风标能转动
3	微风	3.4~5.4	7.2~18.2	树叶及微枝摇动不息,旌旗展开
4	和风	5.5~7.9	18.9~39	能吹起地面灰尘和纸张,树的小枝摇动
5	清风	8.0~10.7	40~71.6	有叶的小树摇摆,内陆的水面有小波
6	强风	10.8~13.8	72.9~119	大树叶枝摇摆,电线呼呼有声,举伞有困难
7	疾风	13.9~17.1	120~183	全树摇动,迎风行走感觉不便
8	大风	17.2~20.7	185~268	微枝折毁,人向前行感觉阻力甚大
9	烈风	20.8~24.4	270~372	建筑物有小损坏,烟囱顶部及屋顶瓦片移动
10	狂风	24.5~28.4	375~504	陆上少见,见时可使树木拔起或将建筑物摧毁
11	暴风	28.5~32.6	508~664	陆上很少,有则必是重大损毁
12	飓风	大于32.6	大于664	陆上绝少,其摧毁力极大

注:天气预报中为确定风力分级测量的风速是离地10 m的平均风速。

附录 F 起重机 钢丝绳 保养、维护、安装、检验和报废

(GB/T 5972—2009)

引 言

 起重机用钢丝绳应视为易损件,当检验表明其强度已降低到继续使用有危险时即应更换。

 钢丝绳的工作寿命是随起重机的特性、工作条件和用途而变化的。凡要求钢丝绳寿命长的场合,均应采用较大的安全系数和弯曲比(D/d 卷筒或滑轮直径与钢丝绳直径之比)。但工作循环次数较少、设计要求轻巧和紧凑的场合,这些数值可以适当降低。

 要想在各种情况下正确操作起重机,安全地搬运货物,就需要定期检查钢丝绳,以便在问题发生之前适时更换。

 某些起重机的作业条件使钢丝绳极容易受到意外的损伤,因此在初选钢丝绳时就应考虑这一因素。在此情况下对钢丝绳的检验必须特别仔细,一旦发现钢丝绳的损坏达到了危险程度便应立即更换。

 在各种使用条件下,可直接采用有关断丝、磨损、腐蚀和变形等报废标准。本标准已考虑了这些因素,其意图是给从事起重机维护和检验的主管人员作指导。

 制定本标准的目的是使起重机用钢丝绳在未报废前搬运货物时,始终有足够的安全裕度。不重视本标准的规定是危险的。

 本标准包含了钢丝绳的保养和维护,包括安装固定的注意事项。这些增加的内容确保用户和主管人员有了可靠的涵盖起重机上使用的钢丝绳从新绳的接收直至报废的全过程所有方面的专一的指令性文件。

 本标准的机构工作级别遵守 GB/T 20863.1 的规定。

1 范 围

 本标准对在起重机上使用的钢丝绳的保养、维护、安装和检验规定了详细的实施准则,而且列举了实用的报废标准,以促进安全使用起重机。

 本标准适用于 GB/T 6574.1—2008 所定义的下列类型的起重机:
——缆索及门式缆索起重机;
——悬臂起重机(柱式、壁上或自行车式);
——甲板起重机;
——桅杆及牵索式桅杆起重机;
——斜撑式桅杆起重机;
——浮式起重机;
——流动式起重机;
——桥式起重机;
——门式起重机或半门式起重机;
——门座起重机或半门座起重机;

——铁路起重机；

——塔式起重机。

本标准可以应用在无论用手动，还是机械、电力或液力驱动的使用吊钩、抓斗、电磁铁、钢包的起重机、挖掘机或堆垛机。

本标准也可以应用在使用钢丝绳的起重机葫芦和起重滑车。

2 术语和定义

下列术语和定义适用于本标准。

2.1 钢丝绳实际直径 actual rope diameter

在同一截面相互垂直的方向上测量钢丝绳直径，取得的两次测量的平均值，单位为毫米。

2.2 间隙 clearance

钢丝绳股的任意层中各钢丝之间或在同层中任意绳股之间的间隙。

2.3 卷筒上跃层部分钢丝绳 cross-over of rope on a drum

由于卷筒槽型或下层钢丝绳结构的影响，钢丝绳从一圈绕到另一圈时改变其常规路径的绳段。

2.4 同向捻 lang lay

外层股中钢丝的捻向与外层绳股在钢丝绳中的捻向相同。

2.5 缠绕 wrap

钢丝绳绕卷筒一圈。

2.6 捻距 lay length

螺线形钢丝绳外部钢丝和外部绳股围绕绳芯旋转一整圈（或一个螺旋），沿钢丝绳轴向测得的距离。

2.7 钢丝绳公称直径 nominal rope diameter

钢丝绳直径的标称值，单位为毫米。

2.8 交互捻 ordinary lay；regular lay

钢丝绳中绳股的捻向与其外层股中钢丝的捻向相反。

2.9 卷盘 reel

缠绕钢丝绳的带凸缘的卷盘，用于钢丝绳的装船发运或贮存。

注：卷盘可以是木制或钢制的，取决于缠绕钢丝绳的质量。

2.10 钢丝绳芯 rope core

支撑外部绳股的钢丝绳的中心组件。

2.11 钢丝绳检验记录 rope examination record

检验后的钢丝绳的历史记录和现状记录。

2.12 单层股钢丝绳 single-layer rope

由单层股绕一个芯螺旋捻制而成的多股钢丝绳。

2.13 平行捻密实钢丝绳 parallel-closed rope

至少由两层平行捻股围绕一个芯螺旋捻制而成的多股钢丝绳。

2.14 阻旋转钢丝绳 rotation-resistant rope

承载时能减小扭矩和旋转程度的多股钢丝绳。

注1：阻旋转钢丝绳通常由两层或更多层股围绕一个芯螺旋捻制而成，外层股与相邻内层股捻向相反。

注2：由三支或四支股组成的钢丝绳也具有阻旋转的特性。

注3：阻旋转钢丝绳曾被称为反向捻钢丝绳、多层股钢丝绳和不旋转钢丝绳。

2.15 多股钢丝绳 stranded rope

通常由多个股围绕一个绳芯或一个中心螺旋捻制一层或多层的钢丝绳。

注：由三支或四支外层股组成的多股钢丝绳可能没有绳芯。

3 钢丝绳

3.1 安装前的状况

3.1.1 钢丝绳的置换

起重机上只应安装由起重机制造商制定的具有标准长度、直径、结构和破断拉力的钢丝绳，除非经起重机设计人员、钢丝绳制造商或有资格人员的准许，才能选择其他钢丝绳。

钢丝绳与卷筒、吊钩滑轮组或起重机结构的连接只应采用起重机制造商规定的钢丝绳端接装置或同样应经批准的供选方案。

3.1.2 钢丝绳长度

所用钢丝绳的长度应充分满足起重机的使用要求，并且在卷筒上的终端位置应至少保留两圈钢丝绳。根据使用情况，如需从较长的钢丝绳上截取一段时，应对两端断头进行处理；或在切断时，采用适当的方法来防止钢丝绳松散(见图1)。

3.1.3 起重机和钢丝绳制造商的使用说明书

应遵守在起重机手册和由钢丝绳制造商给出的使用说明书中的规定。

在起重机上重新安装钢丝绳之前，应检查卷筒和滑轮上的所有绳槽，确保其完全适合替换的钢丝绳。

3.1.4 卸货和储存

为了避免意外事故，钢丝绳应谨慎小心地卸货。卷盘或绳卷既不允许坠落，也不允许用金属吊钩或叉车的货叉插入钢丝绳。

钢丝绳应储存在凉爽、干燥的仓库内，且不应与地面接触。钢丝绳绝不允许储存在易受化学烟雾、蒸汽或其他腐蚀剂侵袭的场所。储藏的钢丝绳应定期检查，且如有必要，应对钢丝绳包扎。如果户外储藏不可避免，则钢丝绳应加以覆盖以免湿气导致锈蚀。

从起重机上卸下的待用的钢丝绳应进行彻底的清洁，在储存之前对每根钢丝绳进行包扎。

长度超过30 m的钢丝绳应在卷盘上储存。

3.2 安装

3.2.1 展开和安装

当钢丝绳从卷盘或绳卷展开时，应采取各种措施避免绳的扭转或降低钢丝绳扭转的程度。因为钢丝绳扭转可能会在绳内产生结环、扭结或弯曲的状况。为避免发生这种状况，对钢丝绳应采取保持张紧呈直线状态的措施(见图2)。

因旋转中的钢丝绳卷盘具有很大的惯性，故对此需要进行控制，使钢丝绳按顺序缓慢地释放出来。

绳卷中的钢丝绳应从一个卷盘中放出。作为一种选择,在较短长度的绳卷的外部绳端可能呈自由状态而剩余绳段则沿着地面向前滚动(见图3)。为搬运方便,内部绳端应首先被固定到邻近的外圈。切勿由平放在地面的绳卷或卷盘释放钢丝绳(见图4)。

钢丝绳在释放过程中应尽可能保持清洁。钢丝绳截断时,应按制造厂商的说明书进行(见图1)。

为确保阻旋转钢丝绳的安装无旋紧或旋松现象,应对其给予特别关注,且任何切断是安全可靠和防止松散的。

注1:如果绳股被弄乱,很可能在后来的使用期间发生钢丝绳的变形,而且可能降低其使用寿命。

注2:钢丝绳安装期间旋紧或旋松现象可导致吊钩组的附加扭转。

钢丝绳在安装时不应随意乱放,亦即转动既不应使之绕进也不应使之绕出。在安装的时候,钢丝绳应总是同向弯曲,亦即从卷盘顶端到卷筒顶端,或从卷盘底部到卷筒底部处释放均应同向(见图2)。

终端固定应特别小心确保安全可靠且应符合起重机手册的规定。

如果在安装期间起重机的任何部分对钢丝绳产生摩擦,则接触部位应采取有效的保护措施。

3.2.2 使用前试运转

钢丝绳在起重机上投入使用之前,用户应确保与钢丝绳运行关联的所有装置运转正常。为使钢丝绳及其附件调整到适应实际使用状态,应对机构在低速和大约10%的额定工作载荷(WLL)的状态下进行多次操作循环运转操作。

3.3 维护

对钢丝绳所进行的维护应与起重机、起重机的使用、环境以及所涉及的钢丝绳类型有关。除非起重机或钢丝绳制造商另有指示,否则钢丝绳在安装时应涂以润滑脂或润滑油。以后,钢丝绳应在必要的部位作清洗工作,而对在有规则的时间间隔内重复使用的钢丝绳,特别是绕过滑轮的长度范围内的钢丝绳在显示干燥或锈蚀迹象之前,均应使其保持良好的润滑状态。

钢丝绳的润滑油(脂)应与钢丝绳制造商使用的原始润滑油(脂)一致,且具有渗透力强的特性。如果钢丝绳润滑在起重机手册中不能确定,则用户应征询钢丝绳制造商的建议。

钢丝绳较短的使用寿命源于缺乏维护,尤其是起重机在有腐蚀性的环境中使用,以及由于与操作有关的各种原因,例如在禁止使用钢丝绳润滑剂的特定场合下使用。针对这种情况,钢丝绳检验的周期应相应缩短。

3.4 检验

3.4.1 周期

3.4.1.1 日常外观检验

每个工作日都应尽可能对任何钢丝绳的所有可见部位进行观察,目的是发现一般的损坏和变形。应特别注意钢丝绳在起重机上的连接部位(见图A.1),钢丝绳状态的任何可疑变化情况都应报告,并由主管人员按照3.4.2的规定进行检查。

3.4.1.2 定期检验

定期检验应由主管人员按照3.4.2的规定进行。为了确定定期检验的周期,应考虑如下各点:
——国家对应用钢丝绳的法规要求;
——起重机的类型及使用地的工作环境;
——起重机的工作级别;
——前期的检验结果;
——钢丝绳已使用的时间。

流动式起重机和塔式起重机用钢丝绳至少应按主管人员的决定每月检查一次或更多次。

注:根据钢丝绳的使用情况,主管人员有权决定缩短检查的时间间隔。

3.4.1.3 专项检验

专项检验应按照3.4.2的规定进行。

在钢丝绳和/或其固定端的损坏而引发事故的情况下,或钢丝绳经拆卸又重新安装投入使用前,均应对钢丝绳进行一次检查。

如起重机停止工作达3个月以上,在重新使用之前对钢丝绳预先进行检查。

注:根据钢丝绳的使用情况,主管人员有权决定缩短检查的时间间隔。

3.4.1.4 在合成材料滑轮或带合成材料衬套的金属滑轮上使用的钢丝绳的检验

在纯合成材料或部分采用合成材料制成的或带有合成材料轮衬的金属滑轮上使用的钢丝绳,其外层发现有明显可见的断丝或磨损痕迹时,其内部可能早就已产生了大量的断丝。在这些情况下,应根据以往的钢丝绳使用记录制定钢丝绳专项检查进度表,其中既要考虑使用中的常规检查结果,又要考虑从使用中撤下的钢丝绳的详细检查记录。

应特别注意已出现干燥或润滑剂变质的局部区域。

对专用起重设备用钢丝绳的报废标准,应以起重机制造商和钢丝绳制造商之间交换的资料为基础。

注:根据钢丝绳的使用情况,主管人员有权决定缩短检查的时间间隔。

3.4.2 检验部位

3.4.2.1 通则

钢丝绳应作全长检查,还应特别注意下列各部位:
——运动绳和固定绳两者的始末端;
——通过滑轮组成或绕过滑轮的绳段;
——在起重机重复作业情况下,当起重机在受载状态时的绕过滑轮的钢丝绳任何部位(见附录A);
——位于平衡滑轮的钢丝绳段;
——由于外部因素(例如舱口栏板)可能引起磨损的钢丝绳任何部位;
——产生锈蚀和疲劳的钢丝绳内部(见附录C);
——处于热环境的绳段。

检验的结果应记录在起重机检验的记录本中(典型示例见第6章和附录B)。

3.4.2.2 索具除外的绳段部位

应对从固定端引出的钢丝绳段作检查,这个部位是发生疲劳(断丝)和锈蚀的危险点。

对固定装置本身也应作变形或磨损检验。

对于采用压制或锻造绳箍的绳端固定装置应进行类似的检验,并检验绳箍材料是否有裂纹以及绳箍和钢丝绳之间可能的滑移。

可拆卸的装置(例如楔形接头、钢丝绳夹)应检验其内部绳段和绳端内的断丝情况,并确保楔形接头、钢丝绳夹的紧固性,检验内容还包括绳端装置是否完全符合相关标准和操作规程的要求。

对手工编织的环状插扣式绳头应只使用在接头的尾部(目的是为了防止绳端突出的钢丝伤手)。而接头的其余部位应随时用肉眼检查其断丝的情况。

若断丝明显发生在绳端装置附近或绳端装置内,可将钢丝绳截短再重新装到绳端固定装置上使用,然而,钢丝绳最终的长度应充分满足在卷筒上缠绕最少圈数的要求。

3.4.3 无损检测

借助电磁技术的无损检测可作为对外观检测的辅助检测,用以确定钢丝绳损坏的区域和程度。

拟采用电磁方法以 NDT(无损检测)作为对外观检验的辅助检验时,应在钢丝绳安装之后尽快地进行初始的电磁 NDT(无损检测)。

3.5 报废标准

3.5.1 总则

钢丝绳的安全使用由下列各项标准来判定(见 3.5.2~3.5.12):

——断丝的性质和数量;

——绳端断丝;

——断丝的局部聚集;

——断丝的增加率;

——绳股断裂;

——绳径减小,包括从绳芯损坏所致的情况;

——弹性降低;

——外部和内部磨损;

——外部和内部锈蚀;

——变形;

——由于受热或电弧的作用引起的损坏;

——永久伸长率。

所有的检验均应考虑上述各项因素,作为公认的特定标准。但钢丝绳的损坏通常是由多种综合因素造成的,主管人员应根据其累积效应判断原因并作出钢丝绳是报废还是继续使用的决定。

在所有的情况下,检验人员应调查研究是否因起重机工作异常引起钢丝绳损坏;如果是,则应在安装新钢丝绳之前,推荐采取消除导致工作异常的措施。

单项损坏程度应作评定,并以专项报废标准的百分比表示。钢丝绳在任何的给定部位损坏的累积程度应将该部位记录的单项值相加来确定。当在任何的部位累积值达到 100%时,该钢丝绳应报废。

3.5.2 断丝的性质和数量

起重机的总体设计不允许钢丝绳有无限长的使用寿命。

对于6股和8股的钢丝绳,断丝通常发生在外表面。对于阻旋转钢丝绳,断丝大多发生在内部因而是"非可见的"的断丝。表1和表2是把3.5.3~3.5.12中各种因素进行综合考虑后的断丝控制标准。

谷部断丝可能指示钢丝绳内部的损坏,需要对该区段钢丝绳作更周密的检验。当在一个捻距内发现两处或多处的谷部断丝时,钢丝绳应考虑报废。

当制定阻旋转钢丝绳报废标准时,应考虑钢丝绳结构、使用长度和钢丝绳使用方式。有关钢丝绳的可见断丝数及其报废标准在表2中给出。

应特别注意出现润滑油发干或变质现象的局部区域。

表1 钢制滑轮上使用的单层股钢丝绳和平行捻密实钢丝绳中达到或超过报废标准的可见断丝数

钢丝绳类别号 RCN (参见附录E)	外层股中承载钢丝的总数[a] n	可见断丝的数量[b]				
		在钢制滑轮和/或单层缠绕在卷筒上工作的钢丝绳区段(钢丝断裂随机分布)				多层缠绕在卷筒上工作的钢丝绳区段[c]	
		工作级别 M1~M4 或未知级别[d]				所有工作级别	
		交互捻		同向捻		交互捻和同向捻	
		长度范围大于 $6d^e$	长度范围大于 $30d^e$	长度范围大于 $6d^e$	长度范围大于 $30d^e$	长度范围大于 $6d^e$	长度范围大于 $30d^e$
01	$n\leqslant50$	2	4	1	2	4	8
02	$51\leqslant n\leqslant75$	3	6	2	3	6	12
03	$76\leqslant n\leqslant100$	4	8	2	4	8	16
04	$101\leqslant n\leqslant120$	5	10	2	5	10	20
05	$121\leqslant n\leqslant140$	6	11	3	6	12	22
06	$141\leqslant n\leqslant160$	6	13	3	6	12	26
07	$161\leqslant n\leqslant180$	7	14	4	7	14	28
08	$181\leqslant n\leqslant200$	8	16	4	8	16	32
09	$201\leqslant n\leqslant220$	9	18	4	9	18	36
10	$221\leqslant n\leqslant240$	10	19	5	10	20	38
11	$241\leqslant n\leqslant260$	10	21	5	10	20	42
12	$261\leqslant n\leqslant280$	11	22	6	11	22	44
13	$281\leqslant n\leqslant300$	12	24	6	12	24	48
	$n>300$	$0.04n$	$0.08n$	$0.02n$	$0.04n$	$0.08n$	$0.16n$

续表1

注1：具有外层股且每股钢丝数≤19根的西鲁型（Seale）钢丝绳（例如6×19西鲁型），在表中被分列于两行，上面一行构成为正常放置的外层股承载钢丝的数目。

注2：在多层缠绕卷筒区段上述数值也可适用于在滑轮工作的钢丝绳的其他区段，该滑轮是用合成材料制成的或具有合成材料轮衬。但不适用于在专用合成材料制成的或以由合成材料轮衬组合的单层卷绕的滑轮工作的钢丝绳。

a 本标准中的填充钢丝未被视为承载钢丝，因而不包含在 n 值中。
b 一根断丝会有两个断头（按一根钢丝计数）。
c 这些数值适用于在跃层区和由于缠入角影响重叠层之间产生干涉而损坏的区段（且并非仅在滑轮工作和不缠绕在卷筒上的钢丝绳的那些区段）。
d 可将以上所列断丝数的两倍数值用于已知其工作级别为 M5～M8 的机构。参见 GB/T 24811.1—2009。
e d——钢丝绳公称直径。

3.5.3 绳端断丝

绳端或其邻近的断丝，尽管数量很少但表明该处的应力很大，可能是绳端不正确的安装所致，应查明损坏的原因。为了继续使用，若剩余的长度足够，应将钢丝绳截短（截去绳端断丝部位）再造终端。否则，钢丝绳应报废。

3.5.4 断丝的局部聚集

如断丝紧靠在一起形成局部聚集，则钢丝绳应报废。如这种断丝聚集在小于 $6d$ 的绳长范围内，或者集中在任一支绳股里，那么，即使断丝数比表1或表2列出的最大值少，钢丝绳也应予以报废。

表2 在阻旋转钢丝绳中达到或超过报废标准的可见断丝数

钢丝绳类别号 RCN（参见附录E）	钢丝绳外层股数和在外层股中承载钢丝总数a n	可见断丝数量b 在钢制滑轮和/或单层缠绕在卷筒上工作的钢丝绳区段 长度范围 大于 $6d^e$	长度范围 大于 $30d^e$	多层缠绕在卷筒上工作的钢丝绳区段c 长度范围 大于 $6d^e$	长度范围 大于 $30d^e$
21	4股 $n≤100$	2	4	2	4
	3股或4股 $n≥100$	2	4	4	8
	至少11个外层股				
23-1	$76≤n≤100$	2	4	4	8
23-2	$101≤n≤120$	2	4	5	10
23-3	$121≤n≤140$	2	4	6	11
24	$141≤n≤160$	3	6	6	13

续表 2

钢丝绳类别号 RCN（参见附录 E）	钢丝绳外层股数和在外层股中承载钢丝总数[a] n	可见断丝数量[b]			
		在钢制滑轮和/或单层缠绕在卷筒上工作的钢丝绳区段		多层缠绕在卷筒上工作的钢丝绳区段[c]	
		长度范围大于 $6d$[e]	长度范围大于 $30d$[e]	长度范围大于 $6d$[e]	长度范围大于 $30d$[e]
25	$161 \leqslant n \leqslant 180$	4	7	7	14
26	$181 \leqslant n \leqslant 200$	4	8	8	16
27	$201 \leqslant n \leqslant 220$	4	9	9	18
28	$221 \leqslant n \leqslant 240$	5	10	10	19
29	$241 \leqslant n \leqslant 260$	5	10	10	21
30	$261 \leqslant n \leqslant 280$	6	11	11	22
31	$281 \leqslant n \leqslant 300$	6	12	12	24
	$n > 300$	6	12	12	24

注1：具有外层股的每股钢丝数≤19 根的西鲁型(Seale)钢丝绳(例如 18×19 西鲁型—WSC 型)在表中被放置在两行内，上面一行构成为正常放置的外层股承载钢丝的数目。

注2：在多层缠绕卷筒区段上述数值也可适用于在滑轮工作的钢丝绳的其他区段，该滑轮是用合成材料制成的或具有合成材料轮衬。它们不适用于在专门用合成材料制成的或以由合成材料内层组合的单层卷绕的滑轮工作的钢丝绳。

[a] 本标准中的填充钢丝未被视为承载钢丝，因而不包含在 n 值中。
[b] 一根断丝会有两个端头(计算时只算一根钢丝)。
[c] 这些数值适用于在跃层区和由于缠入角影响重叠层之间产生干涉而损坏的区段(且并非仅在滑轮工作和不缠绕在卷筒上的钢丝绳的那些区段)。
[d] d——钢丝绳名义直径。

3.5.5 断丝的增加率

在某些使用场合，疲劳是引起钢丝绳损坏的主要原因，钢丝绳在使用一个时期之后才会出现断丝，而且断丝数将会随着时间的推移逐渐增加。在这种情况下，为了确定断丝的增加率，建议定期仔细检验并记录断丝数，以此为据可用以推定钢丝绳未来报废的日期。

3.5.6 绳股断裂

如果整支绳股发生断裂，钢丝绳应立即报废。

3.5.7 绳径因绳芯损坏而减少

由于绳芯的损坏引起钢丝绳直径减少的主要原因如下：
——内部的磨损和钢丝压痕；
——钢丝绳中各绳股和钢丝之间的摩擦引起的内部磨损，特别是当其受弯曲时尤甚；
——纤维绳芯的损坏；

——钢芯的断裂；
——阻旋转钢丝绳中内层股的断裂。

如果这些因素引起阻旋转钢丝绳实测直径比钢丝绳公称直径减小3%，或其他类型的钢丝绳减小10%，即使没有可见断丝，钢丝绳也应报废。

注：通常新的钢丝绳实际直径大于钢丝绳公称直径。

微小的损坏，特别当钢丝绳应力在各绳股中始终得以良好的平衡时，从通常的检验中不可能如此明显检出。然而，此种情况可能造成钢丝绳强度大大降低。因此，对任何细微的内部损坏均应采用内部检验程序查证（见附录C或采用无损检测）。如果此种损坏被证实，钢丝绳应报废。

3.5.8 外部磨损

钢丝绳外层绳股的钢丝表面的磨损，是由于其在压力作用下与滑轮和卷筒的绳槽接触摩擦造成的。这种现象在吊运载荷加速或减速运动时，在钢丝绳与滑轮接触部位应特别明显，而且表现为外部钢丝被磨成平面状。

润滑不足或不正确的润滑以及灰尘和沙砾促使磨损加剧。

磨损使钢丝绳股的横截面积减少从而降低钢丝绳的强度，如果由于外部的磨损使钢丝绳实际直径比其公称直径减少7%或更多时，即使无可见断丝，钢丝绳也应报废。

3.5.9 弹性降低

在某些情况下，通常与工作环境有关，钢丝绳的实际弹性显著降低，继续使用是不安全的。

弹性降低较难发现，如果检验人员有任何怀疑，应征询钢丝绳专家的意见。然而，弹性降低通常还与下列各项有关：

——绳径的减小；
——钢丝绳捻距的伸长；
——由于各部分彼此压紧，引起钢丝之间和绳股之间缺乏空隙；
——在绳股之间或绳股内部，出现细微的褐色粉末；
——韧性降低。

虽未发现可见断丝，但钢丝绳手感会明显僵硬且直径减小，比单纯由于钢丝磨损使直径减小要更严重，这种状态会导致钢丝绳在动载作用下突然断裂，是钢丝绳立即报废的充分理由。

3.5.10 外部和内部腐蚀

3.5.10.1 一般情况

腐蚀在海洋和工业污染的大气中特别容易发生。它不仅会由于钢丝绳金属断面减小导致钢丝绳的破断强度降低，而且严重破裂的不规则表面还会促使疲劳加速。严重的腐蚀能引起钢丝绳的弹性降低。

3.5.10.2 外部腐蚀

外部钢丝的锈蚀通常可用目测发现。

由于腐蚀侵袭及钢材损失而引起的钢丝松弛，是钢丝绳立即报废的充分理由。

3.5.10.3 内部腐蚀

这种情况比时常伴随它发生的外部腐蚀更难发现，但是下列现象可供识别（见附录D）：

——钢丝绳直径的变化:钢丝绳在绕过滑轮的弯曲部位,通常会发生直径减小。但静止段的钢丝绳由于外层绳股锈蚀而引起绳径增加并非罕见。

——钢丝绳的外层绳股间的空隙减小,还经常伴随出现绳股之间或绳股内部的断丝。

如果有任何内部腐蚀的迹象,应按附录C的说明由有主管人员对钢丝绳作内部检验。一经确认有严重的内部腐蚀,钢丝绳应立即报废。

3.5.11 变形

3.5.11.1 一般情况

钢丝绳失去它的正常形状而产生可见的畸形称为"变形",这种变形会导致钢丝绳内部应力分布不均匀。

3.5.11.2 波浪形

波浪形是一种变形,它使钢丝绳无论在承载还是在卸载状态下,其纵向轴线呈螺旋线形状。这种变形不一定导致强度的损失,但变形严重时,可能产生跳动造成钢丝绳传动不规则。长期工作之后,会引起磨损加剧和断丝。

在出现波浪形(见图5)的情况下,如果绕过滑轮或卷筒的钢丝绳在任何载荷状态下不弯曲的直线部分满足以下条件:

$$d_1 > 4d/3$$

或如果绕过滑轮或卷筒的钢丝绳的弯曲部分满足以下条件:

$$d_1 > 1.1d$$

则钢丝绳均应予以报废。

式中 d——钢丝绳公称直径;

d_1——钢丝绳变形后相应的包络直径。

3.5.11.3 笼状畸变

篮形或笼状畸变也称"灯笼形",是由于绳芯和外层绳股的长度不同产生的结果。不同的机构均能产生这种畸变。

例如当钢丝绳以很大的偏角绕入滑轮或者卷筒时,它首先接触滑轮的轮缘或卷筒绳槽尖,然后向下滚动落入绳槽的底部。这个特性导致对外层绳股的散开程度大于绳芯,因而使钢丝绳股和绳芯间产生长度差。

钢丝绳绕过"致密滑轮"即绳槽半径太小的滑轮时,钢丝绳被压缩使绳径减小,同时造成钢丝绳长度增加。如绳股的外层被压缩和拉长的长度大于钢丝绳绳芯被压缩和拉长的长度,这种情况就会再次形成钢丝绳绳股与绳芯间的长度差。

在这两种情况下,滑轮和卷筒均能使松散的外层股移位,并使长度差集中在钢丝绳缠绕系统内某个位置上出现篮形或笼状畸变。

有笼状畸变的钢丝绳应立即报废。

3.5.11.4 绳芯或绳股挤出/扭曲

这一钢丝绳失衡现象表现为外层绳股之间的绳芯(对阻旋转钢丝绳而言则为钢丝绳中心)挤出(隆起),或钢丝绳外层股或绳股有绳芯挤出(隆起)的一种篮形或笼状畸变的特殊型式。

有绳芯或绳股挤出(隆起)或扭曲的钢丝绳应立即报废。

3.5.11.5 钢丝挤出

钢丝挤出是一些钢丝或钢丝束在钢丝绳背对滑轮槽的一侧拱起形成环状的变形。有钢丝挤出的钢丝绳应立即报废。

3.5.11.6 绳径局部增大

钢丝绳直径发生局部增大，并能波及相当长的一段钢丝绳，这种情况通常与绳芯的畸变有关（在特殊环境中，纤维芯由于受潮而膨胀），结果使外层绳股受力不均衡，造成绳股错位。

如果这种情况使钢丝绳实际直径增加5%以上，钢丝绳应立即报废。

3.5.11.7 局部压扁

通过滑轮部分压扁的钢丝绳将会很快损坏，表现为断丝并可能损坏滑轮，如此情况的钢丝绳应立即报废。

位于固定索具中的钢丝绳压扁部位会加速腐蚀，如果继续使用，应按规定的缩短周期对其进行检查。

3.5.11.8 扭结

扭结是由于钢丝绳成环状在不允许绕其轴线转动的情况下被绷紧造成的一种变形。其结果是出现捻距不均而引起过度磨损，严重时钢丝绳将产生扭曲，以致仅存极小的强度。

有扭结的钢丝绳应立即报废。

3.5.11.9 弯折

弯折是由外界影响因素引起的钢丝绳的角度变形。

有严重弯折的钢丝绳类似钢丝绳的局部压扁，应按 3.5.11.7 的要求处理。

3.5.12 受热或电弧引起的损坏

钢丝绳因异常的热影响作用在外表出现可识别的颜色变化时，应立即报废。

4 钢丝绳的使用情况记录

检验人员准确记录的资料可用于预测在起重机上的特种钢丝绳的使用性能。这些资料在调整维护程序以及调控钢丝绳更换件的库存量方面都是有用的。如果采用这些预测，则不应因此而放松检验或延长本标准前述条款中规定的使用期限。

5 与钢丝绳有关的设备情况

缠绕钢丝绳的卷筒和滑轮应作定期检查，以确保这些部件的正常运转。

不灵活或被卡住的滑轮或导轮急剧且不均衡的磨损，导致配用钢丝绳的严重磨损。滑轮的无效补偿可能会引起钢丝绳缠绕时受力不均匀。

所有滑轮槽底半径应与钢丝绳公称直径相匹配（详见 GB/T 24811.1—2009）。若槽底半径太大或太小，应重新加工绳槽或更换滑轮。

6 钢丝绳检验记录

对于每一次定期或专项检验，检验者应提供与检验有关的数据记录本。典型的检验记录实例见附录B。

7 钢丝绳的贮存和鉴别

应提供清洁、干燥和无污染的仓库储藏钢丝绳，以避免备用钢丝绳的损坏。

应根据钢丝绳的检验记录提供明确的鉴别方法。

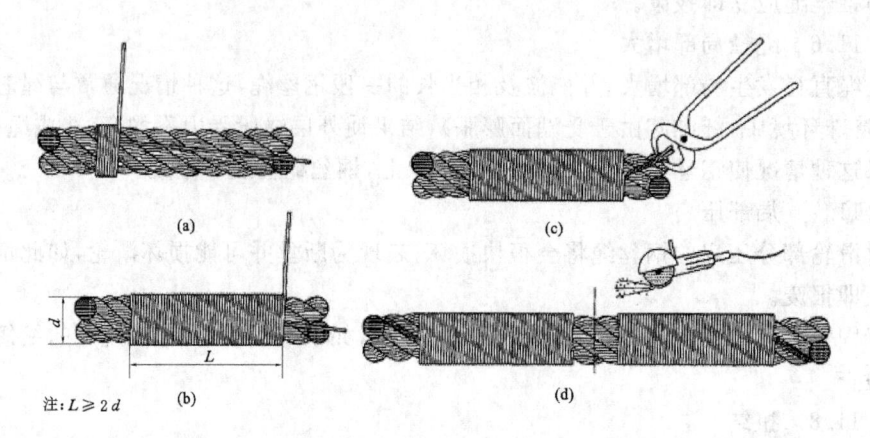

图 1 钢丝绳切断之前的施工准备

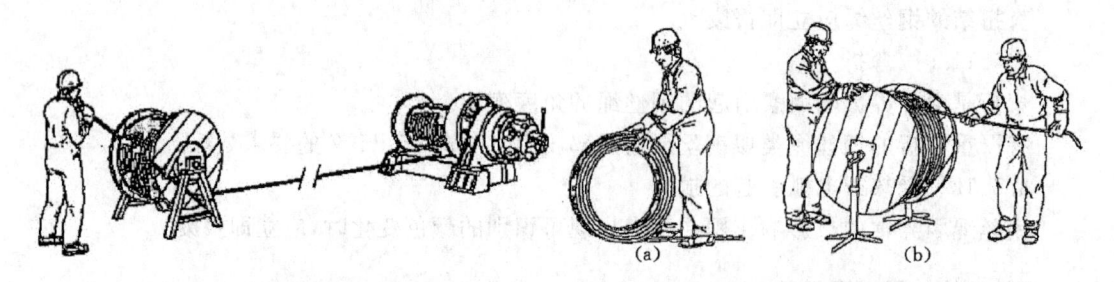

图 2 带张紧装置的钢丝绳从卷盘底部
缠绕到卷筒底部的示例

图 3 解开钢丝绳的正确方法
(a) 从绳圈解开;(b) 从卷盘上解开

图 4 解开钢丝绳的错误方法
(a) 从绳卷解开;(b) 从卷盘解开;(c) 从卷盘解开

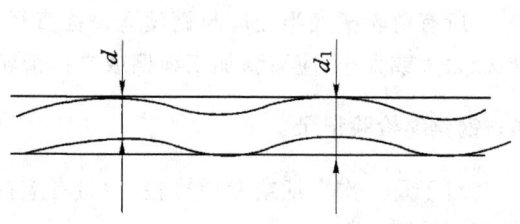

图 5 波浪形

附 录

GB/T 5972—2009 附录 A
（资料性附录）
检验鉴定部位及相关缺陷

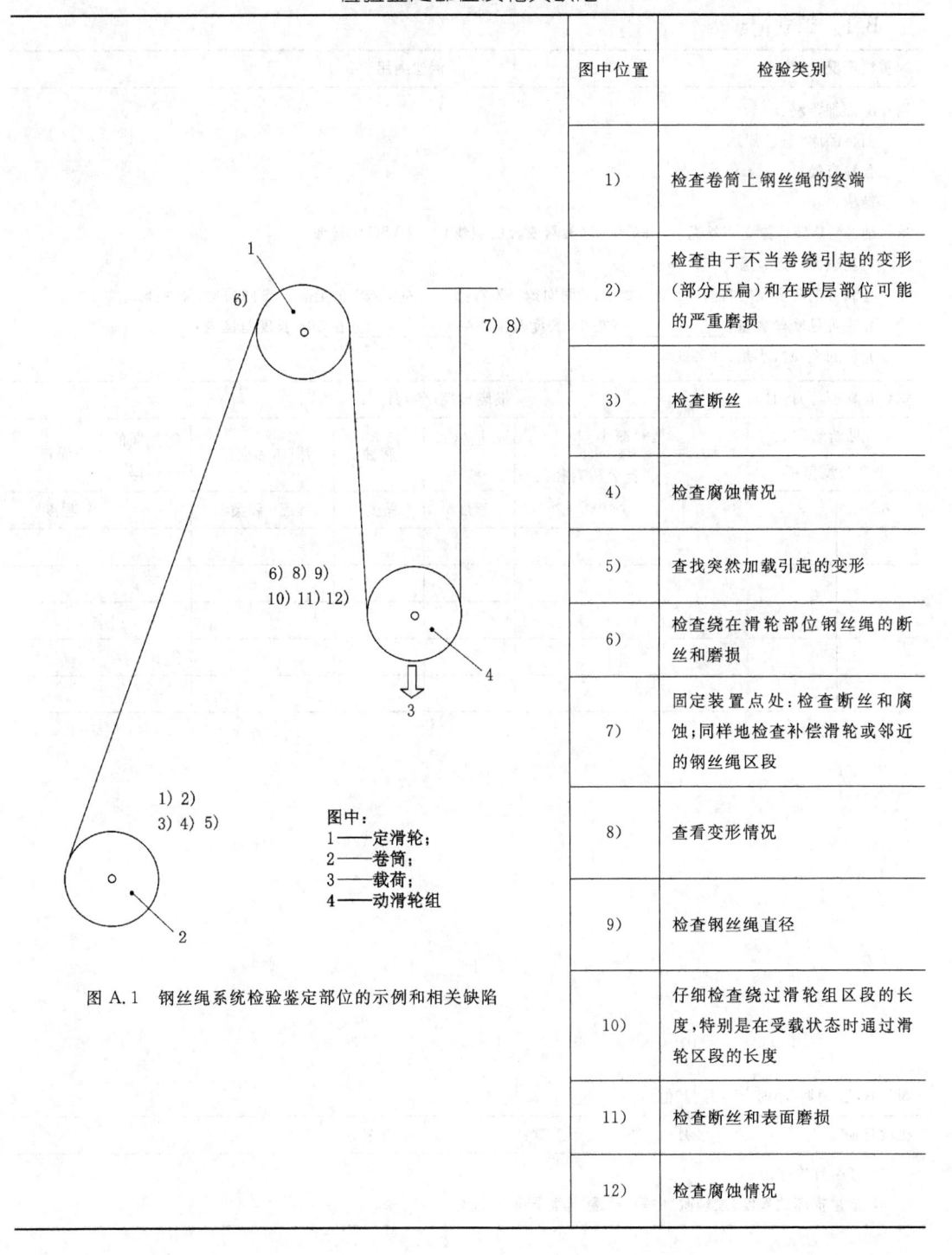

图中位置	检验类别
1)	检查卷筒上钢丝绳的终端
2)	检查由于不当卷绕引起的变形（部分压扁）和在跃层部位可能的严重磨损
3)	检查断丝
4)	检查腐蚀情况
5)	查找突然加载引起的变形
6)	检查绕在滑轮部位钢丝绳的断丝和磨损
7)	固定装置点处：检查断丝和腐蚀；同样地检查补偿滑轮或邻近的钢丝绳区段
8)	查看变形情况
9)	检查钢丝绳直径
10)	仔细检查绕过滑轮组区段的长度，特别是在受载状态时通过滑轮区段的长度
11)	检查断丝和表面磨损
12)	检查腐蚀情况

图中：
1——定滑轮；
2——卷筒；
3——载荷；
4——动滑轮组

图 A.1 钢丝绳系统检验鉴定部位的示例和相关缺陷

GB/T 5972—2009 附录B
（资料性附录）
钢丝绳检验记录的典型示例

B.1 单式记录

起重机概况：	钢丝绳用途：

钢丝绳详细资料：
    商标品牌（若已知）：
    公称直径_____mm
    结构：
    绳芯[a]：IWRC 独立钢丝绳　　　FC 纤维（天然或合成织物）　　　WSC 钢丝股
    钢丝表面[a]：无镀层　　镀锌
    捻制方向和类型[a]：右向：sZ 交互捻　 zZ 同向捻　 Z 右捻　　左向：zS 交互捻　 sS 同向捻　 S 左捻
    允许可见断丝数量：_____（在 6d 长度范围内）_____（在 30d 长度范围内）
    允许的绳径减小量：10% 或 3%

安装日期（年/月/日）：　　　　　　　报废日期（年/月/日）：

可见断丝数		绳径减小		外层钢丝磨损	腐蚀	损坏和变形	钢丝绳的部位	全面评价
所在长度范围		实际直径	比公称直径的减小量/%	程度[b]	程度[b]	程度[b] 和类型		程度[b]
6d	30d							

其他观察值/意见：

履行日期（周期/小时/天/月/其他）：

检验日期：　　　年　　月　　日　　盖章：　　　签名：

a 可用打钩标记。
b 描述损坏的程度，如轻微、中等、严重、非常严重或报废。

B.2 使用记录

起重机概况	钢丝绳安装日期	钢丝绳详细资料（钢丝绳名称见 GB/T 8706—2006）					
			RCN[a]	钢丝绳公称直径/mm	商标名称	绳芯[b]	钢丝表面状况[b]	捻制方向及形式[b]
钢丝绳用途： 钢丝绳终端固定装置：	钢丝绳报废日期			结构	钢芯 IWRC 纤维芯 FC 混合芯 WSC	无镀层 镀锌	右向:sZ zZ　Z 左向:zS sS　S
			外层钢丝允许断丝数 在6d范围内＿＿＿＿　在30d范围内＿＿＿＿				绳径允许的减少量10%或3%

检验日期	可见外部断丝		钢丝绳的部位	程度[c]	绳径减小			腐蚀		损坏和变形		累计损坏程度[c]（备注）
	在以下长度范围的断丝数				实际直径	比公称直径的减小量/%	钢丝绳的部位	程度[c]	钢丝绳的部位	程度[c]	钢丝绳的部位	程度[c]	
	6d	30d											

检验人员的签名和盖章

a RCN是钢丝绳类型号码（见表1、表2和附录E）。
b 可用打钩表示。
c 损坏程度的表示：20%——轻微；40%——中等；60%——严重；80%——非常严重；100%——报废。

GB/T 5972—2009 附录C
（资料性附录）
钢丝绳的内部检验

C.1 概述

从检验钢丝绳和将其从使用中报废所获得的经验表明，内部损伤是许多钢丝绳失效的首要原因，主要是由于腐蚀和正常疲劳的扩展所致。常规的外部检验可能发现不了内部损坏的程度，甚至到了濒临断裂的危险来临时也是如此。

内部检验应由主管人员进行。

各种股型的钢丝绳均能充分松开并允许对其内部情况作评估，但对粗钢丝绳的评估有困难。配用于起重机的多数钢丝绳在零张力状态下就能进行内部检查。然而，正如本附录所推荐，钢丝绳的外观检验只能在钢丝绳有限的部位进行；全长检验应考虑采用经批准的无损检验。

C.2 程序

C.2.1 钢丝绳的一般检验

将两个适当尺寸的夹钳以一定的间隔距离牢固地夹到钢丝绳上，朝着与钢丝绳捻向相反的方向对夹钳施加一个力，外层的绳股就会散开并脱离绳芯[见图 C.1(a)]。

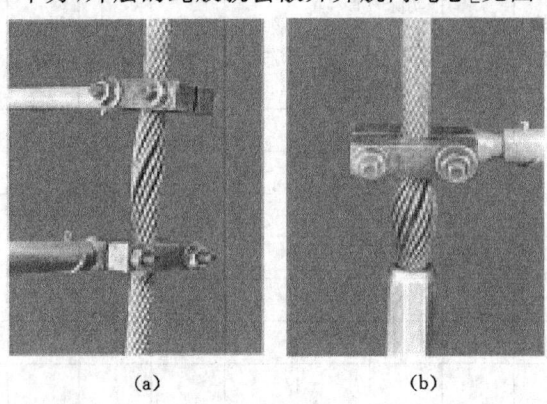

图 C.1 内部检验
(a) 钢丝绳的连续绳段(零张力)；
(b) 紧靠终端固定装置的钢丝绳绳端(零张力)

在打开过程中要特别注意不要使夹钳绕钢丝绳外围打滑，各绳股的位移也不宜太大。

当钢丝绳稍微拧开的时候，可用一个小试探物，例如一把螺丝刀清除可能妨碍钢丝绳的内部观测的油脂或碎片。

应观测下列各项：
——内部润滑状态；
——腐蚀程度；
——由于挤压或磨损引起的钢丝损坏的痕迹；
——有无断丝(这些不一定容易发现)。

检验之后，在拧开部位放入一些维修油膏，以适度的力量转动夹钳，确保绳股在绳芯周围准确复位。

移去夹钳并在钢丝绳外表面涂以润滑脂。

C.2.2 对邻近绳端的钢丝绳段的检验

检查钢丝绳的这些部位,只要使用单个夹钳就足够了。因用接头锚固装置或用销轴适当地穿过绳端尾部就能保证第二端不动[见图C.1(b)]。实施检验按C.2.1。

C.3 应检验的部位

由于对钢丝绳全长都作内部检验是不切实际的,所以应选择适当的绳段进行检验。

对于缠绕在卷筒或绕过滑轮或导轮的钢丝绳,建议在起重机处于承载状态时检验与滑轮绳槽啮合的绳段。应检验冲击力集中的那些局部区域(即靠近卷筒和臂架导向滑轮的区域),特别是长期暴露在露天中的那些绳段。

应注意靠近绳端的区域,特别重要的是固定钢丝绳的情况,例如支持绳或悬挂绳。

GB/T 5972—2009 附录D
(资料性附录)
钢丝绳可能出现的缺陷

表D.1列出了钢丝绳可能出现的缺陷以及相应的报废标准。图D.1~图D.20展示了每种缺陷的典型示例。

表D.1 可能出现的缺陷和相应的报废标准

缺陷照片号	缺 陷	对应本标准的章条
D.1	钢丝挤出	3.5.11.5
D.2	单层股钢丝绳绳芯挤出	3.5.11.4
D.3	钢丝绳直径的局部减小(绳股凹陷)	3.5.7
D.4	绳股挤出/扭曲	3.5.11.4
D.5	局部压扁	3.5.11.7
D.6	扭结(正向)	3.5.11.8
D.7	扭结(逆向)	3.5.11.8
D.8	波浪形	3.5.11.2
D.9	笼状畸变	3.5.11.3
D.10	外部磨损	3.5.8
D.11	外部磨损放大图	3.5.8
D.12	外部腐蚀	3.5.10.2
D.13	外部腐蚀放大图	3.5.10.2
D.14	表面断丝	3.5.2
D.15	谷部断丝	3.5.2
D.16	阻旋转钢丝绳内部的绳股突出	3.5.11.4
D.17	由于绳芯扭曲变形使局部的钢丝绳直径增大	3.5.11.6

续表 D.1

缺陷照片号	缺　陷	对应本标准的章条
D.18	扭结	3.5.11.8
D.19	局部压扁	3.5.11.7
D.20	内部腐蚀	3.5.10.3

图 D.1　钢丝挤出 　　　　　　　图 D.2　单层股钢丝绳绳芯挤出

图 D.3　钢丝绳直径局部减小(绳股凹陷) 　　　图 D.4　绳股挤出/扭曲

图 D.5　局部压扁 　　　　　　　图 D.6　扭结(正向)

图 D.7　扭结(逆向) 　　　　　　　图 D.8　波浪形

附 录

图 D.9 笼状畸变

图 D.10 外部磨损

图 D.11 外部磨损放大图

图 D.12 外部腐蚀

图 D.13 外部腐蚀放大图

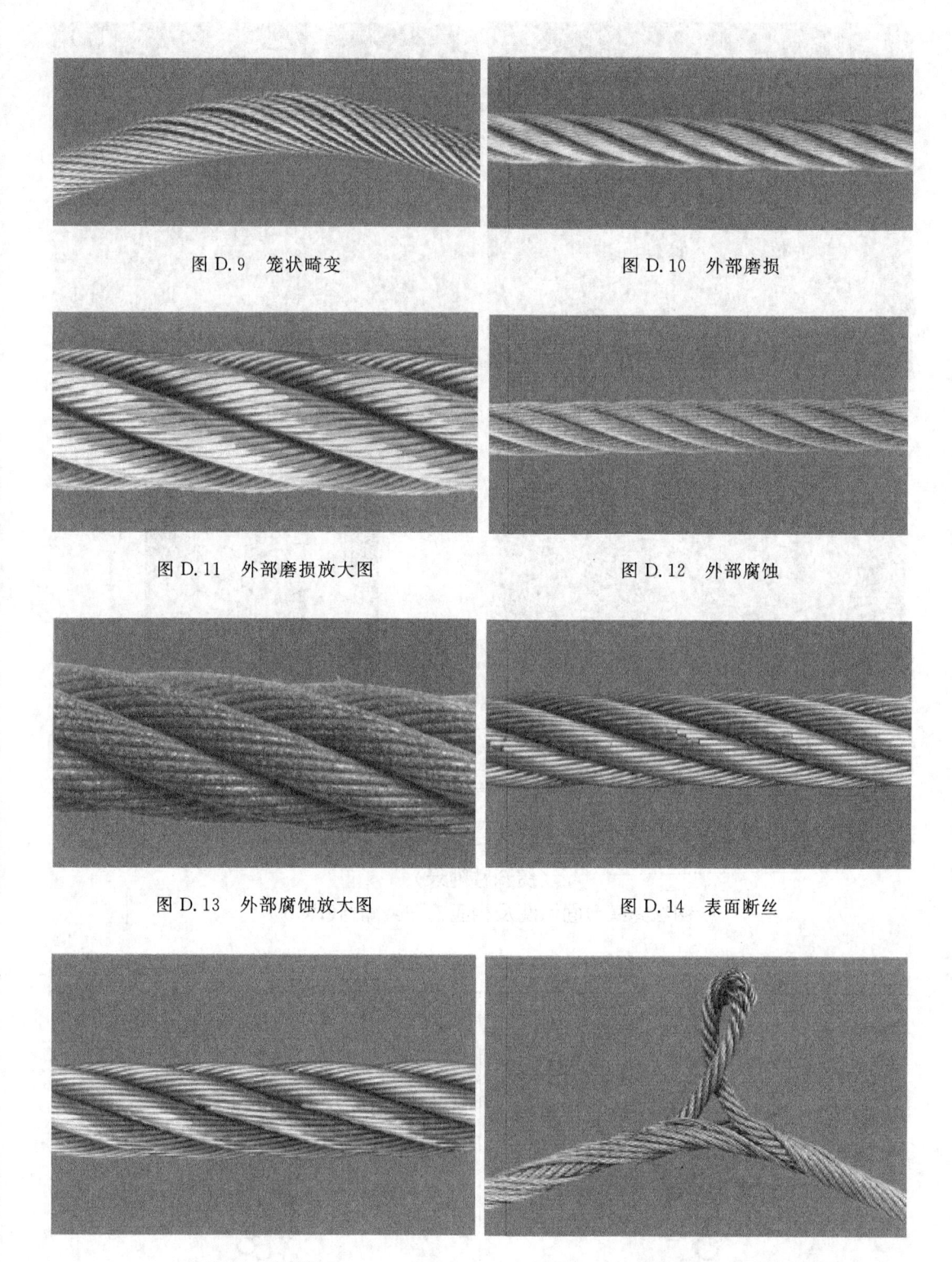

图 D.14 表面断丝

图 D.15 谷部断丝

图 D.16 阻旋转钢丝绳内部的绳股突出

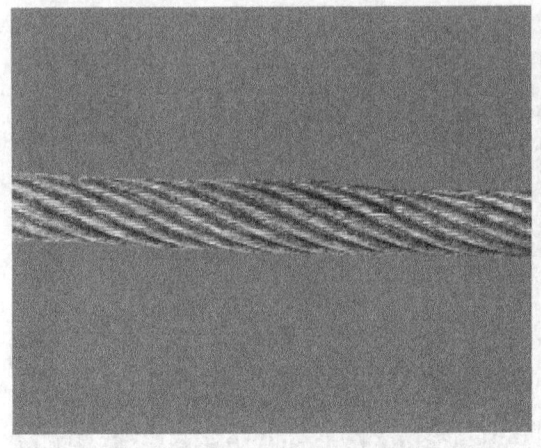

图 D.17　由于绳芯扭曲变形使局部的钢丝绳直径增大

图 D.18　扭结

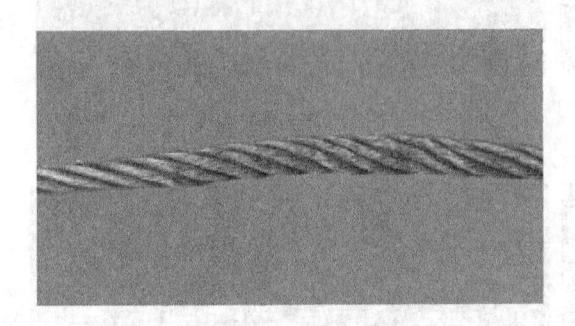

图 D.19　局部压扁

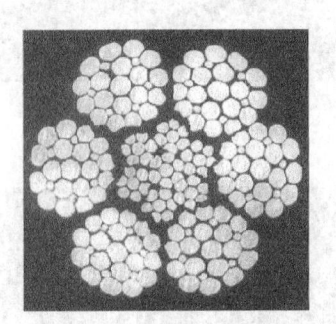

图 D.20　内部腐蚀

GB/T 5972—2009 附录 E
（资料性附录）
钢丝绳横截面示例及相应的种类编号（RCN）

结构：6×7—FC　单层股钢丝绳

RCN.01

结构：6×19S—IWRC　单层股钢丝绳

RCN.02

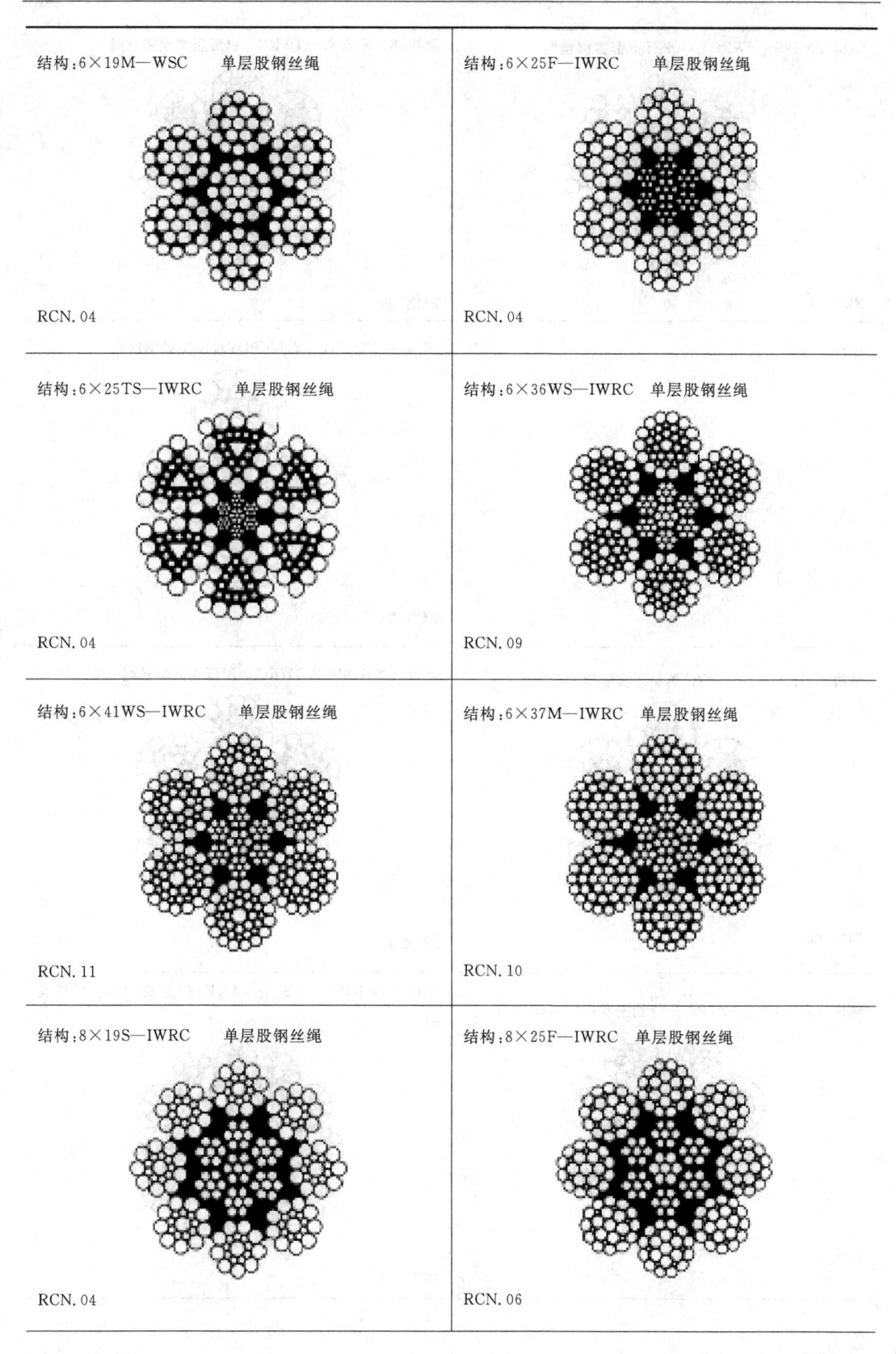

附 录

结构:6×19M—WSC　单层股钢丝绳

RCN.04

结构:6×25F—IWRC　单层股钢丝绳

RCN.04

结构:6×25TS—IWRC　单层股钢丝绳

RCN.04

结构:6×36WS—IWRC　单层股钢丝绳

RCN.09

结构:6×41WS—IWRC　单层股钢丝绳

RCN.11

结构:6×37M—IWRC　单层股钢丝绳

RCN.10

结构:8×19S—IWRC　单层股钢丝绳

RCN.04

结构:8×25F—IWRC　单层股钢丝绳

RCN.06

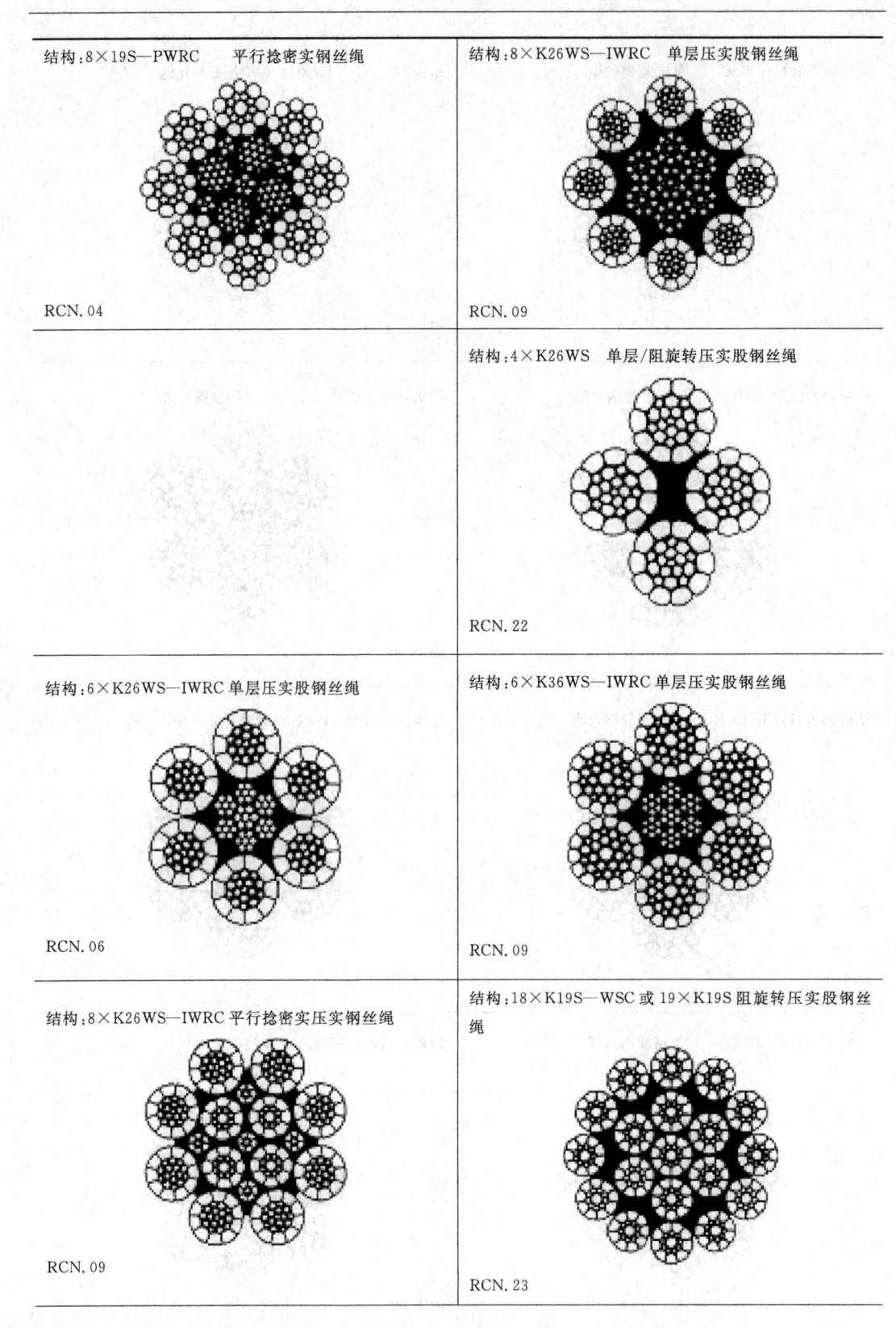

结构:8×19S—PWRC 平行捻密实钢丝绳 RCN.04	结构:8×K26WS—IWRC 单层压实股钢丝绳 RCN.09
	结构:4×K26WS 单层/阻旋转压实股钢丝绳 RCN.22
结构:6×K26WS—IWRC 单层压实股钢丝绳 RCN.06	结构:6×K36WS—IWRC 单层压实股钢丝绳 RCN.09
结构:8×K26WS—IWRC 平行捻密实压实钢丝绳 RCN.09	结构:18×K19S—WSC 或 19×K19S 阻旋转压实股钢丝绳 RCN.23

• 468 •

	结构:4×29F 单层股钢丝绳/阻旋转钢丝绳 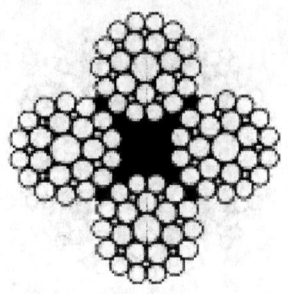 RCN.21
结构:K3×40 单层压实(锻打)钢丝绳/阻旋转压实(锻打)钢丝绳 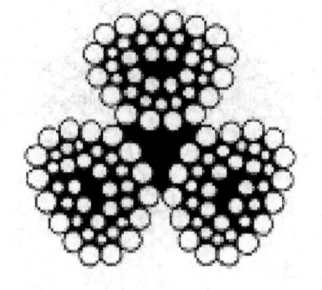 RCN.22	结构:K4×40 单层压实(锻打)钢丝绳/阻旋转压实(锻打)钢丝绳 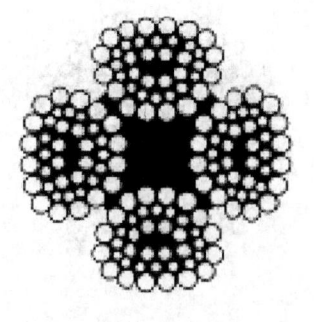 RCN.22
结构:K3×48 单层压实(锻打)钢丝绳/阻旋转压实(锻打)钢丝绳 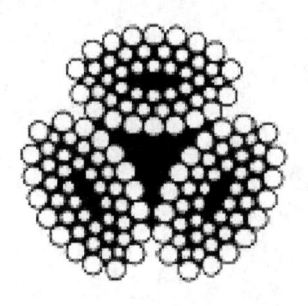 RCN.22	结构:K4×48 单层压(锻打)钢丝绳/阻旋转压实(锻打)钢丝绳 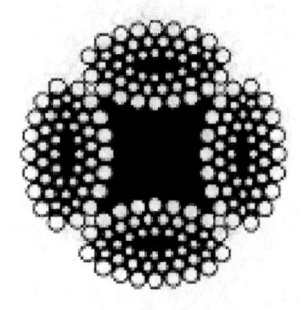 RCN.22
结构:17×7—FC 阻旋转钢丝绳 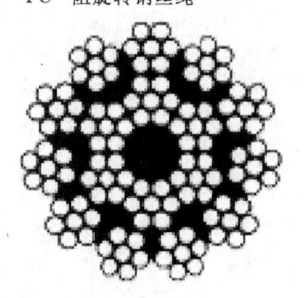 RCN.23	结构:18×7—WSC 或 19×7 阻旋转钢丝绳 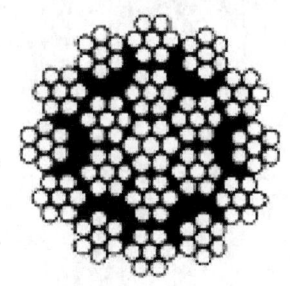 RCN.23

结构:34(W)×7—WSC 或 35(W)×7 阻旋转钢丝绳 RCN.23	结构:12×P6+3×Q24 阻旋转钢丝绳(典型) RCN.23
结构:34(W)×7—WSC 阻旋转钢丝绳 RCN.23	结构:34(W)×7—WSC 阻旋转压实股钢丝绳 RCN.23
结构:39(W)×K7—KWSC 阻旋转压实股钢丝绳 RCN.23	

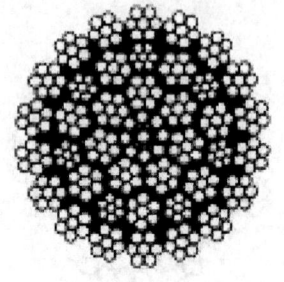

附录G 起重吊运指挥信号

(GB 5082—1985)

引 言

为确保起重吊运安全,防止发生事故,适应科学管理的需要,特制定本标准。

本标准对现场指挥人员和起重机司机所使用的基本信号和有关安全技术作了统一规定。

本标准适用于以下类型的起重机械:

桥式起重机(包括冶金起重机)、门式起重机、装卸桥、缆索起重机、塔式起重机、门座起重机、汽车起重机、轮胎起重机、铁路起重机、履带起重机、浮式起重机、桅杆起重机、船用起重机等。

本标准不适用于矿井提升设备、载人电梯设备。

1 名词术语

通用手势信号——指各种类型的起重机在起重吊运中普遍适用的指挥手势。

专用手势信号——指具有特殊的起升、变幅、回转机构的起重机单独使用的指挥手势。

吊钩(包括吊环、电磁吸盘、抓斗等)——指空钩以及负有载荷的吊钩。

起重机"前进"或"后退"——"前进"指起重机向指挥人员开来;"后退"指起重机离开指挥人员。

前、后、左、右在指挥语言中,均以司机所在位置为基准。

音响符号:

"——"表示大于一秒钟的长声符号;

"●"表示小于一秒钟的短声符号;

"○"表示停顿的符号。

2 指挥人员使用的信号

2.1 手势信号

2.1.1 通用手势信号

2.1.1.1 "预备"(注意)

手臂伸直,置于头上方,五指自然伸开,手心朝前保持不动(图1)。

2.1.1.2 "要主钩"

单手自然握拳,置于头上,轻触头顶(图2)。

2.1.1.3 "要副钩"

一只手握拳,小臂向上不动,另一只手伸出,手心轻触前只手的肘关节(图3)。

2.1.1.4 "吊钩上升"

小臂向侧上方伸直,五指自然伸开,高于肩部,以腕部为轴转动(图4)。

2.1.1.5 "吊钩下降"

图 1　　　　　　　　　　　　图 2

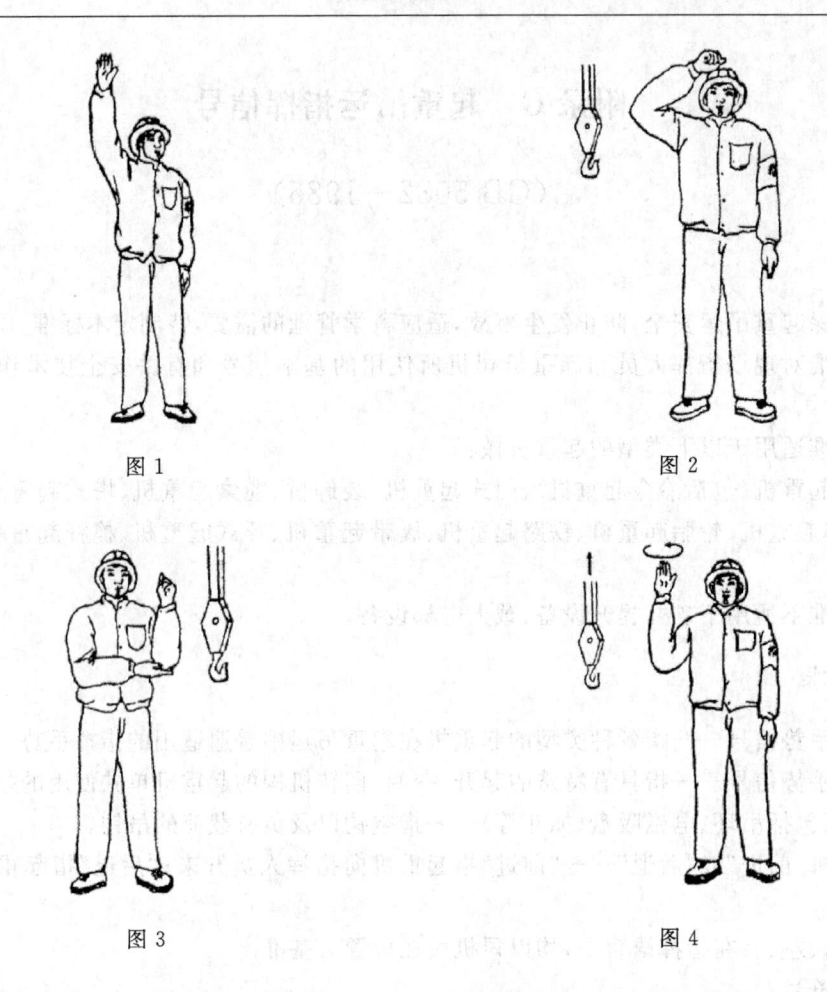

图 3　　　　　　　　　　　　图 4

手臂伸向侧前下方,与身体夹角约为30°,五指自然伸开,以腕部为轴转动(图5)。

2.1.1.6 "吊钩水平移动"

小臂向侧上方伸直,五指并拢手心朝外,朝负载应运行的方向,向下挥动到与肩相平的位置(图6)。

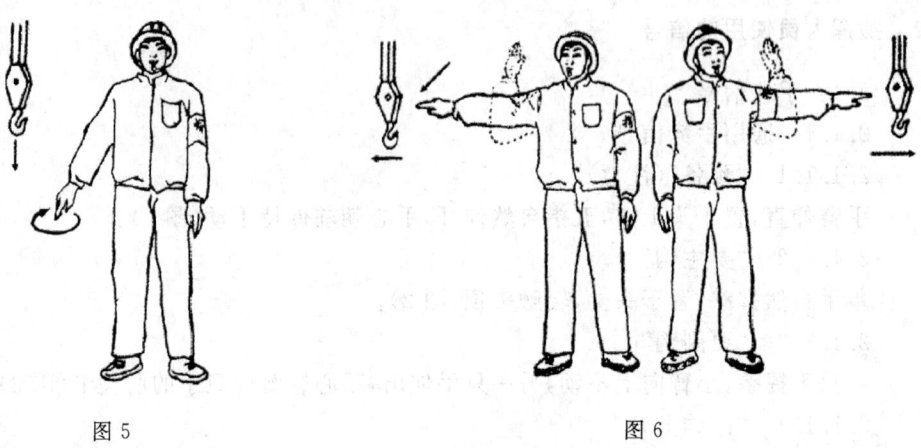

图 5　　　　　　　　　　　　图 6

2.1.1.7 "吊钩微微上升"

小臂伸向侧前上方,手心朝上高于肩部,以腕部为轴,重复向上摆动手掌(图7)。

2.1.1.8 "吊钩微微下落"

手臂伸向侧前下方,与身体夹角约为30°,手心朝下,以腕部为轴,重复向下摆动手掌(图8)。

图7

图8

2.1.1.9 "吊钩水平微微移动"

小臂向侧上方自然伸出,五指并拢手心朝外,朝负载应运行的方向,重复做缓慢的水平运动(图9)。

2.1.1.10 "微动范围"

双小臂曲起,伸向一侧,五指伸直,手心相对,其间距与负载所要移动的距离接近(图10)。

图9

图10

2.1.1.11 "指示降落方位"

五指伸直,指出负载应降落的位置(图11)。

2.1.1.12 "停止"

小臂水平置于胸前,五指伸开,手心朝下,水平挥向一侧(图12)。

2.1.1.13 "紧急停止"

两小臂水平置于胸前,五指伸开,手心朝下,同时水平挥向两侧(图13)。

图 11　　　　　　　　　　　　图 12

2.1.1.14 "工作结束"
双手五指伸开,在额前交叉(图14)。

图 13　　　　　　　　　　　　图 14

2.1.2 专用手势信号
2.1.2.1 "升臂"
手臂向一侧水平伸直,拇指朝上,余指握拢,小臂向上摆动(图15)。
2.1.2.2 "降臂"
手臂向一侧水平伸直,拇指朝下,余指握拢,小臂向下摆动(图16)。
2.1.2.3 "转臂"
手臂水平伸直,指向应转臂的方向,拇指伸出,余指握拢,以腕部为轴转动(图17)。
2.1.2.4 "微微伸臂"
一只小臂置于胸前一侧,五指伸直,手心朝下,保持不动。另一手的拇指对着前手手心,余指握拢,做上下移动(图18)。
2.1.2.5 "微微降臂"
一只小臂置于胸前的一侧,五指伸直,手心朝上,保持不动,另一只手的拇指对着前手手心,余指握拢,做上下移动(图19)。
2.1.2.6 "微微转臂"

图 15

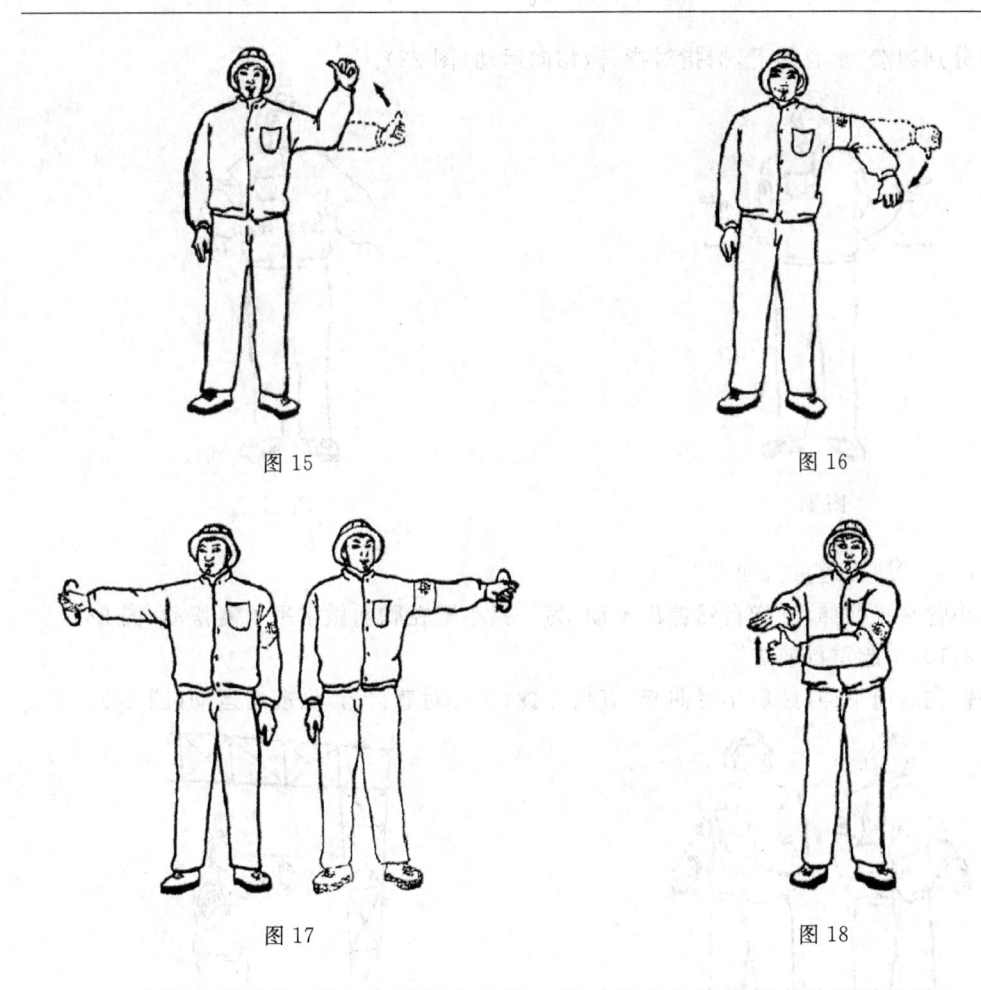

图 16

图 17

图 18

一只小臂向前平伸,手心自然朝向内侧。另一只手的拇指指向前只手的手心,余指握拢做转动(图20)。

图 19

图 20

2.1.2.7 "伸臂"

两手分别握拳,拳心朝上,拇指分别指向两则,做相斥运动(图21)。

2.1.2.8 "缩臂"

两手分别握拳,拳心朝下,拇指对指,做相向运动(图22)。

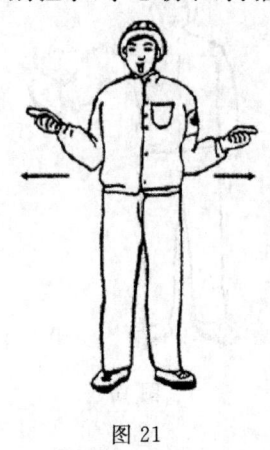

图 21

图 22

2.1.2.9 "履带起重机回转"
一只小臂水平前伸,五指自然伸出不动;另一只小臂在胸前做水平重复摆动(图23)。
2.1.2.10 "起重机前进"
双手臂先后前平伸,然后小臂曲起,五指并拢,手心对着自己,做前后运动(图24)。

图 23

图 24

2.1.2.11 "起重机后退"
双小臂向上曲起,五指并拢,手心朝向起重机,做前后运动(图25)。
2.1.2.12 "抓取"(吸取)
两小臂分别置于侧前方,手心相对,由两侧向中间摆动(图26)。
2.1.2.13 "释放"
两小臂分别置于侧前方,手心朝外,两臂分别向两侧摆动(图27)。
2.1.2.14 "翻转"
一小臂向前曲起,手心朝上;另一小臂向前伸出,手心朝下,双手同时翻转(图28)。
2.1.3 船用起重机(或双机吊运)专用的手势信号
2.1.3.1 "微速起钩"
两小臂水平伸出侧前方,五指伸开,手心朝上,以腕部为轴,向上摆动。当要求双机以不

附　录

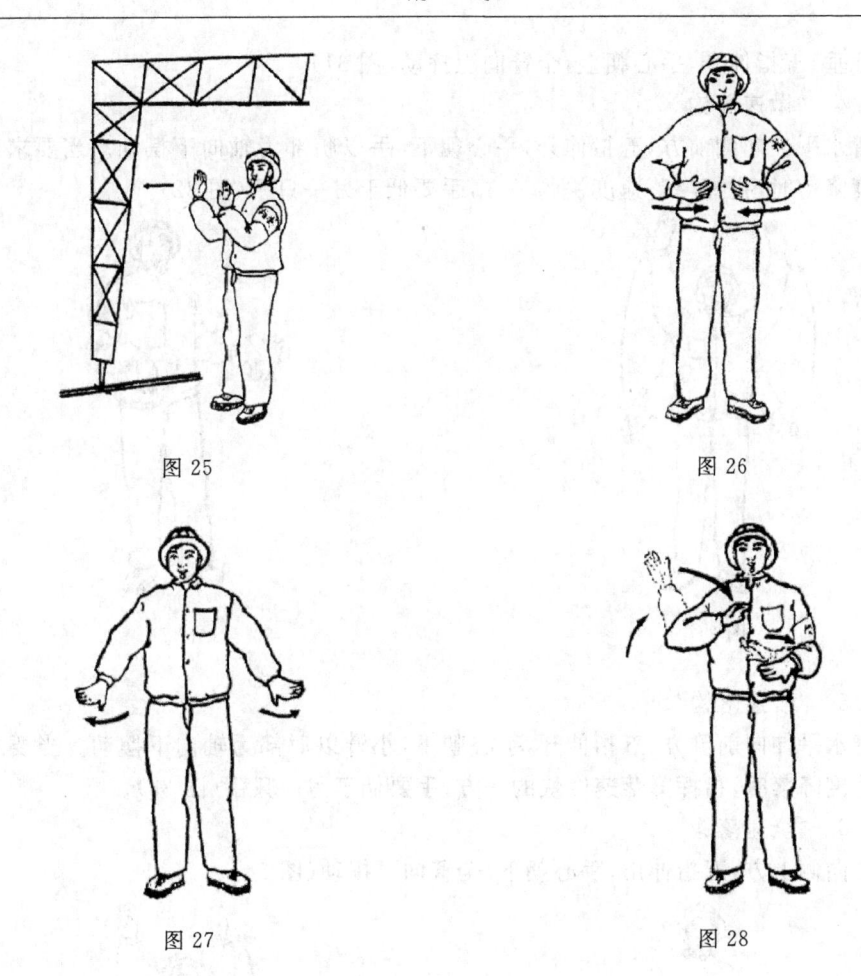

图 25

图 26

图 27

图 28

同的速度起升时,指挥起升速度快的一方,手要高于另一只手(图 29)。

2.1.3.2 "慢速起钩"

两小臂水平伸向前侧方,五指伸开,手心朝上,小臂以肘部为轴向上摆动。当要求双机以不同的速度起升时,指挥起升速度快的一方,手要高于另一只手(图 30)。

图 29

图 30

2.1.3.3 "全速起钩"

· 477 ·

两臂下垂,五指伸开,手心朝上,全臂向上挥动(图31)。

2.1.3.4 "微速落钩"

两小臂水平伸向侧前方,五指伸开,手心朝下,手以腕部为轴向下摆动。当要求双机以不同的速度降落时,指挥降落速度快的一方,手要低于另一只手(图32)。

图 31 　　　　　　　　　　图 32

2.1.3.5 "慢速落钩"

两小臂水平伸向前侧方,五指伸开,手心朝下,小臂以肘部为轴向下摆动。当要求双机以不同的速度降落时,指挥降落速度快的一方,手要低于另一只手(图33)。

2.1.3.6 "全速落钩"

两臂伸向侧上方,五指伸出,手心朝下,全臂向下挥动(图34)。

图 33 　　　　　　　　　　图 34

2.1.3.7 "一方停止,一方起钩"

指挥停止的手臂作"停止"手势,指挥起钩的手臂则作相应速度的起钩手势(图35)。

2.1.3.8 "一方停止,一方落钩"

指挥停止的手臂作"停止"手势,指挥落钩的手臂则作相应速度的落钩手势(图36)。

2.2 旗语信号

2.2.1 "预备"

单手持红绿旗上举(图37)。

图 35 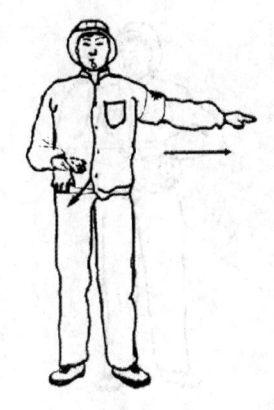 　　　　　　　　　　　图 36

2.2.2 "要主钩"

单手持红绿旗,旗头轻触头顶(图38)。

图 37  　　　　　　　　　　　图 38

2.2.3 "要副钩"

一只手握拳,小臂向上不动,另一只手拢红绿旗,旗头轻触前只手的肘关节(图39)。

2.2.4 "吊钩上升"

绿旗上举,红旗自然放下(图40)。

2.2.5 "吊钩下降"

绿旗拢起下指,红旗自然放下(图41)。

2.2.6 "吊钩微微上升"

绿旗上举,红旗拢起横在绿旗上,互相垂直(图42)。

2.2.7 "吊钩微微下降"

绿旗拢起下指,红旗横在绿旗下,互相垂直(图43)。

2.2.8 "升臂"

红旗上举,绿旗自然放下(图44)。

2.2.9 "降臂"

红旗拢起下指,绿旗自然放下(图45)。

施工升降机

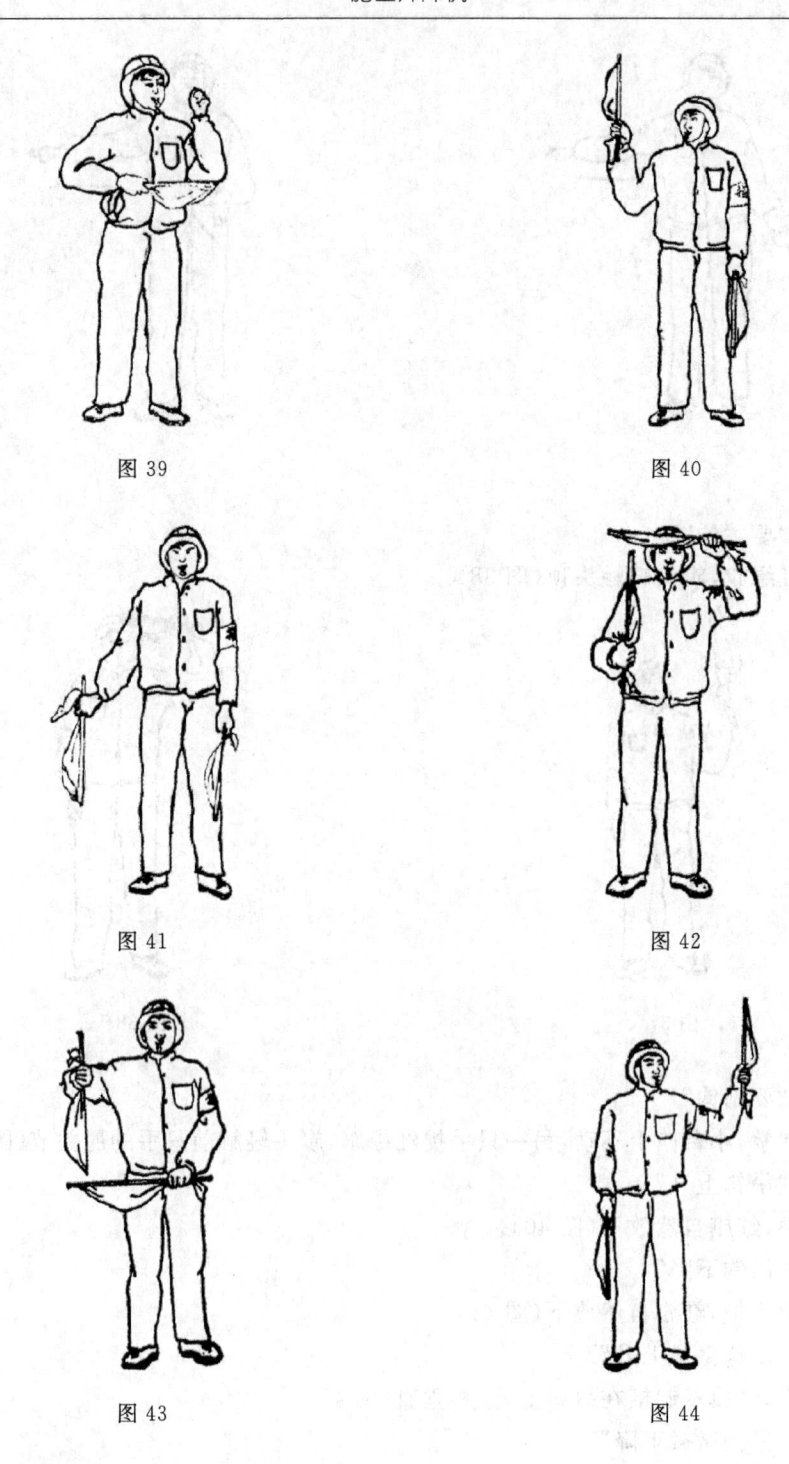

图 39

图 40

图 41

图 42

图 43

图 44

2.2.10 "转臂"

红旗拢起,水平指向应转臂的方向(图 46)。

2.2.11 "微微升臂"

红旗上举,绿旗拢起横在红旗上,互相垂直(图 47)。

2.2.12 "微微降臂"

图 45 　　　　　　　　图 46

红旗拢起下指,绿旗横在红旗下,互相垂直(图48)。

图 47 　　　　　　　　图 48

2.2.13 "微微转臂"

红旗拢起,横在腹前,指向应转臂的方向;绿旗拢起,竖在红旗前,互相垂直(图49)。

2.2.14 "伸臂"

两旗分别拢起,横在两侧,旗头外指(图50)。

图 49 　　　　　　　　图 50

2.2.15 "缩臂"

两旗分别拢起,横在胸前,旗头对指(图51)。

2.2.16 "微动范围"

两手分别拢旗,伸向一侧,其间距与负载所要移动的距离接近(图52)。

2.2.17 "指示降落方位"

单手拢绿旗,指向负载应降落的位置,旗头进行转动(图53)。

图 51　　　　　　图 52　　　　　　图 53

2.2.18 "履带起重机回转"

一只手拢旗,水平指向侧前方;另一只手持旗,水平重复挥动(图54)。

图 54

2.2.19 "起重机前进"

两旗分别拢起,向前上方伸出,旗头由前上方向后摆动(图55)。

2.2.20 "起重机后退"

两旗分别拢起,向前伸出,旗头由前方向下摆动(图56)。

2.2.21 "停止"

单旗左右摆动,另一面旗自然放下(图57)。

2.2.22 "紧急停止"

双手分别持旗,同时左右摆动(图58)。

图 55　　　　　　　　　　　图 56

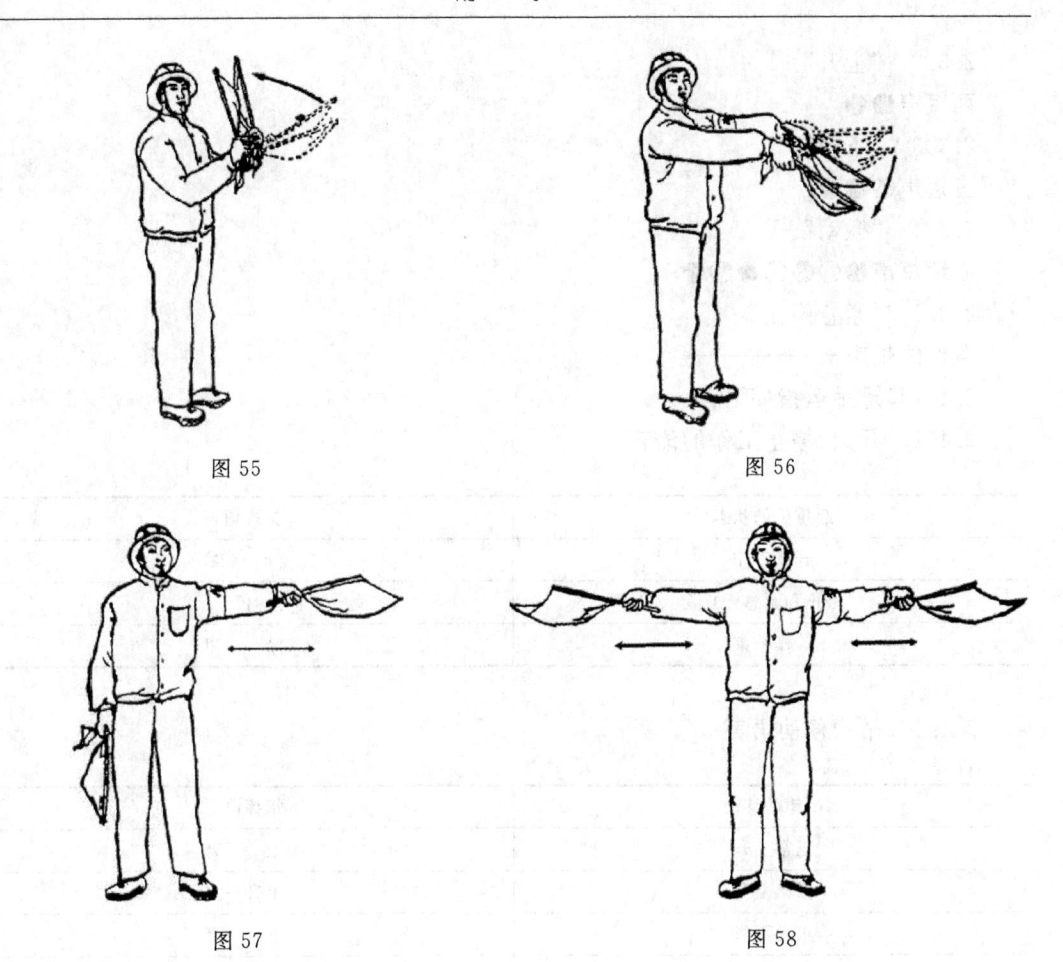

图 57　　　　　　　　　　　图 58

2.2.23 "工作结束"

两旗拢起,在额前交叉(图 59)。

图 59

2.3 音响信号

2.3.1 "预备"、"停止"

一长声——

· 483 ·

2.3.2 "上升"
两短声●●
2.3.3 "下降"
三短声●●●
2.3.4 "微动"
断续短声●○●○●○●
2.3.5 "紧急停止"
急促的长声————

2.4 起重吊运指挥语言
2.4.1 开始、停止工作的语言

起重机的状态	指挥语言
开始工作	开　始
停止和紧急停止	停
工作结束	结　束

2.4.2 吊钩移动语言

吊钩的移动	指挥语言
正常上升	上　升
微微上升	上升一点
正常下降	下　降
微微下降	下降一点
正常向前	向　前
微微向前	向前一点
正常向后	向　后
微微向后	向后一点
正常向右	向　右
微微向右	向右一点
正常向左	向　左
微微向左	向左一点

2.4.3 转台回转语言

转台的回转	指挥语言
正常右转	右　转
微微右转	右转一点
正常左转	左　转
微微左转	左转一点

2.4.4 臂架移动语言

臂架的移动	指挥语言
正常伸长	伸　长
微微伸长	伸长一点
正常缩回	缩　回
微微缩回	缩回一点
正常升臂	升　臂
微微升臂	升一点臂
正常降臂	降　臂
微微降臂	降一点臂

3 司机使用的音响信号

3.1 "明白"——服从指挥

一短声 ●

3.2 "重复"——请求重新发出信号

二短声 ●●

3.3 "注意"

长声 ——————

4 信号的配合应用

4.1 指挥人员使用音响信号与手势或旗语信号的配合

4.1.1 在发出 2.3.2"上升"音响时，可分别与"吊钩上升"、"升臂"、"伸臂"、"抓取"手势或旗语相配合。

4.1.2 在发出 2.3.3"下降"音响时，可分别与"吊钩下降"、"降臂"、"缩臂"、"释放"手势或旗语相配合。

4.1.3 在发出 2.3.4"微动"音响时，可分别与"吊钩微微上升"、"吊钩微微下降"、"吊钩水平微微移动"、"微微升臂"、"微微降臂"手势或旗语相配合。

4.1.4 在发出 2.3.5"紧急停止"音响时，可与"紧急停止"手势或旗语相配合。

4.1.5 在发出 2.3.1"预备"、"停止"音响信号时，均可与上述未规定的手势或旗语相配合。

4.2 指挥人员与司机之间的配合

4.2.1 指挥人员发出"预备"信号时，要目视司机，司机接到信号在开始工作前，应回答"明白"信号。当指挥人员听到回答信号后，方可进行指挥。

4.2.2 指挥人员在发出"要主钩"、"要副钩"、"微动范围"手势或旗语时，要目视司机，同时可发出"预备"音响信号，司机接到信号后，要准确操作。

4.2.3 指挥人员在发出"工作结束"的手势或旗语时，要目视司机，同时可发出"停止"音响信号，司机接到信号后，应回答"明白"信号方可离开岗位。

4.2.4 指挥人员对起重机械要求微微移动时,可根据需要,重复给出信号。司机应按信号要求,缓慢平稳操纵设备。除此之外,如无特殊需求(如船用起重机专用手势信号),其他指挥信号,指挥人员都应一次性给出。司机在接到下一信号前,必须按原指挥信号要求操纵设备。

5 对指挥人员和司机的基本要求

5.1 对使用信号的基本规定

5.1.1 指挥人员使用手势信号均以本人的手心、手指或手臂表示吊钩、臂杆和机械位移的运动方向。

5.1.2 指挥人员使用旗语信号均以指挥旗的旗头表示吊钩、臂杆和机械位移的运动方向。

5.1.3 在同时指挥臂杆和吊钩时,指挥人员必须分别用左手指挥臂杆,右手指挥吊钩。当持旗指挥时,一般左手持红旗指挥臂杆,右手持绿旗指挥吊钩。

5.1.4 当两台或两台以上起重机同时在距离较近的工作区域内工作时,指挥人员使用音响信号的音调应有明显区别,并要配合手势或旗语指挥,严禁单独使用相同音调的音响指挥。

5.1.5 当两台或两台以上起重机同时在距离较近的工作区域内工作时,司机发出的音响应有明显区别。

5.1.6 指挥人员用"起重吊运指挥语言"指挥时,应讲普通话。

5.2 指挥人员的职责及其要求

5.2.1 指挥人员应根据本标准的信号要求与起重机司机进行联系。

5.2.2 指挥人员发出的指挥信号必须清晰、准确。

5.2.3 指挥人员应站在使司机看清指挥信号的安全位置上。当跟随负载运行指挥时,应随时指挥负载避开人员和障碍物。

5.2.4 指挥人员不能同时看清司机和负载时,必须增设中间指挥人员以便逐级传递信号,当发现错传信号时,应立即发出停止信号。

5.2.5 负载降落前,指挥人员必须确认降落区域安全时,方可发出降落信号。

5.2.6 当多人绑挂同一负载时,起吊前,应先做好呼唤应答,确认绑挂无误后,方可由一人负责指挥。

5.2.7 同时用两台起重机吊运同一负载时,指挥人员应双手分别指挥各台起重机,以确保同步吊运。

5.2.8 在开始起吊负载时,应先用"微动"信号指挥,待负载离开地面 100~200 mm 稳妥后,再用正常速度指挥。必要时,在负载降落前,也应使用"微动"信号指挥。

5.2.9 指挥人员应佩戴鲜明的标志,如标有"指挥"字样的臂章、特殊颜色的安全帽、工作服等。

5.2.10 指挥人员所戴手套的手心和手背要易于辨别。

5.3 起重机司机的职责及其要求

5.3.1 司机必须听从指挥人员的指挥,当指挥信号不明时,司机应发出"重复"信号询问,明确指挥意图后,方可开车。

5.3.2 司机必须熟练掌握标准规定的通用手势信号和有关的各种指挥信号,并与指挥人员密切配合。

5.3.3 当指挥人员所发信号违反本标准的规定时,司机有权拒绝执行。

5.3.4 司机在开车前必须鸣铃示警,必要时,在吊运中也要鸣铃,通知受负载威胁的地面人员撤离。

5.3.5 在吊运过程中,司机对任何人发出的"紧急停止"信号都应服从。

6 管理方面的有关规定

6.1 对起重机司机和指挥人员,必须由有关部门进行本标准的安全技术培训,经考试合格,取得合格证后方能操作或指挥。

6.2 音响信号是手势信号或旗语的辅助信号,使用单位可根据工作需要确定是否采用。

6.3 指挥旗颜色为红、绿色。应采用不易退色、不易产生褶皱的材料。其规定:面幅应为 400 mm×500 mm,旗杆直径应为 25 mm,旗杆长度应为 500 mm。

6.4 本标准所规定的指挥信号是各类起重机使用的基本信号。如不能满足需要,使用单位可根据具体情况,适当增补,但增补的信号不得与本标准有抵触。

参 考 文 献

[1] 陈光,等.施工升降机安全操作规程标准与技术[M].北京:中国劳动社会保障出版社,2009.
[2] 窦汝伦.建筑起重机械——施工升降机、物料提升机、高处作业吊篮[M].北京:中国环境科学出版社,2009.
[3] 蒋文华,王远洪.施工升降机安全使用与管理[M].杭州:浙江科学技术出版社,2005.
[4] 朱森林.建筑施工特种设备安全使用知识与技术[M].北京:机械工业出版社,2008.